工业锅炉维护与

韩效鸿等 编

中国建筑工业出版社

（京）新登字035号

本书包括基本知识、立式锅炉、卧式锅壳锅炉、水管锅炉、锅炉附件、锅炉附属设备与辅助设备、锅炉燃烧设备、锅炉事故及处理、锅炉给水处理及锅炉水压试验与热效率试验等十章。重点介绍我国目前常用的中小型工业锅炉及有关设备的运行、维护及检修技术。其中，立式锅炉、卧式锅壳锅炉及水管锅炉等三种锅炉，因结构差异较大，运行与检修也不相同，故分章介绍。其余各章，均属共同性的设备与附件，故归纳综合介绍。

本书力求通俗易懂，深入浅出，可供具有初中文化程度的司炉、检修与管理人员自学或培训用，也可供从事锅炉工作的工程技术人员参考。

工业锅炉维护与保养

韩效鸿等 编

*

中国建筑工业出版社出版（北京西郊百万庄）

新华书店北京发行所发行　各地新华书店经售

北京顺义燕华印刷厂印刷

*

开本：787×1092毫米 1/16 印张：21 字数：505 千字

1979 年 1 月第一版　1995 年 8 月第四次印刷

印数：91,201—117,350 定价：10.80元

ISBN 7-112-01415-8

TU·1044 (3511)

重 印 前 言

本书自出版发行以来，深受广大从事锅炉工作的读者重视。许多来信中，除赞许本书的出版外，还指出了书中个别的疏漏错误，也提出了不少问题，说明广大读者对这本介绍锅炉维护的技术读物是欢迎的。

我国中小型锅炉不论是容量或数量都相当可观，为了用好和管好这些锅炉，充分发挥现有锅炉的潜力，节约能源，提高出力，满足广大司炉工人、检修工人和管理人员提高技术水平的需要，现对本书初版中的错误疏漏处予以订正，重印发行。

中国建筑工业出版社

1981.1.10

目　录

第一章　基本知识……………………………………………………………………1
第一节　概述…………………………………………………………………………1
第二节　热学…………………………………………………………………………5
第三节　水与水蒸汽性质……………………………………………………………10
第四节　燃料与燃烧…………………………………………………………………15
第五节　锅炉用金属材料……………………………………………………………21
第二章　立式锅炉……………………………………………………………………29
第一节　蒸汽锅炉的发展与分类……………………………………………………29
第二节　立式锅炉的种类与结构……………………………………………………34
第三节　立式锅炉的运行与保养……………………………………………………56
第四节　立式锅炉的损坏与修理……………………………………………………63
第三章　卧式锅壳锅炉………………………………………………………………75
第一节　卧式锅壳锅炉的种类与结构………………………………………………75
第二节　卧式锅壳锅炉的运行与保养………………………………………………108
第三节　卧式锅壳锅炉的损坏与修理………………………………………………117
第四章　水管锅炉……………………………………………………………………129
第一节　概述…………………………………………………………………………129
第二节　水管锅炉的种类与结构……………………………………………………129
第三节　水管锅炉的运行与保养……………………………………………………159
第四节　水管锅炉的检修……………………………………………………………169
第五节　小型工业锅炉有关数据估算………………………………………………187
第五章　锅炉附件……………………………………………………………………190
第一节　安全阀………………………………………………………………………190
第二节　压力表………………………………………………………………………195
第三节　水位表………………………………………………………………………199
第四节　水位警报器…………………………………………………………………202
第五节　锅炉常用阀门………………………………………………………………204
第六节　流量计………………………………………………………………………209
第七节　易熔塞………………………………………………………………………211
第六章　锅炉附属设备和辅助设备…………………………………………………213
第一节　省煤器………………………………………………………………………213
第二节　蒸汽过热器…………………………………………………………………215
第三节　空气预热器…………………………………………………………………218
第四节　锅炉的通风…………………………………………………………………219
第五节　锅炉的给水设备……………………………………………………………239
第六节　烟气除尘……………………………………………………………………247

第七章　工业锅炉的燃烧设备……252
第一节　概述……252
第二节　炉膛……253
第三节　炉排……261
第四节　抛煤机……276
第五节　工业锅炉机械化燃烧方式的比较……284
第八章　锅炉运行事故与处理……286
第一节　概述……286
第二节　筒壳爆炸事故……287
第三节　缺水事故……288
第四节　满水事故……289
第五节　汽水共腾……290
第六节　锅炉受热面管子的破裂……290
第七节　省煤器管的破裂……291
第八节　蒸汽过热器管的破裂……292
第九节　空气预热器管的破裂……293
第十节　锅炉及管道内的水冲击……293
第十一节　炉墙的损坏……294
第十二节　抛煤机故障……295
第十三节　链条炉排卡住停转……296
第九章　水质及其处理……297
第一节　天然水的来源及其性质……297
第二节　水垢的生成与危害……304
第三节　炉内水处理……305
第四节　炉外水处理……309
第五节　水的除氧……312
第十章　锅炉的水压试验及热效率试验……315
第一节　锅炉水压试验……315
第二节　锅炉热效率试验……319
附录
附表1　工程单位换算表……325
附表2　公斤/厘米^{2}与磅/英寸^{2}换算表……326
附表3　磅/英寸^{2}与公斤/厘米^{2}换算表……327
附表4　法兰选用范围表……327
附表5　方、圆橡皮条规格表（沪Q/HG16-019-63）……327
附表6　螺旋盘根规格表（沪Q/HG16-091-64）……328
附表7　管道涂色表……328
附表8　油浸石棉盘根、橡胶石棉盘根的性能及规格表（JG68-64、JG67-64）……328
附表9　橡胶石棉板的性能与规格表（JC125-66）……329
附表10　G.G-17耐高温玻璃管的物理性能与规格表……330
附表11　水位计玻璃板性能及规格表……330

第一章 基 本 知 识

第一节 概　　述

一、物 体 的 性 质

1.物体的构造

物体是由物质组成的。如桌子是由木材做成的，则桌子就是物体，而木材就是物质。不同的物体可以由一种物质构成，也可以由多种物质组成。如桌子、椅子、机床、锅炉等，有的是由一种物质——木材组成的。也有的不仅需要木材，而且需要钢铁等物质。世界上物质的种类很多，如水、油、煤、木材、空气、砂、玻璃、铜、铁、锡、橡胶等都是物质。物质就是构成物体的实质。但物质又是由什么构成的呢？我们知道，任何物质都可以分成若干小块，分成微粒，分成很小的细末。一块煤，经过粉碎、碾压、研磨，可以成为煤粉，每一点煤粉仍具有煤的性质。一切物体都可以看成是由许许多多微小的东西组成的。物理学上把这些微小的物质叫做分子。也就是说，一切物质是由分子组成的。不同的物质其分子也不同。

分子是物质组成的基本单位，但仍不是最小单位。分子是由单个的原子组成的，按照不同的排列，构成不同物质的分子。每1个单个的原子，又是由许多微小的电子、中子、介子等构成。

分子的体积已是非常小的了，我们将1万万个随便什么物质的分子，一个挨一个地排起队来，也没有1寸长。在0℃和1个大气压的环境下，1立方厘米的容积里含有27000000000000000000个空气分子。1粒芝麻大小的水滴里含有大约1亿亿个水的分子，比全世界人口总数还多三百多万倍。原子以及原子结构的体积与重量就更小了。

2.物体三态（简称物态）

物体形态可以分成三大类型：固体、液体和气体。具有一定的体积和形状的物体称做固体。如煤炭、铁块、石头、砖瓦等，都是固体。具有一定的体积，而无固定的形状的物体称做液体。如水、油、酒精、水银等，都是液体。没有一定的体积、也没有一定形状的物体，称气体。如空气、水蒸汽、二氧化碳、烟气等，都是气体。有些物体不单具有某一种物态的特性，在不同的环境与不同的条件下，还可以转化成另外一种物态。如水在高温时即由液体变为气体，而在低温时又可由液体变为固体。物体物态的变化，在自然科学里被广泛的加以采用。例如，锅炉设备就是利用物体液态（水）变为气态（水蒸汽）的一种典型范例。

要想充分利用和发挥物体的能力，就必须了解固体、液体与气体的性质。

（1）固体的基本性质　固体是具有一定体积与一定形状的，但不是不可改变的。在力的作用下，可以改变其外形。这种形状的改变，我们叫做物体的形变。

固体因力的作用，其形状的变化，可分为三种类型：第一种是力的作用除去后，物体仍能恢复原来的形状，这种变形称弹性变形。这种物体则叫做弹性体，如橡皮等；第二种是在不大的力的作用下就改变形状，且不再恢复原状，这种变形称塑性变形。这种物体则叫塑性体。如铅、石蜡等；第三种是在受外力作用后，形状完全改变，且永远不能恢复原状，这种变形称破裂。这种物体叫做脆性体，如玻璃、陶瓷等。

（2）液体的物理性质　液体没有一定的形状，盛到什么形状的容器里就是什么形状。在两个连通的容器里，其液面保持在同一平面上（这种连通的容器两端都是开启的，即同受大气压力）。锅炉的水位表就是利用液体这个特性制成的，如图1-1所示。

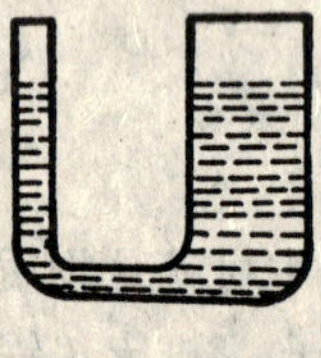

图 1-1　连通器图

液体体积近乎为一恒定数值，在任何条件下不能缩小。当其液体某一部分受到力的作用时，则这个力就以相等数值通过液体本身传递到各个方面。换句话说，就是液体各部分受压是均衡的，不会出现此处压力大而彼处压力小的情况（但因液体本身具一定重量，因此靠水面处受压小，而靠水深处受压大）。水压机的工作原理，即可充分证明液体受压的均衡性。

（3）气体的物理性质　气体没有一定的形状，也没有一定的体积。在任何一个容器里，其气量不管多少，永远是充满容器的任何一个角落。同时，其气体密度是各处相同的。气体因为没有一定的体积，所以是可以被压缩的。例如：工业用的氧气瓶，就是利用压气机将氧储于瓶内的。气体也同世界上其他物体一样，本身具有一定的重量。不同的气体，其重量也不同。在标准大气压和温度0℃时，空气每1立方米重1.293公斤。气体的重量是随压力与温度而变化的，温度一定，压力越大，则比重越大，重量也越大；压力一定，温度越高，则体积越大，比重越轻。

二、压力与压力的单位

作用于单位面积上的力，叫做压力，也称压强。

1.大气压力

气体是具有一定重量的。我们知道，在地球四周是由空气包围着的，经过测定，在地球四周200公里的高空还有空气存在。它既然有重量，因此，对于地面就有一定的压力。

空气的压力是多少呢？通过试验得知，在海平面，即海拔零米处，温度为0℃时，大气压力等于76厘米水银柱高的重量。等于每平方厘米面积上承受76×13.6=1033.6克重量。我们管这个压力，叫一个标准大气压。位于海平面以下（如深渊的矿井）的大气压力，则大于标准大气压；位于海平面以上（如高山）的大气压，则小于标准大气压，见表1-1所示。

海拔对大气压力影响表　　表 1-1

海　拔（米）	0℃时大气压力（米水柱）	海　拔（米）	0℃时大气压力（米水柱）	海　拔（米）	0℃时大气压力（米水柱）
0	10.336	600	9.615	2000	8.133
100	10.214	700	9.493	2500	7.398
200	10.091	800	9.384	3000	7.208
300	9.969	900	9.275	3500	6.678
400	9.846	1000	9.166	4000	6.392
500	9.738	1500	8.636	4500	5.671

2.工业气压（也叫工程大气压）

为了工业方面计算的便利，将每平方厘米面积上承受1000克的重量，叫做一个工业气压，也称一个工程大气压。

1标准大气压＝1.0336工业气压

折合成0°C的水银柱，一个工业大气压等于73.56厘米高。若以水柱表示，则每高十米为一个工业大气压。

其单位，英制为每平方英寸多少磅，即写成“磅/英寸^2”形式。公制为每平方厘米多少公斤，即写成“公斤/厘米^2”形式。也有以毫米水柱、毫米水银柱、公斤/米^{2}来表示的。

1公斤/厘米^2＝14.22磅/英寸^2

3.负压力（真空度）

凡是小于大气压力的压力，或者说小于1个工业气压的压力，即称负压力。当负压等于零时，就叫做百分之百的真空。

计算负压的单位，多用毫米水柱来表示。

测量工业气压，比如测量锅炉蒸汽压力，即测量正压(大于1个工业气压)时，则应用压力表（详细结构与型式，参看“锅炉附件”一章）。测量负压力，则应用真空表。微小的负压则利用U型管（图1-2）或薄膜式微压计测量。

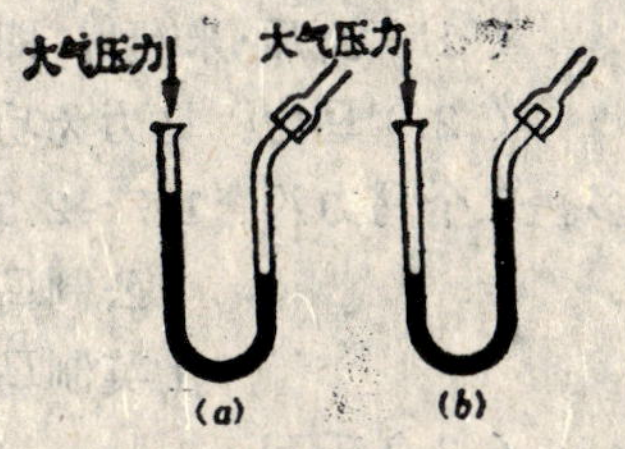

图 1-2 U型压力计图（U型管）
(a)正压；(b)负压

4.绝对压力与表压力：

从压力表读出的压力数值，叫做表压力。而绝对压力是从绝对真空算起的。故等于表压力再加1.0336公斤/厘米^2。实际上，为了计算方便，绝对压力可看作等于表压力加1大气压（1公斤/厘米^2）。因为，压力表的指针为零时，实际上已有一个大气压力作用于压力表了。因此为了求得实际的压力值——绝对压力，其表压力必须再加一个大气压值。

三、功、功率和能

1.功与能

把物体从低处提到高处，或把物体从一个位置平行移动到另一个位置，就要用力来克服重力与阻力，这就叫“做功”。很显然，物体越重（即重力越大）或阻力越大，则做的功就越大。

所谓功，必须具备两个因素：即力与因力的作用产生的距离。例如：从井内打水，一桶水从井底提到井上，就需要用力，则我们说是做了功。如一个人担水从甲处担到乙处，虽然用了很大力气，但是力的作用方向是克服重力，方向与地面垂直，而所走的距离并不是沿力的作用方向而运动，因此说没有做功（这与一个人是否工作、劳动的观念是两回事)。所以，我们计算功的大小，不仅要看力的大小，而且要看力的方向与距离的长短。力越大则功越大，距离越长则功也越大。功的大小，等于力和受力作用所产生移动距离的乘积。

现以W代表功，用F代表力，用S代表受力作用后的移动距离，则它们的关系是：

$$W=F\cdot S$$

因为功是力与距离的乘积，所以，功的单位也就是重量单位与长度单位的组合。一般以公斤·米、克·厘米来表示。

2.功率与功率的单位

要想知道一个人工作量的大小，不能单纯从他做的工作多少、质量好坏去衡量，这里必须要考虑所用时间的长短。也就是他在一天的时间里做了几件事，然后，再看他每一件事干的怎么样。对于衡量机器的能力大小，也必须看它单位时间内做了多少功。而不能只问“功”多少。因为，一天做的功与十天做的功是无法相比的。

功率就是指单位时间内做功的多少。

计算功率就是用总的做功时间去除做功的大小。

$$功率=\frac{功}{时间}$$

若以N代表功率，t代表时间，则可写成

$$N=\frac{W}{t}$$

功率的单位：

（1）公斤·米/秒：即每秒钟做1公斤·米的功。

（2）马力：马力为功率的一种专用名词。实际上，它比1匹马在单位时间做的功要多。1个马力约合1.7～2.5匹马在同一时间里做的功。马力分公制马力与英制马力。

1公制马力=75公斤·米/秒=542.3英尺·磅/秒

1英制马力=76.04公斤·米/秒=550英尺·磅/秒

（3）千瓦：

一般在机械方面的功率，多以马力为单位，而在电学方面多以千瓦做为功率单位。

1千瓦=1.36公制马力=1.34英制马力

1公制马力=0.736千瓦　1英制马力=0.746千瓦

3.能

能就是物体做功的本领。运动的物体可以做功，静止的物体不做功。

能的形式在自然界里变幻无穷。有机械能、电能、化学能、光能等，它们之间可以互相转换，而且怎样变幻与转换，能量总是不消失的。如锅炉用燃料，经过燃烧——化学能——转变为热能，通过水的蒸发，变成了水蒸气，带动了汽轮机，又变成了机械能，蒸汽机或汽轮机又带动了发电机发出了电，把机械能转换成为电能，电能到用户后又变为光能（照明）与热能（电炉等）。在能量转换过程中，一种能不是百分之百的转变为另一种能的。例如，热能在转换为机械能时，要向四周空气散失一部分热量，使机械能小于热能；从机械能转变为电能，又因摩擦、阻力损失一部分机械能（以热能形式损失），使电能小于机械能。但总能量是不变的。

机械能可分势能与动能。凡物体因相对位置的改变，所具有的能，叫做势能，也称位能。如一物体从某一高度，垂直下降到地面时，则此物体所具有的势能，便为物体的重量乘以其垂直高度；物体的动能，就是物体由于运动而具有的能。物体的速度越大，动能也越大，物体的质量越大，则动能也越大。

势能与动能，可以互相转换与变化。同时，在能量转换过程中，总能量保持不变。

第二节 热 学

一、物体的热膨胀

1.气体的热膨胀 气体在周围温度升高时，则体积增大，这种现象叫气体的热膨胀。如夏日天气炎热，车辆的轮胎容易爆破；受压变形的乒乓球，可用热水浇后，利用气体受热膨胀的作用，使恢复原状。

气体的体积，在压力不变的情况下，温度每升高1°C，其体积增大值为原0°C时体积的二百七十三分之一（也称气体的等压变化）。体积增大二百七十三分之一，叫做气体的热膨胀系数。任何气体的热膨胀系数都是相同的。

倘若在温度升高时，气体的体积保持一定，则气体的压力就要增高。例如，锅炉在生火后，主汽阀未开前，则气空间体积保持一定，温度逐渐增高，水由液体变为气体，其气空间气体分子增加，则压力逐渐升高。

2.液体的热膨胀 当温度逐渐增高时，液体体积的增大，称为液体的热膨胀。不同性质的液体，在受热相同的情况下，其体积的增加也不同。如水的热膨胀系数为0.000372，而水银的热膨胀系数则为0.0001818。

气体与液体的膨胀，均是体膨胀。

3.固体的热膨胀 固体也同气体、液体一样，一经受热，体积就增加；失去了热量，体积就减少。

（1）线膨胀：物体受热后，每增加温度1°C时，其长度的增加值Δl（图1-3）与原长度之比，就叫做这种物质的线膨胀系数，参看表1-2。

$$线膨胀系数=\frac{\Delta l}{l_0}$$

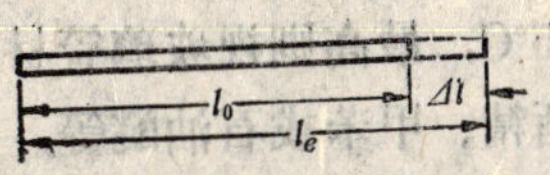

图 1-3 固体线膨胀图

若当温度从 t_1°C增加到 t_2°C时，该物质的线膨胀系数为α，原长度为l_0，则其受热后增加的长度：

$$\Delta l=\alpha l_0(t_2-t_1)$$

几种重要元素的线膨胀系数 表 1-2

元素名称	线膨胀系数$\left(\frac{米}{米\cdot°C}\right)$	元素名称	线膨胀系数$\left(\frac{米}{米\cdot°C}\right)$
铝(Al)	24.0×10^{-6}	镍(Ni)	13.7×10^{-6}
钨(W)	4.0×10^{-6}	锡(Sn)	22.4×10^{-6}
铁(α—Fe)	11.9×10^{-6}	铅(Pb)	29.5×10^{-6}
金(Au)	14.4×10^{-6}	银(Ag)	18.9×10^{-6}
锰(α—Mn)	23.0×10^{-6}	碳(C)	—
钼(Mo)	4.0×10^{-6}	锌(Zn)	32.5×10^{-6}
铜(Cu)	16.42×10^{-6}	铬(Cr)	8.1×10^{-6}

【例】 某兰开夏锅炉锅壳长9米，冷炉生火钢板温度由20°C增高为169.6°C，试求其生火后长度若干？（钢的线膨胀系数为10.5×10^{-6}）

【解】 代入上式：

锅炉生火后增加的长度$\Delta l=10.5\times10^{-6}\times9\times(169.6-20)=0.01413$米，则生火后锅

炉总长度应为9+0.01413=9.01413米

（2）体膨胀 固体受热后，除了在长度方面的线膨胀外，还有宽、厚方面的膨胀，这些膨胀的乘积，就叫做该物体的体膨胀。体膨胀系数，为物质每升高温度1°C时，体积增大值与原体积相比所得的数值。各种固体的体膨胀系数依物质性质不同而各不相同。

通过各种观察与试验可知：一般物体受热时都膨胀，冷却时都收缩；在受热条件相同时，不同的物体膨胀的程度各不相同，固体的膨胀最小，液体的膨胀较大，而气体的膨胀最大。

二、温度和温度计

物体冷热的程度，叫做温度。例如：冬天冷、夜里冷、北方冷，则温度就低；夏天热、白天热、南方热，则温度就高。

物体温度的高低，不能单凭感觉来判断。如冬季在井下工作，并不觉冷，而夏日在井下工作就又不觉热。实际上，井下温度变化不大。由一种温度环境到另一种温度环境的感觉，是不能说明冷热程度的。衡量温度要使用仪器，这种仪器，就叫做温度计。

温度计的种类很多，大体上可以分以下几种：

1.膨胀温度计

（1）玻璃温度计 这种温度计测量温度范围是有一定局限性的。最高可达500°C左右，最低可达－200°C左右。

玻璃温度计的构造，为一玻璃管内盛以液体，抽成真空。当温度升高时，借液体受热膨胀原理，根据液面高低的变化，指示所测温度的高低。因管中所盛液体的不同，有水银温度计、有机液体（酒精、甲苯等）温度计。水银温度计为管中盛以水银，最低可测－25°C，最高则视玻璃管材料而定。一般最高可测500°C。有机液体温度计为玻璃管中盛以酒精、甲苯或石油醚等，可测－200°C的低温度。

温度计的刻度常用的有两种：即摄氏温标（°C）与华氏温标（°F），且现在以摄氏温标最为实用。

摄氏温标：在一个标准压力下，以水的冰点（即凝固温度）做为0度，水的沸点（即沸腾温度）做为100度，两温度之间等分100格，每格称摄氏一度，用英文字母“C”表示。例如：某容器中水温摄氏42度，则以“42°C”表示。其温度的刻度可以在0°C以下和100°C以上连续分度。但是在零度以下时，在温度前应标以“－”号，以示零下若干度，读做“负若干度”或“零下若干度”。例如：水银凝固温度为零下38.9°C，则以“－38.9°C”表示，读做“负38.9°C”或“零下38.9°C”。

华氏温标：在一个标准压力下，以水的冰点（即凝固温度）做为32度，以水的沸点（即沸腾温度）做为212度，在冰点与沸点之间等分180格，每格称华氏一度，用英文字母“F”表示。这种温标为英制采用，适用于欧美大陆，在国内除少数地区习惯应用外，现已多采用摄氏温标了。

在工作中有时会碰到两种刻度温度计的情况，为了明确温度的大小，必须将两种温标，换算为同一种温标。其关系如下：

$$摄氏温度=\frac{5}{9}\times（华氏温度-32）$$

$$华氏温度=\frac{9}{5}\times摄氏温度+32$$

【例】 某锅炉除氧器温度计指示为215.6°F，折合成摄氏若干度？

【解】 代入计算摄氏温度公式中：

$$则摄氏温度=\frac{5}{9}\times(215.6-32)=102°C$$

（2）压力温度计　这种温度计的原理，是利用流体在等容积情况下，温度与压力的变化关系而制造的。压力温度计由测温筒、毛细管与压力计（弹簧管式）组成，这些部件为一密闭容器，互相连通的。

压力温度计可分为气体的、液体的和蒸汽的三种。其主要区别是：气体式压力温度计为密闭容器内充以气体（如：氮N_2）；液体式压力温度计中，则充以沸点高于压力计最高指示温度的液体（如测量水温时，可充以水银Hg）；蒸汽式压力温度计，充以沸点低于压力计最低指示温度的液体（如氯代甲烷CH_3Cl等）。

2.电阻温度计　电阻温度计，是利用金属在温度变化时，其电阻值也随着变化的性质制成的。其电阻的变化是用电流比率计或平衡电桥来测定，而指示刻度不是电阻值而是按温度值来刻度的。

电阻温度计，依照金属导线性质可分为两大类：即铂电阻温度计与铜电阻温度计。温度测量范围：铂电阻温度计为－200～500°C，铜电阻温度计为－50～100°C。铂电阻温度计不允许在振动的地方安装，铜电阻温度计可以承受一般振动。

3.热电偶（也叫热电对、电偶温度计）　热电偶工作原理，是基于金属的热电效应制成的。这种装置的测温金属导线，一端接至由两种金属电极组成的测温装置。而另一端接向刻有温度读数的毫伏表（根据温度不同所产生电势不同的比例而刻度的）。

目前所使用的热电偶，依金属电极材料的不同，可分为两大类：即贵重金属热电偶和非贵重金属热电偶。

热电偶温度计测量范围为0～1600°C左右。

4.辐射高温计　所谓辐射高温计，是通常供测量温度较高（660°C以上）时，所用的一种温度计。

用辐射高温计来测量物体的温度与用其它温度计测量温度的不同点是，高温计本身不需要直接与被测物体接触。

辐射高温计分光学高温计与全辐射高温计。

光学高温度计，系根据物体温度与亮度的关系而制成的。仪器本身设有一个白炽灯灯丝，一对物镜与目镜。测量时，通过物体光亮程度来调节灯丝亮度，当灯丝亮度与被测物体亮度一样时，通过刻度读数，即知此物体温度若干，如图1-4所示。

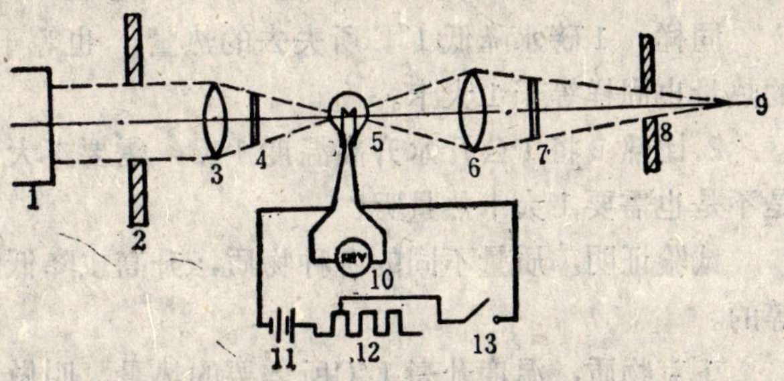

图 1-4　光学高温计原理图

1—被测物体；2—物镜光栅；3—物镜；4—暗色滤光镜；5—白炽灯灯丝；6—目镜；7—单色滤光镜（红色）；8—目镜光栅；9—测温人的眼睛；10—高温计指示表（即毫伏表）；11—干电池；12—可变电阻；13—开关

全辐射高温计是根据光的辐射效

应原理而制成的。成束的热光线辐射到仪器的热电堆（即多组串联的微小热电偶）上，将此热电堆加热，由热电堆所产生的电动势再传达到指示器上，读出其被测温度值来。全辐射高温计无需用手调节，即能得到连续的温度指示值。

上述各种温度计的测温范围，如表 1-3 所示。

各种温度计实用温度测量范围表　　　　表 1-3

名　　称	测量范围（°C）		名　　称	测量范围（°C）	
	由	到		由	到
膨胀温度计：			热电偶：		
水银温度计	-25	500	铂铑—铂	0	1600①
有液体温度计	-200	65	赫罗曼镍—阿留曼镍	0	1300②
压力温度计	0	300	赫罗曼镍—考铜	0	1800③
电阻温度计：			辐射高温计：		
铂电阻温度计	-200	500	光学高温计	800	2000
铜电阻温度计	-50	100	全辐射高温计	900	1800

注：①长时间使用时在1300°C以下。②长时间使用时在1000°C以下。③长时间使用时在 600°C 以下。

三、热 的 量 度

1. 热的单位　物体含热量的多少，不仅与其本身温度有关，而且与本身重量与性质有关。换句话说，如果两种重量相同的同一种物体，则温度高的含热量就多，温度低的含热量就少。为了衡量物体含热量的多少，需要确定热量的单位。

英制热量单位：重量 1 磅的纯水、温度升高 1°F，所需的热量称做 1 个英热单位，以符号 B·T·U 表示。

公制热量单位：重量 1 公斤的纯水，温度升高 1 °C，所需的热量，称做 1 个大卡，以符号Kcal（大卡）表示。1 大卡的千分之一为 1 卡，也就是 1 克的纯水，温度升高 1 °C所需的热量。

例如：1 公斤煤在燃烧时，可发出7000大卡热量。可以说燃烧 1 公斤煤等于70公斤水温度升高100°C所需要的热量，也可以说等于使700公斤水温度升高10°C所需的热量。

同样，1 磅水降低 1°F 所失去的热量，也等于 1 B·T·U；1 公斤水降低 1 °C 所失去的热量也同样等于 1 大卡。

2. 比热　将 1 公斤水升高温度 1 °C，需要 1 大卡热量，若将 1 公斤其他物质升高1°C，是不是也需要 1 大卡热量呢？

试验证明：质量不同的各种物质，升高或降低同样的温度所吸收和放出的热量是不相等的。

1 克物质，温度升高 1 °C所需要的热量，叫做这种物质的热容量。

某一种物质的热容量与水的热容量的比值称为该物质的比热（表 1-4）。一般金属的比热较小，而绝热体比热较大。水的热容量为 1，是所有物质中比热最大者。

3. 热量的计算

$$Q=C\cdot m\cdot(t_2-t_1)$$

常用物质比热数值表　　表 1-4

物质名称	比热	物质名称	比热	物质名称	比热
铅	0.2122	水银	0.033	玻璃	0.199
铁	0.1138	石棉	0.195～0.20	瓷器	0.22
钢	0.1225(1.25%碳)	青红砖	0.22	酒精	0.58
黄铜	0.0917	耐火生粘土	0.26	汽油	0.50
铜	0.0928(40%锌)	钢筋及素混凝土	0.20	煤油	0.50
镍	0.1084	地沥青混凝土	0.40	机油	0.40
锡	0.0556	干木板	0.60	石灰	0.14
铂	0.0320	软木板	0.50	耐火砖	0.20～0.27
铸铁	0.1300	橡胶	0.36		
银	0.0309	沥青	0.40		

式中　Q——物体所增加或减少的热量，大卡；

m——物体的重量，公斤；

C——物质的比热；

t_2——物体终结温度，℃；

t_1——物体开始温度，℃。

计算后，如Q为正值，则表示物体为加热过程，温度逐渐升高；反之，如Q为负值，则表示物体为散热过程，温度逐渐降低。

4.效率：任何吸热与散热过程，除了被利用做为温度升高或降低的热量外，还要损失一部分热量。加热与散热的总热量与所利用的热量的比值称做热效率。

$$热效率=\frac{有效利用的热量}{总热量}(\%)$$

热效率通常用百分数表示。

一般火筒锅炉热效率在55～65%之间。煤油炉、汽油炉、柴油炉和酒精灯的热效率就低的更多。有的为30%，最低者仅为1%左右。

锅炉热效率的测定，将在后面详述。

四、热的传播

实验证明，一切物体热的传播，都是由高温向低温进行。

热的传播方式有三种形式：

1.热的传导　物体借本身分子的传递，自高温传至低温部分，或两种不同的物体，彼此借接触传递热量，称为热的传导。这种热的传递方式多指固体的传热。善于传导热的物质，叫做热的良导体，不善于传导热的物质，称为热的不良导体，或称绝热体。如各种金属为良导体，其中以银最好，其次为铜。木材、玻璃、陶瓷为不良导体。静止的空气传导热量最差，因此，松软多孔的物质，导热性能较差，可做保温、绝热用，如棉花、石棉、软木等。

2.热的对流 通过流体运动来传播热量的方式，叫做对流。流体（指液体和气体）受热膨胀、重量减轻而上升，温度低的流体就来弥补它的位置，因此将高温热量传到低温的地方。如冬季房间取暖、炉水循环等皆是。锅炉与火炉的烟囱，所以产生抽力的原因，就是利用这一原理。对流传热只能在可以产生流动的液体与气体中发生，而固体的传热，是没有对流方式的。

对流传热中，高温与低温的差别越大，流体流动速度越快，则对流传热效果越好；温度差别越小，流体流动速度越慢，则对流传热效果也越差。

3.热的辐射 高温物体不通过接触或流动，直接将热量散发给低温物体的传热方式，称为热的辐射。地球从太阳得到的热量，就是辐射传热的方式。热的辐射方式，在锅炉方面的应用有：炉膛内周围的水冷壁管，就是一种辐射传热的方式。辐射所传递的热量与其绝对温度的四次方成正比，也就是高温物质绝对温度（$K=C+273°C$）增加二倍时，则所传递的热量增加为十六倍。所以，在现代大型锅炉设备中，大量增加炉膛水冷壁为其主要受热面积，就是这个道理。

五、受热面积

凡锅炉受压部件，一面有烟气或火焰加热，一面有汽、水介质冷却的表面积（以烟气侧表面积计算），均叫锅炉受热面。在炉膛四周布置的水冷壁，由于吸收辐射热，叫辐射受热面。在烟道内布置的受热面，因接受烟气的对流传热，称对流受热面。省煤器、空气预热器的受热面积，则称锅炉尾部受热面。

六、锅炉蒸发量

即锅炉每小时将水变为蒸汽的能力，一般以公斤/时或吨/时表示。若以蒸发量被受热面积来除，得出的单位面积的蒸发量，称蒸发率，单位是公斤/时·米^2。老式锅壳锅炉的容量，常以锅炉马力表示。一般以每小时蒸发量15.65公斤，折合1锅炉马力。即1吨/时蒸发量约合60～64锅炉马力。

第三节 水与水蒸汽性质

一、水的特性

世界上水约占地球面积四分之三，而陆地只占地球面积四分之一。水是良好的溶解质，没有任何一种液体比它所能溶解的物质再多了。水是无色、透明、无味、无嗅的液体。当水中含有杂质时，即呈现色、味等现象，变更或影响了原有的物理性质。水是由氢与氧化合而成，其化学分子式为H_2O。水具有气体、液体和固体三态特性，可以由水蒸汽变为水，又可由水变为冰。

水还具有下列特性：

1.水的体积在4°C时最小 当温度升高时，水的密度减小，因而体积膨胀；反之，当温度降低时，其密度也减小，体积也增加。这种现象可以从冬天花瓶内的水结成冰后，将花瓶胀裂；锅炉生火时，炉水水位如果过高，当温度升高后易满水等看出。所以说，水在温度4°C时，其重量最大，体积最小。

2.水的比热最大 也就是说水升高温度1°C时，所需要的热量是最大的。而其他物质升高1°C时，所需要的热量比水需要的热量都小。所以水常做冷却、吸热的介质。当然，水除了这一特性外，还兼有方便、到处皆可找到等优点，以致被人们所利用。

3.水的压力与温度有关 当水在标准大气压力下被加热，温度升至100°C时，水即开始沸腾。水在沸腾时的温度，我们叫它作“沸点”。沸点是随压力的增加而提高的。如水在10个大气压力下的沸点，就不是100°C了，而是183.2°C。因此，水的沸腾温度不是一个不变的数，而是随着周围压力的变化而变化。但在一定压力下，水的沸点是不变的，即使继续增加热量，其沸点也是一定的，这时，只会使水逐渐汽化，而不会再提高温度。一定压力下水的沸腾温度，又称在此压力下的水的饱和温度。

4.液体热（或称显热） 即当水被加热时，每增加一些热量，水的温度便提高一些，也就是说，增加热量的多少，可以由水温的增高而显示出来。这种热量即称水的液体热，也称“显热”。水的液体热仅可提高水的温度，而不改变水的形态。

5.水具有液体的一般通性 由于水也是一种液体，故具有在压力相等条件下，各个部分的水面保持在同一平面上。如锅炉水位表内的水面是与锅筒（或锅壳）中的水面是一致的；同时，水还具有某一部分受到压力作用时，它便以大小相等的压力向其余部分传递的性质。如锅炉作水压试验时，就是利用这个道理；水没有一定的形状、具有一定的体积等。

二、水蒸汽的性质

1.汽化热（或称潜热） 当在一定压力条件下，水已达到饱和温度（即沸点），如果热量仍在不断增加，水的温度也不增高，而是由液态向气态逐渐转化。所增加的这部分热量，我们叫它是汽化热（或称潜热）。它的增加多少，不能由温度来觉察，而只是在形态上发生了变化。如炉水在锅炉中，由于连续加热，炉水到达饱和温度后，即开始产生蒸汽，把水由液体转化成蒸汽形式了。这时所产生的蒸汽，其温度是不变的，仍为水的饱和温度。这种具有饱和温度的蒸汽，我们叫它是饱和蒸汽。饱和蒸汽由于含有一定的水分，一般也叫“湿气”。

2.过热蒸汽 当饱和蒸汽通过过热器时，继续增加热量，不仅把所含水分完全变为蒸汽，同时，蒸汽温度也随着热量的增加而提高，这种蒸汽就叫“过热蒸汽”，或称“干汽”。过热蒸汽含有较大的热量，且完全是没有水分的，本身具有较大能量，因此，常用作推动汽轮机来发电或做为其他动力用。而在工业加热或采暖中，则常用饱和蒸汽，很少采用过热蒸汽。因为在水变为汽时，汽化热要比过热热量大许多倍。当饱和蒸汽遇冷后，即转化为饱和水，放出大量汽化热，而过热蒸汽遇冷后，仍为蒸汽，所放出的过热热量相对来讲是较小的，尤其在汽压越低时，差别越大。因此，工业上或采暖上常用压力均在3～4公斤/厘米^{2}以下。采用低压蒸汽后，蒸汽可大部分变为冷凝水，热量损失较小，而过热蒸汽散出过热的那部分热量后，仍为蒸汽，热损失较大。

3.饱和蒸汽的含热量 由上所述，饱和蒸汽的含热量应等于液体热与汽化热之和。如在10公斤/厘米^{2}下的饱和蒸汽含热量（由饱和蒸汽性质表查出），应等于液体热185.7大卡/公斤加汽化热478.4大卡/公斤，即饱和蒸汽的总含热量为664.1大卡/公斤。

饱和蒸汽性质与过热蒸汽性质，见表1-5、表1-6所示。

饱和蒸汽性质表（以绝对压力编制） 表 1-5

绝对压力 P	饱和温度 t_b	水的比容 v'	蒸汽比容 v''	蒸汽重度 γ''	焓（大卡/公斤）		汽化热 r
公斤/厘米^2	°C	米^3/公斤	米^3/公斤	公斤/米^3	水 i'	蒸汽 i''	大卡/公斤
0.01	6.698	0.0010001	131.6	0.007599	6.73	600.2	593.5
0.05	32.55	0.0010052	28.36	0.03482	32.57	611.5	578.9
0.10	45.45	0.0010101	14.95	0.06689	45.45	617.0	571.6
0.15	53.60	0.0010138	10.20	0.09804	53.59	620.5	566.9
0.20	59.67	0.0010169	7.789	0.1284	59.65	623.1	563.4
0.25	64.56	0.0010196	6.318	0.1583	64.54	625.0	560.5
0.30	68.68	0.0010220	5.324	0.1878	68.66	626.8	558.1
0.35	72.24	0.0010241	4.613	0.2170	72.23	628.2	556.0
0.40	75.42	0.0010261	4.066	0.2459	75.41	629.5	554.1
0.45	78.27	0.0010279	3.641	0.2746	78.27	630.6	552.3
0.50	80.86	0.0010296	3.299	0.3031	80.86	631.6	550.7
0.60	85.45	0.0010327	2.782	0.3595	85.47	633.5	548.0
0.70	89.45	0.0010355	2.408	0.4153	89.49	635.1	545.6
0.80	92.99	0.0010381	2.125	0.4706	93.05	636.4	543.3
0.90	96.18	0.0010405	1.903	0.5255	96.26	637.6	541.3
1.0	99.09	0.0010428	1.725	0.5797	99.19	638.8	539.6
1.1	101.76	0.0010448	1.578	0.6337	101.87	639.8	537.9
1.2	104.25	0.0010468	1.455	0.6873	104.38	640.7	536.3
1.3	106.56	0.0010487	1.350	0.7407	106.72	641.6	534.9
1.4	108.74	0.0010505	1.259	0.7943	108.92	642.3	533.4
1.5	110.79	0.0010522	1.181	0.8467	110.99	643.1	532.1
1.6	112.73	0.0010538	1.111	0.9001	112.95	643.8	530.8
1.7	114.57	0.0010554	1.050	0.9524	114.81	644.5	529.7
1.8	116.33	0.0010570	0.9954	1.0046	116.60	645.1	528.5
1.9	118.01	0.0010585	0.9462	1.057	118.30	645.7	527.4
2.0	119.62	0.0010600	0.9018	1.109	119.94	646.3	526.4
2.1	121.16	0.0010614	0.8616	1.161	121.5	646.8	525.3
2.2	122.65	0.0010627	0.8248	1.212	123.0	647.3	524.3
2.3	124.08	0.0010640	0.7912	1.264	124.5	647.8	523.3
2.4	125.46	0.0010653	0.7603	1.315	125.9	648.3	522.4
2.5	126.79	0.0010666	0.7318	1.367	127.2	648.7	521.5
2.6	128.08	0.0010678	0.7055	1.417	128.5	649.2	520.7
2.7	129.34	0.0010691	0.6808	1.469	129.8	649.6	519.8
2.8	130.55	0.0010703	0.6581	1.520	131.1	650.0	518.9
2.9	131.73	0.0010714	0.6363	1.570	132.3	650.3	518.0
3.0	132.88	0.0010726	0.6169	1.621	133.4	650.7	517.3
3.1	134.00	0.0010737	0.5982	1.672	134.6	651.1	516.5
3.2	135.08	0.0010748	0.5807	1.722	135.7	651.4	515.7
3.3	136.14	0.0010758	0.5645	1.772	136.8	651.8	515.0
3.4	137.18	0.0010769	0.5486	1.823	137.8	652.1	514.3
3.5	138.19	0.0010779	0.5338	1.873	138.9	652.4	513.5
3.6	139.18	0.0010789	0.5199	1.923	139.9	652.8	512.9
3.7	140.15	0.0010800	0.5066	1.972	140.9	653.0	512.1

续表

绝对压力 P	饱和温度 t_b	水的比容 v'	蒸汽比容 v''	蒸汽重度 γ''	焓(大卡/公斤)		汽化热 r
公斤/厘米^2	°C	米^3/公斤	米^3/公斤	公斤/米^3	水 i'	蒸汽 i''	大卡/公斤
3.8	141.09	0.0010809	0.4942	2.024	141.8	653.3	511.5
3.9	142.02	0.0010819	0.4822	2.074	142.8	653.6	510.8
4.0	142.92	0.0010829	0.4709	2.124	143.7	653.9	510.2
4.1	143.81	0.0010838	0.4601	2.173	144.6	654.1	509.5
4.2	144.68	0.0010847	0.4498	2.223	145.5	654.4	508.9
4.3	145.54	0.0010857	0.4399	2.273	146.4	654.7	508.3
4.4	146.38	0.0010866	0.4305	2.323	147.3	654.9	507.6
4.5	147.20	0.0010875	0.4215	2.373	148.1	655.2	507.1
4.6	148.01	0.0010884	0.4129	2.422	149.0	655.4	506.5
4.7	148.81	0.0010893	0.4045	2.472	149.8	655.6	505.8
4.8	149.59	0.0010902	0.3966	2.521	150.6	655.9	505.3
4.9	150.36	0.0010910	0.3890	2.571	151.4	656.1	504.7
5.0	151.11	0.0010918	0.3817	2.620	152.1	656.3	504.2
5.2	152.59	0.0010935	0.3679	2.718	153.7	656.7	503.0
5.4	154.02	0.0010951	0.3550	2.817	155.1	657.1	502.0
5.6	155.41	0.0010967	0.3431	2.915	156.6	657.5	500.9
5.8	156.76	0.0010983	0.3319	3.013	158.0	657.9	499.9
6.0	158.08	0.0010998	0.3214	3.111	159.3	658.3	498.9
6.2	159.36	0.0011013	0.3116	3.209	160.7	658.6	497.9
6.4	160.61	0.0011028	0.3024	3.307	162.0	659.0	497.0
6.6	161.82	0.0011043	0.2938	3.404	163.2	659.3	496.1
6.8	163.01	0.0011057	0.2856	3.501	164.5	659.6	495.1
7.0	164.17	0.0011071	0.2778	3.600	165.7	659.9	494.2
7.2	165.31	0.0011085	0.2705	3.697	166.9	660.2	493.3
7.4	166.42	0.0011099	0.2636	3.794	168.0	660.4	492.4
7.6	167.51	0.0011113	0.2570	3.891	169.2	660.7	491.5
7.8	168.57	0.0011126	0.2507	3.989	170.3	661.0	490.7
8.0	169.61	0.0011139	0.2448	4.085	171.4	661.2	489.9
8.2	170.63	0.0011152	0.2391	4.182	172.4	661.4	489.0
8.4	171.63	0.0011165	0.2337	4.279	173.4	661.7	488.3
8.6	172.61	0.0011177	0.2286	4.375	174.5	661.9	487.4
8.8	173.58	0.0011189	0.2236	4.472	175.5	662.1	486.6
9.0	174.53	0.0011202	0.2189	4.568	176.5	662.3	485.8
9.2	175.46	0.0011214	0.2144	4.664	177.5	662.5	485.0
9.4	176.38	0.0011226	0.2100	4.762	178.5	662.7	484.2
9.6	177.28	0.0011238	0.2058	4.859	179.4	662.9	483.5
9.8	178.16	0.0011250	0.2019	4.953	180.3	663.1	482.8
10.0	179.04	0.0011262	0.1980	5.051	181.3	663.3	482.1
10.5	181.16	0.0011291	0.1890	5.291	183.5	663.7	480.2
11.0	183.20	0.0011319	0.1808	5.531	185.7	664.1	478.4
11.5	185.17	0.0011346	0.1733	5.770	187.7	664.5	476.8
12.0	187.08	0.0011373	0.1663	6.013	189.8	664.9	475.1
12.5	188.92	0.0011399	0.1599	6.254	191.7	665.3	473.6

续表

绝对压力 P	饱和温度 t_b	水的比容 v'	蒸汽比容 v''	蒸汽重度 γ''	焓（大卡/公斤）		汽化热 r
公斤/厘米²	°C	米³/公斤	米³/公斤	公斤/米³	水 i'	蒸汽 i''	大卡/公斤
13.0	190.71	0.0011426	0.1540	6.494	193.6	665.6	472.0
13.5	192.45	0.0011451	0.1485	6.734	195.5	665.9	470.4
14.0	194.13	0.0011476	0.1434	6.974	197.3	666.2	468.9
14.5	195.77	0.0011501	0.1387	7.210	199.1	666.4	467.4
15.0	197.36	0.0011525	0.1342	7.452	200.7	666.7	465.9
15.5	198.91	0.0011548	0.1300	7.692	202.4	666.9	464.5
16.0	200.43	0.0011572	0.1261	7.930	204.0	667.1	463.1
16.5	201.91	0.0011595	0.1224	8.170	205.6	667.3	461.7
17.0	213.35	0.0011618	0.1189	8.410	207.2	667.5	460.3
17.5	204.76	0.0011640	0.1156	8.651	208.7	667.7	459.0
18.0	206.14	0.0011662	0.1125	8.889	210.2	667.8	457.6
18.5	207.49	0.0011684	0.1095	9.132	211.7	668.0	456.3
19.0	208.81	0.0011706	0.1067	9.372	213.1	668.2	455.1
19.5	210.11	0.0011728	0.1040	9.615	214.5	668.3	453.8
20.0	211.38	0.0011749	0.1015	9.852	215.9	668.5	452.6

过热蒸汽性质表 表 1-6

绝对压力	性质	温度（°C）						
		180	200	230	250	300	350	400
5	比容 v	0.4129	0.4334	0.4637	0.4836	0.5327	0.5812	0.6294
	含热量 i	671.7	681.7	696.6	706.6	731.4	756.4	781.5
	比热 C_p	0.526	0.507	0.493	0.490	0.491	0.494	0.500
6	比容 v	0.3416	0.3591	0.3848	0.4016	0.4428	0.4834	0.5237
	含热量 i	670.1	680.6	695.7	705.7	730.7	755.9	781.1
	比热 C_p	0.544	0.517	0.500	0.495	0.494	0.496	0.502
7	比容 v	0.2906	0.3059	0.3283	0.3429	0.3785	0.4136	0.4483
	含热量 i	668.8	679.4	694.7	704.9	730.1	755.3	780.6
	比热 C_p	0.564	0.528	0.507	0.500	0.497	0.498	0.503
8	比容 v	0.2524	0.2662	0.2860	0.2990	0.3305	0.3613	0.3918
	含热量 i	667.3	678.2	693.8	704.1	729.4	754.9	780.3
	比热 C_p	0.588	0.540	0.515	0.506	0.501	0.500	0.505
9	比容 v	0.2226	0.2353	0.2531	0.2647	0.2930	0.3205	0.3477
	含热量 i	665.6	676.8	692.7	703.2	728.7	754.3	779.9
	比热 C_p	0.616	0.555	0.523	0.511	0.504	0.502	0.506
10	比容 v	0.1987	0.2103	0.2268	0.2374	0.2630	0.2879	0.3126
	含热量 i	663.8	675.4	691.9	702.4	728.0	753.8	779.5
	比热 C_p	0.646	0.572	0.531	0.517	0.508	0.504	0.507
11	比容 v		0.1900	0.2051	0.2149	0.2386	0.2613	0.2838
	含热量 i		674.1	690.9	701.5	727.3	753.2	779.1
	比热 C_p		0.592	0.540	0.524	0.512	0.506	0.508

续表

绝对压力	性质	温			度		(°C)	
		180	200	230	250	300	350	400
12	比容 v		0.1728	0.1872	0.1963	0.2181	0.2390	0.2598
	含热量 i		672.9	690.0	700.6	726.7	752.8	778.7
	比热 C_p		0.615	0.549	0.531	0.516	0.509	0.510
13	比容 v		0.1584	0.1719	0.1804	0.2008	0.2202	0.2394
	含热量 i		671.5	689.0	699.8	726.0	752.2	778.2
	比热 C_p		0.639	0.559	0.538	0.520	0.511	0.511
4	比容 v		0.1460	0.1588	0.1669	0.1859	0.2041	0.2220
	含热量 i		670.0	688.0	698.9	725.1	751.7	777.9
	比热 C_p		0.664	0.570	0.546	0.524	0.514	0.513
17	比容 v			0.1287	0.1356	0.1519	0.1671	0.1821
	含热量 i			684.5	695.9	723.3	750.2	776.7
	比热 C_p			0.609	0.574	0.538	0.521	0.519

第四节 燃料与燃烧

一、燃料的分类

燃料基本上可分为两大类：

1.天然燃料 即用它原有状态可以直接燃烧的燃料。

2.人造燃料 是天然燃料经过人工处理后，再用来做为燃料的。

这两大类又可分为固体的、液体的和气体的三种不同形态的燃料，表 1-7 所示。

燃料分类表 表 1-7

天然燃料	固体	木材、泥煤、褐煤、烟煤、无烟煤、木屑、甘蔗渣等
	液体	植物油、动物油、石油等
	气体	天然煤气、沼气等
人造燃料	固体	木炭、焦炭等
	液体	煤焦油、页岩油、石油分馏品、人造汽油、酒精等
	气体	煤气、水煤气、发生炉与鼓风炉煤气等

固体燃料以煤为主，且煤在我国的储藏量很大，资源丰富。目前，绝大部分的锅炉均用煤做为燃料。

液体燃料以石油产品为主要来源。石油的发热量比煤高，使用油类不但节省人力，又易于保持炉膛（火室）的温度，减少锅板、烟管的腐蚀、破裂及漏泄。

气体燃料分天然煤气与人造煤气，其成分与热量，各产区互不相同。

我们将要谈的燃料与燃烧，完全系指煤的燃烧过程、所含成分等。

二、煤的生成与分析

1.煤的生成和成分

煤是古代植物，因地壳变形埋没于地层当中，经年久受地热、地压及炭化作用而形成的。因生成的年代、地区和炭化程度的不同，而有各种类型的煤出现。煤的主要成分有碳、氢、氧、硫、磷、氮和灰分等。

2.煤的元素分析

（1）碳：是煤中主要成分。包括固定炭和挥发物（指碳氢化合物）中的碳。碳燃烧后，供给主要的热量，其燃烧时间最长。完全燃烧后变成二氧化碳（无色、无味、比空气重、无毒气体），不完全燃烧时，则除变成二氧化碳以外，还产生一氧化碳（无色、无味、比空气轻、有剧毒）。

（2）氢：当煤燃烧时，氢与氧起化学变化，发出一部分热量。氢是比空气轻很多倍的气体，可以自燃，帮助加速点火。另外有一部分氢燃烧后生成水，与煤中的水分一同变成水蒸汽。

（3）氧：煤中的氧不能以元素形式单独存在，完全是和其他元素以化合形式存在的。氧只起助燃的作用，不能自燃。低等级的煤中含氧化物较多，故发热量较低。

（4）硫：大部分是和铁化合成黄铁矿，存在于煤中。其含量（按重量说）约占0.5～2.5%左右，燃烧后生成二氧化硫和氧化亚铁。二氧化硫遇水变成亚硫酸，对钢板起腐蚀作用。所以煤中含硫量以低于1.5%为宜。

（5）氮：是不能燃烧的气体，在煤中含的很少，大约为0.5～1.5%，很少有超过2%的。燃烧时，随其它气体一同排出，损失热量，对燃烧无好作用。

（6）其他：在煤中还含有极少的磷，对燃烧没有作用。此外，除以上成分外，剩下的就是灰分。

3.煤的工业分析

按照工业法分析时，煤的成分可分为：

（1）挥发物：煤加热到一定温度，首先发生的气体火焰，就是挥发物。测量挥发物多少的方法是：将一定量的煤粉，加热到温度850°C、维持七分钟，即可将挥发物全部驱出，然后再称其重量，与原来的重量比较，其减少的数值就是挥发物的重量。

（2）固定炭：挥发物燃烧分离以后，余下的便是骸炭。骸炭中除一部分灰分以外，便是固定炭。固定炭在燃烧时，和氧化合成二氧化碳，发出全部热量，如果空气供给不足，便生成一氧化碳。一氧化碳，仅发出全部热量的一部分，即损失一部分热量。一氧化碳遇氧后，仍能化合成二氧化碳，放出所含的热量，补足全部热量。

（3）灰分：煤在燃烧后，残留的不能燃烧的部分叫灰分。一种是夹在煤中的土砂，另一种是原来存在植物中的矿物质。普通的煤均含有灰分2～15%。灰分中含有石灰质时，燃烧后残留在灰中，促使氧化铁熔化，形成熔渣。

（4）水分：煤中水分的含量，依照生成年代的不同有多有少，由于采煤后存放时间的久暂，所含水分也有变化。新采的煤所含的水分比较多，煤块比煤末含有的水分多，洗煤后与下雨后水分比较多。

煤中的水分大部分是以湿气的形态存在于煤内，另一部分水则以化合水的形式存于煤中，并不形成水的形态。

（5）发热量：煤在完全燃烧时，所发出的全部热量，叫做煤的发热量，也就是煤的热值。计算发热量的单位是大卡/公斤。

煤的发热量大小，可用以下三种方法得出：

①利用热量计测量：将煤放在金属瓶里燃烧，放出热量，使周围的水升高温度，由水的升高温度来计算煤的热值。

②依照所含化学元素的多少来计算，可得出近似的数值。虽然在理论上知每一种元素在燃烧时放出多少热量，但相互间复杂的化学变化，化合又再度分解，吸热又放热，这种变化到现在还不能完全了解。因此，虽知道煤的成分，在理论上并不能算出精确的发热量，只能得出相近的数值。

③依照工业分析来计算。根据工业分析的成分，按固定炭及挥发物的多少来计算煤的发热量。

在研究燃料性质时，通常把它区分为应用基亦称工作基（包括灰分及全水分，以右上角加 g 表示）、分析基（分析试样用，不包括外在水分，以右上角加 f 表示）、干燥基（不包括全水分的燃料成分，以右上角加 z 表示）、可燃基（燃料的可燃物质成分，即不包括灰分及全水分，以右上角加 r 表示）。燃料换算基质时，可根据换算系数求得。

三、煤的特性和分类

煤的碳化程度，是决定煤的成分和发热量多少的主要因素。碳化程度高低的顺序是无烟煤、烟煤、褐煤到泥煤，逐级减低的。锅炉用的煤划分如下：

1.无烟煤 又称为白煤、石煤或红煤。质地坚硬、断面深黑色且有金属光泽，结构均匀无层次，密度大，比重约为1.4～1.8。主要成分为固定炭，故发热量大，燃烧时发蓝色火焰。缺点：挥发物太少，不易点火，燃烧时火焰短。我国阳泉和中福等矿所产即属此种。

2.有烟煤 分布广，产量多，为锅炉用煤中普遍采用的一种燃料。

（1）质软、色黑、有光泽，此种煤包括种类很多。

（2）固定碳含量在50%以上，但低于无烟煤。易燃。当挥发物含量在35%以上时，又分为结块煤和不结块煤（自由燃烧煤）两类。

（3）含多量硫化铁的烟煤，燃烧时容易粘结。

（4）火焰长、发热量大。

我国博山、六河沟、磁县、井陉、萍乡、本溪、中兴、开滦等处的煤为结块性煤，八道濠、临城、大同、宣城、汤源、北票等处的煤属于不结块性煤。

3.褐煤 褐煤外表有的尚有木纹，碳化程度较高者其光泽似烟煤，多现棕色，也称棕煤。

（1）色褐、质脆弱，干燥时易自行破碎。

（2）含固定炭少，水分约占40%。

（3）容易风化，着火点低。

（4）火焰长，发热量小，故仅及好煤的一半。

我国所产的这种煤并不多，锅炉上也较少应用。

表1-8为各种煤的固定炭与挥发物含量表。

各种煤固定炭及挥发物比较表 **表 1-8**

类　　　　别	固　定　炭（%）	挥发物及其它(%)
无　烟　煤	87以上	13以下
烟　　　煤	50～87	13～50
褐　　　煤	50以下	50以上

四、煤的风化作用和自然发火

为了使锅炉正常运转，必须有足够数量的存煤。同时，为了应急需要和减少麻烦起见，往往要储存一定数量的煤。存煤时须注意以下几点：

1.堆积处最好不受雨淋日晒；

2.不可堆积在能透潮气的地上或堆近墙边；

3.取用煤时，应先取存放时间较长、温度较高处的煤；

4.不应堆的太高太厚，一般应在３米以下；

5.堆积时宜大小块掺杂，不让大块滚下。

在储存的煤中，由于吸收空气中的氧气，渐渐氧化，颜色暗淡，质渐脆弱，发热量减少，这种现象，叫做风化。其原因系煤中的铁矿，被空气中的氧气氧化，及煤中的炭和氢直接与氧化合所致。当黄铁矿氧化时，体积膨胀，使煤自行破裂，更促进风化作用。挥发物含量多的煤，风化作用较为严重。粉煤虽氧化面积较大，但空气不易流通，故大块煤易起风化作用。风化后的煤，因品质降低，其发热量减少程度，与煤的种类、形状、贮存方法及气候等条件有关，最少每年减少３%，最多减少18%。

存煤因风化所生的热，若不使之逸散，此热更能助长氧化，使风化作用加快，温度急速上升，最后达到煤的燃烧温度时，使煤燃烧，这叫做煤的自燃。自燃现象，也和风化作用一样，因煤的性质、形状、气候及贮存方法等条件有关。虽然这些条件，不是人力所能改变的，但是在贮存方法上，可以尽一切力量来防止其自燃。因此，在存煤时，务必要使煤场通风良好（在存煤堆中，可装木制的通风筒），保持低温度，不可混入燃点较低的物质，并且煤场中应充分干燥。若能设法避免风雨和日光的直射，储于有盖的存煤场所，按照上面的五项条件存煤，那就较安全了。

五、煤的发热量

煤的发热量也就是煤的热值。１公斤煤完全燃烧后，所能发生的全部热量，叫做煤的热值或发热量。

若将煤燃烧生成的水蒸汽（包括煤中的所含水分、氢和空气中的氧化合所生的水蒸汽），重新变成水，并且能得到所放出的热量，这样所量出的热量叫做高位发热量（或叫做高位热值）；当水蒸汽中的汽化热，忽略不计时，则此发热量叫做低位发热量（或叫低位热值）。我国有关部规定，所有燃煤一律按低位发热量计算。

煤的发热量有高有低，各地的煤都不相同，因而使用价值便有差别。为了对比和计算上的便利，通常是把各种煤换算成一种统一的煤种。我国铁道部规定，每１公斤煤发热量为7000大卡时，叫做1公斤标准煤。

例如，1公斤富家滩煤的发热量是6777大卡，换算成标准煤，就是6777÷7000=0.968，也就是说1公斤富家滩煤只抵标准煤的0.968公斤。

六、煤的选用

首先，在用煤时，要知道所用锅炉烧哪一种煤能获得最大的蒸发量，最有效益。

注意事项有以下几条：

1.每公斤煤的发热量是多少，注意按一定热量来核算价格，以每1大卡多少价值来进行考虑用煤；

2.注意煤的质量如何，是否适用，结渣出渣的情况如何；

3.煤中挥发物为15～20%为最理想；

4.煤中成分如何。含硫、水、灰的数值，对燃烧与热量影响很大，如表1-9，表1-10所示；

5.煤块均匀，并能长期供应的。

灰分对煤的发热量的影响表　　表1-9

煤中灰分(%)	每公斤煤发热量(大卡)	煤中灰分(%)	每公斤煤发热量(大卡)
10	7120	20	6270
14	6860	22	6090
16	6640	24	5960
18	6480	26	5830

水分对煤的发热量的影响表　　表1-10

煤中所含水分(%)	每公斤煤的发热量(大卡)	煤中所含水分(%)	每公斤煤的发热量(大卡)
0	6650	30	4430
10	5920	40	3710
20	5150	50	2990

由以上两表可见，煤中含有过多的水分时，则煤的发热量减低的比例较灰分更大。

锅炉型式与选煤关系极大。如锅炉炉膛（或炉排）地位不大，受热面距炉排较近，则不宜用挥发物太多而燃烧太快的烟煤；锅炉的炉膛较大，中间有火砖砌隔，而使空气得以混合者，则宜用含挥发物较大的烟煤。

含有多量灰分的煤，须有良好通风以助燃烧。如不增加风压，则灰分即影响煤的完全燃烧，又有结成溶渣的可能。且灰分含量较大，也增加了除灰次数与运灰的经常费用。

七、煤的燃烧性质

1.固有水分　固定碳越多，水分越少；挥发物越多，所存水分也多。水分在燃烧时，大都化作蒸汽排出，损失一部分热量。然而实际煤的发热量，并不完全因蒸汽排出而减少热量。因为有一部分水，在燃烧时起复杂的分解化合作用，能帮助煤的燃烧，所以也有它一定的好处。但水分含量过多，则对燃烧不利，损失热量较多。

结块性的煤	固有水分约1～4%
结块性弱的煤	固有水分约5～7%
不结块的煤	固有水分约10～16%

2.挥发物 通常挥发物占煤20～30%为优质炼焦煤，挥发物为15～20%为理想的锅炉用煤。挥发物高的煤，燃烧时发生长大火焰，可提高传热效率，非常适合锅炉使用。但如果炉膛内温度不高、空气供给不足时，便不能完全燃烧，挥发物呈黑烟排出，并带走一部分热量，对燃料的使用不经济，而且污染大气。

3.结块性 煤的结块，同时又膨胀，是在燃烧中重要的性质。结渣有两种：有硬渣与软渣之分。硬渣系灰分熔化而成，或因灰中之一部分熔化而成，故皆成小块渣落入灰斗中。软渣系成熔液状态留在炉排上，温度降低即成硬块。软熔渣越积越大，阻碍通风。

结块分三个步骤进行：

（1）结块的煤到了一定温度会软化；

（2）煤块内部所储藏的气体，受热膨胀产生压力将液体压出煤表面，从细纹中流出（似浓油）；

（3）使各小块煤彼此互相粘结成为大块。

燃烧结块性的煤，火层温度上升到370°C时，煤层就渐渐软化成为胶状，因此，通风风压必须提高才能继续燃烧。火层温度至450°C，胶状的煤块变成半焦炭状态，胶状煤块内部所储藏的气体因此得以逸出，故370～450°C称为胶状温度。在此温度中间结块性煤产生柏油（沥青），柏油的产生至600°C才停止，700～800°C时发热量最高。

结块性的强弱依照下列因素发生变化：

（1）煤的颗粒大小：结块煤，直径3毫米，燃烧至胶状温度，全部煤屑变为胶状成大块；直径6毫米的小块煤，经过胶状温度并不膨胀，只是液质流出，在表面上起泡，各小粒也并不结大块。

（2）灰分：灰分高反能阻碍胶结作用。例如含灰5%比含灰15%容易结块。

（3）燃烧率：燃烧率高能减少结块作用。

（4）燃烧方法：燃烧时将结块煤播散成一薄层，使煤中胶体首先烧去便不易结块。

4.灰分和熔点 煤中含灰过多，一方面阻碍通风，另一方面如果熔点低容易形成熔渣。测量灰的熔点是将煤燃烧后剩下的灰分磨成粉末测量。各种煤质所含灰分的熔点高低不同，同一煤质中灰分的全体未必都能熔化，即使全部熔化其各组成部分的熔点也未必全同。因此除非测得的熔点极低，才易结成熔渣。假若所测熔点很高，其熔化部分常占灰分的一小部分，它就不可能将大部分不熔部分粘成熔渣。表1-11是一般灰的熔化温度对于结渣的影响。

灰分的颜色，根据所含的成分不同，可生成各种不同颜色。依照颜色的不同，大致可以推断其熔点的高低，同时也可以推断出熔渣的形成过程。

白色灰，大都是硅酸盐及氧化铝的生成物。熔点比较高，不易生成熔渣，无烟煤大都属于此种；红色灰，是氧化铁的生成物。氧化铁能使灰的熔点降低，所以红色灰的煤容易生成熔渣；煤中含有硫黄时，虽也能生成熔渣，但颜色不是红色，而呈黄绿色；若煤中含

灰分与熔渣关系表 **表 1-11**

灰 分 熔 点	1425～1710°C	不结熔渣
灰 分 熔 点	1200～1425°C	可能结熔渣，但不严重
灰 分 熔 点	1040～1200°C	结熔渣很严重，应设法补救

有多量的铁，再遇空气供给不足时，灰分可成为黑色或深灰色；若熔渣生成后再与硅酸结合，则生成硅酸铁，此时，灰分为黑色或绿色。

灰分含量多的煤，不仅使用不方便，同时增加了劳动强度，消耗许多热量和增多运输费用，很不经济。

5.硫 一般煤的含硫量约占煤重0.5～2.5%，个别的煤种有时超出2.5%。硫在原煤中有三种形态：（1）二硫化铁；（2）有机硫化物；（3）硫的化合物。二硫化铁遇热到500°C时分解为硫，如图1-5所示，并起三种不同的作用。

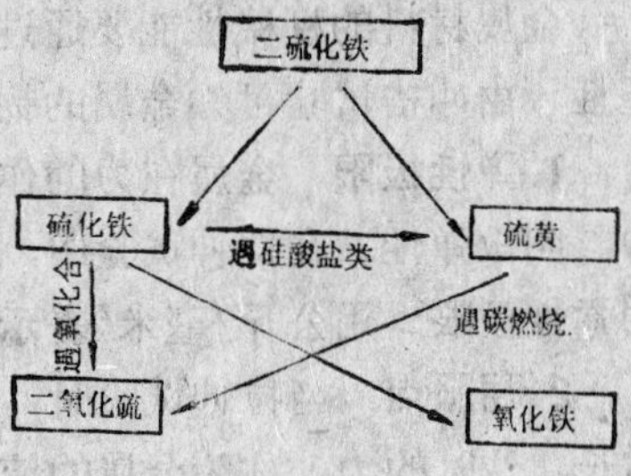

图 1-5 硫的遇热分解图

（1）有过量空气时，产生二氧化硫（遇水变成亚硫酸，对锅炉尾部受热面起腐蚀作用）；

（2）硫化铁和灰中的硅酸盐化合，放出硫黄，扩大熔渣；

（3）硫和碳化合成为有机硫化物，燃烧时有机硫化物产生二氧化硫。

第五节 锅炉用金属材料

一、锅炉用金属材料的特殊要求

由于锅炉是一种受压容器，它不同于一般桥梁、机床、车辆只受拉伸或弯曲力的作用。锅炉用金属材料，不仅在常压下要有一般结构钢的性能，而且能在较高压力下，具有良好的机械性能；锅炉是一种特殊的受压容器，它不仅要承受压力的作用，而且经常地连续地处于高温状态下工作，因此，又要求锅炉用金属材料，具有较优的耐热性能；锅炉内有水、汽的侵蚀，外有烟、灰的冲刷与腐蚀，要求锅炉用金属材料，尚要具有一定的抗蚀能力；锅炉经常停炉与开炉，负荷不稳时，压力变化的幅度也是较大的，因此，又要求锅炉用金属材料要经得起往复力的作用，不致很快产生疲劳或破裂；锅炉在发生事故或突然事件时，要求锅炉用金属材料，不致因此立即产生破裂，因而要求金属能从形变到破裂有一个较长的过渡阶段，即要求锅炉用金属材料要有一定的塑性与韧性；锅炉的制造，目前已基本实现焊接，因此，又要求锅炉用钢要有良好的可焊性能。

为了满足上述要求，就要根据锅炉的工作压力、介质温度选用适宜的锅炉用金属材料。工业锅炉（压力在25公斤/厘米^2、温度在450°C以下）用金属材料，目前主要以碳素钢为主。随着冶炼工业的发展，一个大量采用普通低合金钢的热潮即将到来。由于普通低合金钢具有各种优良性能，可以代替某些碳素钢和合金结构钢，提高产品的内在质量，节约大量钢材，这是符合我国社会发展的要求的。

锅炉用碳素钢，一般采用碱性平炉钢（使用碱性炉衬，利用平炉方法冶炼的钢）。在冶炼时，由于脱氧（冶炼工艺中一环）方法的不同，碳素钢又分镇静钢与沸腾钢。镇静钢采用锰铁、硅铁或铝来脱氧，含硅较多，夹杂气体较少，凝固过程平静，化学成分均匀，组织细密，强度、韧性、塑性、抗腐蚀性等均较好。而沸腾钢从冶炼直至钢模中，均在实行脱氧过程，只用锰铁不用硅铁，所以含硅量只占0.01%，且脱氧不完全，凝固过程受到气体的搅动，化学成分不均匀，内部气泡多，抗蚀能力差。故制造与修理工业锅炉均采用镇静钢。

二、锅炉用金属材料的机械性能

金属材料的机械性能要通过各种试验取得。由拉伸试验可知金属的弹性、抗拉强度、塑性，由冲击试验可知金属的韧性，由硬度试验可知金属的硬度。

1.弹性极限　金属在力的作用下，形状发生变化，当力去除后，仍能恢复原状的能力，叫做弹性。在拉伸试验中，试样未发生永久变形时单位面积承受的最大力，称为金属的弹性极限。用公斤/毫米^{2}表示。

2.屈服点　当拉伸试验时，金属超过了弹性极限，虽然拉力不增加，但金属试样仍在增长，这时的力，称为金属的流动极限，一般叫做屈服点（σ_s）。由于试验中不易得到准确的弹性极限，而材料的屈服点较易测出。所以一般用屈服点来判断金属的弹性高低。

3.抗拉强度　在金属拉伸试验机上，作用力不断增加，当金属试样被拉断时的力，称为金属的抗拉极限强度，简称抗拉强度（σ_b）。用公斤/毫米^{2}表示。

4.塑性　在金属拉伸试验机上，随着拉力的增加，试样长度增加，断面缩小，在拉力不增加时，其长度与断面仍可维持原状的能力，称为金属的塑性。一般以延伸率或断面收缩率表示。

延伸率：即拉伸试验中，试样断裂时，被拉长的长度与试样原长的比值（δ）。

$$\delta=\frac{l_1-l}{l}\times 100\%$$

式中　l——试样原长度，毫米；

l_1——试样断裂时长度，毫米。

试样的原长度如果等于试样原直径的10倍，所得延伸率用δ_{10}表示。如果试样原长度等于试样原直径的5倍，所得延伸率用δ_5表示。

断面收缩率：即拉伸试验中，试样断面的减少值与试样原断面的比值（ψ）。

$$\psi=\frac{F-F_1}{F}\times 100\%$$

式中　F——试样的原横截面积，毫米^2；

F_1——试样断裂处的横断面积，毫米^2。

由于试验断面形状的不同，一般以δ决定矩形断面试样的塑性，以ψ决定圆形断面试样的塑性。

5.冲击韧性　金属对于冲击力作用的抵抗程度，称冲击韧性（a_k）。冲击试验时，将中间开有规定缺口的试样，放在锤击机的两个支点上，通过落下来的摆锤将试样击断。试样断裂时，可由摆锤所消耗的功来计算冲击韧性值。

$$a_k=\frac{A}{F}\quad \text{公斤·米/厘米}^2$$

式中　A——试样断裂时，摆锤所消耗的功，公斤·米；

F——试样在缺口断裂处的横截面积，厘米^2。

6.硬度　金属材料的软硬程度称为硬度。为了正确测定金属的硬度，一般采用布氏硬度试验机测定。试验方法是利用压力机，将直径10毫米的硬质钢球，用3000公斤的压力压入清洁光亮的金属表面，通过压入金属印痕的部分球形面积，去除压入钢球的压力，其比值即为布氏硬度值，用HB表示。为了减少计算部分球形面积的麻烦，当测得印痕直径后，可由换算表直接查出布氏硬度值。硬度值标准较多，表1-12仅列出布氏、洛氏、维氏及肖氏硬度值，供参考。

7.工艺试验

（1）弯曲试验：主要是鉴别钢板在冷状态的加工性能，也可认为是衡量钢材塑性的一种简便方法。冷弯试验时，心轴直径与钢板厚度、钢材牌号有关。要求弯曲后，钢材不得有裂纹。

（2）管子压扁试验：其目的同钢板的弯曲试验。压扁时，其间隙可根据钢材牌号按规定决定。达到规定数值后，管壁不应有裂纹。

（3）管子扩张试验：其目的是鉴别钢管的塑性与对于胀接的适应性。一般要求在冷状态下用胀管器把管端扩大到比原直径大6～10%。根据检查有无裂纹，确定是否合格。

（4）管子扳边试验：其目的是鉴别管子塑性与对于胀接后管口扳边的适应性。试验时，将管口用锄头在铁钻上向外扳边90°，以无裂纹为合格。

（5）压缩试验：也称镦粗试验或顶锻试验。主要鉴别螺栓、铆钉及拉撑等材料的加工性能与适应性。压缩试验分冷锻与热锻。根据要求进行试验，以无裂纹为合格。

三、几种化学元素对钢材性能的影响

1.碳　在所有碳素钢中均含有碳。含碳量多的叫高碳钢，含碳量少的叫低碳钢。碳在钢材中含量越多，钢材的强度越大，但是塑性与韧性急剧降低，焊接性能越差。含碳量高的钢材，在弯曲、胀接、扳边时，易产生裂纹，焊接处易开裂。所以锅炉用钢材，其含碳量一般以不超过0.28%为限；反之，含碳量过低，塑性、韧性和可焊性增强，但强度又有所降低，甚至保证不了锅炉运行的安全。因此，锅炉用钢材，其含碳量以不小于0.12%为限。

2.硅　主要来源于冶炼脱氧过程。硅能促使钢中各种化学元素均匀分布，减少气孔的产生。一般含量（0.1～0.3%）的硅对焊接无影响，否则，影响钢材的可焊性。

3.锰　主要来源于冶炼脱氧过程。锰能增加钢的强度与弹性，提高耐腐蚀能力。但在含碳量较高时，易产生淬火裂纹。

4.硫　主要来源于铁矿石。硫对于钢材的性能是有害无益的。钢材中含有较多的硫时，易使钢材在高温下工作（400～600°C）或在热加工（900°C及以下）中产生脆化，强度降低、塑性减小。其原因是含在钢材中的硫在高温下先于铁碳而熔化，使钢材晶粒间脱节，而产生脆裂。硫在钢材中的这种性质，一般称钢材的“热脆”。因此，在锅炉用钢中，对硫的含量提出了较严要求。

5.磷　主要来源于铁矿石。磷对钢材性质的影响与硫正好相反。当钢材中含有过量磷时，则在冷加工过程中或较低温度(0°C)下，韧性降低、钢材发脆、金相组织晶粒变粗，这种现象一般称钢材的“冷脆”。因此，在锅炉用钢材中，对磷的含量也提出了较严的限制。

各种硬度换算与碳素钢抗拉强度近似对照表 表 1-12

布氏硬度	洛氏硬度			维氏硬度	肖氏硬度	碳素钢抗拉强度
HB	HRA	HRB	HRC	HV	HS	(公斤/毫米²)
—	85.6		68.0	940	97	
—	85.3		67.5	920	96	
—	85.0		67.0	900	95	
767	84.7		66.4	880	93	
757	84.4		65.9	860	92	
745	84.1		65.3	840	91	
733	83.8		64.7	820	90	
722	83.4		64.0	800	88	
710	83.0		63.3	780	87	
698	82.6		62.5	760	86	
684	82.2		61.8	740	—	
682	82.2		61.7	737	84	
670	81.8		61.0	720	83	
656	81.3		60.1	700	—	
653	81.2		60.0	697	81	
647	81.1		59.7	690	—	—
633	80.8		59.2	680	80	231
630	80.6		58.8	670	—	228
627	80.5		58.7	667	—	227
620	80.3		58.3	660	79	224
601	79.8		57.3	640	77	217
578	79.1		56.0	615	75	209
—	78.8		55.6	607	—	206
555	78.4		54.7	591	73	200
—	78.0		54.0	579	—	196
534	77.8		53.5	569	71	193
—	77.1		52.5	553	—	187
514	76.9		52.1	547	70	185
—	76.7		51.6	539	—	182
—	76.4		51.1	530	—	179
495	76.3		51.0	528	68	178
—	75.9		50.3	516	—	174
477	75.6		49.6	508	66	171
—	75.1		48.8	495	—	167
461	74.9		48.5	491	65	165
—	74.3		47.2	474	—	159
444	74.2		47.1	472	63	158
429	73.4		45.7	455	61	153
415	72.8		44.5	440	59	148
401	72.0		43.1	425	58	142

续表

布氏硬度	洛氏硬度			维氏硬度	肖氏硬度	碳素钢抗拉强度
HB	HRA	HRB	HRC	HV	HS	(公斤/毫米²)
388	71.4		41.8	410	56	137
375	70.6		40.4	396	54	132
363	70.0		39.1	383	52	128
352	69.3		37.9	372	51	124
341	68.7		36.6	360	50	120
331	68.1		35.5	350	48	117
321	67.5		34.3	339	47	112
311	66.9		33.1	328	46	109
302	66.3		32.1	319	45	105
293	65.7		30.9	309	43	102
285	65.3		29.9	301	—	99
277	64.6		28.8	292	41	96
269	64.1		27.6	284	40	94
262	63.6		26.6	276	39	91
255	63.0		25.4	269	38	89
248	62.5		24.2	261	37	86
241	61.8	100.0	22.8	253	36	83
235	61.4	99.0	21.7	247	35	81
229	60.8	98.2	20.5	241	34	78
223	—	97.3	—	234	—	—
217	—	96.4		228	33	74
212	—	95.5		222	—	72
207	—	94.6		218	32	70
201	—	93.8		212	31	69
197	—	92.8		207	30	67
192	—	91.9		202	29	65
187	—	90.7		196	—	63
183	—	90.0		192	28	63
179	—	89.0		188	27	61
174	—	87.8		182	—	60
170	—	86.8		178	26	58
167	—	86.0		175	—	57
163	—	85.0		171	25	56
156	—	82.9		163	—	53
149	—	80.8		156	23	51
143	—	78.7		150	22	50
137	—	76.4		143	21	47
131	—	74.0		137	—	46
126	—	72.0		132	20	44
121	—	69.8		127	19	42
116	—	67.6		122	18	41
111	—	65.7		117	15	39

四、锅炉用铸铁的种类及性能

铸铁是脆性金属材料，缺乏弹性、塑性与韧性。抗拉强度不高，但抗压强度较大，耐腐蚀，造价低。因此，铸铁不宜做锅炉主要受压部件。在一定范围内可制造非沸腾式省煤器和一些附件、阀门。

锅炉上用的铸铁件大部分为灰生铁（HT）、球墨铸铁（QT）与可锻铸铁（KT）。

五、锅炉用钢板及铸铁性能

锅炉用碳素钢板及铸铁性能，见表1-13、表1-14、表1-15及表1-16所示。

锅炉和火箱用热轧碳素钢板化学成分与机械性能表（GB713-65）

化学成分 表 1-13

钢号		化学成分（%）				
牌号	代号	碳（C）	硅（Si）	锰（Mn）	磷（P）	硫（S）
甲3锅	A3g	0.14～0.22	0.15～0.30	0.35～0.65	≤0.040	≤0.045
15锅	15g	0.12～0.20	0.15～0.30	0.35～0.65		
20锅	20g	0.16～0.24	0.15～0.30	0.35～0.65		
22锅	22g	0.19～0.26	0.17～0.37	0.70～0.90		

注：1.钢中铬、镍和铜的残余含量均应≤0.30%，其总和≤0.70%；

2.用于制作火箱的15g号钢，含硫量应≤0.040%。

机械性能

钢号	屈服点（公斤/毫米²）≥ 钢板厚度（毫米）			抗拉强度（公斤/毫米²）	延伸率（%）≥		冲击值（公斤·米/厘米²）≥ 钢板厚度（毫米）			应变时效值（公斤·米/厘米²）≥ 钢板厚度（毫米）			180°冷弯试验（d=弯心直径，a=试样厚度） 试样厚度（毫米）	
	4～20	21～40	41～60		δ_{10}	δ_5	6～20	21～40	41～60	6～10	11～20	21～60	≤30	>30
A3g	22	—	—	38～40	23	27	7	—	—	—	3.0	—	d=0.5a	d=1.5a
				41～43	22	26	7							
				44～47	21	25	6							
15g	23	22	21	36～38	24	28	8	7.5	7	3.6	3.6	3.0	d=0	d=a
				39～40	23	27	8	7.5	7					
				41～42	22	26	7	6.5	6					
				43～46	21	25	7	6.5	6					
20g	25	24	23	41～42	22	26	7	6.5	6	3.6	3.6	3.0	d=a	d=2a
				43～44	21	25	7	6.5	6					
				45～47	20	24	6	5.5	5					
				48～50	19	23	6	5.5	5					
22g	27	27	27	43～50	20	24	6	6	6	3	3	3	d=2a	d=2a

注：用于制作火箱的15g号钢板，其伸长率应比表中所列数值提高2%。

锅炉常用灰口铸铁机械性能表（JB297-62） **表 1-14**

牌号	机械性能					
	抗拉强度 σ_b（公斤/毫米²）	抗弯强度 σ_W（公斤/毫米²）	挠度（毫米） 支点间距600	挠度（毫米） 支点间距300	抗压强度 σ_V（公斤/毫米²）	布氏硬度 HB
HT15-32	15	32	8	2.5	65	163～229
HT18-36	18	36	8	2.5	70	170～229
HT21-40	21	40	9	3	75	170～241
HT24-44	24	44	9	3	85	170～241
HT28-48	28	48	9	3	100	170～241
HT32-52	32	52	9	3	110	187～225
HT35-56	35	56	9	3	120	197～269
HT38-60	38	60	9	3	130	207～269

注：适用范围：可制造工作压力≤8公斤/厘米²、介质温度＜300°C、公称直径＜300毫米或工作压力≤13公斤/厘米²、介质温度＜300°C、公称直径＜200毫米的附件及阀门，但不得用灰口铸铁制造排污阀及排污弯管。

锅炉常用球墨铸铁机械性能表（JB298-62） **表 1-15**

牌号	抗拉强度 σ_b（公斤/毫米²） ≥	屈服点 σ_s（公斤/毫米²） ≥	延伸率 δ（%） ≥	冲击韧性值 a_K（公斤·米/厘米²） ≥	布氏硬度 HB
QT45-5	45	33	5	2	170～207
QT40-10	40	30	10	3	156～197

注：适用范围：可制造工作压力≤22公斤/厘米²、介质温度＜300°C、公称直径＜100毫米的附件与阀门；也可制造工作压力≤13公斤/厘米²的锅炉及过热器（＜300°C）用的排污阀或放水阀的阀壳。

锅炉常用可锻铸铁机械性能表（GB978-67） **表 1-16**

牌号	铸件主要壁厚（毫米）	试棒直径（毫米）	抗拉强度 σ_b>（公斤/毫米²）	延伸率 δ（%）	屈服点 σ_s>（公斤/毫米²）	布氏强度 HB
KT-30-6	＜8	8	34	10		120～163
	8～12	12	33	9		
	>12	16	30	6		
KT-33-8	＜8	8	37	12		120～163
	8～12	12	36	11		
	>12	16	33	8		
KT-35-10	＜8	8	39	14		120～163
	8～12	12	38	13		
	>12	16	35	10		
KT-37-12	＜8	8	41	16		120～163
	8～12	12	40	15		
	>12	16	37	12		
KTZ-45-5		16	45	5	28	152～219

注：适用范围：可制造工作压力≤20公斤/厘米²、介质温度＜300°C、公称直径＜100毫米和工作压力≤40公斤/厘米²、介质温度＜300°C、公称直径＜80毫米的附件与阀门；也可制造工作压力≤13公斤/厘米²的锅炉及过热器（＜300°C）用的排污阀或放水阀的阀壳。

表 1-17

国内外部分结构钢焊条对照表

统一牌号	相当国际	焊缝金属化学成分(%) C	Si	Mn	S	P	焊缝金属机械性能 σ_s (公斤/毫米²)	δ_5 (%)	a_k (公斤米/厘米²)	相近似的国外焊条 日本	苏联	美国	瑞典	主要用途
结421	T421	≤0.12	0.2	0.4	≤0.035	≤0.05	46～54	18～28	8～14	D4313 TB-26	Э42	E6013 E6012	44P OK45P 46P	用于一般低碳钢结构
结422	T422	≤0.12	0.15	0.4	≤0.035	≤0.05	44～50	22～32	12～18	D4303 TB-24	Э42		OK50P	用于较重要的低碳钢结构，如锅炉、压力容器等
结423	T423	≤0.12	0.1	0.4	≤0.035	≤0.05	44～50	20～30	10～18	D4301 B-10	Э42		OK49P	同上
结424	T424	≤0.12	0.1	0.8	≤0.035	≤0.05	44～50	20～30	10～18	B-25	Э42 ЦМ-7	E6020		用于较重要的低碳钢结构
结425	T425	≤0.12	0.1	0.8	≤0.035	≤0.05	44～52	20～30	12～18	D4320P	Э42 ОМН-5	E6020	OK49:00	用于低碳钢及某些中碳钢物件，如重机的铸钢件
结426	T426	≤0.12	0.4	0.6	≤0.035	≤0.04	46～54	25～33	25～35	D4316 LB-26	Э42A Э46A	E6016 SW-64 65	OK48P	用于重要的低碳钢及普通低合金钢，如16Mn等作为压力容器及应力较大或受动载荷的构件
结427	T427	≤0.12	0.4	0.6	≤0.035	≤0.04	46～54	25～33	25～35	D4315 LB-26	Э42AЭ46A УОНИ13/45	E6016 SW-64 65	OK48P	
结502	T502	≤0.12	0.2	0.7	≤0.035	≤0.05	52～58	20～30	10～18	D6026	Э50	E7020		用于锅炉钢及普通低合金高强度钢
结506	T506	≤0.12	0.5	1.0	≤0.035	≤0.04	52～58	24～32	20～30	D5016 LB-60	Э50A	E7015 E7016	OK53P OK48:30	焊接较重要的低碳、中碳和普通低合金钢，如16Mn构件
结506铁	T506Fe	≤0.12	0.5	1.0	≤0.035	≤0.04	52～58	24～32	20～30	D5026 LB52-18		E7028	OK48:15	
结507	T507	≤0.12	0.5	1.0	≤0.035	≤0.04	52～58	24～32	20～30	D5015 LB-55 LB-52	Э50A УОНИ13/55	E7015 E7016 SW-84	OK55P OK48:30	

第二章　立 式 锅 炉

第一节　蒸汽锅炉的发展与分类

蒸汽锅炉是将水加热，使其转变为蒸汽的一种受压的密闭性的热工设备。由于工业的发展，蒸汽锅炉被广泛使用。有的蒸汽锅炉专供发电用，有的蒸汽锅炉既可发电，又可供热，也有的蒸汽锅炉专供工业用热。

由于蒸汽锅炉的用途不同，因而产生多种型式的专为某种需要服务的锅炉。目前，在国外，不仅发电用锅炉由于电站规模大小不同，又兼供热的电热厂出现等，型式各异，就是印染、化纤、造纸、制糖等工业用锅炉，也因生产工艺的不同，产生多种多样结合工艺特点的锅炉。我国在蒸汽锅炉的品种上，由于冶金、机械工业的发展，蒸汽的广泛应用，也出现了许多特殊型式的锅炉。为了进一步明确蒸汽锅炉的类型与用途，现简单介绍如下：

就蒸汽锅炉的用途分，可分为发电锅炉和工业锅炉。一般来讲，发电用锅炉容量较大（国内自制电站锅炉容量达400吨/时），压力较高（低压电厂为13～25公斤/厘米^2，中压电厂为25～60公斤/厘米^2，高压电厂为60公斤/厘米^{2}及以上）。蒸汽温度一般均在350°C以上，最高的可达540°C，甚至570°C。工业锅炉，一般锅炉容量在30吨/时及以下，国产工业锅炉有20、10、6.5、4、2、1.5吨/时及以下等品种，压力在25公斤/厘米^{2}以下，常用压力为13及8公斤/厘米^2，实际使用压力，根据用途不同有高至16公斤/厘米^{2}的，也有低至3～4公斤/厘米^{2}的。蒸汽温度均在350°C以下，一般多用饱和蒸汽。

就锅炉结构型式分，可分为烟管与水管两大类别。蒸汽锅炉从历史上看，是朝两个方向发展过来的。一个就是以“水包火”的方向，即朝着火管、烟管方向发展。其型式有LS型（立式水管锅炉），可分为立式多水管锅炉和立式大横水管锅炉等型式；LH型（立式横火管锅炉），也称考克兰（或康克令）锅炉；WW型（卧式外燃锅炉），主要系指卧式外燃回火管锅炉；WN型(卧式内燃锅炉)，目前我国有些锅炉制造厂生产的卧式快装锅炉，即属于此类。不过，快装锅炉在其结构上又有发展，增加了水冷壁、省煤器等辐射受热面和尾部受热面，也可属于综合性锅炉。WN型原指船舶锅炉，在我国沿海一带城市较多见。这种锅炉有两种型式，一种叫干背船舶式，另一种叫水背船舶式；WS型（卧式双火筒锅炉），也叫兰开夏锅炉，是由卧式单火筒（康尼许）锅炉演变而来的。这两种锅炉在我国中、小厂矿多见，且数量较多。以上均属火管锅炉范围。除此之外，在这类范围内，尚包括固定式机车锅炉、锅驼机锅炉等烟火管组合锅炉。锅炉结构型式发展的另一个方向，是朝着“火包水”方向，即水管锅炉方向发展。水管锅炉从结构上可分为联箱式及弯管式两类。在联箱式水管锅炉中，有分联箱与整联箱之分。我国仅生产FH型（分联箱横锅筒式）水管锅炉。在弯管式水管锅炉中，型式较多，也是锅炉发展的方向。在这类锅炉中，有多锅筒、双锅筒，以及单锅筒之分。工业锅炉多为双锅筒，老式锅炉也有三、四锅筒的，具体型式有：HH型（即旧型号K型）；SZ型（即旧型号ДKB型）；SH型（即旧型号Д型）等仿型产品。此外，还有三锅筒（斯特灵）型、AZD等几种常见型式。在群众性改造锅炉运动中，尚有结合本单位、本部门的具体情况，因地制宜地出现了一些新型水管锅炉。

就水循环分，可分为强迫循环及自然循环两类。工业锅炉属于自然循环类。

就装置场所分，可分固定锅炉及移动锅炉。一般电厂（列车及船舶电站除外）、工业厂矿等用锅炉，均属固定锅炉；列车及船舶电站、压路机等用锅炉，均属移动锅炉。

现将工业锅炉的有关型式代号及技术规定介绍如下：

1.型式代号

对于蒸发量在30吨/时、工作压力在25公斤/厘米^{2}以下的锅炉，其型式代号由三个部分组成。第一部分包括：型式、燃烧方式及蒸发量三个内容（表2-1及表2-2）；第二部分包括：工作压力和过热蒸汽温度（如为饱和温度，则此内容不列任何代号）；第三部分表示变型次序，用阿拉伯字码连续编制。如系按最初设计制造的锅炉，则无第三部分。

燃烧方式的汉语拼音代号表　　表2-1

燃烧方式	汉语拼音代号	燃烧方式	汉语拼音代号
固定炉排	G（固）	倒转炉排加抛煤机	D（倒）
手摇活络炉排	H（活）	煤粉	F（粉）
链条炉排	L（链）	煤气	Q（气）
抛煤机	P（抛）	燃油	Y（油）

锅炉型式的汉语拼音代号表　　表2-2

锅炉型式	汉语拼音代号	旧型号
立式横水管锅炉	LS（立、水）	
立式横火管锅炉	LH（立、火）	考克兰
卧式外燃回火管锅炉	WW（卧、外）	H.R.T
卧式内燃回火管锅炉	WN（卧、内）	船舶式
卧式双火筒锅炉	WS（卧、双）	兰开夏
分联箱横锅筒直水管锅炉	FH（分、横）	横锅筒拔柏葛
双横锅筒水管锅炉	HH（横、横）	K型
双锅筒纵置式水管锅炉	SZ（双、纵）	ДKB型
双锅筒横置式水管锅炉	SH（双、横）	Д型

例：代号LHG1-5　表示立式横火管（考克兰）、固定炉排、蒸发量为1吨/时、工作压力为5公斤/厘米^2、饱和蒸汽、按第一次设计制造的锅炉。

代号SHD20-16/400-1　表示双锅筒横置式(Д型)、倒转炉排加抛煤机、蒸发量为20吨/时、工作压力为16公斤/厘米^2、过热蒸汽温度为400°C、经过第一次修改设计制造的锅炉。

2.火管锅炉技术规定（摘自JB637～639-65）

（1）容量及蒸汽参数：

表 2-3

型式		容量（额定蒸发量）（吨/时）	蒸汽参数（出口压力及温度）		给水温度（℃）
			5（公斤/厘米^2）饱和	8（公斤/厘米^2）饱和	
立式锅炉	LS型	0.05	△	—	20
		0.1	△	—	20
		0.2	△	—	20
		0.4	—	△	20
	LH型	0.4	—	△	20
		0.7	—	△	20
		1.0	—	△	20
卧式锅炉	WW型	1.0	—	△	20
		1.5	—	△	20
		2.0	—	△	20
	WN型	1.0	—	△	20
		1.5	—	△	20
		2.0	—	△	20
	WS型	1.5	—	△	20
		2.0	—	△	20

（2）燃料特性：

表 2-4

煤种	应用基低位发热量（大卡/公斤）	应用基水分（%）	应用基灰分（%）	可燃基挥发物（%）
烟煤	≥5000	≤10	≤28	>25
无烟煤	≥6000	≤9	≤20	>6

注：1.LS型锅炉只适宜于使用烟煤；

2.WS及WN型锅炉只适宜于使用低位发热量≥5000大卡/公斤的烟煤；

3.每种锅炉具体使用何种燃料，应按产品说明书的规定使用。

（3）给水、炉水品质标准：

表 2-5

锅炉型式	给水		炉水	
	总硬度（毫克当量/升）	pH值	碱度（毫克当量/升）	含盐量（毫克/升）
LS、LH、WW、WN型	<0.5	>7	<12.5	<5000
WS型	<3.5	>7	<23	<10000

（4）锅炉保证效率：

表 2-6

型式	效率 (%)	
	烟煤	无烟煤
LS型	50	—
LH型	50	50
WW型	60	60
WN型	60	—
WS型	50	—

（5）锅炉水容积率（米³/吨·时）：

表 2-7

型式	额定蒸发量（吨/时）				
	0.4	0.7	1.0	1.5	2.0
LH型	≮5.0	≮4.5	≮4.0	—	—
WW型	—	—	≮3.8	≮3.4	≮3.0
WN型	—	—	≮4.8	≮4.8	≮4.8
WS型	—	—	—	≮7.0	≮7.0

注：LS型锅炉水容积率不低于2.0米³/吨·时。

3.水管锅炉技术规定（摘自JB637～639-65）

（1）容量及蒸汽参数：

表 2-8

型式	容量（额定蒸发量）（吨/时）	蒸汽参数（出口压力及温度）						给水温度（°C）
		13（公斤/厘米²）				25（公斤/厘米²）		
		饱和	250°C	300°C	350°C	饱和	400°C	
HH型	2	△	△	—		(△)		60
	4	△	△	△		(△)	(△)	60
FH型	4	△	△	△				60
	6.5	△	△	△				60；105
	10	(△)	(△)	(△)				60；105
SZ型	4	(△)	(△)	(△)				60
	6.5	△	△	△	△			60；105
	10	△	△	△	△			60；105
SH型	10	△	△	△	△	(△)	(△)	60；105
	20	△	(△)	△		△	(△)	105
	35	(△)	(△)	(△)				105

注：1.有符号△的表示定型产品，符号(△)表示尚未定型，拟予发展的产品；
2.13公斤/厘米²、饱和蒸汽、2吨/时的锅炉，允许给水温度为20°C；
3.SZ型和SH型、13公斤/厘米²、350°C蒸汽及25公斤/厘米²、400°C蒸汽的锅炉，其给水温度为105°C。

（2）燃料特性：

表 2-9

煤种	应用基低位发热量（大卡/公斤）	应用基水分（%）	应用基灰分（%）	可燃基挥发物（%）
烟煤	≥4500	≤10	≤28	>25
无烟煤	≥4500	≤9	≤20	>6

注：1.每一锅炉具体使用何种燃料应按产品使用说明书的规定。唯对于SZ型13公斤/厘米²、10吨/时的锅炉只适宜用烟煤，SH型13公斤/厘米²、10吨/时的锅炉只适宜于用无烟煤；

2.用户使用其他燃料或其特性超出上表规定时，如燃油、劣质烟煤等，由用户与制造厂协商决定；

3.现有SH型20吨/时的锅炉，只适宜于用低位发热量≥5000大卡/公斤的烟煤。

（3）给水、炉水品质：

表 2-10

项目	水冷壁管	给水 总硬度（毫克当量/升）	给水 含氧量（毫克/升）	给水 含油量（毫克/升）	给水 pH值	炉水 碱度（毫克当量/升）	炉水 含盐量（毫克/升）
过热蒸汽	有	<0.035	<0.05	<2	>7	<12.5	<2500
	无	<0.035	<0.05	<2	>7	<14	<2500
饱和蒸汽	有	<0.1	<0.1	<3	>7	<14	<3000
	无	<0.3	<0.1	<3	>7	<18	<3000

注：1.给水应澄清无悬浮物及泥砂；

2.发电用13公斤/厘米²、350°C和25公斤/厘米²、400°C的锅炉，其给水品质应符合"电力工业技术管理法规"的规定。

（4）锅炉保证效率：

表 2-11

锅炉型式	锅炉效率（%） 烟煤 有尾部受热面	烟煤 无尾部受热面	无烟煤 有尾部受热面	无烟煤 无尾部受热面
HH型	66	62	62	58
FH型	70	65	65	61
SZ型	72	—	—	—
SH型	72	—	70	—

注：1.当锅炉在规定工作压力下，而负荷为75～100%时，锅炉效率应达到上表规定；

2.没有过热器的锅炉，饱和蒸气湿度，HH型锅炉不超过5%，FH型、SZ型及SH型锅炉不超过2%，工业用有过热器的锅炉，过热蒸汽含盐量不超过1.0毫克/升。

除上述已基本定型的产品外，还出现了许多新型的工业锅炉，如快装锅炉、双炉膛锅炉等。就是已定型的锅炉，随着生产的发展，也正在变化。如HH型锅炉虽属国家定型产品，但是在实际使用中，热效率不高，司炉人员劳动强度大，不少单位对它进行了技术改造，甚至有的HH型炉尚未安装，即已进行改造了。又如快装锅炉，是一种综合性的锅炉，既有锅壳锅炉的特点，又有水管锅炉的结构，有的制造厂已成批生产，使用的效果相差较大，目前，还难得出一个肯定的结论。

以上所述仅是锅炉中"锅"的部分发展与变化，也就是指锅炉受压部件、主受热面的变化。在"炉"的方面，也在逐步改进。最原始的燃烧设备，即手工加煤、固定炉排。目前，在立式锅炉、卧式火筒锅炉仍在普遍采用。由于司炉人员劳动强度大，燃料燃烧不完全，伴随着锅炉容量的增加，燃料的用量也加大。因此，产生了机械化或半机械化燃烧设备。如手摇活络炉排、机械风力抛煤机、链条炉排等，近几年又出现了抛煤机与倒转炉排相配套的新型燃烧设备。对于大容量发电锅炉，则多采用煤粉燃烧设备。

随着锅炉受压部件和燃烧系统的改进与革新，锅炉的辅助设备也随之变化。为了提高热效率，改善燃烧情况，相继出现了省煤器、空气预热器等尾部受热面。为了提高蒸汽出口温度，增置了蒸汽过热器。为了充分利用炉膛的辐射热，提高锅炉蒸发量，在炉膛上部和四周出现了水冷壁管等。因此，锅炉构造趋于复杂。

在锅炉制造技术方面，由于焊接技术的发展，淘汰了铆接工艺，采用了焊接方法。除手工焊接外，还出现了自动埋弧焊接技术，焊接质量进一步提高。应用焊接技术，不仅提高了制造质量，而且节约了大量钢材。在锅炉金属材料方面，随着我国冶金工业的发展，不仅轧制了各种牌号的锅炉用碳素钢，而且，正广泛地利用普通低合金钢代替碳素钢。因而，可为国家节约大量金属，并相应地提高了锅炉的内在质量。

总之，蒸汽锅炉的发展是迅速的。人们通过实践，正在使工业锅炉的面貌发生更加深刻的变化。

第二节　立式锅炉的种类与结构

立式锅炉系指其锅壳的纵向中心线与地面垂直的锅炉。它虽有水管与火管之分，但总的概貌还是属于火管锅炉范围。所以立式锅炉也统称为立式火管锅炉。

立式锅炉主要用于小浴室、蒸汽起重机、基本建设临时工程用汽、小糖厂、小酒坊、洗衣房及其他用汽不多、要求汽压较低的场所。它具有基座简单、安装迅速、移运方便、占地面积小、操作容易、投资费用少等特点。但由于热效率低，金属用量大，目前已被快装锅炉所代替。特别应该说明的是有时因保养不良，这类锅炉发生事故也较多，这是应当引起我们注意的。

一、立式大横水管锅炉

这种锅炉的受压部件主要由锅壳、炉胆、封头、炉胆顶、大横水管和冲天管组成，如图2-1所示。燃烧设备为固定炉排、人工加煤。煤在炉排燃烧后，烟气冲刷大横水管，即进入冲天管，通过烟囱排至大气。

1.锅壳（也称锅皮、筒壳、炉壳）

根据锅炉容量大小的不同，锅壳系由一节至三节钢板卷制而成。

新制造的锅炉，其锅壳应具有一定厚度，可通过强度计算加以确定。但最薄不应小于6毫米。倘若锅壳厚度太薄，有以下几种弊病

（1）因锅壳内有汽、水腐蚀，外部有烟灰、雨水等腐蚀，设计中考虑的腐蚀余量往往与实际出入较大，对于个别地方的严重腐蚀无法估计；

（2）对于铆接的锅壳，若钢板太薄不易铆牢和捻缝；

（3）虽按强度计算符合汽压要求，但其制造中机械强度太低，易产生自身变形。

锅壳每节与每节的连接，老旧锅炉均用铆接。因受力不同，对于周向铆缝采用单排或双排铆钉搭接。而每节钢板的纵向铆缝，则采用双排、三排铆钉搭接或双盖板单排或双排铆钉对接。铆钉头的形状种类很多，一般采用圆头铆钉者较为普遍。因为圆头铆钉头圆滑，不易受汽、水、烟灰的腐蚀。各种形状的铆钉头见图2-2所示。

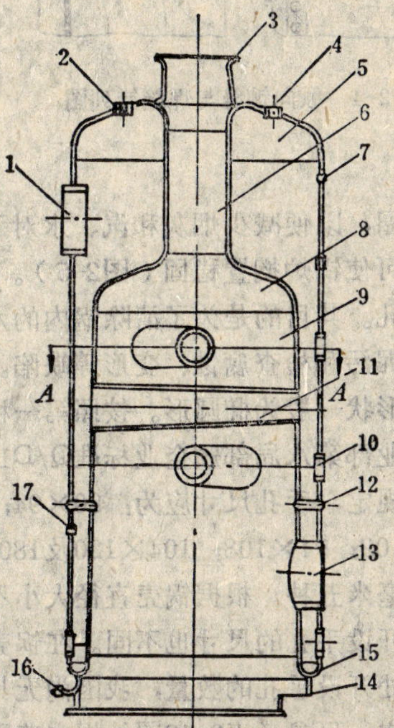

图 2-1　立式大横水管锅炉图

1—人孔；2—安全阀接口；3—接烟囱法兰；4—主汽阀接口；5—封头；6—冲天管；7—水位表接口；8—炉胆顶；9—炉胆；10—横水管手孔；11—大横水管；12—短拉撑；13—炉门；14—灰门；15—下脚圈；16—排污管；17—进水阀接口

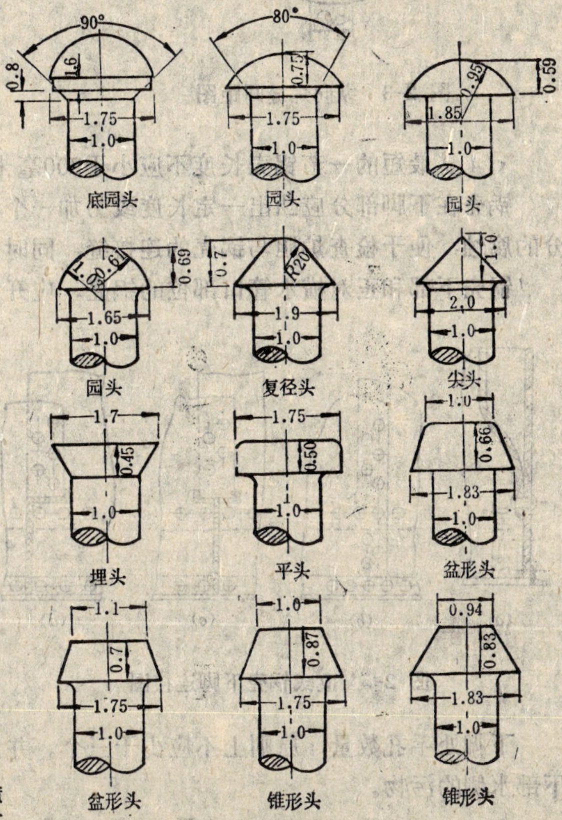

图 2-2　铆钉头形状图

铆接的方法是一种落后的工艺，我国在锅炉制造上已不采用。锅壳每节间的连接，目前已采用焊接工艺了。焊接型式一般采用双面对接电焊。个别施工困难部位，可采用单面V型对接电焊。

按照第一机械工业部第八局Q/D90-67标准中规定："锅壳的拼接必须采用双面对接焊接"。同时，还做了如下具体规定：

（1）每节锅壳的纵向焊缝数量：

A.锅壳内径$D_0\leqslant$1800毫米时，不得多于2条；

B.锅壳内径$D_0>$1800毫米时，不得多于3条。

（2）每节锅壳上的两条纵向焊缝中心线间的弧长不得小于300毫米（图2-3）；

（3）各节锅壳的纵向焊缝应相互错开，不得相连。两焊缝中心线间错开的弧长L应不小于100毫米（图2-4）；

图 2-3　纵向焊缝间距图

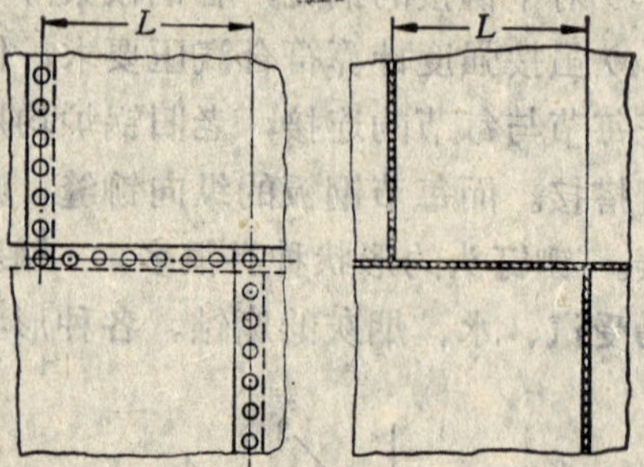

图 2-4　纵向铆缝与焊缝错列图

（4）最短的一节锅壳长度不应小于300毫米。

锅壳在下脚部分应凸出一定长度或另加一个下脚圈，以便减少烟灰和汽、水对下脚部分的腐蚀，便于检查炉胆与锅壳的连接缝，同时，也可使锅炉搁置稳固（图2-5）。

锅壳下部和正对横水管口部位的锅壳，应开设手孔。其目的是为了清除锅内的水垢、泥污和检查腐蚀、变形等缺陷。手孔形状一般为椭圆形。按照第一机械工业部第八局部颁企业标准Q/D133-67规定，手孔尺寸应为：80×94；88×102；94×108；104×120及180×230毫米五种。根据锅壳直径大小不同，开设手孔的尺寸也不同。在锅壳下脚处开设手孔的数量，我国尚无具体规定。可参考表2-12国外规定范围作参考。

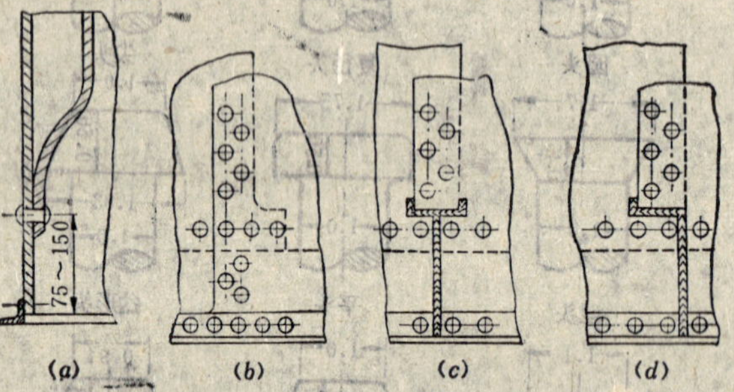

图 2-5　立式锅壳下脚连接图

下脚处手孔数量，原则上不应少于三个。并且其中应有一个靠近炉门，以便清理炉门下部水侧的污物。

手　孔　数　量　表　　　表 2-12

锅壳直径		下脚处手孔数量
英制（英尺）	折合公制（毫米）	（个）
2～3(包括3)	710～915	3
3～5(包括5)	915～1525	4
5～6(包括6)	1525～1830	5
$6\sim7^1/_2$(包括$7^1/_2$)	1830～2290	6
$7^1/_2\sim8^1/_2$(包括$8^1/_2$)	2290～2600	7
$8^1/_2\sim9$(包括9)	2600～2750	8

对于横水管相对位置的手孔数量，一般为横水管一端的锅壳上至少开一个手孔。对于锅壳直径较大、横水管直径较粗的锅炉，则应在横水管两端的锅壳上各开一个手孔。其位

置并应错开，以保证从两个手孔中，可以较全面地清理横水管内部积垢，检查横水管内部腐蚀及受热变形情况。

手孔因开设在锅壳上，故需加强。其加强形式，如图 2-6 所示。手孔加强的另一个目的，是保证手孔盖与手孔座之间接触严密，以免漏水造成锅壳的腐蚀。图2-6中(*a*)、(*b*)为铆接锅炉的手孔加强形式，(*c*)、(*d*)、(*e*)为焊接锅炉的手孔加强形式。从密封效果来看，图中(*b*)、(*c*)、(*e*)式较好，而(*a*)、(*d*)两种形式较差。从施工制作角度来看图中(*e*)较简单易行。

手孔盖形式有两种，一种是外压式的，由于接触面要求精度高，且不易严密，目前新制锅炉已不采用；另一种形式，为内压式的，较为多见，如图2-7所示。

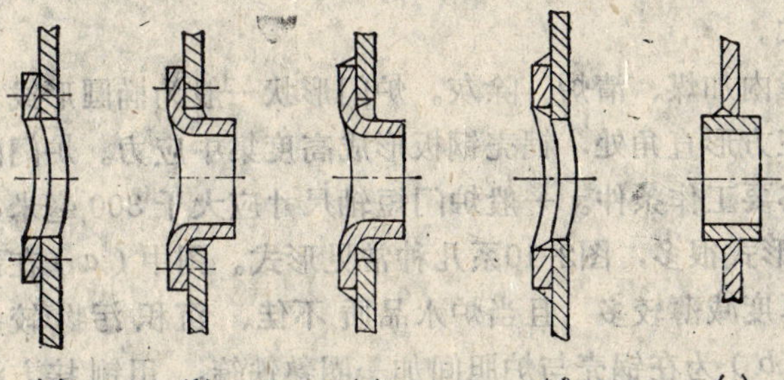

图 2-6　手孔加强圈形式图

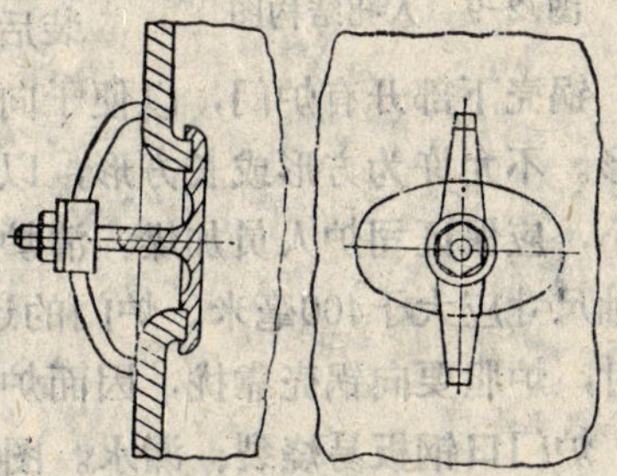

图 2-7　内压式手孔组装图

在锅壳上还应开设人孔，以便工作人员入炉清理水垢，进行检查修理。开设人孔时，不应开在锅壳焊缝或铆缝上。其位置应开在炉胆顶以上，正对冲天管接缝的锅壳中部位置。具体开设位置的高低，应以工作人员出入方便为原则。锅壳直径在1000毫米以上时，必须开设一个人孔。根据第一机械工业部第八局部颁企业标准Q/D133-67规定，人孔尺寸为300×400毫米，最少也应保持在280×380毫米以上。由于在锅壳上开设的人孔尺寸较大，尚需通过强度计算，采取锅壳加强措施。人孔加强圈的形式很多，如图 2-8 所示。图中(*a*)、(*c*)系铆接形式，(*b*)、(*d*)、(*e*)系焊接形式。老旧锅炉的人孔加强方法为图中(*a*)式，结构坚固，加强效果好。唯因人孔盖系圆弧面，接触面严密程度较差，故易漏泄。图中(*b*)只是把铆接改为焊接，仍存在接触面不严密的问题。图中(*c*)、(*d*)、(*e*)式，其人孔盖与加强圈呈平面接触，受力均匀，有较好的密封效果，不易漏水。尤以结构(*e*)形式，施工简单，制造容易。但需注意由于加强圈内侧有一定高度，在锅壳直径较小时，工作人员出入不如图中(*a*)、(*b*)两种形式便利。

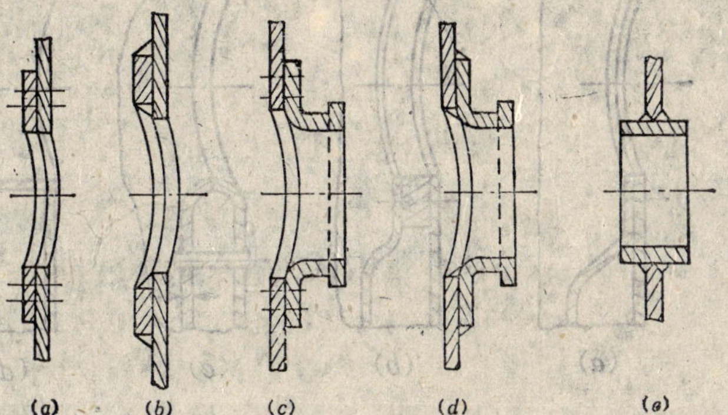

图 2-8　人孔加强圈

为了使人孔在锅炉运行中严密起见，均采用内压式人孔盖。当炉内有汽压时，除因人孔盖

“铁骑马”将盖拉紧外，其内部汽压又给孔盖以一定压力，可更使孔盖与加强圈压紧。人孔盖材料有铸钢和钢板两种。有的人孔盖用一块平钢板制成，也有的用压力机将钢板挤压成形。采用压制的人孔盖，其厚度可比平钢板为薄，节约一定金属。人孔盖的厚度，根据汽压大小通过计算而定。人孔盖与加强圈接触面应具有一定宽度，两面间嵌以具有弹性的垫圈或填料（一般采用石棉制品或橡胶石棉制品），以保证严密性。若人孔盖与加强圈接触面过宽，则不易压紧；过狭则易造成垫圈损坏，密封效果也不好。这个接触面宽度，一般以20～35毫米为宜。为了防止填料或垫圈位移，常在人孔盖上压一凹槽，或加一挡圈，使填料垫圈不易移动，以保证在人孔盖扭紧后，仍能保持严密。图 2-9 为人孔盖组装后形式。

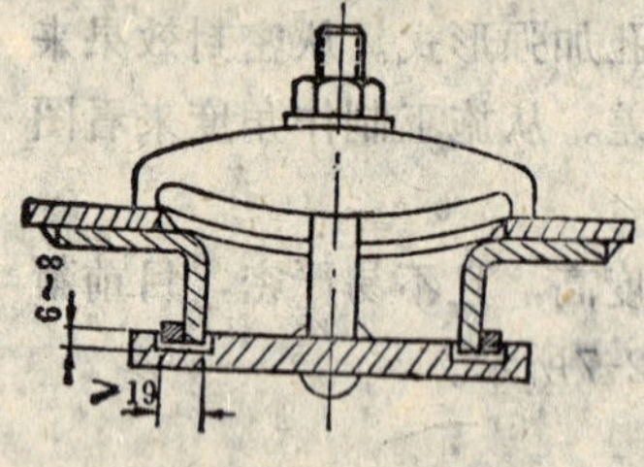

图 2-9　人孔结构图

锅壳下部开有炉门，以便于向炉膛内加煤、清炉、除灰。炉门形状一般为椭圆形或长圆形。不允许为方形或长方形，以免在方形直角处，锅壳钢板形成高度集中应力。炉门的大小，应保证司炉人员加煤、清炉的必要工作条件。一般炉门短轴尺寸应大于 300 毫米，长轴尺寸应大于400毫米。炉门的连接形式很多，图2-10系几种常见形式。图中（a）在制作时，炉胆要向锅壳靠拢，因而炉胆厚度减薄较多，且当炉水品质不佳、沉积污物较多时，炉门口钢板易烧裂、漏水。图中（b）为在锅壳与炉胆间加一圈熟铁箍，用铆接方法连接，炉胆厚度减薄较小，故此式承受压力较高。唯熟铁箍不应过宽，否则易因传热不良或污物积存过多时，造成熟铁箍开裂，炉门损坏。图中（c）系锅壳向内扳边，炉胆向外扳边，两者对接单面焊接，为了不使焊缝受弯曲应力影响，在其整个炉门四周要增添一圈短拉撑。短拉撑的位置，应距焊缝根部少于或等于炉胆厚度的 7 倍。短拉撑排列的密度，每根拉撑间的距离不得大于14倍的炉胆厚度，这种连接形式，因锅壳、炉胆在扳边处厚度

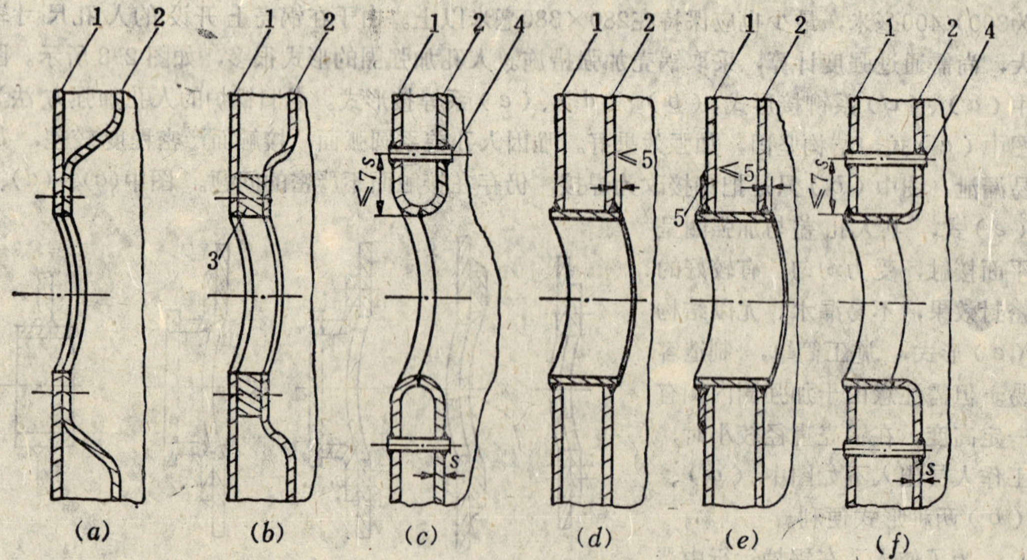

图 2-10　炉门连接形式图

1—锅壳；2—炉胆；3—熟铁箍；4—短拉撑；5—加强板

减薄严重，不能承受较高汽压。图中（ d ）为预制一炉门圈，将其插入开孔处，采用单面填角焊接，承压不高的锅炉可以采用。但应注意在火侧伸出长度不应大于5毫米，否则因炉膛温度过高，钢板冷却不良，将伸出部分烧坏。图中（ e ）形式，与（ d ）式基本相同。唯对炉门开孔需进行加强处理。一般在锅壳部分要增加一块加强板。加强板不应加在炉胆侧，以免因受热，使加强板烧红，造成钢板开裂。图中（ f ）系将炉胆扳边后，与预制的一个钢板圈单面焊接，然后再与锅壳焊接。在炉门口四周加设一圈短拉撑，以使焊缝不受弯曲应力影响。以上六种连接方法，以（ d ）（ e ）两种最简单。新制造的锅炉，多采用这两种形式连接。

此外，在锅壳部分还要开设排污孔、进水孔、水位表孔等。一般都采用焊接一个短管，装设一对法兰的连接形式。老式锅炉采用丝口连接的方法，是极不安全的。

这里还需要说明一点，倘若锅壳直径在1000毫米以下，开设300×400或280×380毫米人孔确有困难，可以开一检查孔代替人孔。开设检查孔的目的，与开设人孔的目的相同，只不过尺寸较小。检查孔形状为椭圆形。现将检查孔与锅壳直径的配合尺寸列于表2-13中。

锅壳直径与检查孔尺寸配合表(毫米)　　表 2-13

锅 壳 直 径	检 查 孔 尺 寸
600～750	180×230
750～900	230×300
900～1000	250×350

2.炉胆（也称锅心、火筒）

制作炉胆的材料，应根据国家标准GB713～65规定采用牌号为A3g、15g或20g钢板。

立式大横水管锅炉的炉胆形状，分为直筒形及锥形两种。从水循环角度来看，直筒形炉胆较差，故一般均为锥形炉胆。炉胆的锥度，一般为1:8～9。炉水经过炉胆受热面汽化后，炉水比容加大，由于炉胆成锥形，相应上部容积也加大，故水循环阻力较小。

炉胆的纵向接缝，一般都采用对接双面电焊，强度、传热均较理想。老式铆接锅炉其炉胆纵向接缝，有采用单行或双行铆钉搭接，以至单盖板单行铆钉对接形式。由于炉胆受热强度较高，在搭接或盖板的双层钢板处，因传热不良，易产生钢板开裂现象。

制造炉胆时，对于其直径偏差、高度偏差等均有具体要求与规定。其中与运行关系较为密切的问题是椭圆度。即在炉胆任一截面上，最大直径和最小直径相差尺寸与标定直径的百分比，称为炉胆的椭圆度。按照第一机械工业部第八局部颁企业标准Q/D89～67规定，其椭圆度不应超过公称直径的0.5%。图2-11，$A-B<0.5\%D_0$。倘若$A-B$值超过上述标准越大时，则造成锅炉内部汽压对炉胆在X及Y方向的力差越大，越易造成炉胆压扁变形。因为在X方向投影面积加大了，总的受力就增加，而Y方向投影面积减小了，总的受力也就比X方向小。最后，造成因制造时椭圆度不合标准，运行后，炉胆越压越扁，以致直接威胁锅炉的安全运行。

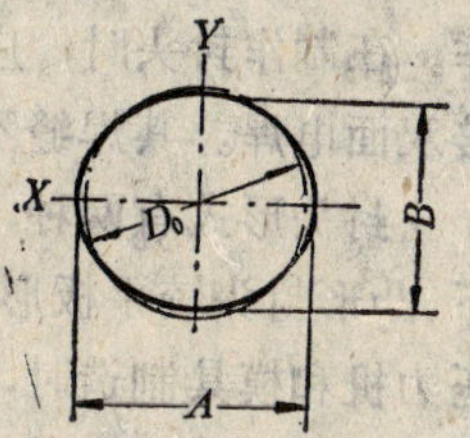

图 2-11　炉胆的椭圆度图

为了清除沉积在炉胆下部的水垢污物，有利于炉水循环，在炉胆下部与锅壳间，要留有适当间距。这个间距根据锅壳直径的大小予以决定。一般要求至少要留有50毫米的距离。对于锅壳直径超过750毫米的锅炉，至少应留有75毫米的间距。若间距过小，在水质不良的情况下，水垢沉积物即充满下脚处，甚至超过炉排上表面，以致使一部分炉胆受热面传热不良，将炉胆烧坏变形。若将间距增加过多，将会大大减少炉胆辐射受热面，严重影响锅炉的出力。且使炉胆与锅壳的连接也造成一定困难。

炉胆下脚与锅壳的连接形式，见图2-12所示。图中（a）、（b）系铆接形式。图中（a）式，炉胆由于有S型扳边，所以弹性好。但在锅壳与炉胆间距较大的情况下，炉胆S形扳边易造成钢板厚度严重减薄，致使锅炉汽压受到一定限制。（b）式系将预制成形的熟铁箍嵌入锅壳与炉胆间，铆接而成。这种型式较牢固，强度高。但因炉胆在此处没有伸缩余地，故弹性较差。与（a）式相比，在炉胆钢板厚度相同的情况下，耐压力较高。（c）（d）两种型式为焊接形式。（d）式与（a）式基本相同。为了避免弯曲应力对焊缝的影响，在锅壳与炉胆间要增设一圈焊接短拉撑。短拉撑的装置方法，如图2-13所示。即把炉胆与锅壳钻孔，再将低碳钢圆棒插入孔中，使两端各露出5～8毫米，然后用电焊焊牢。（c）式为在锅壳与炉胆底部另加一圈U型钢板。从结构的牢度、弹性来讲，都是比较理想的。特别是在锅壳外侧再另加一圈支架板，对于防止下脚腐蚀更为有利。唯此种结构，对于手工制造单位加工困难，适用于大批的采用模具生产的单位。

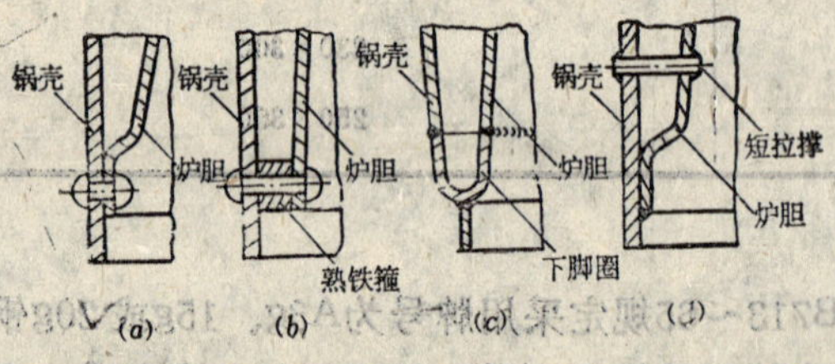

图 2-12　炉胆下脚与锅壳的连接形式图

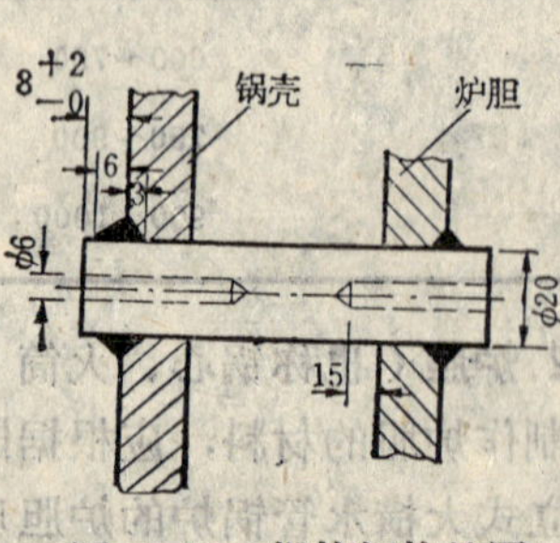

图 2-13　焊接短拉撑图

在实际工作中，我们不仅能看到上述四种结构，还可能遇到更多的连接形式。这要对具体形式进行具体分析。我们认为应掌握以下几项原则：

（1）施工制造简单；

（2）炉胆或锅壳钢板不要减薄太多；

（3）焊缝不应受弯曲应力影响，更应避免采用边角焊、丁字焊方法。

3.封头（也叫炉顶）

封头系指锅壳与冲天管间连接的受压元件。封头应选用牌号A3g、15g或20g钢板制作。在制作封头时，应尽量选用整块钢板。采用拼接时，不应超过两块钢板，且应采用对接双面电焊。其焊缝不应通过冲天管开孔部位，不应沿着扳边部分拼接。

封头形式有两种，一种为平板形封头，一种为凸形封头。在封头钢板厚度相同的情况下，凸形封头较平板形封头承受压力为高。从制造角度分析，凸形封头加工较困难。但若用压力机和模具制造时，则采用凸形封头较好。由两块钢板制成的凸形封头，应于拼接后再压制成形。

为了避免应力集中，增加结构弹性，对于平板形封头或凸形封头与锅壳、冲天管接连时，均需扳边。扳边的圆弧半径太小，则起不到应有作用，且易产生槽裂。封头扳边的圆弧半径一般应符合下列要求（参看图2-14）：

$r \geqslant 4S$且不小于63毫米；

$r' \geqslant 2S$且不小于25毫米。

式中 r——与锅壳连接的封头扳边圆弧内半径，毫米；

r'——与冲天管连接的封头扳边圆弧内半径，毫米；

S——封头钢板厚度，毫米。

对于凸形封头，其封头曲率半径R_0应$\leqslant D_1$（D_1为凸形封头的外圆直径）。

r、r'及R_0的测量，可利用预先做好的各种直径样板来实测，也可利用纸样将实际弧度或半径脱下来，再进行测量。

封头扳边起点到与锅壳连接处，应有一定长度。这个长度（图2-15），应符合第一机械工业部第八局部颁Q/D91-67的规定，见表2-14所列数值。

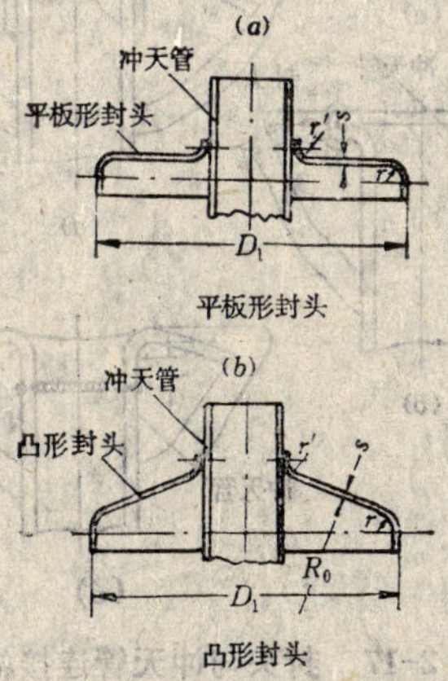

图 2-14　立式横水管锅炉封头样式图

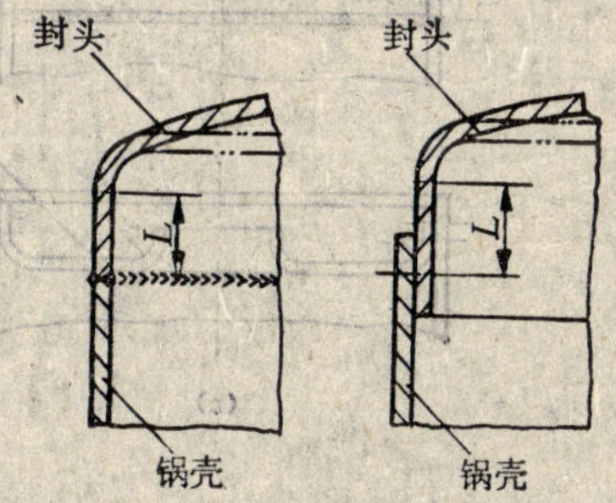

图 2-15　封头扳边起点到封头连接处长度图

封头扳边直线长度表　　表 2-14

封头厚度 S （毫米）	扳边直线长度 l（毫米）
<10	$\geqslant 25$
$10 \sim 20$	$\geqslant S+15$
>20	$\geqslant \frac{S}{2}+25$

封头与锅壳连接样式见图2-16。一般采用单行铆钉或双行铆钉搭接。至于图中（c）的连接方法，由于积灰严重，易造成腐蚀，实际并不常见，但仍属合理结构。

封头与冲天管连接样式见图2-17所示。图中（a）式较常见。即封头向外扳边与冲天管铆接，在冲天管上部再铆一三角铁箍与烟囱相连。为了防止这些铆钉过热，铆接时，应在冲天管烟气侧采用埋头铆钉。图中（b）为冲天管向外扳边与封头铆接。此式虽解决了铆钉头的过热问题，但相应带来冲天管壁厚减薄过多、不易施工，易受雨水、积灰的腐蚀，与烟囱连接困难等问题。图中（c）为焊接中常见形式。即封头向外扳边与冲天管采用填角焊。此法基本与图中（ a ）式相同。但应注意封头扳边后，要有一定直线长度（一般要大于25毫米），以减少弯曲应力对焊缝的影响。图中（ d ）式，为封头向内扳边与冲天管搭接电焊。除具有（ b ）式的缺点外，又增加一个钢板过热的问题，实际不应采用。图中（ e ）式，为封头向内扳边，与冲天管对接单面或双面电焊。这种形式即无钢板过热问题，又无焊缝受弯曲应力影响，结构较为理想。封头内扳边后，直线长度部分要符合表2-14规定，以确保焊缝仅受拉力作用。

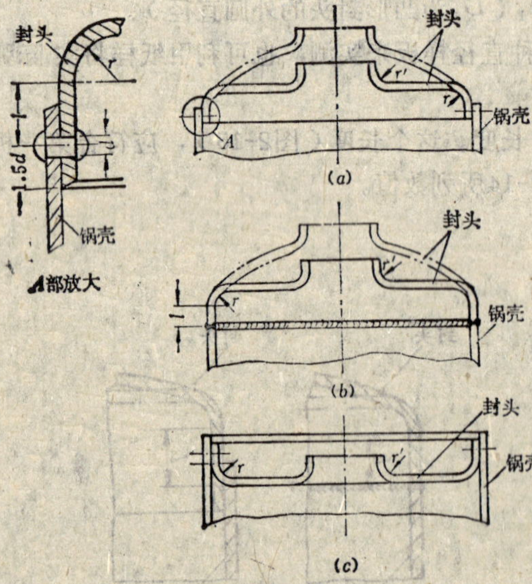

图 2-16　封头与锅壳连接样式图

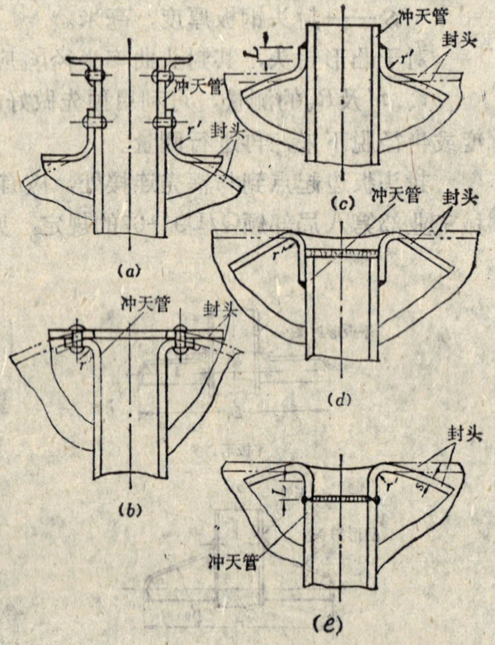

图 2-17　封头与冲天管连接样式图

对于直径较大锅炉的平板形封头，当其钢板厚度较薄，或因腐蚀造成钢板厚度不一时，应根据平板面积及厚度，通过强度计算，增设拉撑，以保证在工作压力下，封头不会变形。一般在锅炉直径超过1250毫米时，即需考虑增设拉撑问题。

4.炉胆顶

所用材料与炉胆相同，且应用整块钢板制成。

炉胆顶的样式，分平板形与凸形两种。虽形式与封头基本相同，但炉胆顶受压方向与封头相反，且炉胆顶直接受高温火焰冲刷，容易引起钢板过热及腐蚀。

炉胆顶中部与冲天管下端相连。其连接形式如图2-18所示。图中（ a ）式，为冲天管下部向外扳边与炉胆顶铆接，此式不多采用。因冲天管直径较小，钢板厚度较薄，在制造中加工困难，且扳边后，钢板减薄严重。图中（ b ）式，系老式铆接锅炉一般采用的结构。冲天管插入炉胆顶扳边内，利用铆钉连接。图中（ c ）式，为炉胆顶扳边与冲天管对接电焊。炉胆顶板边后，直线长度应符合表2-14规定，此式结构较理想。

炉胆顶扳边与炉胆相连，其形式有两种常见合理结构，如图2-19所示。图中（ a ）式为铆接形式。在连接中应注意炉胆顶在内圈，炉胆在外圈，以便捻缝防漏。图中（ b ）式，为焊接形式，在焊接中应采用对接电焊，严禁采用搭接电焊。因搭接电焊，两层钢板接触不易紧密，中间留有气层，在运行中，易造成钢板过热、开裂等现象。

5.大横水管（也称过水管）

横水管装于炉胆上中部，烟气从炉排向上，首先冲刷横水管，然后进入冲天管至烟囱。装设横水管有三个作用：第一，由于横水管直接受烟气冲刷，受热强度较大，因此，是立式横水管锅炉的主要受热面之一。增加横水管的数量，可以相应提高锅炉蒸发量。一般这种锅炉有2～3个横水管。装设两个横水管，则互成90°夹角；装设三个横水管，则互成60°夹角；第二、由于横水管受热强度高，蒸发速度快，因而促进了炉水循环。为了使炉水按指定方向流动，有一种两端直径不等的横水管，其中心线是水平的，炉水由直径较小的一端进入，由直径较大的一端流出，如图2-20所示。另一种系横水管两端直径相同，为了便于炉水循环，则将横水管装设与水平线成5°的倾斜夹角，如图2-21所示；第三，由于横水管位于炉胆上中部，对于炉胆较长和直径较大的锅炉，横水管兼起支撑炉胆作用，增加炉胆强度。

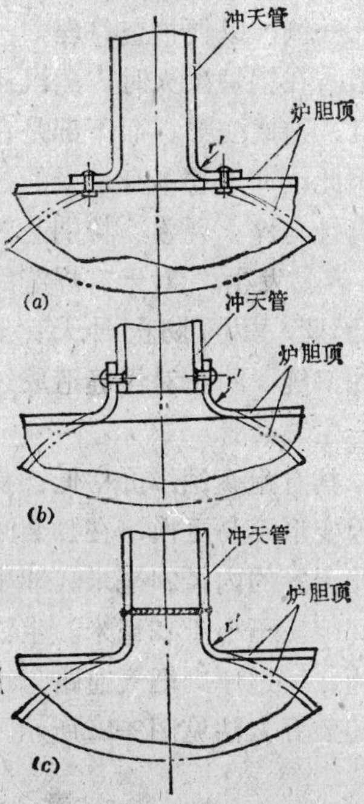

图 2-18 炉胆顶与冲天管连接图

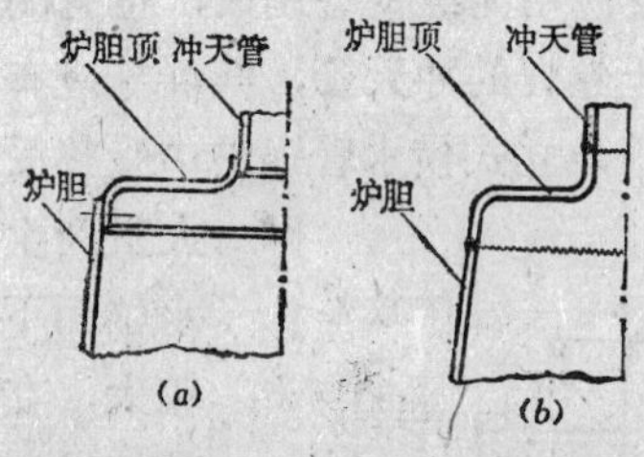

图 2-19 炉胆顶与炉胆连接样式图

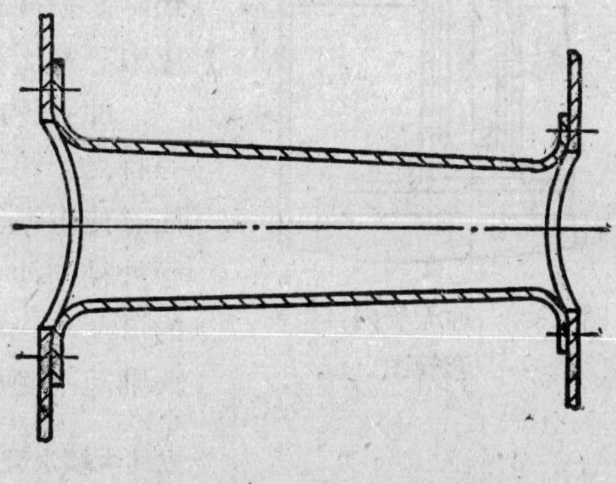

图 2-20 两端直径不同的横水管图

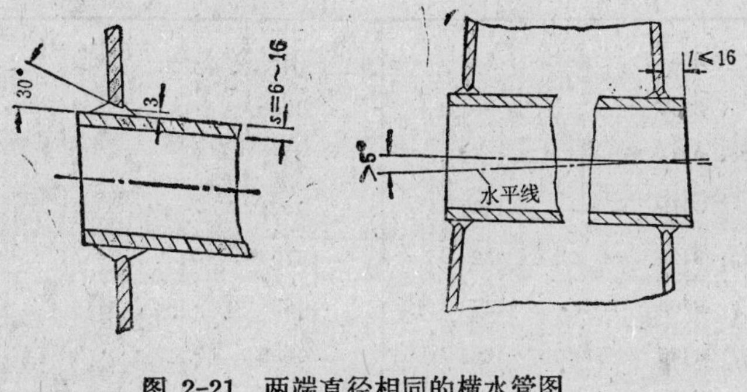

图 2-21 两端直径相同的横水管图

横水管一般采用无缝钢管，也有用钢板卷焊而成的。两端直径相同的横水管，最好采用无缝钢管。其材料应为锅炉钢管或锅炉钢板。

横水管与炉胆的连接方式，一种系采用铆接形式，即将横水管两端向外扳边，与炉胆铆接。一种系采用焊接形式，即将炉胆开孔，并开焊接坡口，将横水管插入，与炉胆焊接，同时，另一侧用电焊封底。

对于用钢板卷焊的横水管，其焊缝位置，应安排在两侧，以便检查和不致过热与腐蚀。若将焊缝朝下，则直接受高温烟气冲刷，当横水管内结有水垢时，焊缝易过热损坏；若将焊缝朝上，则烟灰、雨水等易造成腐蚀，且不易检查发现。

6.冲天管

从炉胆顶向上至锅炉封头中间的一段管子，叫冲天管。它的下部与炉胆顶相连，上部与封头相连。

冲天管应用无缝钢管制成，也有的用钢板卷焊而成的。材料品质应用锅炉钢管或锅炉钢板。对于卷焊的冲天管，其焊缝应布置在朝人孔或检查孔一侧，以便检查修理。

冲天管是立式横水管锅炉中受热受力较复杂的薄弱环节。在锅炉生火时，蒸汽还没有大量产生，冲天管上部易烧红，造成变形。而下部是在正常水位面下，冷却情况较好。因此，冲天管本身承受的热应力较大，在水位线附近易造成腐蚀与淬火现象。特别是对于经常停、开的锅炉，腐蚀就更容易发生。对于有焊缝的冲天管，这种情况就更加不利。因此，为了防止冲天管上部过热，保护冲天管与封头连接处铆缝，防止对焊缝造成过大热应力，常于冲天管内部加装一生铁套管。

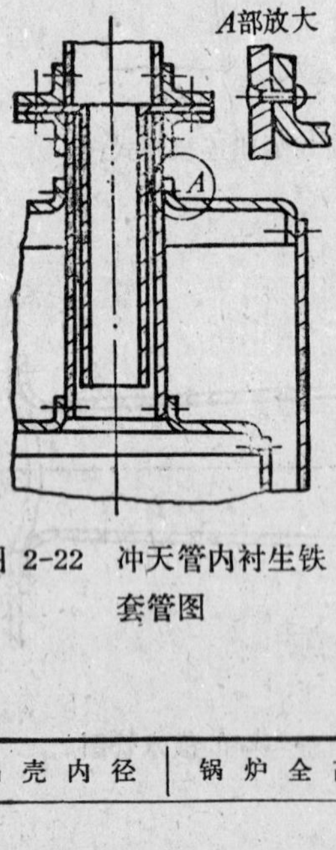

图 2-22　冲天管内衬生铁套管图

冲天管内部的生铁套管，具有耐腐蚀、价格低、易更换等特点。为了防止生铁套管因变形不易更换，在加装时，应注意使生铁套管的外径小于冲天管的内径24毫米。即生铁套管外径与冲天管内径的每侧间隙应不小于12毫米。生铁套管的厚度，一般以12～15毫米为宜。过厚则烟气通路太小，过薄则起不到应有保护作用。其装置方法见图2-22所示。

立式大横水管锅炉一般规格(一)　　表 2-15

锅壳内径	锅炉全高	炉胆平均内径	炉胆高度	大横水管	横水管外径
(毫米)				根数	(毫米)
915	2057	712	991	2	204
1067	2389	864	1169	2	204
1220	2745	1017	1347	2	229
1372	3075	1120	1524	3	229
1524	3429	1322	1702	3	229
1676	3760	1474	1855	4	254
1830	4115	1625	1982	4	254

立式大横水管锅炉一般规格(二)　　表 2-16

型号 新	型号 旧	主要技术规格 蒸发量(吨/时)	蒸汽压力(公斤/厘米²)	蒸汽温度(°C)	外形尺寸 锅壳直径×全高(毫米)	金属总重(吨)	生产单位
LS0.058/5		0.058	5	饱和 158.1	φ820×2260	0.92	吉林锅炉厂
LS0.1/5		0.1	5	饱和 158.1	φ916×2400	1.8	武汉低压锅炉厂
LS0.1/6		0.1	6	饱和 164.1	φ900×2561	1.1	福州锅炉厂
LS0.2/5		0.2	5	饱和 158.1	φ1216×3000	2.45	武汉低压锅炉厂
LS0.3/4	20马力	0.3	4	饱和 151.1	φ1220×3175	2.1	内蒙新生锅炉厂
LS0.3/8	20马力	0.3	8	饱和 174.5	φ1000×2200	2.0	天山锅炉厂
LS0.302/5		0.302	5	饱和 158.1	φ1328×3950	2.8	张家口锅炉厂
LS0.35/6～7		0.35	6～7	饱和 164.2～169.6	φ1400×3000	3.0	福州锅炉厂
LS0.4/8		0.4	8	饱和 174.5	φ1400×3100	3.5	锦州锅炉厂
LS0.45/5		0.45	5	饱和 158.1	φ1500×3615	3.8	内蒙新生锅炉厂
LS0.495/5	33马力	0.495	5	饱和 158.1	φ1517×4118	3.6	张家口锅炉厂
LS0.6/5	40马力	0.6	5	饱和 158.1	φ1500×4400	4.35	内蒙新生锅炉厂
LS0.7/8		0.7	8	饱和 174.5	φ1700×4000	5.0	内蒙新生锅炉厂
LSG1-8		1.0	8	饱和 174.5	φ2000×5000	6.5	锦州锅炉厂

二、立式多横水管锅炉

这种锅炉的受压部件主要由锅壳、炉胆、管板、炉胆顶、封头、横水管和冲天管组成，如图2-23所示。燃烧设备为固定炉排，加煤方法为人工加煤。煤在炉排上燃烧后，烟气冲刷多横水管，进入冲天管，通过烟囱排至大气。

1.锅壳　所用材料、制造工艺与立式大横水管锅炉同。

锅壳中部正对多横水管处，在对称位置各开一检查孔。下脚处手孔数量参考表2-12。

2.炉胆　此种锅炉的炉胆，实际上由两部分组成。上部炉胆即管板部分，下部炉胆与大横水管锅炉炉胆相同。这里所说的炉胆，系指下部炉胆而言。其外形、结构、材料均与大横水管锅炉炉胆相同。不同之处是此炉胆在与上炉胆（管板）连接焊缝的下部，要增设一圈短拉撑。因为从炉胆受压强度方面考虑，上下炉胆总长较大，若不加一圈短拉撑，则承受压力较低，炉胆强度不足。

立式锅炉增设短拉撑，是较普遍的。一般装设短拉撑的目的，首先，对于炉胆来说，可以减少炉胆的钢板厚度，增加炉胆强度；其次，对于长炉胆来说，在其中间部位加一圈短拉撑，从计算角度考虑，就等于两个独立的炉胆，实际上节约了钢材，提高了使用压力；第三，对于炉门、下脚等受弯曲应力较大的地方，增设一圈短拉撑，可以减少连接处的弯曲应力，保护连接处钢板不致产生疲劳裂纹。

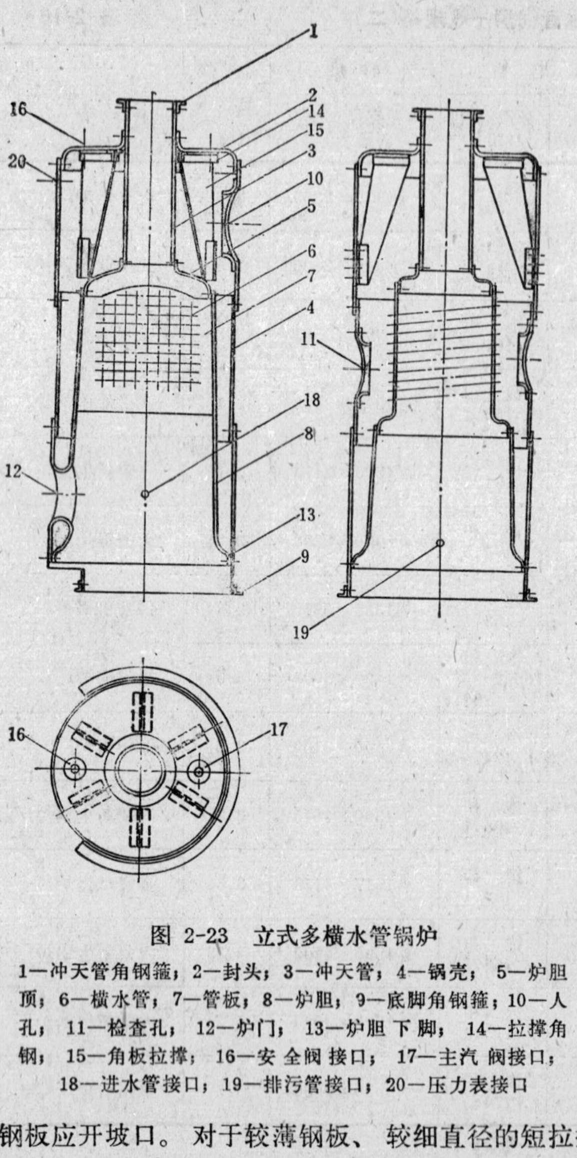

图 2-23　立式多横水管锅炉

1—冲天管角钢箍；2—封头；3—冲天管；4—锅壳；5—炉胆顶；6—横水管；7—管板；8—炉胆；9—底脚角钢箍；10—人孔；11—检查孔；12—炉门；13—炉胆下脚；14—拉撑角钢；15—角板拉撑；16—安全阀接口；17—主汽阀接口；18—进水管接口；19—排污管接口；20—压力表接口

短拉撑的连接形式有两种：一种为螺纹连接的短拉撑。在装设时，首先将钢板开孔，铰阴螺纹。短拉撑两端要车连续的阳螺纹，拧入孔内。短拉撑两端要比钢板表面突出一些。一般一端突出螺纹三扣，然后捻缝，以保持严密。也有的要求突出的更多一些，制成铆钉头形状。更有的将螺纹突出处，用电焊封焊；另外一种短拉撑，本身系光杆圆钢，直接插入钢板开的光孔中，孔径比短拉撑外径大1毫米，插入后，短拉撑每端比钢板突出5～8毫米。然后，用电焊焊牢。根据钢板的厚度与短拉撑直径的大小，钢板应开坡口。对于较薄钢板、较细直径的短拉撑，钢板可不开坡口，也可达到预期效果。

在装设短拉撑时，应注意：

（1）为了保证短拉撑对钢板被拉面积的要求，一般在炉胆部分的短拉撑间隔距离，不应大于炉胆钢板厚度的14倍，如图2-24所示；

（2）炉门与下脚处短拉撑的位置，从炉胆扳边起点算起，不应大于炉胆钢板厚度的7倍，如图2-25所示；

（3）为了在锅炉运行中，监视短拉撑内部是否折断、开裂、腐蚀，应在短拉撑两端钻有直径3～6毫米的警告孔。警告孔的深度应超过钢板内侧边缘13毫米以上。当发现有一根短拉撑从警告孔中漏水或漏汽时，应立即停炉检查与检修。否则，在断裂处周围的短拉撑，就要承受较大拉力，有促使更多的短拉撑造成断裂的危险；

（4）焊接形式的光杆短拉撑结构尺寸，可参考图2-26。

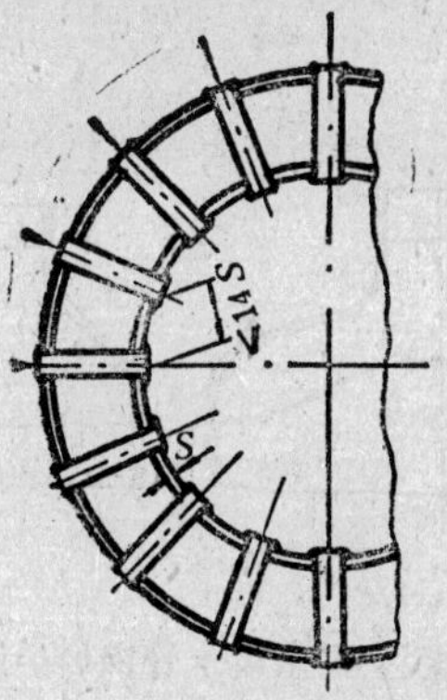

图 2-24　短拉撑排列间距图

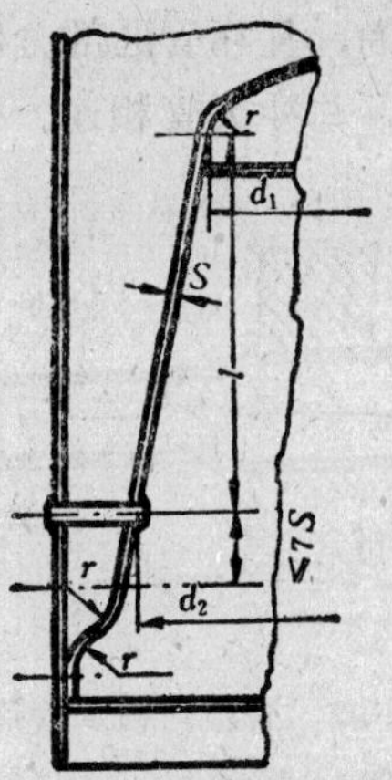

图 2-25　短拉撑距下脚距离图

3.管板　此炉的管板是炉胆的一部分。所用材料应符合GB713-65《制造锅炉和火箱用热轧碳素钢板技术条件》所规定的A3g、15g和20g钢板要求。

此炉管板的外形系上扁下圆。上部在与管子连接部分应保证平整，两侧与炉胆外径相同并按炉胆锥形比例决定其尺寸。

管板部分的纵向焊缝，不应布置在管区。管孔的排列应交错开，以便第二排管子仍可受高温烟气的冲刷，提高传热效率。此外，交错排列，还可多装一些横水管，增加其受热面积。

4.横水管　其工作条件与大横水管锅炉的大横水管相同。唯直径较小、数量较多。所用材料系锅炉无缝钢管，一般常用直径63及76毫米几种。不允许用有缝钢管做为横水管。

横水管直径较细，对给水品质要求较严。特别是下部的一排横水管，由于受热强度较大，蒸发率较高，极易积结水垢。在结垢严重、传热不良的情况下，易产生弯曲变形、鼓疱、破裂等现象。

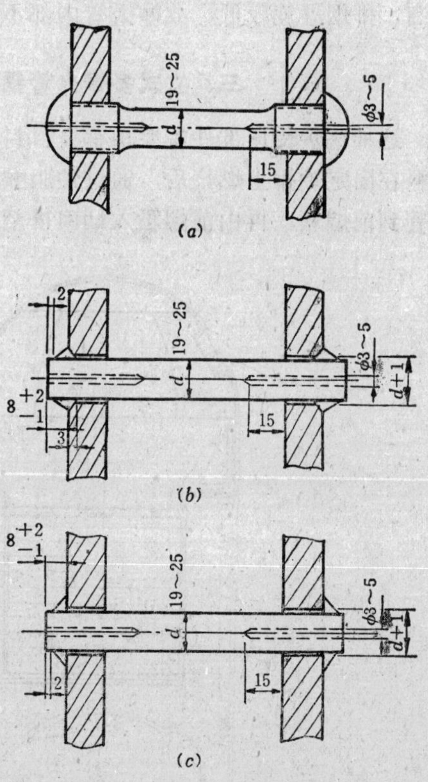

图 2-26　短拉撑样式图

横水管与管板的连接有两种方法：一种为胀接，另一种为焊接。胀接管端不翻边，也不扳成15°边。因横水管本身不受纵向拉力作用，也不存在烟气冲刷引起管端过热的问题。

为了有利于炉水循环，一般将横水管装成与水平线呈5°或大于5°的倾斜夹角，也就是说横水管与管板的胀接，不是成90°的。在开管孔时，即应考虑这个问题，如图2-27所示。

5.炉胆顶　位于管板上部，与冲天管相接。

所用材料与立式大横水管锅炉的炉胆顶材料相同。由于管板呈长圆形，故炉胆顶下部也是长圆形的，且靠管区部分的边缘是曲线的，并非直线，如图2-28所示。炉胆顶中心部分向外扳边，与冲天管相连。

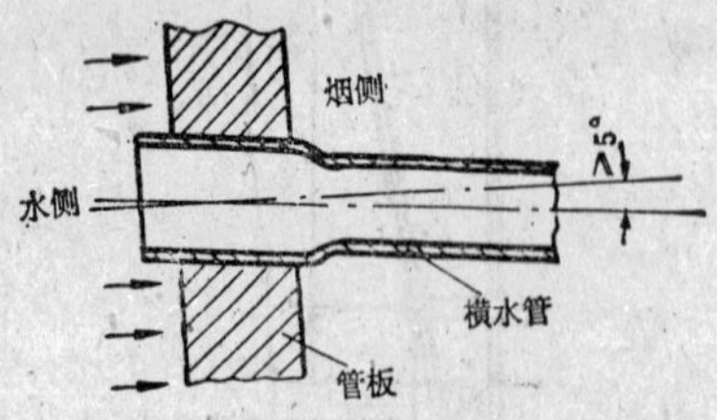

图 2-27　管板与横水管连接图

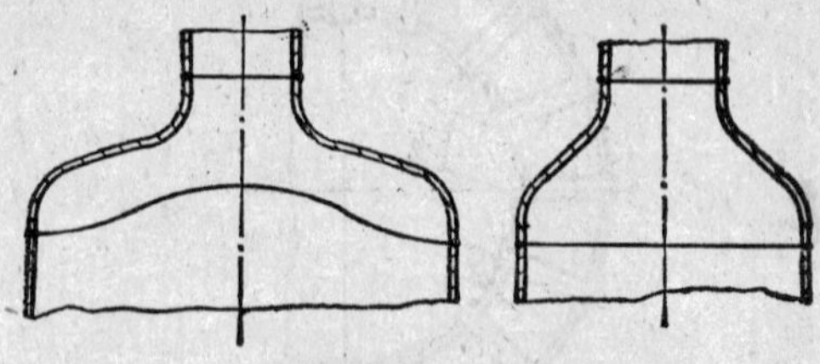

图 2-28　立式多横水管锅炉炉胆顶图

6.冲天管　其结构、材料与立式大横水管锅炉的冲天管相同。唯因多横水管锅炉蒸发量较大，燃煤较多，故冲天管直径较粗；另外，由于多横水管锅炉受热面积较大，热效率较高，排烟温度较低，故冲天管内部不加任何衬套，也不致将冲天管烧坏。

三、立式多横火管锅炉（也称考克兰、康克令锅炉）

这种锅炉受压部件主要由锅壳、封头、炉胆、管板和横火管组成，如图 2-29 所示。燃料在固定炉排上燃烧后，通过炉胆喉管进入后烟箱（也称后燃烧室），然后进入水平横火管到前烟箱，再由前烟箱入烟囱排至大气。

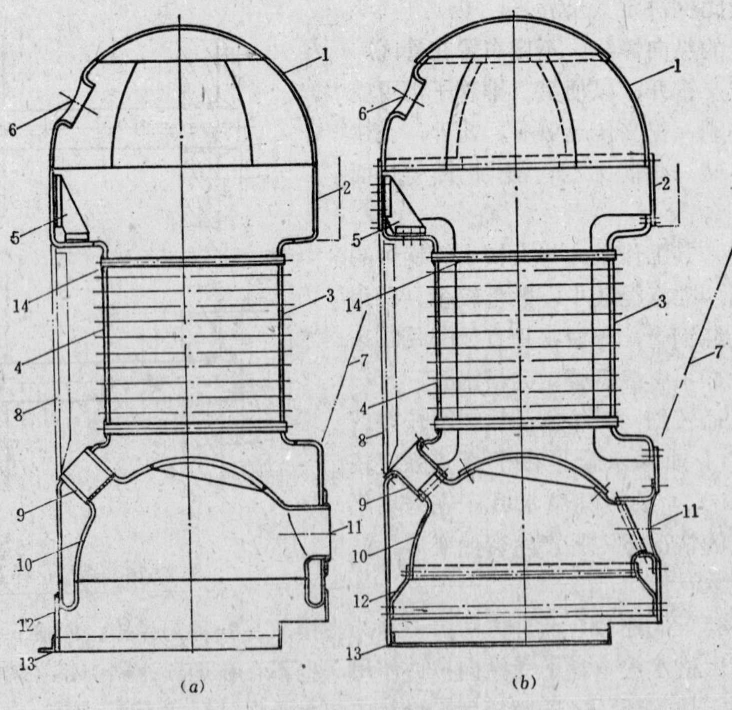

图 2-29　立式横火管锅炉图

a—焊制；*b*—铆制

1—半球形封头；2—锅壳；3—前管板；4—后管板；5—角板拉撑；6—人孔；7—前烟箱门；8—后烟箱门；9—喉管；10—半球形炉胆；11—炉门；12—下脚圈；13—角铁箍；14—横火管

1.锅壳（也称锅皮、筒壳） 所用材料与大横水管锅炉锅壳用料相同。一般锅壳由三节组成。且中间一节，即连接前后管板的锅壳部分，应比上下两节锅壳的钢板厚一些（3毫米左右）。因为中间部分的锅壳受力较复杂，因此，需比上下两节锅壳钢板为厚。

锅壳本身的连接，目前均使用电焊对接，老式锅炉则采用铆接。对采用铆接的锅壳，要求除纵向铆接为双行铆钉搭接外，其上中两节和中下两节的周向铆缝，也应采取双行铆钉搭接，以确保其强度。上节锅壳与封头的周向铆缝，应由计算决定，不受此限。一般单行铆钉的搭接效率仅为45～50%，而双行铆钉搭接的效率可达60～70%。

为了便于清洗锅炉下脚处泥污，与检查下脚处腐蚀情况，在锅壳下部至少开三个手孔，且其中一个手孔应距炉门较近。对于容量较小的考克兰锅炉，为了便于检查横火管水侧情况，应在中节锅壳处开设两个手孔。

2.封头（也称封顶、和尚头） 较小直径的考克兰锅炉，采用凸形封头，是用一块钢板制成的。而常见的考克兰锅炉封头，则是半球形的。是按球形表面成形后的一块圆形钢板，与多块球面扇形钢板拼凑而成。封头材料为A3g、15g或20g牌号的钢板。封头做成半球形的主要目的，是为了加大蒸汽空间，使锅炉有较大的存汽量。因为考克兰锅炉效率较高，产汽量较大，没有足够的蒸汽空间，极易造成汽带水现象。半球形封头各块钢板间的连接，老式考克兰锅炉是用单行铆钉搭接的，目前生产的则采用对接双面电焊。由于中间圆形钢板在成形时，减薄较多，故一般这块钢板比其他扇形板为厚。另外，在半球形封头上，由于要开设一个人孔，故对开人孔的这块扇形钢板，也应比其他扇形钢板厚些，以保证足够的强度。所开人孔，若只将扇形板向内扳边成椭圆形人孔，可不另加强。当开设人孔的扇形板，其厚度并不比其他扇形板为厚时，所开人孔应进行另外加强，以保证有足够强度。

半球形封头，从理论上讲承压能力最大。因此，在同样压力下，半球形封头所用钢板厚度最薄。

虽然，半球形封头优点较多，但从制造角度来看，施工是比较复杂的，而且不能用整块钢板或焊好的钢板一次制成。因此，在所有锅炉中，只有考克兰锅炉为了多存一些汽，采用这种半球形封头。

3.炉胆 制造炉胆的材料，应符合GB713-65《制造锅炉及火箱用热轧碳素钢板技术条件》中规定的A3g、15g与20g钢板要求，不能用普通钢板制作炉胆。

考克兰锅炉的炉胆是半球形的，如图2-30所示。半球形炉胆的优点是有利于吸收辐射热。半球形炉胆同半球形封头制作工艺相同，也是由若干块钢板拼凑而成的。

由于半球形炉胆上部受水和压力的作用，承受重量较大，同时，又没有任何拉撑辅助，因此，其下脚圈承重较大，故一般下脚圈的钢板厚度应比炉胆钢板厚度为厚。从经验中得知，下脚圈钢板的厚度应比炉胆钢板厚度厚50%以上为佳。不仅下脚圈承重较大，而且下脚圈极易腐蚀，加工制造中减薄严重，因而所用钢板要厚。有的锅炉为了减少下脚圈的烦琐加工，将整个炉胆钢板加厚，而不另作下脚圈。炉胆与下脚圈的连接形式，如图2-31所示。图中（*a*）为铆接样式，（*b*）为焊接样式。由于下脚圈较厚而炉胆较薄，在对接电焊时，应将下脚圈对接处削薄，再行焊接。

炉胆与喉管部分的连接样式，如图2-32所示。要注意不论铆接还是焊接，炉胆与喉管连接时，炉胆均应扳边，不允许将炉胆开孔，将喉管插入角焊。因为后一种连接方法无弹性。在锅炉运行中易造成炉胆变形与开裂，甚至把焊缝撕裂，很不安全。炉胆与喉管正确的铆接方法，如图2-33所示。

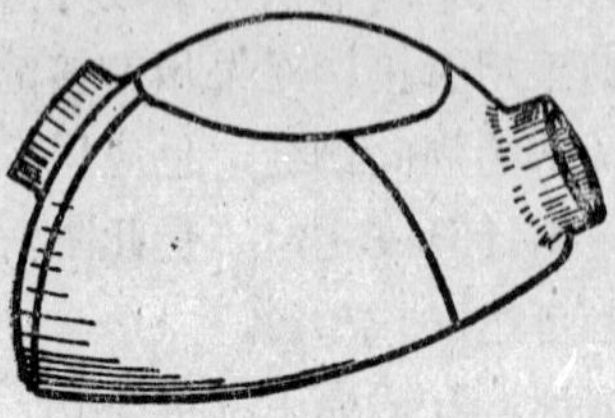

图 2-30　半球形炉胆图

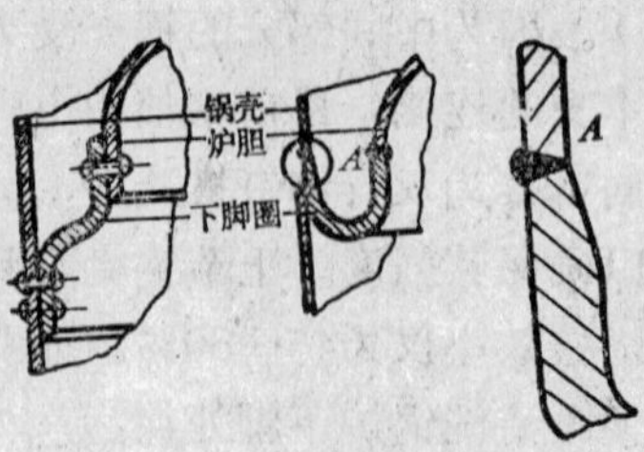

图 2-31　炉胆下脚圈连接形式图

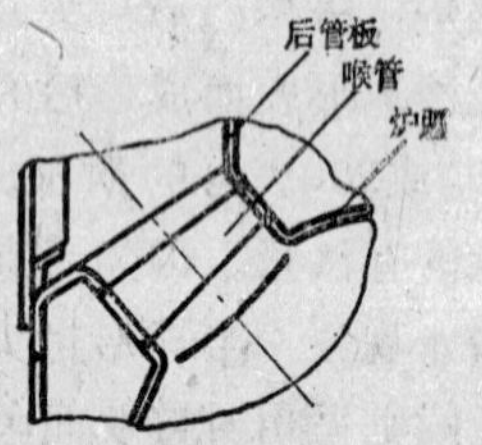

图 2-32　炉胆与喉管部分的连接样式图

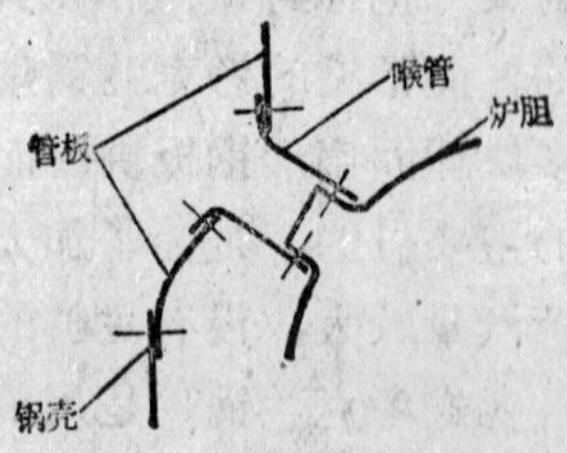

图 2-33　铆接喉管示意图

炉胆喉管的相对一侧，开有炉门。因半球形炉胆与锅壳间距较大，靠炉胆扳边与锅壳连接是不可能的。因此，在炉胆扳边与锅壳间要加一个用钢板卷成的扁圆形筒体，分别与锅壳、炉胆相连。图2-34右侧为铆接形式炉门，左侧为焊接形式炉门。同样，也不允许将炉胆开孔，把扁圆形筒体插入角焊。

4.管板　前后管板是用牌号为A3g、15g或20g整块钢板制成的。它也可看成是锅壳的一部分。前后管板四周扳边，上下分别与上下两节锅壳相连，左右与中间锅壳相连。连接方法为双行铆钉搭接与电焊对接。前后管板从外形看基本相同，但由于后管板下部与喉管相连，且凹进较深，故后管板较宽。因此，后管板上部的月形面积部分较前管板月形面积也宽，要用角板拉撑来增加其强度。而前管板凹进较浅，故一般上部月形面积不予加强。当锅炉直径较大，通过强度计算，也有设置角板拉撑的，如图2-35所示。

增加角板拉撑可用铆接方法，也可用焊接方法。不论采用何法连接，其角板与月形面积之间应留有一定空隙，以防止月形面积钢板过热。当采用铆接时，应在火侧选用埋头铆钉，以防钉头过热。

整个锅炉在管板部分的横剖截面并不是圆形的，仅中间的锅壳是圆的一部分，而管板部分则是平直的。当锅炉内部有压力的时候，就有向圆的方向发展的趋势。因此，为了防止这种趋势的产生，在管区纵向的左右最外一排，应用较一般无缝钢管管壁为厚的“拉撑管”，间跳布置。即一根普通管，一根拉撑管，再一根普通管，一根拉撑管，以增加其强度。至于管区其他位置是否需要加装拉撑管，则根据计算决定。

管子的排列，应用顺列的方法，而不应采用错列的方法。因为，从水循环角度考虑，火管锅炉的炉水是在管子外面流动的，顺列比错列阻力小；同时，为了便于清理水垢，也应采用顺列的方法布置火管。此外，纵向管距应比横向管距大。因为，从受力情况分析，

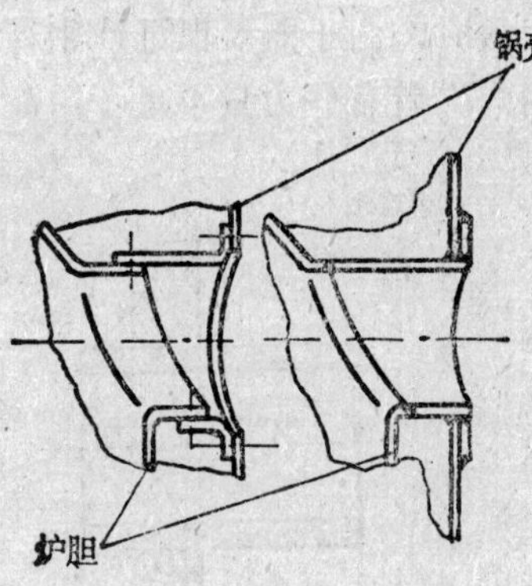

图 2-34 炉门连接图

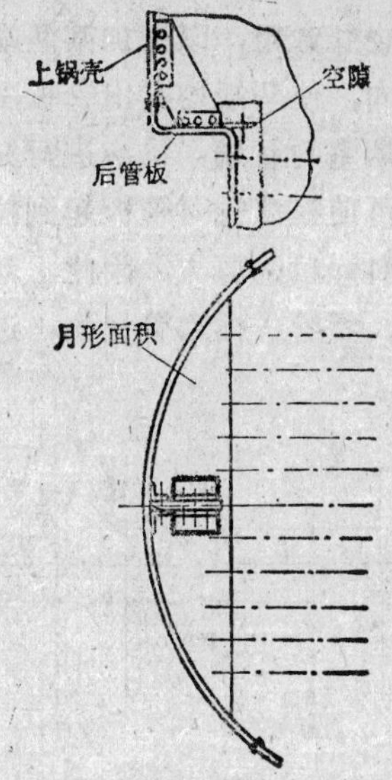

图 2-35 月形面积与角板拉撑图

纵向的应力比横向的应力大一倍，而管板又属锅壳的一部分，所以更应注意这个问题。

烟气由喉管进入火管前的空间，叫做后烟箱，也称后燃烧室。未燃尽的烟气，在此继续燃烧，温度较高，因此，后烟箱门靠烟气一侧，应有耐火砖或耐火土等保温材料做为内衬。后烟箱门与锅壳应有良好密封，以免空气漏入，降低烟气温度，影响传热效果。同时，大量冷空气漏入也易使后部烟管胀口造成漏泄。后烟箱门因是钢板制成，再加上耐火保温材料做内衬，重量较大。为了便于检修，在拆装后烟箱门时，应有简易的起重设备。在锅炉运行时，为了便于清理烟灰，在后烟箱门下应开设一个掏灰孔。

烟气由横火管出来未进入烟囱前的空间，叫前烟箱。此处烟温较低，因此，前烟箱门内侧勿需搞什么保温内衬。前烟箱门应做为活动门，在锅炉短暂停炉时，能顺利开启，以便通刷横火管内部沉积烟灰，保持受热面外部的清洁。

5.横火管 横火管一般采用外径为63毫米的锅炉无缝钢管。管径太大，则整个管区排列根数减少，受热面积相应减小；管径太小，虽受热面积增加，但易造成烟灰堵塞，增加通刷火管次数。

横火管与管板采用胀接或焊接方法相连。为了便于更换损坏的横火管，一般均采用胀接的方法。在胀接时，除应遵守胀接的操作工艺外，尚应注意横火管两端的处理。由于后烟箱烟气温度较高，对于伸出管板的管端，要翻90°的扳边，使管端与管板接触严密，以防管端传热不良，造成管端过热烧坏现象。对于前烟箱伸出的管端，则可不翻边或只扳成15°喇叭口。如图2-36所示；（*a*）为扳边15°喇叭口管端，（*b*）为翻边90°管端；另外一种连接方法为电焊。即将管孔开成比管子外径大1毫米，将管子外表打磨干净，插入管孔，管端比管板突出6～8毫米，然后电焊，如图2-37所示。为了保证其强度，焊缝距管端留有1毫米距离。当横火管损坏时，为了便于更换，又不致使管板受到损坏，一般在焊接时，管板不开焊接坡口或开较小坡口，只进行使之严密的所谓“封焊”。

拉撑管与管板的连接，也分胀接与焊接两种方法。因拉撑管管壁较厚，又兼拉撑管本身要起拉和撑的作用，因此，在工艺处理上不同于一般横火管。采用胀接法时，应先将拉撑管两端烧红镦粗，以增加其两端壁厚，然后在管子两端车出连续的螺纹，拧入绞好阴螺纹的管孔内，使两端均突出管板 10 毫米左右，利用捻钻进行捻缝，最后，用胀管器胀接。位于后烟室的管端，仍应进行 90° 翻边，以免过热损坏。这种胀接方法，即可使其严密性高，又可使拉撑管对管板起到拉撑作用；采用焊接时，由于既要保证严密，又要能承受拉撑作用对焊口的剪力，因此，对拉撑管采用“封焊”就有些力量不足了。故多将管板开焊接坡口，将管子插入管孔内，进行填角焊接。

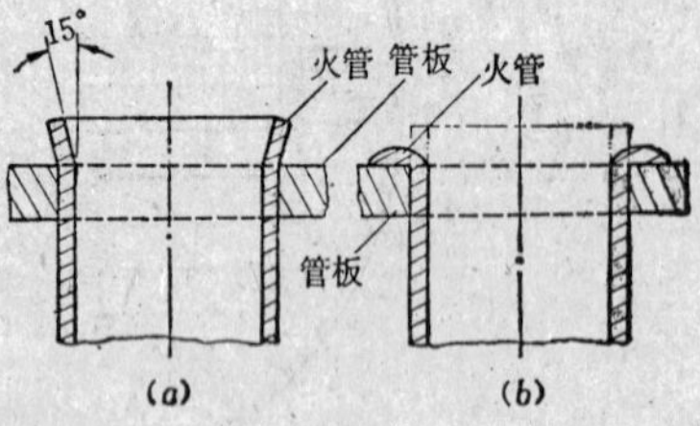

图 2-36 火管胀接扳边图

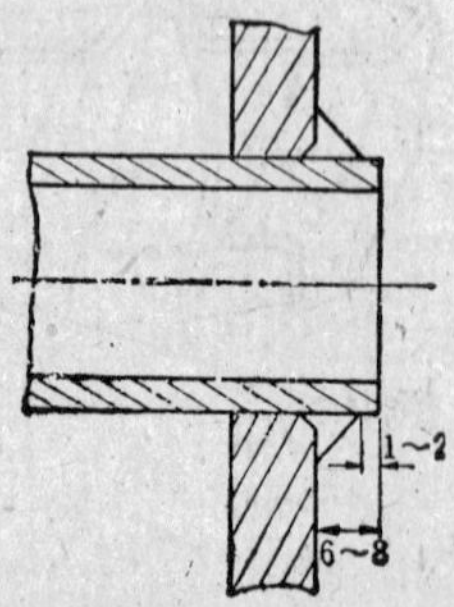

图 2-37 火管管端焊接图

立式多横火管（考克兰）锅炉规格表（一） 表 2-17

锅壳内径（毫米）	蒸发量（公斤/时）	受热面积（米²）	炉排面积（米²）	横火管 外径（毫米）	横火管 根数	锅炉全高（毫米）
915	150	4.65	0.44	63	23	2059
991	205	5.57	0.53	63	23	2287
1144	318	9.29	0.70	63	37	2592
1220	377	10.22	0.79	63	42	2745
1296	455	12.93	0.86	63	58	2897
1372	500	14.86	0.90	63	65	3050
1448	623	17.65	1.10	63	74	3126
1525	690	20.44	1.16	63	84	3431
1601	800	23.23	1.30	63	92	3583
1677	980	27.87	1.56	63	102	3736
1753	1135	32.52	1.74	63	123	3965
1830	1135	32.52	1.74	63	110	3812
1830	1135	32.52	1.74	63	110	4117
1830	1180	37.00	1.74	63	136	4275
1982	1410	41.65	2.09	63	143	4117
1982	1410	41.65	2.09	63	143	4275
1982	1500	46.45	2.09	63	158	4275
2135	1640	46.45	2.49	63	143	4275
2135	1820	55.74	2.49	63	173	4580
2287	2180	69.68	2.93	63	224	4956
2440	2590	78.93	4.44	63	224	5032
2592	3000	92.90	3.81	63	270	5490
2745	3660	116.13	4.46	63	322	5796

立式多横火管（考克兰）锅炉规格表（二）　　表 2-18

序号	型号 新	型号 旧	主要技术规格 蒸发量（公斤/时）	主要技术规格 蒸汽压力（公斤/厘米²）	主要技术规格 蒸汽温度（℃）	外形尺寸 锅壳外径（毫米）	外形尺寸 全高（毫米）	重量（吨）	生产单位
1	LHG0.2-8		200	8	饱和 174.5	930	2290	1.6	梧州锅炉厂
2	LHG0.3-8	20马力	300	8	饱和 174.5	1180	3574	2.34	鞍山锅炉厂
3	LHH0.4-7		400	7	饱和 169.6	1470	3505	2.83	长沙锅炉厂
4	LHG0.4-8	25马力	400	8	饱和 174.5	1400	3380	3.7	中建、武汉低压、西安、太原、梧州锅炉厂
5	LHG0.45-8	30马力	450	8	饱和 174.5	1273	3944	3.05	鞍山、梧州锅炉厂
	LHG0.48-8	30马力	480	8	饱和 174.5	1390	3150	3.49	长沙锅炉厂
6		康40	525	8	饱和 174.5	1518	3500	5.1	中建锅炉厂
7	LHG0.56-8		560	8	饱和 174.5	1400	3750	5.0	重庆锅炉厂
8	LHG0.58-8	40马力	580	8	饱和 174.5	1520	3500	3.94	天山锅炉厂
	LHG0.65-8	40马力	650	8	饱和 174.5	1500	3500	4.0	福州、梧州、杭州锅炉厂
9		45马力	700	8	饱和 174.5	1676	3830	5.6	中建、西安、太原锅炉厂
10	LHG0.7-8		700	8	饱和 174.5				鞍山、锦州锅炉厂
11		康60	788	8	饱和 174.5	1824	4267	6.8	中建锅炉厂
12	LHG0.84-8	54马力	840	8	饱和 174.5	1700	4136	4.5	天津、鞍山、西安锅炉厂
13	LHG0.86-8	54马力	860	8	饱和 174.5	1820	4403	6.67	长沙锅炉厂
14	LHG0.91-8		910	8	饱和 174.5			6.08	武汉锅炉厂
15	LHG0.94-8	60马力	940	8	饱和 174.5			5.0	兰州锅炉厂
16	LHG0.96-8	60马力	960	8	饱和 174.5	1820	4403	7.6	杭州、天山、长沙锅炉厂
17	LHG1.14-7		1140	7	饱和 169.6	1982	4660	9.9	武汉低压锅炉厂
18	LHG	85马力	1000～1130	7	饱和 169.6	2000	4660	9.0	梧州锅炉厂
19	LHG1.17-8		1170	8	饱和 174.5	1984	4780	9.8	天津锅炉厂
20	LHG1.3-8	85马力	1300	8	饱和 174.5	1832	5520	7.68	鞍山、长沙锅炉厂

四、立式水管锅炉

立式水管锅炉包括：立式直水管锅炉和立式弯水管锅炉，是由群众性的锅炉改造中演变而来的。具有热效率高、排烟温度低、水循环合理、生火出汽时间短、蒸汽空间大、蒸汽品质良好等特点。唯锅炉用水品质要求较严，清理烟灰及检查修理不便。

立式直水管锅炉结构，如图2-38所示。它是由上下锅壳、上下管板、直水管、炉胆、炉胆顶、喉管和封头等主要受压部件组成。全部结构为焊接。燃料从固定炉排燃烧后，高温烟气通过喉管进入管区，绕行一周，横向冲刷直水管后入烟囱排至大气。

立式弯水管锅炉结构，如图2-39所示。它是由锅壳、封头、炉胆、炉胆顶和弯水管等主要受压部件组成。炉膛内弯水管由于吸收辐射热，类似水管锅炉的水冷壁，蒸发率高。烟气由烟道口进入外管区，分为左右两路，各绕半圈，既使外围水管吸收热量，又可加热

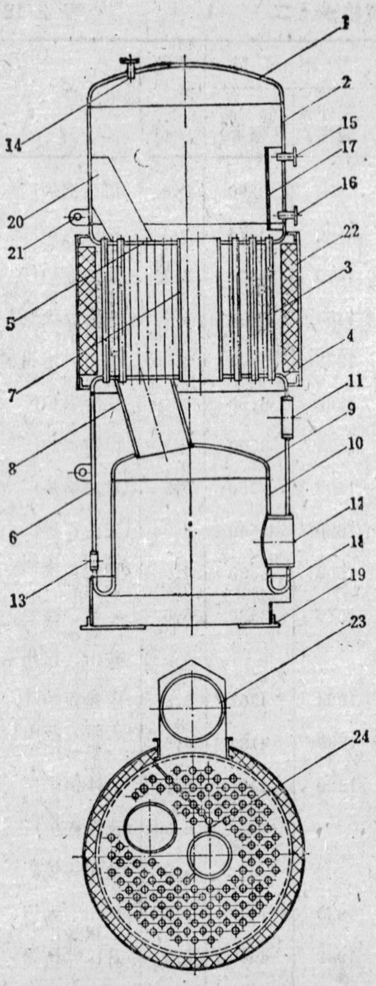

图 2-38　立式直水管锅炉图

1—封头；2—上锅壳；3—直水管；4—下管板；5—上管板；6—下锅壳；7—下降管；8—喉管；9—炉胆顶；10—炉胆；11—人孔；12—炉门；13—手孔；14—安全阀接口；15—水位表通汽口；16—水位表通水口；17—水位稳定板；18—下脚圈；19—底座；20—角板拉撑；21—焊耳；22—烟箱；23—烟囱；24—烟气隔板

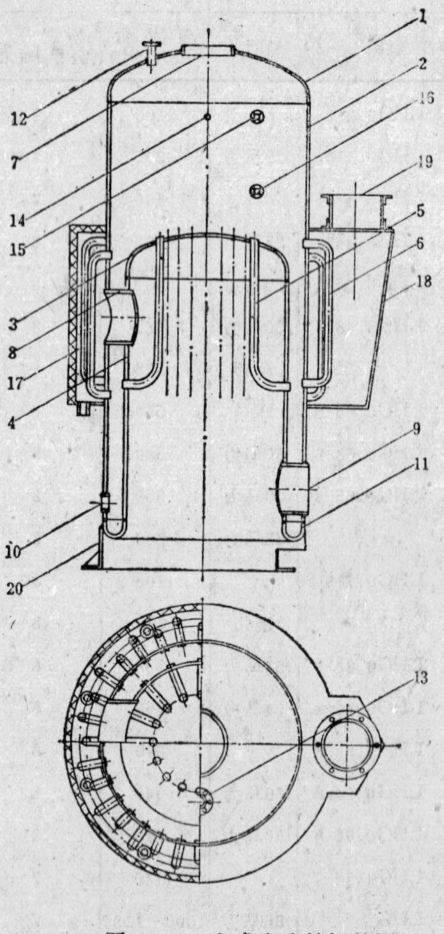

图 2-39　立式弯水管锅炉图

1—封头；2—锅壳；3—炉胆顶；4—炉胆；5—水冷壁管；6—弯水管；7—人孔；8—喉管；9—炉门；10—手孔；11—下脚圈；12—安全阀接口；13—主汽阀接口；14—压力表接口；15—水位表通汽口；16—水位表通水口；17—烟道；18—烟箱；19—烟囱；20—底座

锅壳。然后在锅炉前部烟箱汇合，进入烟囱排至大气。

由于这两种型式锅炉，目前为数不多，故不加详述。具体规格见表2-19及表2-20。

五、立式锅炉几个共同性的结构问题

1.炉排及其位置　立式锅炉的炉排大都是固定的。炉排的材料一般是由灰口铸铁制成的。有条状炉排和蜂窝状炉排两大类。根据燃料的性质、粒度及通风的强弱，可以选用缝隙宽度不同的条状炉排和孔眼数量不等、直径不同的蜂窝状炉排。一般炉排的位置，应在锅炉下脚接缝以上、炉胆下脚扳边起点的地方。炉排上表面距炉门口下边缘的尺寸，根据锅炉的大小，一般为100～150毫米，如图2-40及图2-41所示。

立式直水管锅炉规格表　　表 2-19

型　　号	LSG0.5-8型	LSG0.7-8型
蒸发量(公斤/时)	500	700
工作压力(公斤/厘米²)	8	8
蒸气温度(°C)	174.5(饱和)	174.5(饱和)
受热面积(米²)	20.6	25.9
炉排面积(米²)	0.95	1.04
给水温度(°C)	20	20
锅炉满水时总重(吨)	6	7
参考价格(元)	7000	8000
生产单位	长沙锅炉厂	济南东风、石家庄锅炉厂

立式弯水管锅炉规格表　　表 2-20

型　　号	LS0.2-5型	LS0.4-8型
蒸发量(公斤/时)	200	400
工作压力(公斤/厘米²)	5	8
蒸汽温度(°C)	158(饱和)	174.5(饱和)
受热面积(米²)	9.6	17.1
炉排面积(米²)	0.3	0.75
给水温度(°C)	20	20
锅炉金属总重(吨)	1.5	2.5
参考价格(元)	4500	5500
生产单位	上海星火锅炉厂	武汉长江锅炉厂

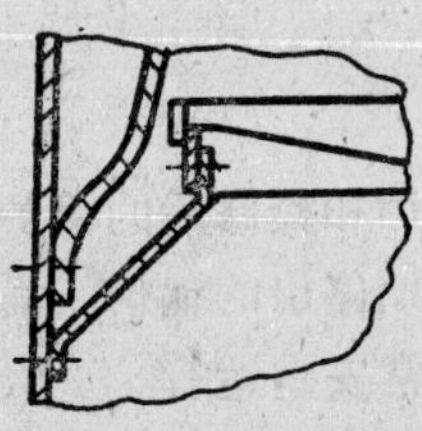

图 2-40　炉排装置图

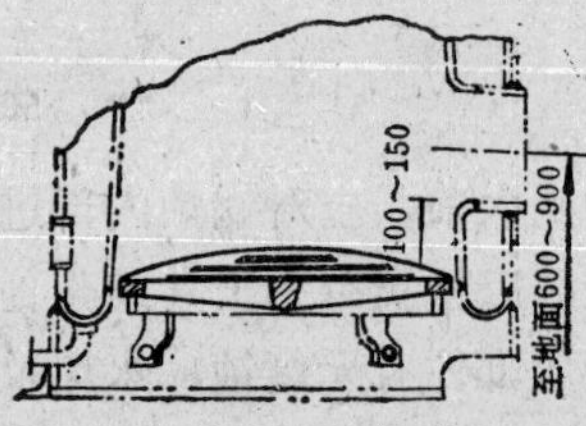

图 2-41　炉排位置图

2.烟囱　立式锅炉的烟囱一般为铁烟囱。它具有重量轻、安装简便和投资较少等特点。烟囱的高度，直接影响引风力的大小，对燃烧有着密切关系。立式锅炉的烟囱高度，可参考表2-21中所列数值。

立式锅炉烟囱高度参考表　　表 2-21

锅壳直径(毫米)	915	1220	1525
烟囱高度(米)	12～14	13～15	14～16

为了调节烟囱引风力或停止烟囱引风，应在烟囱下部装置一椭圆形挡板。这个挡板是铸铁制成的，以免当烟温过高时，产生变形，无法开启与转动。

为了便于烟囱的安装，一般应将烟囱分几节，每节间用法兰连接，中间嵌以石棉制品，以保证严密。对于高度较低的铁烟囱，也可不分节，整个焊好即行安装。烟囱一般装于冲天管或前烟箱法兰上。

烟囱在通过屋面的地方，应用薄铁皮制成领圈，在领圈上部的烟囱上装设防雨圈，以防顺烟囱或屋面缝隙处漏入雨水，腐蚀锅炉。此外，直接安于冲天管法兰上的铁烟囱，还应装有烟囱帽，以防锅炉在停用期间，雨水对锅炉造成腐蚀，如图2-42所示。为了保证铁烟囱的稳定性，应在其中上部用铁线拉牢。拉线间互成120°角，拉线与烟囱成45°夹角。由于铁烟囱经过高温烟气、日晒、雨淋，易造成腐蚀，一般每2～3年要内外刷漆一次，以延长使用寿命。

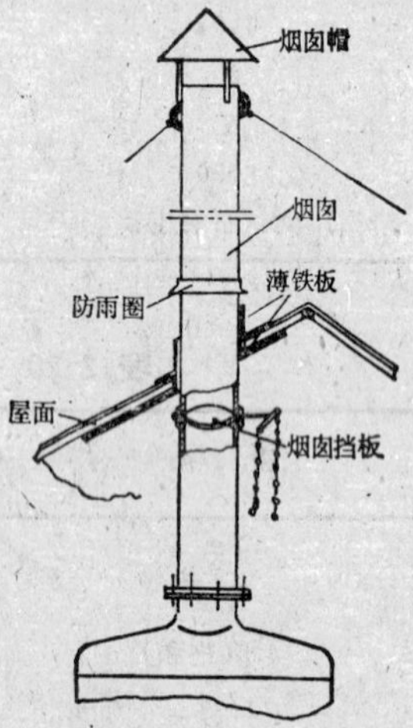

图 2-42 立式锅炉烟囱图

3.基座和灰坑 立式锅炉的基座，一为支承锅炉，不使锅炉下脚部分直接与地面接触，以防止炉灰和水分对于下脚部分的腐蚀；二为增加灰坑高度，便于通风和存灰。

在砌制基座时，应首先做好锅炉的基础。锅炉基础的深浅与大小，应根据锅炉重量、地下水位高低及土质情况等决定。

锅炉的灰坑及灰门的大小，要能保证拆装炉排，工作人员可顺利进人灰坑，进行检查与检修。

第三节 立式锅炉的运行与保养

一、生火前的检查与准备工作

1.锅炉生火前，应对锅炉内部进行检查。对新安装的锅炉和检修后的锅炉，在关闭人孔、手孔前，应检查有无工具或其他物品遗留在炉内。对长期停用的锅炉，尚应检查受热面及其他受压部件有无腐蚀、水垢及烟灰，能否保证锅炉正常安全运行。

2.检查锅炉水位表、压力表、安全阀、给水阀、排污阀、主汽阀等安装是否合理，是否符合要求。检查炉排固定的是否牢靠，烟囱挡板是否灵活，烟箱门是否严密等。

3.检查完毕后，应立刻装好人孔盖与手孔盖。装盖时，应将铁骑马放正，孔盖之间应垫以石棉橡胶圈或用石棉绳编织的石棉绳垫。为了使垫不致在锅炉使用后，粘结在孔盖或孔的边缘上，在垫的两个接触面上应涂以机油黑铅粉的混合物。禁止在孔盖及孔的接触面上涂用白铅油。

4.锅炉上好孔盖后，将上部空气阀打开，当无空气阀时，可抬起安全阀，向炉内进水。进水时应注意，水位不可过高，一般使水位达到规定的最低水位线以上，正常水位线以下即可。因炉水随着生火的温度逐渐提高，体积要膨胀，水位要上升。

5.生火前，再检查一下各部阀门的开关情况及有无漏泄。对于漏泄的阀门及孔盖，应立即修复，否则不应点火。

锅炉生火前，应将主汽阀、排污阀、进水阀及水位表放水旋塞关严，将压力表旋塞，水位表汽、水旋塞打开（用吹洗压力表旋塞与冲洗水位表的方法鉴别）。

6.对于检修后的锅炉，要将管道或阀门的法兰处的堵板全部拆除。

二、锅炉生火（或称点火）

1.为了保证锅炉各部受热均匀，生火时，应先用木柴烘烤，且不应过分开大烟囱挡板，以使火势微弱。待由空气阀或抬起的安全阀冒出蒸汽后，关闭空气阀或放下安全阀，再逐渐加大煤量，增强火势。夏季，生火后，由冷炉到压力表指针起动，应保持在1小时以上，冬季要适当延长。起压后，到正常工作压力要大于半小时。时间过短，将会引起锅炉受压部件的伸胀不均，对于铆接锅炉甚至引起铆缝漏泄。

2.生火后，司炉人员要监视水位。当水位超过正常水位线时，水位仍在上升，应再检查进水阀，并适当打开排污阀，使水位维持在正常水位线附近；若当生火后，水位不升反而下降，应检查排污阀，并应迅速采取措施。

3.当锅炉压力升至1～1.5公斤/厘米^{2}时，应对人孔及手孔螺丝再拧紧一次，以保证严密。同时，吹洗压力表旋塞与弯管，冲洗水位表。

4.当锅炉汽压升至2～3公斤/厘米^{2}时，应试开注水器或蒸汽泵，检查给水设备是否正常。同时，试开排污阀，检查其灵活与严密程度，并可起到放出部分锅炉下脚处死水，辅助炉水循环作用。

5.当锅炉汽压升到工作压力后，应调整安全阀。使安全阀在超过工作压力时，按调整压力动作。在调整安全阀时，应注意压力表指针的位置，严格掌握汽压不要超过锅炉最高允许工作压力。调整安全阀时，工作人员要戴好手套，准备好扳手，防止烫伤。梯子要放稳，防止滑倒。锅炉水位要保持在正常水位线附近，最好低于正常水位线，切实注意不要缺水。安全阀调整后，再加大火势，使压力上升，进行一次安全阀自动排汽试验。调整适当后，应紧好安全阀固定螺丝，并加铅封或上锁，以免发生意外。

锅炉汽压升至工作压力后，如需与另外运行锅炉并列送汽时，应做好并炉工作。并炉前，应先将管道或分汽缸的疏水门打开，排放冷凝水，微开主汽阀，进行暖管。待疏水门完全排出蒸汽时，关闭疏水门。然后，调整新生火锅炉的汽压低于运行锅炉汽压0.2～0.5公斤/厘米^{2}时，即可与运行锅炉管道相通，并列送汽。开启主汽阀时，动作要缓慢，并注意管道是否震动或有水冲击声。当震动或冲击声过大时，应再进行暖管和排放冷凝水工作，然后再开大主汽阀。

三、锅炉房及司炉工具

目前，立式锅炉大部分是固定炉排，人工加煤。因此，锅炉房的位置、内部装置及司炉工具占有相当重要地位。倘若工作地点不适，工具不佳，就会给司炉人员带来不良后果。

锅炉房的位置与结构，应具备下列条件：

1.锅炉房应位于常年主导风向的下风侧；

2.锅炉房应尽量靠近用汽地点；

3.锅炉房应位于有利燃料、灰渣的存放和运输方便的地方；

4.锅炉房的朝向，应考虑有较好的自然通风和采光条件；

5.炉前距房墙应有足够距离，以满足不妨碍司炉人员的正常操作，及暂时堆放所需燃料的要求为准。一般这个距离不应小于炉排直径再加1.5米的尺寸；

6.炉前地面应平坦，无高低不平的现象，便于投煤操作。地面最好为混凝土，或带花纹钢板，不宜用平面铁板铺地，以免司炉人员滑倒；

7.锅炉房地面应高于室外地面，以防锅炉房内积水；

8.锅炉房通向室外的门应向外开，在锅炉运行期间，不准将门锁住或闩住。锅炉房内部房间的门，应向锅炉装设地点开；

9.锅炉房内的地面、墙壁及房屋结构，应符合防火标准要求；

10.锅炉房内经常使用的工具、器具，应排列整齐，有次序地存放；

11.锅炉房内应准备有简单维修材料及常用工具。如石棉绳、石棉橡胶板、铅粉、常用填料、水位表玻璃管（板）及管钳、手钳、螺丝刀、活搬手等。在停电情况下，应有备用照明设备，以保证锅炉运行；

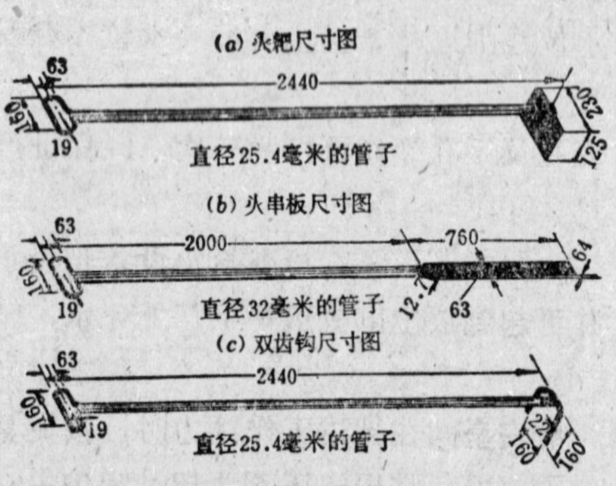

图 2-43　司炉工具图

12.锅炉房内部应经常保持整洁，并应有清扫制度。锅炉操作规程、安全规程等规章制度应健全，并应悬挂在锅炉房明显位置。

司炉工具：

1.整理炉排燃料及清炉耙灰用的火耙、串板及双齿钩，如图2-43所示；

2.平火、通火及清炉用的单齿钩。一般用直径16～19毫米的圆钢制成。前部弯钩长度为100～150毫米；

3.向炉内投煤及装卸煤、灰用的铁锹。铁锹为D形，锹把要光滑，锹与把要钉的牢固，不应松动；

4.破碎较大煤块用的铁锤；

5.运煤运灰用的车辆。一般用铁制框架、铁护圈的平车，也有采用U型矿车的，以免热灰将车烧坏。

以上均系人工加煤时，必不可少的工具。当发现损坏时，应立即修理或更换。

四、锅炉运行操作

保证锅炉安全与经济运行，是每个司炉人员的职责。在锅炉运行中，由于操作不当，会产生事故隐患或造成严重事故，对安全与经济造成不良后果。

简单地讲，运行操作虽然内容较多，但可归纳为水、汽、火三个主要方面。这三个方面不是孤立存在的，而要很好地配合，才能达到锅炉正常运行的目的。

1.水位要平稳　一般立式锅炉都是间断上水的，因此，锅炉水位不应高低偏差太大，否则，极易造成满水或缺水事故。同时，水位平稳，还可保持汽压稳定。一般在锅炉运行中要控制高低水位偏差在50毫米范围以内，较为适宜；

2.进水要勤少　一般立式锅炉的蒸汽都是用做直接加热的，很少有回水入炉，大部分是向锅炉直接进冷水的。因此，在进水时，要根据水位变化、燃烧情况，少上勤上。当水位稍低于正常水位时，即要进水，当锅炉在加煤、清炉时，不要进水。在清炉前，应将水位控制的较高，清炉后水位也不致下降严重；

3.排污有制度 锅炉排污的作用，是排除炉水中沉淀污垢及高碱度的炉水。立式锅炉仅有下排污，即定期排污。排污操作应有一定的规章制度。一般规定，排污应在供汽较少或停用汽前后时间内进行。排污前，应保持较高水位，排污期间，要注意水位变化，严格注意防止锅炉缺水。一般每班排污1～2次。

4.汽压要稳定 锅炉在运行中，汽压的变化对于用汽单位影响较大。同时，汽压变化过大，对于掌握水位的稳定也有一定困难。因此，为了使汽压平稳，司炉人员要经常与用汽单位取得联系，在用汽前要联系，停汽前也要联系。一般要求汽压波动范围，应保持在正常工作压力±0.5公斤/厘米^{2}为好。

5.投煤要快匀 司炉人员投煤技术的优劣，是保证锅炉经济运行的重要内容。同一台锅炉，由于司炉人员水平不同，则在保持水位、汽压平稳、保证供汽与节约煤炭方面出现不同情况。

司炉人员投煤时，要选择适当位置。投煤时，要能全面地看到炉排。投煤的次数要勤，动作要快，每次投煤量要少。根据用汽负荷的变化，应适当调整投煤次数。应掌握勤投量少的原则。一般一次投煤量，以每平方米炉排为1.5～3公斤左右为宜。在投煤时，动作要快。开炉门前要做好投煤准备，投完煤要立即关好炉门，以免大量冷空气进入炉膛，影响燃烧。但也要防止片面追求减少开关炉门次数，一次投煤量过大，使炉膛温度降低，造成燃料的不完全燃烧、大量冒黑烟现象。

对于立式锅炉，有两种投煤燃烧方式：一种叫平烧法，也叫撒布燃烧法。即在投煤时，将煤均匀撒布在炉排上，这种方法可以烧粘结性较强的煤，比较灵敏地适应负荷变化。但煤炭粒度需均匀，炉排不致因煤炭粒度差异过大，造成风洞。此外，采用平烧法的司炉人员技术要求熟练。由于投一次煤压一次火势，也易造成投一次煤产生一次黑烟，损失一部分热量的现象；另一种叫班点烧火法。司炉人员将炉排人为地划分为几个区域，先后在各区投煤。这种方法可以使炉膛经常保持一定温度，投入的新煤由于炉膛温度较高，不完全燃烧现象较小，故可减少烟囱冒黑烟现象，如图2-44所示。

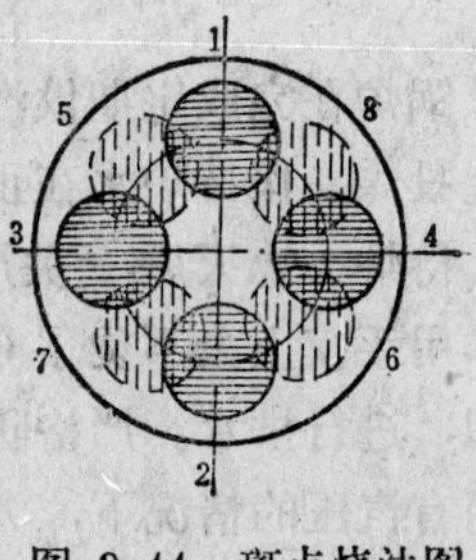

图 2-44 斑点烧法图

锅炉炉排上的火层，是由下部灰层、中部燃烧层及上部的新煤层几部分构成。火层的厚度，应根据锅炉的负荷情况、煤的性质、粒度及通风的强弱而定。当负荷较大时，投煤次数增加，清炉次数增加，煤层易增厚较快。因此，应尽力使煤层厚度减薄，以使更多的煤获得完全燃烧。但往往负荷加大时，煤层偏厚。当使用粘结性较强的煤时，易产生熔渣，阻碍正常通风，火层更应薄些。使用粒度较大（一般应控制煤块的大小不应超过“核桃块”）的煤，火层可以厚些。反之，烧用粒度较小或近似无块的煤，火层应薄些。自然通风力较强，即烟囱较高时，火层可以厚些。根据一般经验，火层厚度以100～150毫米为宜。火层过薄，易产生风洞，使大量冷空气入炉，降低炉膛温度。火层过厚，影响通风，极易产生不完全燃烧现象。

6.清炉要适时 因不断向炉排投煤，从炉排缝隙里掉下去一部分灰，但大量的灰分及熔渣，则残留在火层下部。如果灰层较厚，阻碍通风，影响燃烧时，就需要进行清炉，将火层下部的灰除去。

使用缝隙较大的炉排时，清炉次数较少。燃料中灰分较大，且灰分熔点较低，易产生熔渣时，清炉次数较多。操作技术不熟练，火层不够平整，清炉次数也较频繁。总之，清炉次数与间隔时间，需根据煤的灰分大小、粘结性强弱、炉排构造及操作水平而定。

清炉时，应尽量缩短时间，防止大量冷空气入炉。因此，清炉应选择在停炉前或负荷较低的情况下进行。清炉前，需适当关小烟囱挡板，以减弱通风，清炉后，也要徐徐起火，以免使炉膛温度变化过快，造成不良后果。使用两台或两台以上锅炉时，应轮流进行清炉，避免同时清炉，影响供汽。为了防止清炉时汽压跌落，不应进水，而应在清炉前，将水位控制在正常水位线以上。

清炉工作操作适当，既可节省燃料，又可保证供汽。因此，每个司炉人员要不断地进行总结经验，摸出使用不同煤种的清炉规律来，不断提高操作水平。

清理出的灰渣应随时装入灰车或铁桶内，运出锅炉房，或拉到离锅炉较远的地方，待灰渣冷却后，再行运走。有的司炉人员将炉渣从炉膛耙出后，即用水浇，或向灰坑内浇冷水，极易造成对锅炉锅壳和下脚部分腐蚀，是违反操作规程的。

7.压火（闷火、埋火）防复燃 当锅炉暂停供汽，为了准备在短时间内再供汽，锅炉要施行压火。压火的方法有半炉压火法和满炉压火法两种。采用半炉压火，应将红火聚集在炉排前部或后部，在红火上盖以湿煤，将烟囱挡板关闭，灰门关闭，打开炉门。如在压火期间，能保证不致使湿煤复燃，也可关闭炉门；满炉压火法，只是不将红火聚集，在炉排上全面盖以湿煤，其余操作同半炉压火法。压火后，应将水位升至最高水位线处，汽压保持在正常使用压力的三分之一到二分之一间，以缩短开烧长汽时间。同时，压火后，要进行一次排污，以清除炉水中沉淀污物。如有可能在供汽前，应再进行一次排污，效果更好。在压火操作结束后，应检查各部阀门、管路有无渗漏现象。以防在压火期间造成锅炉缺水事故。压火期间，为了保证锅炉安全，应设专人值班管理，以防复燃、超压、缺水等现象发生。

五、一般停炉与紧急停炉

锅炉在完成定期供汽任务或准备洗垢检修时，要实行一般性的停炉。停炉时，要首先停止投煤，保持炉水在正常水位线以上，炉排上的燃煤不要立即耙出来，待其自然燃尽熄灭。待炉火熄灭后，关严炉门、灰门和烟囱挡板。待锅炉汽压降到零以后，炉体逐渐冷却，用手摸上去不烫了（一般在70°C以下），即可打开炉门、灰门和烟囱挡板，并开启排污阀，进行排水。严格防止用冷水进行循环，加速冷却，向炉膛内浇冷水熄灭炉火，在锅炉尚有汽压的情况下，大开炉门与烟囱挡板等不良作法，以防止锅炉钢板骤然收缩，引起开裂、漏泄等现象，影响锅炉使用寿命。

紧急停炉，是在锅炉运行中发生突然事故，被迫停炉。按照规程要求，当发现锅炉严重缺水、长期满水、给水设备失灵、锅炉受压部件损坏、对运行人员生命有危险时，应进行紧急停炉。紧急停炉时，应立即把炉火由炉膛里耙出来，或用砂土、湿炉渣灭火，关闭灰门与烟囱挡板，关闭主汽阀，由安全阀或分汽缸直接排出蒸汽。如不是因为缺水或满水停炉，则仍应向炉内继续进水，维持其正常水位。如因缺水紧急停炉时，严禁向炉内进水或开关各种阀门，以防扩大事故。

六、司炉人员的交接班

为了保证锅炉设备的安全经济运行，司炉人员要严格遵守交接班制度。

1.接班人员要按接班时间的规定，提前进入锅炉房（一般提前15分钟），做好接班准备；

2.在交班的规定时间内，接班人员没有按时到达，交班人员不应离开工作岗位，并应向有关领导及时反映；

3.在交接班时，锅炉设备发生事故，接班人员应听从交班人员指挥，协助配合处理故障，待恢复正常或告一段落时，再进行交接班。如果时间过长，经有关领导同意，可根据具体情况进行交接；

4.交班人员在交班前，应做好一切准备工作，按照规定内容实行交班；

5.接班人员到班后，应首先查看运行记录，与交班人员共同进行下列检查；

（1）压力表是否指示正确，是否良好；

（2）冲洗水位表，检查水位是否正常，各部旋塞是否严密灵活；

（3）安全阀是否严密良好；

（4）排污阀是否严密灵活；

（5）试验向炉内进水，检查给水设备是否良好；

（6）在可能范围内，检查锅炉受压部件有无变形、漏泄现象；

（7）检查烟囱挡板是否灵活严密；

（8）检查水箱或水池是否有足够存水；

（9）检查各部阀门是否灵活严密；

（10）检查维修材料、常用工具、防护设备是否齐全良好。

6.如不符合交接班规定时，应拒绝接班，遇有特殊情况，可由交接双方协商解决。但事后要报告有关主管人员；

7.交接双方要做到交的彻底，接的认真，高度负责，一丝不苟。将交接中的情况与问题，及时记入运行记录中。

七、经济合理燃烧

在锅炉运行中，首先要保证安全。在安全的前提下，如何做到经济运行呢？我们认为就要做到：少烧煤，多出汽，减少浪费，提高效率。除应在投煤、清炉等方面注意操作外，尚需做好以下工作：

1.认真做好日常保养，加强维护检修，注意受热面内外的清洁，在水、汽、烟几个方面保证严密；

2.为了保持火层平整，掌握煤的燃烧速度基本一致，对所用煤应注意粒度均匀，块煤与粉煤要分开烧用，所用煤块应击碎到25～35毫米大小的所谓“核桃块”；

3.对于燃用粉煤时，为了减少炉排漏煤损失，增加粉煤之间附着力，可采用煤中掺水的办法。煤中掺水还可助燃，有利通风，提高锅炉热效率。煤中掺水比例，可根据煤种和燃烧情况，进行总结，摸索经验。掺水过多，炉膛损失热量太大；掺水太少，又起不到应有助燃作用。一般以掺5～10% 水分为宜。掺水时，应在用煤前一班或前两班进行，使水与煤充分混合掺匀，防止现烧现掺。煤中掺水适当与否，一般可用手攥一把煤，手张开后，煤既不成团，又不完全松散，仅产生较大裂纹，即为适当；

4.对于司炉人员的操作，要及时总结，组织交流，互相学习，共同提高。有时，同一台炉，一个老司炉人员，既省煤又供汽足，且不费力；也有的年轻司炉人员，善于钻研，从工作中摸出一定规律，也可达到省煤、汽足和省力的效果。这时，我们就应主动向他们学习，吸取有益的经验，改进我们的工作，提高操作水平。

八、停 炉 保 养

锅炉在运行结束后，需要长期或较长时间的停炉。停炉后，应认真清理锅炉内部水垢和受热面外部的烟灰。将进水、出汽、排污等管路关严或封闭，上好人孔、手孔等门盖，使锅炉内部与外部空气隔绝，防止空气对受热面的腐蚀。

停炉后的保养方法有两种。

1.干法保养 这种方法适用于长期停用的锅炉。一般停用三个月以上的锅炉多采用此法。干法保养是使停用的锅炉内部保持干燥，防止潮湿空气对炉体的腐蚀。具体做法如下：

（1）锅炉内外部清扫结束后，将所有炉内余水排净，然后用微火将锅炉烘干。从人孔装入盛有块状生石灰或氯化钙的铁盘或木盒，放在炉胆顶、火管或水管上。表2-22系立式大横水管锅炉和考克兰锅炉，采用干法锅炉保养，所用的生石灰或氯化钙的参考数量；

两种立式锅炉干法停炉保养使用干燥剂量参考表　　表 2-22

项目＼型式		立式大横水管锅炉			立式多横火管锅炉		
锅炉蒸发量（公斤/时）		100～200	300	400	400～500	800～900	1100～1300
（相当于锅炉规格）		φ900×2000	φ1200×3000	φ1500×3500	φ1300×3500	φ1700×400	φ2000×5000
锅炉容积（米³）		0.3	1.3	1.8	3	5	8
干燥剂	用块状生石灰	2.5	4	6	10	16	24
	用无水氯化钙	1.6	3	4	7	12	18

（2）干燥剂装入后，应再检查人孔、手孔，汽、水、排污等阀门、旋塞，有无漏泄现象。如不甚严密或仍有其他锅炉运行时，应将所有管路加堵板堵死，确保锅炉内部干燥。锅炉烟气侧，为了保持干燥，也可将干燥剂放到炉排上，封闭所有炉门、灰门及烟囱挡板。由于北方空气较干燥，一般不放干燥剂。但严禁向炉膛内堆积吸湿物品，特别要保持锅炉下脚处的干燥，以免引起腐蚀；

（3）当第一次放入干燥剂后，半个月后要打开人孔检查一次，以后每隔1～2个月检查一次。如果块状生石灰已变粉状或氯化钙本身吸水较多时，应及时更换干燥剂；

（4）待停炉结束后，将干燥剂全部取出，拆除管路堵板，做好生火前准备与检查，即可投入使用；

（5）长期停用的锅炉，除采用干法保养外，尚应在外部涂以红丹漆，内部涂以锅炉内用漆，以延长锅炉使用寿命。

2.湿法保养 这种方法适用于较长时间的停炉。一般停炉在一周到三个月以内的锅炉，多采用此法。湿法保养，是将炉水内加入一定数量的碱液，保持相当碱度，防止锅炉金属的腐蚀。具体做法如下：

（1）停炉清洗后，将炉内注满软化水或纯度较高的回水（即蒸馏水）；当无上述条件时，可注满生水，在生水中加入2公斤/米^{3}的火碱、5公斤/米^{3}的磷酸三钠或10公斤/米^{3}的纯碱。然后，加温到105°C，即可熄火；

（2）停炉期间要确保满水。因此，各部阀门、旋塞、人孔、手孔等要保持严密；

（3）停炉期间要注意做好防冻保温工作；

（4）当锅炉准备运行时，要将含有相当碱度的炉水全部放净，用清水冲洗后，再进行生火运行。

一般来讲，湿法保养比较简单，对于开炉的准备工作也较迅速。从防止腐蚀的角度来讲，干法防腐蚀效果较好。因此，较长时间停炉采用湿法保养，长期停炉采用干法保养。

九、几种立式锅炉的最低安全水位

锅炉的最低安全水位，也就是锅炉在运行中，其炉水水位的最低标准。如果炉水水位低于最低安全水位，就是缺水现象。因此，每个司炉人员要十分清楚最低安全水位的重要，保证在锅炉运行中不发生缺水或缺水事故。现将几种常见立式锅炉的最低安全水位介绍如下，供参考：

1.立式大横水管及立式多横水管一类设有冲天管的锅炉，最低安全水位应高于炉胆顶100毫米；

2.立式多横火管（考克兰）锅炉，最低安全水位应高于后管板上部的月形面积以上100毫米；

3.立式直水管锅炉，最低安全水位应在上管板管端以上100毫米；

4.立式弯水管锅炉，最低安全水位应在炉胆顶以上100毫米。如果外管区的弯水管上管口高于炉胆顶，则应以外管区的上管口以上100毫米，做为该炉的最低安全水位。

实际工作中，我们每操作一种锅炉，均应首先核对该炉水位表的安装位置，看水位表上指示的最低水位标志与锅炉的最低安全水位要求是否符合。如水位表最低水位标志，高于该炉的最低安全水位规定，则认为水位表安装位置是正确的；否则，水位表的最低水位标志低于该炉的最低安全水位规定，则认为水位表安装位置是错误的。此时，应将水位表最低水位标志调高，才能保证锅炉的安全运行。

第四节 立式锅炉的损坏与修理

锅炉运行时间较长，由于受温度、压力的作用，汽、水、烟、灰的冲刷与腐蚀，极易造成各种缺陷与损坏。这些缺陷与损坏，有的可以在运行中发现，有的则必须停炉检查才能发现。严重的缺陷与损坏，如果未能及时发现与采取措施，就会引起锅炉的爆炸。因此，对于锅炉的损坏，要及时发现，认真分析产生损坏的原因，进行针对性的修理，以延长锅炉寿命，恢复锅炉出力，保证安全经济运行。

立式锅炉的损坏，最容易产生腐蚀与缺陷的部位，按次序为：冲天管水位线附近的腐蚀，炉胆顶水侧钢板麻点腐蚀，锅壳水位以下钢板麻点腐蚀，锅壳外部靠下脚钢板腐蚀，炉胆外部靠近炉排处钢板腐蚀等较多见；其次，炉胆水侧钢板麻点腐蚀，横水管上半周水侧钢板腐蚀，冲天管烟侧麻点腐蚀，炉胆烟侧钢板普遍腐蚀，人孔、手孔下部锅壳腐蚀，排污阀附近锅壳腐蚀，封头外部及锅壳上各法兰连接处腐蚀，也多常见。

现就各处腐蚀损坏的原因，预防的措施及一般采用的修理办法，综述如下：

一、锅 壳 部 分

1.锅壳内部汽空间及封头内部腐蚀，如图2-45所示

发生原因：（1）停炉后，在不供汽时，仍向炉内进水，使水中空气存留在锅炉汽空间；（2）长期停炉、保养工作不良。

预防措施：（1）严格执行停炉操作规程；（2）认真做好停炉保养工作。

修理办法：（1）腐蚀不严重的，可认真清理浮锈，涂刷锅炉内部用防锈漆，防止腐蚀继续发展；（2）小面积的较深腐蚀，可用电焊堆补；（3）大面积的严重腐蚀，钢板强度不足的，应把腐蚀面全部割去，进行挖补。

2.锅壳内部水位线附近钢板腐蚀

发生原因：（1）停炉后，在不供汽时进水，水中有害气体粘附在水位线附近，当开停次数频繁时，引起腐蚀；（2）水面含有酸碱性杂质泡沫。

预防措施：(1)严格执行停炉操作规程；(2)控制与改善给水品质，加强排污制度。

修理办法：同第一项。

3.锅壳内部水面以下部位产生红、黄色铁锈，形成斑点或大面积腐蚀

发生原因：（1）操作不良和排污不勤，炉水碱度较高，当水循环不良，温度较高时，引起炉水中氯化物对钢板的腐蚀；（2）给水中溶有较多的氧、二氧化碳等有害气体。

预防措施：（1）加强排污等有关制度的执行；（2）改善与控制给水品质。

修理办法：（1）小面积较深的坑状腐蚀，可将炉胆抽出，进行电焊堆补；（2）大面积严重腐蚀，应进行挖补；（3）均匀性的全面严重腐蚀要更换锅壳。

4.锅壳下脚内部腐蚀，如图2-46所示

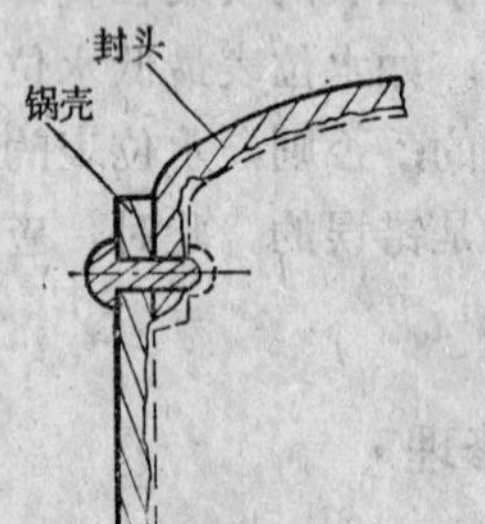

图 2-45　汽空间及封头内部腐蚀图

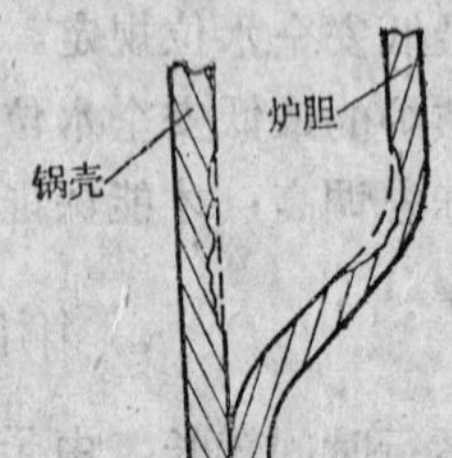

图 2-46　锅壳及炉胆下脚部分腐蚀图

发生原因：锅炉下脚积存酸类及盐类沉淀较多，且未及时排除。

预防措施与修理办法：均同第三项。

5.锅壳外表面腐蚀

发生原因：（1）锅炉露天装置或防雨设施较差，受雨水侵蚀；（2）锅炉与其他连接管件或附件连接处不严，锅炉上部管路或附件漏水漏汽；（3）紧靠锅壳下部经常浇水熄灰或积放湿煤、湿灰；（4）地面潮湿，锅炉下脚处低洼或不干燥。

预防措施：（1）雨季要采取有效防雨措施；（2）堵塞及防止一切连接处及附件管路漏泄；（3）严禁在炉前打水浇灰，不得紧靠锅壳存放一切物品；（4）保持锅炉四周及地面的干燥整洁。

修理办法：（1）离铆缝较远的轻微腐蚀，可采用电焊堆补；（2）严重的较大面积腐蚀，应将腐蚀部分挖去，焊以新补板；（3）均匀性的严重腐蚀，应更换锅壳。

6.人孔或手孔下部的锅壳腐蚀（包括孔口加强圈及孔口边缘腐蚀）

发生原因：（1）人孔或手孔制造质量不良，垫圈装配不当或孔盖不正，引起人孔、手孔长期漏泄；（2）使用的垫圈或垫料对钢板有侵蚀作用，使接触面腐蚀。

预防措施：（1）锅炉安装或检修后，经水压试验，发现人孔、手孔不严密时，应及时修整，防止漏泄；（2）采用无腐蚀性的垫圈或垫料；（3）锅炉在停开频繁时，应加强对人孔、手孔的检查。

修理办法：（1）轻微腐蚀用电焊堆补；（2）未加强的孔口，可加焊加强圈；（3）腐蚀仅限于加强圈，可堆焊或更换加强圈。加强圈较窄，锅壳部分有腐蚀，焊补后，更换较宽加强圈；（4）严重腐蚀（一般系指超过钢板厚度一半以上），应进行挖补。

7.排污孔口的锅壳腐蚀

发生原因：（1）丝口连接的排污孔口不严；（2）排污管装置不合理，影响正常膨胀，引起排污孔口漏泄。

预防措施：（1）丝口连接的排污孔口，应改为焊接；（2）发现排污孔口漏泄，应及时停炉处理。

修理办法：（1）锅壳轻微腐蚀，可用电焊堆补；（2）严重腐蚀时，应进行挖补。

8.铆钉头的腐蚀、松动与脱落

发生原因：（1）炉水品质不良及炉灰长期积存，致使铆钉头发生腐蚀或脱落；（2）铆钉钢材质量不符合使用要求；（3）铆接时，铆接工艺及操作不良，造成先天性的不牢固；（4）铆钉已苛性脆化。

预防措施：（1）停炉后，要在清洗水垢及清理烟灰时，及时检查铆钉腐蚀情况，并应用小锄头敲击检查；（2）严格对炉水的监督与控制；（3）保持锅炉下脚的干燥与清洁；（4）对铆钉附近的水垢与烟灰要清理干净；（5）认真分析钉头脱落原因，采取相应措施。

修理办法：已腐蚀的铆钉头直径不小于原直径的百分之九十或其钉头高度不小于原高度的百分之八十，可以允许继续使用。不符合上述其中的一项要求，则应更换新铆钉。但对苛性脆化的钉头及钉孔，应将钢板挖去，进行换板，重新铆合。如遇个别铆钉或少数铆钉无法更换时，可用假铆钉代之。假铆钉作法及连接，见图2-47所示。

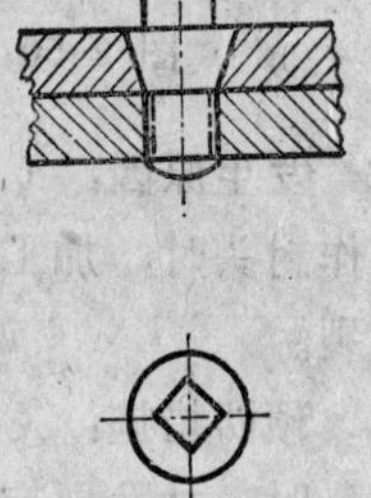

图 2-47　假铆钉图

二、封 头 部 分

1.封头外表面起槽或腐蚀，如图2-48及图2-49所示。

发生原因：（1）锅炉长期装于露天，无防雨措施；（2）锅炉封头上安装的阀门及附件不严密或锅炉各接出口法兰不严密，长期漏水漏汽；（3）烟囱安装不合理，致使封头上部长期积灰；（4）冲天管与封头连接铆缝或焊缝漏泄。

预防措施：（1）露天安装的锅炉，应有雨篷或雨搭；（2）经常在清扫封头时，注意其腐蚀与起槽情况；（3）改善烟囱与冲天管连接型式，防止烟灰积于封头上；（4）经常检查与修理附件、管接头、法兰与接缝，防止漏泄。

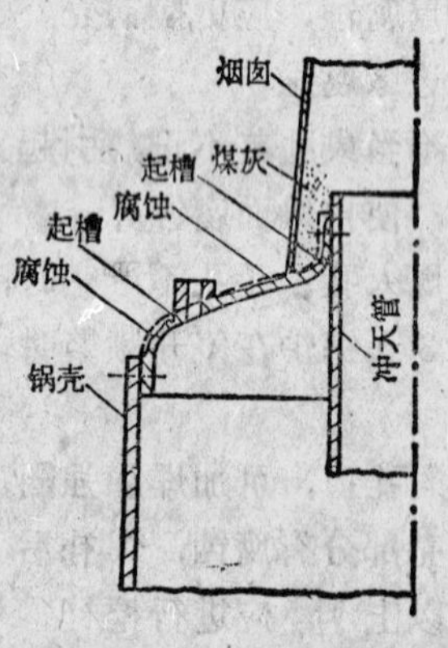

图 2-48 封头外表腐蚀情况图

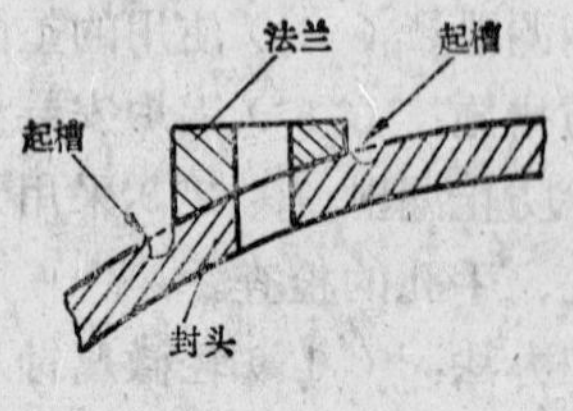

图 2-49 法兰座周围起槽图

修理办法：（1）轻微局部腐蚀及法兰座周围起槽，可用电焊堆补；（2）腐蚀严重的应重换封头；（3）仅限于烟囱安装不良造成封头扳边严重腐蚀的，可采取脖领式挖补，如图2-50所示。

2.凸型或平板型封头内扳边起槽、裂缝，如图2-51所示。

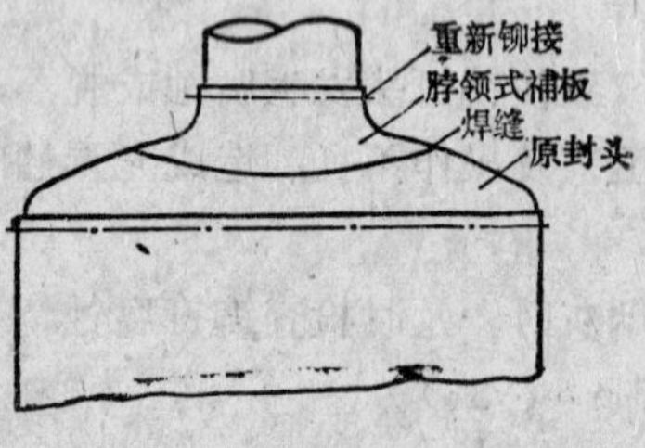

图 2-50 脖领式挖补图

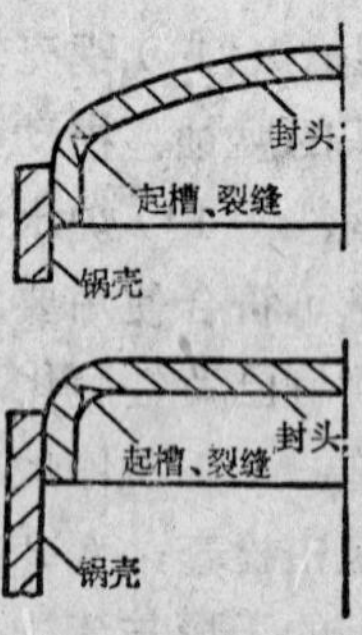

图 2-51 封头内扳边起槽及裂缝图

发生原因：（1）扳边处过渡圆弧半径太小，停开炉次数频繁，应力高度集中；（2）制作封头时，加工温度不当，产生钢材冷加工硬化；（3）封头钢板材质不良，引起疲劳绽裂。

预防措施：（1）认真执行开炉与停炉操作规程，防止锅炉骤冷骤热；（2）在检查封头时，如发现有点状或条状起槽，即应钻孔测量其深度，采取预防措施，迅速检修。

修理办法，（1）倘若裂缝与起槽不深．长度不超过整个圆周长度的20～25%，可将槽裂处剔成V形槽，电焊补修，暂时应急运行；（2）将开裂部位割去，换以新板；（3）更换新封头。

三、炉 胆 部 分

1.炉胆水侧，特别是靠近炉排的下脚处有腐蚀现象，如图2-52所示。

发生原因：（1）炉水酸类或盐类沉淀物较多；（2）给水管安装位置不佳，引起炉胆腐蚀；（3）靠近炉排部分积垢较多，水循环差，由于过热造成腐蚀。

预防措施：（1）改善与控制给水品质；（2）增设进水导管，采用分散进水方式；（3）勤排污、勤清理泥污水垢。

修理办法：（1）局部较严重腐蚀，应抽出炉胆，进行电焊堆补；（2）对于面积较大的严重腐蚀，应割换部分炉胆，换以新补板；（3）均匀性全面严重腐蚀，应更换新炉胆。

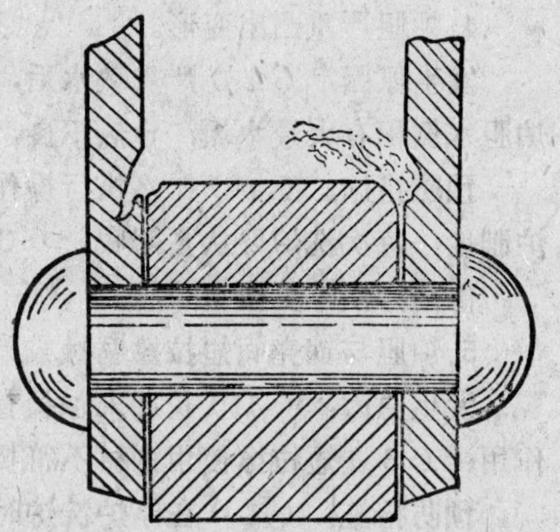

图 2-52　立式锅炉下脚处腐蚀图

2.炉胆火侧靠近炉排处磨损、腐蚀，如图2-53所示。

发生原因：（1）长期拨动炉排上的煤、灰，造成磨损；（2）炉胆内部结有水垢，造成钢板过热腐蚀；（3）停炉后，火侧受热面清理不净，烟灰附于表面，再加之潮湿，产生酸性腐蚀。

预防措施：（1）加强排污，减少沉淀泥垢存量；（2）加强停炉保养，做好受热面清洁工作；（3）锅炉定期检查时，应注意磨损、腐蚀速度。

修理办法：（1）磨损不严重的，可以不修；（2）局部严重磨损或个别坑状腐蚀，可用电焊堆补；（3）大面积均匀腐蚀，可采用加装短拉撑方法，提高炉胆强度。

3.炉胆下脚凸出鼓疱，如图2-54所示。

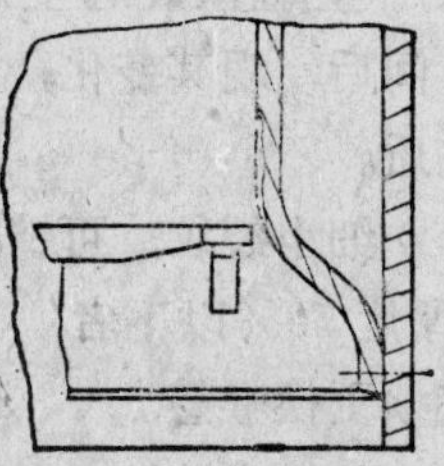

图 2-53　炉胆火侧下脚处腐蚀磨损图

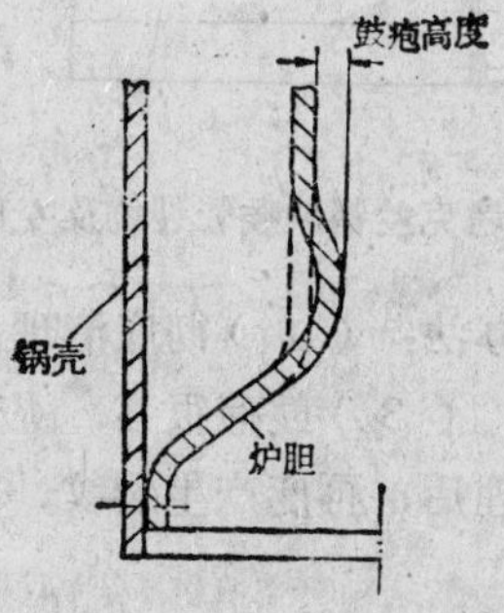

图 2-54　炉胆下脚鼓疱变形图

发生原因：由于沉积泥污水垢过多，钢板导热不良，产生过热，以致凸出鼓疱。

预防措施：（1）改善与控制给水与炉水品质；（2）勤排污、勤清理下部沉淀泥垢；（3）发现鼓疱后，应用钻孔法，测量鼓疱顶点最薄厚度，如仍有原钢板厚度50%以上，可以不必修理。但需做样板，待运行一段时间后，看其发展如何，再采取有效措施。

修理办法：（1）如炉胆直径超过 1000 毫米，鼓疱凸出高度小于 30 毫米，可不必修理，也勿需钻孔测厚；（2）局部鼓疱，凸出高度在70毫米以内，可于清理水垢泥污后，用热顶法恢复其原状；（3）用钻孔法测得厚度较薄时，应用挖补法修理（因距下脚圈铆缝较近，故需连同下脚部分一并割去，重换补板）。周长均需割去挖补时，要抽出炉胆修理。

4.炉胆严重凸出变形。

发生原因：（1）严重缺水后，进入冷水，使炉胆收缩不均，严重者形成爆炸；（2）炉胆水侧积有大量水垢，导热不良，造成大面积凸出变形。

预防措施：（1）严格执行操作规程，缺水后，严禁向炉内进水；（2）加强定期洗炉制度，每次洗炉要认真彻底；（3）改善给水品质，防止积垢过多。

修理办法：更换新炉胆。

5.炉胆与锅壳间短拉撑腐蚀或断裂。

发生原因：（1）长期未加检查检修；（2）水质不良，结垢严重，且对金属有腐蚀作用；（3）短拉撑使用钢材不符要求，耐蚀性差。

预防措施：（1）在停炉洗炉时，对短拉撑要加以检查，并应认真清理水垢，发现腐蚀要及时修换；（2）当发现短拉撑警告孔漏水漏汽时，应停炉检查断裂情况，并加修复，不得用焊、捻的办法堵塞警告孔；（3）加强给水品质的改善与控制。

修理办法：对严重腐蚀及断裂的短拉撑应更换。

6.考克兰锅炉喉管裂纹，接缝渗漏，如图2-55所示。

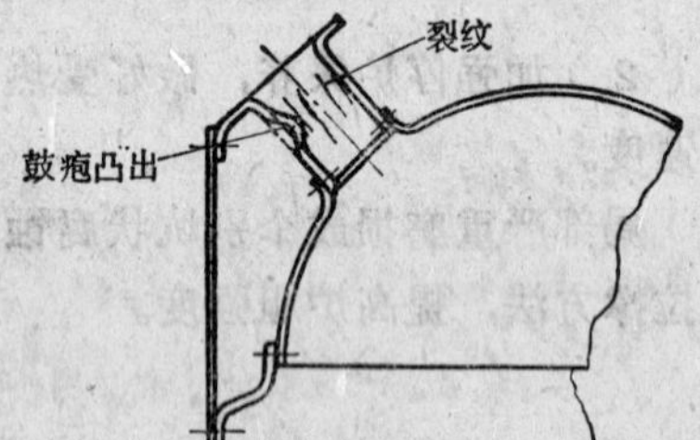

图 2-55 考克兰锅炉喉管裂纹及变形图

发生原因：（1）喉管上积结水垢过厚，传热不良，形成接缝渗漏，金属凸出变形；（2）金属疲劳，形成纵向或周向裂纹。

预防措施：（1）勤排污，在清理受热面水垢时，要注意彻底清理喉管及附近水垢，清理喉管内的烟灰；（2）当发现有渗漏痕迹或有怀疑时，应进行洗炉后工作压力的水压试验，以检查接缝是否漏泄；（3）如已产生轻微鼓疱变形，应制作样板，待运行一段时间后，观其变化；（4）改善与控制给水与炉水品质。

修理办法：（1）彻底清理水垢后，捻缝止漏；（2）细小裂纹，可铲除裂纹后，用电焊修补；（3）鼓疱很高，应钻孔测厚，余板在原板厚度50%以下者，应进行挖补；（4）修理后，再度产生裂纹，或喉管变形面积较大，必须更换喉管。

四、炉胆顶部分

1.与冲天管连接的炉胆顶扳边槽裂，如图2-56中槽裂 a。

发生原因：（1）老旧锅炉，运行年久，金属疲劳所致；（2）制造工艺不良，先天性扳边缺陷，运行后起槽损坏；（3）钢材品质不符要求。

预防措施：（1）改善与控制给水与炉水品质；（2）严格遵守操作规程，不要超负荷，急骤赶火或急开急停。

修理办法：（1）直径较大能进人操作的锅炉，可将槽裂处剔成V形槽，电焊修补，直径较小进入操作困难的锅炉，可在原人孔对称的部位另开一人孔，以便修理槽裂处；（2）槽裂长度超过周长一半时，应更换新炉胆顶。

2.与炉胆连接的炉胆顶火侧扳边槽裂，如图2-56中槽裂 b 。

发生原因：同第一项。

预防措施：（1）横水管锅炉很难发现这种损坏，当怀疑有槽裂时，在扳边处先用小锤敲击检查，从声音混浊加以判断；（2）严格执行操作规程，不要超负荷、赶急火或急开急停。

修理办法：（1）槽裂深度不足原钢板厚度30%时，可用电焊堆补。工作人员无法操作时，应抽出炉胆修理；（2）兼有冲天管处扳边槽裂时，应更换炉胆顶。

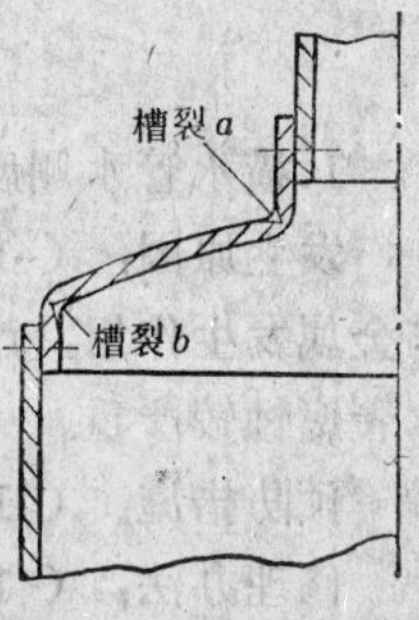

图 2-56　炉胆顶扳边处槽裂图

3.炉胆顶水侧斑点或大面积均匀腐蚀。

发生原因：（1）当锅炉水循环较差，泥垢沉积过多，或水中含有溶解氧，易造成大面积均匀腐蚀与斑点腐蚀；（2）停炉保养不善，长期处于潮湿条件下所致。

预防措施：（1）锅炉不要经常处于压火状态；（2）清理水垢要彻底；（3）改善给水品质；（4）加强停炉保养工作。

修理办法：（1）斑点腐蚀，可于清理水垢后，用电焊堆补；（2）大面积均匀腐蚀，可用增装长拉撑方法以提高其强度；（3）同时兼有扳边槽裂时，应更换新炉胆顶。

4.炉胆顶变形、塌陷。

发生原因：（1）水垢过厚，传热不良，金属承压能力降低；（2）严重缺水，炉胆顶烧红，再进冷水骤冷，严重者可爆裂。

预防措施：（1）认真清理积结水垢；（2）严格执行锅炉操作规程，缺水时严禁进水。

修理办法：（1）如塌陷深度不大，最薄处仍有原钢板厚度80%，可用千斤顶热顶；（2）将变形塌陷部分割掉，电焊补板；（3）直径较小锅炉或塌陷严重者，应换新炉胆顶。

五、冲天管部分

1.冲天管水侧汽空间腐蚀、水面以下腐蚀及水位线附近腐蚀。

发生原因：同锅壳部分1、2、3项。

预防措施：（1）同锅壳部分1、2、3项内容；（2）加装生铁保护套管。

修理方法：（1）将水垢、铁锈清理干净，涂以内用防锈漆，防止腐蚀发展；（2）局部较深坑状腐蚀，可用电焊堆补；（3）较大面积腐蚀或均匀性腐蚀，应部分换管或全部换管。

2.冲天管火侧管壁磨损腐蚀。

发生原因：（1）烟气中炭粒及灰分长期冲刷；（2）停炉后，受热面烟炱吸湿，酸性腐蚀；（3）雨水经烟囱流入冲天管造成腐蚀。

预防措施：（1）严格遵守操作规程，防止长时间超负荷，急骤赶火现象；（2）停炉后要彻底清扫受热面烟灰，做好停炉保养工作；（3）加装烟囱帽；（4）加装生铁保护套管。

修理办法：可根据检查情况，更换一段或整个冲天管。

3.冲天管压扁变形。

发生原因：由于管壁受腐蚀已减薄，再加上严重缺水。

预防措施：（1）加强定期检查；（2）严格遵守操作规程，防止缺水事故发生。

修理办法：同第2项。

六、横水管部分

1.横水管水侧腐蚀。

发生原因：（1）水中含有氧和二氧化碳等有害气体，在受热强度大的受热面上，即与金属发生作用，产生腐蚀；（2）金属材料不符合要求，品质不良。一般靠炉排近的横水管腐蚀较严重。

预防措施：（1）改善与控制给水品质；（2）按时彻底清理受热面水垢。

修理办法：（1）轻微局部腐蚀，可不予修理，但需缩短每次洗炉间隔时间，保持受热面清洁；（2）大面积腐蚀及严重坑状腐蚀，应换横水管。为了急于使用，可暂用堵管方法作为临时措施。堵管时注意，大横水管应连同横水管铆钉一并割去，从手孔方向焊以堵板；多横水管可将原水管取下，胀以一闷死的管头（如原为焊接，应焊以闷死的管头）。

2.横水管火侧管壁磨损、腐蚀。

发生原因：（1）烟气中灰粒、炭粒长期冲刷；（2）烟灰积于横水管上部，停炉时，雨水、潮气与烟灰混合，产生酸性腐蚀。一般以上部横水管为常见。

预防措施：（1）避免长期超负荷运行；（2）做好停炉保养工作，认真清理受热面及横水管上部积灰；（3）加装烟囱帽。

修理办法：严重腐蚀的要更换新管。不能立即停炉换管时，可采取堵管的临时措施。

3.横水管弯曲变形或凸出鼓疱，如图2-57。

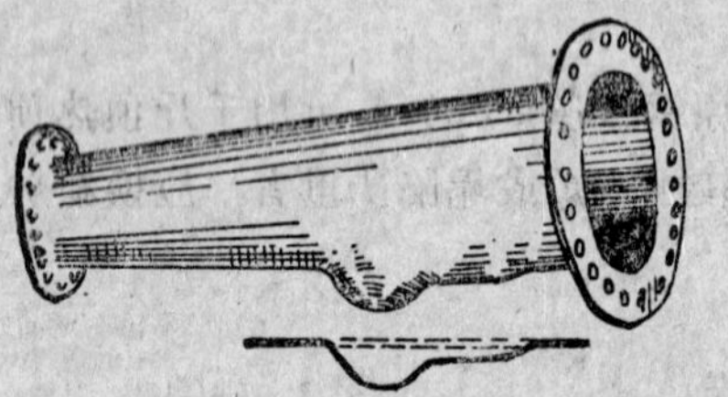

图 2-57 横水管凸出鼓疱图

发生原因：（1）横水管积结水垢过厚，传热不良；（2）积有水垢时，又发生缺水事故。

预防措施：同第1项。

修理办法：（1）暂时采取堵管措施；（2）更换新管。

七、火管部分

1.火管水侧腐蚀。

发生原因：（1）给水中含有酸类及盐较多；（2）停炉后，洗炉不彻底，停炉保养不佳。

预防措施：（1）改善与控制给水品质；（2）勤排污，洗炉要彻底；（3）加强停炉保养工作。

修理办法：可用管颈检查器，检查管颈部分管壁减薄程度。如图2-58所示。对管壁减薄严重者应更换。

2.火管凹陷或弯曲。

发生原因：（1）管子在安装时，曾受硬伤，造成局部坑状凹陷；（2）由于结垢严重，或因缺水事故，造成上下两侧受热不均，以致弯曲或变形。

预防措施：（1）安装、检修时，应加强检查管子质量；（2）改善与控制给水品质，勤排污，定期清理水垢；（3）严格遵守操作规程，防止发生缺水事故。

修理办法：（1）个别凹陷硬伤或微小弯曲仍可继续运行；（2）严重损坏或弯曲者，应割换损坏及弯曲部分或换新管。

3.火管火侧管壁腐蚀减薄。

发生原因：（1）烟气中灰粒、炭粒对管子长期冲刷，尤以管端磨损更为严重；（2）长期停炉时，未将管壁上附着的烟炱清除干净，在潮湿条件下，形成对管壁腐蚀。

预防措施：（1）避免长期超负荷及经常赶火；（2）停炉时，应将管壁烟炱清理干净，加强停炉保养工作。

修理办法：（1）管头磨损严重的，应换新管头；（2）管子大部或整根磨损、腐蚀的应换整管。

4.火管管口渗漏。

发生原因：（1）管口附近水垢积存过多，管头与管板过热，失去原胀口弹性；（2）大量冷空气入炉；（3）锅炉组装或检修时，管口过胀或欠胀；（4）管板厚度不足，胀接严密性差。

预防措施：（1）定期认真清理水垢或烟灰；（2）提高司炉操作水平，保持炉排火层平整、厚度均匀，防止发生风洞；（3）提高检修水平，保证胀接质量。

修理办法：（1）对轻微漏泄的可进行补胀；（2）对漏泄严重的应予换管；（3）管孔直径超过规定范围，可将新管管头镦粗重新胀接；（4）由于管板较薄或无法保证胀接质量的，可将胀口改为焊口。

5.火管管端开裂，如图2-59。

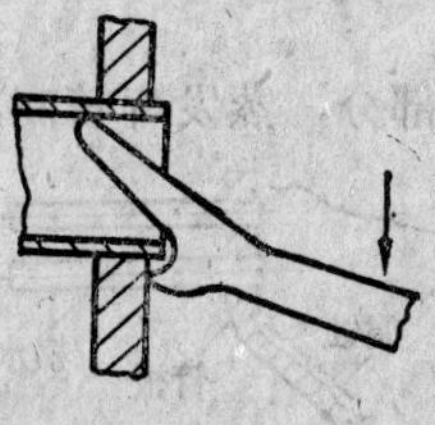

图 2-58 管颈检查器图

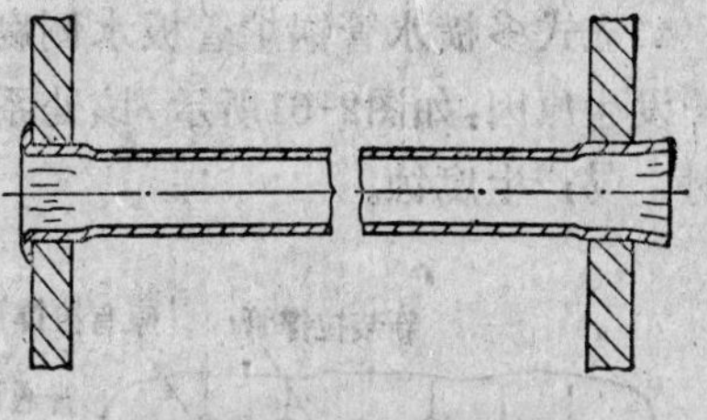

图 2-59 管端开裂图

发生原因：（1）火管材料品质不符要求，在高温作用下韧性太差；（2）胀管前退火工艺不良，往往在胀接过程中或结束时，即产生裂纹。

预防措施：（1）严格要求火管材质要符合规定；（2）胀接时产生裂纹的管头，不允许投入使用；（3）检修中更换新管，其火管外径与管孔直径差不应超过标准要求。

修理办法：（1）对于已开裂的管头，要分析原因，更换新管头；（2）对于材质不符要求的管子，应更换新管。

八、管 板 部 分

1.考克兰锅炉后管板火侧腐蚀。

发生原因：（1）管口长期漏泄，引起周围管板腐蚀；（2）长期停炉后，管板烟炱未清理，在潮湿条件下，引起酸性腐蚀。

预防措施：（1）检查发现有漏泄的管口，应及时检修；（2）每次洗炉，应清理后管板烟炱，再进行停炉保养工作。

修理办法：（1）轻微腐蚀，可用电焊堆补。但应注意堆焊时，热量对管口胀接的影响；（2）割去严重腐蚀部分，采用挖补的方法修理；（3）大面积均匀腐蚀，应更换新板。

2.考克兰锅炉前管板及下部月形面积火侧腐蚀，过渡弧形部分槽裂。

发生原因：（1）管口长期漏泄；（2）停炉时，烟炱清理不净；（3）过渡部分圆弧半径太小，产生疲劳裂纹，又经腐蚀产生槽裂。

预防措施：（1）对已发现的漏泄管口，应及时修理；（2）做好长期停炉的准备工作与保养工作；（3）认真执行操作规程，防止急开急停。

修理办法：（1）同第1项三个修理办法；（2）割换包括月形面积及过渡圆弧部分的下半部管板。

3.管板凸出变形，管孔间管板开裂。

发生原因：（1）由于水位过低或水质不良，管板过热变形；（2）管孔排列不当，在一定压力作用下，管子对管板不能起拉撑作用，产生变形，甚至裂纹；（3）管板均匀性腐蚀，承压能力降低。

预防措施：（1）严格遵守操作规程，进一步核实最低安全水位线；（2）改善与控制水的品质；（3）改善拉撑管排列，或重新核算管板承压能力。

修理办法：（1）对凸出变形不大的管板部分，可拆除这部分管子，用热顶的办法，尽量恢复原状；（2）凸出变形较大的，可用挖补法将部分管板换新，如图2-60所示；（3）管板开裂部分，可在拆除附近管子后，剔V形槽焊补；（4）修复后的管板，根据计算，可适当增加拉撑管，以增加其承压能力。

4.立式多横水管锅炉管板水侧腐蚀。

发生原因：如图2-61所示，该处系管板与炉胆相连的过渡部分，蒸发率较高，当积结水垢时，易产生腐蚀。

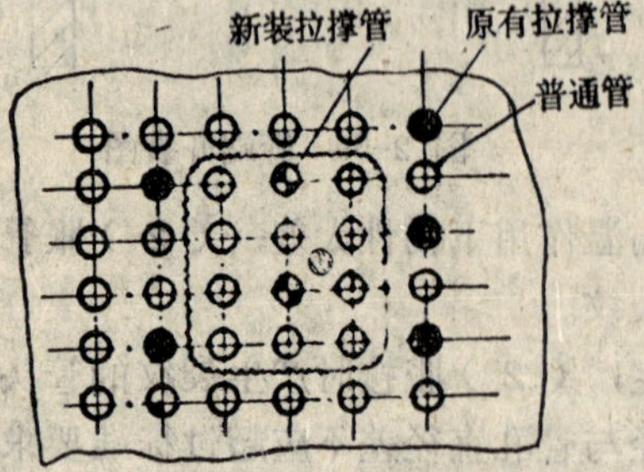

图 2-60　变形管板的挖补及拉撑的布置图

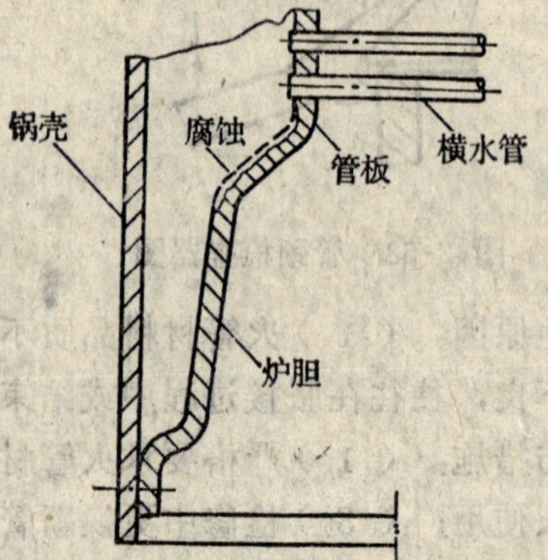

图 2-61　多横水管锅炉管板腐蚀图

预防措施：定期认真清理水垢。

修理办法：（1）轻微腐蚀，可于清垢除锈后，涂以锅炉内用漆防止腐蚀发展；（2）小面积腐蚀且较深者，可用电焊堆补。

综合以上锅炉各部的损坏原因，主要是水质、操作、检修、保养及材质几方面的因素，而所采取的预防措施，也是针对性地从这些因素上做好工作，锅炉就可以减少损坏或避免损坏。就修理办法来讲，主要的可以归纳为涂漆防腐、电焊堆补、挖补焊接、割换新板（管）等几项。具体修理工艺详见卧式锅炉的损坏与修理一节。

九、立式锅炉受热面积估算

1.立式大横水管锅炉受热面积（F）。

F＝炉胆受热面＋大横水管受热面＋埋于水中的冲天管受热面

写成公式为：

$$F=\pi DH+\pi dDn+\frac{1}{3}\pi D'l\ (\text{米}^2)$$

式中 D——炉胆平均内径，米；

H——炉胆高度，米；

d——大横水管平均外径，米；

n——大横水管数目，根；

D'——冲天管内径，米；

l——冲天管长度，米。

2.立式多横水管锅炉受热面积（F）。

F＝炉胆受热面＋多横水管受热面＋管板受热面＋埋于水中的冲天管受热面

写成公式为：

$$F=\pi DH+\pi dLn+2h(W+L')+\frac{1}{3}\pi D'l(\text{米}^2)$$

式中 D——炉胆平均内径，米；

H——下炉胆高度，米；

d——多横水管外径，米；

L——前后管板之间距离，米；

n——多横水管数目，根；

h——管板高度，米；

W——前后管板平均宽度，米；

L'——两管板间侧面炉胆的弧长，米；

D'——冲天管内径，米；

l——冲天管长度，米。

3.立式横火管锅炉受热面积（F）。

F＝炉胆受热面＋前烟箱受热面＋后烟箱受热面＋横火管受热面

写成公式为：

$$F=\frac{1}{2}\pi D^2+(2HW+2hW+Hh)$$

$$+(2H'W'+2W'h'+H'h')+\pi dln,\ （米^2）$$

式中　D——半球形炉胆内径，米；

H——前管板高度，米；

W——前管板月形面积深度，米；

h——前管板宽度，米；

H'——后管板高度，米；

W'——后管板月形面积深度，米；

h'——后管板宽度，米；

d——横火管内径，米；

l——横火管长度，米；

n——横火管数目，根。

4.立式直水管锅炉受热面积（F）。

F＝炉胆受热面＋直水管受热面＋管板受热面

写成公式为：

$$F=\pi DH+\pi dln+2\pi R^2\ （米^2）$$

式中　D——炉胆平均直径，米；

H——炉胆高度，米；

d——直水管外径，米；

l——直水管长度，米；

n——直水管数目，根；

R——锅壳内半径，米。

5.立式弯水管锅炉受热面积（F）。

F＝炉胆受热面＋炉胆顶受热面＋水冷壁管受热面＋对流水管受热面＋部分锅壳受热面

写成公式为：

$$F=\pi DH+\frac{\pi}{4}D^2+\pi dln+\pi d'l'n'+2\pi Rh\ （米^2）$$

式中　D——炉胆内径，米；

H——炉胆高度，米；

d——水冷壁管外径，米；

l——每根水冷壁管实际长度，米；

n——水冷壁管数目，根；

d'——对流管外径，米；

l'——每根对流管实际长度，米；

n'——对流管数目，根；

R——锅壳外径，米；

h——对流管部分的烟道高度，米。

第三章 卧式锅壳锅炉

第一节 卧式锅壳锅炉的种类与结构

卧式锅壳锅炉，系指锅壳的纵向中心线与地面平行的火筒或烟管锅炉。这种锅炉分内燃与外燃两种主要类别，是一种老旧型式的小型锅炉。它的蒸发量一般在3吨/时以下，蒸汽压力在8公斤/厘米^{2}以下。

卧式锅壳锅炉主要用于小染织厂、糖厂、酒厂等轻纺工业和较大面积的局部采暖场合。它具有结构简单、汽压稳定、操作容易、对水质要求不高等特点。但由于属锅壳锅炉范围，承压较低、燃料消耗大、使用钢材多、发生事故后危险性大，因此一般仅限制容量在3吨/时以下的锅炉采用这种结构型式。

卧式锅壳锅炉的种类和型式很多，现就较常见的卧式单火筒（康尼许）锅炉，卧式双火筒（兰开夏）锅炉，卧式外燃回火管锅炉，固定机车式锅炉和小型快装锅炉等几种型式的结构介绍如下。

一、卧式单火筒锅炉和卧式双火筒锅炉

康尼许锅炉与兰开夏锅炉的主要不同点是康尼许锅炉仅有一个火筒，而兰开夏锅炉则有两个火筒，其它各部结构大同小异，都属于内燃式的锅壳锅炉。这两种型式锅炉的主要受压部件均由锅壳、封头和炉胆三部分组成。如图3-1、图3-2、图3-3、图3-4、图3-5所示。图3-1为炉胆在一侧布置的平板封头、铆制的康尼许锅炉，图3-2为炉胆在一侧布置的凸形封头、焊制的康尼许锅炉，图3-3为平板封头、铆制的兰开夏锅炉，图3-4为凸形封头、铆制的兰开夏锅炉，图3-5为凸形封头、焊制的兰开夏锅炉。

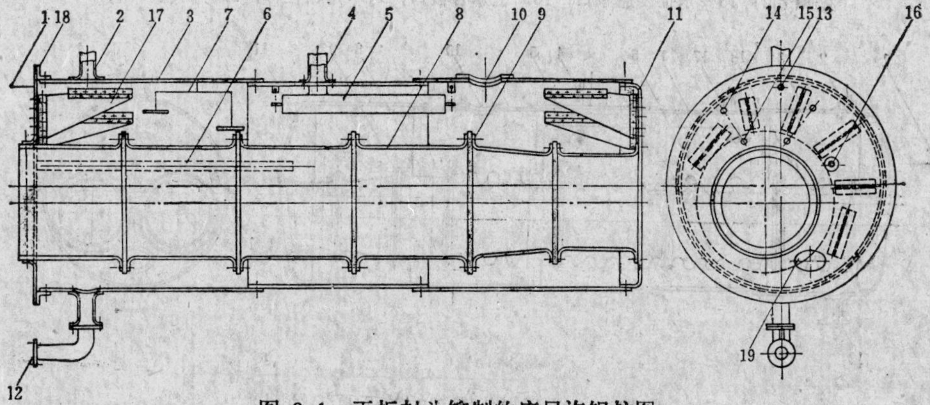

图 3-1 平板封头铆制的康尼许锅炉图

1—平封头；2—安全阀接口；3—锅壳；4—主汽阀接口；5—汽水分离器；6—进水管；7—高低水位警报器；8—炉胆；9—法兰加强环；10—人孔；11—后平封头；12—排污阀接口；13—压力表接口；14—水位表通汽口；15—水位表通水口；16—进水管接口；17—角板拉撑；18—角铁箍；19—手孔

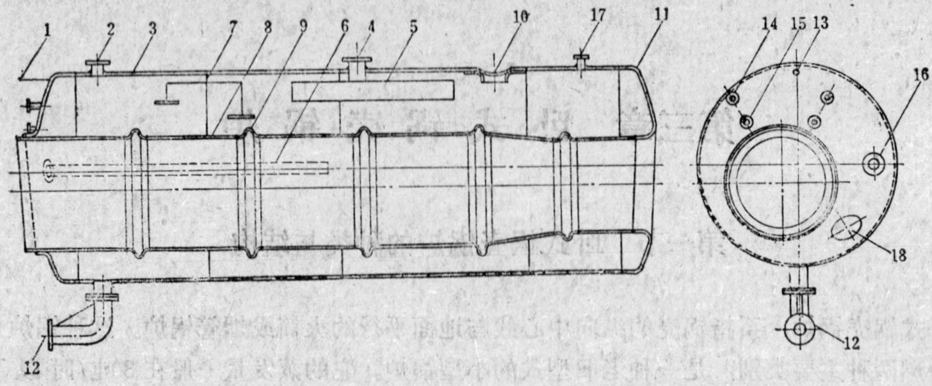

图 3-2　凸形封头焊制的康尼许锅炉图

1—凸形前封头；2—安全阀接口；3—锅壳；4—主汽阀接口；5—汽水分离器；6—进水导管；7—高低水位警报器；8—炉胆；9—Ω形伸缩环；10—人孔；11—凸形后封头；12—排污阀接口；13—压力表接口；14—水位表通汽口；15—水位表通水口；16—进水管接口；17—副汽阀接口；18—手孔

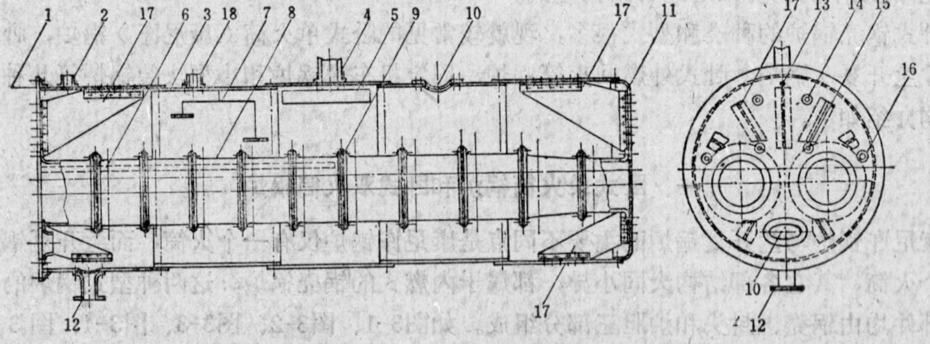

图 3-3　平板封头铆制的兰开夏锅炉图

1—前平封头；2—安全阀接口；3—锅壳；4—主汽阀接口；5—汽水分离器；6—进水导管；7—高低水位警报器；8—炉胆；9—法兰加强环；10—人孔；11—后平封头；12—排污阀接口；13—压力表接口；14—水位表通汽口；15—水位表通水口；16—进水管接口；17—角板拉撑；18—副汽阀接口

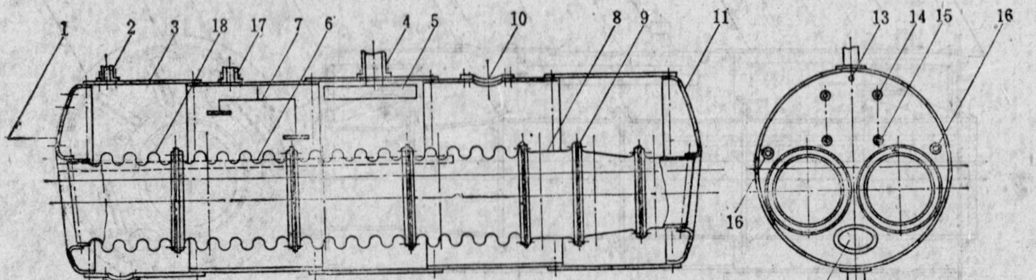

图 3-4　凸形封头铆制的兰开夏锅炉图

1—凸形前封头；2—安全阀接口；3—锅壳；4—主汽阀接口；5—汽水分离器；6—进水导管；7—高低水位警报器；8—炉胆；9—法兰加强环；10—人孔；11—凸形后封头；12—排污阀接口；13—压力表接口；14—水位表通汽口；15—水位表通水口；16—进水管接口；17—副汽阀接口；18—波纹形炉胆

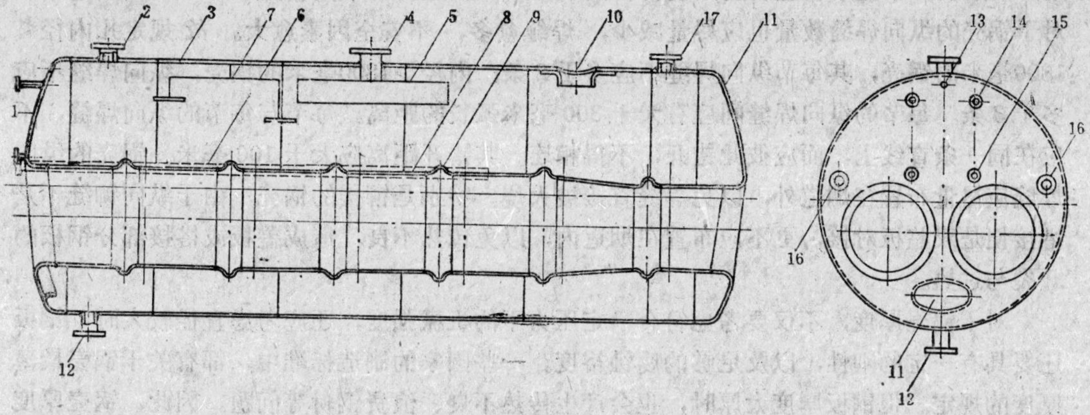

图 3-5　凸形封头焊制的兰开夏锅炉图

1—凸形前封头；2—安全阀接口；3—锅壳；4—主汽阀接口；5—汽水分离器；6—进水导管；7—高低水位警报器；8—炉胆；9—Ω形伸缩环；10—人孔；11—凸形后封头；12—排污阀接口；13—压力表接口；14—水位表通汽口；15—水位表通水口；16—进水管接口；17—副汽阀接口

燃烧设备系固定炉排，人工加煤。煤在炉排上燃烧后，烟气经炉胆向后行进，由后封头分向两侧烟道，冲刷锅壳两侧，到前部再转入底烟道，入烟囱底部，从烟囱上口排至大气，这是烟气流程的一种走法，如图3-6。也有的烟气经炉胆后部直入底烟道，冲刷锅壳底部，至前部再分为两路，入两侧烟道至锅炉后部又合为一路入烟囱底部，从烟囱上口排至大气（图3-7）。两种烟气排出方法各有利弊。前法有利于水循环，水质沉淀物较多的锅炉多采用。但炉胆下部炉水在生火期间易形成死水，使锅壳上部与下部温差较大。后法无论在运行和生火期间锅炉上下部温差均较小，对钢板的热胀冷缩有利，但当水质沉淀物较多时，易使锅壳底部钢板过热。康尼许锅炉由于直径较小，除上述两种烟气流程的走法外，还有只分两侧烟道，而无底烟道的砌炉法，使烟气经炉胆后部向一侧转向，至炉前再由另一侧烟道向后，直通烟囱底部，如图3-8所示。

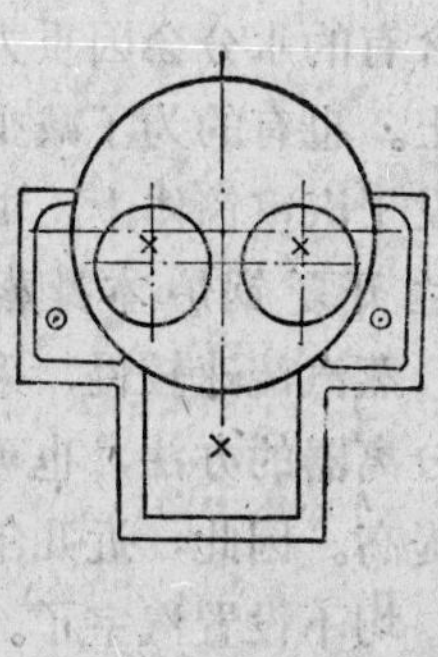

图 3-6　烟气先走侧烟道图
×表示进入；　⊙表示出来

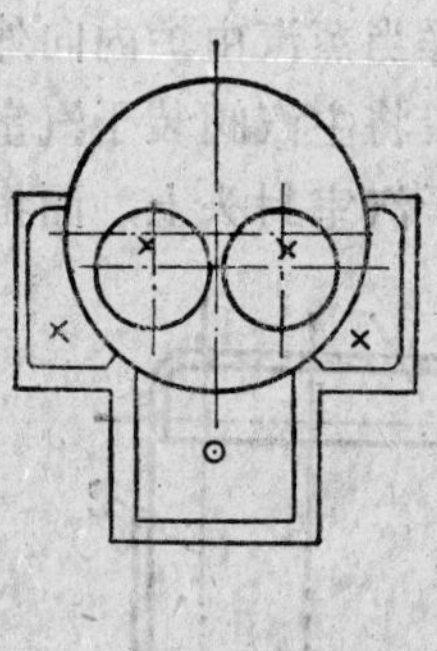

图 3-7　烟气先走底烟道图
×表示进入；　⊙表示出来

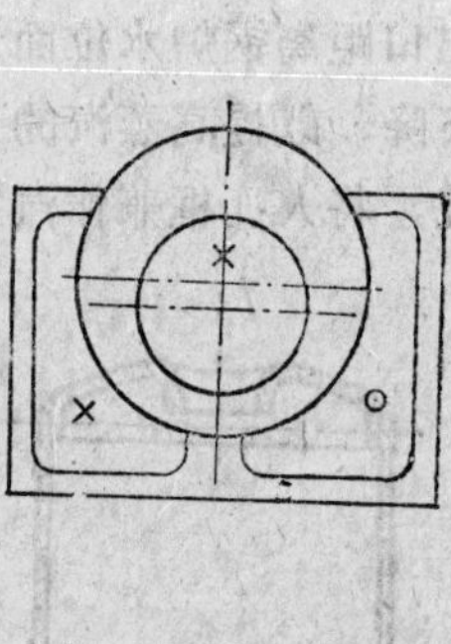

图 3-8　烟气只走两侧烟道图
×表示进入；　⊙表示出来

1.锅壳（也称锅皮、炉壳、筒壳）　锅壳材料根据第一机械工业部第八局颁布的“火管锅炉锅壳制造技术条件”规定，其质量应符合GB713-65《制造锅炉和火箱用热轧碳素钢板技术条件》中规定的A3g、15g、和20g钢板。材料不符合要求的不能制造锅壳。

在制造兰开夏和康尼许锅炉时，为了减少周向接缝数量，要将标准宽度的钢板充分利用，最后从一节上来调整长度，使符合图纸要求。较短的一节其长度不应小于300毫米。对于锅壳的纵向焊缝数量也应尽量减少，焊缝愈多，不安全因素愈大。故规定凡内径≤1800毫米的锅壳，其每节纵向焊缝不应多于2条；内径>1800毫米的锅壳，纵向焊缝不应多于3条。每节的纵向焊缝间应有大于300毫米弧长的距离。每节与每节的纵向焊缝，不应在同一条直线上，而应彼此错开，不得相连。其错开距离应大于100毫米。锅壳的纵向焊缝应尽量布置在烟道外，以免焊缝直接被火烧。特别是铆接的锅壳，由于纵向铆缝不是搭接便是双盖板对接，更不应布置在烟道内，以免传热不良，造成盖板或搭接部分钢板的开裂与过热。

对于锅壳厚度，不仅要考虑符合一定压力下的机械强度，还应考虑直径较大时，钢板还要具有一定的刚性，以及足够的腐蚀裕度。一些国家的制造标准中，都有关于锅壳最薄厚度的规定。但钢板厚度太厚时，也会产生传热不良、浪费钢材等问题。因此，锅壳厚度就应适合既有一定的强度与刚性，又要达到传热好、节约原材料的目的。一般康尼许锅炉的锅壳厚度为13～16毫米，兰开夏锅炉的锅壳厚度为16～19毫米，较为合理与常见。锅壳直径越大时，锅壳越厚，与其长度无关。

为了便于工作人员进入锅壳内检查及清洗水垢，在锅壳上应开有一个人孔，一般人孔开于锅壳上面的后部。人孔尺寸应为300×400毫米，最小不得小于280×380毫米。人孔盖及人孔型式见立式锅炉一章。老式康尼许锅炉与兰开夏锅炉开设的人孔，有的另设一人孔框，如图3-9，形成汽室样式。图中(a)人孔开在人孔框的封头上，人孔框与锅壳间用特制的角铁圈铆接相连。锅壳部分的开孔，为了适应工作压力下的足够强度，用铆接方法予以加强。为了避免凝结水对锅壳的腐蚀，在人孔框两侧较低的锅壳上应开以小孔各一个，参考图(b)中A。图中(a)人孔封头为凸形封头，框体用角钢，采用铆接方法与锅壳相连。图中(b)人孔框封头为平板封头，一般适用于较小直径的康尼许锅炉。当人孔框直径较大时，平板封头容易引起变形，长期使用的锅炉，这个平板封头容易发现裂纹。为了防止变形与开裂，应在图中1、2位置增加拉撑。

有的老式兰开夏与康尼许锅炉，在锅壳前部装有汽室。装设汽室的目的，主要是使蒸汽出口距离锅炉水位面远一些，这样当蒸汽由炉内向外跑出时，含有的水分会因重力作用而下降，以提高蒸汽的干燥度。一般将主汽阀装于汽室顶部封头上。也有的为了减少锅壳开孔，将人孔框兼作汽室，人孔开于汽室封头上，而将出汽口开设于汽室筒体上。由于康尼许和兰开夏锅炉本身蒸汽空间较大，蒸汽流速较慢，采用其它汽水分离器的办法，也可使蒸汽品质提高。因此，近几年新制的锅炉，均不设置汽室了。一般常见的汽水分离器装置如图3-10所示。这种汽水分离装置比汽室制造容易、构造简单，可以达到提高蒸汽品质的目的。其构造为一双层套管，外层管上部钻以大量小孔与锅炉汽空间相通，内层

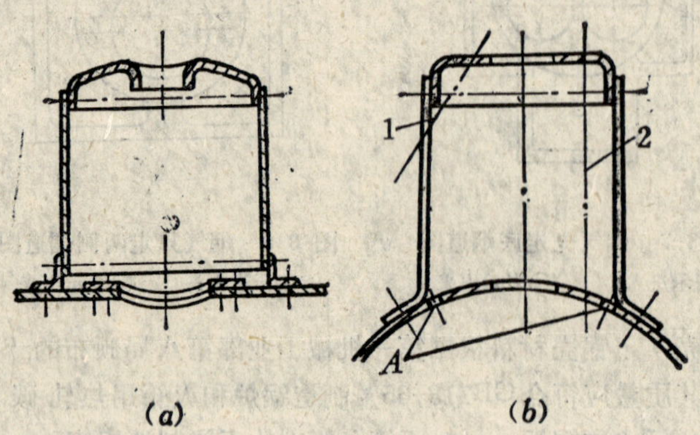

图 3-9 老式人孔框型式图

管下部钻以大量小孔，上部与出汽口相通。锅炉中饱和蒸汽，由外层管小孔进入，经过碰撞使汽中水分沿外层管底部，由泄水管流入炉内，干燥汽由内层管小孔，经出汽口送入管路。小孔直径一般为7～10毫米，其小孔面积总和应大于出汽口面积2～2.5倍，以减少压力损失。外层管泄水管一般用直径15毫米左右的普通管，尾部弯一个存水弯，以免蒸汽从此管走短路直通出汽口，也有的将此泄水管直插入炉水正常水位线以下的。

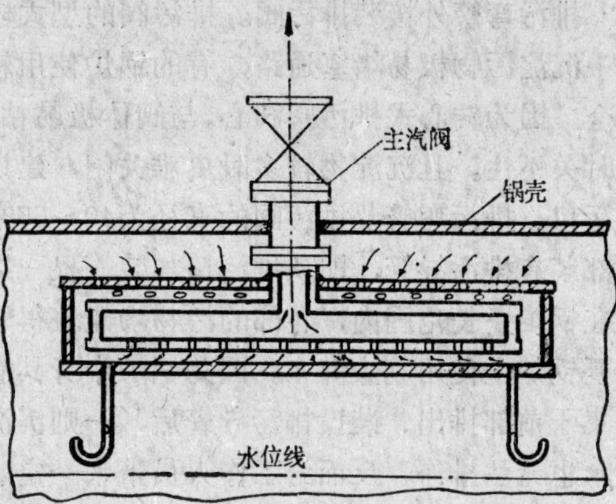

图 3-10 康尼许和兰开夏锅炉汽水分离装置图

锅炉前下部装有排污短管及排污阀，以排除炉水沉淀污垢和停炉时放净炉水。因此，这种锅炉在安装时，应前低后高。一般要求其坡度为千分之五至十。排污口应位于八字墙外部，不应使排污口及其排污装置受热。由于锅壳是圆形，要保证排污口处的严密，应装设排污法兰。排污法兰有的用钢板冲压成盆形与锅壳铆接，有的制成短管形式与锅壳铆接。目前生产的锅炉，多用电焊焊接一特制法兰盘或法兰短管，如图3-11所示各种形式。图中(a)、(c)法兰与弯管连接时，采用栽丝办法，易漏泄，造成弯管及锅壳腐蚀，(a)、(b)两种型式均与锅壳铆接。目前采用(d)式较多。但由于短管系采用低碳钢，易腐蚀，故应加强检查，防止腐烂。排污法兰下部与排污弯管相连接。排污弯管最好用铸钢材料，既耐腐蚀，又有韧性。有的老式锅炉采用铸铁弯管，当在锅炉运行中，开关排污阀较危险。如果没有铸钢弯管，也可用球墨铸铁弯管或厚壁无缝钢管来做弯管，较为安全。对于弯管本身应在弯曲内侧有一加强筋，其厚度要保持15～20毫米，如图3-12所示。如果没有加强筋，则易在弯管法兰根部开裂，造成事故。

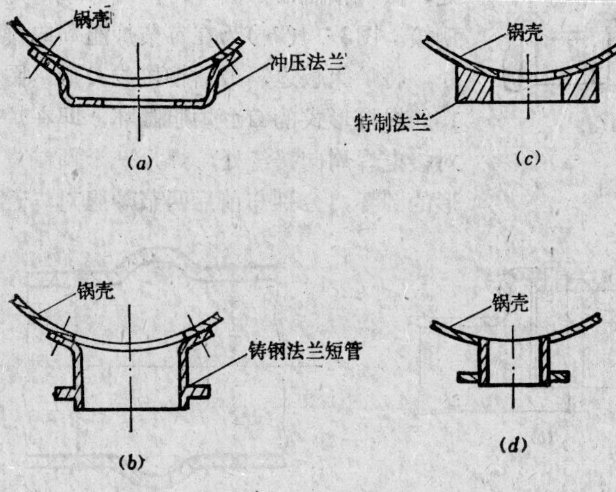

图 3-11 排污法兰连接形式图

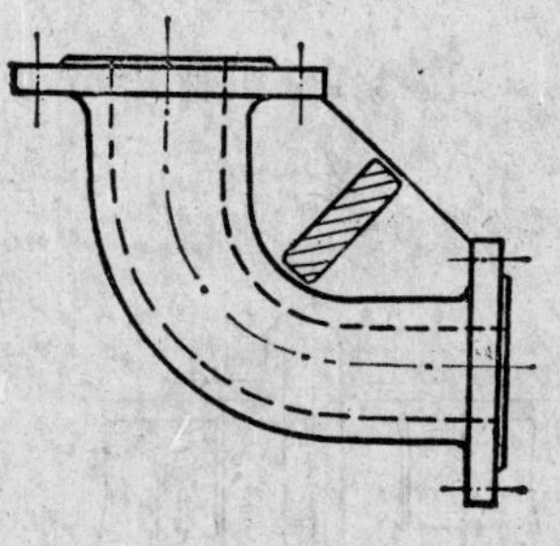
图 3-12 铸钢排污弯管图

排污弯管外接装排污阀。排污阀的型式应采用其通路是直的快开阀或球形阀。否则，水中沉淀污物极易堵塞通路，有的锅炉使用转心式排污阀（旋塞），从使用情况来看很不安全。因为转心式排污阀阀心，与阀体极易粘住，开关非常费力，往往在应开时开不开，应关时关不住。且沉淀物较多时更难关闭，建议改为直通路的快开排污阀。一般这种锅炉的排污口、排污弯管及排污阀的直径为40～65毫米，通常为50毫米。另外，有些锅炉在锅壳内部装有排污导管，即从排污口加装一根一端闷死的上面开有许多小孔的管子。其目的为能在锅炉全长范围内，各部的污物均能获得较好排除。我们认为这种方法，在康尼许及兰开夏锅炉上使用利少弊多。因为锅炉本身具有一定坡度，可以在正常排污操作情况下使污物集于前部排出。装设排污导管后，一则沉淀污物易堵塞管上小孔，二则锅炉在停用时，炉水也无法排净，反而给工作人员带来一定麻烦，故未被广泛采用。

2.炉胆（也称火筒、火管） 根据GB713-65《制造锅炉和火箱用热轧碳素钢板技术条件》规定，制造炉胆所用钢材应选用A3g、15g和20g牌号的钢板。

炉胆钢板的厚度与炉胆的长度和直径的大小有关。当要保持炉胆的一定强度，炉胆越长则钢板就要越厚，炉胆直径越大，则钢板也需越厚。在炉胆直径确定以后，就应把长度在可能范围内减少，以选用较薄的钢板。一般每节炉胆的长度不应超过炉胆直径的两倍。炉胆每节长度最好是炉胆直径的1.2～1.3倍。炉胆不仅要有足够的强度，而且要有一定的弹性，以适应在运行中炉胆受热后的膨胀，不致给封头造成巨大推力。为了在足够强度的条件下，具有一定的弹性，出现了许多不同形式的炉胆。

（1）波纹形炉胆，如图3-13所示。这种炉胆把每节长度缩小到最短，而且每节均有一定弹性，象手风琴风箱一样。因此，这种炉胆强度高、弹性好。但是，从制造角度来看是比较困难的。纵向接缝一般为锻接的，周向接缝采用单行铆钉搭接。

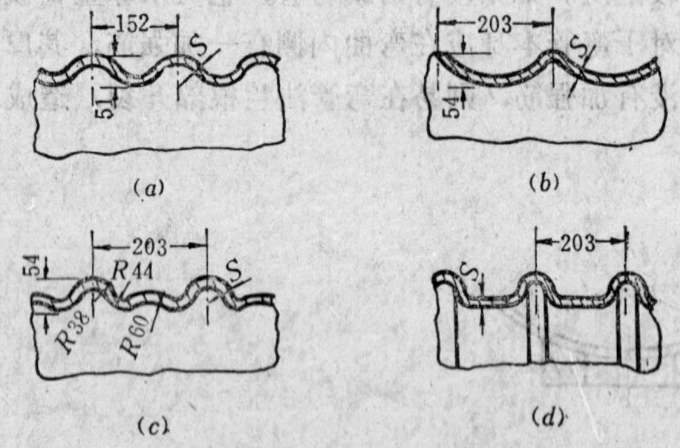

图 3-13 几种波纹形炉胆形式图

（2）Ω形炉胆，如图3-14、图3-15所示。即在每节炉胆的周向接缝处，做成Ω形。图3-14(a)为在炉胆周向接缝处，做一预制Ω形圆环，两端分别与炉胆铆接。图3-14(b)为在每节炉胆周向接缝处，将炉胆扳边，最后铆接成Ω形。图3-15为焊接形式的Ω形炉胆圆环，即在炉胆对接电焊周向接缝处，焊入一个预制成Ω形的圆环，分别与前后两节炉胆对焊。

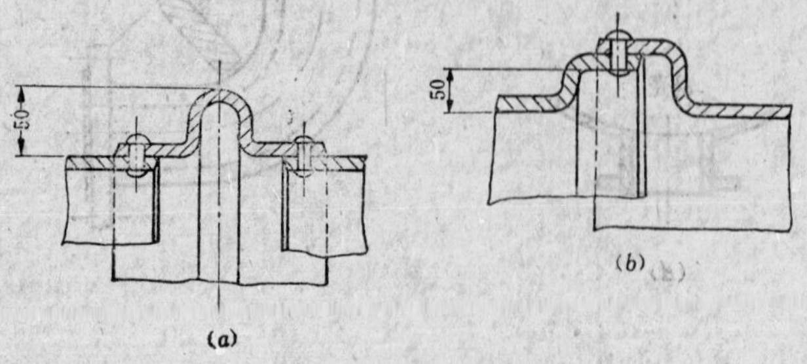

图 3-14 Ω形铆接炉胆图

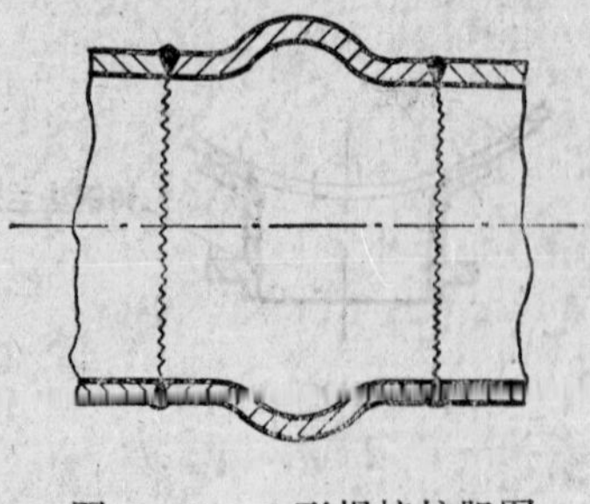

图 3-15 Ω形焊接炉胆图

从长期运行的实践来看，Ω形炉胆兼有弹性好和强度高的特点，且比波纹形炉胆容易制造。尤其焊接的Ω形炉胆更为理想。近几年无论在兰开夏锅炉和康尼许锅炉的制造，还是修理方面均被广泛采用。

（3）法兰式炉胆（也叫阿登生炉胆）：即每节炉胆两端均向外扳边，分别与其它炉胆或封头铆接，如图3-16所示。为了保证各炉胆间法兰的严密和捻缝，在连接时，中间还要夹一层钢圈。老式铆接锅炉大多采用这种炉胆。它虽比波纹形和Ω形炉胆弹性稍差，但仍具有较高的强度。

（4）筒形炉胆：这种炉胆每节间均用搭接铆钉连接。全炉胆只有靠前后两节扳边与封头铆接如图3-17。由于整个炉胆太长（接缝处无加强作用），又只有前后两处可以吸收热应力，因此，强度极低，几乎没有弹性。这种炉胆往往在运行中，发现塌陷或前后扳边处发生槽裂现象。因此，实际上这种炉胆是属不合理结构，不允许投入运行的。

图 3-16 法兰式炉胆图

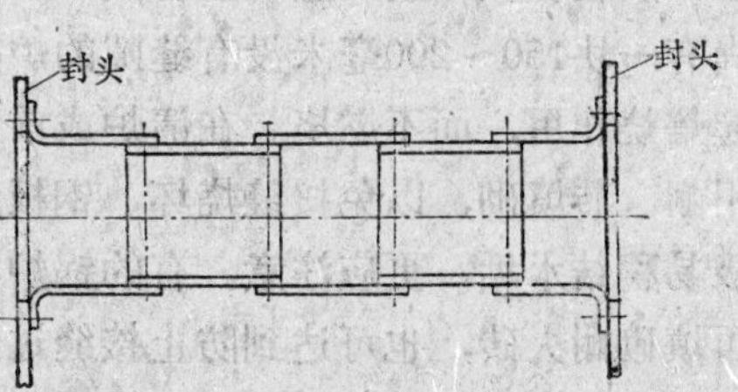

图 3-17 筒形炉胆图

结构上要求，兰开夏锅炉两炉胆的周向接缝应错开一定距离，炉胆的周向接缝与锅壳的周向接缝也应错开一定距离。特别是铆接锅炉更应符合这个要求，如图3-18所示，为什么要错开呢？主要为了便于对周向接缝的检查和修理，以及容易清理水垢。

兰开夏锅炉最后一节炉胆要变细。因两个炉胆间的距离较小（小于300毫米），工作人员无法通过，为了便于工作人员检查、洗炉时上下自由通过，故最后一节炉胆要稍细一些。

此外，由于最后一节炉胆变细，也可增加此处的烟气流速，减少烟灰的沉积。

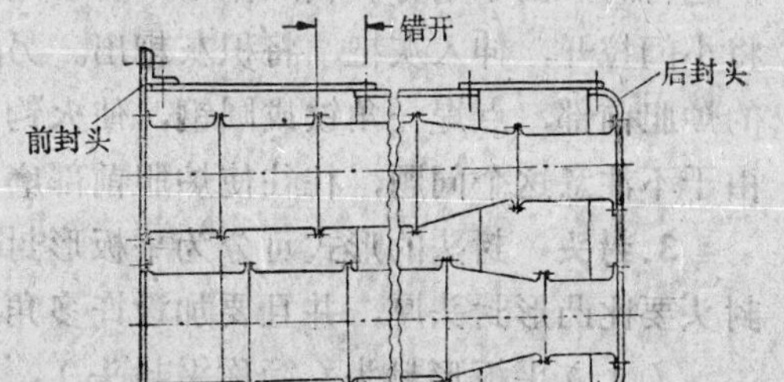

图 3-18 兰开夏锅炉炉胆结构要求图

炉胆不应用其它支撑或拉撑托住或拉住。炉胆全长与锅壳是基本相同的，在锅炉运行中，因受热的作用，炉胆全长要有一定膨胀的距离。因此，为了不影响其自由伸缩，不影响炉水的循环，严禁加支撑、拉撑等类装置。炉胆较粗，不会产生自然下垂变形。

炉胆的纵向接缝型式有：单行铆钉搭接，双行铆钉搭接，单盖板单行铆钉对接和锻接，对接电焊和无缝圆管等。为了不使接缝直接被火烧和受高温烟气冲刷，要求纵向接缝的位置布置在炉胆的下部。

老式的兰开夏锅炉为了增加其受热面积，有利于炉水循环和提高炉胆的强度，在炉排后部的炉胆内加装了3～5根横水管（也叫加罗威管）。从实际中体会到，加装横水管是有一定缺点的，主要是从炉膛出来的烟气，本来四周被炉胆吸热较大，烟温不高，又碰到许多横水管，更加使烟气温度降低，形成不完全燃烧现象。又因加装横水管给制造带来许多困难。因此，后来制造的兰开夏锅炉已多无此横水管。

炉排为铸铁制成。其总长度根据锅炉容量的大小，一般为1500～2000毫米。炉排太长，司炉人员不易操作，炉排太短，则燃煤量达不到要求。一般康尼许和兰开夏锅炉每平方米炉排每小时的燃煤量在70～100公斤之间。如果火层过厚，清炉不勤，通风不足时，还要低于这个数值。炉排是由炉条分段组成的。每根炉条的长度一般在300至1000毫米之间，中间用横梁支撑。为了防止受热膨胀将炉条挤住和损坏炉胆，在每根炉条间和炉排两侧，均应留有10～15毫米膨胀间隙。炉条在受热时，应保证向一个方向膨胀，故炉条的形状，一般是一端带有沟槽，一端是自由端平面。炉条横梁搭在炉胆焊脚上，不应固定，以保证横梁伸缩。炉条的缝隙与形状，根据燃料的性质、粒度、通风力等而定。安装炉排时，炉排表面应低于炉胆水平中心线100毫米左右，即炉排的宽度小于炉胆直径，使炉排上部炉膛容积尽量大些，以有利于燃烧。为了保护封头与炉胆的连接接缝，一般炉条前部尚有一块150～200毫米没有缝隙的炉排，俗称“死铁”。当生煤投入炉排后，在这部分仅起焙烧作用，而不燃烧。在清炉或前部火层较厚时，再将此煤向后推。在“死铁”上部应用耐火砖填砌，以免接缝烧坏，钢板过热。特别是封头向外扳边与炉胆铆接的锅炉，此处极易积结水垢，更应注意。有的锅炉在此处采用有较长边缘的炉门框，伸至炉胆内，然后再填砌耐火砖，也可达到防止接缝过热的目的。炉门靠火一侧，装有铸铁反射板，板上钻以小孔，中间留一看火孔。装设反射板的目的，在于炉门与反射板间留有一定空隙，热量不直烧炉门，可起保护炉门作用。当运行一段时期，反射板变形烧坏后，可较炉门容易更换。炉排后部设有耐火砖砌成的矮墙，它可防止煤及炉灰从炉排上部掉下去。矮墙的位置应与炉胆周向焊缝错开，以免高温烟气在矮墙上部流速过大，火力集中，使周向接缝过热或磨损。矮墙下部靠近炉胆处开有一清灰门。清灰门可用薄钢板制成，用铰链连接。当锅炉运行时，由于重力和引风作用，将小门盖住。需要清除矮墙后部的炉胆积灰，可用火钩将小门拉开，伸入灰耙，将积灰耙出。另外为了防止司炉工具对炉胆的磨损，应在炉排下的炉胆前部，点焊一角铁或圆钢，使火钩、火扒，可不直接磨损炉胆。长期运行的锅炉，由于不注意这个问题，往往使炉胆前部磨出沟槽，影响锅炉使用寿命。

3.封头 封头的形式可分为平板形封头与凸形封头两种。在同样工作压力下，平板形封头要比凸形封头厚，并且要加设许多角板拉撑，制造烦琐，耗用钢材多。

（1）平板形封头（简称平封头）：平封头所用材料，应符合GB713-65《制造锅炉和火箱用热轧碳素钢板技术条件》规定的A3g、15g或20g钢板。平封头应尽量用整块钢板制成。也可采用拼接的方法，但其焊缝不应通过炉胆及人孔部分。

为了适应炉胆受热产生的膨胀，除炉胆每节的扳边与周向连接部分吸收一部分伸胀外，封头也要产生一定的弹性变形。封头部分的变形不能过大或过小。过大即易造成永久变形，过小则易造成钢板槽裂，影响锅炉寿命。为了控制这个变形，根据平封头的厚度，选择适当的呼吸距离是必要的。呼吸距离即由角板拉撑最下面的一个铆钉中心到炉胆支撑点的最短距离，如图3-19。图中L及l称呼吸距离。一般兰开夏锅炉不应小于250毫米。呼吸距离的大小要根据炉胆型式、封头厚度和锅炉长度而定。对于采用波纹型炉胆锅炉的L和l数可小些；封头越薄，则L和l数越小；锅炉越长，L和l数越大。一般l值大于L值约25毫米左右。呼吸距离不适当的锅炉，长期使用后，会发现平封头变形、角板拉撑下部的封头部分槽裂、炉胆扳边处槽裂等损坏现象。炉胆下部也存在着呼吸距离问题，唯因炉胆上部受热强度高，下部受热强度低，一般要求下部的呼吸距离（即从底部拉撑最上面的一个铆钉中心线距离炉胆支撑点的最短距离）为上部呼吸距离值的一半。如上部呼吸距离值为250 毫米，则下部呼吸距离值即为125毫米。

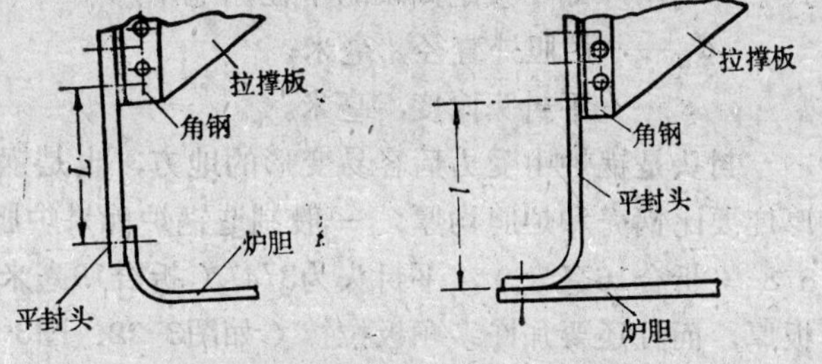

图 3-19　呼吸距离部位图

兰开夏锅炉上部呼吸距离值，可参考表3-1所列数值。

呼吸距离值参考表（毫米）　　　　**表 3-1**

平封头厚度		12	13	14	15	16	17	18	19	19 以 上
呼　距	L	230(190)		250(220)		280(240)		300(260)		315(280)
吸　离	l	250(220)		280(240)		300(260)		330(290)		340(300)

注：1.表内括号中数值为最小的呼吸距离值；
　　2.下部呼吸距离值为表中数值的一半。

康尼许锅炉的呼吸距离，根据炉胆偏正位置不同，具有不同的数值。正中布置的康尼许锅炉，从炉胆中心以上量 3 倍封头厚度加63.5毫米处为中心，以 1/2 炉胆外径加 3 倍厚度再加63.5毫米为半径，划一圆弧，此圆弧线就是呼吸距离线。

如图3-20所示，图中$O'A=K=3s+63.5$（毫米）　$R_1=\frac{d_H}{2}+K=\frac{d_H}{2}+3s+63.5$（毫米）

式中　A——呼吸地位线的中心；

O'——炉胆中心；

s——平封头厚度，毫米；

d_H——炉胆外直径，毫米。

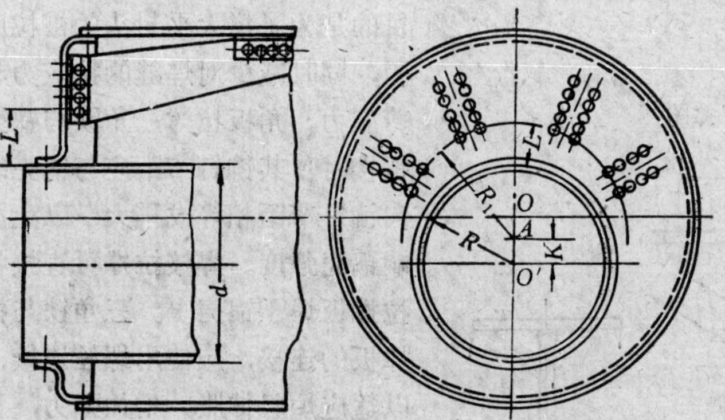

$R=\frac{1}{2}d$；$K=3s+63.5$

图 3-20　正中炉胆的康尼许锅炉呼吸地位图

偏心炉胆康尼许锅炉的呼吸距离，在炉胆上部 6 倍封头厚度加 127 毫米的部位。如图3-21所示，以炉胆中心为中心，以炉胆1/2外径加 6 倍封头厚度再加127毫米为半径划圆，即为呼吸地位线。即：

$$R_2=\frac{d_H}{2}+6s+127\text{（毫米）}$$

式中 R_2——划呼吸距离线的半径，毫米；

d_H——炉胆外直径，毫米；

s——平封头厚度，毫米。

封头是锅炉中受力后容易变形的地方，也是锅炉受压部件中的薄弱环节。因此，它的厚度要比锅壳和炉胆均厚。一般制造锅炉如果炉胆选用1/2″（折合13毫米），则锅壳为5/8″（折合16毫米），平封头为3/4″（折合19毫米）。不仅平封头厚度要比锅壳、炉胆钢板厚，而且还要加许多角板拉撑（如图3-22、图3-23）。设置角板拉撑的目的，主要为防止封头凸出变形，减少对封头与锅壳接缝的应力。根据锅壳直径的大小，一般兰开夏前封头上部装五块角板拉撑，下部装两块角板拉撑，后封头上部装五块，下部装三块。康尼许锅炉只在前后封头上部各装3～4块，而下部不装角板拉撑。上部角板拉撑超过或等于五块的，其中至少应有两块与锅壳的第二节相连。角板拉撑三角铁与前封头的铆钉是受拉力作用的，为了增加其强度，在制造上应使用比锅壳纵向接缝用铆钉直径粗3毫米的铆钉。对于焊接的角板拉撑与封头连结时，有的利用两条扁钢与封头焊接，也有的利用三角铁与封头焊接，目的是为了增大平封头的被拉面积，同时减少对焊缝的拉应力与剪应力。角板拉撑三角铁与锅壳铆接时，其铆钉节距应与锅壳纵向铆钉节距相等或稍大，以免影响锅壳强度。焊接拉撑可直接将拉撑板焊于锅壳上。三角铁与拉撑板的连接，应使用螺栓连接，以适应炉胆伸胀，增加弹力，且损坏时易于拆换。拉撑板斜边应与封头成60°或大于60°夹角，以使拉撑充分起到拉住封头作用。夹角太小，沿封头平面的分力增加，起不到拉撑作用。有的兰开夏锅炉和康尼许锅炉，采用长拉

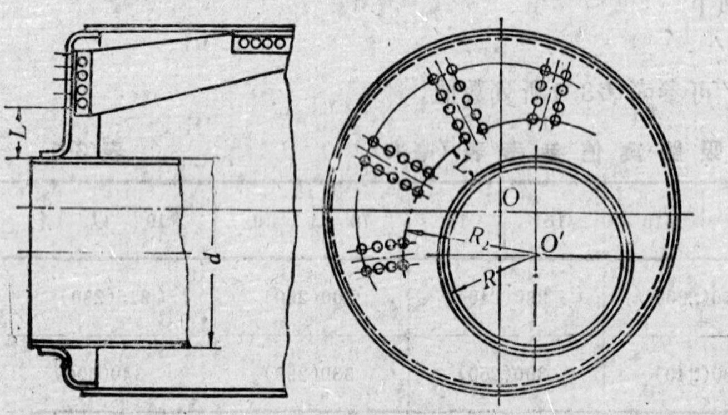

$$R=\frac{1}{2}d\text{；}\quad R_2=\frac{d}{2}+6s+127$$

图 3-21 偏心炉胆康尼许锅炉的呼吸地位图

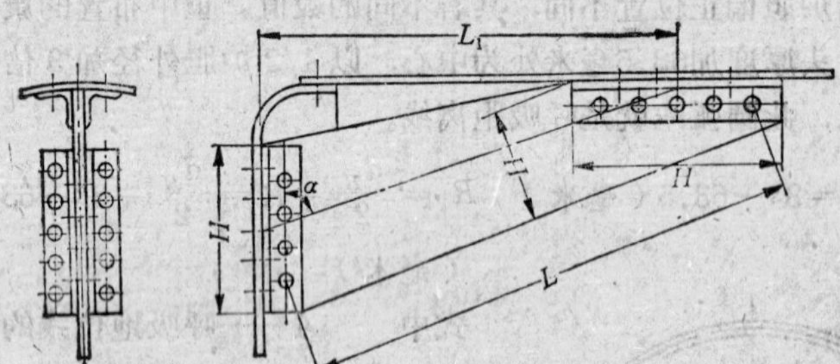

图 3-22 铆接角板拉撑图

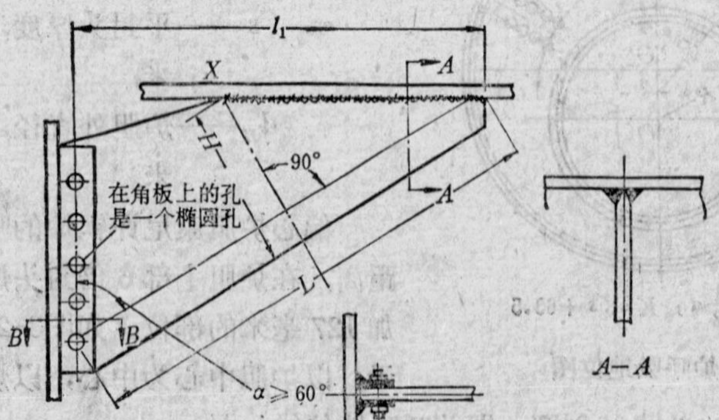

图 3-23 焊接角板拉撑图

撑而不用角板拉撑，其结果因锅炉太长，拉撑很松，在运行中仍会出现封头凸出变形现象。拉撑板的厚度应通过计算确定。

平封头与锅壳的连接，分铆接与焊接两种形式，如图3-24所示。图中(*a*)为平封头与锅壳间，另加一圈三角铁，分别与平封头、锅壳单行或双行铆钉搭接。一般铆制兰开夏锅炉的前封头，常采用此种结构。而后封头因处于烟道内，用此式易造成角铁部分过热，且影响通风，故后封头不应用此种结构。图中(*b*)也为铆接形式，封头扳边后与锅壳单行或双行铆钉搭接，可用于前后封头。图中(*c*)为焊接形式，封头扳边与锅壳对接双面电焊。当平板封头厚度超过锅壳厚度30%，并大于5毫米时，封头应削薄后，再与锅壳对焊。

平封头与炉胆连接形式，如图3-25所示。图中(*a*)为封头向外扳边与炉胆铆接。这种形式制造较困难，且运行中在封头与炉胆夹角处易积存水垢，此式不常见；图中(*b*)为炉胆向外扳边与封头铆接，此式常见，且易制造；图中(*c*)在封头与炉胆连接处，另附一三角铁圈铆接，此式虽易制作，但弹性较差，易使三角铁产生槽裂；图中(*d*)为封头向内扳边与炉胆铆接，制造较困难，运行时要注意对铆缝的绝热；图中(*e*)为封头向内扳边与炉胆对接双面电焊，这种结构很好，唯手工扳封头边较困难。

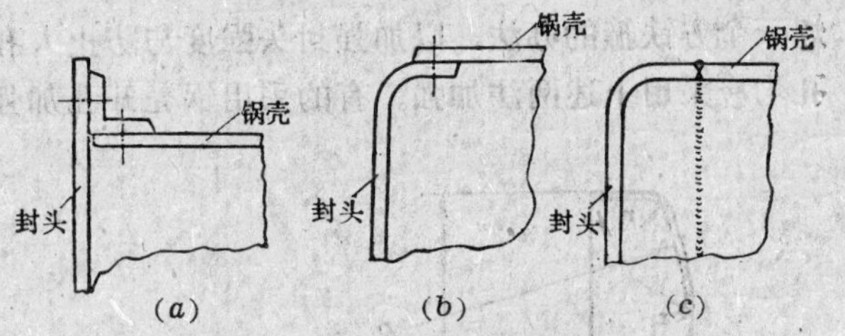

图 3-24 常见的平封头与锅壳连接形式图

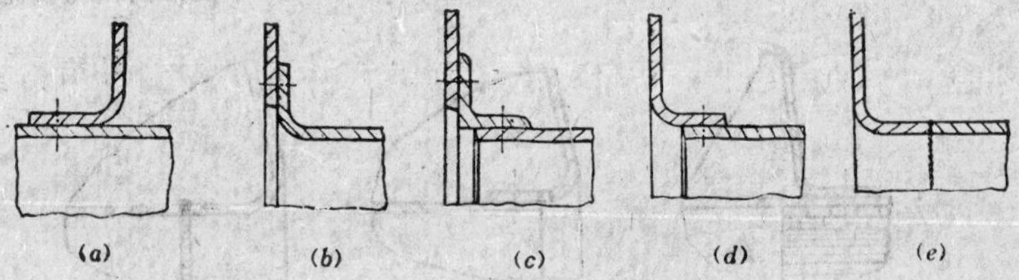

图 3-25 平封头与炉胆连接图

（2）凸形封头（也称碟形封头）：凸形封头是球形的一部分，在锅炉运行中，不会因压力的变化，产生任何凸出变形。因此，凸形封头是不装任何拉撑的。若仅从弹性角度观察，它不如平封头好。但由于凸形封头没有拉撑，且厚度较薄，因此，制造时省钢材，清洗、检修锅炉均较便利。尤其在有水压机成形的条件下，制造凸形封头更为节省工时。

凸形封头几乎没有弹性，因此，对于其与锅壳、炉胆相连的扳边处，要有相当的弧度，以增加其弹性。一般要求扳边弧度内半径不应小于封头外径的1/15，最小也应大于封头外径的1/20。凸形封头的曲率半径(R)应不大于1.5倍封头直径，一般为1.3倍封头直径。否则即不为凸形封头，而近于平封头了，如图3-26所示。

凸形封头扳边内半径过小，则在运行中使炉胆上部和凸形封头左右两侧扳边处易产生槽裂及裂纹现象。因此，对 r 的要求，不仅是制造问题，也是我们在分析凸形封头扳边处产生裂纹原因的一个重要依据。

凸形封头与锅壳连接形式，如图3-27所示。图中(*a*)为铆接，(*b*)为焊接。

凸形封头与炉胆连接形式，如图3-28所示。图中(a)、(d)为封头向外扳边分别与炉胆铆接或焊接，此式仅可用于前封头。当锅炉水质不良时，在其内部易积水垢，炉胆钢板过热，故应在火侧绝热。图中(d)焊接形式，焊缝受剪力作用。除封头扳边要有足够长度外，在运行中要加强检查与洗垢，以免发生事故；图中(b)、(e)为封头向内扳边，分别与炉胆铆接与焊接，弹性较好，但要对接缝处进行绝热。图中(e)式不易用做后封头；图中(c)式为封头向内扳边与炉胆对接双面电焊，弹性较好，为理想结构。

(3)人孔与手孔：兰开夏锅炉在前封头下部要开设一个人孔。一般平封头要另装一人孔加强圈，一方面起封头开孔的加强作用，另一方面也可保证人孔接触面的平整，防止漏泄。如图3-29为铆接人孔加强圈图。一般凸形封头的下人孔，则采取封头向内扳边再加焊一个方铁箍的办法，以加强封头强度与防止人孔漏泄，如图3-30所示。在封头上所开的人孔均应采用上述两法加强。有的采用锅壳开孔加强的方法，即在开孔外部另附一块钢板铆

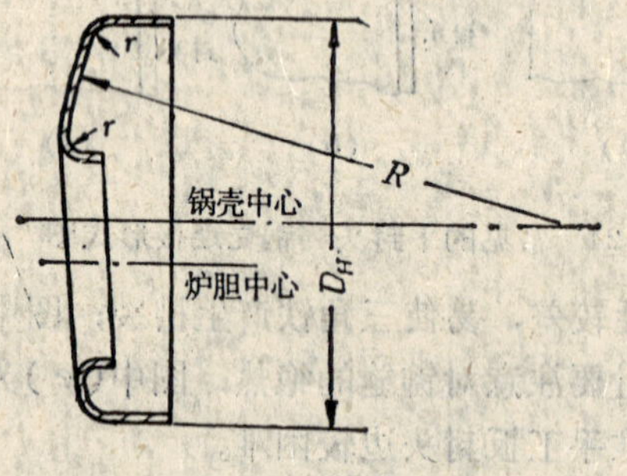

图 3-26 凸形封头图

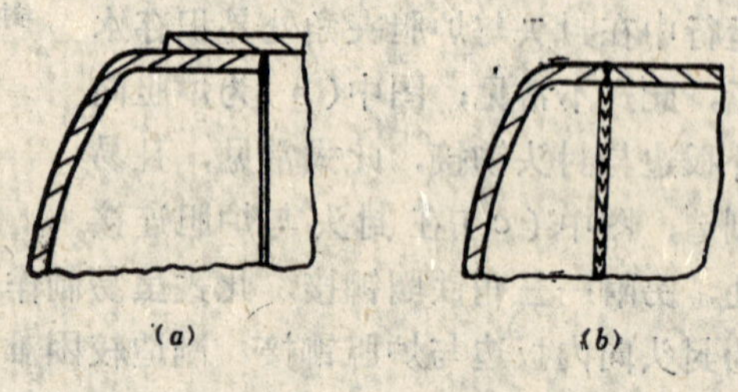

图 3-27 凸形封头与锅壳连接形式图

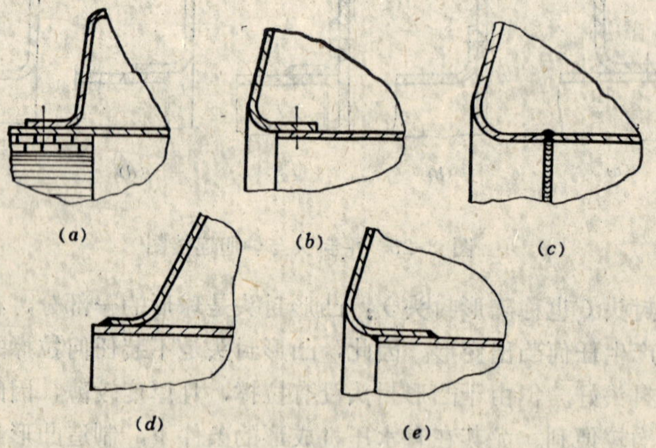

图 3-28 凸形封头与炉胆连接形式图

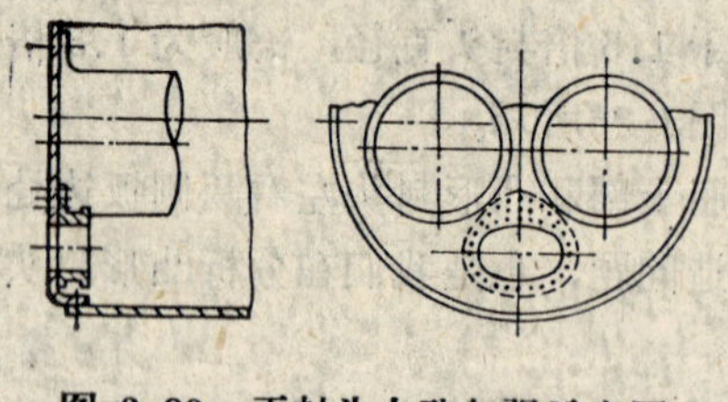

图 3-29 平封头人孔加强示意图

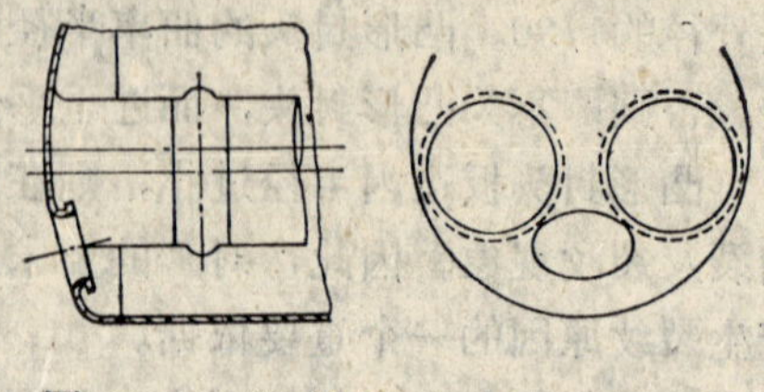

图 3-30 凸形封头人孔加强示意图

接或焊接。实际在运行中，特别是平封头，正处于呼吸距离地位，难免产生变形，容易产生漏泄，起不到应有加强作用。

康尼许锅炉封头不开人孔，只开手孔。偏心炉胆的康尼许锅炉在封头下部一侧开设一个手孔；正中炉胆的康尼许锅炉，在封头下部、炉胆两侧各开一个手孔，如图3-31所示。

人孔及手孔尺寸，参阅立式锅炉一章。

4.砌炉 兰开夏和康尼许锅炉不同于立式锅炉的一个重要方面，是立式锅炉没有炉墙，而兰开夏、康尼许锅炉具有庞大的炉墙、烟道等砌砖工程。砌砖工程的优劣，直接影响锅炉的经济运行。

（1）锅炉的搁置要便于检修，有利通风。一台锅炉地基竣工后，就要进行锅炉的安装。安装中首先遇到的问题是锅炉怎样搁置。兰开夏和康尼许锅炉的搁置方法有三种：

①将锅炉本体放在平行的两道五角砖墙上。五角砖墙位于底烟道与侧烟道之间，兼有隔绝烟气作用。因此五角砖需要耐高温，要求五角砖应由高强度的耐火材料制成。它不仅要受烟气的冲刷，还要承担整个锅炉本体的重量。五角砖的截面，如图3-32所示。锅炉本体搁置在五角砖斜面上，这个斜面的宽度应尽量狭窄，一般应小于100毫米。因为地面潮湿的水分，通过毛细管作用，使砖墙具有一定湿度，特别是地下水位较高时，在锅炉停用期间，更易使五角砖含水量增加，造成对锅炉钢板的腐蚀。因此，五角砖斜面狭窄一些，对锅壳的腐蚀，相应就会小一些。在安装新炉或移装时，为了避免这种腐蚀，应将锅壳表面清理干净后，涂以防腐漆，并垫上一层石棉橡胶板。垫石棉橡胶板，既可防止腐蚀，又可使锅壳与五角砖斜面接触严密，防止烟气走短路。这种搁置方法，基本上可以使锅壳各部受力均匀，不致产生锅壳漏泄等弊病。

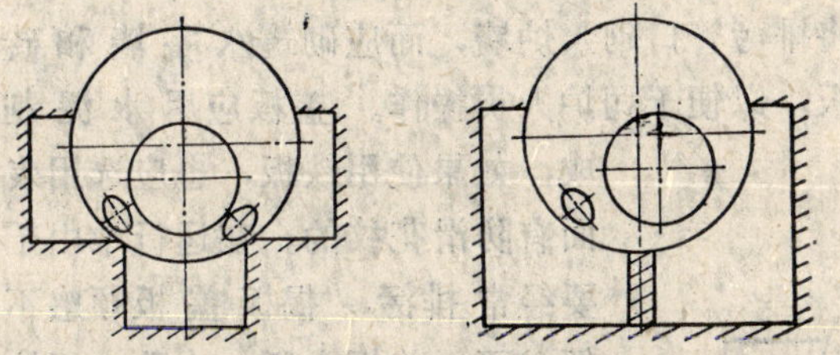

(a) (b)

图 3-31 康尼许锅炉手孔位置及数量图

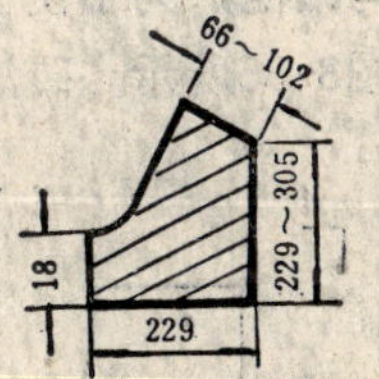

图 3-32 五角砖截面图

②将锅炉本体放到固定的铸铁块上。在建筑地基时，预先做好几个水泥支柱，在支柱上部放以一定形状的（类似五角砖）铸铁块，铸铁块上铺以石棉橡胶板，与锅壳相接触。各铸铁块之间用耐火砖充填，以防烟气短路。铸铁块的数量最少不得少于四对。否则，每对铸铁块承重过大，会产生锅壳挤压变形。对于铆接锅炉来说，铸铁块的位置不应放到锅壳的小圈上，而应放在大圈上，以防铆缝漏泄，如图3-33所示。倘若无法布置铸铁块全部放到锅壳大圈时，放到小圈上的铸铁块也应远离铆缝。

③将锅炉本体放到预制的铸铁架上。老式兰开夏和康尼许锅炉的搁置多用此法。铸铁架样式如图3-34所示。铸铁架沿锅炉底烟道平行布置，一般为4～5个，铸铁架支撑在锅壳大圈上。这种搁置方法，由于铸铁架在底烟道内部，通风阻力极大，且工作人员检修、清灰深感不便，故现多不采用。

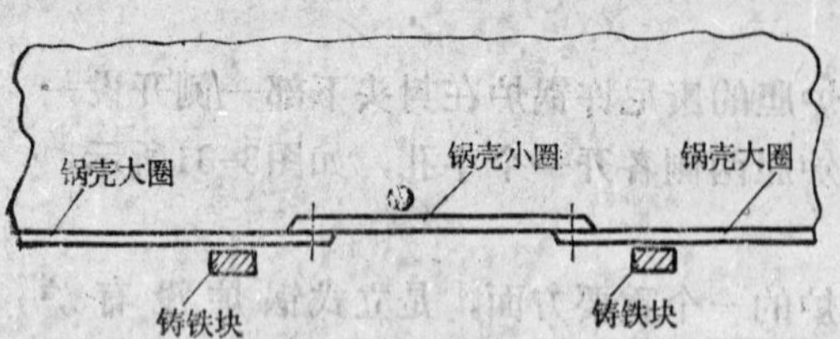

图 3-33　支撑锅炉铸铁块位置图

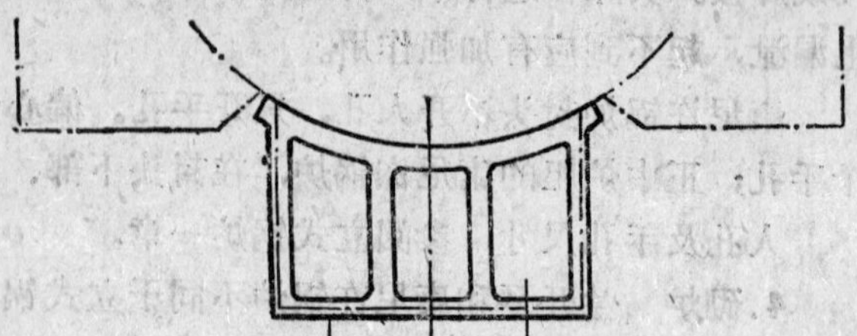

图 3-34　支撑锅炉铸铁架图

（2）各部砖墙砌筑后，不要影响炉体的热胀冷缩。锅炉在运行中，钢板受热后的膨胀要比砖墙受热后的膨胀大的多，特别是在锅炉长度方面，就更加显著。因此，兰开夏和康尼许锅炉后部封头与烟道顶砖、烟道隔墙等接触面，应留有一定间隙（间隙大小可根据计算而得），中间嵌以石棉绳。石棉绳直径要比间隙宽度大些，以使间隙在冷、热状态下，均能保持不漏风。一般10米左右长的兰开夏锅炉，后部要预留20毫米的间隙，嵌用直径25毫米的石棉绳。后封头烟道顶部的耐火砖，一般用"错砖"的方法，砌成顶砖，也有用异形大块耐火砖或耐火砖中间穿以工字钢的办法，做成悬顶，以保证预留足够间隙。严禁将耐火砖直接与封头靠住。否则运行中，因锅壳伸胀，造成后墙开裂或烟道顶部下陷等现象。为了便于检修和减轻对炉体与基础的重压，影响正常的伸胀，锅炉顶部不应用耐火砖与青、红砖砌筑，而应用绝热保温性能较好的轻型耐火砖或石棉制品敷盖。在对锅壳上部保温时，应将各接口法兰处留出一定位置，以便有利于检查与修理。有的锅炉在安装时，采用半露天的锅炉房，将炉体全部砌入青红砖内是不好的。

（3）砌砖工程要保证工作人员便于检修与清理烟灰。锅炉排污口与排污阀附近易造成腐蚀与漏泄，为了便于检查与修理，不应将排污管口砌入炉墙，而应砌筑八字墙和砖池，如图3-35所示。砖池上面要盖以防滑盖板，以便于司炉人员操作。盖板应用水泥制成，如果使用铁板，也应选用表面有防滑花纹的。在运行中由于要经常排污，揭板盖板颇感不便，可于盖板上开一小孔，司炉人员可用加长把柄，在地面以上进行排污操作。但在锅炉停炉检修时，应揭开盖板清理由板四周及小孔漏下的灰渣，检查排污阀及排污管，有无腐蚀。有的锅炉在运行中，长期不揭此盖板，使灰渣积满于排污阀四周，甚至排污弯管已严重腐蚀，这是非常不安全的。

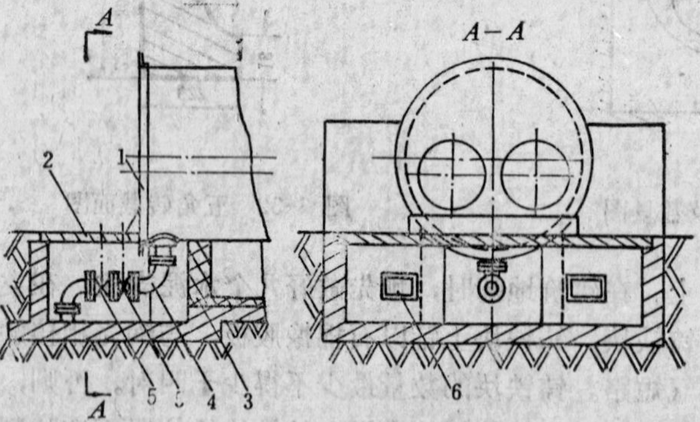

图 3-35　排污阀处砖池及八字墙图

1—锅炉；2—防滑盖板；3—八字墙；4—排污弯头；5—排污阀；6—出灰人孔

为了便于清理烟道的积灰，对于烟道的宽度和高度，在有利于通风的前提下，要保持一定尺寸。侧烟道宽度一般不应小于300毫米，底烟道高度一般不应小于600毫米。后封头距后墙距离不应小于600毫米（康尼许锅炉不应小于450毫米）。为了将烟道积灰清出炉外，一般要在炉前墙两侧各开一出灰人孔，总烟道开一出灰人孔，烟囱底部开一出灰人孔。有条件时，应在锅炉两侧炉墙上各开一出灰人孔，以清出底烟道、侧烟道、总烟道及烟囱底部的沉积灰尘。出灰人孔尺寸应不小于400×450毫米。出灰人孔可用铸铁框及铸铁门。其接触面嵌以石棉绳，以免漏风。也有的出灰人孔，只搞一个砖碹，下部用青红砖及耐火砖砌实，待要出灰时，再扒开，出灰完毕再砌实。出灰人孔位置如图3-36所示。

（4）砌炉工程要尽力减少通风阻力，有利自然通风。首先，要根据燃煤量，计算所产生的烟气体积及流速，保证一定面积的烟道截面。烟道截面太小，则烟气流速过高，阻力增加。烟道截面太大，则砌炉工程费用增加，且积灰较多，增加日常检修工作量。因此，适当的烟道截面是非常必要的。而且，烟道截面应随烟气流向，逐步增加，直到烟囱底部为最大截面，这样才有利于通风。同时，截面的增加应是逐步的，而不应突然加大。否则，易造成涡流及通风力的严重减弱。烟道内表面应尽量光滑，在拐角处应成圆弧状或成钝角状，以减少通风阻力。在锅炉长度方面，烟道内层砖墙应留有一道伸缩缝，以防受热后炉墙开裂。锅炉后墙及侧墙在与锅炉房的后墙及侧墙相邻时，至少应留有70毫米以上间隙，且在间隙上部及两端应盖住，防止异物将间隙阻塞，以保证炉墙的伸胀。当锅炉烟气先进入底烟道，再转入侧烟道时，应在锅壳底烟道入口处砌一至少长600毫米的分界墙，以免使烟气冲突，造成“炉吼”现象，见图3-36中A。为了调节通风力的大小，一般在锅炉总烟道入口处设置一个风闸门。也有的锅炉在侧烟道出口处各设一个风闸门。后一种办法，易形成两炉胆火力偏差、通风强度不同的现象。风闸门由风闸门框、风闸板及滑轮、钢丝绳、对重铁等组成。一般风闸门框及风闸板均用铸铁制成。采用钢板制成的风闸板，易产生弯曲变形，运行一段时间即不灵活。风闸板用钢丝绳扣住，通过两个滑轮，将钢丝绳引到炉前，炉前用对重铁悬挂。司炉人员可借助对重铁的力量，轻便地调整风闸板的开度。为了防止由风闸门漏入大量冷空气，风闸门框与风闸板的间隙不应太大。有的单位将风闸板套入一密闭铁皮箱内，箱上只留一个钢丝绳出口孔，密封作用较好，如图3-37所示。

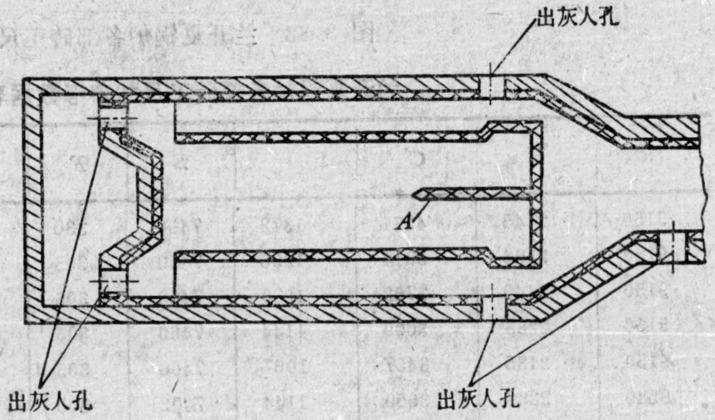

图 3-36　出灰人孔位置图

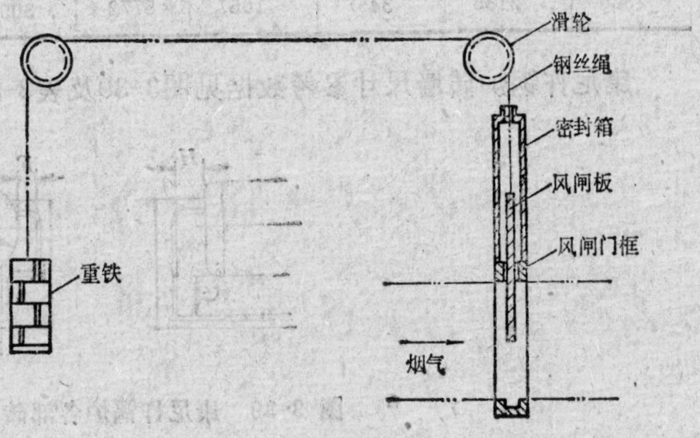

图 3-37　风闸门图

（5）砌炉工程要保证严密不漏风、不漏烟。锅炉在运行中，炉墙的严密与否，是保证完全燃烧和经济燃烧的必要前提。

如果炉墙漏风、漏烟，则烟道内过剩空气增加，炉排火层的燃料就不易燃尽，冒黑烟现象就会产生。要保证炉墙的严密性，在安装和移装时，应注意凡砖墙与锅炉金属接触处，均应嵌填石棉制品。为了使石棉绳不致脱落，有的单位还将砖上开以豁槽，将石棉绳嵌入槽内，效果更好。为了保证炉墙的严密，在砌炉过程中，要使耐火砖的灰缝保持在2～3毫米范围内，青（红）砖的灰缝保持在5～7毫米范围内，使之在热状态下，不致因灰缝变酥、变软而产生漏风、漏烟现象。特别是耐火砖部分的灰缝应该要求严格些。在砌炉中，灰浆要铺满砖面，而不应只抹砖角部分，使其大部分没灰分。砌炉时，还应注意，为了提高炉墙的牢固性，应每隔6～7层砖使耐火砖凸入青砖一层。

5.砌砖工程的参考数据 兰开夏锅炉砖墙尺寸参考数据见图3-38及见表3-2。

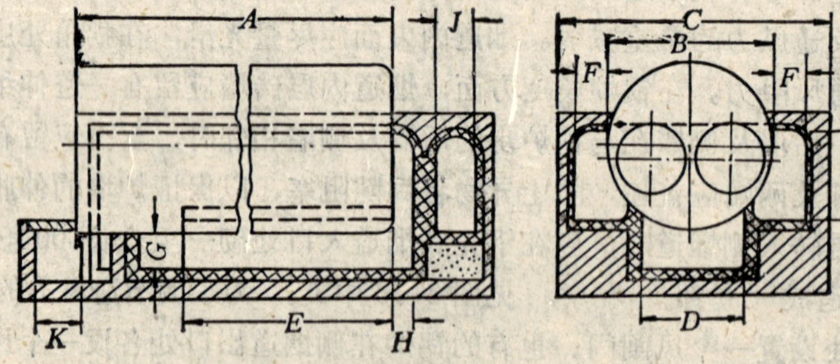

图 3-33 兰开夏锅炉各部砖工尺寸示意图

兰开夏锅炉各部砖工尺寸参考数据表（毫米） 表 3-2

A	*B*	*C*	*D*	*E*	*F*	*G*	*H*	*J*	*K*	*L*
9150	2745	4231	1372	7460	330	991	762	915	902	1830
9150	2593	3914	1296	7460	305	991	610	610	902	1690
9150	2440	3762	1220	7460	305	915	610	610	902	1525
9150	2288	3609	1144	7460	305	839	610	610	902	1525
9150	2135	3457	1067	7460	305	839	610	610	902	1449
8540	2288	3609	1144	7002	305	839	610	610	902	1525
7930	2288	3609	1144	6379	305	839	610	610	902	1525
8540	2135	3457	1067	7002	305	839	610	610	902	1449
7930	2135	3457	1067	6392	305	839	610	610	902	1449
7320	2135	3457	1067	5772	305	839	610	610	902	1449

康尼许锅炉砖墙尺寸参考数据见图3-39及表3-3。

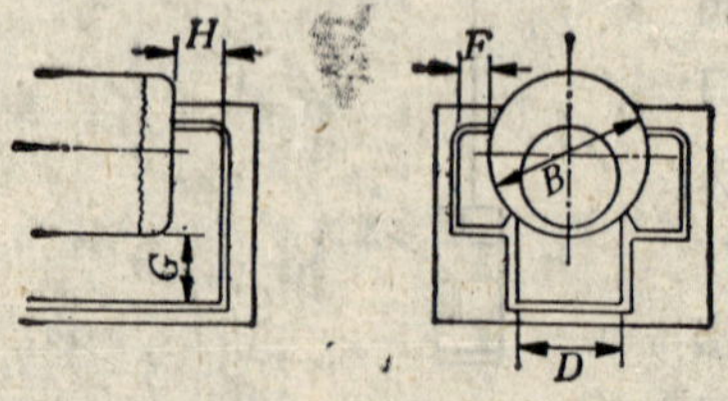

图 3-39 康尼许锅炉各部砖工尺寸示意图

6.兰开夏锅炉和康尼许锅炉一般规格 可参考表3-4、表3-5、表3-6及表3-7。

康尼许锅炉各部砖工尺寸参考数据表（毫米） 表 3-3

B	*D*	*G*	*H*	*F*	风闸板尺寸 长×宽	
1220	610	610	457	305	双 门 229×864	单 门 457×510
1372	712	610	457	305	双 门 254×864	单 门 610×610
1525	813	610	534	305	双 门 254×966	单 门 762×610
1677	915	610	534	305	双 门 279×1067	单 门 915×610
1830	1017	686	610	305	双 门 279×1169	单 门 1017×686
1982	1607	762	610	305	双 门 330×1220	
2135	1220	839	686	305	双 门 330×1296	
2287	1296	915	686	305	双 门 381×1372	
2440	1372	915	762	305	双 门 381×1448	
2592	1449	991	762	305	双 门 432×1525	
2745	1525	991	762	305	双 门 432×1601	

兰开夏锅炉一般规格（一） 表 3-4

公称马力 (HP)	型式	锅壳直径 (毫米)	锅炉全长 (毫米)	炉胆直径 (毫米)	炉排长度 (毫米)	炉排面积 (米²)	受热面积 (米²)	常用压力 (公斤/厘米²)	蒸发量 (公斤/时)	效率 (%)	概算重量 (吨)
90	A	1930	7448	710	1820	2.6	55.5	7	1440	50～65	16
90	B	1930	8095	710	1820	2.6	55.5	7	1440	50～65	14
100	A	1930	8080	710	1820	2.6	62	7	1610	50～65	18
100	B	1930	8445	710	1820	2.6	62	7	1610	50～65	16
120	A	2130	8230	820	1980	3.1	70	7	1820	50～65	23
120	B	2130	9048	820	1980	3.1	70	7	1820	50～65	21
140	A	2290	9000	890	1980	3.4	83	7	2160	50～65	24
140	B	2290	9755	890	1980	3.4	83	7	2160	50～65	22

注：表中型式A表示平板封头，B表示凸形封头。

兰开夏锅炉一般规格（二） 表 3-5

序号	型号 新	型号 旧 (马力)	主要技术规格 蒸发量 (吨/时)	主要技术规格 蒸汽压力 (公斤/厘米²)	主要技术规格 蒸汽温度 (°C)	外形尺寸 外径×长 (毫米)	重量 (吨)
1	WSG1-8	60	1.0	8	饱和	ϕ2000×5640	8.15
2	WH1.5-7	100	1.5	7	饱和	ϕ2000×8200	14
3	WSG1.5-8	100	1.5	8	饱和	ϕ2100×8900	13
4	WSG1.6-8	100	1.6	8	饱和	ϕ2000×8240	12.5
5	WS1.61-7	100	1.61	7	饱和	ϕ2056×8046	18.5
6	WS1.62-8	100	1.62	8	饱和		
7	WSG1.9-8	120	1.9	8	饱和	ϕ2130×9300	14
8	WSG2-8	140	2.0	8	饱和	ϕ2100×9300	17
9	WSG2.2-7	140	2.2	7	饱和	ϕ2206×9124	18
10	WSG2.2-8	140	2.2	8	饱和	ϕ2330×9340	18
11	WS2.16-7		2.16	7	饱和	ϕ2290×9755	21
12	WSG2.28-7	140	2.28	7	饱和		14.3
13	WSG2.3-7	150	2.3	7	饱和	ϕ2304×10000	15
14	WSG2-8	150	2	8	饱和		15.65

康尼许锅炉一般规格（一） 表 3-6

公称马力	锅壳直径	锅炉全长	炉胆直径	炉排长度	炉排面积	受热面积	蒸发量	效率	常用压力
(马力)	(毫米)				(米²)	(米²)	(公斤/时)	(%)	(公斤/厘米²)
15	1065	2440	560	915	0.51	8.2	204	45～60	7
20	1220	3050	610	1220	0.74	11.8	295	45～60	7
25	1370	4265	685	1220	0.83	16.1	403	45～60	7
30	1525	4265	685	1220	0.83	18.8	470	45～60	7
35	1370	4875	685	1370	0.94	21.8	545	45～60	7
40	1525	4875	760	1525	1.16	25	625	45～60	7
45	1525	5485	760	1525	1.16	28	700	45～60	7
50	1525	6095	760	1525	1.16	31.3	782	45～60	7
55	1675	6095	815	1525	1.24	34	850	45～60	7
60	1675	6705	815	1525	1.24	37	925	45～60	7
65	1675	7315	815	1830	1.49	40.2	1002	45～60	7
70	1830	7315	915	1830	1.67	44.4	1110	45～60	7
80	1980	7315	990	1830	1.81	48.3	1210	45～60	7
85	1980	7925	990	1830	1.81	52.8	1320	45～60	7

康尼许锅炉一般规格（二） 表 3-7

序号	型号		主要技术规格				重量
	新	旧	蒸发量 (公斤/时)	蒸汽压力 (公斤/厘米²)	蒸汽温度 (℃)	外形尺寸 直径×长 (毫米)	(吨)
1	WH 0.9-7	60马力	900	7	饱和	ϕ1620×6650	6.8
2	WDG0.65/8	40马力	650	8	饱和	ϕ1600×5000	5.95
3	WDG1/8	64马力	1000	8	饱和	ϕ1500×7200	9.1

二、卧式外燃回火管锅炉

卧式外燃回火管锅炉，主要由锅壳、管板及烟管组成。图3-40为铆接结构的卧式外燃回火管锅炉，图3-41为焊接结构的卧式外燃回火管锅炉。燃烧设备系采用固定炉排。燃料在炉排燃烧后，首先加热锅壳底部，经过矮墙，到后管板转入烟管内，由烟管进入前烟箱，从烟囱排至大气。有的卧式外燃回火管锅炉，为了降低排烟温度，增加锅炉受热面积，提高蒸发量，把烟气流程由二回程改为三回程，即烟气由烟管出来后，不直入烟囱，而再沿锅壳两侧返至后面，由后面再入烟囱。这种三回程烟气走法，使炉排宽度减少，辐射受热面积缩小，前烟箱布置困难，锅炉搁置方法受限制。实际蒸发量提高有限，但随之带来不少问题。

1.锅壳 制作锅壳的材料，必须符合GB713-65《制造锅炉和火箱用热轧碳素钢板技术条件》规定的A3g、15g和20g牌号的钢板。锅壳一般由二、三节钢板制成。一般锅壳长度为3.6～6米、直径1.5～2.5米，长度与直径的比例约为2.5～3:1。

老式锅炉的纵向接缝有双排或三排铆钉搭接或双排、三排双盖板对接。周向接缝采用单行铆钉搭接，不采用双行铆钉搭接或盖板对接，以免引起钢板过热开裂。近几年制造的这种锅炉，纵向及周向接缝均采用电焊对接。锅炉的纵向接缝应尽量布置在锅炉上部，以免因高温烟气引起接缝的钢板过热和影响其接缝强度。每节与每节锅壳的纵向接缝应错开300毫米，以提高整个锅壳纵向强度。

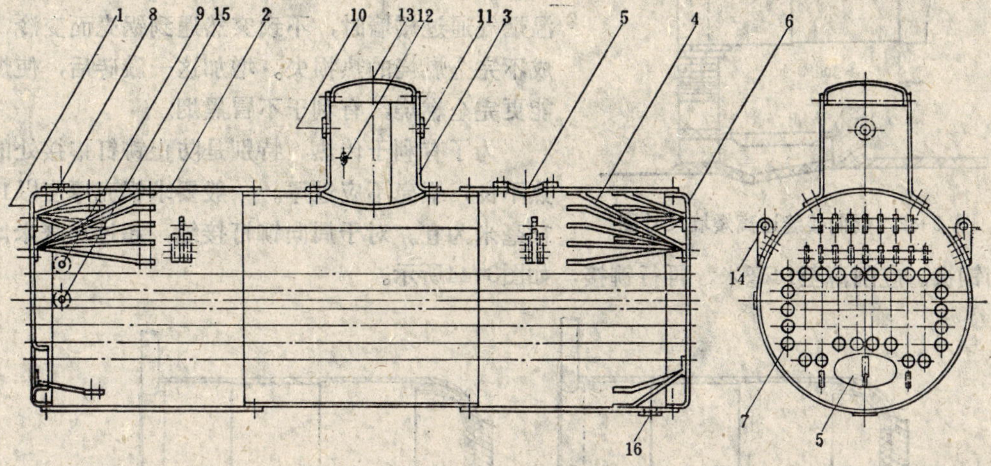

图 3-40 铆接的卧式外燃回火管锅炉图

1—前管板；2—锅壳；3—汽室；4—斜拉撑；5—人孔；6—后管板；7—横火管；8—水位表通汽口；9—进水管接口；10—副汽阀接口；11—主汽阀接口；12—压力表接口；13—安全阀接口；14—锅壳吊耳；15—水位表通水口；16—排污管接口

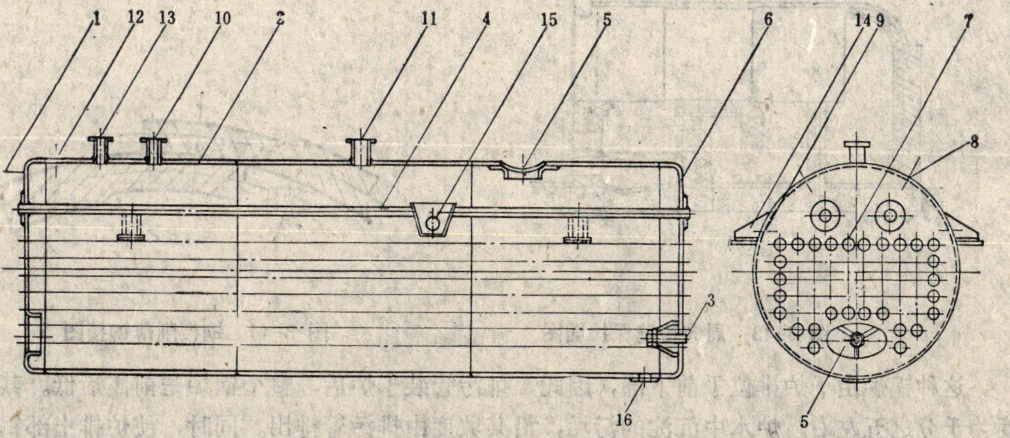

图 3-41 焊接的卧式外燃回火管锅炉图

1—前管板；2—锅壳；3—三脚爪拉撑；4—长拉撑；5—人孔；6—后管板；7—横火管；8—水位表通汽口；9—水位表通水口；10—副汽阀接口；11—主汽阀接口；12—压力表接口；13—安全阀接口；14—搁脚；15—进水导管；16—排污管接口

周向接缝应离矮墙较远，因高温烟气从炉排向后行进时，到矮墙处截面突然减少，火力集中，在锅炉水质不良有较多沉积污垢时，极易引起周向接缝，特别是铆缝钢板的过热。因此，要求周向接缝要离矮墙前后的距离不能小于300毫米（图3-42）。对于铆接锅炉，为了防止周向接缝钢板过热开裂，可加一耐火砖保护圈，防止高温烟气对接缝的冲

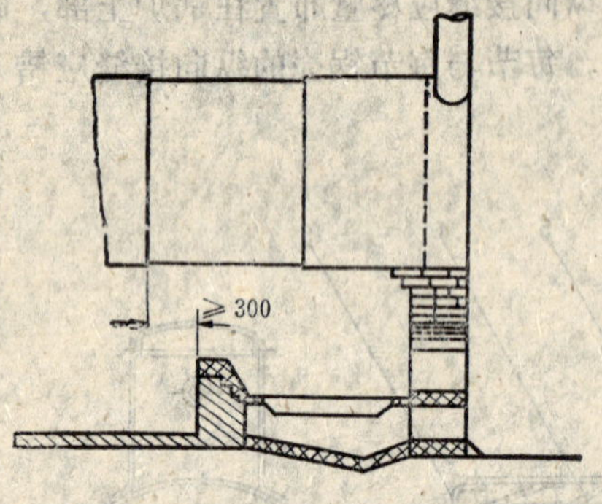

图 3-42 周向接缝远离矮墙尺寸图

刷，如图3-43中（ a ）所示。倘若水质极差，沉积污垢过多，应按图中（ b ）所示，对所有周向接缝砌耐火砖保护圈。图中（ c ）除了增加保护圈外，在矮墙上部靠锅壳处增加了一圈碹砖，目的是使高温烟气通过矮墙时，不致突然遇到锅壳而变冷，造成不完全燃烧的热损失。增加这一碹砖后，使烟气能更完全燃烧，有利于不冒黑烟。

为了有利于传热，特别是防止铆钉搭接处的传热不良，锅壳不应过厚。一般要求锅壳厚度以10～16毫米为宜。对于周向铆钉接缝，超过16毫米厚度的钢板，应削薄至14毫米，再行铆接，如图3-44所示。

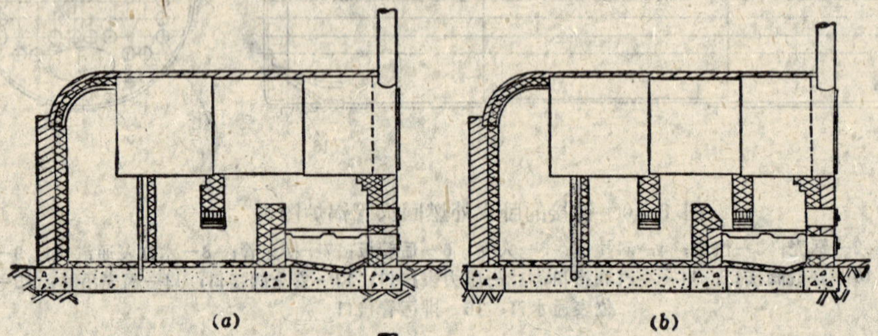

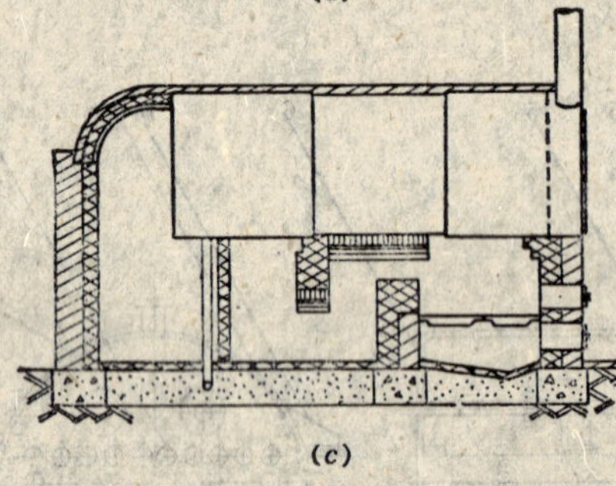

图 3-43 周向接缝保护圈图

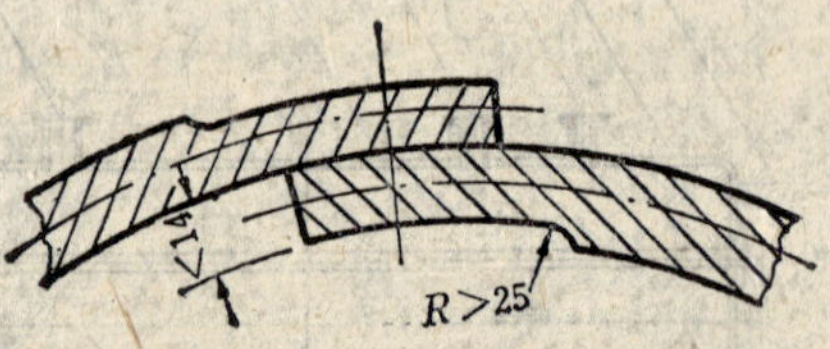

图 3-44 钢板削薄铆接图

这种锅炉由于炉排位于前下部，因此，排污管装于炉后，整个锅炉是前高后低。其坡度为千分之五左右。炉水中沉淀的污垢，沿其坡度由排污管排出。同时，使炉排上部锅壳也可减少污垢积存。为了避免排污管通过烟道时被烟气冲刷，应予以保护或绝热。一般在排污管前加一“人”字墙，不使烟气直冲排污管，如图3-45所示。有的锅炉则采用绝热的办法，将排污管用石棉制品包起来，而不设置人字墙，如图3-46所示。左图为排污管进入地面以下，再引至室外，右图为利用弯好的无缝管水平引出烟道。安装时，应选择有一定厚度和直径的铸铁管，以便套入排污管并充填石棉等绝热物。左图入地部分在产生腐蚀时，不易及时发现，右图仅穿墙部分不易检查。为了防止腐蚀，保证伸缩和不漏风，排污管穿墙部分应套以铸铁管，中间充填石棉制品，如图 3-47 所示。排污管应用厚壁无缝钢管，以增强耐腐蚀性能。排污管一般内径为 50 毫米左右，内径太小易被污垢等杂质所堵塞。特别是当烟气温度较高时，排污管部分的存水为“死水”，污垢易粘结在排污管内表面，故直径要粗大些。排污管弯曲处应用热煨方法弯管，而不应采用马铁或铸铁弯头，以防因排污冲击力较大时，发生开裂漏水故障。排污管与锅壳连接时，应采用法兰连接，如图3-48所示。图中（ *a* ）为法兰与锅壳焊接，用载丝方法与排污管法兰连接。图中（ *b* ）为锅壳开孔用焊接法兰短管加强，再以法兰与排污管用螺栓连接。老式卧式外燃回火管锅炉的排污口，大多用丝口连接，如图3-49所示。当丝口连接不严密时，将引起漏泄，造成管子丝口腐蚀，极易发生事故，故这种连接很不安全。

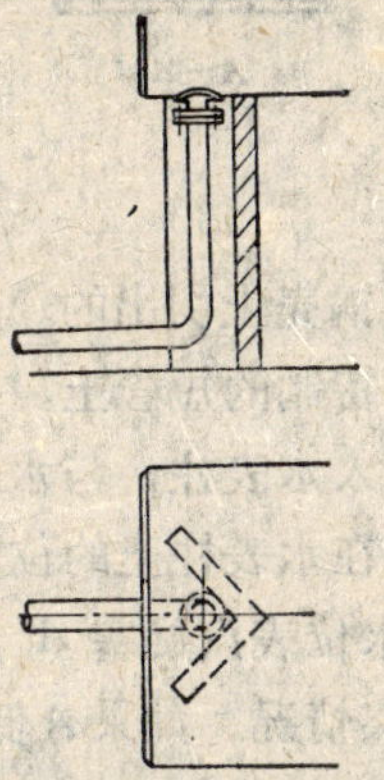

图 3-45　排污人字墙示意图

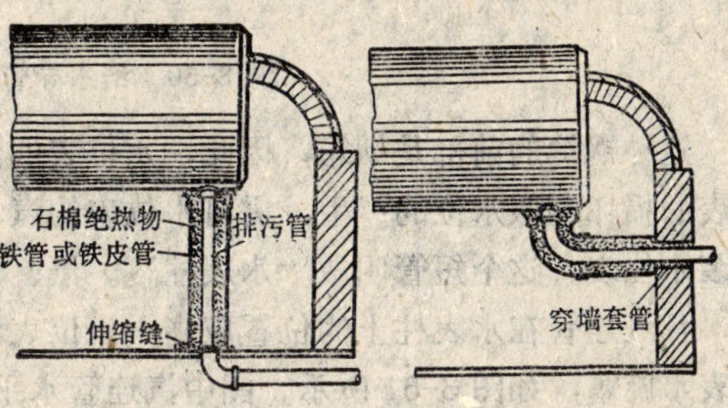

图 3-46　排污管绝热图

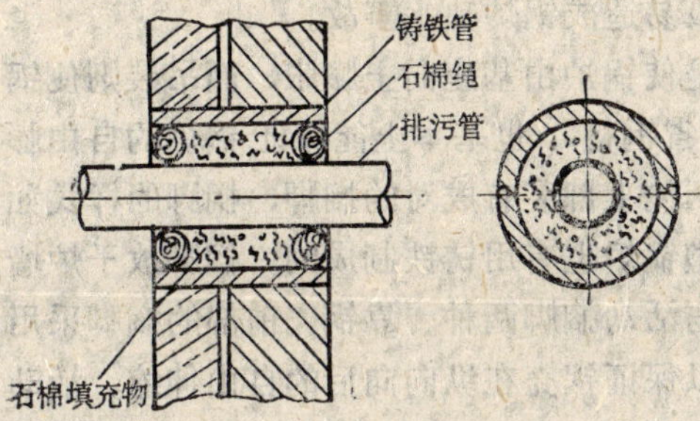

图 3-47　排污管穿墙部分示意图

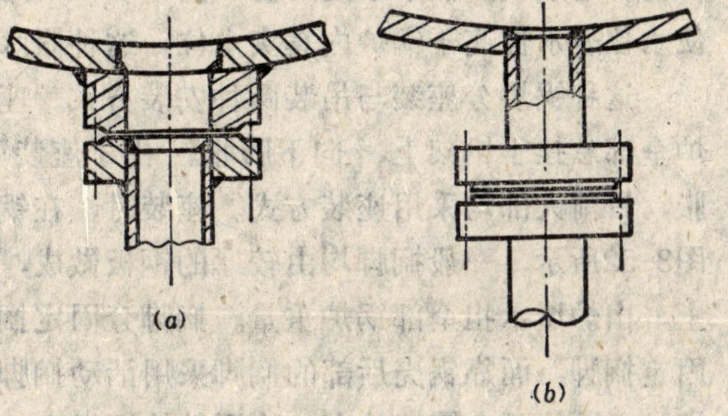

图 3-48　排污法兰图

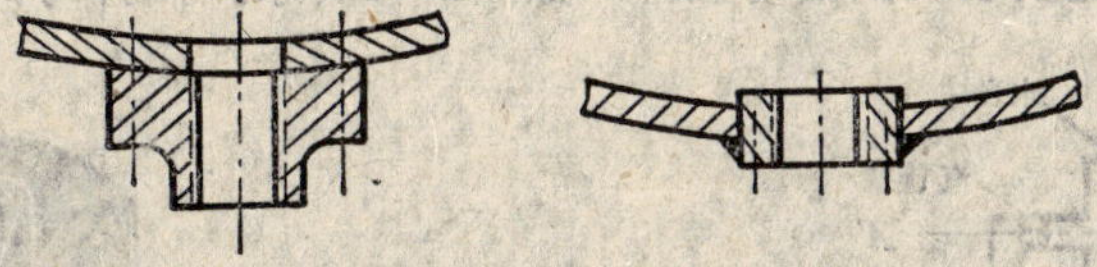

图 3-49　排污接口螺纹连接图

这种锅炉的进水管是由锅壳上部引入的。由于锅壳下部受热较强，故进水管出口不应直冲底部锅壳，以免在一旦缺水时，造成严重爆炸事故。特别不应把进水管出口布置在锅壳前面的底部上。较为合理的布置是给水管应在锅壳后半部或后三分之一、水面以下、烟管上部。且应将给水管末端闷死，导管上钻以直径 10 毫米左右小孔若干个，施行分散给水，使进水均匀。还有更好的方法是，将钻有小孔的给水导管，布置在一溢水槽内，使温度较低的给水，先入槽内预热、除氧，然后溢出再与炉水混合，效果更好。图3-50为溢水槽纵剖面图。这种锅炉对于水质要求较高，特别是水中悬浮物较多时，不应做为锅炉给水。

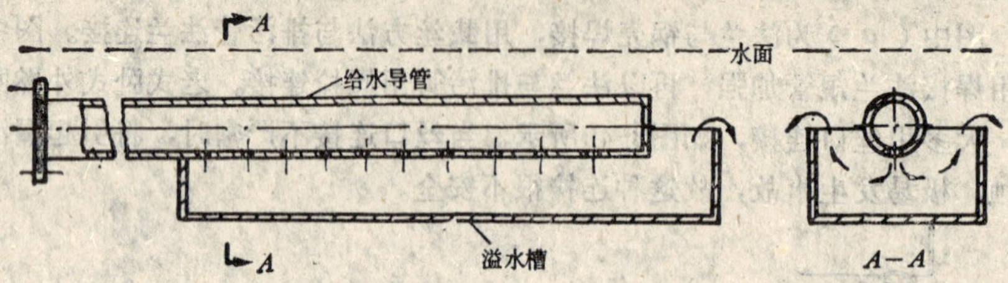

图 3-50　给水导管及溢水槽示意图

这种锅炉的前部是烟箱，因此，水位表的汽、水联管是由锅壳上引出的。为了防止水位表的损坏和假水位的产生，需将水位表的汽、水连管接在一特制的短管上，再在短管上安装水位表。这个短管叫做“水表柱”。汽、水连管应水平引入水表柱，与水表柱垂直相连，且汽连管在水表柱上的位置应高于水位表汽旋塞，水连管在水表柱上的位置应低于水位表水旋塞，如图 3-51 所示。图中汽连管水平位置A应高于水位表汽旋塞A'，水连管水平位置B，应低于水位表水旋塞B'，才能确切反映水位的真实情况。如果A低于A'，则在水位较高时，水位表上部仍存有一定蒸汽，使水位表水位低于锅炉内真实水位，这种假水位易造成锅炉满水事故；若B高于B'，则在水位表中余存一部分水，不能流入锅炉内，使水位表水位高于锅炉内真实水位，这种假水位极易造成锅炉缺水事故。

这种锅炉分座装与吊装两种安装方式。座装是使锅炉由基座向上膨胀，而吊装则使锅炉全部悬挂于钢架上，向下膨胀。由于座装可节省钢材，也基本上能保证锅炉的自由膨胀，目前大部均采用座装方式。座装时，在锅壳两侧上部装有成对的搁脚，搁脚的样式如图3-52所示。一般搁脚均由较厚的钢板做成，小型锅炉也有用铸铁制成的。搁脚放于炉墙上，由炉墙承担全部锅炉重量。搁脚分固定搁脚与活动搁脚两种。靠锅壳前部的搁脚采用固定搁脚，而靠锅壳后部的搁脚采用活动搁脚，以保证锅壳在纵向向后的自由伸缩。活动搁脚下面的两个圆棒放在一块平整的钢板上，以便在锅壳伸缩时减少阻力，如图 3-53 所示。大型的卧式外燃回火管锅炉，除了要保证其纵向的自由伸缩，还要保证其周向的伸缩，在其锅壳一侧，还要装双向活动搁脚，如图3-54所示。搁脚与锅壳的连接分铆接与焊

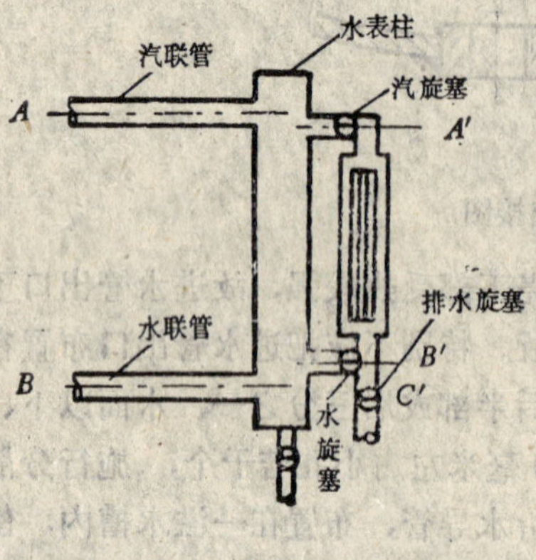

图 3-51　水表柱安装示意图

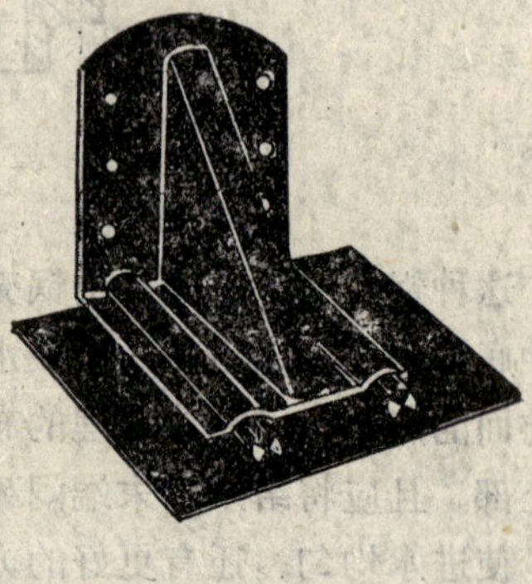

图 3-52　搁脚图

接两种，目前生产的这种锅炉其搁脚均为焊接。若前后两搁脚的位置太近，锅炉的稳定性差，一般搁脚位置距前后管板尺寸为750毫米为宜。如图3-55所示，是每组搁脚为一个的位置。对于每组搁脚为两个的，则距前后管板的距离，应从每组搁脚的中心线算起。且每个搁脚底板间的距离应大于50毫米（图3-56）；吊装时，锅壳上铆接或焊接成对吊耳，用吊杆悬于钢架上，使锅炉全部重量通过吊杆由钢架承担。吊杆型式及吊耳与吊杆连接形式如图3-57所示。

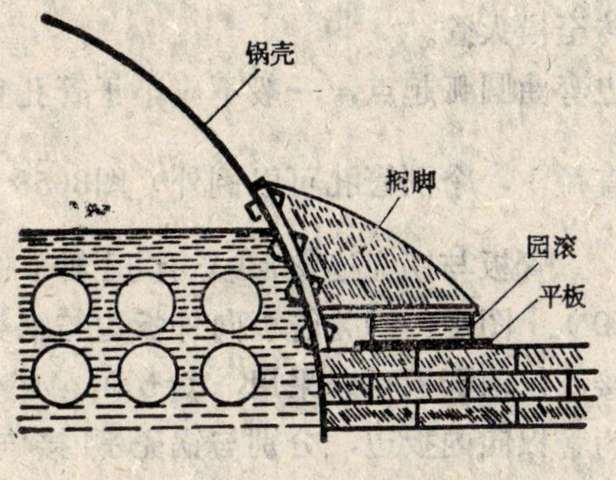

图 3-53　单向活动搁脚装配图

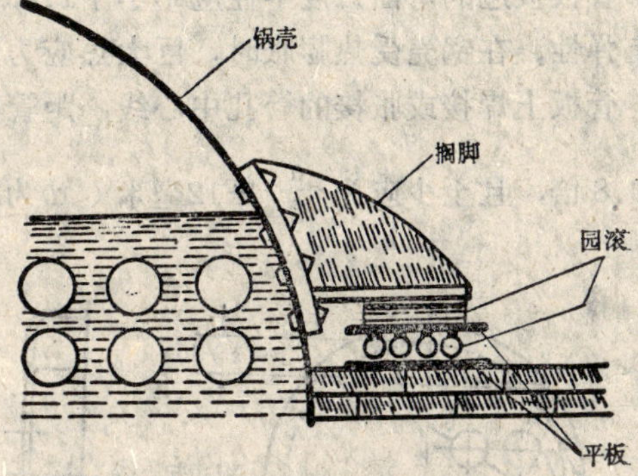

图 3-54　双向活动搁脚装配图

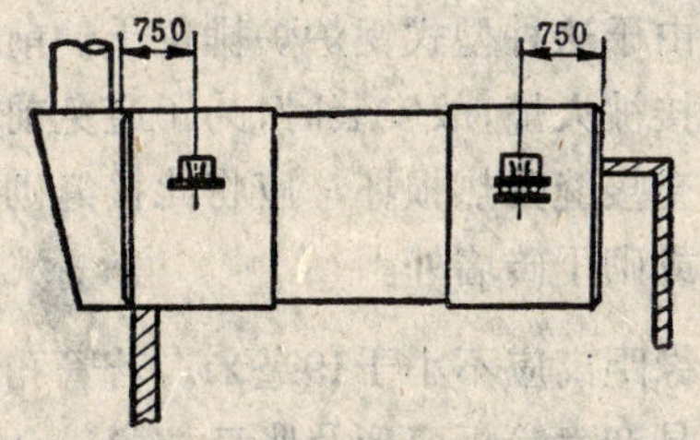

图 3-55　单搁脚位置图

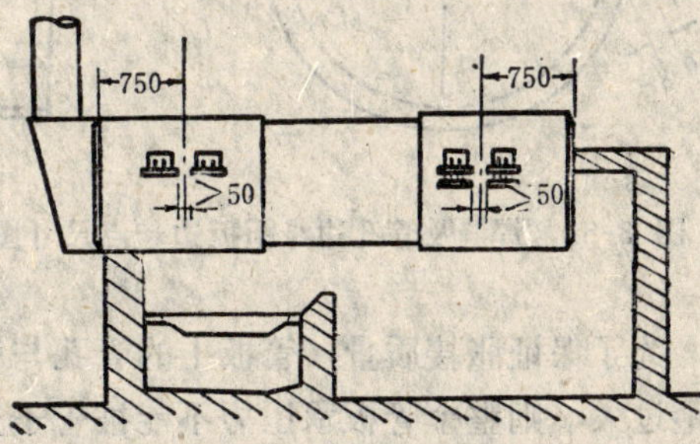

图 3-56　双搁脚位置图

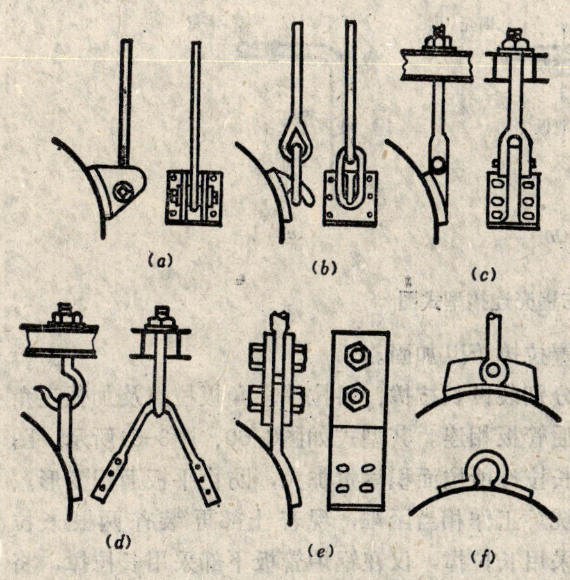

图 3-57　吊杆及其连接图

锅壳上部开有人孔一个，以便检查及清垢。直径较小的（<910毫米）的锅壳，可以开一检查孔，如确实无条件的也可不开孔。但直径在910毫米以上的锅壳，必须开设一个人孔。人孔尺寸为300×400毫米，最少不得小于280×380毫米。

2.前后管板　应采用符合GB713-65《制造锅炉和火箱用热轧碳素钢板技术条件》所规定的A3g、15g和20g钢板。一般要求后管板采用火箱钢板，前管板可采用一般锅炉钢板。

前后管板的厚度，应通过强度计算加以确定，同时，还应结合胀接工艺考虑。若管板太薄，则胀接质量不良，易产生漏泄现象。一般厚度为16～19毫米，最薄厚度应不小于10毫米（实际10毫米厚度，已无法保证胀接质量，仅可采用焊接）。

管板应尽量用整块钢板制造，如采用钢板拼接时，整条焊缝不应布置在弯曲圆弧上。其焊缝中心至弯曲圆弧起点的距离不应小于 $s+15$毫米（其中 s 为管板厚度），并应避免通过板边孔，如图3-58所示。焊接管孔应尽量避免开在焊缝上。

管板扳边的弯曲弧度半径应不小于1.75倍管板厚度，且至少应等于38毫米，以便管板富有弹性。在锅壳受热膨胀时，巨大热应力可少传至横火管。

管板上焊接或胀接的管孔中心线，距管板扳边弯曲圆弧起点，一般不应小于管孔直径的0.8倍，且至少应为$\frac{d}{2}+12$毫米（d为管孔直径），个别管孔可以例外（图3-58）。

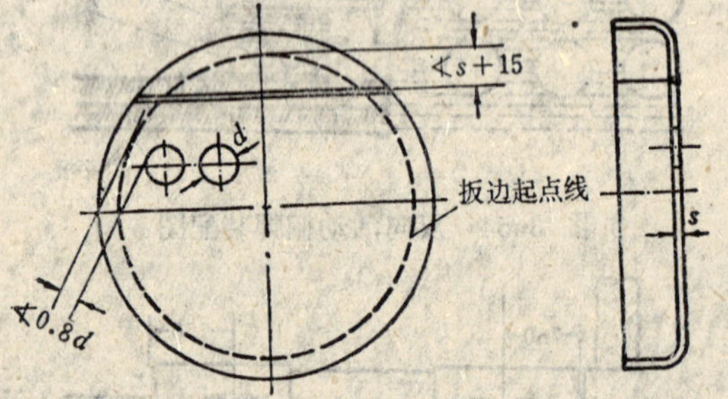

图 3-58　焊缝及管孔边缘距扳边起点尺寸图

管板与锅壳连接形式有三种（图3-59）。图中（a）为管板向外扳边与锅壳铆接，仅前管板可以采用，（b）、（c）为管板向内扳边，分别与锅壳铆接与焊接。图中（a）不仅在烟箱内易受积灰腐蚀，且内部死角处也易积存污垢。

由于这种型式锅炉炉排位于炉前，锅壳直接被火烧，故安装时，为了避免前管板与锅壳接缝受热损坏，应将此接缝砌于砖墙中或砌于砖墙外。

为了保证胀接质量，管板上的管孔与管孔之间边缘距离应不小于19毫米。若管孔边缘间距过大，则整个管板承压力不能被管子全部拉住，易产生管板变形及胀口拉脱。合理的孔间距离应由强度计算确定。

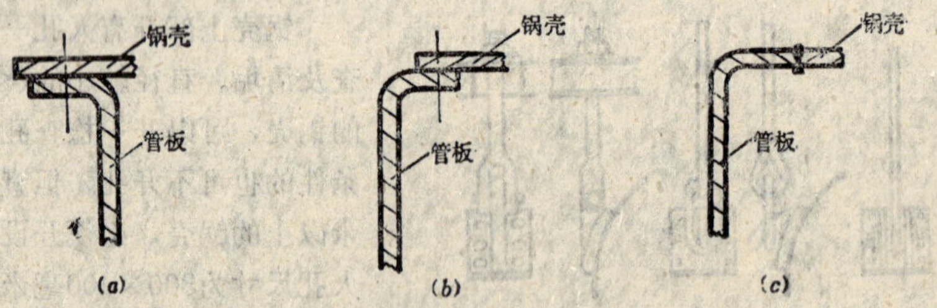

图 3-59　管板与锅壳连接型式图

在管板上没有装管的平板部分，应设置拉撑予以加固。

拉撑的种类很多，根据位置及条件可分别装设长拉撑、斜拉撑、角板拉撑及加强三角铁。长拉撑是由圆钢制成，两端分别与前后管板相连。其型式如图3-60、图3-61所示。图中加槽钢大垫圈及补强板的目的，在于使长拉撑所拉面积尽量加大，防止平板面积变形。这种锅炉容汽空间较小，且水质不良时，洗炉工作相当困难，现若上部再装有两根长拉撑，更使检修工作艰难。为此，一般已不采用长拉撑，仅在锅炉管板下部采用长拉撑，将前后管板拉牢。因后管板烟气温度较高，管板下部采用长拉撑时，其与后封头连接时，应

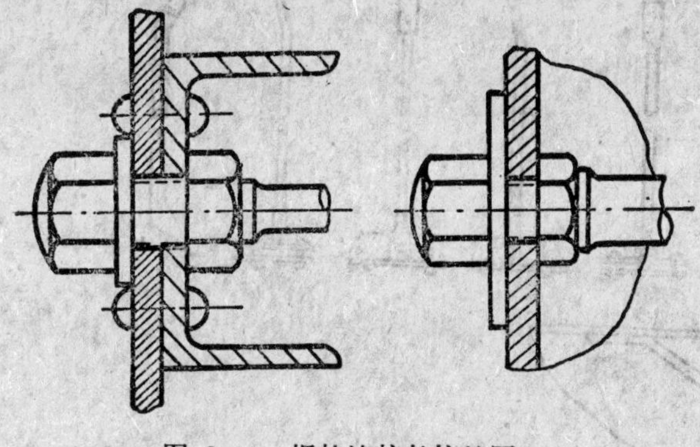

图 3-60 螺栓连接长拉撑图

在长拉撑与后封头间的铆钉中段装一套管，以便有利于后封头散热和防止集积水垢，如图3-62所示。

斜拉撑是由较细的低碳圆钢制成，分别与管板平面、锅壳铆接。由于斜拉撑所占位置在锅炉两端，故检修较方便。同时，斜拉撑数量装置较多，基本布满于管板平面上，故与管板相连的一端不另加槽钢或补强板等。斜拉撑形式如图3-63所示。

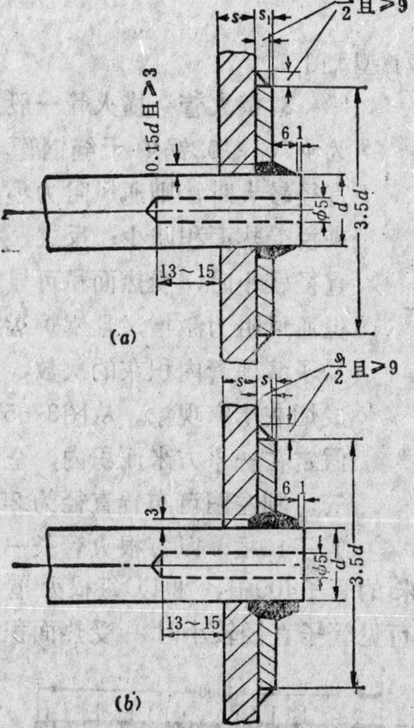

图 3-61 焊接长拉撑图

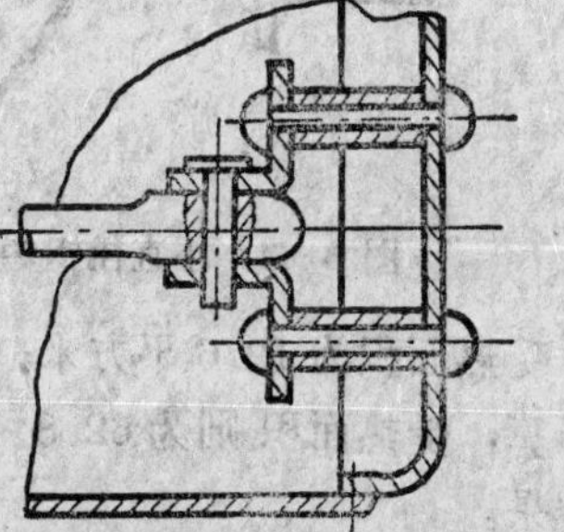

图 3-62 后管板下部长拉撑连接图

角板拉撑也是使管板平面防止变形的一种拉撑型式。即在管板平面和锅壳上铆以成对三角铁，中间用一块钢板相连。也有用铁板直接与锅壳管板焊接的。由于角板拉撑所占位置比斜拉撑为大，检修也感不便，此种锅炉采用者较少。

对于锅炉锅壳直径小于910毫米，工作压力在7公斤/厘米^{2}以下的小锅炉，装设拉撑较困难，且蒸汽空间也无位置，有的则采用在管板平面部分铆或焊以三角铁，以加固平面，防止变形。也可焊以扁钢，类似加强筋，提高平板部分抗弯强度，如图3-64所示。

为了清理横水管下部及锅壳底部污垢，前管板下部应开设一个人孔。当锅壳直径小于1200毫米时，前管板下部，可只开一检查孔或手孔。一般开设手孔或人孔，应向炉内扳边，以起加强作用，如果采用其它方式开孔，应另考虑加强问题，可通过强度计算决定。

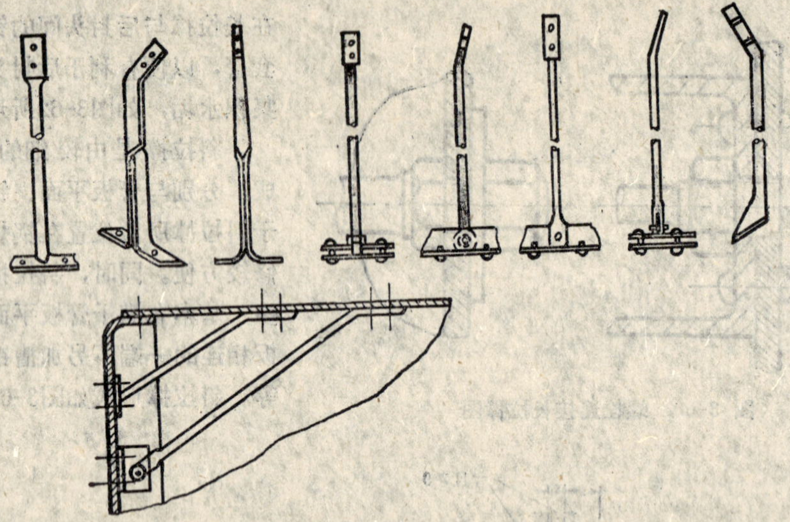

图 3-63　斜拉撑型式图

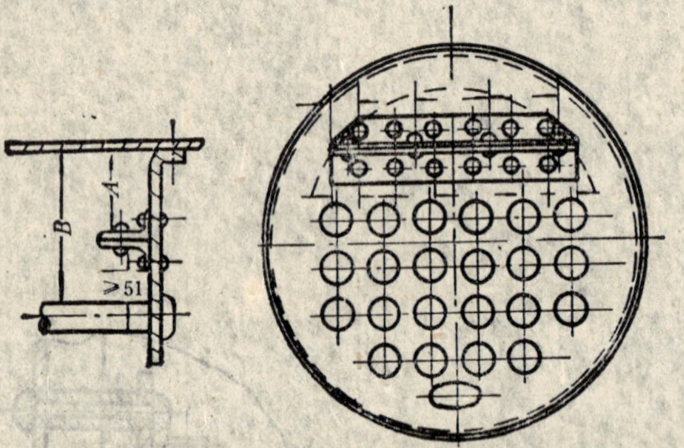

图 3-64　小直径锅炉管板平面加强形式图

3.横火管　横火管一般采用直径为ϕ70～102锅炉无缝钢管。横火管直径较大时，则通风阻力小，但相对来说受热面积减少；反之，横火管，直径较小时，受热面积可显著增加，但通风阻力激增，且锅炉运行时，增加了清理管内积灰的次数，否则即造成烟灰堵塞现象。从图3-65可看出，假定在一平方米面积内，全部布满火管，则左图可布置直径为250毫米的管子16根，以每根火管长一米计算，受热面积为12.6平方米；右图布置直径为50毫米的管子400根，也以每根火管长一米计算，受热面积则为62.8平方米，相差近5倍。可见管子直径较小时，受热面积增加的效果。

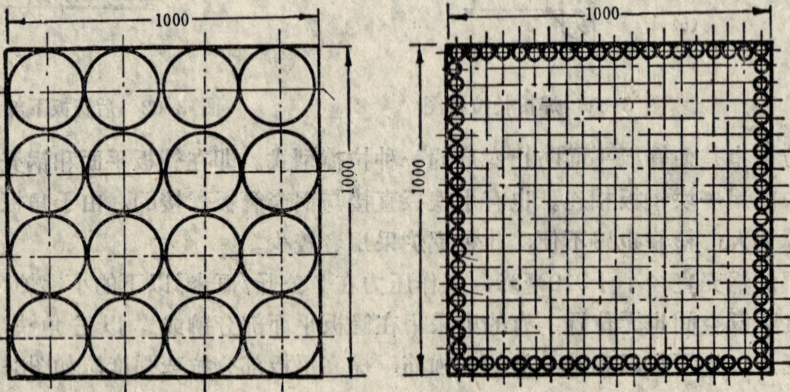

图 3-65　管径与受热面积关系图

采用ϕ250-16根，横火管长1米，受热面积为12.6米^2
(*a*)

采用ϕ50-400根，横火管长1米，受热面积为62.8米^2
(*b*)

横火管应为平行排列，以利于炉水循环和清理水垢。

横火管与管板的连接，一般为了检修换管方便，多采用胀接法。在胀接时，除应严格遵守胀接工艺、保证胀接质量外，对于后管板的胀口，应采用90°翻边，以免在高温烟气冲刷下，使管端过热烧坏。而前管板的胀口可不翻边或采用15°喇叭口扳边。目前生产的这种锅炉，横火管与管板的连接，也有采用焊接的。为了保证其强度与严密度，管端应伸出管板一定距离，其尺寸约等于管子壁厚，但不应小于3毫米。但管端伸出管板尺寸也不应太长，一般不应超过两倍的管壁厚度且小于6毫米，否则，易造成管端过热烧坏。

4.砖墙 这种锅炉炉墙及烟道均在锅壳外，因此需要大量砌砖工作。在砌砖时，因属于重型炉墙，在耐火砖与青（红）砖之间，应留有25毫米左右空隙，以便绝热，减少炉体散热损失。为了加强砖墙的坚固性，在每隔6～7层砖时，耐火砖应伸向青（红）砖内半砖，使之啮合。当锅炉炉墙较长时，在其耐火砖的中段，应留有25毫米的伸缩缝，以免炉墙受热时开裂。在锅壳与砖墙接触部分应嵌以25毫米的石棉绳或石棉类物质，以利伸缩与防止漏风。在锅壳上部应以50毫米厚的石棉灰层敷盖，以减少散热损失。在后管板与炉墙接触处，其顶部可为弧形拱，也可为平形拱，其结构如图3-66、3-67所示。

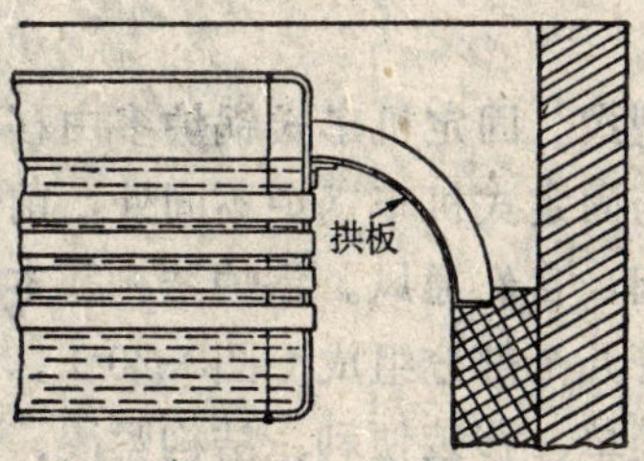

图 3-66 卧式外燃回火管后部弧形拱图

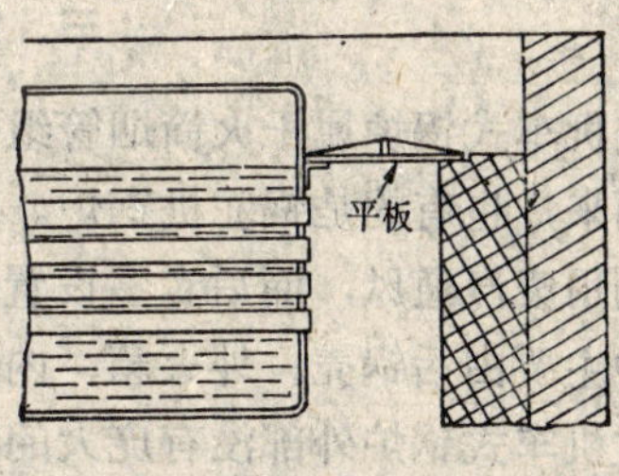

图 3-67 卧式外燃回火管锅炉后部平形拱图

砖墙一般尺寸，详见图3-68、图3-69及表3-8所示。

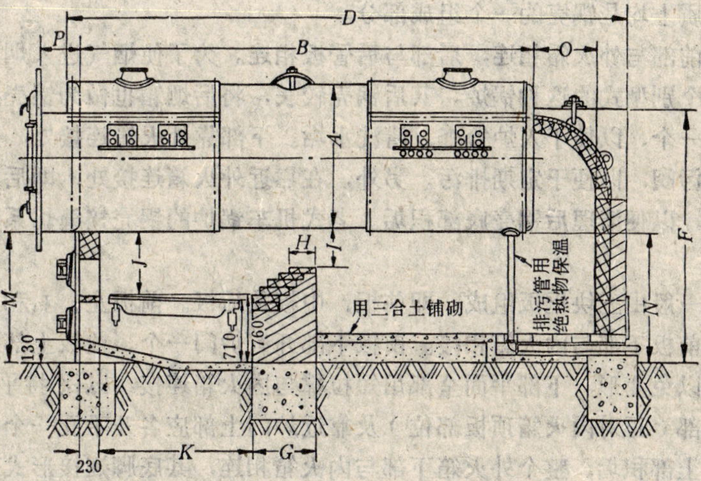

图 3-68 前烟箱凸出的卧式外燃回火管锅炉图

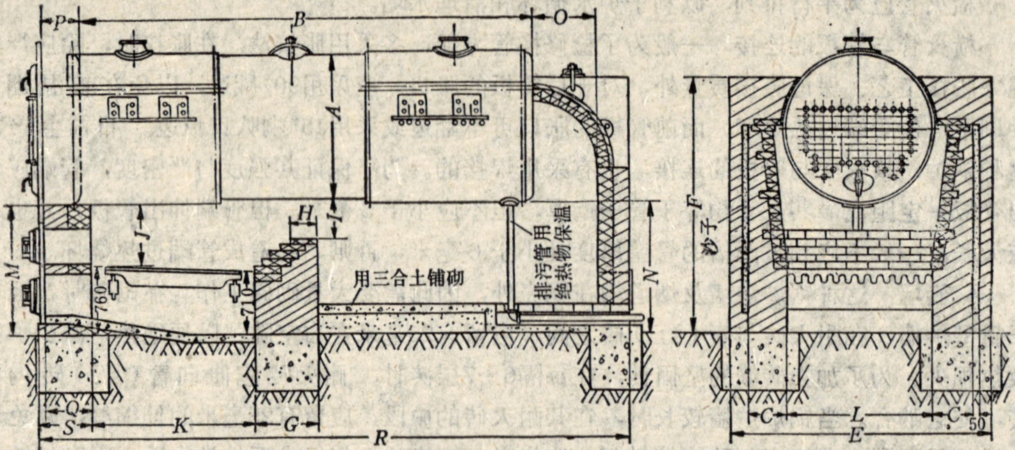

图 3-69 前烟箱与前墙齐平的卧式外燃回火管锅炉图

卧式外燃回火管锅炉一般规格，见表3-9、3-10所示。

三、固定机车式锅炉

固定机车式锅炉属于火筒烟管组合锅炉中的一种型式。固定机车式锅炉多由移动式机车锅炉而来，也有的是锅驼机锅炉。移动式机车锅炉与固定式机车锅炉不同处，前者烟囱短小，利用废汽通风，而后者多设置一定高度的铁烟囱，自然通风。锅炉结构基本相同。这种锅炉主要由后锅壳、外火箱、内火箱、管板及烟管几个部分组成（图3-70）。

固定机车式锅炉外部没有庞大的砖墙，具有基础简单、移装便利、结构紧凑、存水量小、存汽量也小等特点。适合于拖动蒸汽机等动力使用，而不宜做工业加热。燃煤在炉排上燃烧后，由火箱直入烟管，由后烟箱入烟囱，烟气排至大气中。烟气通路较短，因此，这种锅炉效率不高。

1.后锅壳及外火箱 这两部分均属于锅壳部分，因其后部呈圆形，前部呈方形，故分别命名，实质上均是锅壳的一个组成部分。

后锅壳前部与外火箱相连，后部与后管板相连。为了使烟气进入烟囱，后锅壳尚与后烟箱连接（个别型式的这种锅炉，其后锅壳较长，将后烟箱也做为锅壳的一部分）。锅壳上开有人孔一个，以便于入炉检查、清洗水垢。下部靠外火箱连接处，开有排污孔一个，装有快开排污阀，以便于定期排污。另外，在靠近外火箱连接处，即后锅壳下部，还应开设手孔一个，以便清理后锅壳底部积垢。老式机车锅炉的锅壳接缝均系铆接，目前大部使用焊接。

外火箱一般由三块钢板组成，即前板、中板及后板。前板左、右和上部三面扳边，与中板连接，前板下部与内火箱相接。前板下部开有炉门一个。前板上部平面用长拉撑与后管板拉牢，以免变形，下部平面全部用短拉撑与内火箱连接，以保持平面不致受压而突出。前板上部（正对内火箱顶板部位）及靠近炉门上部应各开手孔一个，以便清理内火箱顶板及炉门上部积垢。整个外火箱下部与内火箱相连，其底脚连接形式基本与立式锅炉下脚连接形式相同。外火箱与内火箱间距一般为100毫米，以保证炉水自然循环和沉积污垢。在外火箱下脚四角各开一个手孔，以便停炉后清理沉淀泥垢。外火箱中板顶部有呈平顶形

卧式外燃回火管锅炉安装尺寸表

表 3-8

锅炉马力数 烟管 φ76	锅炉马力数 烟管 φ89	锅炉马力数 烟管 φ102	锅壳直径 A	烟管长度 B	烟管 根数	烟管 外径	炉膛内侧墙的厚度 C	炉墙全宽 E	炉墙全高 F	矮墙宽度 G	矮墙顶宽 H	矮墙顶距锅壳底高度 I	炉排前端距锅壳高度 J	炉膛长度 K	炉膛宽度 L	锅壳前端底部至地面高度 M	锅壳后端底部至地面高度 N	后管板至后墙距离 O	炉体、炉壳顶部及砖的近似总重（公斤）	炉排与76毫米炉管受热面积之比（约计）	每台锅炉需耐火砖数量（块）	每台锅炉需普通砖数量（块）	炉墙全长（锅壳凸出） D	烟箱深度 P	前墙厚度 Q	炉墙全长（锅壳齐平） R	前墙地平面处厚度 S
53	48	44	1220	3660	50 38	76 89	432	2440	2440	547	229	254	661	1220	1070	1420	1400	560	7260	35:1	1900	12500	4860	381	432	5130	534
61	56	51	1220	4270	30	102	432	2440	2440	547	229	254	661	1370	1070	1420	1400	560	8170	35:1	2100	14000	5460	381	432	5740	534
72	63	51	1370	4270	60 44	76 89	432	2590	2590	547	229	305	661	1370	1220	1480	1450	610	10400	35:1	2200	15500	5520	406	457	5820	559
83	72	58	1370	4880	30	102	432	2590	2590	547	229	305	712	1370	1220	1480	1450	610	11600	40:1	2500	16500	6130	406	457	6430	559
99	88	86	1520	4880	72 54	76 89	432	2740	2700	661	229	305	712	1520	1370	1480	1450	660	14800	40:1	2600	17000	6180	406	457	6490	559
110	99	96	1520	5480	46	102	432	2740	2700	661	229	305	712	1680	1370	1480	1450	660	16100	40:1	2800	18500	6790	406	457	7100	559
130	118	108	1680	4880	98 74	76 89	432	2900	2900	661	356	305	762	1830	1520	1520	1500	660	17200	40:1	2850	18500	6180	432	482	6510	584
147	132	121	1680	5480	60	102	432	2900	2900	661	356	305	762	1980	1520	1520	1500	660	18800	40:1	3100	20000	6790	432	482	7120	584
163	149	131	1830	4880	124	76	547	3280	3000	775	356	305	762	1830	1680	1520	1500	710	21500	45:1	3050	23500	6290	457	508	6640	610
183	167	147	1830	5480	96	89	547	3280	3000	775	356	305	762	2140	1680	1520	1500	710	23100	45:1	3300	26000	6900	457	508	7250	610
203	185	164	1830	6100	74	102	547	3280	3000	775	356	305	762	2290	1680	1520	1500	710	25400	45:1	3600	27500	7510	457	508	7860	610
188	175	161	1980	4880	144	76	547	3430	3200	775	356	305	863	1830	1830	1630	1600	710	22600	50:1	3300	25500	6290	508	559	6690	661
211	197	181	1980	5480	114	89	547	3430	3200	775	356	305	863	1980	1830	1630	1600	760	24700	50:1	3600	27500	6900	508	559	7300	661
234	218	201	1980	6100	92	102	547	3430	3200	775	356	305	863	2140	1830	1630	1600	760	26800	50:1	3900	29500	7510	508	559	7910	661
260	242	221	2140	5480	180 142	76 89	547	3740	3360	775	356	356	863	2140	2140	1630	1600	760	28300	50:1	3850	29000	6900	508	559	7300	661
288	268	245	2140	6100	114	102	547	3740	3360	775	356	356	863	2290	2140	1630	1600	760	30800	50:1	4150	31500	7510	508	559	7910	661
310	284	267	2290	5480	168 210	89 76	547	3890	3460	889	356	356	914	2140	2290	1680	1650	810	29500	55:1	4000	30500	6940	559	610	7400	712
334	315	297	2290	6100	140	102	547	3890	3460	889	356	356	914	2290	2290	1680	1650	810	31800	55:1	4350	33000	7550	559	610	8020	712
353	320	302	2440	5480	248 190	76 89	547	4050	3560	889	356	356	914	2140	2440	1680	1650	860	31800	55:1	4150	31500	6940	559	610	7400	712
392	354	336	2440	6100	158	102	547	4050	3560	889	356	356	914	2290	2440	1680	1650	860	34500	60:1	4500	34000	7550	559	610	8020	712

注：1.应用此表安装锅炉时，F、J、M和N的尺寸以及炉排装置L和K的尺寸，必须与锅炉设备的尺寸相符合，锅壳前端与前墙齐平时，Q、R、S依P值而定，其尺寸的变化都必须与P的变化相适应。炉墙所需普通砖数量系按锅壳前端凸出者，若锅壳与前墙齐平时，普通砖数量，应视锅炉大小酌情增加500～2500块。

2.本表所列数字，未标明单位者，均以毫米计。

卧式外燃回火管锅炉规格(一) 表 3-9

锅壳				烟管根数			炉排长	受热面积	蒸发量
直径（毫米）	长度（毫米）	钢板厚（毫米）	管板厚（毫米）	76毫米	89毫米	102毫米	（毫米）	（米²）	（吨/时）
1220	4020	8	10	52			1220	53	1.03
1370	4340	8	10	58	50	40	1370	64	1.24
1370	4940	8	10	58	50	40	1520	74	1.45
1520	4660	10	12	76	60	50	1520	88	1.70
1520	5000	10	12	76	60	50	1520	100	1.96
1670	5280	10	12	96	72	60	1670	112	2.26
1670	5300	10	12	96	72	60	1670	125	2.44
1830	5340	12	14	122	96	74	1830	155	3.03
1830	5950	12	14	—	96	74	1980	170	3.32
1830	5950	12	14	—	112	90	1980	196	3.82

卧式外燃回火管锅炉规格(二) 表 3-10

型号		主要技术规格			外形尺寸	重量（吨）
新	旧	蒸发量（吨/时）	工作压力（公斤/厘米²）	蒸汽温度（°C）	外径×长（毫米）	
WW0.1/5	H.R.T	0.10	5	饱和（158.08）	ϕ 700×1500	0.61
WW0.36/7	〃	0.36	7	饱和（169.61）	ϕ1044×2400	-
WW0.5/7	〃	0.50	7	饱和（169.61）	ϕ1044×3200	3.3
WW1/8	〃	1.00	8	饱和（174.53）	ϕ1320×4500	7.26
WW1.5/8	〃	1.50	8	饱和（174.53）	ϕ1524×4500	9.75
WW2/8	〃	2.00	8	饱和（174.53）	ϕ1674×5000	11.87

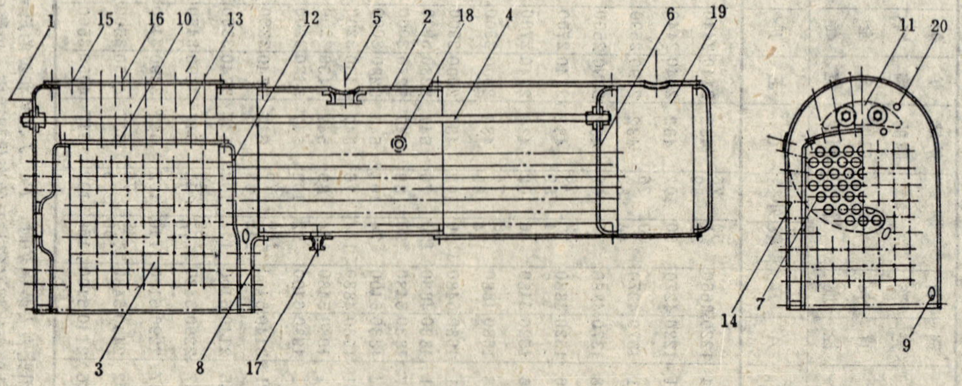

图 3-70 固定机车式锅炉图

1—外火箱前板；2—锅壳；3—炉膛；4—长拉撑；5—人孔；6—后管板；7—横火管；8—喉板；9—手孔；10—内火箱顶板；11—月形复板；12—前管板；13—顶板拉撑；14—短拉撑；15—安全阀接口；16—主汽阀接口；17—排污阀接口；18—进水管接口；19—烟箱；20—水位表接口

和半圆形的，用较长的拉撑与内火箱顶板拉牢。外火箱中板与内火箱顶板结构形式，如图3-71所示。外火箱后板周圈三面扳边与外火箱中板相连。而中间开孔向后扳边与后锅壳连接，此处很似人的喉部，故后板也称喉板。除前板上部平面用长拉撑与后管板上部拉牢外，其它各板平面部分，均用短拉撑与相应内火箱拉牢。拉撑形式很多，从用途上区分可为长、短、斜、腹、顶、横梁等拉撑。从大类上讲可分铆接型式、螺纹型式和焊接型式三种。采用螺纹型式的，靠内火箱一端，为了防止被火烧坏，在拧紧后仍要铆头，在靠外火箱一侧，仍需捻缝，以保持严密。不论什么形式连接的短拉撑，在其两端中心均需钻以深度超过内火箱火侧边缘的警告孔，以便在短拉撑腐蚀、断裂时，及时发现，迅速处理。

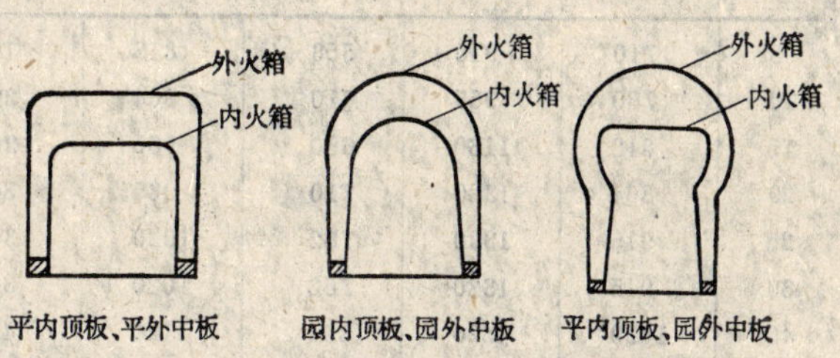

图 3-71　几种机车锅炉外中板与内顶板型式图

2.内火箱　内火箱由于直接被火烧，长期处于强烈热交换状态，故其金属材料应使用火箱钢板，一般采用20g及25g锅炉钢板制成。内火箱由三部分组成，即前板、中板与管板。前板向内扳边与中板单行铆钉搭接或电焊对接。中板系指火箱两侧的旁板及火箱上部的顶板。小型机车锅炉一般由一块钢板制成，较大的机车锅炉，其顶板与旁板分别用铆接或焊接而构成内火箱中板。管板系内火箱一面的组成部分，管板三面扳边与内火箱中板相连，一面向外扳边与外火箱喉板相连。管板上开有许多管孔，使之与火管胀接或焊接。因为管板正对炉门，长期使用的机车式锅炉，当操作不当时，大量冷风经常在加煤时侵袭管板，致使管口漏水。为了防止这一现象产生，有的机车锅炉于前板上部到管板下部增加3～5根拱管，拱管上铺以耐火砖，既可防止冷风对管板的侵袭，又可兼有加强炉水循环，使烟气通路增长，减少不完全燃烧现象的产生和增加一部分辐射受热面积的作用。拱管上端应距顶板300～400毫米，下端位于管板底部，且在外火箱相对位置开设手孔，以便清理拱管水垢。拱管直径多为76～89毫米。其装设位置如图3-72所示。

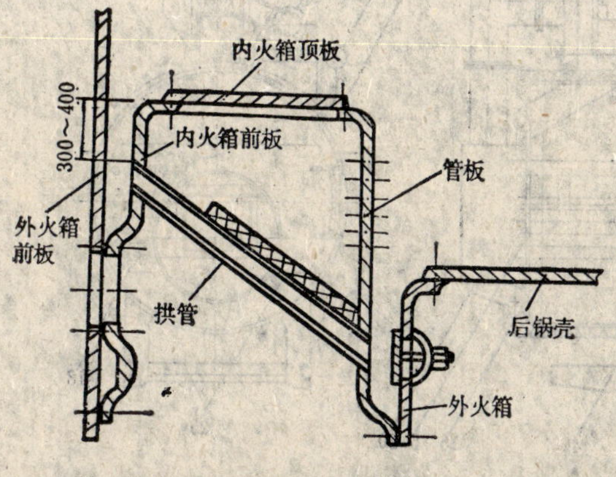

图 3-72　拱管示意图

3.火管　机车锅炉火管一般采用ϕ63～89毫米锅炉无缝钢管。与管板连接方法采用胀接。为了在一定的管板面积上多排列些火管，增加锅炉受热面积，管子多采用交错排列。使用较差水质时，用机械方法清洗炉内水垢非常不便。一般采用炉外或炉内水处理方法，尽量改善水的品质。当结垢严重时，则采用抽管方法检查，利用化学除垢法进行洗垢。火管与前管板胀接时，应将管端做成90°翻边，与后管板连接的管端，由于烟温较低，可不翻边。

四、卧式快装锅炉

卧式快装锅炉是属于火筒、烟管或烟管、水管组合锅炉。随着制造水平的提高，使用

小型固定式机车锅炉一般规格　　表 3-11

马 力	锅壳直径（毫米）	内火箱 长	宽	高	用φ76烟管数（根）	烟管长度	汽室直径	汽室高度	烟囱直径
		（毫米）				（毫米）			
8	710	915	558	812	18	1520	355	380	330
10	760	965	610	864	22	1830	380	406	355
15	812	1130	660	965	26	1980	380	456	380
20	864	1320	710	965	30	2280	456	508	406
25	915	1320	762	1020	34	2430	508	559	456
30	915	1320	762	1020	34	2570	508	559	456
40	1020	1520	864	1120	42	3040	508	559	508
50	1020	1520	864	1120	42	3630	508	559	508

需要的要求，其种类较多。一般可分内燃快装锅炉与外燃快装锅炉两大类。

卧式内燃快装锅炉，其型式代号为KNG及WNL两种。前者为固定炉排，后者为小链条炉排。炉排装于卧式炉胆内，燃料燃烧后，产生的烟气进入后烟室（如采用固定炉排，在炉排至后烟室间还有一段烟管），然后转入第一烟道火管，烟气至前烟箱，再返入第二烟道火管，通过引风机入烟囱后排至大气。由于烟气通路较长，故这类锅炉均由制造厂配套供应鼓风机及引风机。这种锅炉其容量有1、1.5、2、4吨/时几种，蒸汽压力分8公斤/厘米^{2}及13公斤/厘米^{2}两种。图3-73所示为固定炉排卧式内燃快装锅炉图，图3-74所示为链条炉排卧式内燃快装锅炉图。为了提高锅炉热效率，工作压力13公斤/厘米^{2}的锅炉尾部还装有铸铁省煤器。

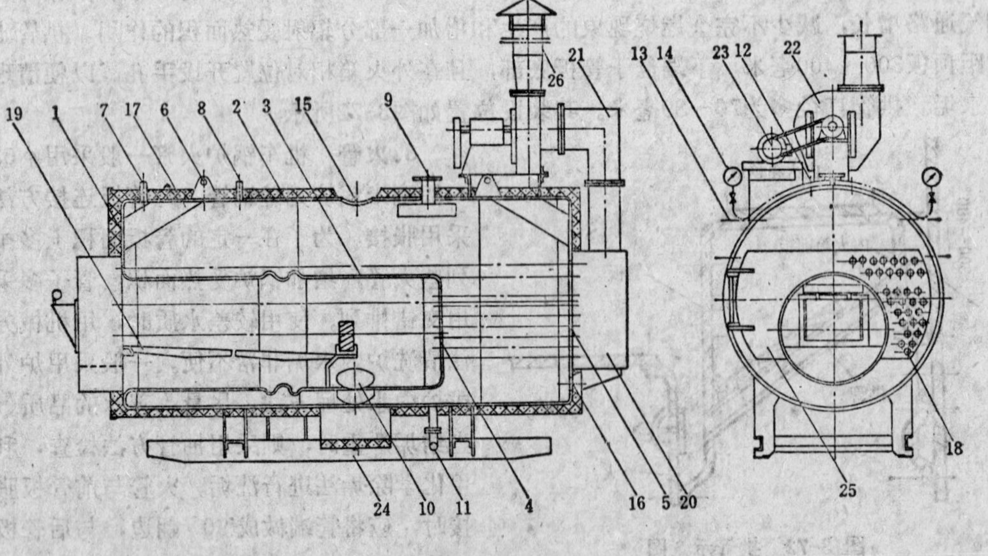

图 3-73　KNG15-8-1型锅炉总图

1—前封头；2—锅壳；3—炉胆；4—前管板；5—后管板；6—起重吊耳；7—压力表接口；8—注水器用汽接口；9—主汽阀接口；10—出细灰口；11—排污管；12—安全阀接口（二个）；13—水位表接口；14—压力表；15—人孔；16—手孔；17—角板拉撑；18—横火管；19—固定炉排；20—后烟箱；21—烟道；22—引风机；23—电机；24—底座；25—前烟箱；26—烟囱

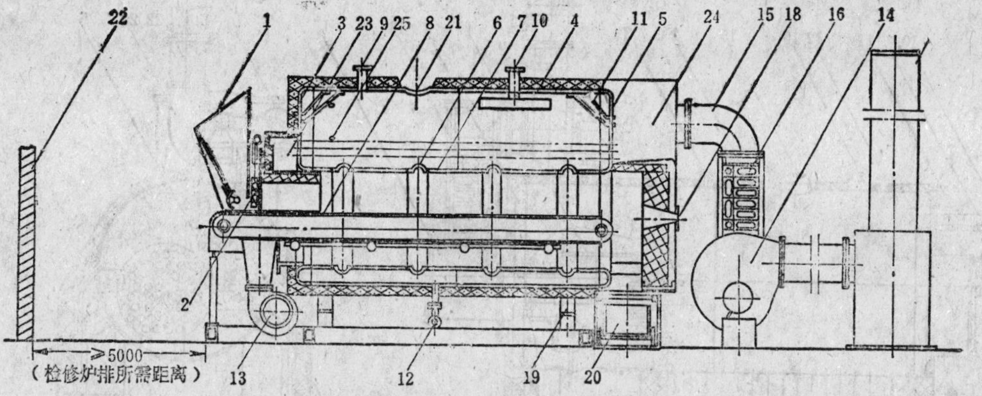

图 3-74 WNL2-13-8型锅炉总图

1—落煤斗；2—煤闸板；3—前封头；4—锅壳；5—后封头；6—Ω形伸缩环；7—炉胆；8—链条炉排；9—安全阀接口；10—主汽阀接口；11—拉撑；12—排污阀接口；13—鼓风机；14—引风机；15—烟道；16—铸铁省煤器；17—烟囱；18—看火孔；19—底座；20—出灰口；21—人孔；22—锅炉房前墙；23—前烟箱；24—后烟箱；25—水位表接口

卧式外燃快装锅炉，系一般简称卧式快装锅炉的基本型式。它是烟（或称火）管、水管组合锅炉。蒸发量可分0.5、1、1.5、2、4吨等几种，工作压力为8、13公斤/厘米^{2}两种。这种锅炉因主要适应小型工业使用，故均为饱和蒸汽，没有过热蒸汽。工作压力为13公斤/厘米^{2}的尾部均设有铸铁省煤器，以增加热效率。采用燃料有燃煤和燃油两种型式。燃料在固定炉排或链条炉排燃烧后，其辐射热量分别由锅壳底部受热面和布置在炉膛两侧的水冷壁受热面（福州改进快装锅炉还有后部拱型水冷壁受热面）吸收，烟气进入后烟室，折入第一烟道火管向前行进，至前烟箱再返入第二烟道火管，由后部经省煤器、引风机入烟囱，由烟囱排至大气。这种锅炉主要由锅壳、前后管板、烟室、火管、水冷壁管及联箱等几部分受压部件组成。全部采用焊接结构。其型式用汉语拼音代号表示，分别为KZG（快、纵、固）、KZL（快、纵、链）及KZZ（快、纵、振）。KZG系固定炉排，KZL系链条炉排，KZZ系振动炉排。随机配套供应的设备有：鼓风机、引风机、给水泵或注水器，尚有炉排电气装置或液压传动装置。

卧式快装锅炉的特点是：锅炉热效率高，平均热效率可达78%。13公斤/厘米^{2}装有省煤器的快装锅炉设计热效率可达82%；结构紧凑，体积小，耗用金属材料少，一般每吨蒸发量仅耗钢材6吨左右，而兰开夏锅炉每吨蒸发量耗钢材达10吨左右；安装简便，便于移运，占地面积小，由于采用快装形式，安装时没有大量砌砖工作量，且地基要求也较简单，因此，投资也较省。对于燃煤品质的适应范围较广，可燃用烟煤、无烟煤、劣质烟煤或劣质烟煤与无烟煤混合燃料。但由于体积小、结构紧凑，因此，对于水质要求较高，一旦在水或火管中结有硬垢，将会给安全生产带来极大影响。故给水一定要经过处理，其给水总硬度应为0.1毫克当量/升，最高也不应超过0.2毫克当量/升；另外，由于蒸发率高、水容量小，在负荷突然变化时，易产生汽水共腾现象，因此，要求炉水碱度不可过高，供用汽要保持经常联系。图3-75所示为2吨/时卧式外燃快装锅炉，表3-12系国产卧式快装锅炉一般规格汇总表。

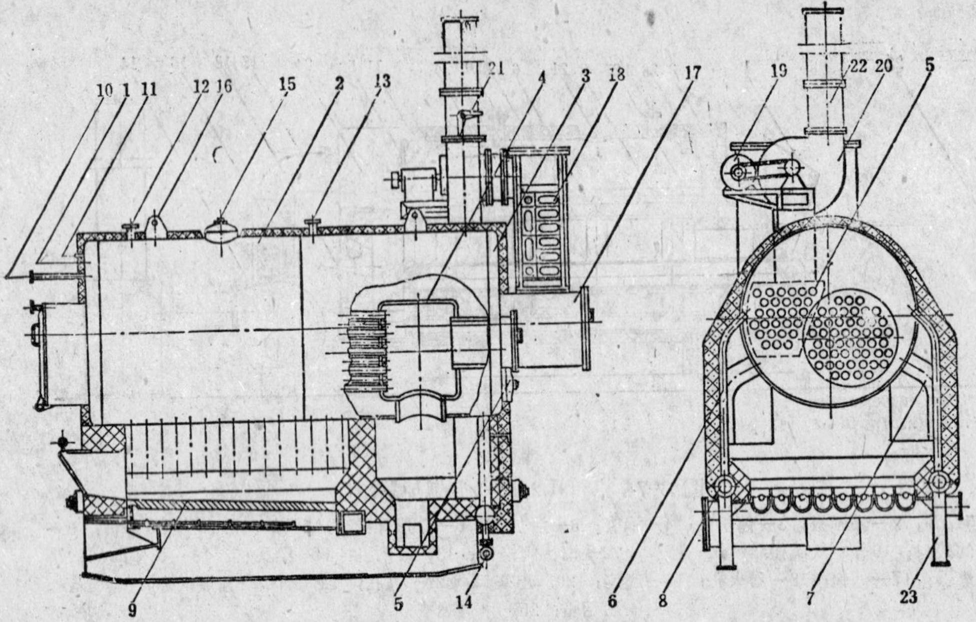

图 3-75 KZG2-13型锅炉总图

1—前封头；2—锅壳；3—后封头；4—小烟室；5—横火管；6—水冷壁管；7—下降管；8—联箱；9—固定炉排；10—水位表接口；11—压力表接口；12—安全阀接口；13—主汽阀接口；14—排污阀接口；15—人孔；16—起吊焊耳；17—烟道；18—铸铁省煤器；19—电机；20—引风机；21—风闸板；22—烟囱；23—底座

第二节 卧式锅壳锅炉的运行与保养

卧式锅壳锅炉的炉排，目前大部分仍是固定炉排，仅少数快装锅炉采用链条炉排。加煤方式仍以手工加煤为主。故本节以固定炉排为主，简要叙述其运行、操作与保养。

一、卧式锅炉的运行管理

1.锅炉的生火及其准备 生火前，应首先在安装、检修和洗炉工作结束后，进行全面的细致的检查。锅炉各受压部件经过水压试验确认符合运行条件：即炉内和烟道内所有异杂物均已清理干净，没有遗留工具、材料等物品，受热面无水垢及烟炱；封闭人孔、手孔、挖灰孔等受压部件及炉墙上的孔门；检查水位表、压力表、安全阀、排污阀等安全附件及阀门等是否符合要求，并操作灵活可靠；检查给水设备、鼓风及引风设备等辅助设备是否可靠、正常；将省煤器旁路烟道打开或打开省煤器再循环管，打开过热器疏水门，以保证省煤器和过热器在生火期间，不致发生损坏；打开烟道闸门进行自然通风5～10分钟或启动引风机运行5～10分钟，以排除烟道内残存烟气；将处理后的水灌入炉内，水位应保持在水位表最低水位线，水的温度不应高于锅壳温度50°C以上，进水时间冬季应不少于2小时，夏季不少于1小时。进水时，应将锅壳上部空气阀开启或抬起安全阀，以便排出炉内空气；应准备好木柴及引火用煤。

卧式快装锅炉一般规格表　　表 3-12

序号	项目		卧式内燃固定炉排锅炉		卧式内燃链条炉排锅炉	
			KNG1-8-1	KNG1.5-8-1	WNL2-13-2	WNL4-13-3
1	锅炉最大连续蒸发量(吨/时)		1	1.5	2	4
2	最高许可工作压力(公斤/厘米^2)		8	8	13	13
3	蒸汽温度(℃)		174.5(饱和)	174.5(饱和)	194(饱和)	194(饱和)
4	给水温度(℃)		20	20	20	20～50
5	受热面积(米^2)		34	54	72.7	143.9
6	省煤器受热面积(米^2)—				12.5	—
7	炉排面积(米^2)		1.2	1.62	2.48	4.44
8	锅炉效率(%)				73～75	73～75
9	排烟温度(℃)				180	230
10	烟气阻力(毫米水柱)				120	130
11	耗 煤 量(烟煤)(公斤/时)				300	600
12	锅炉总重(吨)		6.2(不包括水)	8.05(不包括水)	22	26
13	炉水重量(吨)					
14	参考价格(元)			23000	41000	45000
15	鼓风机	型　号			4-72-11型 №3.2A左90°	4-72-11型 №4A左90°
		风　压(毫米水柱)			127～80	148
		风　量(米^3/时)			1975～3640	6940
		电　机(千瓦)			JO$_2$-22-2 D$_2$/J$_2$型2.2	JO$_2$-41-2 D$_2$/J$_2$型5.5
16	引风机	型　号	Y4-70-11 №4C	同左	y9-47-1 №6右180°	y9-47-1 №6A右180°
		风压(毫米水柱)	96～67	同左	132	132
		风量(米^3/时)	2430～5265	同左	8900	15490
		电机(千瓦)	JO$_2$-31-2 3	同左	JO$_2$-51-4 7.5	JO$_2$-61-4 13
17	给水设备	电动给水泵(千瓦)			1½GC-5 6米^3/时7.5	1½GC-7 6米^3/时7.5
		蒸汽给水泵　—			2QS-9/17 5～9米^3/时	2QS-9/17 5～9米^3/时
		注 水 器				
18		炉 排 电 机 (千瓦)			JLO-22-4 0.4	Z C-31 DC1.5

序号	项目		卧式快装锅炉			
			KZG1-8	KZG1.5-8	KZG2-8, 13	KZL4-13
1	锅炉最大连续蒸发量(吨/时)		1	1.5	2	4
2	最高许可工作压力(公斤/厘米^2)		8	8	8,13	13
3	蒸汽温度(°C)		174.5(饱和)	174.5(饱和)	174.5,194	194(饱和)
4	给水温度(°C)		20	20	20	20
5	受热面积(米^2)		29	48.6	62	110
6	省煤器受热面积(米^2)		—	—	—, 12.50	27.8
7	炉排面积(米^2)		1.37	1.96	2.52	4.2
8	锅炉效率(%)		78	78	78,82	85
9	排烟温度(°C)		260	250	250,195	200
10	烟气阻力(毫米水柱)		75	70	78,82	85
11	耗煤量(烟煤)(公斤/时)		150	210	270,280	580
12	锅炉总重(吨)		7.8(无水)	9.7(无水)	10.7 (无水) 11.7 (无水)	26
13	炉水重量(吨)		2.6	3.4	4.2	7.5
14	参考价格(元)		13000	17000	18500 23000	40000
15	鼓风机	型号	4-62-1型 №3(017)	4-62-1型 №3½(017)	4-62-1型 №3½b(017)	4-62-1型 №4b(017)
		风压(毫米水柱)	65～124	90～171	108～190	263～137
		风量(米^3/时)	2270～1430	3720～1620	4120～1900	3000～6720
		电机(千瓦)	JO_2-21-2 1.5	JO_2-31-2 3	JO_2-31-2 3	JO_2-42-2 7.5
16	引风机	型号				
		风压(毫米水柱)	100	85	90,110	140
		风量(米^3/时)	6500	7500	9000	12000
		电机(千瓦)	JO_2-31-2 3	JO_2-31-2 3	JO_2-32-2,4 JO_2-41-2,5.5	JO_2-52-2 10
17	给水设备	电动给水泵(千瓦)	1.5DB-0.7 2.4米^3/时3	1.5DB-0.7 2.4米/时3	1.5DB-0.7 2.4米/时3	1½GC-7 6米^3/时7.5
		蒸汽给水泵			二台QB-3型3～6米^3/时(13公斤/厘米^2)	QB-3 3～6米^3/时
		注水器	Dg32	Dg40	Dg40,—	—
18	炉排电机(千瓦)					JO_2-12-4 $T_2$0.8

续表

改型卧式快装锅炉				卧式快装振动炉排锅炉
KZG0.5-8	KZG1.0-8	KZG1.5-8	KZG2-8	KZZ4-13
0.5	1	1.5	2	4
8	8	8	8	13
174.5(饱和)	174.5(饱和)	174.5(饱和)	174.5(饱和)	194(饱和)
20	20	20	20	20
18.8	30.2	48.8	63.9	118
				27.8
1.14	1.37	1.96	2.52	5.28
78	78	78	78	
5.95(无水)	8.71(无水)	10.1(无水)	11.4(无水)	23
1.6	2.62	4	5.08	7.5
4-62-1型	4-62-1型	4-62-1型	4-62-1型	4-62-1型
№3(017)	№3(017)	№3½(017)	№3½b(017)	№4b(017)
65～124	65～124	90～171	108～190	263～137
2270～1430	2270～1430	3720～1620	4120～1900	3000～6720
JO_2-21-2	JO_2-21-2	JO_2-31-2	JO_2-31-2	JO_2-42-2
1.5	1.5	3	3	7.5
65	65	85	90	140
4500	4500	7500	9000	12000
JO_2-22-2	JO_2-22-2	JO_2-31-2	JO_2-32-2	JO_2-52-2
2.2	2.2	3	4	10
		1.5DB-0.7	1.5DB-0.7	1½GC-7
		2.4米³/时3	2.4米³/时3	6米³/时7.5
				QB-3
				3～6米³/时
Dg32	二只Dg32	Dg40	Dg40	
				振动器电机
				JO_2-42-4
				2.8

生火时，炉膛火势应微弱，缓慢提高温度，以利锅炉各部及炉墙各部均匀膨胀。一般生火时间，由点火到开始向总汽管送汽，夏季不应小于2小时，冬季不应小于4小时，个别情况还要适当延长；生火时，应将空气阀开启，如无空气阀可抬起安全阀，直至冒出蒸汽时，再行关闭；锅炉在生火期间，炉膛应保持3毫米水柱以下负压，保持锅炉正常水位；当压力升至1～3公斤/厘米^{2}时，应冲洗水位表、吹洗压力表弯管，并同时拧紧各人孔、检查孔及手孔螺丝，在较高压力时，禁止再动这些孔门的螺母；当锅炉水循环不良或有炉水死角时，应在压力达到2.5～3.5公斤/厘米^{2}时，打开锅炉下部定期排污阀，人为地促使炉水循环，以减少其温差；当压力达到工作压力时，应进行调整安全阀（安全阀调整压力值，见锅炉附件一章）；然后，进行暖管工作，开启蒸汽管路的疏水阀，直至全部冒出蒸汽，管路内不再积存与继续产生凝结水为止；当需要与运行锅炉并列运行时，准备并入的锅炉汽压应低于蒸汽母管压力0.2～0.5公斤/厘米^{2}时为宜。

2.锅炉的正常运行 锅炉在投入运行后，应根据安全与经济的原则，制定切实可行的操作制度、安全制度及交接班制度等规章，并应严格执行；锅炉在运行中，应保持正常水位，保证水位表汽、水连管及各部旋塞畅通，按规定经常冲洗水位表；锅炉运行中，应尽量减少压力突变，维持其压力在锅炉允许工作压力以下。当发生压力激增时，应进行及时处理，防止超压事故发生；每班应至少进行一次定期排污，当水质不良或炉水碱度过高时，应视具体情况，增加排污次数或排污量；锅炉运行时，禁止采用加长手柄开动各部阀门，并严禁用手锤等敲击受压部件，或对锅炉进行捻缝、焊接，以防发生意外事故；当发现水位、汽压、负荷、风压或烟温等不正常时，应立即检查，寻找原因，并应及时处理或向有关领导反映，以保证锅炉安全运转；在加煤时，应经常注意有无爆炸品混入煤内，以免发生事故。

3.正常停炉与紧急停炉 锅炉在运行一段时间后，用汽单位不再需要蒸汽，或锅炉需要进行洗炉、检查，均应进行正常停炉，也称一般性停炉。正常停炉的操作程序是：首先，适当停止加煤，并向炉内进水，保持炉水在较正常水位稍高部位，停止鼓风，减弱引风或将烟道风闸板关小。当燃料大部燃尽后，从炉膛内扒出剩余燃料，停止引风，关闭风闸板，使其自然冷却，严禁向炉膛内泼水。同时，开启省煤器旁路烟道或打开省煤器再循环管，打开过热器疏水门，以免省煤器、过热器烧坏。关闭与并列锅炉相连的阀门，直接由空气阀或安全阀排汽。待锅炉各部自然冷却后，炉水温度降至70°C以下时，方可进行排水。严禁用加冷水排炉水的方法加速炉水降温。炉水排净后，应将蒸汽、给水、排污等各管路加装堵板，以防发生意外。停炉后，根据停炉时间进行合理的停炉保养（具体方法见水管锅炉部分）。

紧急停炉是在异常情况下，进行被迫迅速停炉。否则，即将造成人身与设备危险。在下述情况下，才可进行紧急停炉：

（1）锅炉严重缺水，虽经“叫水”（即冲洗排水旋塞,关闭水位表汽旋塞），仍未看到炉水水位时；

（2）炉水迅速下降，虽向锅炉进水，并采取其它措施，仍不能使水位回升时；

（3）全部给水机械失效或给水系统发生严重故障，不能保证锅炉给水需要时；

（4）水位表、安全阀、压力表等安全附件，其中有一种全部失效时；

（5）锅炉水位已上升到水位表最高可见水位以上（满水），虽经放水仍看不见水位时；

（6）炉墙倒塌或钢架烧红等，严重威胁职工生命或锅炉安全时；

（7）锅炉受压部件漏泄或严重损坏（如严重变形、开裂等）时；

（8）锅炉或锅炉房发生其他危险及工作人员和锅炉运行安全时；

如属一般性损坏或还可在人身与设备安全情况下，仍能勉强生产时，则不应进行紧急停炉，应按规定向有关领导及时反映，迅速处理。

紧急停炉的操作程序是：

（1）停止加煤、鼓风，并减弱引风；

（2）将砂土或湿炉渣压熄炉膛内燃料；

（3）熄火后，将炉门、烟道风闸门打开；

（4）关闭锅炉主汽阀，由安全阀或紧急排汽阀排汽；

（5）如非因缺水或满水紧急停炉，仍应向炉内给水，并维持其正常水位；

（6）如因严重缺水紧急停炉时，严禁向炉内给水，或提升安全阀，变动主汽阀等任何调整工作，以防锅炉受到急骤应力变化而扩大事故。

二、司炉操作与合理燃烧

投煤技术：在卧式火筒、烟管锅炉中，大部属固定炉排。因此，人工投煤技术的优劣直接影响到锅炉的效率及经济效果。同时，人工投煤是一项劳动强度较重的工作，如果掌握投煤技术不佳，也要给司炉人员带来不应有的过度疲劳。在投煤工作中应掌握最基本的技术有：

1.投煤位置 司炉人员所站位置，应以从炉门可看见全部炉排，并在投煤时可任意转动身体为准。站的太近或太远，均将给投煤带来一定困难。一般以两脚间距炉门1.3米左右为宜。

2.投煤动作 司炉人员的躯干和腰部，应顺铁锹方向可随意扭转，锹到炉门接近炉排时，应急停（图3-76），使煤由锹面因惯性而抛出。为了缩短打开炉门的时间，不需将锹面遗留的粉煤再扬一锹。当煤离开锹面时，应使前面的手微抬，使煤抛撒成片，以保持炉排燃料的平整。投煤的位置与动作，是由实践中总结出来的，在具体操作过程中，要掌握要领，灵活运用。根据实地测验证明，投煤技术熟练的司炉人员操作兰开夏锅炉时，比技术不熟练的人员，可省煤20～30%，并可使增长汽压的时间缩短25～30%。

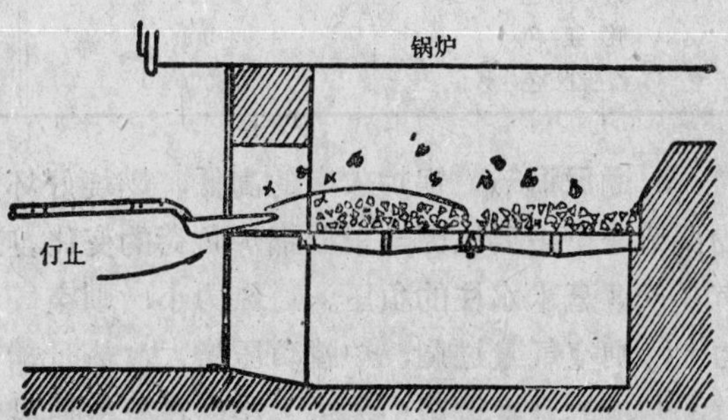

图 3-76　投煤终点图

3.操作方法

（1）水平均匀烧法：为常见的操作方法。即将煤平均抛撒在炉排面上，简称平燃法。其优点可烧用粘结性大的煤，调节投煤次数与投煤量可较灵敏地适应负荷变化；其缺点是要求煤块粒度均匀，不能相差太大，否则易造成风洞。投煤技术要纯熟，以保持炉排燃料匀整平坦。每次投煤后，由于燃烧不完全，易产生黑烟，造成热损失。

（２）左右燃法：即人为地将炉排分为左右两区，每次向一侧投煤，交替进行。它比平烧法投煤简便，产生黑烟少，适宜烧用水分较大的煤，汽压也易保持平稳。一般炉排较宽的锅炉宜采用。若炉排过宽，则可把炉排分为１、３、５区和２、４、６区，每次投煤分别向单数区或复数区进行，也可达到同样效果。

（３）焙烧法：即将煤层控制在炉排前部较厚，待下次投煤前，将焙烧的煤推入后部炉排面上，再将新煤堆在炉排前部，依次循环。优点是避免产生黑烟，缺点是燃烧率低，不能适应负荷变化；在推入焙烧的煤时，易与灰分混淆，搅乱燃烧层次；开启炉门时间长；又因前部煤层厚，不易掌握后部炉排上的燃烧情况。因此，只适用于负荷小且稳定的锅炉。

4.投煤量及火层 人工投煤应掌握勤投、少投。勤投，即每次投煤间隔时间要短，少投，即指每次投煤量应少。根据锅炉容量、负荷大小、煤的性质及炉排面积决定。一般一次投煤量每平方米炉排面积1.5～4公斤。

火层厚度应根据负荷轻重、煤的性质与形状、通风强弱等决定。当负荷重时，煤层较厚；粘结性强的煤，易产生熔渣时，火层要薄些；粉末较多的煤比煤块较多的火层为薄，锅炉有鼓、引风机装置比仅有烟囱自然通风的火层为厚。一般控制火层厚度范围为100～150毫米，有时也可达180毫米。火层过薄易产生风洞，增加过剩空气量；火层过厚防碍通风，易造成不完全燃烧损失。

5.火色和温度 炉膛火层的温度，可用光学高温计、辐射高温计等仪器测量。但一般小型卧式锅炉也可通过火色来判断其温度的高低。实践证明，火色越亮，温度越高；火色越暗，则温度越低。火色及温度关系，参见表3-13。

火色与温度关系参考表　　表 3-13

火色	温度（℃）	火色	温度（℃）
黑红色	500	深橙色	1100
暗红色	700	淡橙色	1200
深红色	800	白色	1300
桃红色	900	亮白色	1400
淡红色	1000	眩目白色	1500

6.通风调节 锅炉效率的高低，燃烧好坏是一个重要因素。燃料燃烧完全与否，通风的调节是个主要原因。根据锅炉负荷的变化，应进行必要适时的通风调节。一般应保持炉膛有２～３毫米水柱的负压。通风力小，则空气量不足，炉膛负压减少，燃烧不完全；通风力大，则空气量过剩，炉膛负压增大，热量损失增高。在自然通风的锅炉中，应用调整烟道风闸板的开度调节引风力大小；在机械通风中，应使引风力稍大于鼓风力，切忌鼓风大于引风，造成炉膛正压。

通风不良的原因大体有如下几种原因：

（１）炉排、炉膛或烟道结构不合理；

（２）选用煤的品种与锅炉需用煤种不适合；

（３）烟道积灰过多或火管阻塞；

（４）烟道或炉底湿气过大；

（5）锅炉超负荷，火层过厚；

（6）炉排上产生大量熔渣，清炉次数过少；

（7）炉排、炉墙、烟道等有风洞、裂缝，冷风侵入过多；

（8）数台锅炉同用一个烟道或烟囱，停用锅炉漏风太多；

（9）烟道曲折、倒坡度、截面变化太大、烟囱太低、鼓风引风机配合不当等。

7.防止熔渣的产生 熔渣是影响锅炉通风，阻碍燃烧的重要因素。产生熔渣的主要原因是煤中灰分熔点太低，当煤在燃烧过程中即熔化，再与冷空气接触后，与未熔化的煤及灰分即粘结在一起形成熔渣。形成熔渣的因素还有：火层太厚、炉排上燃料不匀平、粒度大小不一等。锅炉运行中应采取以下措施防止熔渣的产生：

（1）尽量减少一次投煤量，使燃料层均匀平整，使火层在合理燃烧情况下保持最薄厚度；

（2）投煤时，要看火层各处薄厚逐渐填平，不可一次补足；

（3）火层不要被搅乱，严格注意不要使灰层与燃烧层混淆；

（4）灰坑及炉排下部灰门前，不要存放大量燃烧着的煤；

（5）选用适合本锅炉燃用的煤种；

（6）逐步提高司炉人员操作技术水平。

表 3-14 系两种不同厚度的火层产生熔渣大小块度的比例。测定依据：炉排燃烧率为 130 公斤/米^2，烧用烟煤原煤，煤中含灰 11.8%，灰分熔点为 1270℃，过剩空气系数为 1.3。

不同厚度火层的熔渣块度比例表　　表 3-14

熔渣块度	占总灰量的比例（%）	
	火层厚度 250 毫米	火层厚度 120 毫米
50毫米以上熔渣	28.5	9.8
15～50毫米熔渣	29.1	40.2
3～15毫米熔渣	20.8	24.0
3毫米以下熔渣	21.6	26.0
共　计	100%	100%

8.清炉与压火 当燃料不断地向炉膛内投入，残余的灰渣就不断地增加其厚度。为了清理炉排上的灰渣，除小块灰渣可用钩火方法，由炉排漏下外，而大量的灰渣则要通过清炉扒出。清炉的次数及间隔时间，由负荷轻重、煤的粘结性、炉排缝隙宽窄及司炉水平高低而定。因清炉时间较长，易造成炉膛温度下降，影响汽压平稳，故清炉时要选择负荷较轻时进行。清炉前要做好汽压较高、水位较高的准备，以便在清炉过程中，使汽压、水位变化较小。对于兰开夏锅炉及两个炉门的宽炉排锅炉，则应实行轮流清炉。使用多台锅炉的锅炉房，也不应几台锅炉同时清炉。清炉方法可分：

（1）左右清炉法：适用炉排较宽的锅炉。其操作程序为：将左侧（或右侧）红火拨于右侧（或左侧），扒出左侧（或右侧）灰渣，再将右侧（或左侧）红火全部拨于左侧（或右侧），扒出右侧（或左侧）灰渣，然后将全部红火平匀摊于炉排面上，投入生煤继续燃烧。

（2）前后清炉法：适用炉排窄而长的锅炉。其操作程序为：将炉排前部红火推至后部，扒出前部灰渣，然后将后部红火扒至前部，再将后部灰渣越过前部红火扒出炉膛，最后将全部红火摊平于炉排上，投入生煤，继续燃烧。

前后清炉法较方便，但司炉水平较低时，易使灰渣与红火混搅，或扒灰时有一部分红火也被清出炉外。

压火也称闷火或埋火。即当锅炉暂时停用，时刻准备或间隔一较短时间准备仍要运行的锅炉，要进行压火。压火时的停炉也叫“热备用”停炉。压火前，应将水位控制在较正常水位稍高处，维持汽压在工作压力1/2～2/3处。清炉后将红火集于一处（炉门口或炉排后部），也可均匀摊平，上部盖以湿度较大的生煤，停止鼓引风，关闭烟道风闸板（可稍留较小缝隙），然后进行定期排污，并给水至最高水位处。锅炉在压火期间要有专人看管，防止水位下降、湿煤复燃、汽压升高等问题出现。

9.煤中掺水 对于颗粒度较小的粉煤，为了减少漏煤损失和减少通风阻力，有利燃烧，应掺以一定的水分。掺水时，应提前一个或二个运行班掺入，使水分与粉煤达到良好的混合与渗透。水分掺的要均匀。掺水不可太多，以防损失热量，若掺水过少，也达不到应有目的。根据经验，一般掺水量为总煤量的5～10%较为适宜。掺水后的煤，在使用前，可用简单方法鉴别掺水的多少，即用手攥一把煤，当手张开后，煤团有裂纹，但不松散为沙状，即为掺水比例适当。若手张开后，煤呈一团并不裂开或煤不成团，类似散沙，则认为前者掺水过多，后者掺水过少。粉煤掺水的多少与掺水后对燃烧的实际影响，要根据煤种及操作而定。

10.交接班（详见立式锅炉部分）。

三、最低安全水位

卧式锅炉的最低安全水位，一般均在最高受热面以上100毫米处。但对于存汽空间较小的锅炉，允许只比最高受热面多出75毫米处，做为最低安全水位。

几种卧式锅炉的最高受热面分述如下：

1.兰开夏和康尼许锅炉：最高受热面有如下几处，以其最高者决定该锅炉的最低安全水位：

（1）炉胆最高点。包括波纹形、法兰形、Ω形及筒形炉胆的最高部位，以及后部炉胆的最高处（因此类锅炉前低后高，有0.5～1.0%坡度）；

（2）侧烟道顶部火界处；

（3）后封头烟室顶部火界处。

2.卧式外燃回火管锅炉，最高受热处有：

（1）烟管前部（因该类锅炉前高后低，有0.5%坡度）；

（2）后烟箱上部火界处。

卧式外燃回火管锅炉锅壳直径≤1500毫米时，最低安全水位可仅高于最高受热处75毫米。

3.机车式锅炉，最高受热处有：

（1）内火箱顶板；

（2）火管后部。

4.卧式快装锅炉，最高受热处有：

（1）火管；

（2）后管板上部火界处；

（3）后烟室顶部平板。

第三节　卧式锅壳锅炉的损坏与修理

锅炉在运行及停用中，均与煤、烟、水、空气等物质接触，经过长时间的压力和温度等变化，将使锅炉金属表面发生磨损、腐蚀、开裂、起槽甚至造成金属材料的变形与变质。如不及时检查、修理，极易造成重大事故，给人民生命及国家财产造成巨大损失。锅炉定期检修的目的，就是要及时发现隐患，防止事故发生，延长锅炉使用寿命，充分发挥现有设备的能力，保证锅炉运行的安全可靠，达到有计划地不间断地供汽。

一、锅炉损坏的原因

锅炉的损坏，主要系指锅炉受压部件金属的损坏。如腐蚀、变形、裂纹、起槽、磨损、漏泄等。造成损坏的原因很多，有的损坏还兼由几种原因造成。但归纳起来不外以下几个方面：

1.由于锅炉用水水质不良，钢板过热，造成金属材料承压能力降低，以致损坏。如炉胆部分长期结垢，传热不良，使钢板抗拉强度随着温度的升高而降低，以致造成凹陷、鼓疱、变形、开裂。锅炉用低碳钢在20°C时，抗拉强度为40公斤/毫米^{2}左右，若过热温度达580°C，钢板的抗拉强度仅为10公斤/厘米^2，为原有强度的四分之一左右，因此，极易产生损坏。水中含有腐蚀性盐类及气体，也易造成受热面的腐蚀损坏。

2.由于锅炉受压部件制造、检修不符要求，以致变形损坏。如钢板厚度不足，椭圆度超出标准，平板拉撑布置不合理，过渡圆弧太小等，以致造成变形、开裂、起槽。特别是制造与检修后，变形部件受压力作用更易变形，变形后又促使承受压力的不均匀程度增加，互为因果，促进损坏。

3.由于锅炉长期运行或长期停用，维护保养不良，以致造成金属磨损、腐蚀等损坏。如长期运行的锅炉，受烟气、炉水、沉淀物、空气的侵蚀，烟气中炭粒、灰分的冲刷，潮湿炉渣与炉底潮气的腐蚀，以及长期停炉受高湿度空气的腐蚀等。或损坏部分未及时发现与修理，促使造成事故，以致使事故扩大与严重化。如接缝处长期渗漏，手孔、人孔长期漏泄，隔烟墙不严密，烟气长期走短路等。

4.由于金属材料不符合使用要求、安装质量不良或安装不符图纸要求，造成先天性的损坏。如钢板、钢管、拉撑、铆钉等金属材料品质不佳，所含元素成分超过或不足标准要求，以致不耐腐蚀、磨损，强度不足等。如含硫、磷太多，易造成热脆或冷脆现象。再有安装时，金属部件伸缩部位不足、炉墙灰缝过大、漏风过多等，均易使受压部件受到损坏。

二、锅炉损坏的修理原则

1.查清损坏的原因，制定合理的检修方案：锅炉各部件的损坏，均有一定原因。在检修前要认真分析，研究其主要原因，针对性地采取有效措施，制定合理的检修方案。倘若原因不明，往往检修后旧病重犯，有时甚至由于未做深入分析，检修方案不合理，以致检修后反而带来新的问题与新的损坏。如对裂缝的修理就要找出产生裂缝的原因，确定裂缝的性质，然后，才能制定合理的检修方案。

2.铆接锅炉的铆缝、铆钉不能用焊接方法修理：对于铆缝或铆钉处的漏泄、起槽、开裂等损坏，不能直接用电焊、气焊焊补。因铆缝所以能严密，主要借助于在铆接时，铆钉的收缩应力。倘若用焊接方法修理铆缝，则铆钉内应力即因退火而消失，更促使铆缝松弛。有的单位对铆钉或铆缝施焊后，所焊处不再漏泄，但相邻部位引起新的漏泄，最后无法控制，造成设备的大修或报废。正确的检修方法应是：对于漏泄的铆钉可用捻缝方法处理，或重换新钉；对于槽裂、裂纹处，应将周围和邻近铆钉先行拆除，用电焊补修或挖补新板后，再重新将钉铆合。

3.胀接管端一般不应用电焊堵漏：对于漏泄的胀接管端，一般应用胀管器进行补胀或重胀新管，而不应采用电焊或气焊的方法堵漏。因用焊接后，使重换管子时带来困难，且焊接时易使管板咬肉、变形、周围胀口松弛。在个别情况下，为了维持生产，做为临时措施，可用"封焊法"，即基本上不伤原管板，仅做轻微密封，待以后重换管时，仍采用胀接法修复。对于原结构是焊接的管端，不受此限。但也应尽量少损伤或不损伤管板，以利延长管板使用寿命，便于今后重换管子的需要。

4.对于损坏部位，严禁用贴补的方法修理：锅炉受热面产生严重腐蚀、破裂等损坏，一般可采用挖补的方法修理。即将损坏部位按照规定先行挖去，然后采用同样大小与形状的补板补入，对其边缘进行焊接或铆接。而不能采用对损坏部位不挖掉，贴以补板的方法处理。因贴补后，两板之间存有空气层，传热不良，致使补板或原板过热，仍要损坏，危及安全运行。

5.锅炉受热面的补板与原板或补板之间严禁采用搭接电焊：在制造锅炉时，目前均采用对接电焊，老式锅炉则采用搭接铆接或带有盖板的对接铆接，均属合理结构。在检修中，不应采用搭接电焊的方法。因为在搭焊时，搭接部位是双层钢板，没有铆接搭接时紧密，中间间隙较大，极易在运行中造成搭接处过热，以致造成裂纹、变形等新的损坏。

6.各检修部位在检修前要清理干净，直至见到金属光泽，才可进行检修，以保证检修质量：锅炉无论检修胀口、堆焊腐蚀面、焊接裂纹及槽裂、挖补等修理，均应将表面水垢、烟灰、油污、铁锈等清理干净，直至见到原板金属光泽，才可进行修理。否则，检修质量难以保证，损坏部位难以全面察觉。清理的方法，可用机械清理，也可用化学清理。一般用砂纸、砂布、细锉、砂轮或汽油、煤油、火碱、稀盐酸等。

7.检修用材料性能、成分应与原锅炉所用材料性能、成分相符或基本相符：在检修受热面时，应首先根据制造厂金属材料证明书或实际试验与分析，查明原锅炉材料的机械性能与化学成分，以选用与其相符或基本相符的材料进行检修。如钢板、管子、焊条的牌号、机械性能与化学成分等。否则，检修后因材质相差悬殊，极易产生新的损坏与造成后患。

三、锅炉损坏的种类

1.腐蚀 锅炉金属在介质的化学或电化学的作用下，产生的破坏现象称为腐蚀。锅炉受热面的金属材料，虽然具有较大的机械强度和一定的抗腐蚀能力，但是在空气、水、酸、碱、盐等介质的长期作用下，仍会产生腐蚀。如锅炉外表面、与水接触面、尾部受热面等均因条件的不同，产生不同的腐蚀。按腐蚀的类型，锅炉金属表面将呈现出不同的破坏现象，如图3-77所示。图中（a）、（b）为大面积的腐蚀，（c）～（i）为局部腐蚀。均匀或不均匀的大面积腐蚀，一般要通过钻孔检查其腐蚀深度。使用二、三十年的老锅炉，在水面以下金属表面较多见，往往在铆缝处将铆钉头也均匀腐蚀一层，如图3-78所示。由于介质对金属某种成分有显著的侵蚀，极易造成选择性的腐蚀，其表面很不规则，往往形成蜂窝状的孔洞；在锅炉给水中含有氧及二氧化碳等有害气体，在受热较激烈的表面，易产生斑点状腐蚀；当金属表面受某些应力（如机械锤击等），造成一点腐蚀后，破坏了表面的防护膜，由于电化学作用，易产生溃疡性腐蚀和孔洞性的点腐蚀，发展速度且较迅速。这种腐蚀，虽然面积不大，但是威胁锅炉安全运行是相当严重的；由于高度的机械应力（如胀口处、铆缝等），且受高浓度碱的长期作用，易产生碱腐蚀，致使金属结晶间失去接合力，即产生晶粒间裂纹，也称晶粒间腐蚀或晶间腐蚀，这种现象称为金属材料的苛性脆化。这种腐蚀的初期阶段只能由金相显微才能检查出来。发展严重时，通过认真检查，肉眼也可以看出来。其裂纹呈破碎状，而不是象机械拉伤那样，仅看出一条纹路。在胀口及铆钉孔呈放射性的裂纹；在外部介质的作用下，由于大小和方向不断变化的机械应力，造成金属疲劳，易引起穿过金属结晶体的腐蚀裂纹；当锅炉金属材料有夹层、重皮，在介质的作用下，易产生面下腐蚀。

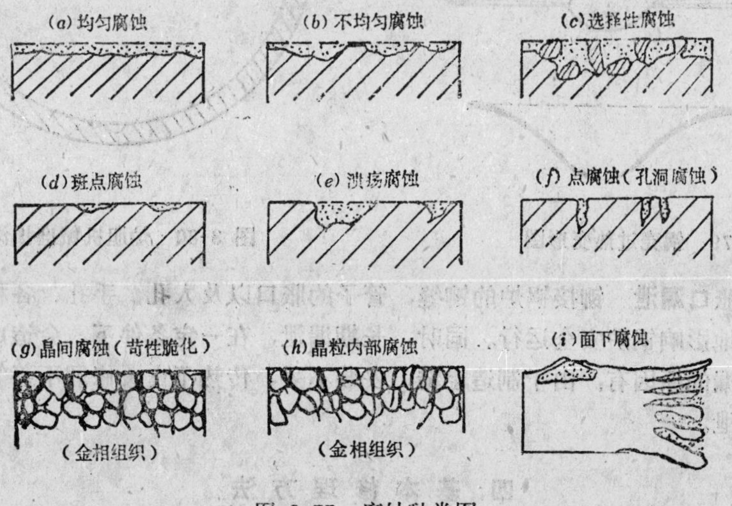

图 3-77　腐蚀种类图

图 3-78　锅炉钢板的大面积不均匀腐蚀图

2.变形　产生变形的原因主要因钢材过热、材料厚度不足、承压能力低所造成。如锅壳底部结垢，管子内外有水垢、烟炱或严重缺水等，造成金属过热，抗拉强度急骤降低，受汽压的作用，而发生变形，甚至破裂（图3-79）；锅炉拉撑布置不合理，超压运行，钢板厚度不足等，在锅炉运行中，也会产生永久变形。如兰开夏锅炉平板封头部分，因封头厚度不足，拉撑布置不合理，在其较大平板面积处，极易产生凸出变形。

3.磨损 长期受烟气冲刷、机械摩擦以致造成受热面钢板厚度不足，形成磨损。如锅炉火管管端减薄、兰开夏炉胆前下部金属磨成沟状（图3-80）。前者因烟气中带有炭粒及灰尘，长期冲刷管口，以致管端厚度减薄，甚至破损；后者系因长期在清灰中，司炉工具与炉胆摩擦所致。

4.裂纹与起槽 锅炉因结构不合理、材料品质不佳、反复受伸胀力的作用，在有侵蚀性介质的条件下，金属某一部分应力集中，就在其表面产生微小裂纹，介质腐蚀速度加快，这些裂纹就逐渐变成小槽和凹槽，以致发展到使钢板穿透。裂纹多出现在机械应力较大、弹性较差的地方。有时，受热面表面由于有许多斑点腐蚀，金属厚度减薄，在一定压力作用下，许多薄弱的地方渐渐连成一条裂纹以致形成凹槽。但在一般情况下，受热面表面在没有应力集中的地方，不易产生裂纹及槽裂。

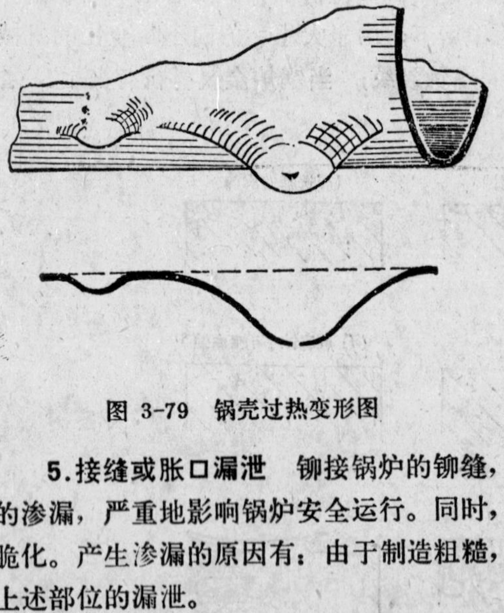

图 3-79　锅壳过热变形图

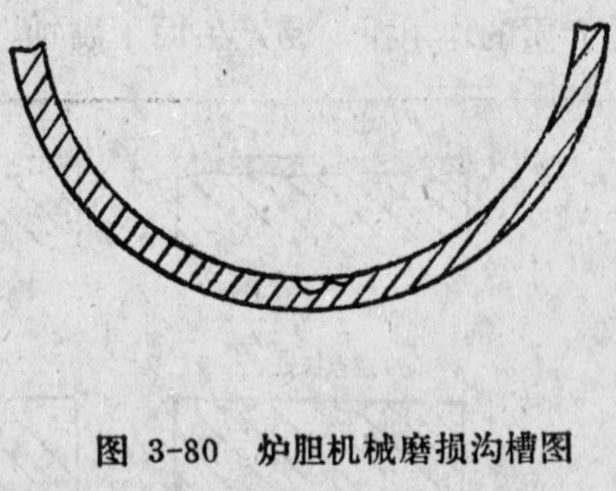

图 3-80　炉胆机械磨损沟槽图

5.接缝或胀口漏泄 铆接锅炉的铆缝，管子的胀口以及人孔、手孔、各种法兰接座等的渗漏，严重地影响锅炉安全运行。同时，长期漏泄，在一定条件下，会造成腐蚀或苛性脆化。产生渗漏的原因有：由于制造粗糙，安装不妥，传热不良，修理不善等，均易产生上述部位的漏泄。

四、基本修理方法

由于锅炉损坏的类型不同，损坏的部位和严重程度的不同，因此，修理的方法也不同。归纳起来有以下几种基本的修理方法：

1.堆焊 适用于局部腐蚀、磨损面及裂缝的修理。

（1）腐蚀及磨损面的堆焊：对腐蚀与磨损面进行堆焊与补焊修理时，应遵循下列原则：对于任何深度的腐蚀或磨损面，其长度与宽度均不大于原钢板厚度的两倍，且两个需堆焊的腐蚀或磨损面的间隔距离不小于120毫米时，均可堆焊；对于实测钢板厚度为原板厚的60%以上时，其腐蚀与磨损面，不论其面积大小，均可堆焊；对于实测钢板厚度与原板厚度的百分比，仍超过纵向接缝效率时，可不进行修理（指堆焊）。堆焊时，如腐蚀或磨损面面积在150×150毫米^{2}以下时，可一次堆焊；倘若腐蚀或磨损面面积超过150×150

毫米^{2}时，应采用分区焊补的方法，以免因大面积堆焊形成的热应力造成钢板的变形与开裂。分区焊补，系将整个需堆焊面积，人为地划分为若干方形或三角形焊区，注明堆焊次序号码，依次堆焊，以减少各焊区间的热应力影响。

堆焊时，尚应注意下列事项：每道与每层焊珠的熔渣，必须清理干净。为此要求焊珠与被焊面、焊珠与焊珠之间的交角应大于90°，如图3-81(a)所示。若交角小于90°，如图3-81(b)所示，其熔渣是很难清理干净的。为了保证堆焊质量，堆焊的焊珠与焊珠，应搭盖1/3～2/3焊珠长度，如图3-81(c)所示。堆焊面要平整，不应有焊珠裂口。堆焊后整个平面应磨平，以免受介质作用，产生新的腐蚀；采用多层堆焊时，每层厚度不得超过3毫米。采用正方形分区堆焊时，每层焊向应垂直，采用三角形分区堆焊时，每层焊接方向应成60°角。如受焊接条件限制，每层焊向也可平行。分区堆焊，相邻区的焊接方向应垂直（正方形分区）或成60°角（三角形分区）。堆焊与非焊交界处应成缓坡，不允许有突然高出现象；堆焊高度以填平凹坑为限。过高时，易造成钢板内部应力集中，有害无益。对铆缝、铆钉、胀口上的腐蚀与磨损，不允许堆焊。堆焊受热面时，且应距这些地方在100毫米以上，才允许施焊。

（2）裂纹、槽裂的焊补：对于裂纹、槽裂的焊补，只适用由于金属疲劳性裂纹、槽裂以及由于锅炉结构弹性不足，造成的机械性裂纹、槽裂，而对于苛性脆化的裂纹不允许用焊补的方法修理。因此，在焊补前，首先要肯定裂纹、槽裂的性质，采取合理的检修方法。

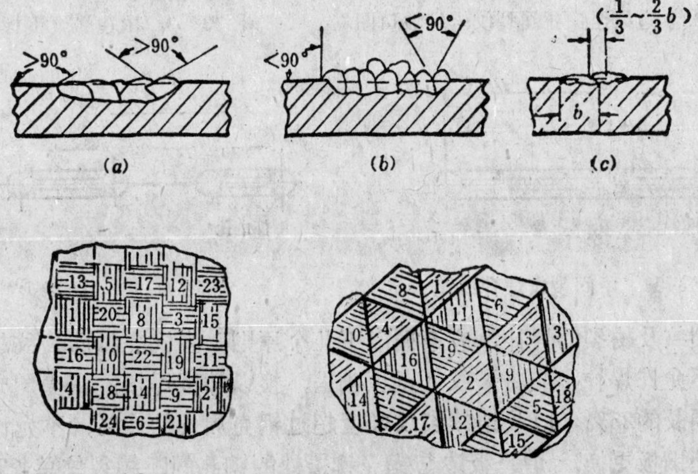

图 3-81　腐蚀与磨损面的堆焊图

对于可施焊补的裂纹、槽裂有以下几种类型：由钢板边缘至铆钉孔的裂纹，铆钉孔间钢板裂纹，由钢板边缘经铆钉孔至钢板内部的裂纹以及钢板中部的裂纹。前两种裂纹较常见。

焊补由钢板边缘至铆钉孔及铆钉孔间的裂纹，应首先将铆钉拆掉，以裂纹为中心线，将钢板开出焊接坡口，坡口的尺寸视钢板的厚度而定。一般坡口上口宽15～20毫米，根部宽4～6毫米（图3-82）。然后，由铆孔向边缘进行焊补（要用电焊焊补，不允许用气焊焊补，以减少热影响区）。补好后，将焊珠打平，铆孔铰圆，重新铆合；对于越过铆孔伸向钢板内部的裂纹及由钢板边缘直接伸向内部的裂纹，应在距离裂纹尾端10～50毫米处，钻一直径与坡口上口宽度相同的孔，即所谓“停止孔”，以防止裂纹在焊接过程或今后在锅炉运行中向前发展。

焊补时，对于裂纹长度在300毫米及以下时，可由停止孔向边缘一次补焊；若裂纹长度超过300毫米时，则应采用“退步法”焊接。焊补时，为防止边缘处变形，可在边缘处或裂纹中间加楔，基本焊好后再行取出（图3-83）；焊补钢板中间的裂纹，应在离裂纹两个尾端距10～50毫米处各钻一“停止孔”，然后沿裂纹长度将钢板开好坡口，其操作应由两端停止孔向中央用退步法焊补（图3-84），也可用间跳法焊补，即一段间隔一段地进行。待焊补后，再将中间未焊处，开好坡口，施以焊补（图3-85）。焊补时，为了防止停止孔处应力集中，还应在停止孔处用乙炔焰加热。较长裂纹在焊补时，还应加楔子。

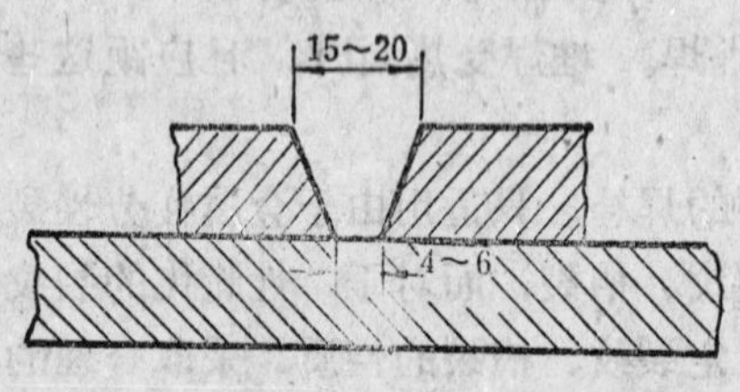

图 3-82　边缘至铆孔间裂纹焊补坡口图

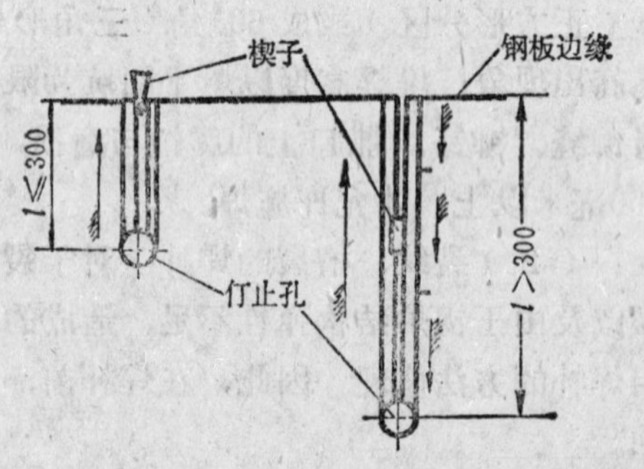

图 3-83　由边缘至钢板内裂裂纹的焊补法图

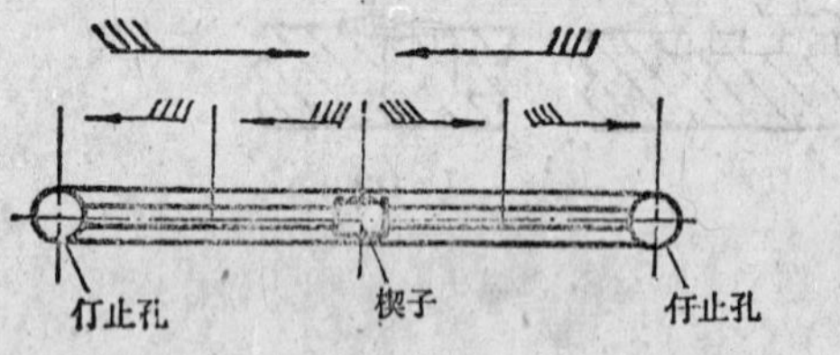

图 3-84　中间裂纹焊补法图

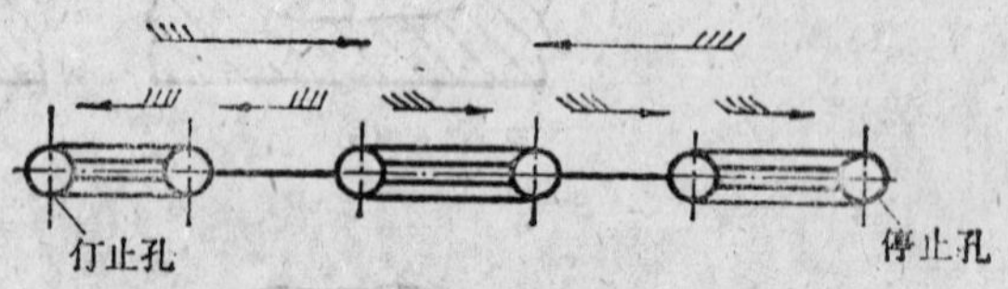

图 3-85　中间裂纹间跳焊法图

对于裂纹及槽裂的焊补，应遵循以下几个原则：当锅壳纵向裂纹超过所在钢板长度的10%时，不允许焊补，应将裂纹处钢板割去，换以补板焊接；锅壳周向断续裂纹的总长度超过锅壳周长的25%，以及连续裂纹长度超过锅壳周长的10%，不允许用焊补法修理，而应将裂纹处钢板更换；炉胆扳边与锅壳铆接处的铆孔间断续裂纹总长度超过炉胆周长的25%，也应将此处钢板更新，不允许焊补；炉胆扳边处槽裂，其长度超过炉胆周长三分之一，由于施焊困难，不易保证焊补质量，也应更换此处钢板；封头扳边处产生与封头圆周平行的裂纹，其长度超过封头圆周长的25%，也不得用焊补法修理。

2.采用冷加工或热加工方法，恢复或基本恢复受热面的原状　这种方法主要适用于因搬运、缺水、传热不良、水循环故障等出现的钢板变形的修理。

根据变形的严重程度及变形形状，余板仍在原板厚度80%以上时，可采用冷顶或热顶的方法修理。如炉胆变形弧度较大，且面积较小时，可采用冷顶法处理。冷顶时，先将炉内注以100°C热水（最低也应在60～70°C），水面位于炉胆以上。然后，用千斤顶从外部由变形的边缘向内，随顶随移动千斤顶位置。在冷顶时，应在千斤顶上部装以与炉胆表面相符的胎具，以防产生硬痕或开裂。千斤顶下部也应以枕木等垫实，以保证吃力均匀；当炉胆变形最大处在70～100毫米及以下，面积较大时，用冷顶有一定困难时，多采用热顶法。热顶时，首先用炭火或乙炔焰将变形处加热，从变形处边缘向内，逐步加热逐步用千斤顶加压，直至恢复原状为止。对变形修复的原则：当凹陷变形深度不超过1.5%炉胆外径，可以暂时不修，但需勤加检查；余板仍保持在原钢板厚度80%以上的，严重均匀凹陷变形，可采用冷顶或热顶方法修复，对于猪心形的严重塌陷，不仅钢板厚度减薄严重，且变形地段金属有折裂可能时，只能采用更新炉胆或局部挖补方法处理。

3.挖补 适用于钢板产生严重凹陷变形，钢板夹渣、重皮，严重局部腐蚀，周长超过整个圆周25%或总长超过纵向钢板10%的裂纹损坏等，不能采用堆焊、顶压及其他简易方法处理的锅壳受热面。挖补时，应遵循下述几项原则：补板及焊条质量，补板厚度、形状应与原板符合，不致因挖补修理后带来新问题；补板应是方形、长方形或圆形的，各角应大于或等于90°，圆角半径不应小于100毫米；补板的各边尺寸不应小于250毫米；补板边缘距原钢板边缘或其它接缝处应大于100～150毫米。否则，应扩大挖补区（图3-86）；原钢板扳边部分如果良好，在挖补时应尽量保留原扳边部分，且补板边缘应距扳边处起点有100毫米以上距离；固定机车式锅炉内外火箱板的挖补，补板最小尺寸应大于两倍拉撑间距离，且挖补处焊缝，不应通过拉撑孔（图3-87）。

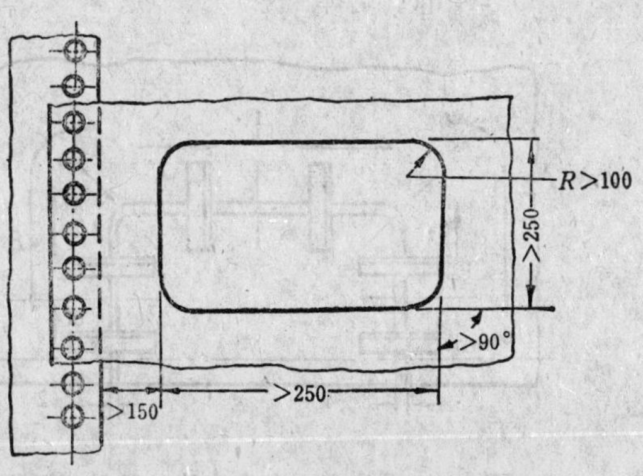

图 3-86 补板规格及部位要求图

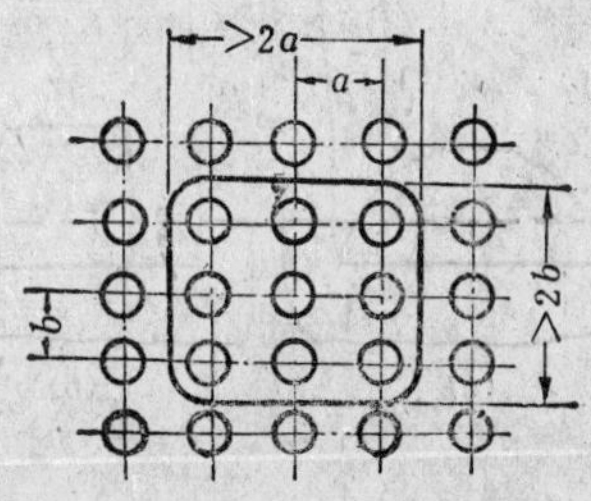

图 3-87 机车锅炉内外火箱补板尺寸图

挖补的类型可分为三种：第一种系有两个自由边的补板，如图3-88（a）、（b），即补板的两个边为对接电焊，两个边为铆接。其操作方法是：将主板与补板对焊处均开以坡口，然后在主板两面点焊一定数量的角钢，将补板卡住，如图3-89（a）所示，也可将补板两面焊以一定数量的角钢，卡在主板上，图3-89（b）所示，然后按焊接次序施焊。对于图3-89（b）具有两个平行自由边的补板，其一侧焊接间隙应为1～2毫米，另一侧应为3～5毫米，先焊间隙较大的一边，再焊间隙较小的一边，以保障钢板在焊接过程中缩短时，仍不影响焊接质量，焊后将三角铁剔掉（三角铁挡住的焊区，将三角铁拆除后再行焊接）；第二种系有一个自由边的挖补，如图3-90（a）、（b）所示，其操作方法是：主板与补板在对接电焊处开以坡口，划分焊区，在互相平行的两个对接边，一侧留3～4毫米的焊接间隙，另一侧留1～2毫米焊接间隙，先焊间隙较大一侧（图3-91），待焊好后，再拆去三角铁（三角铁挡住的焊区，可于三角铁拆除后再焊）；第三种是没有自由边，在钢板中间的挖补，如图3-92（a）、（b）所示，其操作方法，除应开坡口、点焊临时支托的三角铁等均同上述两种挖补方法外，为了防止补板的缩小，可将补板预先打一凹肚，其凹肚深度视补板大小而定，补板较小者凹肚深2～3毫米，补板较大者凹肚深4～5毫米（凹肚应预热后加工），先焊间隙较大一侧，再焊间隙较小一侧，以保证焊接质量（图3-93）。

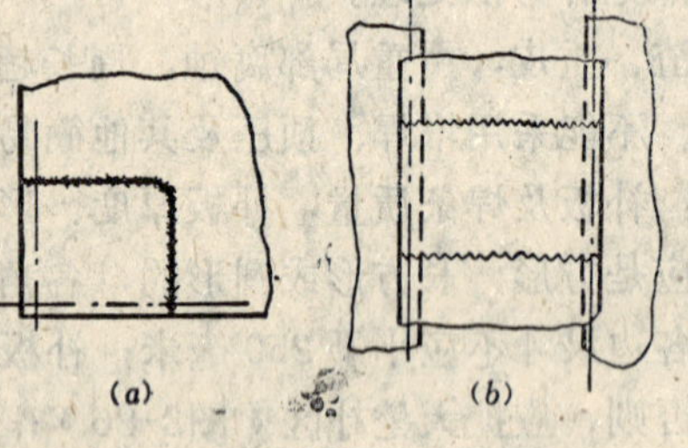

图 3-88 具有两个自由边的挖补图

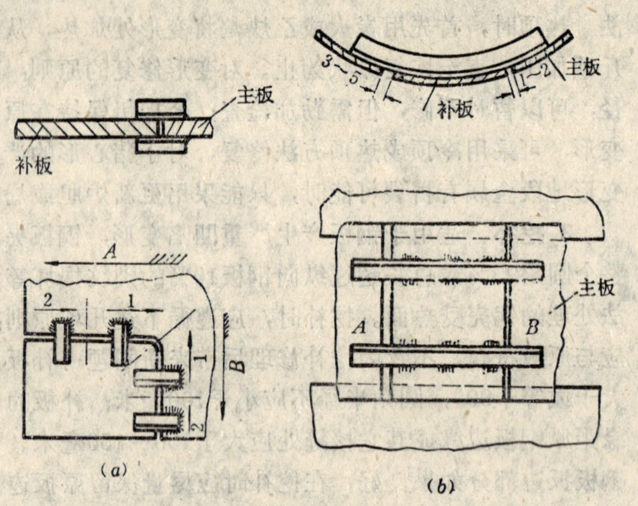

图 3-89 具有两个自由边的挖补操作图（先焊A区，后焊B区）

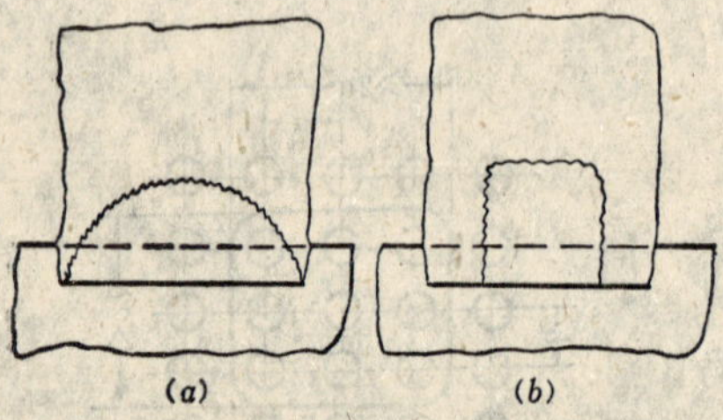

图 3-90 具有一个自由边的挖补图

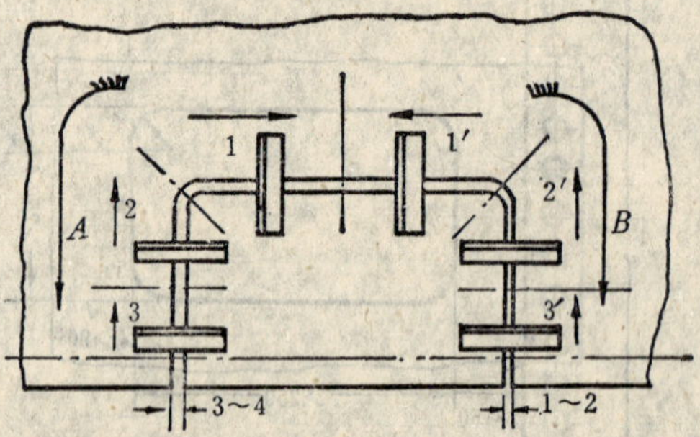

图 3-91 具有一个自由边的挖补操作图（先焊A区，后焊B区）

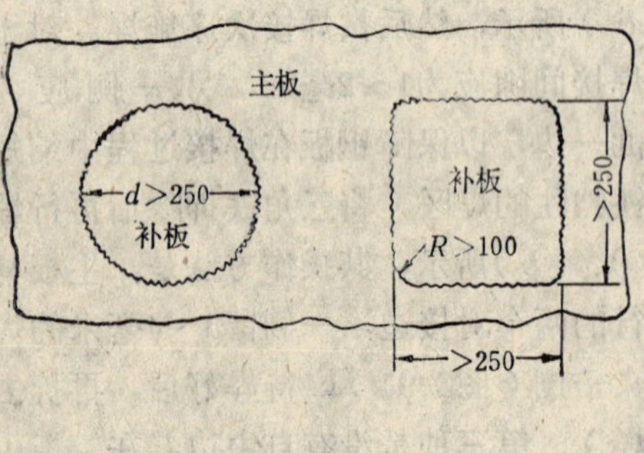

图 3-92 钢板中间挖补图

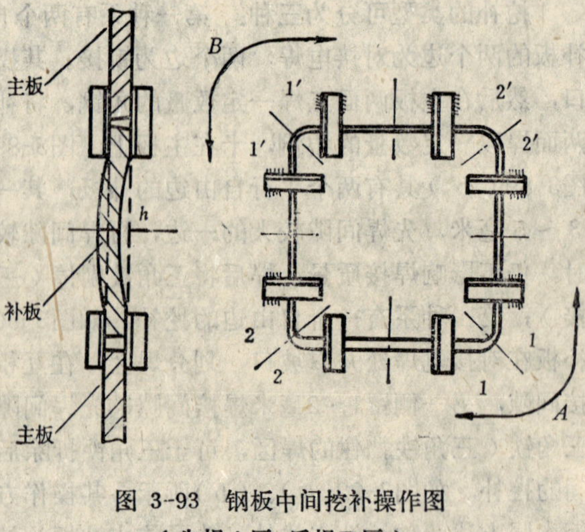

图 3-93 钢板中间挖补操作图（先焊A区，后焊B区）

挖补时，应掌握以下几项原则：由于在挖补中受热的影响将会使邻近铆钉松动，故在拆钉时应将邻近铆钉多拆1～2个，并用精制螺栓把紧，防止铆孔处钢板位移。待挖补后，拆去螺栓重铆铆钉。在操作工艺上，应“先焊后铆”，即补板完全焊好后，再行铆接自由边。焊接坡口的方向尽量应使焊工俯焊，以保证焊接质量。

4.捻缝与补胀 捻缝方法适用于铆缝的漏泄、铆钉的漏泄、螺丝连接拉撑螺纹处不严密等部位。补胀的方法适用于火管、水管管端胀接不牢以致管端渗漏的修理。

铆钉与铆缝的渗漏，有以下几个原因：原铆接时，钉与孔的配合不当，钉细孔粗，铆钉加工温度过高或过低，捻缝不良等。在修理铆缝与铆钉漏泄时，首先要观察其铆钉外形腐蚀，铆合与捻缝情况。然后决定可否用捻缝法修理。捻缝的方法有两种：一种是先用半圆形工具使缝隙成半圆形沟槽，再用较钝的工具，将半圆槽下部金属挤压，加强上下板之间的严密性；另一种方法是利用较圆形的工具挤压两钢板接缝处，使产生变形，使上下板之间达到严密（图3-94）。图3-94中（*a*）为捻缝后压紧部分的要求长度，（*b*）为较圆形工具捻缝，（*c*）为钝角工具捻缝，（*d*）为钝捻工具的最后成形。对于螺纹拉撑的漏泄处，也可采用将螺纹缝隙处实行捻缝，以防止漏泄。但捻缝前应详细检查其腐蚀情况及被拉面积的钢板是否严重变形。同时，捻缝防漏的方法，只适宜对个别螺纹拉撑渗漏的修理。无论对铆钉、铆缝或拉撑螺纹连接处的捻缝，均应注意在捻缝前要认真清理被捻处的铁锈、碱垢、油污，在确认没有裂纹、腐烂的条件下，才可进行捻缝。捻缝时，应将炉水放掉，使漏泄处保持干燥。对于缝隙中仍有水或水垢等，捻缝并不能防止其继续渗漏。捻缝时要注意掌握捻缝角度，以不伤及下部钢板也不致使上部钢板过度翘起变形为合格。

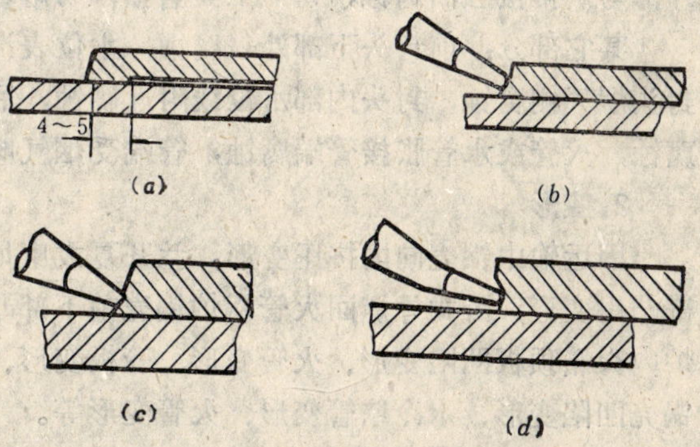

图 3-94 钢板边缘捻缝图

补胀的方法，系对管端漏泄的修理。补胀前，应首先查看安装与检修记录，对于已经补胀过两次以上的管端，不能再用补胀的方法修理；对于管端严重腐蚀、磨损、有切口、裂纹的，也不宜用补胀方法止漏。补胀的工艺操作：首先清理胀口周围的污物、水垢、烟灰，然后选用合格的与管径相符的胀管器，在放净炉水后进行补胀。补胀不可用力过猛，也不要补胀太多，防止管端椭圆度偏差及严重过胀，反而使漏泄更加严重。

5.局部更换与全部更新 对于锅炉受热面产生严重损坏，用一般修理方法，无法使锅炉恢复安全运转时，就要进行局部更换或全部更新。如炉胆严重变形，无法采用热顶或冷顶方法恢复原状，也无法用挖补的方法修理，就要将几节炉胆或全部炉胆更新。又如火管或水管起疱，只有抽换新管或将损坏部分割去更换其中一段管子。再如拉撑断裂、严重腐蚀，也只有全部更新或局部更新，才能保证锅炉安全运行。在局部更换或全部更新时，应掌握以下几条原则：首先，要看局部更新或全部更新时，其它受热面部件的腐蚀与磨损程度，在修理后，有无可能使锅炉长期安全运行。否则，即无大修理价值；其次，在局部更换或全部更新时，要尽量维持原锅炉的结构，不要顾此失彼，免致因修理造成结构缺陷。

同时，也要注意改进原结构不合理的地方。如在更换螺纹拉撑时，改为焊接，就较原结构合理；第三，在修理锅炉时，应将更新与挖补、堆焊等修理方法，不仅要从经济上对比，同时，还要从长远的观点衡量，采取合理的检修方案。不可只考虑目前一时的运行，而要从整个生产与锅炉安全全面考虑。

五、卧式锅炉几种常见损坏的地点

1.腐蚀与磨损

锅壳部分：内部底面斑点腐蚀，焊缝附近腐蚀，水位线附近腐蚀，进水导管及进水阀门腐蚀，蒸汽空间的均匀腐蚀，外部五角砖处腐蚀，敷盖绝热层下部腐蚀，铆缝漏泄造成腐蚀，排污弯头与排污法兰周围腐蚀，尾部烟道侧腐蚀，人孔及手孔下部或周围腐蚀，拉撑下部腐蚀，外火箱下部腐蚀等；

炉胆部分：内部受热强烈部位腐蚀，水循环差的部位的腐蚀，机械加工硬痕处腐蚀，外部与炉排接触面腐蚀，司炉工具磨损，易熔塞附近腐蚀，短拉撑腐蚀等；

其它部分：前封头下部外表腐蚀，水位表汽水旋塞周围及排水旋塞下部封头腐蚀，后封头烟气侧腐蚀，封头内部水位线附近腐蚀，后封头下部水侧腐蚀，前管板或后管板内外腐蚀，火管或水管胀接管端腐蚀，管端受烟气磨损等。

2.变形

因运输中锅壳向内挤压变形，兰开夏或康尼许锅炉前部炉胆向下凹陷，平板形封头上部凸出变形；卧式外燃回火管锅炉锅壳前下部凸出变形、火管变形、管板变形；机车式锅炉内火箱顶板凹陷变形、火管变形、管板变形、内外火箱平面变形；快装锅炉炉胆凹陷、锅壳凹陷变形、水冷壁管变形、火管变形等。

3.裂纹与起槽

炉胆扳边上部裂纹与起槽，炉胆搭接处钢板及铆缝裂纹，铆钉孔间钢板裂纹，平板形封头呼吸距离处裂纹与起槽，拉撑根部或拉撑三角铁裂纹与起槽，管孔间管板裂纹，长期漏泄的铆钉或铆缝处钢板裂纹（包括苛性脆化裂纹），封头扳边处内部裂纹与起槽等。

4.漏泄

主要为铆钉及铆缝、胀接管口处。此外还有人孔及手孔不严，进水、排污等螺纹连接处，水位表各旋塞不严，锅炉各接出口法兰不严等。

在国外有人从229台兰开夏和康尼许锅炉中，分别对锅炉各部由于腐蚀、裂纹、起槽及变形等造成的损坏，进行了综合分析。现列表如下，供参考（表3-15）。

六、卧式锅炉受热面积估算

1.康尼许锅炉受热面积为：

$$F=\pi dl+\frac{1}{2}\pi Dl=\pi Dl \quad 米^2$$

式中 F——受热面积，米^2；

d——炉胆内径，米；

l——锅壳长度，米；

D——锅壳外径，米。

兰开夏及康尼许锅炉损坏统计分析表　　表 3-15

损坏类型及地点	占总台数百分比（%）	损坏类型及地点	占总台数百分比（%）
1.锅壳内底部的坑蚀	70	14.角板拉撑的损坏	11
2.炉胆水侧的坑蚀	61	15.锅壳外部腐蚀	8
3.炉胆在炉排两侧的腐蚀	58	16.封头边缘的内部起槽	8
4.排污管弯头处腐蚀	52	17.锅壳的鼓疱	7
5.炉胆扳边处起槽	35	18.炉胆的裂纹	5
6.排污管与锅壳接合处腐蚀	25	19.人孔和手孔周围的腐蚀	4
7.前封头下部外侧钢板腐蚀	25	20.钢板的夹灰、重皮	4
8.锅壳内部的一般坑蚀	23	21.易熔塞附近钢板的腐蚀	4
9.炉胆前部工具磨损伤痕	18	22.砖墙的损坏	3
10.封头靠近炉胆和角板拉撑处起槽	17	23.后封头在炉胆周围的起槽	1
11.锅壳外部圆周接缝的腐蚀	15	24.附件接合装配处腐蚀	0.5
12.炉胆变形塌陷	15	25.纵向接缝渗漏	0.5
13.炉胆下半圈出灰处的外部腐蚀	11		

2.兰开夏锅炉受热面积：

$$F=4Dl \quad 米^2$$

式中　F——受热面积，米^2；

D——锅壳外径，米；

l——锅壳长度，米。

3.卧式外燃回火管锅炉受热面积：

$$F=\pi l\left(\frac{D}{2}+dn\right)+D^2 \quad 米^2$$

式中　F——受热面积，米^2；

l——锅壳长度，米；

D——锅壳外径，米；

d——烟管内径，米；

n——烟管根数，根。

4.固定机车式锅炉受热面积：

$$F=2HW+2BH+2WB+\frac{\pi}{4}D^2+n\pi dl \quad 米^2$$

式中　F——受热面积，米^2；

H——内火箱高度，米；

W——内火箱长度，米；

B——内火箱宽度，米；

D——锅壳内径，米；

n——烟管根数，根；

d——烟管内径，米；

l——烟管长度，米。

5.卧式快装锅炉(KZG型)受热面积：

$$F = \frac{\pi}{2} Dl + \pi d_2 l n_2 + \pi d_1 H n_1 \quad 米^2$$

式中 F——受热面积，米^2；

D——锅壳直径，米；

l——锅壳长度，米；

d_2——烟管内径，米；

d_1——水冷壁管外径，米；

n_2——烟管根数，根；

n_1——水冷壁管根数，根；

H——水冷壁管长度，米。

第四章 水管锅炉

第一节 概 述

火管锅炉由于其结构上的限制，已不能满足日益增长的工业生产的用汽需要。例如：当锅炉容量增加到4吨/时以上时，火管锅炉就要加大锅壳直径和壁厚。这不但要增加钢材的消耗量，而且大直径的锅壳要实现蒸汽压力的提高也是困难的。于是，出现了水管锅炉。水管锅炉与火管锅炉的显著区别是：水管锅炉的汽水在管内流动，烟气在管外冲刷。与火管锅炉烟气在管内流动，汽水在管外循环的情况，恰恰相反。水管锅炉在管外的烟气可以横向或纵向冲刷管束，且在大多数情况下，要尽量采用横向冲刷。这就改善了传热情况，在同样受热面积、同样烟温和烟气流速的情况下，提高了锅炉的出力与效率。又因水管锅炉受热面布置较简便，清垢、除灰等也较火管锅炉方便。因此，在近百年来水管锅炉得到了突飞猛进的发展。

水管锅炉的种类很多，一般可分为两大类：即直水管锅炉（也称横水管锅炉）和弯水管锅炉（也称竖水管锅炉）。直水管锅炉最初为整联箱式，由于联箱尺寸大、承压能力低，后又出现分联箱式的。虽然，从承压能力上可以适应蒸汽压力的提高，但联箱制造困难、大量手孔增加了维修工作量，金属消耗量仍很大，水循环也较差；目前，大量实际应用的是弯水管锅炉。最早出现的弯水管锅炉是多锅筒型的，其锅筒数量多至四至五个，目的为增加受热面，因此，相应金属消耗量大。同时，由于大量增加受热面，其热交换效果差，不如设置尾部受热面有利。现在较为常见的是装设有辐射受热面（炉膛周围的水冷壁管）和尾部受热面（省煤器、空气预热器）的单锅筒和双锅筒弯水管锅炉。

水管锅炉效率可达65～90%，单位受热面积蒸发量为25～60公斤/米^2·时或以上，每吨/时蒸发量钢材消耗量在5吨左右，工业用水管锅炉蒸发量可达20～30吨/时，蒸汽压力均在25公斤/厘米^{2}以下。均装有省煤器。还有的装设空气预热器和蒸汽过热器。过热蒸汽温度一般在350°C以下。

第二节 水管锅炉的种类与结构

1.分联箱直水管锅炉（也叫拔柏葛式锅炉）

分联箱直水管锅炉可分纵锅筒与横锅筒两种类别。

（1）分联箱纵锅筒直水管锅炉（FZ型，英制 WIF 型）：这种锅炉主要由纵锅筒、前后横联箱、分联箱、主炉管和泥箱等主要受压部件组成，如图4-1所示。

①纵锅筒：由筒壳、前后封头和横联箱（也称牛腿）组成。纵锅筒前封头上装有水位表、压力表和进水阀门。后封头上开有人孔一个。筒壳上部装有主汽阀、安全阀等。锅筒直径为600～1400毫米，长度4.5～7.5米，筒壳厚度一般为12～16毫米，最厚不超过20毫米。锅筒数目1～3个不等，两个以上锅筒互相间设有汽水连通管以平衡水位。

②直水管：一般采用直径102毫米锅炉无缝钢管。直水管长度，在3050～5490毫米范

围内。直水管与水平线成14.5°～15°夹角，两端分别与前后分联箱胀接。直水管在烟气通道内呈交错排列。

③分联箱：分联箱为一狭长的波浪形的扁方箱子，以便使炉管在烟气通道内呈交错排列，提高传热效果。分联箱可用铸钢或钢板制造。分联箱一面开有管孔，另一面相对位置开有手孔，通过手孔可以进行胀管、洗管与检修。图4-2为其外形与截面。分联箱上管孔

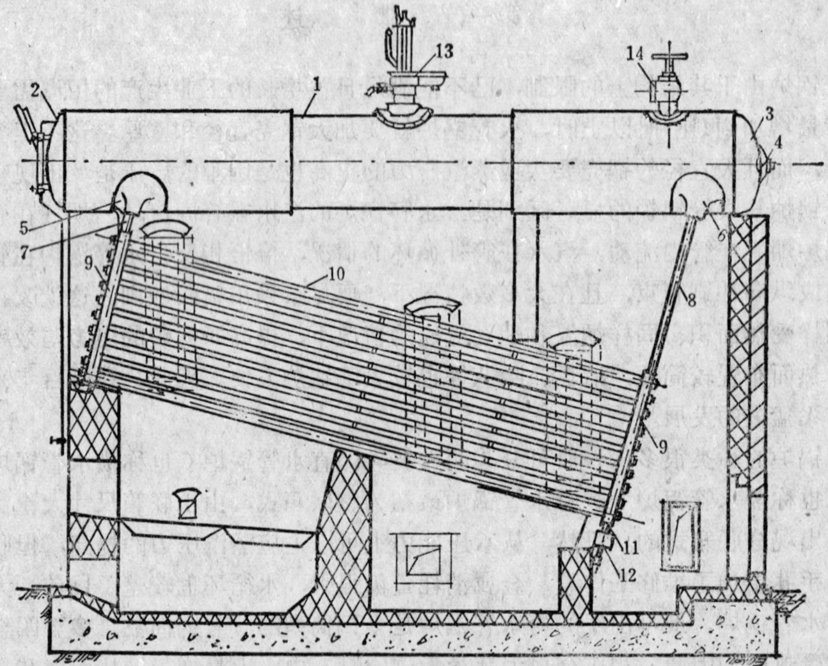

图 4-1 分联箱纵锅筒直水管锅炉图

1—纵锅筒；2—前封头；3—后封头；4—人孔；5—前横联箱；6—后横联箱；7—前联管；8—后联管；9—分联箱；10—直水管；11—下联管；12—泥箱；13—安全阀；14—主汽阀

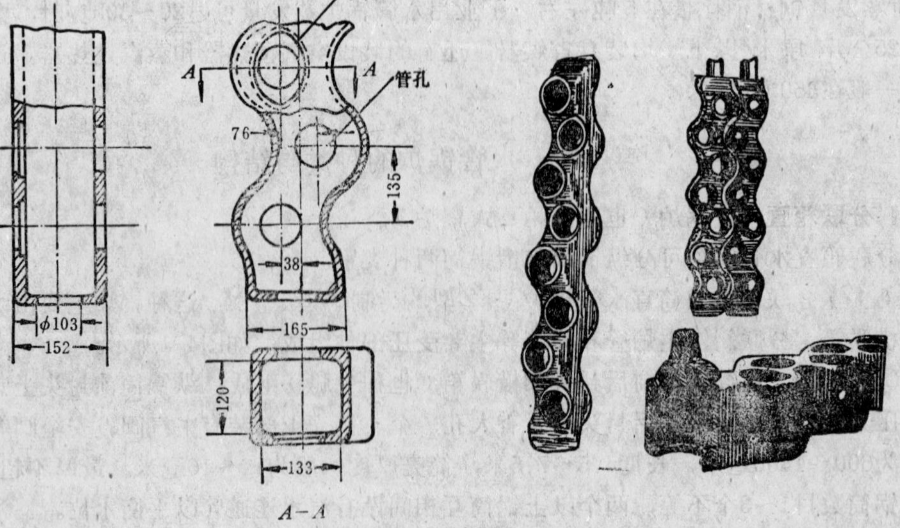

图 4-2 分联箱外形及标准尺寸图

数量不一，分联箱的组数也有多少不同，可以组成一系列受热面积和蒸发量大小各异的锅炉。

分联箱有前后分联箱两种。前分联箱底部封闭，顶部开有管孔，与前联管胀接；后分联箱顶部与底部均开有管孔，上部与后联管胀接，底部与下联管胀接。

④横联箱（牛腿）：纵锅筒筒壳的下部前后各有一只横联箱，系由钢板冲压或铸钢制造而成。外形似牛腿，也似元宝形。横联箱上部凹圆面与筒壳下部吻合铆接。下部平面开有管孔，以便与前后联管胀接。横联箱属于锅筒一部分。图 4-3 为其外形图。

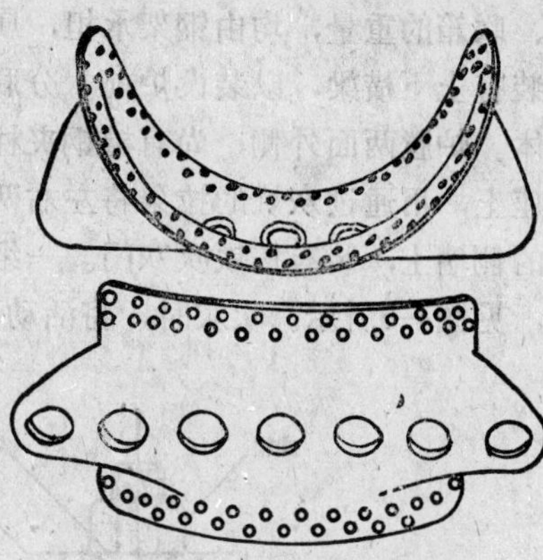

图 4-3　横联箱（牛腿）图

⑤联管：分前联管、后联管与下联管。其长度各不相同。前联管上部与横联箱相联。下部与前分联箱相联；后联管上部与横联箱相联，下部与后分联箱相联，是所有联管中最长者，有直管与弯管两种；下联管上部与后分联箱相联，下部与泥箱相联。所有连接，均为胀接。在安装时，下联管要先与泥箱胀接，然后再与后分联箱胀接。

⑥泥箱：装于后分联箱的下部，由许多下联管将其与后分联箱相连。泥箱一般为一长方体，也有呈圆形截面的。泥箱下部开有一个或两个排污口，将炉内沉淀杂质排出。泥箱后部开有手孔，以便胀接联管、检查内部和清洗泥垢。泥箱外表有许多凸出纹路，以增加泥箱表面与保温层的附着力，使保温层不易脱落。大多数泥箱系由锻制方法制成（用无缝钢管热压），也有用铸钢或钢板制成的。

⑦蒸汽过热器：分联箱直水管锅炉，一般都装有蒸汽过热器，且为水平放置。过热器管系由外径38毫米的锅炉无缝钢管弯制而成。两端分别与过热器出、入口联箱胀接。过热器联箱一面开有手孔，一面胀接过热器管。每个手孔与4～6根过热管相对。图 4-4 为蒸汽过热器联箱尺寸图。

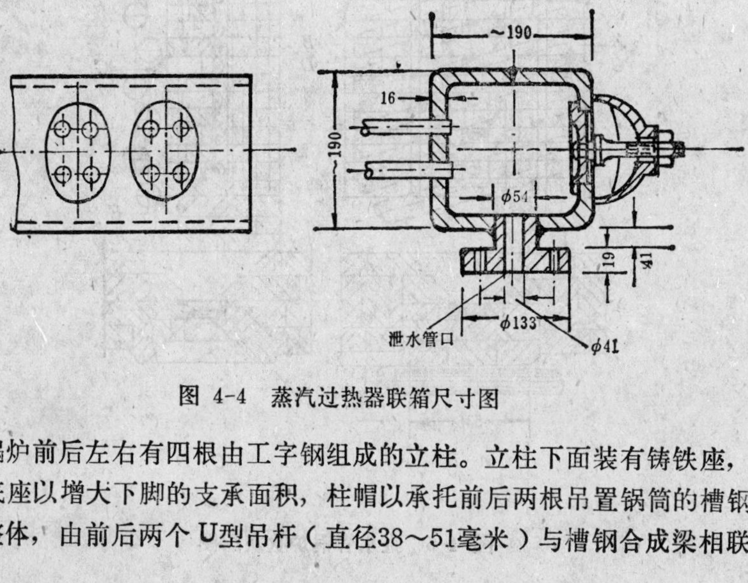

图 4-4　蒸汽过热器联箱尺寸图

⑧其他：锅炉前后左右有四根由工字钢组成的立柱。立柱下面装有铸铁座，上面装有铸铁帽。立柱底座以增大下脚的支承面积，柱帽以承托前后两根吊置锅筒的槽钢合成梁。锅筒、联箱等整体，由前后两个U型吊杆（直径38～51毫米）与槽钢合成梁相联。整个锅

筒、联箱的重量，均由钢架承担，属吊装形式结构。图4-5为吊装结构装置图。炉前主柱间装有上下横梁，以装设炉前（分联箱前）大门。前后主柱上端装有拉杆，以使炉架成为一体。炉膛两面外侧，尚有槽钢夹柱，槽钢上端高于炉顶，用螺杆拉条拉紧，下端装于铸铁座上，用通过灰坑的拉条将左右两块铁座拉紧，以增加炉架的牢固性。在直水管第二烟道的侧墙上，装有铸铁吹灰门。一组分联箱上有几个管孔，侧墙上吹灰门就开有几个小孔，见图4-6所示。吹灰时，将活动蒸汽喷嘴或空压机喷嘴插入小孔内，进行吹灰。

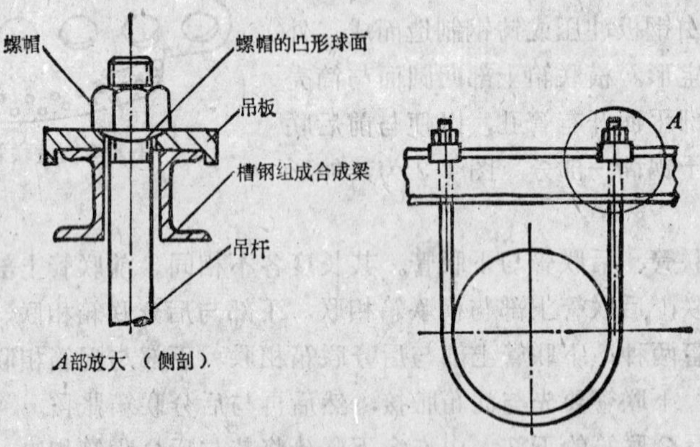

图 4-5 锅筒吊装结构图

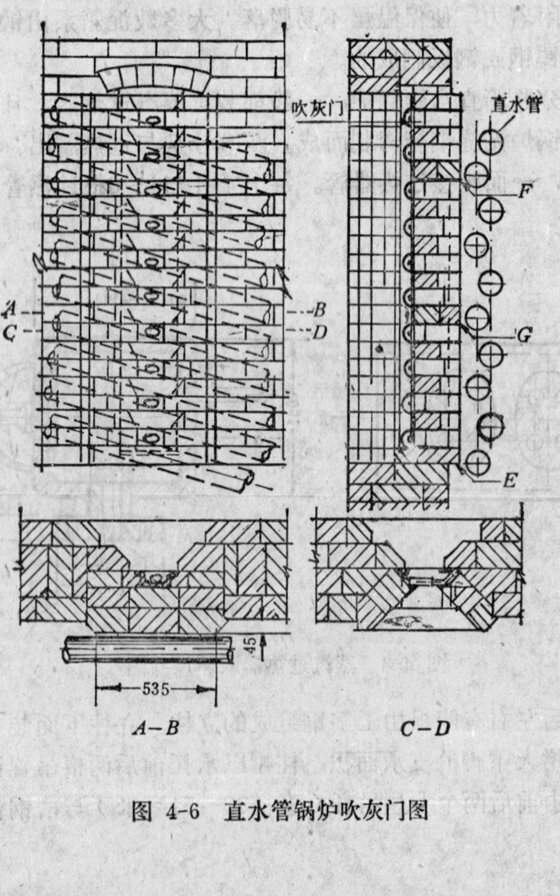

图 4-6 直水管锅炉吹灰门图

直水管外部用两堵隔烟墙隔成三个烟气通道。隔烟墙系由锯齿形铸铁板条、异形耐火砖及托梁组成。每堵隔烟墙采用两组搭配、长短不等的铸铁板条，前后对角交错装设。如前面一组铸铁板条向左倾斜，后面一组铸铁板条则向右倾斜。铸铁板条两端用螺栓固定在托 梁上。图4-7是由炉前看到的隔烟墙铸铁板条排列图。还有的纵锅筒分联箱直水管锅炉的隔烟墙铸铁板条是水平与垂直相交装设的，如图4-8所示。

图 4-7 直水管锅炉隔烟墙铸铁板条排列图之一

纵锅筒分联箱直水管锅炉，由于横联箱制作宽度有限，装置分联箱数量不能增加，所以为了增加受热面积和提高蒸发量，就要增加纵锅筒的数量。因此，出现了二个或三个纵锅筒的直水管锅炉。

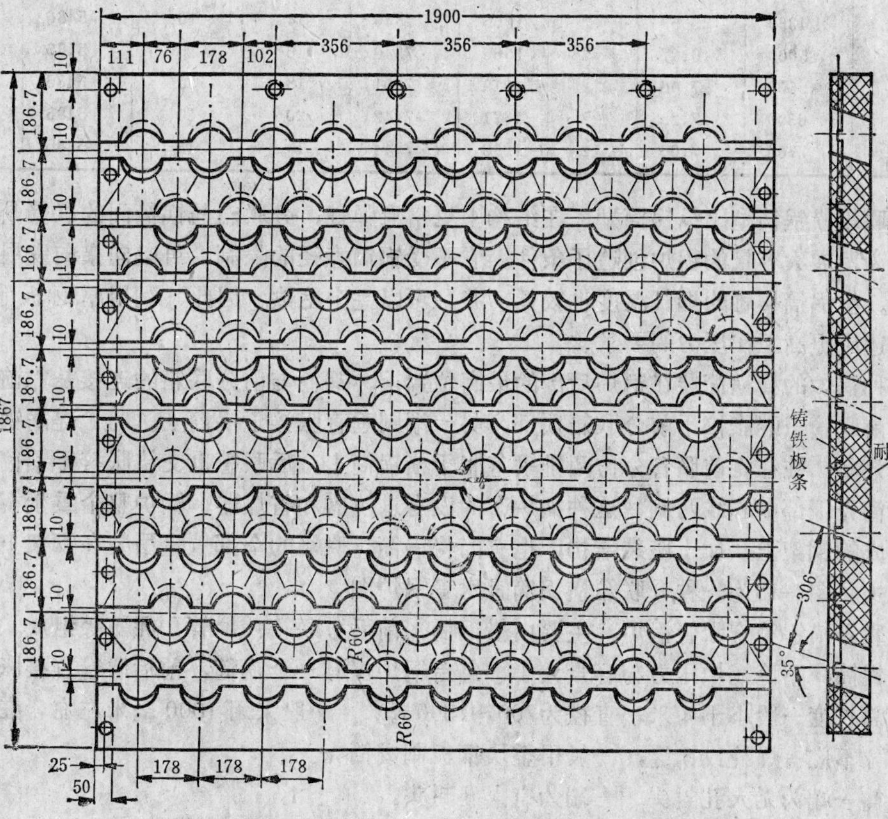

图 4-8 直水管锅炉隔烟墙铸铁板条排列图之二

分联箱纵锅筒直水管锅炉，工作压力一般在40公斤/厘米²以下。表4-1所示，为固定炉排的分联箱纵锅筒直水管锅炉规格。表4-2所示，为链条炉排的分联箱直水管锅炉规格。

（2）分联箱横锅筒直水管锅炉（FH型，英制CT型）：由于分联箱纵锅筒直水管锅炉的锅筒下半部，位于炉膛上方，直接被火烧，故不宜用太厚的钢板制造。因此，工作压力提高受到限制；同时，锅筒的直径有限，要增加受热面，提高蒸发量，必须增加锅筒数目。当受热面积超过200米²时，一个锅筒已无法适应。因此，增加了制造费用和金属材料的消耗，于是产生了分联箱横锅筒直水管锅炉。

分联箱纵锅筒直水管锅炉规格表(固定炉排) 表 4-1

受热面积（米²）	蒸发量（公斤/时）	炉排面积（米²）	锅筒			前后分联箱对数	主炉管		
			数目	直径（毫米）	长度（毫米）		每只联箱孔数	长度（毫米）	总炉管数（根）
20.3	300	0.77	1	610	4496	3	5	3048	15
31.9	480	0.98	1	762	5181	4	5	3657	20
42.7	630	1.24	1	762	6019	4	6	4267	24
55.1	820	1.24	1	762	6019	4	8	4267	32
68.3	1020	1.50	1	914	6045	5	8	4267	40
102	1500	2.14	1	914	6680	6	9	4877	54
105.4	2200	2.79	1	1066	7340	8	9	5486	72
186.8	2760	3.62	1	1219	7391	9	10	5486	90
234	3500	4.74	2	914	7264	14	8	5486	112
291.6	4360	5.53	2	1066	7340	14	10	5486	140
332.6	5000	6.27	2	1066	7340	16	10	5486	160
373.3	5600	7.06	2	1219	7391	18	10	5486	180
419	6300	7.25	2	1371	7442	20	10	5486	200
515	7700	7.06	2	1219	7544	18	14	5486	252

分联箱横锅筒型比纵锅筒型，在结构上更富有弹性，分联箱与锅筒间的联管具有较大弯度，为发展大容量的锅炉创造了条件。它不受锅筒直径的限制，可以向横向发展，增加受热面。横锅筒接触的烟气温度也较低，并且可以完全绝热。因此，利用厚钢板制造锅筒，可适应提高工作压力的要求。

这种锅炉的横锅筒装在锅炉后部的最高位置上。锅筒与前分联箱的连接是靠前联管实现的。前联管一端胀接于前分联箱顶部，另一端则垂直胀接于锅筒上。为了提高锅筒开孔的孔带效率，往往将前联管分作两排垂直胀于横锅筒上。后联管也交错胀接于锅筒上，其位置在筒壳下部中心线两侧。这种锅炉有的设有过热器和省煤器。锅炉整个重量搁置在由型钢构成的钢架上，属于座装结构；也有的将锅筒、联箱的全部重量吊装在钢架上，采用吊装形式。图4-13为一种分联箱横锅筒直水管锅炉图。

分联箱横锅筒直水管锅炉，主要由横锅筒、前后分联箱、炉管和泥箱等组成。

①锅筒：不论锅炉压力与容量大小，每台锅炉仅有一个锅筒，前后联管直接胀于筒壳上。锅筒长度一般小于4米，直径为700～1300毫米，一般采用1000毫米左右。在胀接联管的部位不应有焊缝或铆缝，一般用整块钢板制成筒壳。

锅筒一端为无人孔封头，一端为有人孔封头。

锅筒外部的附件与纵锅筒相同。唯内部装置稍有差异。横锅筒内设有给水槽，进水由

分联箱纵锅筒直水管锅炉规格表（链条炉排） 表 4-2

受热面积		蒸发量	分联箱对数	每只联箱孔数	主炉管长	锅筒			炉排面积	炉膛容积			最大部件重	安装用普通砖	安装用耐火砖
平方英尺	平方米	（公斤/时）			（毫米）	个数	内径	长度	（米²）	长度	宽度	高度	（吨）	（块）	（块）
							毫米				毫米				
119	11	300	3	4	2440	1	760	3177	0.48	2897	1347	3790	3.8	4338	1549
181	16	450	3	5	2440	1	760	3812	0.68	3507	1347	3942	5.1	5378	1843
293	27	730	4	5	3050	1	760	4575	0.99	4117	1525	4095	6.1	6721	2444
401	37	1000	4	6	3660	1	760	5363	1.11	4880	1728	4400	6.6	11159	3016
526	49	1310	4	7	4230	1	760	6024	1.24	5795	1728	4559	7.8	14000	3311
735	68	1830	5	8	4230	1	915	6049	1.51	5795	1906	4873	9.4	15007	3714
983	91	2460	6	8	4880	1	915	6684	1.78	6405	2084	4905	12.2	16761	4153
1218	113	3040	6	9	5490	1	915	7269	2.14	7015	2084	5820	13.7	21214	5427
1426	132	3560	7	9	5490	1	1068	7345	2.46	7015	2262	5973	16.0	21862	5710
1741	162	4350	12	7	4880	2	915	6684	3.40	6405	3152	5801	20.6	20720	6084
1827	170	4560	9	9	5490	1	1220	7396	3.11	7015	2618	6147	19.05	22894	6170
1966	182	4910	12	8	4880	2	915	6684	3.40	6405	3152	5953	21.35	21277	6219
2197	204	5480	12	9	4880	2	915	6684	4.09	6405	3152	6100	22.6	21757	6332
2531	235	6320	14	8	5490	2	915	7269	4.74	7015	3507	5986	27.45	23549	7032
2690	250	6720	12	10	5490	2	915	7269	4.74	7015	3152	6291	25.65	23696	6448
3140	292	7840	14	10	5490	2	1068	7345	5.53	7015	3507	6339	30.0	24664	6885
3580	333	8940	16	10	5490	2	1068	7345	6.28	7015	3863	6526	31.75	25465	7367
4020	374	10040	18	10	5490	2	1220	7396	7.06	7015	4219	6783	37.85	26435	7644
4780	444	11940	18	12	5490	2	1220	7396	8.91	7015	4219	7393	41.9	—	—
5540	515	13030	18	14	5490	2	1220	7549	9.85	7167	4219	7393	47.0	—	—
6328	587	15800	24	12	5490	3	1068	7498	11.15	7167	5287	7758	55.1	—	—
7322	683	18280	24	14	5490	3	1068	7574	13.04	7167	5287	7910	61.00	—	—
8283	770	20680	27	14	5490	3	1220	7625	15.60	7167	5820	8215	70.9	—	—
9273	863	23150	30	14	5490	3	1372	7676	18.20	7167	6354	—	82.05	—	—

给水导管小孔进入给水槽，由槽中溢出再与炉水混合。减少了由于给水暂时硬度，形成的钙镁沉淀大量积存在给水导管内，以致堵塞进水小孔的弊病。在前联管进入锅筒的端部，装有汽水挡板。当汽水混合物进入锅筒时，由于挡板的阻拦，比重较大的水流入炉水中，比重较轻的蒸汽进入锅筒蒸汽空间，使汽水达到粗分的效果。为了进一步降低蒸汽中的水分，使输出蒸汽接近于干饱和蒸汽状态，在出汽口处还设有汽水分离器。在横锅筒内部，为了排除盐类浓度较高的炉水，还装设了连续排污装置。横锅筒内部装置，见图4-9所示。

②分联箱：与纵锅筒锅炉所用分联箱基本相同。整体锻造的分联箱和用无缝钢管轧制的分联箱，承受的工作压力可达120公斤/厘米²。但由于设备特殊，工艺复杂，国内不生产。我国多采用铸钢分联箱，其质量应以无铸造砂眼、箱壁厚度均匀，且经1.5倍工作压力的水压试验为合格。一般可用于工作压力22公斤/厘米²以下的锅炉。另外，我国近十几年来，为了适应工业发展的形势，还创造了焊接分联箱。其制造工艺是，将钢板热压成两个无顶无底的波浪形的半块箱壁，再用电焊将两个半块箱壁对焊起来，最后，再焊上由钢板制成的箱顶与箱底，如图4-10所示。当加工制作成形后，应进行热处理，以消除机械加工应力。热处理时，应在联箱准备开孔处钻以小孔，防止因加热使内部空气膨胀，造成联

箱变形。我国其他用途的联箱制造方法与此基本相同。唯封头处理方法略有出入，详见图4-11所示。

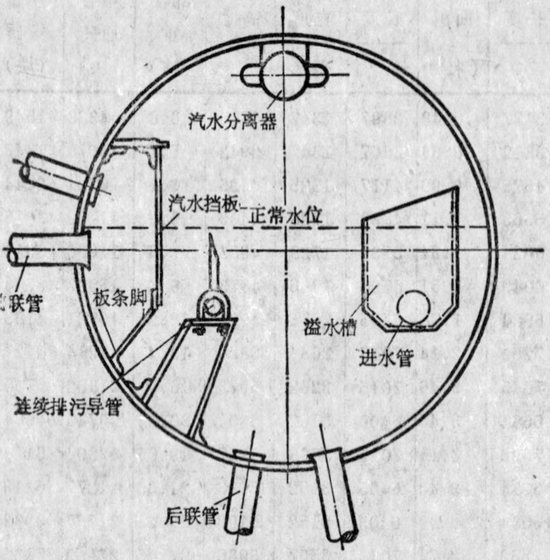

图 4-9　横锅筒内部装置图

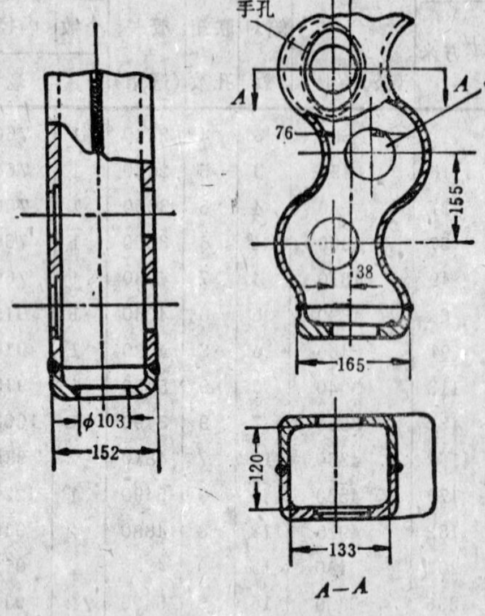

图 4-10　焊制分联箱图

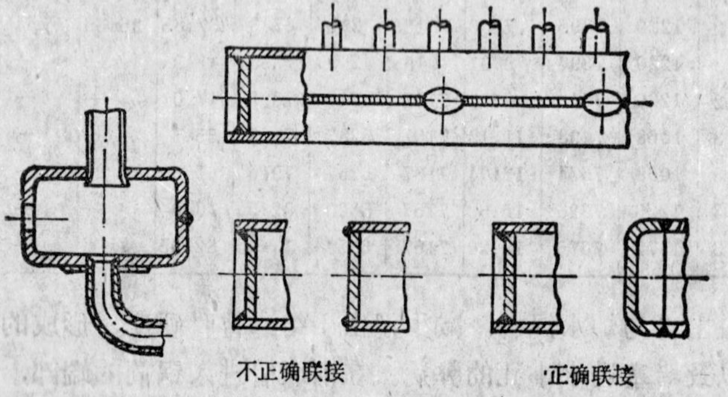

图 4-11　联箱封头联接图

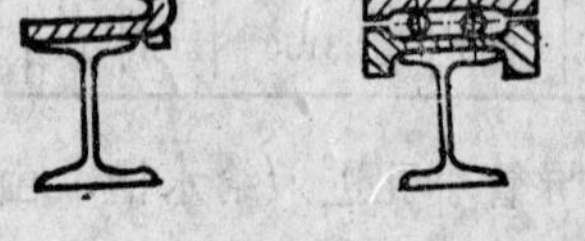

图 4-12　前分联箱支撑图

③直水管：除前联管弯曲形状与纵锅筒锅炉不同外，其余材质、直径等均同。

④蒸汽过热器：其装置方式属水平式。纵锅筒锅炉的饱和蒸汽是由锅筒下部引出，进入蒸汽过热器的，而横锅筒的饱和蒸汽是由横锅筒上部引出，进入蒸汽过热器的。

⑤炉架：系由型钢组成前后左右四根立柱。横锅筒搁置在后边两根立柱上，炉前两主柱间装有工字钢横梁与斜面垫板，承托前分联箱及部分炉管的重量，其结构见图4-12所示。炉架其他部分，如拉条、夹柱等，均与纵锅筒直水管锅炉相同。

⑥其他：在主炉管间设置两道隔烟墙。第一道隔烟墙向前倾斜，以使烟气冲刷前部直水管，一般与直水管呈夹角55°的倾斜；第二道隔烟墙与直水管垂直相交。

近年来，为了提高热效率，增加蒸发量，在这种小型横锅筒直水管锅炉上进行了技术改造。技术改造的主攻方向，是在炉膛四周增加水冷壁管。水冷壁管能有效地冷却炉墙，吸收辐射热量，从而大大提高锅炉蒸发量。

图4-13为在炉膛两侧装设水冷壁管简图。可使锅炉蒸发量提高近一倍，且降低投资及钢材消耗。也有的锅炉在炉膛前部或后部增加水冷壁管的。增加水冷壁管，可以增加辐射受热面，提高蒸发量。但是，炉膛四周水冷壁布置过多时，会降低炉膛温度，影响完全燃烧。适当的水冷强度，要由计算决定。

水冷壁一般要成单独循环系统，以免影响原有的炉水循环。水冷壁管上下两端焊于增设的两个上下联箱上，上联箱由汽水引出管与横锅筒相连，下联箱供水管可由横锅筒引出，也有的由后分联箱下部引出。后一种方法有两个弊病：其一，与原锅炉水循环混在一起，易使个别直水管造成水流缓慢或倒流现象；其二，炉水中泥污沉渣易进入水冷壁管，造成阻塞。

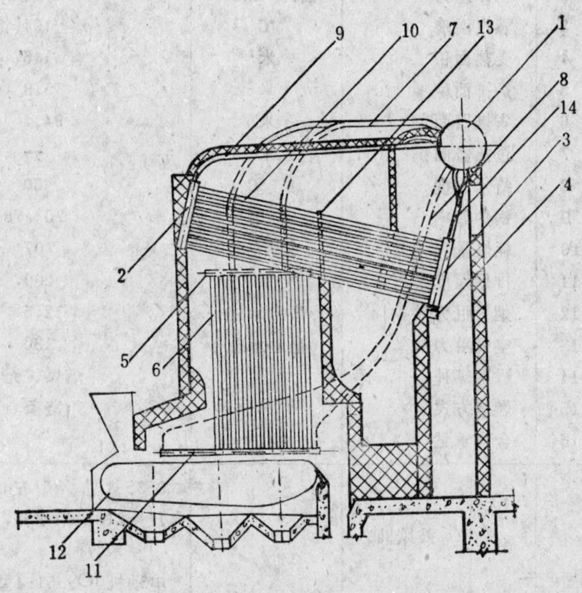

图 4-13 分联箱横锅筒直水管锅炉水冷壁装置图

1—横锅筒；2—前分联箱；3—后分联箱；4—泥箱；5—水冷壁上联箱；6—水冷壁管；7—汽水导出管；8—下降管；9—前联管；10—排管；11—水冷壁下联箱；12—链条炉排；13—隔烟墙；14—后联管

水冷壁管中心至炉墙的距离，一般为50～150毫米，管距约为2倍水冷壁管外径。

在布置水冷壁时，还应注意供水与出汽要均匀，以保证各水冷壁管间不致流速相差太大，造成烧坏管子的事故；增设水冷壁后，其给水品质要求较严，给水硬度应低于0.1德国度，才能使管内不致结垢；水冷壁循环系统要保持一定高度，以保证水循环速度。一般压力在8公斤/厘米^{2}以下的锅炉，高度要保持2～3米，汽压超过8公斤/厘米^{2}时，高度要提高到4～6米，才可产生0.3～0.5米/秒的水循环速度，获得必要的循环倍率。

$$循环倍率=\frac{每小时进入受热管的炉水总量（公斤/时）}{每小时由该受热管出来的蒸汽量（公斤/时）}$$

较高的循环倍率，不仅可以加快炉水循环速度，还可防止炉水含盐量浓度加大，受热面结垢；布置水冷壁时，水冷壁管应具有一定的倾斜度，一般与水平线夹角要保持在12°～15°以上，以防止汽水分层、汽塞等破坏炉水循环的现象；正确地选择下降供水管、上升管与汽水引出管的截面及其比例，具有非常重要的意义。经验证明，下降供水管与汽水引出管截面过小、比例不当，极易造成水循环事故。一般截面比例为：下降供水管总截面∶上升管总截面∶汽水引出管总截面＝0.2∶1∶0.3。

水冷壁可承受较高热负荷，平均传热量可达(200～300)×10^4大卡/米^2·时。锅炉由辐射吸收的热量可达全部利用热量的50%以上。

2.分联箱直水管锅炉的优缺点

优点：（1）分联箱易于拆装、修理、更换；

（2）清洗炉管方便；

国产分联箱横锅筒直水管锅炉（CT型）规格表 表 4-3

序号	名称	单位	FHL4-13-1型	SFC6.5-13-1型
1	蒸发量	吨/时	4	6.5
2	工作压力	公斤/厘米^2	13	13
3	蒸汽温度	℃	194(饱和)	194(饱和)
4	受热面积	米^2	146	170
5	炉排面积	米^2	5.8 (6.6)	8.45
6	省煤器面积	米^2	94.4	94.4
7	过热器面积	米^2	—	—
8	给水温度	℃	60	60
9	锅炉效率	%	70～78	70～78
10	耗煤量	公斤/时	707	1135
11	排烟温度	℃	200	198
12	烟气阻力	毫米水柱	12.5	34.5
13	空气阻力	毫米水柱	130	130
14	适用煤种		烟煤、无烟煤	烟煤
15	燃烧方式		链条	链条
16	金属重量	吨		～54
17	配套设备：鼓风机		9-35-1型 №6 左135° H=210毫米水柱，Q=5570米^3/时 电动机JO_2-51-4型，7.5千瓦	9-35-1型 №8 右90° H=163毫米水柱，Q=8720米^3/时 电动机JO_2-52-6型，7.5千瓦
	配套设备：引风机		Y9-35-1型 №8 左0° H=98毫米水柱，Q=16000米^3/时 电动机JO_2-61-6型，10千瓦	Y9-35-1型 №10 右45° H=94毫米水柱，Q=19450米^3/时 电动机JO_2-62-8型，10千瓦
	配套设备：炉排传动电机		JO_2-31-6型，1.5千瓦	JO_2-31-6型，1.5千瓦

（3）无水冷壁时，与其他水管锅炉相比，给水品质要求低；

（4）水容量较大。

缺点：（1）耗用钢材多；

（2）分联箱制造困难，且大量手孔检修工作量大，易漏泄；

（3）纵锅筒横联箱制造困难；

（4）在超负荷时，水循环易发生故障。

鉴于上述缺点，所以这种锅炉目前制造的较少，甚至已停止安排生产。现有运行的这类锅炉，也处于提高炉膛、增加水冷壁等技术改造中。随着对锅炉本体的改造，燃烧装置也多改为风动机械抛煤机或链条炉排。

3.弯水管锅炉

分联箱直水管锅炉结构复杂，制造费用高，金属耗用量大，尤以分联箱部分为甚，其重量约占所有受压部件总重的30～40%。为了简化结构，降低造价，十九世纪末期出现了不用联箱的直水管锅炉，如图4-14所示。但是，此种直水管锅炉的阶梯形接口部分制造仍然复杂，结构弹性也差，进而出现了弯水管锅炉。

英制分联箱横锅筒（拔柏葛CT型）直水管锅炉规格表　　表 4-4

序号	受热面积 (米²)	蒸发量 (公斤/时)	前后分联箱对数	前分联箱管孔数	后分联箱管孔数	主炉管长度 (毫米)	炉排面积 (米²)	锅筒 内径	锅筒 长度	双弹簧安全阀名义直径	主汽阀名义直径	约计总重 (公斤)
			个					毫米		毫米		
1	14.15	210	3	5	4	2440	0.58	762	1498	50	65	3650
2	16.83	240	3	6	5	2440	0.68	762	1498	50	65	3800
3	20.37	300	3	6	5	3048	0.77	762	1498	50	65	4300
4	27.25	405	4	6	5	3048	0.99	914	1676	50	65	5000
5	37.29	555	4	7	6	3660	1.11	914	1880	50	80	5800
6	42.75	630	4	7	6	4270	1.24	914	1880	50	80	6600
7	48.92	725	4	8	7	4270	1.24	914	1880	50	80	6900
8	55.15	825	4	9	8	4270	1.24	914	1880	50	80	7400
9	68.36	1010	5	9	8	4270	1.51	914	2058	50	80	7900
10	81.25	1215	6	9	8	4270	1.78	914	2235	50	80	8400
11	90.75	1360	6	10	9	4270	1.78	914	2235	50	100	9100
12	100.00	1500	6	11	10	4270	1.96	914	2235	50	100	9700
13	133.00	1995	8	11	10	4270	2.56	914	2590	65	100	12700
14	148.90	2335	9	11	10	4270	2.86	914	2768	65	125	13700
15	165.75	2485	10	11	10	4270	3.15	1066	2946	65	125	15000
16	182.00	2730	11	11	10	4270	3.47	1066	3124	65	125	16300
17	200.00	3000	12	11	10	4270	3.76	1066	3302	65	150	18000
18	228.25	3425	14	11	10	4270	4.44	1066	3660	80	150	20100
19	366.00	3990	16	11	10	4270	4.93	1066	3962	80	150	23100

现代工业锅炉大多为弯水管锅炉。其特点为：采用弯曲的主炉管，在各种工作情况下比直水管弹性大；锅筒的数量减少到一至二个，以减少金属耗用量和制造价格；尽量采用炉膛水冷壁，吸收炉膛辐射热量，提高热的利用率；使烟气横向冲刷受热面管子，并适当提高烟气流速，加强传热效果；增加尾部受热面，装置省煤器、空气预热器等，以减少对流受热面，降低排烟温度，提高锅炉效率。

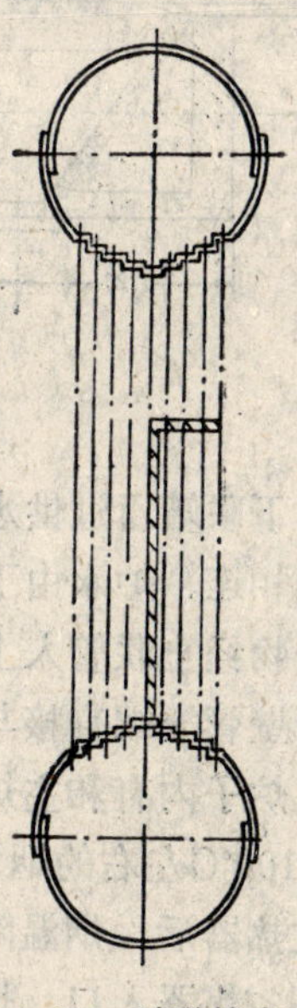

图 4-14　无联箱直水管锅炉图

（1）三锅筒型弯水管锅炉

五锅筒、四锅筒等多锅筒锅炉，因其钢材消耗量大，目前均已淘汰。现在较常见的是具有两侧水冷壁的三锅筒弯水管锅炉。其结构详见图4-15所示。这种锅炉的下锅筒，也称泥水锅筒。在下锅筒上主炉管分为三个管群，后两个管群与后上锅筒相连，前部管群与前上锅筒相连。上部两个锅筒间由汽水联管接通。给水由后面上锅筒的一侧封头接至给水溢水槽，溢出后的给水与炉水混合后，经后部管群到下锅筒。被加热的炉水，一部分由第二管群进入后上锅筒，另一部分则沿第一管群上升到前上锅筒中。汽水混合物经过汽水分离，炉水继续参加循环，蒸汽则由上部汽联管，进入后上锅筒，与第二管群产生的蒸汽，一并经汽水分离器输出。

炉膛两侧装有水冷壁管。水冷壁管上下两端与上下联箱相

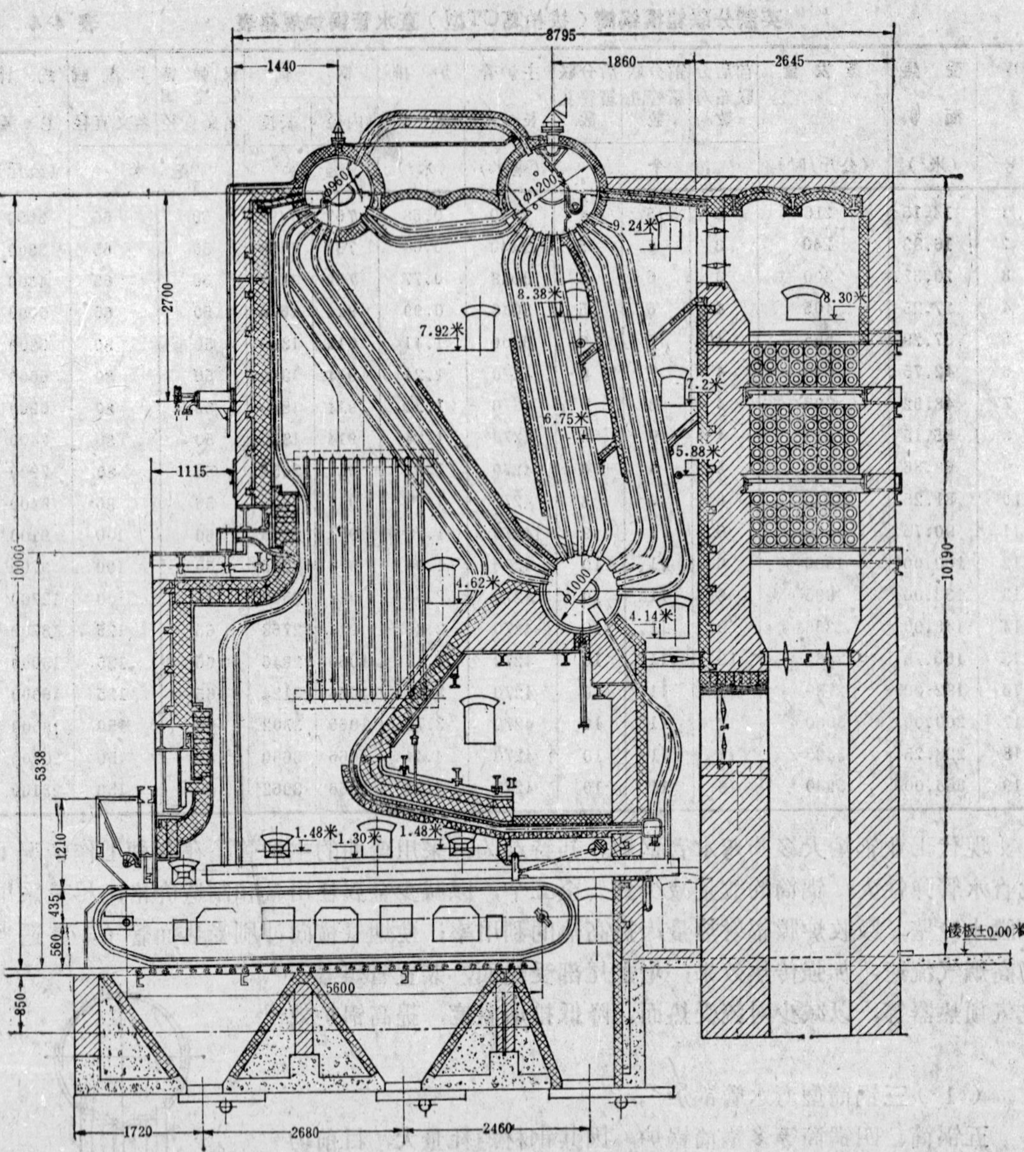

图 4-15　三锅筒弯水管锅炉图

连。下联箱通过供水下降管与下锅筒相连。上联箱由若干汽水引出管（也称上联管）与上锅筒相连。炉水由下锅筒经供水下降管入水冷壁下联箱，再经受热面上升入上联箱，汽水混合物经上联管入上锅筒分离，构成水冷壁的水循环系统。也有的锅炉，不装上联箱，其水冷壁管上端直接与上锅筒胀接。

炉子内有和主炉管紧贴着的隔烟墙三堵，把主炉管受热面分成三个烟气道。自炉膛出口 1100°C左右的烟气冲刷第一管群后，进入蒸汽过热器区域，烟温约降至 940°C。冲刷蒸汽过热器后，烟温降至815°C。烟气折下冲刷第二管群后，烟温又下降至550°C，经第三管群到省煤器入口，烟温达410°C，经省煤器后，烟温降到300°C以下，经引风机排入烟囱至大气。

图4-15三锅筒弯水管锅炉，装用链条炉排。这种锅炉的受压部件，主要由上锅筒、下锅筒，主炉管和水冷壁管组成。

①上锅筒：前后横置的两个上锅筒，均由锅炉钢板卷制、对接双面电焊而成。后上锅筒一般直径较大，为1200毫米，前上锅筒直径较小，为960毫米。后上锅筒一侧封头上装有两个水位表。由于第一管群吸收热量多，管中汽水混合物动能较大，前上锅筒炉水波动激烈，有时产生汽水共腾现象，易造成假水位。所以，前后两个上锅筒水位差达100～130毫米，故将水位表装于后上锅筒，以观察后上锅筒水位为准。也有的三锅筒锅炉，在设计中即考虑运行时两锅筒水位偏差，故安装时，将前上锅筒的标高比后锅筒标高高100毫米，以使锅炉运行中前后锅筒水位趋于一致。

②下锅筒（泥包、泥筒）：下锅筒处于炉水循环系统的下部位置，是前后管群中炉水循环的一个过渡区。炉水经过时，流速降低，将污物泥渣沉淀下来，由下部排污口排出。

炉水在下锅筒中，大部由其上部掠过，而下半部炉水则近似停滞状态。当锅炉生火时，由于下锅筒不受热，上部炉水温度高，下部炉水温度低。因此，造成下锅筒筒壁的上下温差达150～180°C。如长期不采取措施，将形成$t_1>t_2$，如图4-16所示。

再者，烟气从下锅筒上部经过，前侧接近炉膛，温度较高，后侧较差，下部更差。因此，形成筒壁温度$T_1>T_2>T_3$。

由于上述两个原因，致使下锅筒上半部温度高、膨胀大；下半部温度低，膨胀小，产生巨大弯曲应力，迫使锅筒弯曲变形。对于老式铆接锅筒，这种情况更危险。锅筒变形，铆钉松动，造成漏泄，含有高浓度碱的炉水，在漏泄处浓缩，造成金属的晶间腐蚀，即“苛性脆化”。在长期浓碱的作用下，发展严重时，将造成锅炉爆炸。

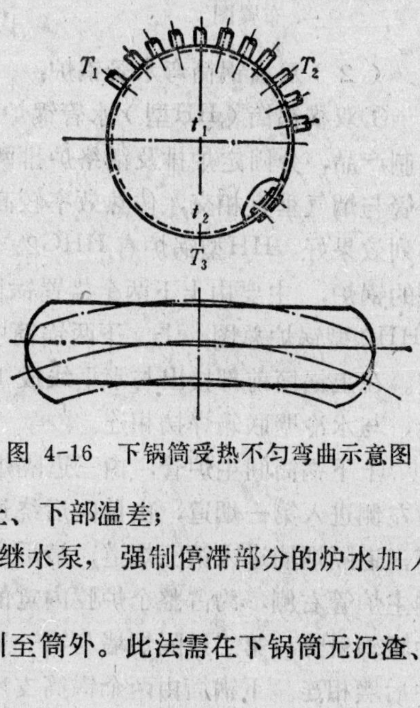

图 4-16　下锅筒受热不匀弯曲示意图

为防止上述温差的产生，可采取以下几种措施：

a.加热法：在锅炉生火时，可引入其他运行锅炉的蒸汽至下锅筒，将下部“死水”加热，减少锅筒上、下部温差；

b.强迫水循环，在下锅筒和后上锅筒之间加装中继水泵，强制停滞部分的炉水加入循环；

c.开启水冷壁下联箱排污管：将下锅筒“死水”引至筒外。此法需在下锅筒无沉渣、水质较好的条件下，才可使用；

d.生火时，开启下锅筒定期排污门，排放冷水。这种方法水和热量损失较大；

e.铆接锅筒改为焊接锅筒。

③主炉管：一般由直径76～89毫米的锅炉无缝钢管弯制而成。

主炉管与锅筒胀接。管端与锅筒外壁垂直连接，即管孔中心线要通过锅筒中心。

炉管胀接胀力应适当，理论上，胀接质量要求，管壁呈永久弯形，管孔呈弹性变形。胀力不够，胀接不牢；胀力过大，筒壁失去弹性，胀接也不牢。若管壁减薄过多，管端则易被拉断损坏。管端在胀接以后的增大量，经验得知约为管子原外径的3%。

④水冷壁：水冷壁管一般采用外径为51～76毫米锅炉无缝钢管。水冷壁的布置方式，

有以下三种形式，参见图4-17所示。

a.图中（a）管子全部受辐射热；

$$L=100\text{毫米左右},$$

$$S=1.2\sim2d\text{（毫米）}$$

b.图中（b）前半面管子受热，后半面受热情况欠佳；

c.图中（c）只前半面管子受热，后半面则全部砌在炉墙内。

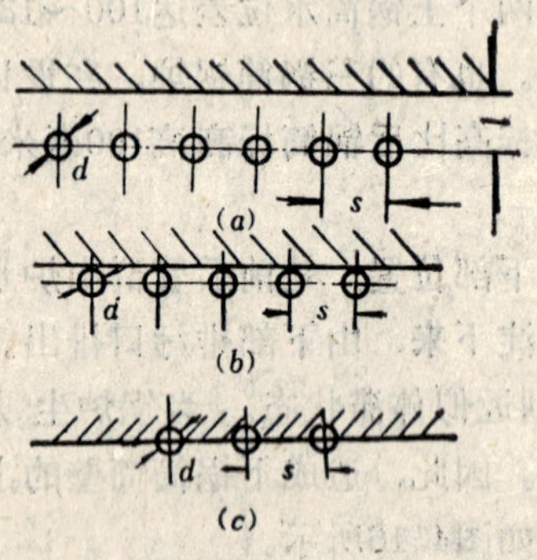

图 4-17　水冷壁管与炉墙间距布置图

管子在穿过炉墙时，应注意使其能自由伸缩。如果有上下两个联箱时，应根据锅炉整体伸缩方向，使其中一只加以固定，而另一只则应能自由伸缩。

位于炉排两侧的水冷壁下联箱，兼有防焦箱作用。联箱与水冷壁管焊接相连。联箱两端开有手孔，以便停炉检查、清理沉渣。水冷壁下降管有的直接与联箱焊接，也有的联箱上焊有法兰短节，用法兰再与下降管连接。下降管应布置在炉墙外，不得与火焰或烟气接触，以有利于水循环。

（2）双横锅筒弯水管锅炉：

①双横锅筒（HH型）水管锅炉：HH 型锅炉，即老型号K型锅炉。原K型锅炉为一种仿制产品，分固定炉排及活络炉排两种燃烧设备，近几年又出现了振动炉排。这种锅炉主炉管与烟气垂直相交，传热效率较高，但从排列方式上则是属于平行排列的，又不如交错排列效果好。HH型锅炉有 HHG2、HHH2、HHH4 几种型号，其结构大同小异。这种类型的锅炉，主要由上下两个横置锅筒与中间的主炉管、前水冷壁管等组成。图 4-18 为 HHH2 型锅炉总图。上、下两锅筒中心联线与水平线成 80° 交角，上锅筒较下锅筒略靠炉前。在上锅筒前部接出与水平线成 15° 交角的水冷壁管，沿前墙直下，由炉门上部通过前墙，与水冷壁联箱焊接相连。

上下锅筒间主炉管，由三道隔烟墙隔成三个通道。烟气由炉膛遇第一道隔烟墙，向炉膛左侧进入第一烟道，由前向后绕过第二道隔烟墙进入第二烟道。然后，由后向前，绕过第三道隔烟墙进入第三烟道，最后经总烟道进入烟囱。第一道隔烟墙砌在靠膛后部的第一排主炉管右侧，约占整个炉膛内宽的三分之二左右。第一排主炉管显露在隔烟墙外，接受炉膛辐射热。第二道隔烟墙与第一道隔烟墙，垂直相交。第三道隔烟墙一般为铁板，与锅炉后墙相连。下锅筒由两个锅筒支座支撑，其中一个支座为活动的。锅炉受压部件全部重量由下锅筒承担。整个锅炉本体的伸张方向是向上的。

炉水的循环，有两个系统。一个是本体炉水循环系统，给水进入上锅筒后，由第三烟道部分炉管下降到下锅筒，将水中污垢沉积于下锅筒，炉水再由左侧炉管上升到上锅筒，构成本体炉水循环；另一个是水冷壁水循环系统，炉水由上锅筒两端下降管到前联箱，经水冷壁管又回到上锅筒，蒸汽在上锅筒分离后进入蒸汽空间，分离出的水，又参加循环，构成水冷壁的炉水循环。

这种锅炉的炉墙，属于重型炉墙，与其他水管锅炉炉墙基本相同。唯其炉顶部分有所不同。HH型炉顶是用铸铁空心梁支撑的。在炉膛上部的炉顶是双层的，靠近炉膛的一层，

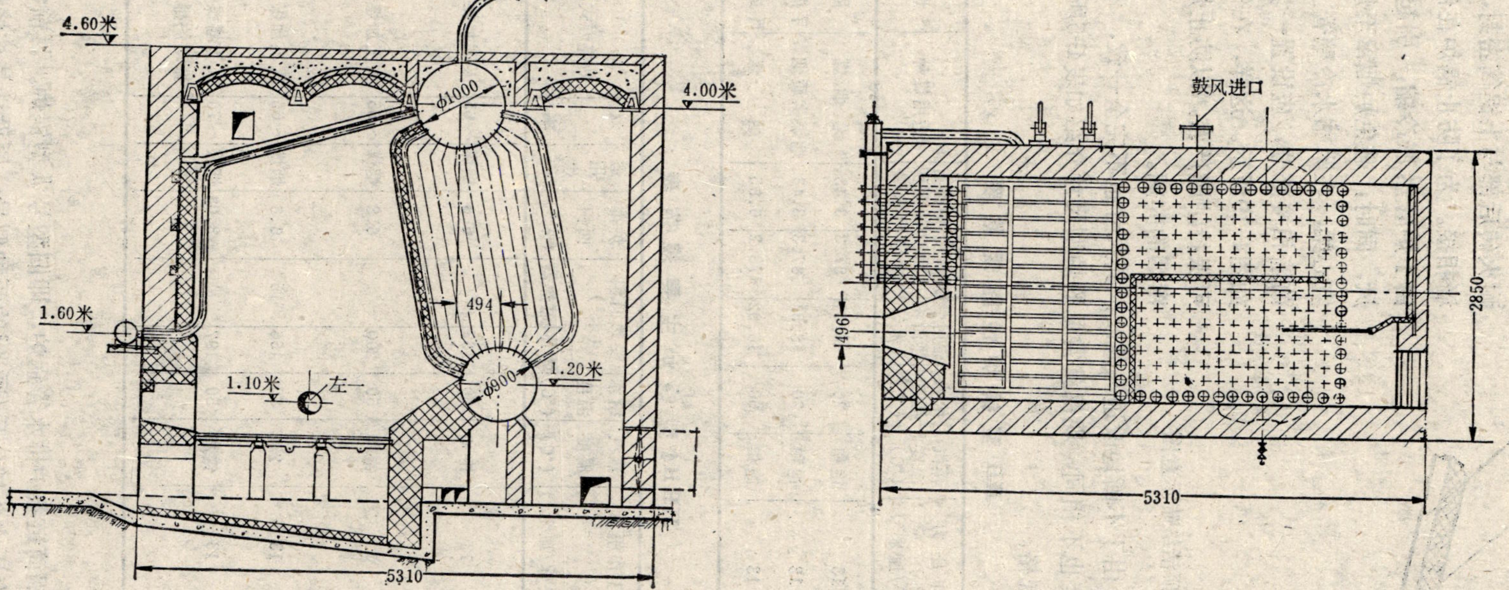

图 4-18 HHH2-13型双横锅筒水管锅炉图

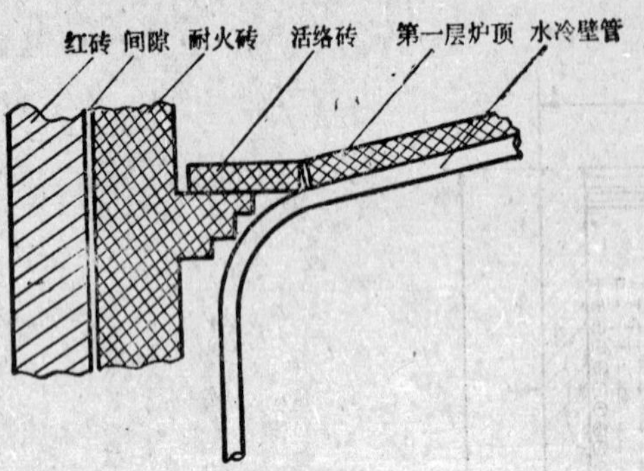

图 4-19　HHH型炉顶活络砖示意图

是用许多异型耐火砖铺于水冷壁管上的。耐火砖后部与上锅筒密封，前部则与前炉墙相接。为了防止锅炉在停用与运行时，由于炉管热胀冷缩，引起炉膛顶部的漏风，同时，避免炉烟窜至炉顶内部，烧坏空心梁，在紧贴水冷壁管上部的耐火砖与前墙相接部分，应设置一块活络耐火砖，如图4-19所示。这样，在任何情况下，均可保持炉膛严密，以防止炉膛顶部漏风和窜烟的弊病。

HH 型锅炉的规格，由于不断地改进与修改，其尺寸也不完全一致，有的甚至因使用工作压力低，其钢板厚度也不相同，现仅就常见的炉型尺寸介绍如表4-5所示。表4-6为几种HH型 4 吨/时锅炉的规格。

HH 型锅炉性能规格表　　表 4-5

型号	蒸发量（吨/时）	工作压力（公斤/厘米²）	蒸汽温度（°C）	给水温度（°C）	辐射受热面积（米²）	对流受热面积（米²）	炉排有效面积（米²）	适用煤种	燃烧方式	金属重量（吨）
HHG2-13	2	13	饱和	20	8.31	87.3	3.43	无烟煤	固定炉排	10.75
HHH2-13	2	13	饱和	20	8.31	87.3	3.43	烟煤劣质烟煤	手摇活络炉排	10.65
HHH2-13	4	13	饱和	60	16.92	178.2	6.85	烟煤	手摇活络炉排	16.54

HHH4 型锅炉主要规范表　　表 4-6

型号	蒸发量（吨/时）	工作压力（公斤/厘米²）	蒸汽温度（°C）	给水温度（°C）	受热面积（米²） 本体	受热面积（米²） 过热器	炉排面积（米²）	适用煤种	效率	燃烧方式	外形尺寸长×宽×高（毫米）	金属重量（公斤）
HHH4-13	4	13	饱和	50	197		6.8	烟煤	～65	人工加煤	5400×4720×3800	15000
HHH4-13	4	13	饱和	50	200		6.8	烟煤	～65	人工加煤	5480×5170×4600	14536
HHH4-13/250	4	13	250	50	166	15	6.8	烟煤	～65	人工加煤	5480×5770×4600	15098
HHZ4-13	4	13	饱和	50	197		3.08	烟煤	～70	风力播煤振动炉排	5480×4720×4600	

②SHL型水管锅炉

SHL型锅炉是双横锅筒链条炉排水管锅炉，即旧型号Д型锅炉。目前常见的有容量为10吨/时和20吨/时、蒸汽压力为13公斤/厘米²的两种型号。原设计是按烧用无烟煤和半无烟煤考虑的，煤的低位发热量Q_H^p>5000大卡/公斤。

a.SHL10-13型锅炉，由上、下锅筒，对流排管以及炉膛前后左右四周水冷壁配以链条炉排组成。尾部有省煤器及管式空气预热器。上锅筒内径为1200毫米，壁厚为16毫米，下锅筒内径为900毫米，壁厚14毫米。上下锅筒中心线在同一垂直面上。对流管外径51～76毫米。管群中间有纵横（倾斜）四道烟气隔墙，使烟气由炉膛上部出来后，横向冲刷对流管束三次，最后纵向向上冲刷后，进入尾部受热面。炉膛前后左右四周水冷壁管外径均为60～76毫米。前水冷壁联箱，由上锅筒引出的下降管供水，两侧及后部水冷壁联箱，均由下锅筒引出的下降管供水。下降管直径均为76毫米，联箱外径均为219毫米。锅筒钢板为15g或20g锅炉碳素钢，对流管均为10号或20号锅炉无缝钢管。省煤器为非沸腾式铸铁省煤器，空气预热器是由直径40毫米钢管组成的管式空气预热器。

SHL-10型锅炉规范及技术要求表 　　　　表 4-7

蒸发量：	10吨/时	炉排有效面积：	11.8米^2
工作压力：	13公斤/厘米^2	给水温度：	60;105°C
蒸汽温度：	194°(饱和)	冷空气温度：	30°C
受热面积：		预热空气温度：	130～150°C
辐射受热面积：	34米^2	设计燃料：	
对流受热面积：	270米^2	无烟煤$Q_H^P \geq 5570$大卡/公斤	
省煤器受热面积：	94.4米^2	$V^P > 7\%$，$W^P < 10\%$，$A^P < 25\%$	
空预器受热面积：	168米^2	$S^P_{np} < 0.2\%$大卡/公斤，$t_1 > 1150°C$	
给水要求：	含氧0.05～0.1毫克/升 含油<0.1毫克/升 pH7.5～8.5总硬度0.05～0.1毫克当量/升	颗粒度：	
炉水要求：	磷酸根≯15～20毫克/升	0～3<20%	
	含盐量≯3000毫克/升	4～6<20%	
	碱度12～13毫克当量/升	最小颗粒度：	
水压试验：	16.3公斤/厘米^2	30～40毫米	

b.SHL20-13型锅炉：系蒸发量为20吨/时，工作压力为13公斤/厘米^{2}的锅炉。上、下锅筒为横向布置，下锅筒比上锅筒中心线略靠炉膛。锅炉结构如图4-20所示，与10吨/时锅炉基本相同，只是尺寸大小不同。上锅筒直径为1400毫米，下锅筒直径为900毫米。炉膛前后左右布置有水冷壁。上、下锅筒之间连接有两组排管，管子外径均为76毫米。前后左右水冷壁的下联箱直径均为219毫米，炉膛两侧下联箱兼作炉排防焦箱。各部水冷壁下联箱的下降管外径均为83毫米。尾部装有铸铁省煤器及管式空气预热器。锅炉设有给水自动调节器、高低水位警报器。炉前接有低地位水位表。配有齿轮传动链条炉排，落灰斗底部装有马丁式碎渣机。炉体外形尺寸为12316×5000×11100毫米。

4.双纵锅筒（SZ型）水管锅炉　这种锅炉旧型号为ДKB型。目前较常见的规格为蒸量6.5吨/时及10吨/时两种。

（1）SZ6.5-13型锅炉：它的蒸发量为6.5吨/时，工作压力为13公斤/厘米^2。其结构是由上、下纵向的两个锅筒及许多弯水管组成。下锅筒比上锅筒长度约短一半，位于锅炉整体后半段的下部。上锅筒的前半段伸至炉膛顶部。两锅筒间由弯水管相连。炉膛两侧布置有水冷壁管，水冷壁管下端，与下联箱焊接。下联箱伸至下锅筒底部，由供水下降管与下锅筒相连。水冷壁管上端，与上锅筒胀接相连。主炉管被两堵隔烟墙隔成三个烟气通道。烟气由炉膛右侧进入主炉管区，呈水平Z字形路线弯曲回行，横向冲刷主炉管。最

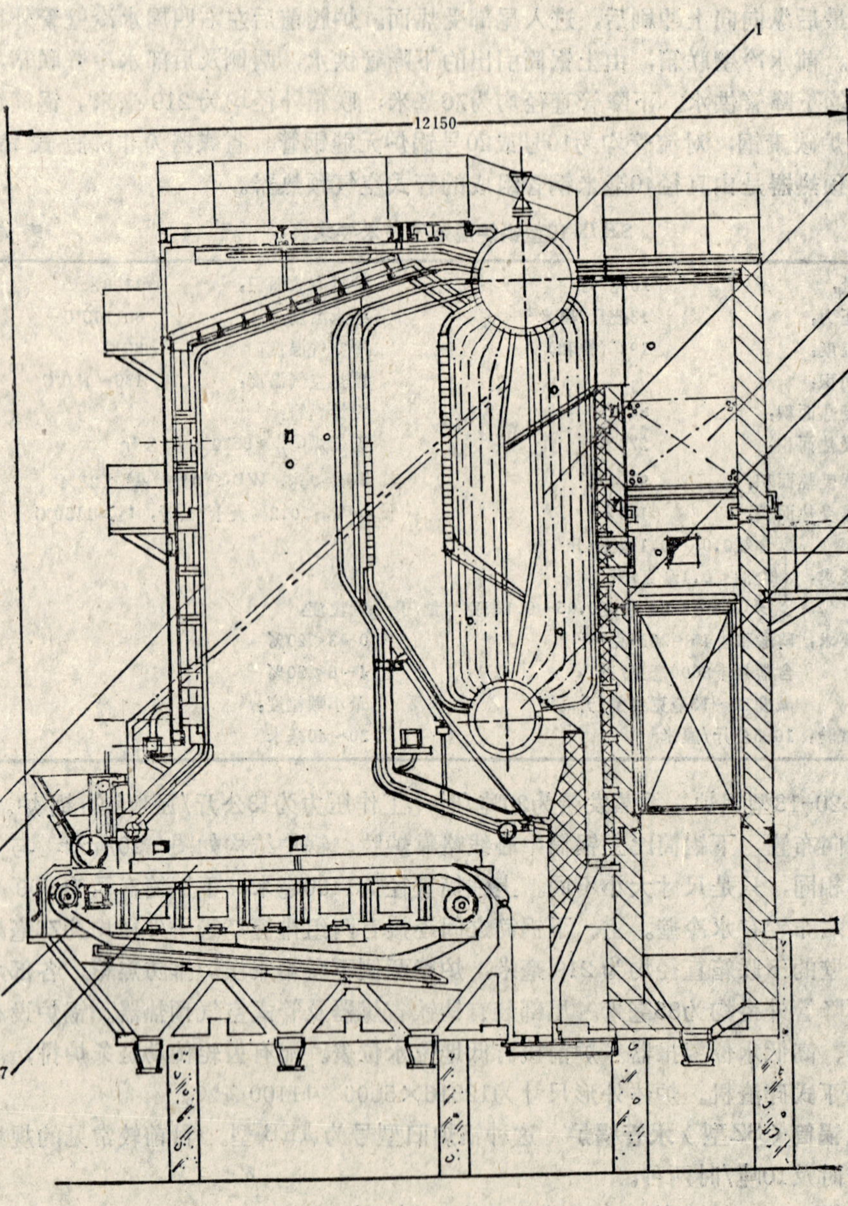

图 4-20 SHL20-13型双锅筒横置式链条炉排锅炉图

1—上锅筒；2—下锅筒；3—对流排管；4—水冷壁管；5—落煤斗；6—链条炉排；7—水冷壁下联箱；8—省煤器；9—空气预热器

SHL-20型锅炉规格表 表 4-8

蒸发量	20吨/时	炉排有效面积	20.5；21米^2
工作压力	13公斤/厘米^2	给水温度	105°C
蒸汽温度	饱和	空气预热温度	115～135°C
受热面积：		燃烧方式	链条
锅炉本体	404～450米^2	适用燃料	半无烟煤
省煤器	278米^2		
空气预热器	262；313米^2		

SHL-20型锅炉配套辅机规格表 表 4-9

序号	名称	规范
1	鼓风机	9-35-1型，NO13$\frac{1}{2}$，H=270毫米水柱，Q=31880米^3/时 电动机JO93-8，40千瓦
2	引风机	y9-35-1型，NO 15$\frac{1}{2}$，H=226毫米水柱 Q=72360米^3/时，电动机JS125-8，95千瓦
3	二次风机	8-18-1型，NO10，H=583毫米水柱 Q=6970米^3/时，电动机JO2 71-4，22千瓦
4	炉排齿轮箱（电动机）	2.8千瓦，960转/分，220/380伏

后，由后炉墙左侧下方进入省煤器，排至烟囱。图4-21为这种锅炉的结构总图。

另一种SZ6.5-13型锅炉，上锅筒较短，仅比下锅筒稍长，是一种改进的炉型。它具有节省金属材料，不易因缺水或水质不良，造成上锅筒下部变形的特点。短上锅筒SZ 6.5-13型锅炉的水冷壁管，上端是与新增的上联箱电焊相连。两侧水冷管数量减少，但增设了后排水冷壁管与后联箱。下锅筒的位置在距操作地面三米高的地方，整个炉体与炉膛的标高都提高了。

上述两种型号锅炉的水循环是：给水进入上锅筒后，经第二管群降至下锅筒，在下锅筒沉积污垢后，由第一管群上升至上锅筒，构成炉水的主要循环。下锅筒的水，经左右两根供水下降管，分别进入左右两下联箱，经水冷壁管上升回到上锅筒。后水冷壁的炉水由下锅筒，经后联箱、水冷壁管，最后进入上锅筒。构成水冷壁的水循环。

制造锅筒所用钢板，应采用牌号为15g或20g钢板。纵向和周向接缝，全部采用双面对接电焊。锅筒内直径一般为1000毫米，厚度14～16毫米。主炉管使用$\phi 51\times 3$锅炉无缝钢管弯制而成。其弯曲的曲率半径均为400毫米，但其所取角度不同。

SZ型6.5吨/时锅炉主炉管上、下两端胀接在上、下锅筒的辐向管孔中，使管子与筒壁垂直。上、下两个锅筒的纵向中心线相距2750毫米。为了便于检修人员进出锅筒，长上锅筒两端封头各开一个人孔，短上锅筒仅一端封头开有人孔。主炉管的排列，无论纵向或周向，均为平行排列，如图4-22所示。而单层水冷壁在与上锅筒胀接时，为了提高锅筒开孔的孔带效率，则采用交错排列的布置，如图4-23所示。

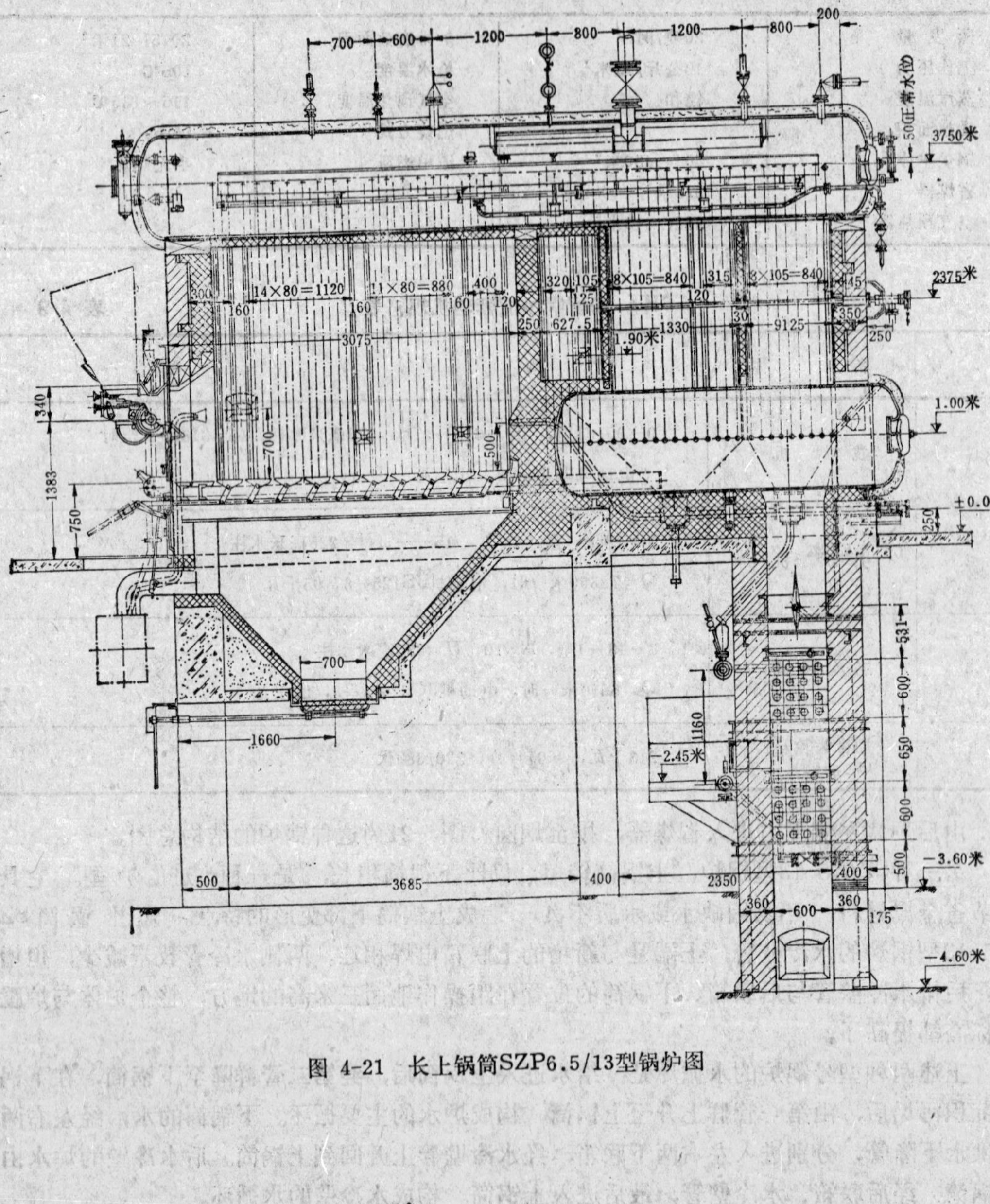

图 4-21　长上锅筒SZP6.5/13型锅炉图

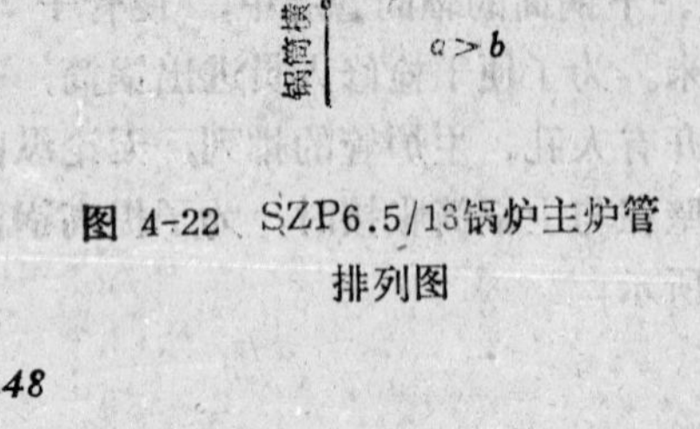

图 4-22　SZP6.5/13锅炉主炉管排列图

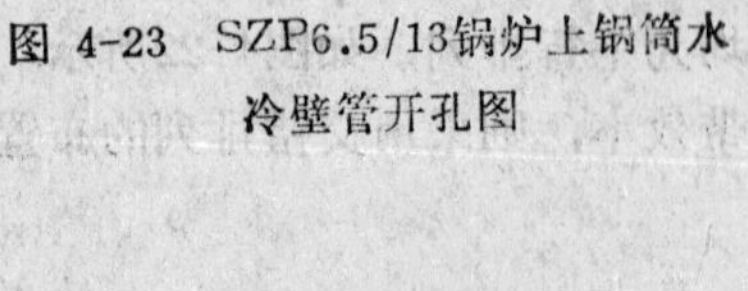

图 4-23　SZP6.5/13锅炉上锅筒水冷壁管开孔图

上锅筒装有安全阀、主汽阀、副汽阀、水位表、压力表、给水管座、空气阀及表面排污（也称连续排污，见图4-24所示）等附件或装置。

下锅筒内部，装有炉水预热器。其作用为使下锅筒“死水部分”加热，减少下锅筒上、下温差。预热管和扩散器是炉水预热器的主要部分，如图4-25所示。另外，在下锅筒内还装有定期排污导管。排污导管沿锅筒纵向设置，其底部开有许多小孔，以排除下锅筒底部沉渣与泥垢。

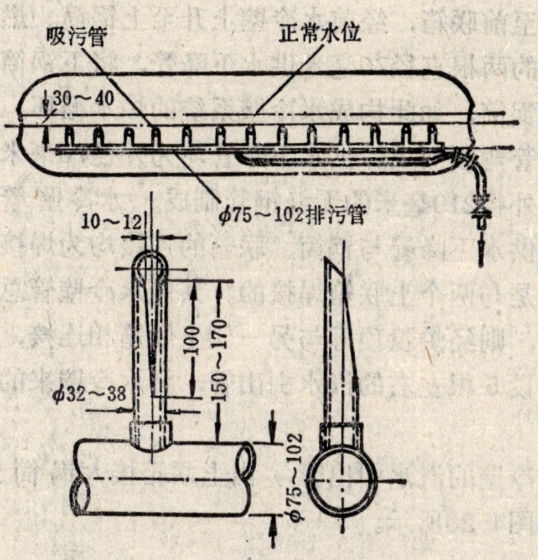

图 4-24　连续排污装置图

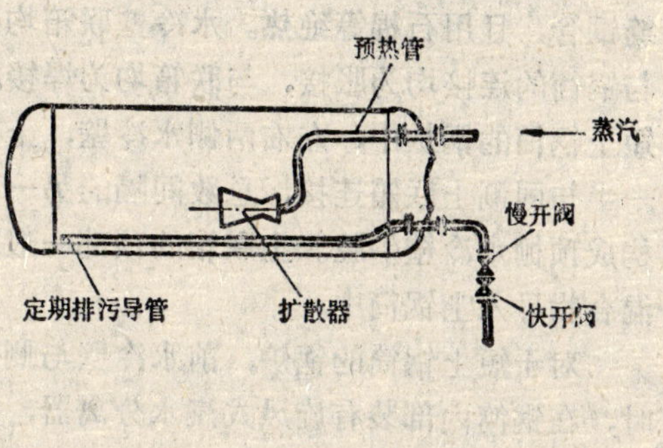

图 4-25　下锅筒预热装置图

下锅筒搁置在由型钢组成的支架上。根据整体伸张方向，下锅筒一端为固定支座，另一端为滑动支座。上锅筒与主炉管重量，全部作用于下锅筒与水冷壁管上。水冷壁管的下联箱，由角铁形支架固定于基础上，整个安装属座装方式。

由于锅炉在运行中，受热后向上和一侧伸胀，因此，为了保护炉墙，在炉墙四侧及转角处装有炉墙夹柱。另外，为了装设平台、楼梯，在炉墙夹柱间，还有加固的为装设平台、楼梯专用的部分钢架。

这种锅炉的燃烧设备，大多采用风动机械抛煤机加手摇活络炉排。也有采用链条炉排或振动炉排的。采用抛煤机的锅炉，由于是机械通风，属于半悬浮状态燃烧，送引风力配合不当或烟气流速过大时，极易产生煤屑大量外扬。为了保护环境，提高燃烧效率，此锅炉还设有废煤飞灰回收装置，使一部分排管处沉积的飞灰重新利用废煤飞灰风机打入炉膛，以减少飞灰外扬量。但因属半悬浮燃烧，飞灰由烟囱外扬数量仍较多，故应在锅炉尾部装设除尘装置。

这种锅炉有装设蒸汽过热器和无蒸汽过热器两种类型。蒸汽过热器均装在锅炉左侧，即烟气由燃尽室到主炉管的入口处。有蒸汽过热器的锅炉，就较无蒸汽过热器锅炉的对流受热面为小，其原因就在于蒸汽过热器占据了一部分对流受热面（主炉管）的位置。过热蒸汽温度有250、300及350°C三种。

（2）SZ10-13型锅炉：蒸发量为10吨/时的SZ型锅炉，目前较常见的有SZP10-13型和SZL10-13型两种基本型号。另外，也分有无蒸汽过热器之别。其本体构造与SZ6.5～13型锅炉基本相同。不同处在于10吨/时锅炉除了装有左右两侧水冷壁外，炉膛前部和后部也装有水冷壁。虽短上锅筒的锅炉没有前水冷壁，但近年来，在锅炉改造群众运动的推动下，为了检修抛煤机处炉口，有的单位也增设了前水冷壁。另外，10吨/时锅炉的烟气燃尽室内，左右两侧也增加了水冷壁，并增设两个小横联箱。上下锅筒间连接的主炉管数量也较6.5吨/时锅炉为多。锅炉的长、宽、高等外形尺寸也有不同程度的增大。

炉膛后侧水冷壁的水循环，是由下锅筒前部下方三根直径76毫米下降管引来下锅筒炉水，经后水冷壁上升管回至上锅筒。前水冷壁的水循环，对于长上锅筒的锅炉，是由上锅筒前下部焊接的两根供水下降管，将炉水引至前联箱，经前水冷壁上升至上锅筒。燃尽室小联箱的水循环，由下锅筒前端两面各开设的两根直径76毫米供水下降管，将下锅筒炉水引至小联箱，经燃尽室两侧水冷壁管回至上锅筒，如此构成水冷壁系统的炉水循环。水冷壁管与主炉管直径相同，均由51毫米锅炉钢管弯制而成。供水下降管均为外径76毫米的无缝钢管，且用石棉等绝热。水冷壁联箱均由外径219毫米的无缝钢管制成。水冷壁管上端与锅筒的连接均为胀接，与联箱均为焊接。供水下降管与锅筒、联箱的连接均为焊接。在短上锅筒的锅炉中，左右两侧水冷壁，上端是与两个上联箱焊接的。其侧水冷壁管总数的一半与同侧上联箱连接，总数间隔的另一半，则经炉膛顶部与另一侧上联箱相连接，如此构成顶棚水冷壁炉膛。上联箱的顶部一般装设5根左右的汽水引出管，将水冷壁来的汽水混合物导入上锅筒中。

对于短上锅筒的锅炉，前水冷壁与侧水冷壁的汽水引出管，由上联箱接入锅筒进口时，在锅筒内部装有旋风式汽水分离器，如图4-26所示。

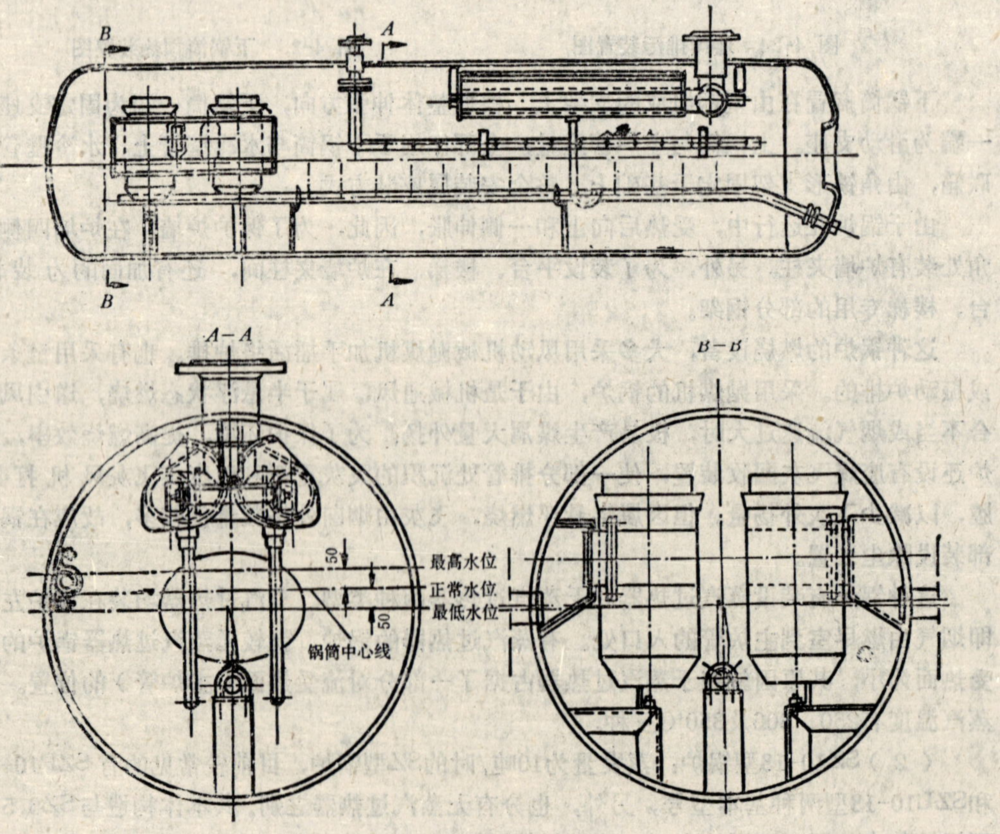

图 4-26 旋风式汽水分离器图

汽水混合物进入旋风分离器后，顺着左旋（或右旋）螺旋道进入分离器圆筒内，沿着内壁旋转，同时借重力作用使蒸汽中所含水分下坠，落入水空间，分离出来的蒸汽则穿过顶部的百叶窗板（有时不装此板），进入蒸汽空间。装设旋风分离器的目的，一方面使带有大量水分的蒸汽进行汽水分离，起到干燥蒸汽的作用；另一方面还可以保持锅筒内水面比较平静，防止水位波动过大。

锅炉尾部装有非沸腾式铸铁省煤器，基本与6.5吨/时锅炉相同，只是管子数目增多，受热面积加大。

SZP 型锅炉规格表　　表 4-10

序号	名称	单位	SZP6.5-13型	SZP10-13-1型
1	蒸发量	吨/时	6.5	10
2	工作压力	公斤/厘米^2	13	13
3	蒸汽温度	°C	194(饱和)	194(饱和)
4	辐射受热面积	米^2		40
5	对流受热面积	米^2		265
6	锅炉总受热面积	米^2	250	305
7	炉排面积	米^2	7.15～6.7	9.52～10.6
8	省煤器面积	米^2	94.4	95.2
9	给水温度	°C	60～105	60～105
10	锅炉效率	%	70～73	78
11	耗煤量	公斤/时	～900	<1500
12	适用煤种		烟煤、贫煤	烟煤
13	燃烧方式		抛煤机手摇炉排	抛煤机手摇炉排
14	烟气阻力	毫米水柱	76.3	85.5
15	空气阻力	毫米水柱	—	—
16	排烟温度	°C	160～200	160～200
17	锅筒内径	毫米	1000	1000
18	上锅筒筒壳长度	毫米	约7415	约7594
19	下锅筒筒壳长度	毫米	约3290	约3198
20	锅炉宽度(炉墙)	毫米	3830	3940
21	锅炉高度(出汽口)	毫米	7350	10000
22	锅炉长度(炉墙)	毫米	7290	9380
23	锅炉总重量	吨	约16.5	约38

（3）双纵锅筒振动炉排水管锅炉（SZZ型）：

锅炉本体结构类似SZP10-13型长上锅筒锅炉，唯燃烧设备采用风播振动炉排。煤由小煤斗通过振动给煤机振下至播煤器，以风压为40毫米水柱的鼓风吹至炉膛，部分细煤呈悬浮燃烧，煤块则落在振动炉排上燃烧。为了保护环境，减轻污染，在炉膛四角还装设了由蒸汽带动空气喷射的二次风喷嘴，以帮助完全燃烧，达到消烟除尘的作用。在附件上增加了自动调节装置，有双冲量给水调节器等。

5.双锅筒D型水管锅炉

这种锅炉，目前在国内外应用较为普遍。作为快装炉型，目前我国生产的有容量为2吨/时和4吨/时的炉排式锅炉，还有燃用液体燃料容量为10吨/时的燃油锅炉。图 4-27 所示为D型锅炉示意图。

SZP 型锅炉配套辅机规格表 表 4-11

序号	名称	SZP6.5-13型	SZP10-13型
1	鼓风机	9-35-1 #8 Q=13080米^3/时 H=104毫米水柱， 电动机JO_2-62-8型 10千瓦	无过热器时： 9-35-1 #10 Q=14200米^3/时 H=148毫米水柱，电动机 N=22千瓦 有过热器时： 9-35-1 #10 Q=17050米^3/时 H=256毫米水柱，电动机 N=28千瓦
2	引风机	Y9-35-1 #10 Q=23800米^3/时 H=89毫米水柱，$JO_2$71-8 电动机 N=13千瓦	无过热器时： Y9-35-1 #12 Q=29420米^3/时 H=229毫米水柱， 电动机N=40千瓦 JO83-6 有过热器时： Y9-35-1 #12 Q=29840米^3/时 H=135毫米水柱 电动机 N=28千瓦 JO83-8
3	废煤回收风机	8-18-1型 #5 Q=1210米^3/时 H=544毫米水柱 电动机 JO_2-33-2型 4千瓦	同左
4	电动给水泵	2GC-5×6 Q=10米^3/时 H=180米	$2\frac{1}{2}$GC-6×6 Q=15米^3/时 H=180米
5	蒸汽给水泵	QB-5 Q=10米^3/时 H=180米	QB-7 Q=14米^3/时 P=17.5公斤/厘米^2

SZZ 型锅炉主要技术参数表 表 4-12

序号	名称	单位	SZZ10-13型	SZZ10-25型
1	蒸发量	吨/时	10	10
2	工作压力	公斤/厘米^2	13	25
3	蒸汽温度	°C	194（饱和）	225(饱和)
4	辐射受热面积	米^2	42.5	42.5
5	对流受热面积	米^2	206.5	206.5
6	省煤器面积	米^2	212	212
7	炉排面积	米^2	8.6	8.6
8	给水温度	°C	60(105)	60(105)
9	锅炉效率	%	81.6(82.8)	81.1(82.8)
10	耗煤量(烟煤)	公斤/时	1610(1508)	1622(1525)
11	排烟温度	°C	170(190)	180(200)
12	烟气阻力	毫米水柱	90(估计)	90(估计)
13	烟气量	米^3/时	22000(估计)	22000(估计)
14	空气阻力	毫米水柱	80(估计)	80(估计)
15	空气量	米^3/时	12000(估计)	12000(估计)
16	锅炉金属总重	吨	43.1	42.8

SZZ型锅炉配套辅机规格表（二种型号相同） 表 4-13

序　号	名　　称	SZZ10—13型(SZZ10—25型)
1	鼓风机一台	9-35-11型 №*10，Q=15150米^3/时 H=151毫米水柱，电动机J073-8型 14千瓦
2	引风机一台	Y9-35-11型 №*13$\frac{1}{4}$，风量Q=31860米^3/时 H=168毫米水柱，电动机JO83-8型 28千瓦
3	二次风机一台	8-18-11型 №*4，Q=1019米^3/时 H=375毫米水柱，电动机J41-2型 2.8千瓦
4	振动炉排 电动机二台	JO_2-32-4型 3千瓦
5	振动除尘器 电动机二台	JO_2-11-4型 0.6千瓦

炉膛和对流烟道平行，炉膛位于对流烟道的一侧，在对流烟道里布置着弯水管（即主炉管），其两端各与上下锅筒相连接，这样构成了D型炉型。在对流排管中设置纵向隔烟墙（如图4-27 a），或设置水平倾斜隔烟墙(如图4-27 b)。图中(a)所示烟气由炉膛后部出来后，即先进入第一主炉管区作横向冲刷，由后向前流动，然后由前端绕过隔烟墙转180°弯，进入第二主炉管区，由前向后流动，最后由主炉管末端离开锅炉本体，进入省煤器及烟囱。图4-27(b)所示的另一种方案，是燃油锅炉。烟气由炉膛后部进入主炉管的上部，由后向前流动，在主炉管的前部烟气折向主炉管的下部，由前向后流动，最后由后部离开锅炉本体，再经省煤器排向烟囱。

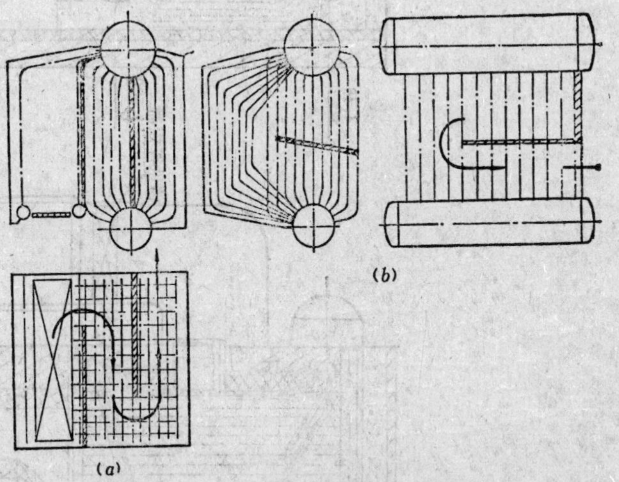

图 4-27　双锅筒D型锅炉示意图

D型锅炉的炉排通常是比较狭而长的。即炉排的宽度较小，这样就可以比较方便地与主炉管的深度取得一致。这种锅炉通常采用机械化炉排，例如：链条炉排与振动炉排。因此锅炉的加煤和除灰均可机械化。狭而长的机械化炉排可使煤得以充分燃烧，对减少飞灰含炭量是有利的。

采用D型结构，将主炉管中间的隔烟墙与锅筒中心线平行设置，这对于清除主炉管下面的积灰是方便的。但是中间主炉管的检修换管是较麻烦的。

ZZL10-13型锅炉是西安锅炉厂生产的一种D型锅炉。此锅炉为纵向双锅筒链条炉排，其结构如图4-28所示。

这种锅炉采用不漏煤式链条炉排，是专为燃用挥发物为13%左右的贫煤设计的。所以炉膛后部有较长的后拱，异形耐火砖固定于后水冷壁管上。炉膛烟气出口在后拱上部的水

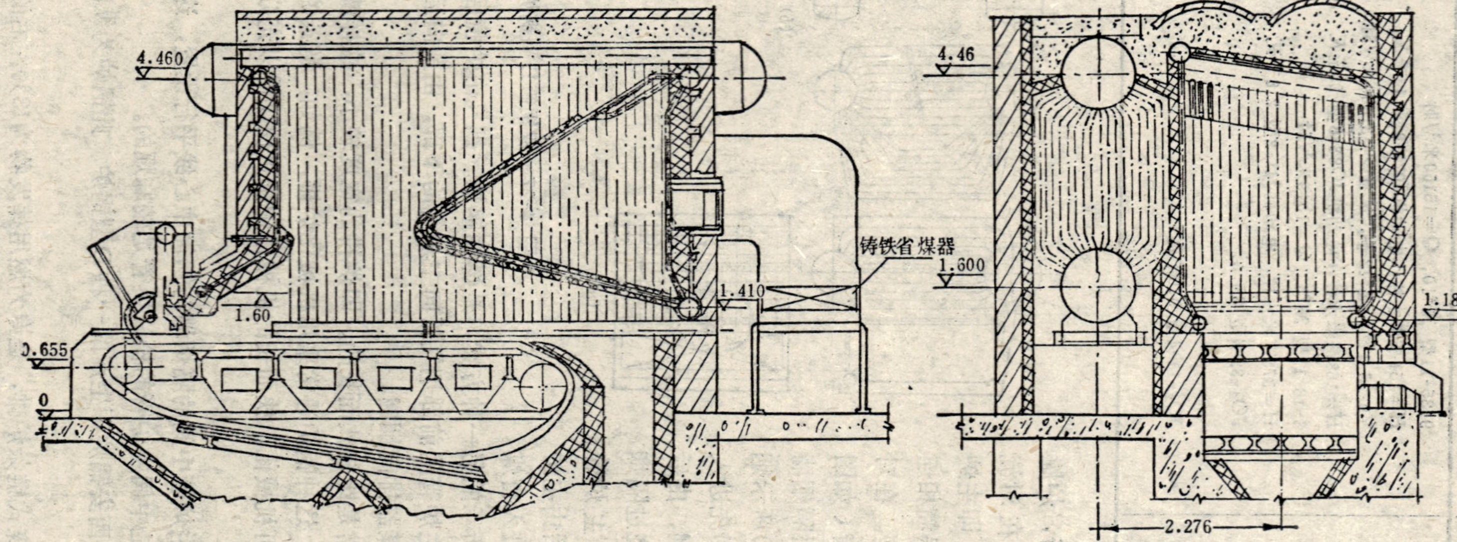

图 4-28　西安锅炉厂D型10吨/时锅炉简图

ZZL10-13型锅炉主要技术参数表　　表 4-14

蒸发量＝10吨/时	蒸汽压力＝13公斤/厘米^2	蒸汽温度＝194°C(饱和)
炉排有效面积＝8.4米^2	本体受热面积＝314.5米^2	省煤器面积＝69.8米

冷壁管处，此处水冷壁为了加大烟气出口截面，由单排变成两排，即管距增大一倍。而将后拱的后部作为烟气燃尽室。在燃尽室左侧墙上开有烟气通道，烟气由此进入炉膛左侧的主炉管区。在主炉管中间有纵向隔烟墙一堵，烟气由后向前流动，横向冲刷第一主炉管区，然后在排管前端转弯180°，流向后方冲刷第二主炉管区，由炉后通向铸铁省煤器，再经引风机排入烟囱。

炉膛前后左右均设置有水冷壁，左右两侧水冷壁的下联箱位于链条炉排的侧上方，兼起防焦箱的作用。两侧水冷壁合用一个上联箱，上联箱有汽水引出管与上锅筒相联。

它的优点是本体高度不大，锅炉房的房顶高度可以降低，从而节省了建筑费用。这种锅炉也有不足之处，由于后拱管尺寸较长大，管子内部积垢的清理较困难；又因联箱较多，手孔较多，增加了渗漏的因素。另一方面由于后拱较大，在燃尽室内水冷壁的传热和水循环都受到影响。

6.单锅筒"人"字形锅炉

图4-29所示为一种单锅筒"人"字形水管锅炉示意图。上锅筒位于炉膛的上部中央，两组主炉管分居于炉膛的两侧，左右对称，构成了"人"字炉型。

图4-29(*a*)中，烟气从炉膛后部左侧的出口窗进入燃尽室，向左转弯进入左侧主炉管区，由后向前流动，横向冲刷主炉管；在主炉管的前端烟气向上流入转向烟道，转向烟道位于上锅筒的前端，由此流向右侧主炉管区。在右侧主炉管中，烟气由前向后流动，最后从主炉管的末端离开锅炉本体。

在图4-29(*b*)中烟气离开炉膛后，即分成左右两路进入两侧主炉管区，横向冲刷主炉管，最后汇合于锅炉前部的上烟箱，由此进入烟囱或引风机。

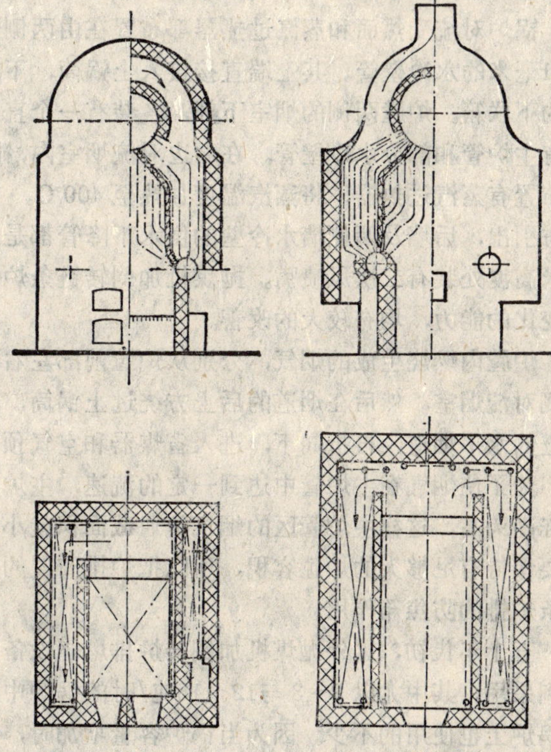

图 4-29　单锅筒"人"字型水管锅炉示意图

采用单锅筒比双锅筒省掉了一个锅筒，因而减少了钢材的消耗量和制造工作量。但是锅炉的水容量也相应地减少了，因此运行中汽压的波动就较大，水位计液面的波动也大些。但升压时间则缩短了。同时，两个下联箱的直径不能太小，否则可能会布置不下所需要的主炉管。

这种型式的锅炉，既要保持炉膛有足够大的容积，又要保证烟气在主炉管区中有足够的流速，同时还要有足够的对流受热面积，因此，必须经过仔细的布置与计算。

AZD20-13型和AZD20-25/400型锅炉就是一种典型的人字型锅炉。

AZD20-13型的锅炉结构见图4-30所示。锅炉型号的含意“A”表示“人”字型，“Z”表示纵向锅筒，“D”表示采用抛煤机加倒转链条炉排。适用于一般工业企业生产用汽及发电用。尾部除设有省煤器，还装有空气预热器。AZD20-25/400型除有较高的过热蒸汽温度外，锅炉工作压力也高至25公斤/厘米^2。炉排传动装置有的采用齿轮变速箱，也有采用液压变速机构。这两种型号的锅炉外形尺寸基本相同。

AZD型锅炉，有一个纵向放置在高7500毫米处的锅筒，材料为锅炉用15g、20g碳素钢板。锅筒内装有给水导管、连续排污导管、汽水分离装置等。锅筒的下面是炉膛。炉膛高约5300毫米，宽约2700毫米，深约4950毫米。链条炉排宽2300毫米，前后轴距5200毫米。在炉排前上方1930毫米处装有两台抛煤机，配有刮板式给煤机，给煤机上面是落煤斗。锅炉运行时，较大块煤被抛在炉膛后部，颗粒细的煤落在炉膛前部。炉排由后向前转动，燃烧后的煤渣被带到炉前落灰斗中。粒度大的煤由炉膛后部到落灰斗时间较长。落在炉排上部的粒度小的粉煤，到灰斗时间较短。因此，整个燃烧是完全的，灰渣内含碳量较低。锅炉对流受热面和蒸汽过热器都布置在由两侧炉墙构成的烟室内。炉膛四周布置直径为51毫米的水冷壁管。其上端直接接入上锅筒，下端分别接入前后左右四个外径为219毫米的下联箱。炉膛两侧的烟室下部，各装有一个直径450毫米的泥包。泥包与上锅筒之间装有主炉管和部分水冷壁管。在右边对流烟室内，除了主炉管外，AZD20-25/400型锅炉还布置有蒸汽过热器，将蒸汽温度加热至400°C。前墙水冷壁供水下降管是从锅筒前端下侧方引出，后墙及两侧墙水冷壁的供水下降管都是自左右泥包引出的。前墙上距炉排2050毫米高度处装有二次风喷嘴。抛煤机加倒转链条炉排比单独使用链条炉排的适应煤种和负荷变化的能力，均有较大的改善。

炉膛内燃烧生成的烟气，分别从炉膛前部左右两侧烟气出口窗引出，进入包围炉膛的两侧对流烟室，然后在烟道的后上方绕过上锅筒，并在锅筒后端的上面，汇合成一个向后行进的水平烟道，再折向下，进入省煤器和空气预热器后，排出炉外。

为了使烟气在主炉管中达到一定的流速，主炉管的下联箱中心线标高比链条炉排平面的标高为高，这样主炉管区的烟气流通截面积就小了，因而烟速可以提高；另一方面又因为要保持有足够大的炉膛容积，所以把炉排布置的低一些。两侧水冷壁的下联箱同时兼有链条炉排的防焦箱作用。

五十年代初，国外抛煤机加倒转炉排燃烧设备，在45吨/时以下的锅炉机组中广泛地得到采用。其中尤以2～3与12～18吨/时的锅炉中采用极为广泛。近年来，我国在中、小型锅炉上也使用的不少。因为当锅炉容量增加时，如果再燃用高灰分的燃料，要使清炉时保持稳定负荷，并且减轻劳动强度，就需研究连续加煤与连续排渣的问题。从而产生了用抛煤机加倒转炉排的炉膛。

一九五四年八月，在巴西召开的世界动力会议指出：根据英国所进行的一系列试验，证明了采用抛煤加倒转炉排的炉膛，对破坏正常燃烧过程的煤种（粘结的、灰分熔点低的煤）的适应性，要大大超过一般的链条炉排。在抛煤机加倒转炉排上能满有成效地燃烧烟煤、褐煤、泥煤及废木料，以及无烟煤（比重达80%）与烟煤的混合燃料。抛煤机对燃料

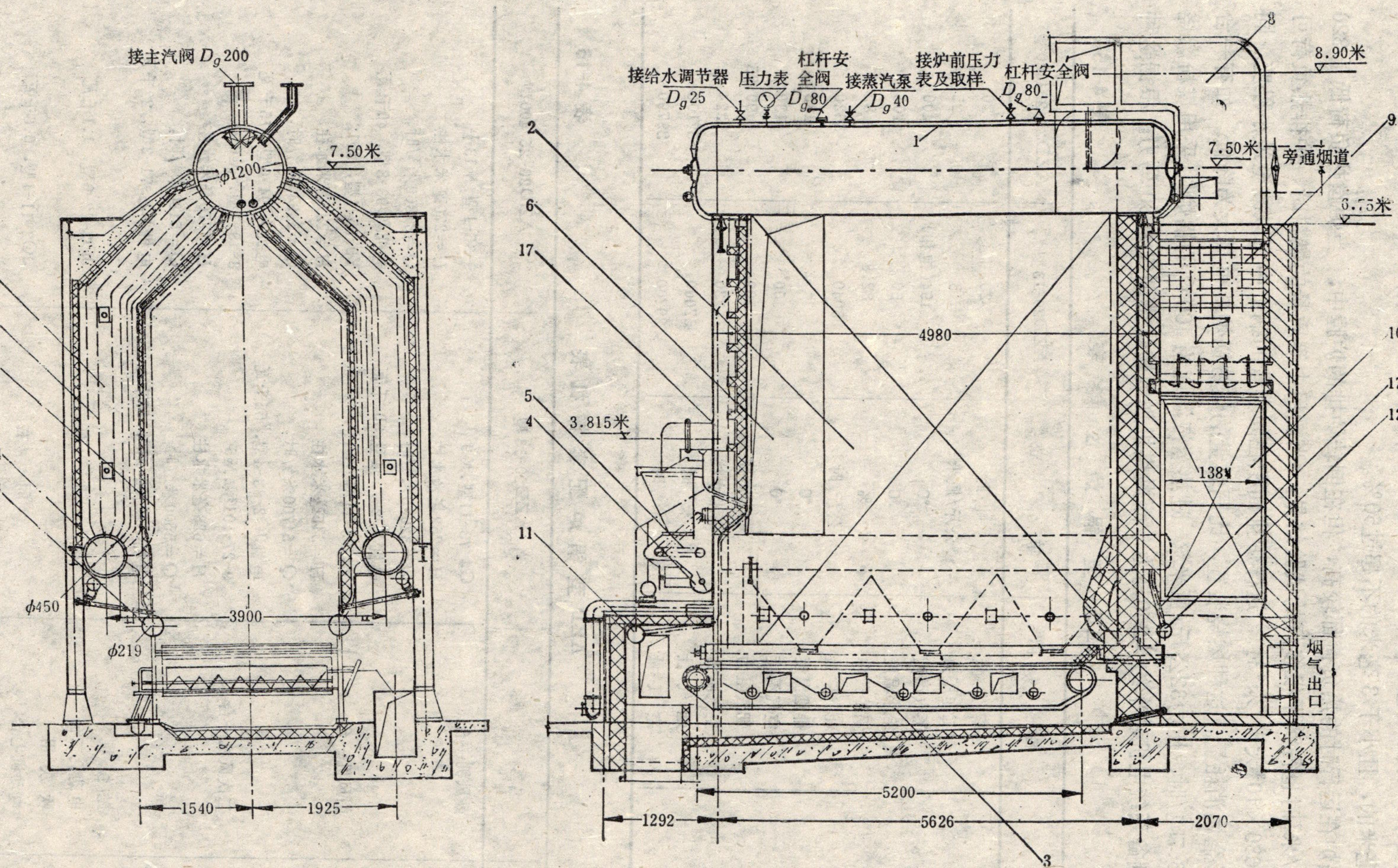

图 4-30 AZD20-13型锅炉图

1—上锅筒；2—炉膛；3—链条炉排；4—抛煤机；5—刮板给煤机；6—炉膛烟气出口；7—对流烟道；8—尾部烟道；9—铸铁省煤器；10—空气预热器；11—前水冷壁下联箱；12—后水冷壁下联箱；13—侧水冷壁下联箱；14—下锅筒；15—对流排管；16—炉膛水冷壁管；17—下降管

颗粒的组成要求，要在40毫米以下。最适当的比例为1/3是13～19毫米；1/3为6～13毫米；1/3小于6毫米的，且小于3毫米的不超过50%。

很多锅炉在运行时的热负荷都较高，但在倒转炉排的炉膛中，当炉膛热负荷低于320×10^3大卡/米^{2}时也得到了很多好的试验结果。当燃用中等质量的燃料时，炉排热负荷可达1350～1630×10^3大卡/米^{2}时。这样炉排面积在同容量的锅炉中可以减至最小程度。同时，节省了金属消耗量。这种燃烧装置，比同容量的煤粉锅炉耗电量大为降低。如有一台蒸发量为56.7吨/时、压力32公斤/厘米^2、过热蒸汽温度为400°C的锅炉，采用煤粉燃烧时，煤粉制备系统电机功率约为250马力，而抛煤机加倒转煤排则仅为30马力；根据这种

AZD 型锅炉性能表 表 4-15

序号	名称	单位	AZD20-13型	AZD20-25/400型
1	蒸发量	吨/时	20	20
2	工作压力	公斤/厘米^2	13	25
3	蒸汽温度	°C	194(饱和)	400
4	给水温度	°C	60	105
5	锅炉效率	%	82.8	82
6	耗煤量	公斤/时	3040	3620
7	排烟温度	°C		183
8	空气温度	°C	150	130
9	烟气阻力	毫米水柱	109	90.85
10	空气阻力	毫米水柱	220	224
11	烟气量	米^3/时	57000	57100
12	空气量	米^3/时	29700	29790

AZD 型锅炉配套辅机表 表 4-16

序号	名称	AZD20-13型	AZD20-25/400型
1	鼓风机一台	G4-73-11型.№9 H=252毫米水柱 Q=32900米^3/时， 电机JO2-72-4型,30 千瓦	9-35-1型.№13$\frac{1}{2}$ H=270毫米水柱 Q=31860米^3/时， 电机JO93-8型，40千瓦
2	引风机一台	Y4-73-11型.№11 H=245毫米水柱 Q=54700米^3/时， 电机JO2-83-4型，55千瓦	Y9-35-1型，№12 H=221毫米水柱 Q=53940米^3/时， 电机JO94-6型，75千瓦
3	二次风机一台	9-27-101型.№5 H=628毫米水柱 Q=5500米^3/时 电机JO2-62-2型，17千瓦	8-18-1型.№6 H=770毫米水柱 Q=5180米^3/时， 电机JO_2-71-2型，22千瓦
4	抛煤机 电动机二台	同右	JO2-22-6型、1.1千瓦
5	吹灰用 电动机七台	同右	JO2-11-4型.0.6千瓦
6	电动机一台 (炉排液压变速用)		JO2-22-4型，1.5千瓦

燃烧装置的锅炉所进行的一系列试验，证明了这种燃烧装置具有相当高的效率。这就是为什么五十年代以来上述炉膛得到推广以及能取代中型锅炉煤粉炉膛的原因。

第三节　水管锅炉的运行与保养

一、一 般 概 念

所谓锅炉运行，即是在生产过程中，对锅炉设备进行的各项操作、监视、调整、故障处理、巡回检查和维护保养等日常工作的总称。要做到正确的操作，保证人身与设备的安全，保持锅炉设备的连续正常经济运转，就要了解设备的结构性能，并掌握其运行的规律。要保持运行参数（汽压、汽温、水位等）的稳定，就要对煤的情况、燃烧情况、负荷变化情况等随时掌握，正确判断分析，然后采取必要的措施。

运行人员必须强调一个“勤”字。即勤看火、勤检查、勤联系、勤分析、勤调整，以“勤”保“稳”，才能保证正常运行。否则检查不周、监视疏忽、联系不够、调整不当，不但不能保证正常供汽，同时还可能形成故障，甚至扩大为事故，造成重大损失。

所以运行人员不但要有高度的政治责任感，正确掌握锅炉运行规律；同时要具有敏感的听觉、视觉、嗅觉，动作敏捷，头脑清醒，遇事沉着，及时果断，才能取得锅炉运行的主动权，达到锅炉安全经济运行的目的。

二、锅炉运行、保养的一般要求

1.司炉人员　设备要靠人来掌握。锅炉能否正常运行与司炉人员关系最为密切。所以司炉人员要年满十八岁以上，经过体格检查（视觉、听觉等健康状况）合格，并懂得锅炉基本知识和本体、附属设备、安全附件构造及操作方法，熟悉操作规程和安全制度等，才能担任司炉工作。

2.照明与清洁　锅炉房的照明与清洁，对于保证锅炉设备的安全运行与维护保养有着极为重要的关系。因为司炉人员为了保证设备正常供汽，随时都要巡回监视和调整保养每一个机件与部位，如没有良好的照明条件，运行人员的工作是无法进行或进行工作是不安全的。另一方面，设备不清洁，容易造成机件腐锈，藏有隐患，同时有些故障也不易及时发现，影响锅炉的运行。如某单位就因锅炉房地面和沟道内多年不清理，经常漏水也未发现，使省煤器烟道堵塞，设备受到腐蚀，因此造成了停炉事故。实践证明越是黑暗、潮湿肮脏的地方，越是容易产生故障。所以锅炉房的清洁整齐和良好照明已成为锅炉安全运行的一个重要前提。

3.受热面的清洁　锅炉运行一段时间后，受热面的内外就要积有水垢和烟灰，影响传热，浪费燃料。严重时，将要使受热面损坏，影响锅炉的安全运行。新安装的锅炉或经检修后的锅炉，内部油污必须清除干净，否则容易造成运行中的汽水共腾或在受热面上结为油垢，影响锅炉的出力。所以锅炉运行中要经常吹净受热面烟灰，严格执行排污制度，停炉后要清理受热面水垢与烟灰，保持受热面内外的清洁。

4.设备布置图与登记簿　为了使司炉人员熟习自己所操作的设备，管理人员应将本锅炉房所属设备及管路的总图及总平面布置图等布置在一个栏内，使工作人员能随时了解设备状况与管理范围，以指导安全与经济运行。

设备登录簿是锅炉历史情况的档案。对锅炉房所有设备均应建立各自的技术档案。将其设计、安装、原始规范尺寸等记录在内。并在运行中，将有关运行、停用、事故、检修等情况陆续记人，以便必要时对设备运行、检修及检验进行考核查证。在设备移装于其他单位或部门时，其登录簿也应随同设备一并移交。

5.规章制度和运行记录 为了保证锅炉的安全运行，应建立必要的规章制度。如安全操作规程、岗位责任制、交接班制度、锅炉安全守则、周期检修制度、检修质量标准、交接验收制度等。严格来讲，这些规章制度是工作人员长期实践的总结，是从实践中产生出来的，因此必须严格执行。

运行记录是锅炉设备在日常运行中的指数记载。为了能随时了解锅炉运行情况和便于以后查对有关事宜，锅炉房一般均应建立运行日志。其内容主要包括：汽压、汽温、蒸汽流量、给水温度、给水量、排污量、烟气温度、耗煤量、二氧化碳含量等。

三、锅 炉 运 行

1.锅炉生火前的检查和准备工作 锅炉安装或检修后，在生火前必须进行全面细致的检查。在各部分都认为合格时，才能进行点火。每逢公休假日后的开炉运行，应按交接班制度的规定，进行点火升压。

生火前的检查内容包括：

（1）锅炉的内部检查：在锅炉安装或大修后，水压试验和封闭人孔、手孔前，对锅筒和联箱内，要用安全灯或手电查看内部是否清洁，有无油污或遗留物品，缺陷是否已经修理完好。查看炉管的通球试验记录，认为合格时，才可正式封闭人孔、手孔。

（2）锅炉的外部检查：从给煤装置开始至锅炉尾部烟道风闸板，应检查燃烧设备是否完好，并查看试运转验收卡片；炉膛内是否完整清洁，受热面及尾部受热面是否清洁无烟炱，隔烟墙是否正确并无漏气短路；吹灰装置是否灵活、严密；烟道风闸板是否位置正确、开关灵活；烟道杂物是否清除；炉墙是否完好严密，炉膛、外墙的砖缝等是否符合砌筑质量要求；看火门、检查门、出灰门均应装好，且应嵌好垫料；汽水管路系统及附件是否完好畅通，开关位置是否正确；平台扶梯是否完好等。

（3）安全附件的检查：压力表须经过检验、铅封，安全阀是否灵活无异物卡住，水位表汽水联管及旋塞是否畅通，水位表、管、（板）是否清洁。安全附件处照明是否符合安全运行要求。

（4）其他：转动机械应灵活，并应有良好润滑；鼓引风机是否试运转，空载电流是否合格；给水设备是否可靠正常；各部阀门是否已检修试压，是否严密等。

当司炉和值班长、工段负责人会同检修、安装负责人进行检查后，并认为合格，就可向锅炉进水。进水时，应开启锅筒上的空气阀或抬起安全阀。

（5）向炉内进水：生火前锅炉进水不应太快，在水温较高时尤应缓慢。一般要求水温与筒壁温度差不应超过50°C。为防止进水太快而产生冷热不匀引起的漏泄，进水的时间要求夏季不少于一小时，冬季不少于二小时。如锅炉房建筑尚未完成，或周围气温很低时，进水时间应予适当延长，进水温度应尽可能降低至40～50°C。

进水时，可检查锅炉和联箱等各部手孔、法兰、堵头及排污阀等是否有漏水现象。如漏水可拧紧连接螺丝。如仍漏泄即要采取措施，直到严密为止。

进水达到锅炉水位表的最低水位线时，应停止进水。进水后，如水位降低，应查明漏水处并加以处理，如停止进水后，水位仍继续上升，说明进水阀不严，也须修理或更换阀门。

2.锅炉的生火和并炉 锅炉生火前的检查准备工作完毕，经有关负责人同意批准，即可进行生火点炉工作。

（1）锅炉点火前，应完全打开烟道风闸板，使炉膛和烟道进行一次不少于5分钟的彻底通风。锅炉生火时，应使用自然通风，如风力不足时，可开启引风机，逐渐开大风闸板；

（2）锅炉生火时，火力应由弱到强，逐渐加大，不能太猛，一般水管锅炉生火到产汽时间为2～4小时；

（3）生火时，主汽阀应关闭，开启空气阀或抬起安全阀。并应开启过热器出口联箱疏水门；

（4）在炉排的前部铺上木柴及引火物（机械抛煤加倒转炉排的锅炉，则铺在炉排后部）。为防止炉排过热可在底部先铺一薄层生煤或炉渣。待木柴燃烧旺盛后，可少量加煤，加大风量。有空气预热器的锅炉，当预热器出口气温达120°C时，可启动鼓风机（若空气预热器入口烟温达350°C以上，也必须开启鼓风机）。机械炉排可低速运转；

（5）汽压升至0.5～1公斤/厘米^{2}时，应冲洗水位表；

（6）汽压升至1.5公斤/厘米^{2}时，关闭空气阀或放下安全阀。锅炉的下锅筒如有蒸汽加热装置的，可在生火时开启控制阀，送入蒸汽以加强炉水循环，使锅炉各部受热均匀，直至锅炉升压至工作压力的50%时关闭。没有加热装置的可用放水排污的方法，使炉水各部温度一致；

（7）汽压上升至3公斤/厘米^{2}时，应吹洗压力表弯管。并对人孔、手孔、法兰的螺栓扭紧一次（此工作应谨慎进行，不得用加长手柄的方法拧紧螺栓）；

（8）当锅炉汽压上升到6公斤/厘米^{2}时，应进行蒸汽管路的暖管工作。完全冷却的主汽管暖管时间不少于2小时，未完全冷却的需1小时。如分汽缸内已有蒸汽，则由锅炉主汽阀至分汽缸一段主汽管的暖管可以较快，一般为25分钟左右；

（9）锅炉生火过程中，烟气应走省煤器旁路烟道，或开启省煤器再循环管。如无旁路和再循环管时，则应通过省煤器上水，并自锅炉下部或水冷壁下联箱放水，以防止省煤器烧坏；

（10）暖管完毕后，在工作压力下应再冲洗一次水位表。炉内保持低水位，压住火势，开始准备并炉工作；

（11）并炉的操作如下：

①逐渐开启主汽阀的旁路阀；

②当炉内汽压与母管汽压平衡时，新投入运行的锅炉汽压应低于蒸汽母管汽压0.5公斤/厘米^2，缓慢开启主汽阀；

③关闭主汽阀旁路阀；

④如在并炉时，主汽管内发生水冲击现象，应立即停止并炉工作，减弱火力，加强疏水以消除音响；

⑤并炉完毕后，关闭过热器出口联箱疏水阀门；

（12）并炉后，严格注视检查水位及各种表计，并调整风力和增加给煤，逐渐带起负荷，锅炉正式投入运行。

3.锅炉运行的管理与操作 锅炉管理人员及司炉人员对于锅炉运行的管理，应该做到：

（1）保证锅炉运行的安全。这就要通过工作人员的辛勤劳动，正确的监视与调整、及时消除事故的隐患和正确处理异常情况，保持锅炉设备工作的可靠；

（2）保证蒸汽的生产量。在保证蒸汽质量和烧用较少燃料的原则下，供给能够担负的最大蒸汽量，以尽力满足生产的需要；

（3）要设法减少各项热损失和其他消耗，提高锅炉效率。每个管理人员和司炉人员应该掌握设备性能，总结运行规律、认真执行各项规章制度，充分挖掘设备潜力，发挥锅炉最大效能。

锅炉在正常运行中，要做好以下各项操作：

（1）水位：应保持在水位表的½处。水位太高或太低，甚至满水或缺水，都会给锅炉正常运行带来很大危害。所以规定锅炉水位的波动范围最大为正常水位的±50毫米。一般在负荷低时，水位应偏高，负荷高时，水位应稍低。为了安全运行，每班至少应冲洗水位表一次，水位表处要保证有良好的照明。

当水位表内看不见水位时，要立即检验水位表，查明是满水还是缺水，以采取相应的措施。绝不允许在尚未查明情况时，就采取加大上水或排水的错误作法。由此而造成的事故教训是不少的。

当用给水自动调节器工作时，也要经常密切注意锅筒内水位变化和检查水位表的正确性。注意给水流量与蒸汽流量是否符合，使给水流量尽力维持平稳，避免给水猛增或猛减。

有高低水位警报器的锅炉，每次检修后要核实与锅炉水位表是否一致。对于低地位水位表，每班要与锅炉水位表校对2～3次，以确认其是否正确。

（2）汽压：汽压波动范围发电锅炉为±0.5公斤/厘米^2，一般工业锅炉为±1公斤/厘米^2。因为汽压过低时，轻者发电周波降低，重者影响了负荷，影响了生产；汽压超过规定，轻者安全阀动作，造成噪音和振动，重者则要形成锅炉事故。

（3）平火：使用固定炉排与抛煤机手摇活络炉排，常因燃料抛撒不匀，粒度不均等原因，造成炉排上的燃烧层不匀平。燃料层厚的地方燃烧就不完全，而燃料层薄的地方，则空气过剩，甚至造成空气穿孔，破坏了燃烧的正常进行。所以在运行中就要进行必要的平整火层（俗称平火），以保持燃料完全燃烧的良好状态。如果该平火时还不去平，时间长了再去平，一方面劳动强度大；另一方面炉门开启时间过长，冷空气侵入过多，则降低了炉膛温度，增加了热量损失和破坏了正常分层燃烧。

（4）吹灰：受热面要经常保持清洁，每班应进行一次吹灰工作。如果利用蒸汽吹灰，吹灰前，要注意吹灰管路的暖管、疏水工作。否则连水带汽吹至受热面上，反而造成烟灰易于粘附的可能，同时造成对受热面的腐蚀。

吹灰的程序，应沿烟气流动的方向，由前向后，按次序进行。而不应同时开启两具吹灰器，否则将会影响吹灰效果。

吹灰的时间应在锅炉负荷较轻的时候进行。吹灰时并应提高炉膛负压（开大引风），以防炉火从炉门喷出伤人如用枪式吹灰器，应将吹灰器推进炉内规定位置，并予以固定后，方可通入蒸汽进行吹灰工作。

蒸汽吹灰完毕后，应关闭吹灰截止阀，开启吹灰管路上的疏水阀。每只吹灰器上的截止阀在吹灰完毕后，应立即关闭，并应保持严密不漏。

（5）排污：随着炉水的不断蒸发，溶解的盐质和其他杂质混合物，使炉水浓度逐渐增加，造成炉水品质变坏，引起汽水共腾和使受热面结垢。为了保持良好的蒸汽品质、锅炉的安全运行和受热面内部清洁，所以规定锅炉要进行排污工作。

排污的方式有两种：

①连续排污：也称表面排污。是为了排除炉水表面的杂质和排除含盐浓度较高的炉水。连续排污装置应装在正常水位以下100毫米。锅炉运行中应根据负荷的大小和炉水品质的好坏，由针形阀来控制其排污量。

②定期排污：也称下排污。主要是为排除炉水中的沉淀污垢，同时可与连续排污配合，加速调节炉水品质的作用。定期排污装置应装设在下锅筒或下联箱的最低部位。其排污量的多少和间隔时间，应根据炉水品质和锅炉的负荷大小而决定。但最少每班应排污一次。

排污前，要对排污阀和排污管路进行认真检查。几台并列运行的锅炉共用一根排污总管时，不能同时开启排污阀。管路上有人正在进行工作或尚未与停用的锅炉排污系统隔绝时，严禁排污。

锅炉定期排污，最好在低负荷时进行。一方面不致影响汽压下降，另一方面负荷小时炉水的循环较缓慢，炉水中悬浮物多沉淀在底部，所以效果较好。

锅炉定期排污前，锅炉水位应维持在稍高于正常水位处。

定期排污时，要有两个人同时进行操作，一人操作排污阀，一人监视水位变化。

在开启或关闭排污阀时，禁止用大锤敲击，也不允许用加长手柄的办法开关排污阀。

排污时，应特别注视炉内水位变化，如有任何不正常情况，应立即停止排污。当开启排污阀后，仍无水流出，说明阀门有阻塞，则不允许将阀门继续往大开，以免水垢、氧化铁渣等突然被冲开，产生剧烈的水冲击，造成事故。应在休息日停炉，进行检查修理。

（6）清炉：固定炉排和手摇活络炉排的锅炉，在运行一定时间后，炉排上便积聚起大量的灰渣。当火层厚度超过200毫米后，就要影响燃烧的正常进行，必须予以清炉。清炉间隔时间的长短，应根据煤质、负荷、锅炉结构型式等因素决定。

清炉应在锅炉负荷较低时进行。清炉前，要预先做好准备工作。清炉时要动作迅速、敏捷，开关炉门快，以使外界冷空气侵入的少，很快恢复炉排的正常燃烧，力求不降低或少降低汽压。清炉的方式，采用左右法或前后法均可。

清炉时，应维持锅炉水位在正常水位以上30至50毫米，以免汽压严重下降。

（7）燃烧：锅炉在运行中，必须根据负荷的变化情况，来随时调整炉膛的燃烧，增加或减少鼓引风量和给煤量，并要保持炉膛负压1～3毫米水柱，以稳定的燃烧保持稳定的运行。

四、烘　　炉

当锅炉新装、移装或大修后，炉墙砌体在锅炉点火前，为了使其干燥，要进行烘炉。烘炉是一项细致的工作，应当缓慢地进行。应使炉墙水蒸汽逐渐蒸发，直到完全干燥为止。这样炉体不仅坚固耐用，还可避免裂缝、漏气等。如果烘炉草率，温度忽高忽低，或火力过猛，均会使墙体内水汽挤压炉墙产生变形、裂缝。

1.燃料烘炉 烘炉即将开始时，锅炉水位应保持在最低水位处，首先，使用木柴烘烤。木柴要堆放在炉排的中央，烘炉火堆面积约为炉排面积的1/2。一般3天以后，可少量加煤，逐渐代替木柴。炉膛应保持负压2～3毫米水柱，逐渐加强燃烧时，可提高炉膛负压，以烘干后部炉墙，必要时可启动引风机。

烘炉时间的长短，应根据锅炉的型式、炉墙结构、砌筑季节、炉墙状况等因素决定。一般应烘烤4～14天。烘炉时，炉膛火势根据过热器后烟温进行控制。烘炉时间及温度控制，一般参照表4-17进行。

烘炉时间及温度表 表 4-17

炉墙型式	烘炉时间	过热器后烟温（℃）			
	（天数）	第一天温度	初期每天提高度数	末期每天提高度数	烘炉末期最高度数
轻型炉墙	0.5～4	—	—	—	130～140
重型炉墙	10～14	不得超过50	10～20	20～30	200～220

烘炉方法可根据具体情况（设备条件及经济比较），除采用固体燃料外，还可采用热风或蒸汽烘炉。

2.热风烘炉 适用于轻型炉墙。在有热风情况下，应保证足够的风量。风温一般在200℃左右。其步骤如下：

（1）逐渐开启热风联络管挡板，将热风送入炉膛；

（2）烘炉初期稍开出灰门及炉门，维持炉膛负压1～2毫米水柱，后期开启烟道挡板，使炉膛负压达2～3毫米水柱；

（3）烘炉时间一般为1～4天，烘炉末期过热器后热风温度应达100℃。

3.蒸汽烘炉 适用于有水冷壁的各种类型锅炉，其方法步骤为：

（1）使用3～4公斤/厘米^{2}的饱和蒸汽，从水冷壁联箱的排污阀处送入锅炉，逐渐加热炉水至90℃，并保持锅炉水位在正常位置；

（2）烘炉时，应开启必要的挡板、炉门、看火门、检查门等，以排除湿汽保证各部分均可得到干燥；

（3）烘炉时间，轻型炉墙一般为4～6天，重型炉墙需14～16天。

如采用热风或蒸汽烘炉的方法，炉墙灰浆干燥程度达不到标准时，可在后期改为燃料烘炉。

4.烘炉标准 烘炉是否达到要求，应监视烟温变化和灰浆干燥程度。灰浆取样点，应选在炉膛侧墙中央、炉排上方1.5～2米处，过热器两侧中部炉墙及省煤器（或相应烟道口）后墙中央。

烘炉完成的标准，应达到炉墙灰浆含水量在2.5%以下，外表温度均匀一致。当耐火砖灰浆含水量达7%左右，红砖灰浆达7～10%时，即可同时进行煮炉。当采用取灰浆样法有困难时，可实测过热器前耐火砖表面温度达100℃时，再继续维持在该温度上烘炉24小时后，也可进行煮炉。

5.烘炉注意事项 温度应缓慢上升，不得有急速的变化；利用蒸汽或热风时，应持续供应，不得间断；燃料烘炉时，链条炉排应定期转动，不得在木柴中夹杂有铁钉、铁器，以防损坏炉排；重型炉墙应在锅炉外墙上部，留有临时湿气排出孔；烘炉期间应勤检查，如发现炉墙裂纹、变形，应及时修补，并减缓温度上升速度；冬季烘炉应采取防冻措施，要保持锅炉房温度在5℃以上；应作出烘炉烟气与炉墙温度变化记录及曲线。

五、煮　炉

为了清除锅炉内表面在安装、检修时留下来的油垢，及锅炉运行或存放一段时期锅炉内部的水垢、铁锈，锅炉在运行前要进行煮炉。锅炉的煮炉，在烘炉的末期即可进行。

1.煮炉前的准备与检查工作

（1）新装、移装或砖工部分经检修后的锅炉，必须在烘炉后，或烘炉末期才能施行煮炉。

（2）锅炉的附属设备、上煤系统、燃烧设备、除灰系统、给水系统、安全附件及有关仪表均已安装完毕，并经试运转良好，工业用水、软化水、加药和取样装置等均已备妥。

（3）检查锅筒及联箱锈垢情况，确定煮炉加药量。

2.煮炉分类 根据锅炉锈垢程度，煮炉可分为以下三类：

（1）第一类：新锅炉从制造出厂到安装完毕不超过十个月的，而且铁锈较薄或没有锈蚀的；

（2）第二类：新锅炉安装前长时间存放在露天保管，有较厚的铁锈；

（3）第三类：移装锅炉，除铁锈外，尚有残余水垢。

3.煮炉加药量 一般规定如表4-18所示。

煮炉加药量表 　表 4-18

药品名称	加药量 公斤/米^{3}水		
	第一类锅炉	第二类锅炉	第三类锅炉
氢氧化钠($NaOH$)	2～3	3～4	5～6
磷酸三钠($Na_3PO_4 \cdot 12H_2O$)	2～3	2～3	5～6

注：1.药品按100%的纯度计算；
2.缺乏磷酸三钠时，可用无水碳酸钠(Na_2CO_3)代替，数量为磷酸三钠的1.5倍；
3.第一类锅炉可以单独使用无水碳酸钠进行煮炉，数量为6公斤/米^3；
4.水垢和铁锈特厚时，必须事先经过酸洗或机械清理，加药数量应增加50～100%；
5.准备药品数量时，应根据锅炉在最高水位时，以炉水容积的1.25～1.5倍计算。

4.加药方式 煮炉加药时，可采用下列三种方法：

（1）从给水管路供水时，经磷酸三钠加药设备注入锅炉；

（2）用磷酸钠泵或其他泵，经过改装的管路向联箱或省煤器的排污阀加入；

（3）在锅炉上部安装0.5～1.5米^{3}有盖子的临时加药缸，从锅筒上部加入。加药缸出口应有可控制的阀门及过滤网。

5.煮炉注意事项

（1）加药前应将溶液搅拌均匀，溶解为浓度20%的液体，不得将固体药品直接装入锅炉；

（2）配药和加药时，必须遵守有关氢氧化钠的配制安全规定；

（3）加药时，锅炉水位应保持最低水位，必须将锅筒空气阀打开，待锅炉完全没有压力时，方可加药；

（4）加药时所用药品应一次加完。但第三类锅炉所用的磷酸三钠可先加百分之五十，其余在第一次排污后加入；

（5）煮炉时，应只使用一个水位表，其余作为备用。锅炉水位必须保持接近于最高水位，但不允许高浓度碱炉水进入蒸汽过热器内；

（6）煮炉期间，炉水碱度不能低于130度（德国度），否则应进行补充加药；

（7）第三类锅炉煮炉前，锅筒内部装置不应安装，待煮炉完毕经检查合格后，再行装设。

6.煮炉工作的操作 检查与准备工作进行完毕后，将药液灌入锅炉，开始煮炉。

（1）炉膛内升起微火，逐渐使炉水沸腾，产生的蒸汽经过空气阀或被抬起的安全阀放出。炉水激烈沸腾应维持1～3天；

（2）在煮炉过程中蒸发掉的炉水应给予补充，以维持其最高水位；

（3）每隔3～4小时应从上、下锅筒及下联箱排污口，进行炉水取样，分析碱度及磷酸根。锅炉各部炉水碱度应保持均匀，否则应用放水方法调整；

（4）煮炉末期，当磷酸根含量变化不大，且渐趋稳定时，煮炉结束。这时应将炉膛余火熄灭，待炉水冷却后，全部放掉，换以清水冲净。否则，锅炉运行时会因残留在锅内的高碱度溶液使炉水起泡沫。另外也可在煮炉完毕后，逐渐进行排水、换水。至符合运行碱度标准时，可连续进行蒸汽严密性试验、调整安全阀及蒸汽冲管工作。上述工作全部结束后，需要72小时试运转，由安装与运行负责人共同商定。但第二类及第三类锅炉不得连续运行。必须在煮炉后，经过检查，认为煮炉合格后，方可进行其它工作。

六、蒸汽严密性试验

蒸汽严密性试验是指锅炉在安装或移装后，第一次在工作压力下运行，其蒸汽管路系统是否严密的一项检查工作。试验程序如下：锅炉煮炉换水合格后，即可升压至工作压力，进行蒸汽严密性试验及热状态下锅炉的外部检查：

1.检查锅炉的胀口、焊口、人孔、手孔及法兰等有无跑、冒、滴、漏的现象；

2.检查锅炉及锅炉房范围内，与锅炉相连的全部阀门的严密性；

3.检查锅炉锅筒、联箱范围以内，各管路的支架、吊钩、弹簧等的伸缩情况是否符合设计规定，有无卡住、挤住等现象；

4.检查锅筒、联箱在热状态下的膨胀情况；

5.检查炉墙外部的情况。

七、安全阀的调整

经蒸汽严密性试验检查合格后，即可升压，进行安全阀的调整定压工作。安全阀调整前，应检查安全阀的疏水管，不应与其他管路相连，并应直通排水沟。排汽管不应妨碍锅炉正常膨胀，锅炉压力表应与标准压力表校对一次。

调整安全阀，应先调整动作压力最高的，依次再调整动作压力较低的安全阀。对于非沸腾式省煤器安全阀的调整工作，应在水压试验中进行。

安全阀调整后，应做出标记，要有保护罩，并加锁。

安全阀调整的动作压力，应符合表4-19规定。

安全阀动作压力数值表　　表 4-19

锅炉工作压力（公斤/厘米²）	安全阀的工作压力（公斤/厘米²）	安全阀名称
<13	工作压力+0.2（公斤/厘米²） 工作压力+0.4（公斤/厘米²）	过热器出口安全阀 锅筒安全阀
13～39	1.04倍工作压力 1.06倍工作压力	过热器出口安全阀 锅筒安全阀
任何压力	1.10倍工作压力	省煤器安全阀

八、冲洗蒸汽管路

1.被冲洗的蒸汽管路末端应安装临时管路，且直径不应小于冲洗管路直径的60%；

2.临时管路要装设牢固，应通向室外，管口不应向下；

3.冲洗管路前，管路上不应安装节流孔板（文丘利管例外）。被冲洗管路与不冲洗的管路应隔绝。被冲洗管路上除控制阀门外，均应完全开启；

4.低压工业锅炉，其压力应在工作压力的75%以上开始进行冲洗管路工作，冲洗时间根据管路长短及管径大小而定。一般冲洗10分钟左右即可，压力不要低于8公斤/厘米²。如果生产情况允许，也可利用已运行锅炉的蒸汽冲洗。冲洗完毕，对死角地方应进行检查清理.

九、停炉

锅炉的停炉可分为三种，即正常停炉、紧急停炉和热备用停炉。

1.正常停炉　锅炉运行一段时间后，为了防止发生事故和恢复锅炉性能，需要进行检修；或因季节变化，负荷减少，有计划地停炉，叫做正常停炉，或称检修停炉。其步骤如下：

（1）停炉前，应该做一次锅炉“出力试验”或“效率试验”，以对比检修效果。

对于要停止运行的锅炉，应做较详细的检查，查明设备缺陷，列入周期检修计划中；

（2）即将停炉时，应逐渐减低锅炉负荷，减少给煤量，减少鼓引风量；

（3）随着炉膛的火势减弱，锅炉负荷的逐渐降低，相应地减少进水量，维持炉内正常水位。停止鼓引风机；

（4）当锅炉汽压降下时，停止供汽，关闭主汽阀，切断与蒸汽母管的连接，关闭连续排污阀。有过热器时，开启过热器出口联箱疏水门，冷却过热器；

（5）关闭主汽阀后，开启省煤器旁路烟道门，使烟气经旁路烟道排出；

（6）在锅炉压力尚未降到大气压时，仍应对锅炉加以监视；

（7）正常停炉后，4～6小时内，应关闭炉门和烟道风闸板，以免炉体冷却太快；

（8）经六小时后，逐渐开大烟道风闸板，慢慢通风冷却。十二小时后，可完全打开炉门、灰门。待炉水温度自然降至70°C以下时，可将炉水全部放出。放水时，应打开锅炉空气阀，或抬起安全阀。若锅炉有严重缺陷时，则应延长停炉时间；

（9）锅炉停炉后，其蒸汽、给水、排污管路等，应与并列的锅炉用堵板全部隔绝，方可进入锅炉内进行检修、清垢等工作。

2.紧急停炉 当运行的锅炉发生事故，如不立即停止运行，就有扩大事故和危及运行人员安全的危险，所以必须立即停炉，这种停炉，叫做紧急停炉。

（1）有下列情况之一时，应立即进行紧急停炉；

①当锅炉水位已降到水位表可见部分以下，缺水严重，采用冲洗、叫水的方法，水位表内仍不能出现水位时；

②锅炉满水超过水位表上部可见部分，经冲洗水位表，加强排污后，仍然见不到水位时；

③锅炉汽压继续上升，压力表指针已超过锅炉允许工作压力范围，虽然安全阀已经大开排汽，减弱通风、燃烧，而压力表指针仍继续上升时；

④当下列设备与部件损坏时：

a、所有水位表同时损坏；

b、所有锅炉安全阀全部失灵时；

c、所有给水机械全部失灵，无法向炉内给水时；

⑤锅炉受热面严重变形或突然破裂，危急到锅炉的安全运行，即将引起严重事故时；

⑥炉墙倒塌或钢架烧红，将要形成锅炉事故，危急人身与设备安全时。

（2）紧急停炉的操作：

①关闭风闸板，立即停止给煤、鼓风、并减弱引风，

②熄灭和清除炉膛燃煤，要以最快速度将燃煤由炉膛内清除，或用湿灰将红火压灭，在炉墙未变黑前，链条炉排不得停转；

③炉火熄灭后，打开烟道风闸板、炉门、灰门、急速冷却；

④将锅炉与蒸汽母管隔断，打开安全阀或专用排汽阀放汽，并打开过热器出口联箱疏水门；

⑤如为严重缺水或满水事故，严禁向炉内进水。如不是严重缺水满水事故，可继续维持水位，采用上水、放水的方法加速冷却。

3.热备用停炉 当外界负荷减少或因季节变化用汽减少时，需要在并列运行的锅炉中，暂停其中的几部锅炉，一旦负荷增加，或一定时间后再增加用汽时，暂停锅炉可以较快的速度投入运行，这种停炉叫做热备用停炉。热备用停炉可由几小时到几天。

热备用停炉系短时间的停炉，可以缩短生火的准备工作和升压时间。一般均用压火的方法处理。

（1）根据停炉时间的长短，可适当的加厚煤层或用湿煤敷盖煤层。停止鼓风，减弱引风。开启旁路烟道，关闭省煤器烟道的烟气挡板；

（2）随着负荷的减少，汽压的减低，压火时间超过六小时，应关闭主汽阀，打开过热器出口联箱疏水门。如汽压还有上升，可用向锅炉上水，并同时排水的方式压汽，但不得操之过急；

（3）压火热备用期间，要维持锅内较高水位，并要有专人值班进行监视；

（4）压火停炉时间，一般不宜过长，因长时间的停炉，炉排容易过热。为了不使炉

火熄灭，超过八小时时，可少开鼓风和引风“扬火”；

（5）禁止锅炉在与蒸汽母管不截断的情况下，长时期热备用。因停用炉，炉水已冷却，而锅筒上部蒸汽空间受高温，容易损坏炉管胀口和腐蚀锅筒。寒冷季节作为备用时，应采取防冻措施；

（6）当锅炉需要启动运行时，可开启引风和鼓风机，整理炉排燃料层，逐步加大燃烧，与正常生火步骤同。因为热状态备用，锅炉未完全冷却下来，所以比正常生火要简略，时间要快。

十、停炉的保养

当锅炉长期或较长期停止使用时，应进行停炉保养。

1.干法保养，适用于长期停用的锅炉。

（1）锅炉停止使用后，将其内部水垢及铁锈和外部烟灰清理干净，用微火将锅炉烘干；

（2）将盛有干燥剂的无盖盒子，放置于停用锅炉的上、下锅筒和联箱内。并将汽水系统和风烟系统与外界严密隔绝。封闭人孔、手孔；

（3）干燥剂一般使用无水氯化钙或生石灰。其需用量可根据锅炉容积进行计算。如用块状无水氯化钙，每立方米锅炉容积用1～2公斤。如用生石灰，则为2～3公斤/米^3。

（4）为了保证干保养的效果，头一个月可打开人孔、手孔进行一次检查，如发现干燥剂已成粉状，失去吸湿能力，则要更换新的干燥剂。根据检查情况，可缩短或延长以后更换时间；

（5）停用两、三个月以上或更长时间的锅炉，在内、外污垢清除后，应在受热面内部涂以防锈漆。附件也要检修校对，涂油保护，再实行干法停炉保养。在炉膛及烟道内，也可放置生石灰，实行干保养。

2.湿法保养：湿法保养一般多用于较长期停用的锅炉。

（1）将锅炉内充入碱性溶液，使金属表面产生碱性的保护层，以保证锅炉金属不致产生腐蚀现象；

（2）停炉后，首先将锅炉受热面内外污垢烟灰清除干净，截堵与外界相连管路；

（3）将锅炉内灌满软化水。如无软化水，可灌入生水，但每吨生水中应加入2公斤氢氧化钠，或5公斤的磷酸三钠，或10公斤的碳酸钠。药品要溶化为液体灌入；

（4）当软化水或加药后的生水灌满后，应加热至105°C，以排除水中的气体。然后，将锅炉所有孔口关闭，且不得有任何渗漏现象；

（5）湿法保养期间，应使软化水或碱性生水保持充满状态，防止空气漏入。

第四节 水管锅炉的检修

锅炉经过一段时间的运行后，设备、部件就要产生磨损和腐蚀。如不及时的检修更换，就不能保证设备的安全运转，就要影响到生产的正常运行。所以要保持锅炉的良好状态，除设计、制造、安装和运行方面，应符合规定要求外，锅炉设备的检修也必须严格执行检修工艺、质量要求、验收规范等。许多单位，锅炉运行了几十年，没有发生任何故障，并保持着原有设备性能，除了运行人员一丝不苟地执行操作规程和有关维护保养制度外，认真进行锅炉的周期检修，保证高标准的检修质量，是非常重要的一个因素。

一、如何做好锅炉的检修工作

1.锅炉检修前，首先，对将要检修锅炉，进行水压试验与热效率试验，制定锅炉的检修计划（或根据周期检修计划加上锅炉检验中新发现项目），由车间或工段下达检修小组；

2.检修组根据检修计划，指定专人负责检修工作。并组织力量，制定检修分工负责制，以保证检修质量；

3.检修前，尚要做好下列准备工作：准备好检修工具、材料和配件，制定各项安全措施，对检修人员进行安全教育，学习国家或有关规定要求，研究如何保证质量标准要求的有效措施；

4.检修前，应对锅炉进行一次内外部检查，彻底清除锅炉内外部水垢及烟灰。对于有缺陷的地方，要保持原状，以便进一步检查分析；

5.除搞好锅炉本体的检修工作外，对安全附件、转动机械和附属设备等，也要认真检修，以便清除隐患，确保检修效果；

6.做好检修记录：应把每一次检修的情况（损坏情况和修理方法等），记录在设备登录簿内，以利于日后考查和对锅炉设备进行历史分析及锅炉鉴定等工作；

7.检修工作要有计划的进行，不要妨碍生产，或尽量缩短对生产影响的时间。锅炉设备的小修，要尽量利用假日或公休日进行，在保证质量的前提下，力求缩短检修时间。

二、锅炉修理项目

工业锅炉的大、小修理项目划分，目前尚无统一标准，表4-20所示项目可供参考。

三、锅炉检修中有关安全技术要求

1.当炉水已经冷却，炉内已无压力存在的情况下，应根据检修需要在蒸汽、给水、疏水、排污、加药及烟气等各系统进行加装堵板。并记在记录簿内，或标在系统图上，被关（堵）门阀上，要挂有“有人工作不得开启”标牌。以便保证检修人员的安全，待检修完毕后全部拆除；

2.第一次在炉膛或烟道内进行工作前，应启动引风机，通风时间应不少于五分钟。并应在周围温度降到60°C以下时，方准进入工作。工作时不应少于两人，一人进内工作，一人在外监护；

3.进入锅筒内工作的温度，应在45°C以下。当在40～45°C工作时，锅筒内至少应有两人；

4.检修转动机械时，检修前，应将电源切断，才能开始工作；

5.在锅筒或炉膛内进行工作时，其照明设备的电压，应在24伏以下，当工作地点较为干燥时，可采用36伏；

6.在高于1.5米以上的地点工作时，应绑扎牢固的脚手架。架子平台上应有栏杆卫护。工作平台架板两端应绑牢；

7.起吊重物时，对起重工具要进行仔细检查，检查合格，方可进行试吊。试吊合格，

锅炉大、小修项目表

表 4-20

序号	部件名称	大修项目	小修项目
1	锅炉本体	1.在锅炉工作压力下进行全面外部检查(包括上下锅筒、联箱、连管、铆焊部分,法兰盘连接部分等),并检查炉架、吊架、基础、管道等的状况 2.锅炉内部的全面检查(上下锅筒、联箱、受热面及炉墙等) 3.进行大修前后的水压试验	1.在锅炉工作压力下,进行全面外部检查 2.清除炉膛内炉墙的结渣
2	受热面	1.检修锅筒内部装置 2.检查受热面管子外部磨损情况,测量其外径,根据管子的损坏程度,进行较多数量的修理更换 3.检查、修理省煤器、空气预热器缺陷,检查空气预热器的严密性 4.冲洗、检查并修理过热器管 5.检查并修理人孔门、手孔盖,过热器及省煤器的支吊架固定装置,烟道挡板及其传动装置 6.清洗受热面内部水垢及外部烟灰	1.清扫受热面外部 2.测量管子磨损程度,更换、修理个别损坏的管子 3.人孔、手孔盖换垫 4.检查空气预热器严密性。堵塞尾部受热面烟墙漏风处 5.根据情况,进行清理受热面内表面
3	汽水系统附件及管道	1.检查并修理或更换锅炉范围内的汽水管路系统、法兰盘以及支吊架等 2.检查、修理或更换门阀	1.研磨门阀,更换填料
4	砖工构件	1.检修炉门、拱圈、看火门、人孔检查门、吹灰孔等 2.检修隔烟墙、堵塞短路,检修伸缩缝部分 3.整个或部分炉墙的重新砌筑堵塞漏风 4.保温层的修理及重做	1.检修炉门、人孔检查门及看火门处炉墙等 2.修补炉墙,堵塞漏风
5	烟风系统	1.检查并更换、修理吹灰设备、烟道、风道、挡板及其传动机构 2.隔烟墙或隔风墙的修理	1.堵塞漏风 2.调整及校正挡板及传动机构
6	燃烧设备	1.更新炉条或炉排片 2.检修或更新炉排梁、托板横梁、炉条、套管、辊子以及挡灰板、老鹰铁等 3.检修或更新链轮、轴承以及框架、支撑、滚轮等 4.检修弹簧或弹簧板 5.检修变速箱或变速机构 6.检修炉排拉杆及联动机构 7.更新抛煤机的磨损及腐蚀部件,检修更新轴承、滚珠,检修给煤机械及煤闸板	1.检修或补充炉排片(或炉条) 2.检修传动机构 3.挡灰板、老鹰铁的检修 4.清洗滚珠轴承或检修滚珠轴承,清洗减速器,并换油 5.检修炉门,堵塞漏风 6.检修炉排拉杆,联动机构(或振动部分)或修理炉条夹板销子以及套筒 7.修补除灰门、框更新部分另件

续表

序号	部件名称	大修项目	小修项目
6	燃烧设备	8.检修润滑部分 9.检修炉门及灰门 10.检修出灰机构 11.检修锅炉上煤、碎煤等设备及计量部分	8.检修出灰车及轨道
7	送引风设备	1.检查及检修送风机、引风机、调节板及其转动机构，检修更新导向装置 2.检修或更新引风机叶轮(找平衡)及其轴、轴瓦或滚动轴承及其它零件 3.更新或修补风机外壳，更新机壳内衬板。检修冷却水管路 4.风机试运转	1.检修送、引风机，修补叶轮(并找平衡)更换轴瓦或清洗轴承 2.修补调风挡板，及其传动零件 3.试运转
8	除尘设备的检修	1.检修更换旋风子，除尘器外壳或衬板，锁气器等 2.检修水膜式除尘器的主管、喷水管、隔水板和挡烟墙，修理给排水管道及阀门	1.检修磨损和腐蚀部分零件 2.清理灰坑中积灰，检查修补漏风处
9	仪表及自动装置和化学监督部分	1.检查、清洗、修理、校验或调整锅炉各种表计 2.修理或更新管路及连接系统 3.检验、调整、修理自动控制系统及机构 4.检修、校验锅炉加药及水汽煤灰取样化验装置	1.清洗、检验有关仪表 2.调整联动机构
10	其它工作	1.配合检修的设备改进 2.整个锅炉机组的保温、油漆、防腐工作	1.保温层的修补

才可进行正式起吊工作。起吊重物时，不得在其上、下进行其它工作；

8.被切断的电源，不论有无接地线，均应悬挂标志牌或警告牌；

9.检修用工具使用前，必须进行安全检查，认为合格方可使用。手提电动工具只有在外壳接地、戴胶皮手套、穿胶皮鞋或站在绝缘板上方可进行工作；

10.斜靠梯子上进行工作，只能在较短时间和高度不高时进行，并应保证梯级稳固，梯脚不滑。不得沿斜靠的梯子上提升重物；

11.进入锅筒内工作时，携带工具必须装在工具袋内，入、出应进行其数量的核对检查。

四、上、下锅筒及联箱的检修

1.裂纹的修理

裂纹一般出现在管孔、未加强的孔或铆钉孔的周围。在旧锅炉中，封头扳边的过渡圆弧部分也有发生的。裂纹一般呈现辐射形状，封头扳边处的裂纹常呈圆周方向，孔的周围裂纹也有呈圆周方向的，即所谓环形裂纹。在某些方形联箱中，也有在联箱内、外壁表面产生裂纹的，但较少见。

在进行检修前，首先要确定裂纹的位置、形状、尺寸和性质等。这对于分析裂纹造成的原因，和采取针对性的措施，都是必要的。

锅筒与联箱的裂纹，一般用电焊修补的方法处理。为了防止焊补过程中裂纹继续扩展，应在裂纹的两端钻以“停止孔”。焊接时，应采用厚涂料的优质电焊条，焊条成分必须与原金属材料成分相同。裂纹周围的原金属表面，应打磨光洁，其宽度至少在裂纹每侧应为10毫米。对于较厚部件，因热容量较大，在焊补过程中，容易造成温度与膨胀不均匀，从而产生新的裂纹或降低焊接强度，故应进行预热。预热温度：碳素钢部件一般为150～200°C。对于厚度在25毫米以上的部件，由于金属长时间处于高温情况，容易产生热应力以及造成金属组织的变化，故焊补后应作热处理。热处理温度为600～650°C左右。加热时间应为每小时温升100～150°C左右，温度达到后的持续时间，以每毫米钢材厚保持2～2.5分钟计算。冷却速度较温升速度稍快一些。

2.铆缝、铆钉的缺陷及其修理

铆接锅筒容易发生的缺陷是铆缝漏泄、铆钉漏泄、铆钉松动、钉杆断裂、钉头腐蚀与钉孔裂纹等。在检修时，必须仔细地检查其渗漏处，有无明显的碱垢以确定漏泄处缺陷性质。

检查后，假使没有发现苛性脆化的缺陷，对于不严密的铆钉与铆缝，可以进行捻缝修理。如果铆钉大量渗漏，就要重新更换铆钉。假如还有金属疲劳裂纹存在，则要根据情况，用焊补的方法进行修理。当无法进行焊补时，则应更换新盖板或挖补钢板。

拆除铆钉，一般均采用由钉头钻孔的方法去掉。钻孔深度应到钉头接触面以下3～5毫米。钻孔后，就可用圆冲及大锤将钉杆冲出。钻孔的直径应比铆钉直径小2～3毫米。钻孔时，注意不要伤及钢板；或者是先将钉头开成十字形深槽，用手锤轻轻将钉头铲掉，然后把钉杆冲出。对于冲出的铆钉应加以编号，以供分析原因时查对。

在进行重新铆接时，要将钉孔清理干净，不得有水垢、铁锈及其它杂物。铆接大量铆钉时，为了防止盖板或搭接处的滑动，应每隔一排钉孔，紧固一排螺栓。其螺栓直径应与钉孔直径相同。重铆时，选用的铆钉其直径应比钉孔直径约小0.5～1毫米，钉杆的长度一般为钢板厚度（原板加盖板）加上1.5倍铆钉直径，以便形成铆接完毕后的钉头。铆接时，铆钉应均匀加热至1000～1100°C左右，即发亮红色的程度。当铆接完毕时，铆钉温度不应低于900°C（樱红色）。

正式铆接前，应先试铆几只铆钉。一方面可以准确得到钉杆适宜的长度，另一方面可依靠试铆的铆钉热度，将钉孔附近的钢板加热。否则，首批铆接的铆钉，会由于冷缩过大而影响铆接质量。如果铆钉长度算的比较准确，可不必进行试铆。但为了加热钢板，也可以采用先烧几只红钉放入铆孔加热，然后取出，接着再进行正式铆接工作。

现场的铆接工作，多用5～6公斤/厘米^{2}压缩空气带动的风动工具进行。钉杆直径小于25毫米，工作场合不允许采用风动工具的条件下，也可采用人工手铆。

铆接工作完毕后，还必须进行捻缝工作，以增加铆缝的严密性。

铆钉及铆缝的捻缝工作，一般应在锅炉内进行。也可在锅筒内外两面进行。检修时要进行捻缝，必须在锅炉内无压力的情况下，才可进行。一连相邻更换15个以上的铆钉，或在一条铆缝上，更换铆钉数等于或多于该条线上铆钉总数的25%时，工作结束后，锅炉要进行超压水压试验。

3.腐蚀的修理

在锅炉运行中，腐蚀也是常见到的一种损坏现象。在锅炉检修时，发现有腐蚀的情况，首先必须分析产生的原因，以便采取相应措施，防止产生再腐蚀。在工业锅炉中，当锅筒及联箱内发现不甚严重的腐蚀，即腐蚀深度不超过3毫米，并仍可保证在工作压力下的受压强度时，可用砂布或其他方法清理干净，待露出金属光泽后，涂上锅炉防锈漆，以防其继续发展，可不采用其他方法修理。

对于腐蚀比较严重的部位，可以采用电焊堆补。当腐蚀面积长宽均小于原钢板厚度两倍，同时与相邻的腐蚀区域距离大于120毫米以上时，可以进行单独的一次堆焊修补。当腐蚀面积长宽均大于上述数值时，为了防止堆焊时热量的集中、产生热应力和影响钢材性质，应采用分区焊补的方法。即把腐蚀区域分成若干三角形或正方形的小格，一小格一小格的间跳、分区焊补，在焊补前，要把焊接地方打磨干净。

4.手孔结合面与手孔盖的检修

运行中或检修后手孔的漏泄，一般有下列几个方面的原因：

（1）手孔的接触面不平或有较深刻痕：对于用垫的手孔，接触平面的光洁度应在0.08～0.1毫米的范围内，对于不用垫的手孔，接触平面的光洁度应不大于0.02毫米。手孔接合面上的周向轻微刻痕，可用砂布打磨平滑。而贯通接合面辐射方向的刻痕，则不允许存在。

（2）手孔盖与手孔座的大小不合：由于手孔盖与手孔座的大小不合，安装时容易装偏歪。接触面过狭的部分，运行受热后很容易产生漏泄。因此，在装手孔盖的时候，必须注意与手孔座的同心度。

（3）手孔盖搁住：由于制作或安装的粗糙，有时出现手孔盖接触面没有完全放在手孔座结合面上的问题。这种情况，有时由于垫的关系，水压试验时可能不漏，但运行不长时间就会发生漏泄。

（4）手孔螺栓的缺陷：手孔螺丝帽没有拧紧，或螺丝帽接触面不平，使手孔盖与手孔座没有压紧。或者是手孔盖螺丝的强度不够，受力时拉长，都会造成手孔发生漏泄。

（5）手孔压板的缺陷：由于压板太软、压板装歪、压板两端长度不一、压板厚度不匀或联箱的厚薄不均都容易发生漏泄。

（6）垫的缺陷：手孔垫的材料，不合乎运行的要求，或者是粗心大意，应该用垫的手孔未用垫，均会发生漏泄。

（7）手孔制造的不良：制造不良，包括多方面的情况，如材料不好、加工不当等。

当拆卸第一个手孔盖时，必须确认锅炉内已无压力，并将螺丝帽稍拧松一点，离开手孔对面，轻击手孔盖，如无汽、水喷出，即可继续拆卸下去。

检修手孔盖必须将接触面清理干净。不易清理的，可放在80～100℃的水中浸泡。对接触面不好的，首先必须保证其光洁，其次再进行研磨。安装时要细心放正，保证接触良好。

对于强度不够的，可根据联箱材料，采用优质焊条进行焊补加强。

对于薄厚不均匀的手孔盖，可以用锉平或加垫的方法，保持接触面受力均匀。

5.锅筒或联箱弯曲与鼓疱的修理

上、下锅筒与联箱发生鼓疱和弯曲的原因，大部分由于过热、受热不匀或受热后不能自由膨胀所致。联箱的弯曲，可将其拆下，在地炉上加热，利用千斤顶或其他外力予以校直。

工业锅炉的上、下锅筒，当鼓疱的高度不超过70毫米，可以用乙炔喷嘴进行加热，然后将其压平（可用千斤顶顶压）。如果鼓疱严重时，则应采用挖补的方法进行修理。

五、排管、水冷壁管及过热器管的检修

锅炉受热面管子，由于其内部受着高温汽、水介质压力的作用，而另一面又受着高温烟气的加热冲刷，所以，它们的工作条件是比较恶劣的。在这样的运行条件下，管子容易产生的毛病有下列几个方面：

1.管内缺水无汽，或者结垢，使管子过热产生鼓疱、弯曲或爆裂；

2.管外受烟气与水蒸汽的作用，管内受给水中气体的作用，使管子内外发生腐蚀；

3.受烟气中飞灰的冲刷，使管壁产生磨损；

4.管子的胀口和连接部分漏泄或产生裂纹；

5.耐火砖、焦渣、铁件等跌落在管子上，使管子产生凹陷；

6.焊接质量不好或材料不良等因素，使焊口产生裂缝。

对于受热面管子的检查与修理，应当考虑到上述几种情况的缺陷。有的比较明显，有的要待管内外水垢、烟灰清除干净或作水压试验时才能发现。

1.管子缺陷的修理

（1）管子鼓疱：在直水管锅炉中，靠近炉膛的第一、二排管子，由于热负荷大，管内稍有结垢即会发生鼓疱，甚至爆裂。在弯水管锅炉后部的对流受热面管子中，因为水循环不良，也有产生鼓疱现象的。此外，在过热器部分，因烟气与汽流的分配不均时，也会产生鼓疱变形。

主炉管与水冷壁管的直径，容许较原直径约大5%，碳素钢蒸汽过热器管，容许较原直径约大3.5%。当超过此限度时，则需进行修换。检查时，对于过热器管，最好全部测量，主炉管、水冷壁管等，可根据具体情况，选择测量。

测量管径变大或磨损常用的工具如图4-31所示。

如果管子的鼓疱已超过原有直径的5%或更大时，就要将缺陷部分割掉更换一段新管。管端对接电焊时，要开焊接坡口，对正中心。对正管子中心的夹具，如图4-32所示。夹紧对准后，先进行点焊，然后松开夹子进行焊接。

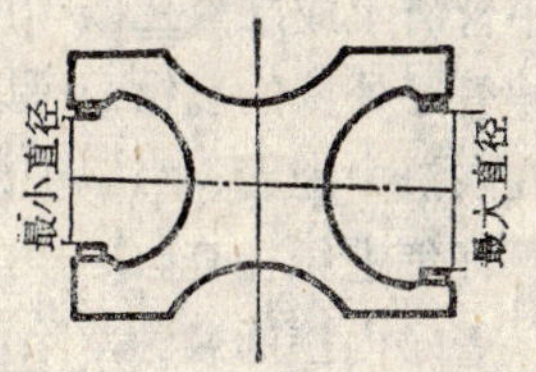

图 4-31 检验管径用样板图

（2）管子弯曲：受热面管子，由于受到过热，或者自由膨胀受到阻碍或管群支吊架损坏等，都容易造成管子的弯曲变形。有时由于运行中的操作不当，也有造成管子弯曲的。例如直水管锅炉的直水管发生上弯的情况，则可能是由于在停炉过程中，管子下部急剧冷却较上半部冷却的快而造成的。管子弯曲，容易使胀口和焊口等连接部分产生松动或断裂，造成严重事故。故在检修时，应查明管子产生弯曲的原因，并加以消除。

直水管的弯曲，一般以不超过75毫米为宜。

修理直水管弯曲的方法，可以用乙炔焰加热，然后用千斤顶顶直。如千斤顶不方便，

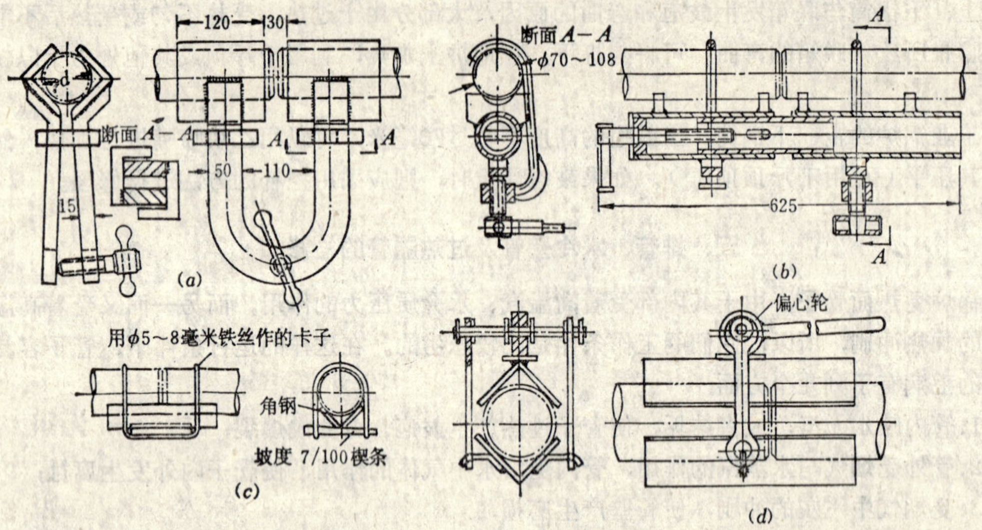

图 4-32 管端对焊用的几种定心夹具图

(a)—用于直径在83毫米以下管子的螺丝钳；(b)—可以调整管端间隙的、用于直径在 108 毫米以下管子的夹具；(c)—用于直径在76毫米以下管子的楔条夹具；(d)—用于直径在76毫米以下管子的偏心夹具

可以将钢丝绳绑在弯曲处，将弯曲处加热，用绞车倒链等拉直。采用加热拉直的方法，要注意防止对胀口产生影响，以免发生漏泄。

一般较小的弯曲变形，可以不去修换。较大的弯曲变形，用一般方法不易校直时，则只可割去换新。

（3）管壁内外腐蚀：管子外部的腐蚀，大都是由于烟气中或灰渣内含有二氧化硫所致。当二氧化硫遇水后，生成亚硫酸，使管壁遭受腐蚀。管子内壁的腐蚀，一般是由于给水中含有氧或二氧化碳等所引起。

管子外壁的腐蚀，可以用肉眼来观查。对于炉膛的水冷壁下端或后烟道的下部管端，多在灰渣中埋着，当锅炉漏水时，湿灰包着的管子最容易受到腐蚀，所以检修时应清除灰渣，仔细进行检查。

管子内壁的腐蚀，除可以凭肉眼看到离管端较近部分外，至于内部的腐蚀，目前还没有一个比较适宜和正确的方法来进行检查。比较通用的办法，就是选择几个有代表性的管子，在适当的地方割取一段，解剖检查。还有利用小锤敲击管壁的方法，细听声音有无异常。后一种方法只能作为有无可疑处的一种判断。

如果腐蚀是呈现孔洞性的，可以用焊补的方法堆焊修理。如果腐蚀面较大，并且比较严重时，只有割去更换新管。腐蚀面积小，并且比较轻微的，可以打磨干净，涂以防锈漆，防止腐蚀再发展。

（4）管子裂纹或破裂：有的是由于材料不合乎要求或制造不良，有的是由于金属过热引起；也有的是由于管子在自由伸缩时受到阻碍而产生圆周方向的环形裂纹。

管子裂纹与破裂的检修，可割去缺陷部分换新，或者整个更换新管。如果是由于膨胀阻碍产生的圆周环向裂纹，在检修的同时，还应消除阻碍自由膨胀的因素。

（5）管子外壁的磨损：管子外壁的磨损，在炉排式工业锅炉中，主要是由于经常受到飞灰的摩擦，烟气走短路时的局部摩擦，还有因吹灰蒸汽的冲刷等造成。

管子外壁磨损的检查，可以利用图4-31所示“检验管子用的样板”去测量。如果管壁在磨损后的剩余厚度不低于管子强度计算允许值时，可以不进行修换。有的局部个别磨损处，如磨损厚度没有超过原有管壁厚度的1/3时，可以堆焊修理。如果有普遍的、大面积的磨损，并且很严重时，就需要更换新管。

（6）管子的凹陷或外伤：管子外壁如果受到外力作用的打击，例如布置于炉膛的水冷壁的下部，受到掉落耐火砖、铁件、焦渣等的打击，就会导致出现凹陷的问题。

凹陷的修理方法是将管子的一端塞住，用乙炔焰加热到赤热的程度，然后利用事前装置在管内的圆球拉出来加以校直。校直的方法是，在圆球的一端系上链条或钢丝，将圆球从管内来回拉动，撞击凹陷部位，直到圆球得以通过为止。所用球的直径可根据凹陷程度由小增大，到最后采用等于管内径90%的圆球通过。在采用这一检修方法时，要将管内水垢清理干净。用洗管器清洗水垢时，注意不要伤及凹陷处。但实际检修中对于凹陷外伤，很难用加热通球的方法校正。一般均采用割换一段管子的方法处理。

2.更换新管的方法

（1）管子质量检查：

①管子金属质量：应采用10号或20号锅炉无缝钢管。检查时，应在同类管子中，每200根中取一根作试验，不足200根的，也取一根。一般应作拉力、压扁和扩胀试验。

如果制造厂来的管子中，具有出厂证明书，现场可不做试验。

②管子外观：内、外壁的表面，应该光滑，没有刻痕、裂纹、腐蚀麻坑、凹陷及重皮等。直管内部可以用亮光照看检查，弯管可以用直径等于90%管内径的圆球通过来检查。

③管子直径、厚度与椭圆度：管径、厚度、椭圆度等是否符合要求，可用千分尺或样板来测量。管径检查，可在管子的全长中选择三、四个截面处测量。管壁厚度可用特制样板，一端为允许最大值，另一端为最小值。检查时，在一个圆周可选三、四点来测量。管径允许偏差及椭圆度可参考表4-21及表4-22数值。管壁厚度允许的公差，以及同一截面上管壁厚度的允许值，列于表4-23中。

管径允许偏差表（毫米）　　　　表4-21

管子外径	38	51	60	76	83	102	108
最大允许管径	38.5	51.5	60.5	76.8	83.8	103	109
最小允许管径	37.5	50.5	59.5	75.5	82.2	101	107

管子的椭圆度，不应超过直径的公差的80%，即直径正负误差值之和的80%。

例如：公称外径为38毫米的管子，其椭圆度不允许超过：

$$0.8\times[(38.5-38)+(38-37.5)]=0.8\text{毫米}$$

在同一截面处，管壁厚度差别的许可数值为管壁厚度公差的80%。

管子允许椭圆度表　　表 4-22

管子外径（毫米）	直管的允许椭圆度（毫米）	弯管的允许椭圆度（毫米）			
		管子弯曲半径（毫米）			
		小于100	100～250	250～500	大于500
38	0.8	3.5	2.5	—	—
57	0.8	5.0	3.5	—	—
76	1.3	—	5.0	4.0	2.5
83	1.3	—	—	5.0	3.5
102	1.6	—	—	7.0	5.0
108	1.6	—	—	8.0	5.0

管壁厚度差数值表　　表 4-23

管壁公称厚度（毫米）	许可的管壁厚度（毫米）		许可的管壁厚度差（毫米）
	最小	最大	
3.0	2.7	3.45	0.6
3.5	3.1	4.0	0.7
4.0	3.6	4.6	0.8
4.5	4.0	5.2	0.9
5.0	4.5	5.7	1.0

例如：厚度4毫米的管子，同一截面处其壁厚差别不可超过

$$0.8\times(4.6-3.6)=0.8\text{毫米}$$

弯曲管子的椭圆度，以通过管子内径的0.85倍圆球为允许可用。

（2）管子的弯曲工作：锅炉受热面管子的弯曲有冷弯、热弯两种。外径不超过108毫米的管子，一般均在冷状态下，在弯管机上进行弯制。

管子热弯，是将管内装实干燥的砂子，两端用木塞塞紧。根据需要的弯曲半径，加热至900～950°C，在卡盘上进行弯制。碳素钢管加热温度不应超过1050°C。弯曲工作结束时，管子温度最好不低于700°C。

管子弯制后，应放在平整的校管台上检查，或用样板检查。弯制少数管子，可以先弯好一根，在更换部位试装合适后，然后作为样板制作和复验其它的管子。在平台上应将要制作的管子尺寸形状以实际尺寸画出来（放大样），并表明它们固定在锅筒与联箱中的假定地点。在管子直线段的两头和管孔的二侧各固定几对夹板。校验时，如管子能合适地放入夹板内，即认为合格。否则要重新修整。应用校管台来校验管子的弯曲度，还可以看到管端伸入管孔内的长度是否适宜，焊接挂钩的位置是否合适。

利用校管平台校验管子的弯曲度时，要注意锅炉可能由于安装上的误差，或锅炉经过长期运行和检修，可能发生联箱位移或变形情况，因此最好将图纸中有关尺寸、距离、角度等，先与实际情况校对无误后，再进行校管平台的划线与固定夹板等工作。因为往往有时按图纸制出的管子，不一定安装时合适。弯制情况复杂的弯头时，须在安装地点校验管子，或用现场弯制好的样棒进行校验。

管子弯好校正后，还应经过通球检查，以了解管内是否畅通及弯曲部分的椭圆情况。

球的外径为管子内径的85%。

对于弯好的管子，除检查椭圆度外，还应检查弯曲半径，以及管子弯转处中心距离等是否正确。

弯曲半径正负允许误差见表4-24所示，管中心线错动的公差数值见表4-25所示。

管子弯曲半径的公差数表　　表 4-24

弯曲半径（毫米）	管子外径（毫米）			
	38	51～60	76	83～108
75～125	±1	±2	±3	—
160～300	±2	±3	±4	—
400	—	—	±4	±5
500～1000	—	—	±5	±13
1000以上	—	—	—	±25

管中心线错动的公差数值表　　表 4-25

管子中心线之间的距离（毫米）	管子外径（毫米）					
	38	51	60～76	83	102	108
	公差值（毫米）					
小于100	±1	±2	±2	±2	±3	±3
从100～500	±2	±2	±3	±3	±4	±4
从500～1000	±2	±2	±3	±4	±5	±5
1000以上	±2	±3	±4	±5	±6	±6

弯管时，必须严格遵守规定的弯曲角度。弯曲角度的公差数，是由管子的直线段的位置来决定的。对于直线段的长度小于1米的管子，当管子外径小于76毫米时，此容许误差数不超过1毫米；当管子外径为76毫米及以上时，则不超过2毫米。对于直线段长度大于1米的管子，每多1米，其公差增加0.5～1毫米。管子在两个弯头之间的直线部分，可比图纸所规定的长度短或长以下数值：直线部分每长1米，容许误差0.5毫米。

制造过热器蛇形管时，必须检查：①所有管圈都应卧在同一平面上，个别管圈容许与平面偏差3至5毫米；②相邻蛇形管（即两根套在一起的）中心线间的距离，如它们是用定位管夹或管卡联在一起时，在直线部分允许误差2毫米，在管圈部分允许误差5毫米。

（3）管子的焊接：更换管子时，经常遇到管端的焊接工作。焊接后，要检查管子是否歪斜，可以利用一根长400毫米的直尺，直尺中间设一缺口，将焊缝置于缺口处，一端靠平管子，另一端看管壁与直尺的间隙，间隙以不大于1毫米为合格。测量情况如图4-33所示。

管端对焊时，端面与管子中心线应垂直，如图4-34所示。直径102毫米以下的管子，用角尺测量 a 值，不应大于0.5毫米。

焊接时，两管段错动的中心偏差：当管径小于60毫米时，不大于0.5毫米；管径在60毫米及以上时，不大于1毫米。

管子的焊接，应该在直段部分进行，焊缝距弯曲部分的起点至少应为50毫米。焊缝距

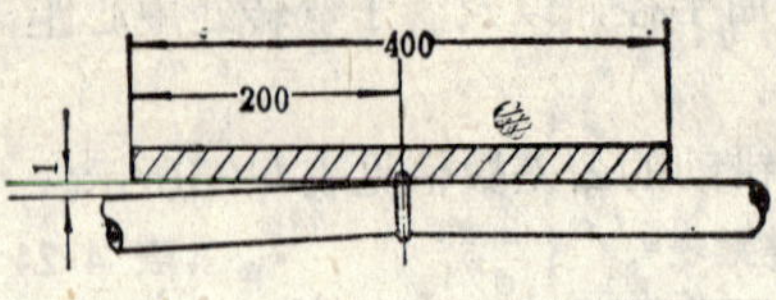

图 4-33　检查管端对焊后管子中心图

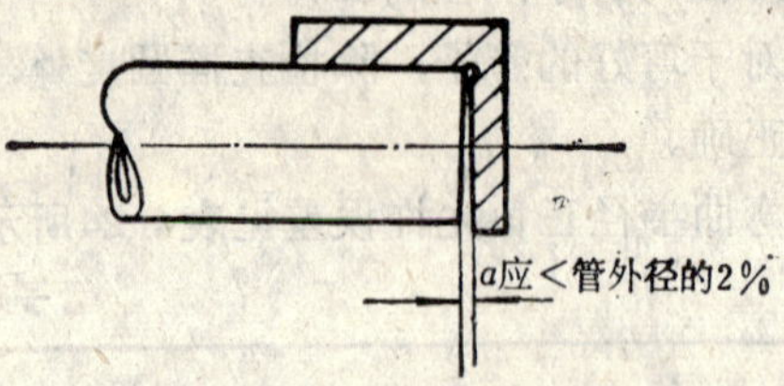

图 4-34　管端平面检查图

支持管子的支点距离，则应大于100毫米。同时，直段部分的两个焊口间距离应大于200毫米。

受热面管子焊接后，焊口处的管子内径不应减小。要以直径等于管子内径85%的钢球，进行通球试验。

（4）管子的胀接：受热面管子经过检验、焊接、弯制与切割成符合规定的管件后，对于胀接的管子，还要进行管端退火工作。退火的目的，主要为了降低管子金属的硬度，增加金属的塑性，以使管子在胀接过程中产生永久变形，与管孔紧密配合。同时，退火后的管子，在胀接中不易产生裂纹与开裂，以保证胀接质量。管端退火部分的长度约为200毫米左右，退火温度为600～650°C（褐红色），且在此温度下应维持10～15分钟。然后，插入干砂、石棉粉、白灰或硅藻土等绝热物中，约350毫米，慢慢冷却。

退火时，应将管子的另一端用木塞塞住。退火加热，应该用木柴、木炭、铅浴槽或电感应加热等方法来进行。因为煤中含有硫分，故不宜用煤作直接燃料来加热，以免硫分渗入钢管表面，影响胀管质量。如必须用煤作燃料时，火焰上应铺一张薄钢板，不使火焰与管子直接接触。

退火工作结束后，应进行管端的打磨工作。管端打磨的长度，一般为75～80毫米。即管子插入锅筒或联箱管孔后，距外壁还应露出约50毫米左右打磨段。打磨深度不宜超过0.2毫米。管子外壁的打磨，应露出金属光泽。打磨后，外壁的沟痕，不应超过0.1毫米，并且不应有与管子中心线平行的沟痕（即纵向沟痕）和螺旋形纹路。距管端100～150毫米的内壁，应将锈皮清理干净。

打磨管端工作，应该在即将装入管孔前进行。如近期内不能胀接，须涂上一层黄油或机油，以免锈蚀。但胀管时，必须将油垢彻底清洗干净。

打磨好的管端，在装管前应用外径千分卡或游标卡逐根测量管径，作好记录。对同一种弯曲形状的管子，应根据管孔直径的大小进行选配，尽量使管子与管孔间的间隙不超过表4-26的规定范围。

管子与管孔间允许间隙表（毫米）　　表 4-26

管子公称直径	38	51	60	76	83	102	108	133
允许正常间隙	1	1.2	1.2	1.5	1.8	2.0	2.0	2.4
允许最大间隙	1.4	1.5	1.7	2.0	2.2	2.6	2.73	3.4

注：此间隙为管孔直径与管子外径差。

对于管孔直径的测量，应沿锅筒或联箱纵横两个相互垂直的方向进行。60公斤/厘米^2

压力以下的锅炉，锅筒及联箱上管孔尺寸允许误差如表4-27所示。

锅筒、联箱管孔直径容许误差表（毫米） 表 4-27

管子公称外径		38	51	60	76	83	102
管孔容许直径	最大	38.9	52.0	61.1	77.2	84.4	103.6
	最小	38.6	51.7	60.7	76.8	84.0	103.2

管子装入管孔时，应能顺利出入；管子要装正，不得歪斜以免影响挂砖。如有卡住、偏斜等现象，不能用劲硬性插入，应将管子矫正后再行安装。为了防止胀接时管子的窜动，在下锅筒或下联箱的管孔外边，可用管卡把备胀的管子卡住，将管子重量支持在下锅筒或下联箱上。

管端伸出管孔的长度（沿锅筒纵向截面测量），应符合表4-28的要求。同一锅筒内，管端伸出长度应尽量一致。

管端伸出管孔的长度表（毫米） 表 4-28

管子公称直径		32～38	42	51～60	70～76	83～89	102	108	133
管端伸出长度	正常	9	10	11	12	12	15	15	16
	允许最小	6	6	7	8	9	9	10	11
	允许最大	12	12	15	16	18	18	19	20

损坏了的管孔，必须用扩孔钻或专门工具进行修刮。当管孔直径加大，超过了规定的允许数值，要把管端预胀后再行胀接。对直径不超过83毫米的碳素钢管，允许把管头预胀到不超过它的内径的3%。

胀管前，首先应对胀管器进行检查。滚柱、胀杆等都应光滑没有磨痕。胀杆不应有过大弯曲，弯曲度不应大于0.1毫米。滚柱的长度，也应适合管板的厚度。滚柱过长，则使管子在管孔外壁的部分胀大过长。滚柱过短则使胀接的严密性受到影响。另外，滚柱的过度部分（即胀管后，使管子胀出部分平滑过渡到正常直径部分的距离）的圆锥度，应当是1:5的斜度。滚柱与胀杆，应涂以黄油减少摩擦。

胀管过程中，要严防油、水或灰尘等落入胀接面间。

胀管工作可分为二步：第一步是紧固胀管，即将管子外壁与管孔内壁密合，消除间隙；第二步是翻边工作，同时使管子与管孔紧密贴合，完成胀接。翻边角度应为15°。

胀管器放入管内时，滚柱工作部分，应该完全与管内壁相接触。并且胀管器放入管内应保持正对管孔中心。在胀接过程中，如果管孔与管子外壁还没有达到完全密合时，不应停止胀接工作，以防灰尘、油垢或水汽等进入间隙内，影响胀接质量。

胀管率是用来表示胀接紧密程度的数值，用百分数来表示。其计算公式如下：

$$C_p=\frac{D_K-D_H}{D_0}\times100\%$$

式中 C_p——胀管率，%；

D_K——胀管结束后管子的内径，毫米；

D_H——管子外壁与管孔内壁经胀接后，刚开始接触时的管子内径，毫米；

D_0——胀管前，管孔的原始直径，毫米。

一般胀管率采取数值为1～1.9%。胀管率的数值C_p，在胀管前应先行确定。一般根据锅筒和联箱的壁厚来决定。管壁越厚，采取的胀管率数值越小。决定了胀管率的数值后，就可以按照上述公式计算出联箱或锅筒管孔直径的实际扩大数值。

例如：外径83毫米的管子，采用胀管率$C_p=1\%$，联箱壁管孔的原直径为84毫米。则管孔直径的扩大数值（D_K-D_H）为：

$$1.0\%=\frac{D_K-D_H}{D_0}\times 100\%$$

$$D_K-D_H=\frac{1.0\%\times 84}{100\%}=0.84\text{毫米。}$$

由于胀杆是圆锥体的，因此胀杆向管子里伸入的距离Y，就与胀珠向外扩张的数值P有一定的关系。

P与Y之比，就等于胀杆的圆锥度。圆锥度为胀杆两端直径的差与其长度的比值。如用公式表示圆锥度，则为：

$$K=\frac{P}{Y}$$

或

$$Y=\frac{P}{K}$$

从前边的关系可以看出，决定了胀管率，就可以算出管孔直径的扩大值D_K-D_H，也即P的数值。如果再知道了K的数值，就可以用胀杆伸入的长度Y来表示我们预定要求的胀管率。也就是说，在实际的胀管工作中，我们可以用胀杆伸入长度的位置指示器来代表我们要求的胀管率。

一般胀杆的圆锥度$K=\frac{1}{25}$

因此 $$Y=\frac{P}{\frac{1}{25}}=P\cdot 25$$

胀管工作结束后，应检查胀口管端是否有缺陷。即管端无裂纹，管子外壁的过渡部分应平滑，同时不应有切口、重皮或挤出现象。并应将管端内遗留的油污擦净。

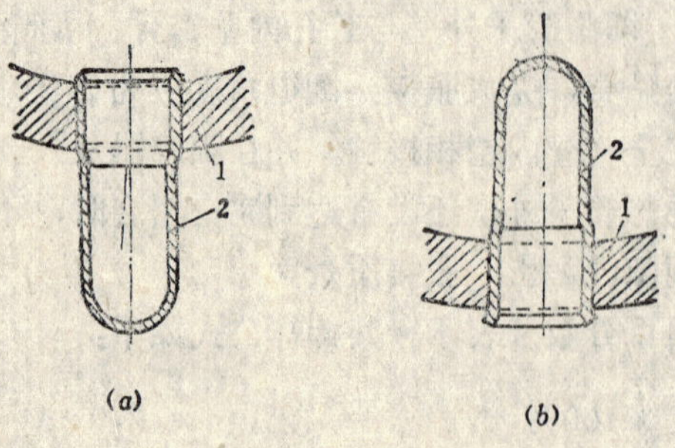

图 4-35 帽形闷头图

1—锅筒；2—闷头；a—外向闷头；b—内向闷头

对某些个别的主炉管、过热器管损坏后，由于种种原因，不能及时更换时，可将这些管子割掉后，在管孔里装上临时闷头。但须注意，应该安装的是短段无缝钢管制成的帽形闷头，长度<250毫米。如图4-35所示。

帽形闷头，只可用于胀接的方式连接。但如果联箱本体上装有短管，则闷头可焊接在短管上。在锅筒上装置闷头，可以把头部朝向锅筒外部或内部，视具体条件而定。最好把闷头头部装于朝向水侧，但安装时比较困难。在任何场合下，处在高温区域的闷头，都应在其外部涂上耐火泥保护层。每个闷头都要登记在登录簿上。停炉时应加以查看。在锅炉大修时，应将闷头割掉，换以好管。

六、省煤器的检修

铸铁省煤器，主要检修内容有：法兰接合面中的垫易吹掉；个别连接弯头或管子爆破；弯头的法兰由于螺丝拧得过紧而破裂；省煤器管翼片的磨损、腐蚀等。

管子与连接弯头之间的渗漏，要更换石棉橡胶垫。压力在40公斤/厘米^{2}以下的省煤器，应采用厚2～3毫米的石棉橡胶垫。

锅炉运行中，当铸铁翼管爆破时，应当用改变弯头连接或换去坏管的方法解决。首先要断定损坏管子的部位与数量。当更换一根坏管时，要将周围管子及弯头拆开，工作量较大。所以在检修铸铁省煤器管时，可将一根预先准备好的、外径相同、两端用螺纹已连接法兰的钢管，将损坏的铸铁管替下，再用石棉橡胶垫与弯头法兰压紧。

由于铸铁省煤器管在浇制时可能有缺陷，所以在安装或更换省煤器管前，应逐根进行超压水压试验。

更换省煤器管后，应用平板检查法兰平面的平直度。且法兰平面上不应有辐向沟槽，如果有均匀分布的微小斑点，还可使用。法兰平面与管子中心要垂直。铸铁翼管长度公差不应超过±2毫米，弯头中心距不应大于±1毫米。

七、空气预热器的检修

空气预热器在检修中，经常遇到的缺陷有腐蚀、磨损、漏风、堵灰与钢板弯曲。

管式空气预热器的腐蚀或磨损，在锅炉运行中，一般采取用圆锥形的金属塞子来堵塞管端的方法。锅炉检修时，如果需要进行换管时，可以更换整根管子或更换部分损坏的管段。有时整根管子的更换受到现场地位的限制，可改用两节短管，先穿入一节，再在端板外侧用电焊将两管焊接，然后磨平焊口，再全部穿入，与两侧端板焊接或胀接。如果更换部分管段时，可先制作一短连接管，将其两端作成扩口的圆锥体，将原有受热面管切割后的一端穿入短连接管内，再将准备更换的一段新管穿入短连接管的另一端，然后用小锤将接口轻轻敲合，最后将新管胀接或焊接于端板上。为了保证短管两接口端的严密性，需要在短连接管的两端扩口内壁涂上红铅粉作为密封涂料。

检修后的空气预热器，应该保证严密。为了检查漏泄地方，可以在检修前或检修后进行风压试验。一般在鼓风机的空气入口侧，可洒以白粉，当炉膛内出现有白粉时，即停止鼓风。然后检查空气预热器有无白粉痕迹。如发现有白粉处，即为漏泄处，应加以堵塞。对漏泄处，可以采用石棉绳浸水玻璃堵塞，或者用电焊堆补。对垫料处的漏风，则应更换涂以水玻璃的石棉纸垫。

对空气预热器积灰的清扫，可以采用压力不低于4公斤/厘米^{2}的压缩空气来吹除。如某些地方灰垢吹不掉，可用一种特制长柄工具来刮除。还有的采用水冲洗的办法。但采用此法，应冲洗得很干净。否则会由于冲洗不彻底，促使管子或铁板腐蚀。

八、链条炉排的检修

链条炉排及其传动装置的构造是比较复杂的，同时它的运行条件也是比较恶劣的。因此，键条炉排的故障是较常见的。某些部件的磨损、烧坏情况也是比较严重的。所以链条炉排的检修工作量，比其他炉排的检修工作量要大的多。

链条炉排主要包括炉排、变速传动装置、给煤装置、除灰装置与通风系统等。检修的主要工作量是炉排与变速传动装置，至于其他装置的检修工作，则比较简单。

1.链条及炉排片的检修 当拆下炉前铁盖板，取出炉排后部老鹰铁，松脱挂轴两端的销子，卸下炉排片后，即可将炉排链条分段卸下。

由于经过运行链条长度伸长不等，因而造成链条与前后轴链轮啮合不紧，甚至不相啮合，发生炉排跑偏、部分零件磨损、炉排片断裂、顶起的炉排片突然下落等现象。所以检修炉排时，应对链条长度进行拉紧测量。可找一平整地点，放置两根平行的直径 102 毫米的管子，中间垫平。将拆下的链条放在平行的管子轨道上，张紧测量。旧链条长度差一般不应超过20毫米，新链条长度差不应超过10毫米。

链条拆开后，要对拉杆、铸铁辊子及套管进行检查测量。对于磨损严重的不符合质量标准要求的，要加以修理或更换。

链条装于链轮啮合后，可穿上拉杆与支托炉排片的扁铁板。装上的拉杆，与两侧炉墙的间隙，应该在考虑拉杆受热膨胀后，再增加15～20毫米的距离。

炉排片的尾部及背部磨损，不应超过 5 毫米。不应使用残缺或有裂纹的炉排片。新制炉排片的材料成分，可参考下述要求：

碳2.9～3.2%，硅1.2～1.6%，锰0.8～1.2%，磷$<$0.2%，硫$<$0.15%，铬$<$0.3%，镍$<$0.5%；

抗张强度：$>$24公斤/毫米^2；

抗弯强度：$>$44公斤/毫米^2；

抗压强度：$>$85公斤/毫米^2；

使用材料为灰口铸铁。

当炉排片在同一炉排上有几种型号时，应按图纸要求排列。最好不要把新旧炉排片穿在同一根拉杆上。炉排片的尺寸公差不应超过±1毫米。可用样板检验。

同一根拉杆上的炉排片，应该平直。每排炉排片的松度，每米长约2～3.5毫米左右。

当炉排装好后，应试运转。以使炉排片能自由摆布均匀。在试转时，应测量拉杆端部与炉膛侧墙距离，以检查跑偏情况。同时检查滚轮转动的灵活性，及与其它部件有无摩擦等情况。

炉排试运转良好后，可以装上老鹰铁。

老鹰铁头部烧损过多时，应该更换。老鹰铁的支架每米长度一般弯曲不应超过4毫米。各老鹰铁间应留有3～5毫米膨胀间隙。

2.炉排支架的检修与炉排找正 首先，检查支架横梁及纵梁是否有弯曲变形，支架侧壁与中间挡风板是否有变形、腐蚀、烧坏等。风室风门开关是否灵活、严密，以及导轨是否光滑、平直和完整。

支架的水平差，一般不应超过3毫米。架子的弯曲一般不应超过5毫米。

支架侧壁与中间挡风板腐蚀、烧坏的要挖补或全部更新，弯曲变形的要加热校平。

导轨的磨损，一般不应超过6毫米。导轨之间应平行，其前后水平差一般每米不应超过0.5毫米。导轨间距离应符合图纸要求。

风室风门的开关要灵活，其开度指示，内外应该一致，不相符的应加以调整。风室风门连接件与零件不应变形或烧坏，烧坏者要更新，变形的要加热整平。风室风门关闭后应严密，其缝隙最大不应超过2～3毫米，门轴不应有弯曲变形。

炉排找正的方法如下：

（1）先在炉前拉好一根基准线。有的则利用前大轴轴瓦座的拉紧螺丝为基准，根据此两侧拉紧螺丝，在炉前水平方向测出一任意等距离，拉出一根水平基准线。但据实践的结果，拉紧螺丝的位置并不十分正确，因此也有利用炉前两侧炉架的光滑平面为依据，拉出基准线的。拉基准线的方法是先在炉前两侧立两根随意移动的铁棍，在水平方向拉一根钢丝，用图4-37所示的方法校正钢丝的水平。然后用线锤与弯尺等来校正钢丝与炉前两侧炉架的距离，保证其两侧的距离相等。炉排找正所需拉好的各找正线，如图4-36所示。测量各线水平用的工具，如图4-37所示。

（2）如果先找出炉前基准线，可再找出炉排中心线。方法是用线锤与钢尺，由炉前基准线的中心点，用丁字规由此点在水平面内向炉后引出一条钢丝线，即为炉排中心线。

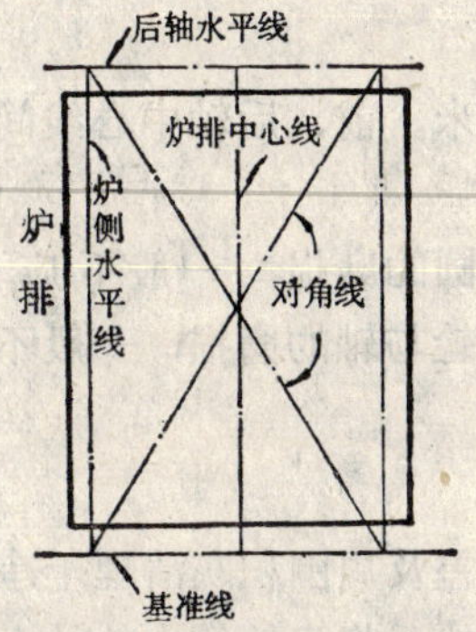

图 4-36　炉排找正时的各找正线示意图

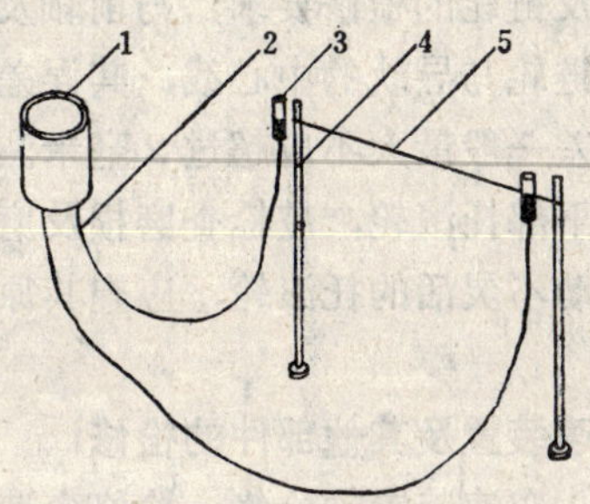

图 4-37　炉排找正时测量水平用工具图

1—测量水桶；2—橡皮管；3—玻璃管；4—铁棍；5—钢丝

（3）以炉排中心线为准，在炉排后轴上方稍后，拉一钢丝。该钢丝与炉排中心线垂直，作为后轴水平线。其与炉前基准线在同一水平面上，可用水桶玻璃管法来校验。

（4）自基准线的两端，沿两侧炉墙各向炉后拉一根钢丝线，作为炉侧垂直线。该两线与基准线中心成等距离，并与侧墙稍有一定距离。且与炉前基准线、后轴水平线在同一水平面内而互相垂直。可用弯尺、水桶玻璃管等来校正。

（5）为了校正各根找正线的准确度，可由四角交点拉两根对角线。如两对角线相等，并与炉排中心线相交于一点，即说明所拉各线符合要求。对角线、中心线等偏差，最大不应超过2毫米。

拉好炉排找正线后，即可由此进行各部件的调整工作。

前轴找正以炉前基准线为准，进行轴瓦的调整以及链轮的调整。用后轴水平线检查并调整后梁及后链轮。用基准线和后轴水平线及中心线，检查调整每根导轨的上下左右位置以及导轨间的距离。还可用前后水平线向炉排支架下引线，以进行炉排下部托滚轮的找正。

3.前后大轴、链轮及下部托滚轮的检修 大轴在拆卸前，应先进行大轴弯曲度的检查。可先将大轴调整至水平位置，转动大轴，利用千分表测量其弯曲度。大轴的弯曲每米允差为0.5毫米。

应用炉前基准线，引下线锤，测量大轴与线锤的距离，以检查大轴中心线是否平行于基准线，以便进行调整。

前大轴在拆卸前，在轴瓦与支架的接合处，要打上记号作为修前位置。然后松开靠背轮，用钢尺置于一个靠背轮上，转动另一靠背轮，检查二者是否同心。

拆下轴瓦后，检查轴瓦的磨损情况。磨损一般不宜超过2.5毫米。超过时，可考虑加装铁套。套与轴的间隙，约为0.7～0.8毫米。轴瓦上的油路应清洗干净，并换新油。

链轮的磨损情况，可用样板来检查。一般磨损超过3毫米时，可以掉转方向使用。依据炉排中心线及导轨的位置，确定调整链轮的位置。大轴上各个链轮的轮齿，应在同一中心线上，其相错偏差应小于1.5毫米。检查链轮与大轴联结的键槽，不应有裂纹。

大轴靠背轮与齿轮箱上的靠背轮对接时，一般应留出4～5毫米的间隙。靠背轮的高低差，不应超过0.2毫米。若有相差时，大轴的靠背轮，可稍低于齿轮箱的靠背轮，但不允许高出。

后轴及链轮的检修要求，与前轴及链轮的要求相同。

前后链轮与导轨的中心线，其误差最大不应超过2毫米。前、后轴中心线间的平行距离，其误差一般最大不应超过2毫米。

炉排下部托滚轮，应检查磨损及磨偏现象。托滚轮外圆的磨损，一般不应超过5毫米。对转动不灵活的托滚轮，应查其原因并消除之。托滚轮与轴的磨损，一般不应超过6毫米。

4.变速装置及其他部件的检修

（1）变速装置的检修：检修变速箱时，首先应将顶盖及周围积灰清理干净，将顶盖螺丝及销子松开，小心地吊起顶盖，放在稳靠的垫木上。然后将齿轮箱内的油全部放出。

测量齿轮各部分的间隙后，将各齿轮卸下清洗干净。并检查接合与磨损情况。检查齿轮磨损时，要用样板来测量。一般磨损不应大于1毫米。齿轮磨损后，可以掉转方向使用，或者用电焊修补后使用。齿与齿之间的径向间隙，不应超过1毫米。齿与齿之间的侧向间隙，应在1.5～2.3毫米的范围内。齿与齿之间的接触应该均匀。齿轮箱内，如为铜瓦轴承，则铜瓦的间隙应为0.1～0.2毫米。蜗轮的轴瓦间隙，一般不应超过1毫米。新换的轴瓦，其间隙不超过0.5毫米。蜗杆铜瓦的间隙，一般不超过0.3毫米，新瓦间隙为0.15毫米。蜗轮轴瓦与减速箱要镶的紧密，蜗杆轴瓦与生铁套也要镶得紧密，并应有螺钉或销钉加以固定。蜗轮与蜗杆的齿面与齿根部分的磨损，一般不应超过3毫米。润滑系统及油槽应畅通。蜗轮轴面的磨损，一般不应超过1毫米。而蜗杆轴面的磨损，一般不应超过0.3～0.5毫米。

离合器的齿面平直部分的磨损，一般不应超过0.5毫米，其啮合面应保持能够紧密贴合。

此外，对变速装置部分的所有键与键槽应认真检查，不得有裂纹。对钢圈应检查有无麻坑、裂损等。滚珠轴承部分，内圈与轴、外圈与套的接触要良好，滚珠或滚柱表面不得有磨损。整个系统经检查、修理或更新后，即可进行装合工作。在装合的整个过程中，要保证周围环境及场地的洁净。油路系统要畅通，油位计要保证明晰和指示正确。

5.落煤装置的检修 对落煤斗磨损变薄和腐蚀变坏的地方，要加以焊补或更新流煤板。阻碍煤流下的死角，应予以修理。然后整个落煤斗内外应除锈、加涂防锈漆。

对煤闸板升降装置，要检查蜗轮、蜗杆的磨损情况，是否有裂纹。清洗污垢后，换新润滑油。煤闸板烧坏的部位，要重新修补或更换。冷却循环水的管件，有腐烂者应予更换。

6.链条炉排检修后的检验 链条炉排检修完毕组装后，应进行试运转，以检查各个部件的工作情况。在空负荷试运转时，应进行下列各项检验和调整。

（1）检查炉排运转时，声音是否有异常。炉排是否有跑偏，前后链轮与链条的啮合状况是否良好；

（2）检查炉排与链条接合销轴、开口销子是否有遗漏，炉排片拉杆两端的开口销子有无遗漏、开度是否适当；

（3）检查炉排的松紧程度是否适当，减速箱声音是否正常。在各挡的转速下，电流表的指示数值应较修前为小，变速箱倒换转速是否灵活，保险弹簧的压紧程度是否合宜；

（4）检查炉排行走部分与固定部分之间的间隙是否合适，不能有任何一处碰磨；

（5）检查齿轮箱、蜗轮箱及其他润滑部分油量是否充足，油质是否符合标准；

（6）检查风室风门和放灰机构是否灵活，连接部分是否牢靠；

（7）检查煤闸板与炉排面是否平行，开度指示与实际尺寸是否相符。

当锅炉机组检修完毕，炉排在热状态下试运转时，对炉排还应作下列的检查与调整：

（1）检查并调整炉排的松紧程度；

（2）检查齿轮箱离合器的安全弹簧，并调整使其在刚能带动炉排时，再拧紧一圈；

（3）检查靠背轮是否有因热胀、拉紧等情况而发生偏斜，并测量靠背轮间的间隙。

第五节　小型工业锅炉有关数据估算

目前，在我国许多地区有很多耗煤量大、热效率低、司炉人员劳动强度大、结构陈旧的小型工业锅炉，急待加强技术改造。在改造过程中，一个相当艰巨的任务，就是要进行锅炉改造的热工计算。有的单位，限于客观条件，甚至因此造成很大困难。为此，我们推荐由哈尔滨工业大学提出的，对蒸发量不大、压力较低、结构比较简单的工业锅炉，有关排烟损失、炉排面积、炉膛容积、鼓风量、炉膛受热面及对流受热面等简单估算办法，供参考。

通过我们实践运用，这些数据很有实用价值。尤其在计算HH型、SZ型及SH型水管锅炉时，数值更为接近。

对于带有铸铁省煤器的蒸汽锅炉，以工作压力为13公斤/厘米^2、给水温度为50°C的机械化炉排（链条，抛煤机等）使用烟煤的情况为例，若取排烟温度为170°C，对流受热面占锅炉总吸热量的50%，每吨蒸发量布置辐射受热面为4.5平方米时，其对流受热面面积数值可参考表4-36数值。

排烟损失（%）估算表 **表 4-29**

燃料种类	排烟的空气过剩系数	排烟温度为下列数值时的排烟损失			
		150℃	200℃	250℃	300℃
一般煤	1.5	6.6	9.2	11.8	14.4
	1.8	8.0	11.1	14.2	17.3
高灰分劣质煤	1.5	7.4	10.2	13.0	15.8
	1.8	8.7	12.0	15.3	18.6

每吨蒸发量需用炉排面积（米²）估算表 **表 4-30**

燃烧设备	人工烧火		链条炉排、振动炉排、抛煤机	往复推动炉排
	自然通风	机械鼓风		
炉排面积（米²）	1.8～2.2	1.5～1.8	0.9～1.1	1.1～1.3

每吨蒸发量需用炉膛容积（米³）估算表 **表 4-31**

燃烧设备	煤粉锅炉	抛煤机锅炉	其他炉排锅炉
炉膛容积（米³）	4.5～5.5	3.5～4.5	3～4

每吨蒸发量所需机械鼓风送风量（米³/时）估算表 **表 4-32**

燃烧设备	炉排锅炉	煤粉锅炉
送风量（20℃）	1250	1000

每吨蒸发量所产生的排烟量（米³/时）估算表 **表 4-33**

燃烧设备	空气过剩系数	排烟温度 t_2 （℃）		
		150	200	250
炉排锅炉	1.55	2300	2570	2840
煤粉锅炉	1.55	2100	2360	2620

注：若估取的空气过剩系数与表内数值不同，则排烟量可按比例换算。空气过剩系数越大，则排烟量越大。

每吨蒸发量炉膛水冷壁受热面积（米²）估算表 **表 4-34**

燃烧设备	炉排锅炉	煤粉锅炉
辐射受热面积（米²）	4.5～5.5	4～5

注：考虑水冷壁的利用率后，实际的水冷壁管表面积应为表内数值的一倍左右。

每吨蒸发量（不带过热器和尾部受热面）对流受热面积（米²）估算表　　表 4-35

种　　类	用 ϕ51 毫米排管炉排锅炉（烧用烟煤）	
通　风　情　况	自　然　通　风	机　械　引　风
横向冲刷交错排列排管受热面积（米²）	35～46	20～26
横向冲刷平行排列排管受热面积（米²）	48～62	22～32
相应的烟气流通截面积（米²）	0.28～0.47	0.12～0.18

带有省煤器锅炉每吨蒸发量布置对流受热面积数值表　　表 4-36

方案	ϕ51 毫米主炉管受热面			标准管铸铁省煤器		
	吸热量百分比（%）	受热面积（米²）	烟气流通截面（米²）	吸热量百分比（%）	受热面积（米²）	烟气流通截面（米²）
Ⅰ	42	错列16～21 平列18～26	0.095～0.143	8	15.5～19.5	0.072～0.103
Ⅱ	38	错列12～16 平列14～20	0.098～0.148	12	21.3～26.7	0.076～0.108
Ⅲ	34	错列10～13 平列11～16	0.102～0.153	16	26～32.6	0.08～0.114

第五章 锅炉附件

锅炉的附件，是锅炉安全经济运行不可缺少的一个组成部分。如果锅炉的附件不全、作用不可靠、全部或部分失灵，都会直接影响锅炉的正常运转。

第一节 安全阀

一、安全阀的作用

安全阀也称安全门，是锅炉三大安全附件之一。其作用是保证锅炉在一定工作压力下安全运行。如果锅炉汽压超过允许规定时，安全阀一方面产生较大音响，引起操作人员警觉，及时采取措施；另一方面即起排汽、减压作用，使锅炉压力迅速降下，保证锅炉安全。同时，锅炉在没有空气阀的情况下，安全阀可在冷炉进水、生火及无压排水时，由人工抬起，以排除或吸入空气。

按照《蒸汽锅炉安全监察规程》的有关要求，对于蒸发量大于0.5吨/时的锅炉，至少应装设两个安全阀（不包括省煤器安全阀）。蒸发量小于或等于0.5吨/时的锅炉，至少装一个安全阀。非沸腾式省煤器的出口或入口处和蒸汽过热器出口处均应装设安全阀。安全阀阀座内径不应小于25毫米。

二、安全阀的种类及构造

工业锅炉的安全阀可分以下三种型式：

1.静重式安全阀（图5-1） 也称重铊式安全阀。它是一种构造简单、较原始的安全阀。其构造是在安全阀的阀芯上压以多个铸铁圆盘，以压住阀芯不被蒸汽顶开。根据锅炉的汽压大小与阀芯的截面积，来调整铸铁圆盘的多少。当蒸汽压力增强时，则蒸汽向上的力量超过圆盘总重，发出音响，排出蒸汽。目前生产的锅炉，多不用此种型式安全阀。这种安全阀的主要缺点是本体重量大、体积大、不易于调整，且容易造成漏泄，不便修理。

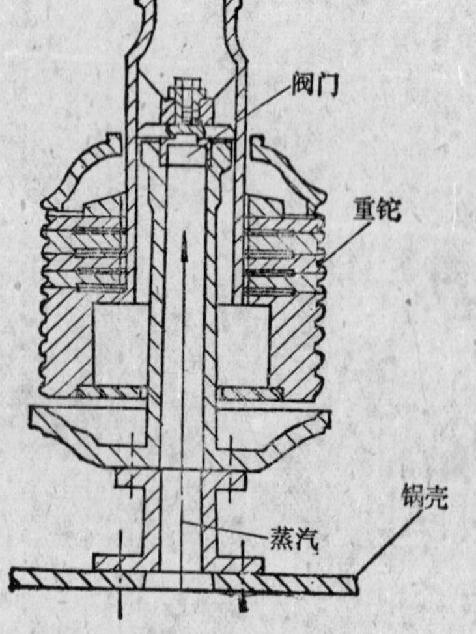

图 5-1 静重式安全阀图

2.杠杆式安全阀（图5-2） 其构造由阀芯、阀座、杠杆及重锤几个主要部分组成。锅炉汽压作用于阀芯上一定的力，通过杠杆原理，使蒸汽不能将阀芯顶开。在工作压力下，杠杆及重锤向下的力量（力矩）超过蒸汽作用于阀芯向上的力量（力矩），安全阀是严密的；当超过工作压力时，汽压作用于阀芯的力量（力矩），超过杠杆及重锤向下的力量（力矩）时，安全阀即行开启，排出蒸汽。杠杆及重锤向下作用的力矩，除其本身重量外，还可调整重锤的位置。重锤距离阀芯越远，向下作用的力矩就越大（其原理与农村用铡刀相同）。

3.弹簧式安全阀（图5-3） 其构造主要由弹簧、阀芯、阀座、调整螺丝及手动扳手等组成。锅炉工作压力作用于阀芯上，产生向上推力，而弹簧由于调整螺丝力量压于阀芯上。根据蒸汽压力的大小，来拧紧或放松调整螺丝。当汽压超过一定限度时，即将阀芯顶起排汽，当下降到一定压力时，阀芯借助弹簧力量，又压于阀座上。弹簧式安全阀的弹簧有两种截面，一种为方形的，一种为圆形的。阀芯与阀座接触面外常留有少许边缘。当压力增加，接触面稍有蒸汽排出时，由于阀芯边缘也受压力作用，使整个作用面积突然增加，安全阀顿时开启；当压力降低后，由于面积的突然减少，故使阀芯一次闭合，不致产生反复跳动的现象。汽压降落时的数值，可借阀座上的调整环来调节。调整环与阀座是用螺纹连接的。其位置可以旋上旋下。由接触面排出的蒸汽，遇到位置较上的调整环的阻挠，直冲阀芯，可增加向上推力，使阀芯抬高距离增大（即高升程）；反之，调整环位置旋下，则蒸汽除有部分直冲阀芯外，还有一部分由调整环与阀芯间空隙排出，阀芯此时可少许抬高（即低升程）。调整环也有装于阀芯上的，其上下位置的作用，则恰恰相反（调整环工作原理见图5-4所示）。

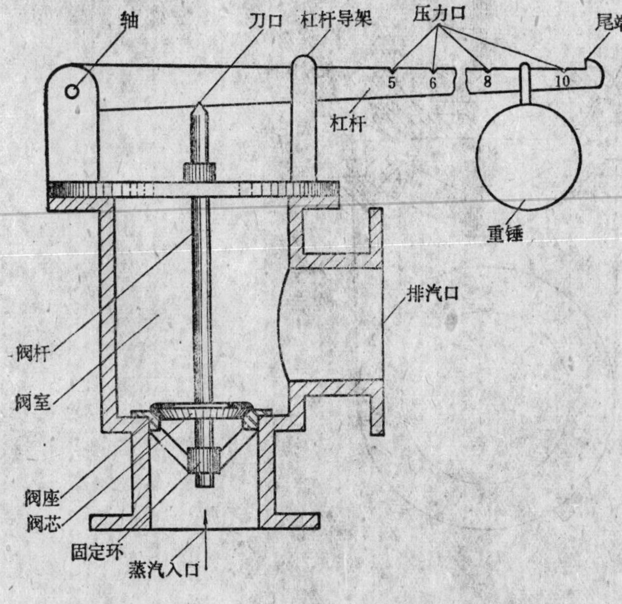

图 5-2 杠杆式安全阀构造示意图

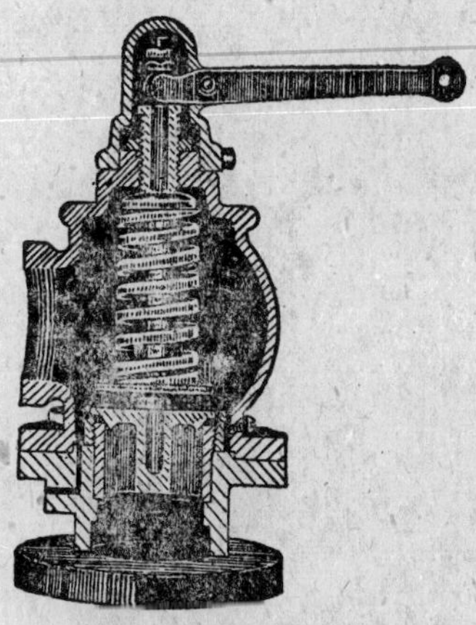

图 5-3 弹簧式安全阀构造图

根据安全阀的型式不同，有各种不同形式的阀芯与阀座的接触面。杠杆式安全阀多采用平面接触面，而弹簧式安全阀多采用斜面形接触面。球形接触面，不仅由于接触面积较大而可承受重压，并且当阀芯与阀座稍有偏斜，仍可因重力作用自行调整中心。但加工困难，接触面较宽，易积存污物。平面接触面一般较窄，不易被污物积存，为了能使阀芯与阀座对正，在阀芯下常附有“阀翼”，使阀芯只可垂直上下移动，不致产生偏斜。斜面接触面排汽阻力最小，斜面锥度加工和研磨较难，要求材料品质较高。

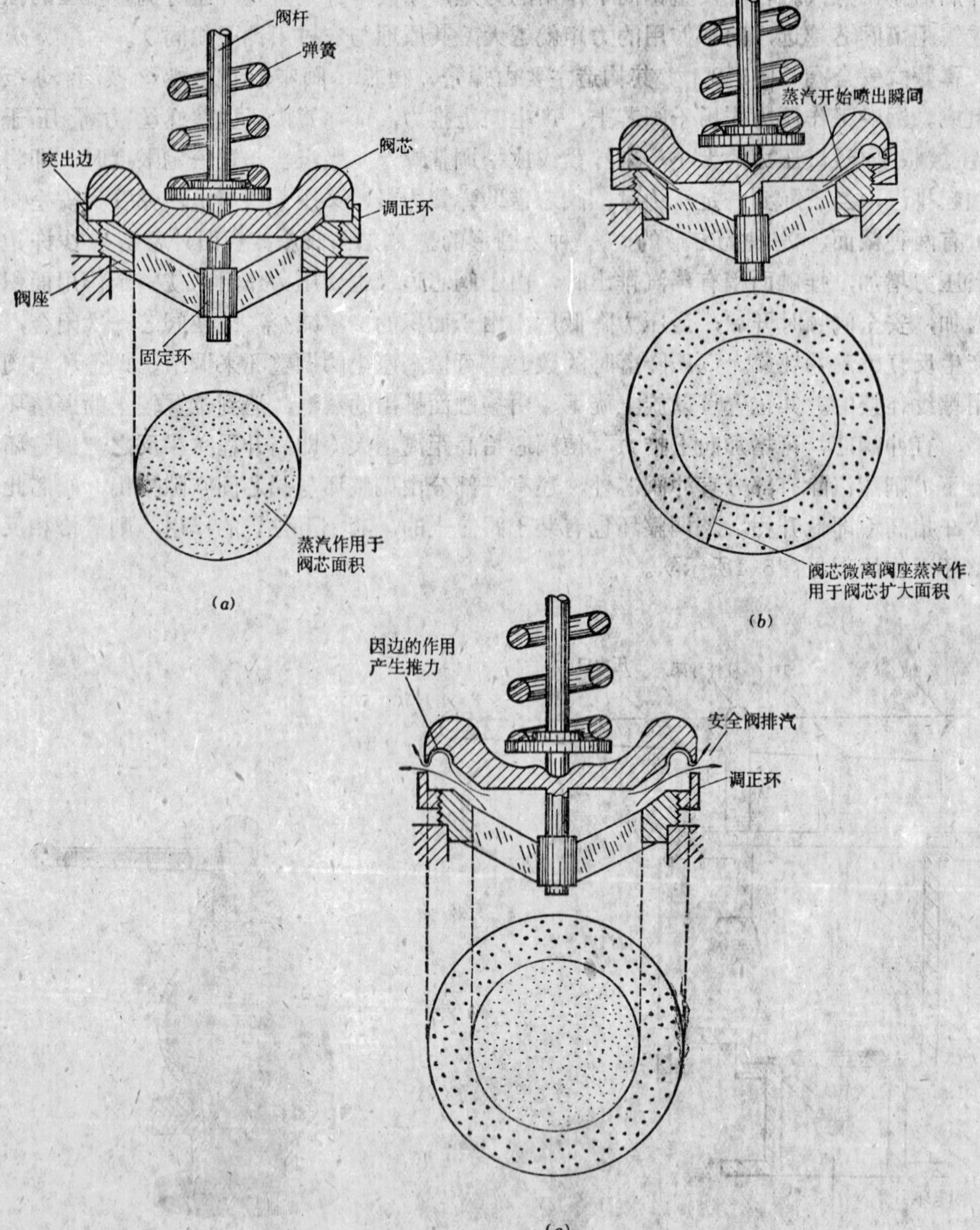

(c)

图 5-4 安全阀调整环工作原理图

三、安全阀的开启压力

锅炉在运行中，其正常工作压力要比安全阀的开启压力低，且应有一定差距。若锅炉正常工作压力与安全阀的开启压力近似平衡，则易使安全阀反复跳动引起漏泄，使接触面腐蚀或产生凹槽，既浪费了蒸汽又不易在应急情况下起到应有的安全作用。

安全阀的开启压力应符合“蒸汽锅炉安全监察规程”的规定，如表5-1所示。

在表 5-1 中，对于有两只以上（省煤器安全阀除外）的安全阀时，其中必须有一只安

安全阀开启压力数值表　　表 5-1

锅炉正常工作压力(公斤/厘米²)	安全阀的开启压力(公斤/厘米²)
<13	工作压力+0.2 工作压力+0.4
13～39	1.04倍工作压力 1.06倍工作压力
>39	1.05倍工作压力 1.08倍工作压力
任何压力的省煤器安全阀	1.1倍工作压力

全阀按较低开启压力调整。对于有蒸汽过热器的锅炉，其较低开启压力的安全阀，应是蒸汽过热器出口安全阀，以保证蒸汽过热器的安全。

在选用安全阀时，应严格注意其铭牌压力，不可超出铭牌规定的压力范围。否则，锅炉在运行时，将无法调整安全阀。

四、安全阀的安全操作

1.调整安全阀：锅炉安装或移装后，投入运行前，应对安全阀进行调整。在调整前，应首先明确锅炉使用工作压力的大小。然后，试烧锅炉，使锅炉汽压升至接近工作压力。调节安全阀人员，可微抬杠杆或微动弹簧手把，根据安全阀开启压力与锅炉汽压之间差异，逐步做轻微调节，直至符合开启压力要求。调整后，仍应再升高汽压，看安全阀是否按规定开启压力灵敏可靠地动作。对两只以上安全阀，在调整中还应注意，先调整开启压力最高的安全阀，最后调整开启压力最低的安全阀。

2.对于安全阀的漏泄，首先要分析其漏泄原因，然后再采取措施：如因阀芯与阀座接触面有污物等造成安全阀不严密，可实行几次人工手动排汽，将污物吹去。如因阀芯或阀座接触面有锈蚀或沟槽，应进行检修研磨，使保持严密。研磨时应注意，阀芯与特制阀座胎具研磨，阀座与特制阀芯胎具研磨，切不可将阀芯放在阀座上直接研磨，以防磨偏或互相影响，降低检修质量，达不到保持严密的要求。

3.安全阀经过调整后，司炉人员要防止非操作人员移动重锤、任意加减圆盘或扭动调整螺丝：以免安全阀在达到开启压力时，不能正确动作，或未到开启压力即行动作，影响正常供汽。或已到开启压力仍不排汽，起不到保护锅炉安全的目的。同时，要防止与安全阀无关的异物，将安全阀压住、卡住，以保证安全阀动作的可靠性。

4.安全阀使用一段后，为了防止阀芯与阀座粘住，司炉人员应定期进行自动或手动排汽（排水）试验，以检查安全阀动作的可靠性。

五、对安全阀的有关技术要求

1.安全阀应垂直地安装，并应装在锅筒（或锅壳）、联箱等最高部位。安全阀与锅筒(或锅壳)之间或安全阀与联箱之间，严禁装有阀门或取用蒸汽的管路，以防安全阀所受压力与锅炉的实际工作压力产生悬殊差别，起不到安全阀应有作用。

2.安全阀的总排汽能力，必须保证在锅筒（或锅壳）和蒸汽过热器上所有的安全阀开启后，锅炉汽压不超过表5-1中规定的安全阀较高开启压力的3%。为了达到上述要求，锅炉所用安全阀的数量与安全阀阀座内径要经过计算。一般可参照下式计算：

$$ndh=\frac{A\cdot D}{P+1}$$

式中 n——安全阀的数量，个（如锅筒与蒸汽过热器之间没有阀门时，其数量为锅筒与蒸汽过热器所有安全阀的和，但不包括省煤器安全阀；如锅筒与蒸汽过热器之间装有阀门时，则仅指锅筒上安全阀的数量）；

d——安全阀阀座内径，厘米。应不小于2.5厘米；

h——安全阀阀芯提升高度，厘米；

D——锅炉的最大连续蒸发量，公斤/时；

P——锅炉蒸汽压力，公斤/厘米。（如使用工作压力与锅炉最高允许工作压力间相差较大，也可按实际使用工作压力计算，不仅保证锅炉安全，还能保证供汽压力不至超压，防止造成对用汽设备的损坏）；

A——系数

当$h\leqslant\frac{d}{20}$时，$A=0\ 0075$（低升程式）

当$h\geqslant\frac{d}{4}$时，$A=0.015$（高升程式）

蒸汽过热器出口安全阀其排汽量，应保证在开启压力下，不致将蒸汽过热器烧坏；省煤器的安全阀直径由设计单位确定。

根据锅炉受热面积的多少，也可确定安全阀的截面积，表5-2所列数值可供参考。

蒸汽锅炉安全阀阀座面积速查表

（按受热面积尺寸决定）

表 5-2

受热面积(米²)	汽压(公斤/厘米²)									
	3	5	8	10	12	14	16	18	20	25
	阀座截面积(厘米²)									
20	43	26	17							
30	64	39	25							
40	86	53	33	27	22					
50	107	66	42	33	28					
60	128	79	50	40	33	29				
80	172	105	67	54	45	39				
100	214	131	83	67	56	48	43	38	34	27
120	257	158	110	80	67	58	51	45	41	33
150	321	187	125	100	84	72	63	57	51	41
180	385	236	150	120	101	87	76	68	61	49
200			166	134	112	96	85	75	68	54
250			208	167	140	120	106	94	85	63
300			250	200	168	144	126	108	102	81
350			290	234	196	168	148	132	118	95
400			332	268	224	192	170	150	135	108

3.为了减少锅筒或联箱开孔，可在同一个接座上用短管安装几个安全阀，但短管通路的截面积，应不小于短管上所装全部安全阀阀座截面积总和的1.25倍。

4.安全阀应装设排汽管。对于工作压力≥13公斤/厘米^{2}的锅炉，其排汽管应通向室外，以防排汽时伤人或造成锅炉房蒸汽弥漫，影响正常操作。排汽管应尽量减少阻力，具有足够的截面（最小应大于安全阀阀座截面，复式安全阀应至少等于连接短管截面）。

5.安全阀底部，应装有接到安全地点的泄水管，以排除由于排汽形成的凝结水或省煤器的炉水，对安全阀弹簧、阀杆等的腐蚀。安全阀泄水管上不应装有任何阀门和旋塞。

6.安全阀出厂时，应有金属铭牌，载明下列各项：

（1）安全阀型式；

（2）制造厂名与年月；

（3）安全阀提升高度（毫米）；

（4）安全阀阀座内径（毫米）；

（5）安全阀的工作压力（公斤/厘米^2）；

（6）安全阀的排汽能力（公斤/时）。

7.安全阀必须有下列安全装置；

（1）静重式安全阀，要有在排汽时防止重锤圆盘飞脱的装置；

（2）杠杆式安全阀，要有防止重锤自行移动的装置，要有当排汽时限制杠杆越出的导架；

（3）弹簧式安全阀，要有能进行人工手动排汽的提升手把，要有防止随意拧动调整螺丝的装置；

（4）安全阀经过调整校验后，在可能条件下要加铅封或加锁。

第二节 压 力 表

一、压力表的作用

压力表是测量锅炉汽压大小的仪表。司炉人员通过压力表指示值，控制锅炉汽压的升高与降低，以保证锅炉在允许工作压力下安全运行。按照规定，每台锅炉必须装有与锅筒（或锅壳）蒸汽空间直接相连的压力表；蒸发量≥2吨/时的蒸汽锅炉，在省煤器出口和给水管的调节阀前，应各装一个压力表；蒸汽过热器出口也应装设压力表。

二、弯管式压力表的构造

弯管式压力表是一种测量与指示密闭容器内液体或气体压力的普通压力表。锅炉用测量汽压的压力表，均属此类。它的构造简单、价格便宜、安全可靠、维修容易。可测范围为0.6～10000公斤/厘米^2。也可制成小于大气压力的负压表，并具有一定的精确度，因此，是测量锅炉汽压与给水压力的理想仪表。图5-5表示弯管式压力表的构造。

弯管式压力表的构造，主要由以下五个主要部分组成：

1.表壳部分 即装纳压力表机构的外壳。普通是由黑铁皮压制成圆盒形，也有用黄铜压制或铸造的。外壳前部表面装有玻璃。内部机体则固定在底板上。有些压力表表壳的底面装有简单的保护装置，即在底部开有一圆孔，平时被一个薄金属片盖紧，当表内有漏汽情况时，则此金属片因只有两点封固，就被有压力的气体吹开，以保护压力表。

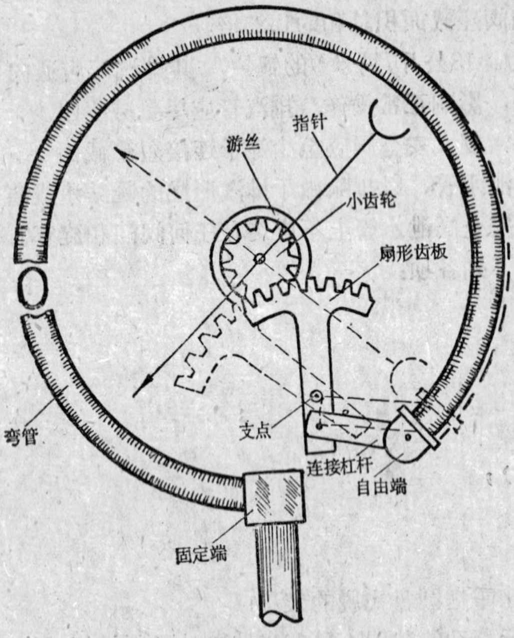

图 5-5 弯管式压力表构造图

2.表针及表盘 压力表的指针是用来指示压力数值的。它是用金属薄片制成，较牢固地装在表轴上，不应有松动、脱落的可能。表针的形状没有规定，但指针安于轴上其两端应保持重量的平衡。如果两端轻重不同，则会影响压力表指示的准确性。

表盘上印有或刻有压力数值及刻度。大部分压力表的表盘，用金属板制成，也有的用较厚纸板制的。经过使用后，其表盘不应有变形、退色、刻度不清等缺陷。表盘中间开有一圆孔，套在表轴外，且不应与表轴接触或磨擦。表盘边缘架于表壳上。表盘上的刻度为圆弧形，约占表盘3/4弧度，刻度的分格应均匀。根据压力表表盘直径的大小与安装的地位，其刻度有疏有密，一般锅炉用压力表最小分格为0.5公斤/厘米^2。在选用压力表时，应使工作压力范围位于压力表刻度值的1/2～2/3处，其指示值较为准确。以免在刻度开始部分受磨擦及堕性影响和刻度尾部受弯管变形影响，而影响指示的准确性。

3.弯管部分 是压力表受压力作用后，产生动作的部分。弯管通常用黄铜管、磷铜管、合金钢管或不锈钢管弯成。为了保证动作灵敏、耐压强度高，弯管断面多为椭圆形。弯管弯曲成圆弧状。一端与管接头连接，称固定端；一端管头封闭，为自由端，连接于传动杠杆上。当压力表受压力作用后，弯管趋于伸直，自由端即产生移动，经过传动杠杆、扇形齿板等传动机构，将移动的动作传至轴上，使轴转动，指针指示压力值。图5-5实线部分为受压前位置，虚线部分为受压后位置。

4.传动机构部分 主要包括连接杠杆、扇形齿板、小齿轮及游丝等机件。连接杠杆接受来自自由端的动作，传至扇形齿板。连接杠杆与自由端、扇形齿板连接处，均有调整螺丝，可用来校正表针的指示值；扇形齿板是用来扩大动作倍数的，根据压力表盘的刻度范围和弯管性质，其放大倍数由5:1到24:1不等。小齿轮与表轴固定，把扇形齿板传来的动作转给表轴。游丝一端与轴连接，一端固定在支架上，帮助指针摆到零位。

5.管接头部分 就是连接弯管与受压管路的部分，一般用金属块制成。管接头部分必须保证严密，故要求管接头部分不能用铸件制作，以免引起漏泄。

三、影响压力表准确的原因与防止办法

一只准确的压力表，经过相当长的时间使用，可能变的不够准确或不能使用，造成这种情况，主要有以下几种原因：

1 温度的影响 弯管式压力表主要靠外界压力的作用，指示其压力值大小。倘若弯管

内进入高于弯管本身温度的液体或气体，则弯管除受压力作用外，尚产生温度伸长，以致弯管动作加大。长时间受热的作用，还会引起弯管永久变形，当温度消除后，弯管恢复不到原来位置，使压力表产生误差。故一般锅炉用压力表与被测锅筒（或锅壳）或联箱间，必须装有存水弯管，使蒸汽在存水弯管中积存凝结水，阻止蒸汽直接进入表内，以免形成温度误差。压力表存水弯管的形式很多，常见的有图 5-6 所示的几种。

2.震动的影响 震动的来源有两种，一种是被测气体、液体或被测机件的震动；一种是压力表内部机构的震动。震动的结果，使压力表齿轮磨损变形，游丝紊乱，指针松动，轴承损坏等，以致压力表失去准确性，甚至损坏。预防的办法，应使锅筒或联箱不要产生震动或增加缓冲装置；另外，在压力表与存水弯管间，应增设三通旋塞，不仅可以防止压力表内部机构的震动，并兼有吹洗存水弯管、校验压力表和卸换压力表作用。三通旋塞各部位置及作用如图 5-7 所示。如果没有三通旋塞，也应利用三路通连接三个阀门代替三通旋塞。

3.超负荷的影响 压力表经常指示范围在刻度盘三分之二以上位置，长期使用后造成弯管弹性不足或产生永久变形，以致影响准确性。预防办法，应选择刻度合适的压力表，使用范围在1/2～2/3刻度之间。

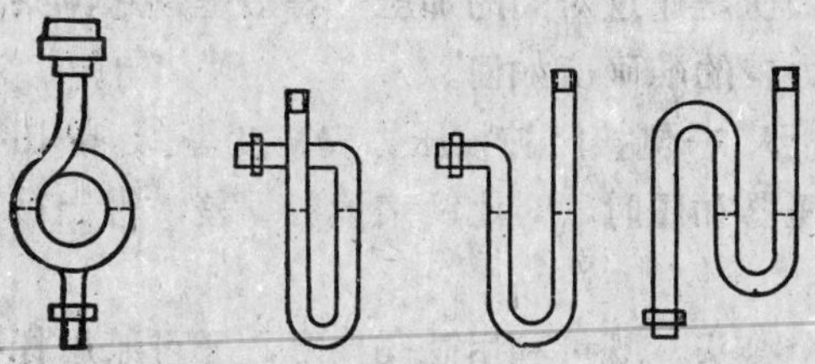

图 5-6 压力表存水弯管形式图

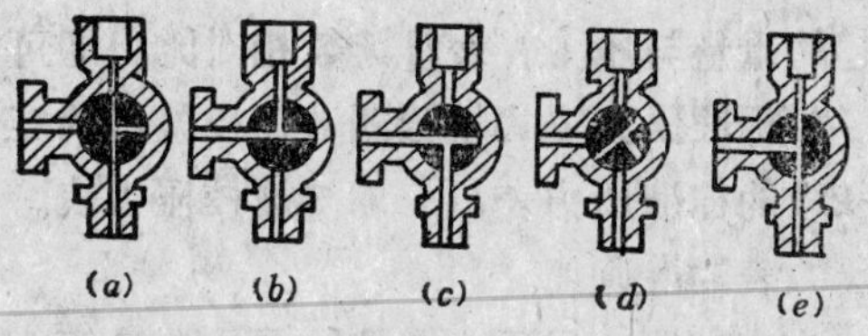

图 5-7 三通旋塞位置及作用图

a—正常工作位置；*b*—检查压力表位置；*c*—疏通存水弯管位置；*d*—存水弯管蓄积凝结水位置；*e*—接通校正压力表位置

4.其他影响 在卸下压力表后，应将压力表口包扎保存，防止污物、杂质进入表内，避免堵塞，压力表铅封应完整。调整校验后，应另加铅封，并应由专人负责调整、校验。

四、对压力表的有关技术要求

1.使用的压力表，其精度等级不应低于2.5级。且每年至少应校验一次，校验后应加铅封。

2.根据锅炉工作压力大小选择合适的压力表，压力表盘的最大刻度应为被测压力的1.5～3倍，最好为2倍。在刻度盘的工作压力处应划有红线。

3.压力表盘的直径大小，应保证司炉人员能清楚地看到压力指示值，且表盘直径不应小于100毫米。

4.压力表与锅筒（锅壳）或联箱间，应设有存水弯管。对于铜制存水弯管，其内径不应小于6毫米；对于钢制存水弯管，其内径不应小于10毫米，且压力表与存水弯管间，应装有三通旋塞。

5.压力表应装于便于观察和吹洗的位置，并应防止受到辐射热、冰冻和震动的影响。

6.压力表有下列情况之一者，应停止使用：

（1）有限制钉的压力表，无压力时，指针转动后不能回到限制钉处；没有限制钉的压力表，无压力时，指针离零位的数值超过压力表规定允许误差的半数；

（2）表面玻璃破碎或表盘刻度模糊不清；

（3）没有铅封、铅封损坏或超过校验使用期限；

（4）因其他缺陷使压力表失去准确性。

五、压力表的校验

对于新旧压力表准确度的校验，应采用专用压力表校验器。一般常用的有三种校验方法：

1.液柱式压力表校验器 在校验器的连通管上，一侧接被校压力表，一侧接有普通内装水银的玻璃管，管旁有指示压力的刻度尺，玻璃管竖于盛有水银的容器中。当校验器加压后，水银柱从玻璃管内上升，通过升高的标尺数值，对比压力表表盘读数，校正其准确度如何。此法准确度较高，唯因水银柱高度有限，仅可做一般负压表及较低压力表的校验；

2.砝码式压力表校验器 在校验器的连通管上，一侧接被校压力表，一侧接有面积为一平方厘米的活塞，活塞杆上压有许多砝码。当加压器通过对油的加压，将活塞顶起，其顶起的重量与压力表表盘读数相对比，即可知压力表的准确度如何。

3.标准压力表式校验器 在校验器的连通管上，一侧接比被校压力表精度等级高出1～2级的标准压力表，一侧接被校压力表。当加压器加压时，对比两表读数误差，得出被校压力表的准确度。

也有在同一只压力表校验器的连通管上有几个接头，既可利用砝码柱塞，又可兼用标准压力表，与被校压力表对比，效果更佳。

六、压力表的修理

凡是因长期使用或某种原因损坏的压力表，如弯管严重变形、破裂、失去弹性、齿轮磨损、轴承磨坏等，均不能修理，只有更换新表或配置零件。对于内部机件松动、油尘阻塞，致使指示不准不稳时，可以清洗和调整。传动部分可以用汽油、清油洗刷干净，再稍加钟表油于轴上。弯管内应用挥发性强的酒精或汽油清洗。调整时，主要调节连接杠杆两端的调整螺丝。调节与弯管自由端相连的螺丝，可变更弯管与扇形齿板的相对位置；调节与扇形齿板相连的螺丝，可变更扇形齿板的旋转角度。一边调节，一边校验，直到准确为止。如果压力表指针的指示，从零起即有误差，且每个格数的误差均为一致，则系指针安装不妥，不必拆开表芯，可只把玻璃卸下，利用专用工具（图5-8）进行改装。

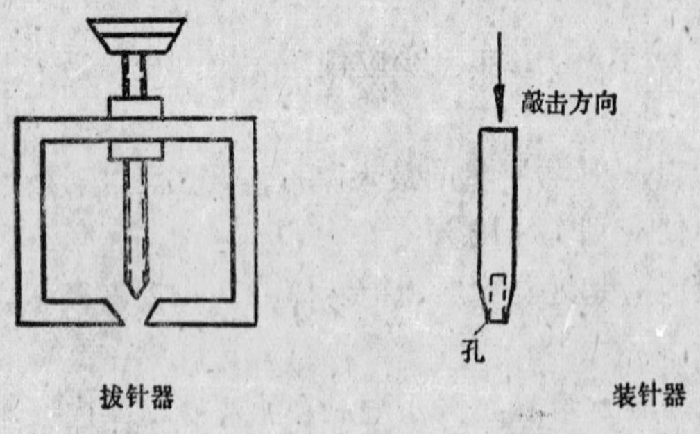

图 5-8 压力表指针拆装工具图

第三节 水 位 表

一、水位表的作用

水位表是利用液体连通器各部水面均在同一平面上的原理，监视锅筒（或锅壳）内水位的一种安全装置。通过水位表内显示水位的高低，以指示炉水水面的位置，司炉人员依此进行正确操作，保证锅炉安全运转。根据“蒸汽锅炉安全监察规程”规定，每台锅炉应装两个彼此独立的水位表。对于蒸发量≤0.2吨/时的锅炉，可只装一个水位表。

二、水位表的种类及构造

1.玻璃管式水位表（图5-9） 这种水位表为一种老式水位表。构造简单、价格便宜，唯因在没有防护装置时，易破碎伤人。其构造主要由汽旋塞、水旋塞、排水旋塞及玻璃管等组成。玻璃管由耐热玻璃制成，其内径不应过细。否则，易造成毛细管现象，影响指示水位的准确性。一般水位表玻璃管内径有15及20毫米两种规格。汽旋塞、水旋塞及排水旋塞为铸铁、铸钢或铸铜制成，有螺纹和法兰两种连接型式。使用压力较高时，以采用法兰为佳。螺纹式在压力较低时可以使用，但应注意防止螺纹漏泄、腐蚀。水位表汽、水旋塞中心应在同一中心线上，以保证玻璃管不受扭曲应力或受力不匀，防止玻璃管在投入使用时造成破裂。有的水位表汽、水旋塞，在其通路中还装有钢球，如图5-10所示。水位表旋塞设置钢球的目的，主要是考虑若当水位表玻璃管破裂后，由于汽水的压力，将旋塞中钢球顶到汽水出口处，阻塞炉内汽水的大量排出，便于工作人员更换玻璃管和检修水位表。但当锅炉水质不良时，由于钢球的存在，在水的通路易造成堵塞，或因水垢污物的积存，使钢球

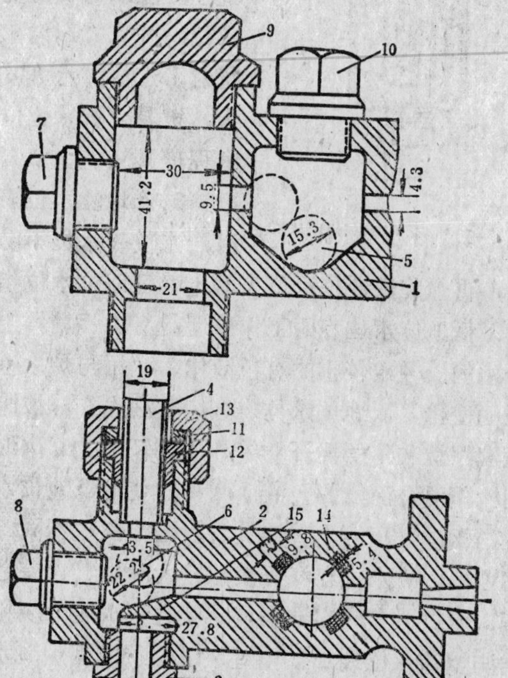

图 5-10 水位表汽、水旋塞通路钢球位置图

1—汽联管；2—水联管；3—联接排水旋塞；4—玻璃管；5—汽通路钢球；6—水通路钢球；7—清洗汽路闷头；8—清洗水路闷头；9—取放玻璃管闷头；10—取放钢球闷头；11—垫圈；12—填料；13—螺帽；14—旋塞填料；15—叉口

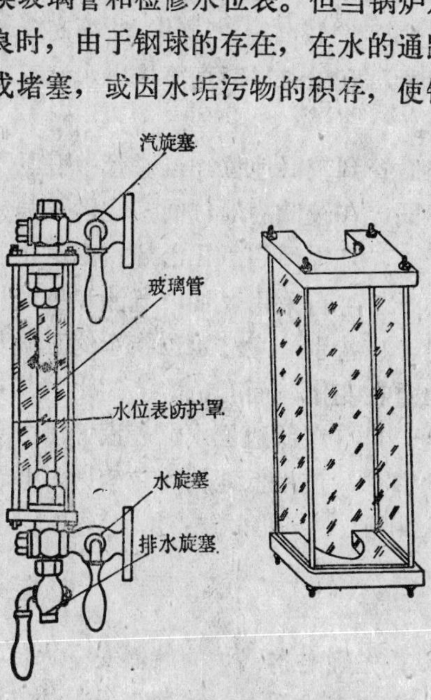

图 5-9 玻璃管水位表图

粘附于停存处，以致在玻璃管破碎时，钢球起不到应有作用。因此，目前锅炉用水位表的汽水旋塞均不设置钢球装置，而只装设较直通路的阀门或旋塞。

由于玻璃管破碎时，易产生人身事故，故玻璃管式水位表要装有防护罩，以免破碎的玻璃片及汽水向四周飞溅。防护罩的形式：有用铁皮制成，在其观察水位的地方留有宽12～15毫米与玻璃管长度相同的缝隙，防护罩后面留有较宽缝隙，以便光线射入，使司炉人员清晰看到水位；另外还有采用较厚的耐温玻璃（一般用钢化玻璃），从前部和左右侧将玻璃管包围，利用卡子或长螺丝将玻璃板固定，观察水位不受防护玻璃影响，效果较好。切忌用普通玻璃板做防护罩，以免水位表玻璃管破碎后，反而增加危险。

2.平板型水位表（图5-11） 其构造主要由水位表壳、平板玻璃及汽、水、排水旋塞组成。汽、水、排水旋塞与玻璃管式水位表相同。水位表壳，根据工作压力大小，用铸铁或铸钢制成，也有用球墨铸铁制造的。在表壳间嵌以平板玻璃。如嵌一块平板玻璃，只可从一面看到水位变化，称为单面平板水位表；若前后均嵌以平板玻璃，则从前后两个方向均可看到水位变化，称双面平板水位表。单面平板水位表的清晰度不如双面平板水位表效果好。且双面平板水位表还可在后部加装照明器，辅助自然光线不足，其清晰度更高。一般装置地位较高的水位表，均采用双面平板玻璃水位表。平板玻璃嵌入水位表壳时，利用石棉橡胶板做衬垫，然后用排列较多的螺栓加以固定，以保证平板玻璃与表壳受力均匀接触严密。一般平板玻璃显示水位的部位均开有棱形沟槽，使水位表在运行中，由于光线在沟槽中的折射，造成有水部分发暗，蒸汽部分发白，水位面上下色差较大，极易分辨水位位置。但也有采用无沟槽的平板光玻璃，其清晰程度则较差。

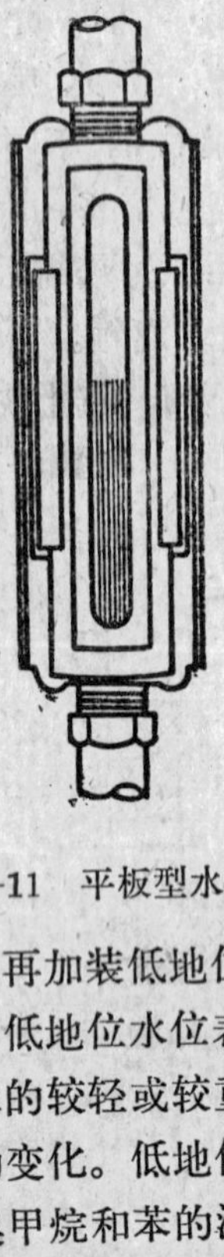

图 5-11 平板型水位表图

3.低地位水位表 当锅炉锅筒较高，离操作地面高于6米时，水位表水位不易看的清晰，应在由锅筒直接接出水位表的同时，再加装低地位水位表（也称低地位水位指示器）。

低地位水位表的工作原理是：由锅筒接出汽水连通管到较低地位，连通管中盛以不溶于水的较轻或较重的有色液体，利用与炉水重度的不同，在较低的地位间接显示锅筒中水位的变化。低地位水位表分：重液式（溶液比重大于1，可采用四氯化乙烯、四氯化碳或三溴甲烷和苯的混合物等。）和轻液式（溶液比重小于1，可采用煤油、汽油和机油按不同比例混合而成的轻液）两种。使用低地位水位表时，应特别注意，水位指示的正确与否是与锅炉汽压发生直接关系。因为汽压不同，炉水比重在变化，而有色溶液的比重是基本不变的，故水位在汽压变动较大时，其误差是较大的。只有在低地位水位表设计压力条件下，水位才有较高准确度。就是蒸汽压力变化不大的锅炉，使用低地位水位表时，也要经常与锅筒水位表加以核对，以免造成锅炉缺水或满水事故。

三、水位表的检修与调整

1.水位表安装位置不正确 安装水位表时，必须首先确定本锅炉的最低安全水位，使水位表的低水位线稍高于本锅炉的最低安全水位。如水位表的低水位线过高于锅炉安全水位，虽然能保证锅炉不致产生缺水，但是使锅炉存汽空间减少，易在锅炉炉水发泡时，产生汽水共腾，影响蒸汽品质；反之，水位表的低水位线低于锅炉的最低安全水位，则不能保证锅炉安全运转，易产生缺水事故。检查水位表安装位置的正确与否，可用水平连通器、水平尺与直尺等方法检查。对于水位表位置安装不正确的，一定要加以重装或调整。

2.水位表下沉 对于汽水连管较长的水位表，由于安装不妥或运行中震动等影响，使水位表下沉，以致使水位表内积水，造成假水位。假水位易使司炉人员产生错觉，在锅炉运行中是相当危险的。故在锅炉安装或检修后，要用水平尺进行认真检查，待校正后，再将连管固定牢靠，防止水位表下沉。

3.玻璃管易碎 水位表玻璃管易碎的原因很多，主要有以下几个原因：水位表汽、水旋塞不在同一中心线上，玻璃管扭偏；新装玻璃管不清洁；冲洗水位表操作不正确，使玻璃管骤冷骤热；玻璃管上下填料太紧或管端与旋塞相碰，影响玻璃管正常膨胀；玻璃管有裂纹，本身质量有缺陷等。针对以上原因，可采取相应措施，防止玻璃管破碎。

4.水位呆滞不动 炉水是处于沸腾状态的，因此，相应在水位表中的炉水水位是上下微动的。倘若水位表中水面呆滞不动，则证明水连管堵塞。堵塞原因可能是水垢积存过多、旋塞开向不对、填料进入通路等。一经发现即应冲洗水位表，清理通路。为了防止旋塞开向错误，应在旋塞手把或旋塞露出部分刻有开向刻槽，并应将阀门大开加锁或加铅封，防止误操作及造成假水位。

5.汽水旋塞不严，漏水漏汽 主要原因有：旋塞质量不良，制造有缺陷；旋塞接触面磨损，研磨不良；压盖或填料过松、填料不足或填料变质等。应重新更换旋塞或加以重新研磨，更换填料。

四、水位表的安全操作

1.正确冲洗水位表 对水位表进行冲洗操作时，应严格防止水位表玻璃骤冷骤热。其正确操作如下：首先，开启排水旋塞，将水位表中存水放出；然后，关闭水旋塞，冲洗汽通路；第三，开启水旋塞；第四，关闭汽旋塞，冲洗水通路，第五，开启汽旋塞；最后，缓慢关闭排水旋塞，水位上升至正常水位处，冲洗操作完毕。此时，应特别注意第三、四、五三项操作，切不可颠倒，以免玻璃管（板）骤冷骤热，造成破裂。工人同志们从实践中，总结出一套完整易记的冲洗操作顺口溜："下中中来上上下"。词中"下"表示排水旋塞，"中"表示水旋塞，"上"表示汽旋塞。其顺序是按操作旋塞程序编出的。即首先要开启排水旋塞，再关、开水旋塞，然后关、开汽旋塞，最后，缓慢关闭排水旋塞。

2.时刻监督水位 通过水位表内水位的变化，可判别炉内水位情况及水位表是否正常可靠，并使水位维持在高低水位之间。在任何时候，运行锅炉必须有专人监视水位，以免事故的发生与扩大。

3.应使水位表光亮清洁 司炉人员应每班擦净水位表管（板）的积灰，保持明亮，各部旋塞也应清洁。在光线强弱不同的条件下，均能使水位清晰易见。

4.应保持足够的光线 水位表处应具有一定的亮度，白天应光线充足，晚上应有足够的照明，使司炉人员较易监视水位。

5.对水位表的安全技术要求 除上述有关要求和规定外，尚应做到：

（1）水位表应有指示最高、最低安全水位的明显标志。水位表管（板）的最低可见边缘，应比锅炉最低安全水位至少低25毫米；水位表管（板）的最高可见边缘，应比锅炉最高水位至少高25毫米。水位表的排水旋塞，应接有可将炉水排放到安全地点的放水管。玻璃管式水位表应有防护装置。

（2）水位表的结构和装置应符合下列要求：

①锅炉运行时，能够冲洗和更换玻璃管（板）；

②水位表（或水表柱）和锅筒之间的汽水连管内径不得小于18毫米，连管长度大于500毫米或有弯曲时，内径应适当放大，以保证水位表灵敏准确；

③联管的布置必须防止形成假水位；

④旋塞的内径和玻璃管的内径，均不得小于8毫米。

（3）蒸发量大于或等于2吨/时的水管锅炉，应尽量装设高低水位警报器。

第四节 水位警报器

一、水位警报器的作用

在工业锅炉运行中，缺水与满水事故较多常见，且后果是非常严重的，尤其缺水事故危险性更大。因此，锅炉除装置水位表外，对于蒸发量大于或等于2吨/时的水管锅炉，要求装置高低水位警报器。高低水位警报器可弥补水位表视线不佳，在高低水位超过允许规定时报警，提醒司炉人员对水位的警觉，以免发生严重事故。

二、水位警报器的种类与构造

水位警报器的种类很多，分高低水位警报器，高压低水位警报器等。现就常见的两种高低水位警报器介绍如下：

1.锅筒内高低水位警报器 它是由低水浮筒、高水浮筒、杠杆、阀、警报器笛等主要部分组成，如图5-12所示。其工作原理如图5-13所示。当锅炉炉水在正常水位时，低水浮筒浸没在炉水中，高水浮筒悬于蒸汽空间。杠杆由于低水浮筒因水的浮力向上推，高水浮筒因重力作用向下拉，整个杠杆因力矩的作用，呈虚线趋势。因此，汽阀紧闭，汽笛无音响，如图5-13(*a*)所示；当炉水升至锅炉最高水位时，高水浮筒也浸入水内，由于水的浮力作用，使高水浮筒上飘，此时，杠杆失去原有平衡，整个杠杆向右扭转，右侧下沉，带动阀杆向下，汽阀开启，吹响警笛。工作人员听

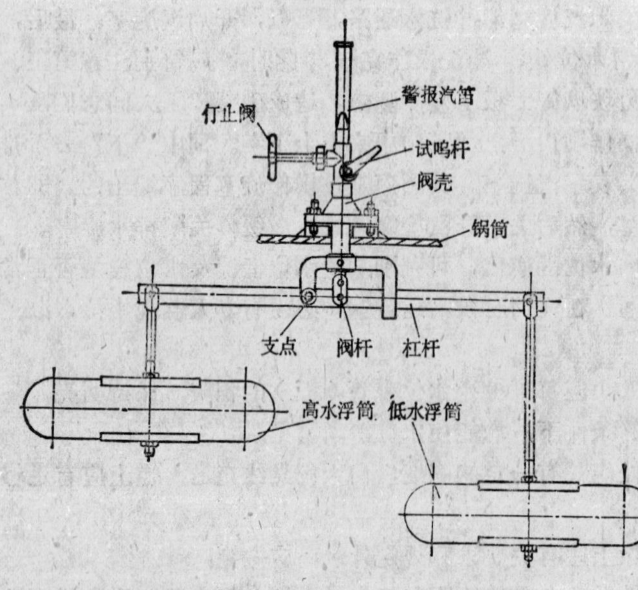

图 5-12 锅筒内高低水位警报器图

到警报声，迅速采取措施，防止水位继续升高，如图5-13（ b ）所示；当锅炉炉水水位下降至锅炉最低水位时，低水浮筒逐渐露出水面，炉水对低水浮筒的浮力逐渐减少，当浮力小到不足以使杠杆保持原有平衡时，杠杆向右扭转，右侧下沉，带动阀杆向下，汽阀开启，吹响警笛。工作人员听到警报声，迅速采取措施，防止水位继续下降，如图 5-13（ c ）所示。根据高低水位的要求，何时报警，可以进行调节。在发出警报后，工作人员迅速采取措施时，为了减少音响，节约蒸汽，可将停止阀暂时关闭，以免刺耳警笛长鸣。待处理完毕，水位恢复正常，可再将停止阀开启，使警报器仍处于备用状态。为了防止警笛汽阀粘住，在一定时期内，可由人工振动试鸣杆，检查水位警报器是否失灵。这种高低水位警报器，不论高水位或低水位，均由一个警笛发响，故司炉人员在听到音响后，要认真分析与检查是高水位还是低水位，严防误操作，造成事故。

2.锅筒外高低水位警报器，如图5-14所示　它是由特制壳体、高水浮筒、低水浮筒、连杆、针形阀及汽笛组成。水位警报器由汽水两个法兰分别接入锅筒汽水空间。根据连通器原理，锅筒内水位位置与警报器壳体内水位是一致的。当炉水在正常水位时，低水浮筒浸在水中，由于水对浮筒的浮力作用，通过连杠、小杠杆与支点传递，左侧针形阀处于关闭状态；高水浮筒漂于水面上，由于小杠杆本身力矩作用，使右侧针形阀，也

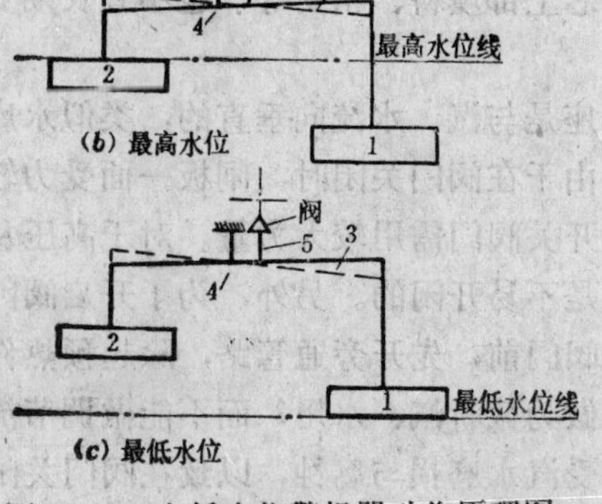

图 5-13　高低水位警报器动作原理图

1—低水浮筒；2—高水浮筒；3—杠杆；4—支点；5—阀杆

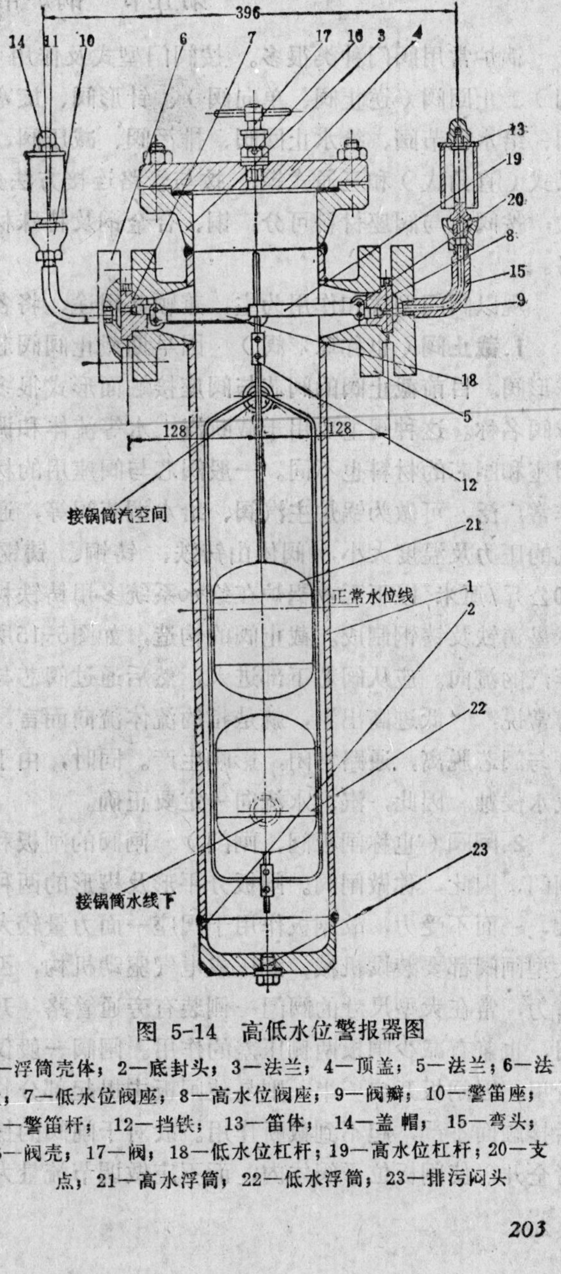

图 5-14　高低水位警报器图

1—浮筒壳体；2—底封头；3—法兰；4—顶盖；5—法兰；6—法兰；7—低水位阀座；8—高水位阀座；9—阀瓣；10—警笛座；11—警笛杆；12—挡铁；13—笛体；14—盖帽；15—弯头；16—阀壳；17—阀；18—低水位杠杆；19—高水位杠杆；20—支点；21—高水浮筒；22—低水浮筒；23—排污闷头

处于关闭状态。高低水位警笛均无音响。当水位逐渐升高，高水浮筒也随着升高，当浮筒连杆上挡铁随着高水浮筒升高碰到右侧小杠杆时，因浮力作用，使右侧小杠杆上抬，针形阀开启，吹响高水位汽笛，发出高水警报；当水位逐渐降低，高水浮筒与低浮筒相碰，使低水浮筒、高水浮筒及连杆的重量，超过炉水对它们的浮力，则通过连杆作用，将左侧小杠杆向下拉，针形阀开启，吹响低水位汽笛，发出低水警报。为了使司炉人员根据报警音响迅速辨别高水位与低水位，应选用不同音调的汽笛，以便迅速采取相应措施。这种高低水位警报器体积小、较灵敏，在锅炉运行中将汽水联管阀门关闭后，即可进行修理。为了使壳体中积垢不致增多，应根据水质情况，定期开放壳体下部排污堵头，清除下部积存污垢，保证警报器灵敏可靠。

第五节　锅炉常用阀门

锅炉常用阀门种类很多。按阀门型式及作用可分为：闸板阀（闸阀）、截止阀（球阀）、止回阀（逆止阀、单向阀）、针形阀、旋塞（考克）等；按其用途又可分为：主汽阀、给水调节阀、给水止回阀、排污阀、减压阀、混合阀等；按汽水流向分：直流式、角尺式（直角式）和三通式等；按与管路连接方法分：法兰式、螺纹式（内或外）及焊接式；按阀芯与阀座材料可分：铜、合金钢及特殊材料等。总之，阀门的型号复杂，种类繁多。

现以阀门型式和作用为主，兼顾其用途，将各种阀门介绍如下：

1.截止阀（也称球形阀）　因早期截止阀阀芯与阀座的接触面是球形的一部分，故称球形阀。目前截止阀的阀芯与阀座接触面形式很多，但其外形及原理变化不大，故仍沿用球阀名称。这种阀主要用于截断汽、水等流体和调节流体流量的大小，根据流体的性质，阀座和阀芯的材料也不同。一般阀芯与阀座用的材料有铜、合金钢或铸铁。截止阀的用途非常广泛，可做为锅炉主汽阀、给水调节阀等，通路是直的还可做为排污阀。根据水或蒸汽的压力及温度大小，阀体由铸铁、铸铜、铸钢或不锈钢等材料制成。一般工作压力在10公斤/厘米^{2}以下工业锅炉在给水系统多用铸铁材料阀体，而蒸汽通路的截止阀阀体多用球墨铸铁及铸钢制成。截止阀的构造，如图5-15所示。在安装截止阀时，应特别注意水或蒸汽的流向。应从阀芯下部进入，然后通过阀芯与阀座间隙流出，如图中箭头所示。老师傅常说："低进高出"，就是指的流体流向而言。反之，则因汽、水的腐蚀作用，易使阀杆与阀芯脱离，通路常闭，影响生产。同时，由于阀芯上部填料、密封等，也不宜长期受汽水侵蚀。因此，汽、水流向一定要正确。

2.闸阀（也称闸板阀、闸门）　闸阀的闸板和阀座是与汽、水流向垂直的，类似水库闸门，因此，称做闸阀。闸板分平形及楔形的两种。由于在阀门关闭时，闸板一面受力较大，一面不受力，故闸板作用于阀座一面力量较大，开关阀门需用较大力量。对于高压及大型闸阀都要装设机械、液压或电气驱动机构，否则是不易开闭的。另外，为了开启阀门省力，常在大型尺寸的阀门一侧装有旁通管路，开启阀门前，先开旁通管路，除起预热作用，也兼有减少闸板两侧压差的作用。闸阀一般仅可做为截断汽、水用，而不能做调节流量用。因闸板开启一半，则易使闸板未提起部分长期受汽水磨损与腐蚀，以致在阀门关闭后接触面不严，起不到截断作用。故对于闸阀的操作应是或者全闭，截断汽、水流动，或者全开，使闸板位于阀体内，而不应做调节流量大小使用。

闸阀流体阻力小，汽、水的流向成直线。但体积较大，接触面易擦伤。在锅炉上可做为蒸汽阀、给水管总截断阀、快开排污阀等。图5-16为一种阀杆可升降的平行式闸阀图。也有的闸阀，阀杆只做旋转，并不升降，而闸板中间带有阴螺纹，随着阀杆的转动自行上下的。

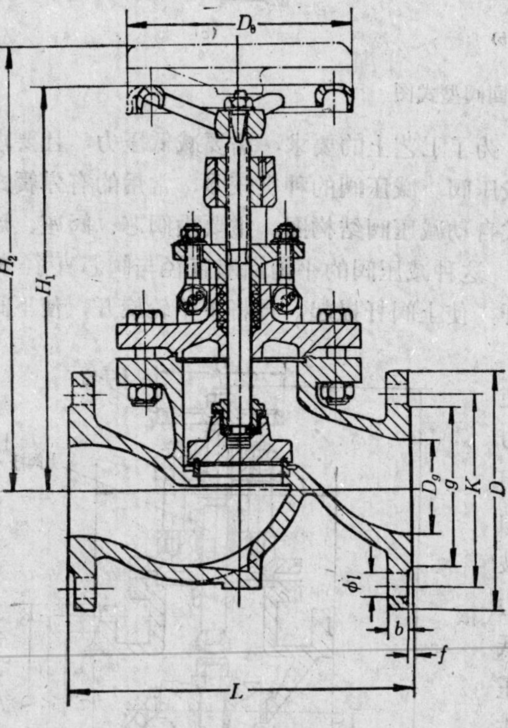

图 5-15　截止阀结构图

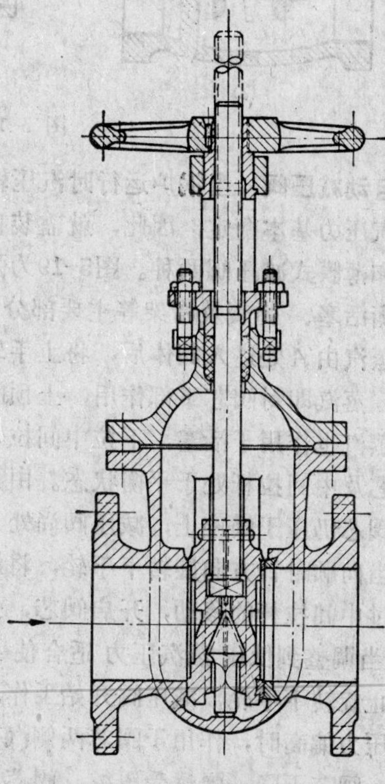

图 5-16　阀杆升降的平行式闸阀图

闸阀闸板的接触面除有两侧接触的，也还有仅有一侧接触（密封）的，故在使用中，应按照汽、水规定流向安装。

3.止回阀（也称逆止阀、单向阀）　止回阀的接触面，主要是球形的，也有平面接触的。其作用主要利用汽、水的压力，将阀芯压紧，使汽、水只能向一个方向流动，故称单向阀或止回阀。图5-17为三种止回阀的型式。图中（*a*）与球形阀阀芯相同，图中（*b*）为一金属圆球直接压在阀座上，图中（*c*）为一带轴可以转动的阀，正常位置处丁阀座上。这三种型式的止回阀均系利阀芯的重力作用压在阀座上，因此在安装时，止回阀应水平安装，才会起到应有作用。当止回阀的阀芯发生故障或不严密时，可以将上部闷头打开加以检查和修理。止回阀与管路连接型式，除图5-17中所示三种螺纹式外，尚有法兰式连接。给水止回阀应装于给水调节阀与锅筒之间，并应紧靠给水调节阀。以便在锅炉运行中，靠止回阀作用，炉水不致倒流，即可检修给水调节阀。

4.混合阀　主要系指截止阀和止回阀在一个阀体内的阀门。即在同一阀杆上，装有两个阀芯，一个为与阀杆固定的球型阀芯，起调节与截断汽、水用的；另一个阀芯是与阀杆非固定的，只受阀杆压力而关闭，但当阀杆提升时，则此阀芯根据汽、水流向而开闭，起止回阀的作用。图5-18为给水混合阀结构图。

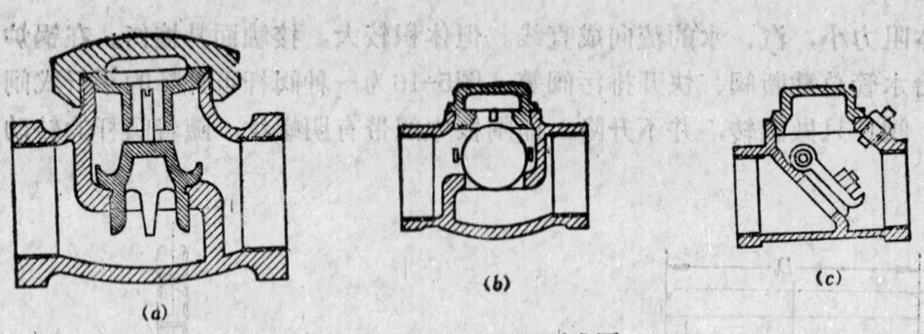

图 5-17 止回阀型式图

5.自动减压阀 当锅炉运行时汽压较高，为了工艺上的要求，需要减低压力，且要求低压蒸汽压力基本衡定，因此，就需装自动减压阀。减压阀的种类较多，常用的有弹簧式减压阀和薄膜式减压阀两种。图5-19为弹簧式自动减压阀结构图。主要由阀芯、阀座、连杆、平衡活塞、弹簧及横架等主要部分组成。这种减压阀的平衡活塞直径与阀芯直径相同，当蒸汽由A处进入阀体后，将上手轮旋开，使上阀杆提起，再将下手轮旋开，使下阀杆降下，蒸汽即对阀芯下部作用，上顶阀芯，同时，蒸汽也作用于活塞，下拉中间拉杆，使整个阀芯及中间拉杆处于平衡状态。由于重力作用，阀芯仍压于阀座上，减压阀尚处于关闭状态。当向顺时针方向旋转下手轮，将活塞顶起，通过中间拉杆的移动，开启阀芯，弹簧被压缩。当调整到低压蒸汽压力适合使用压力时，停止旋转下手轮，减压阀开始工作。如低压蒸汽压力偏高时，作用于阀芯两侧汽压的压差增大，阀芯下降，弹簧受压缩，阀芯与阀座

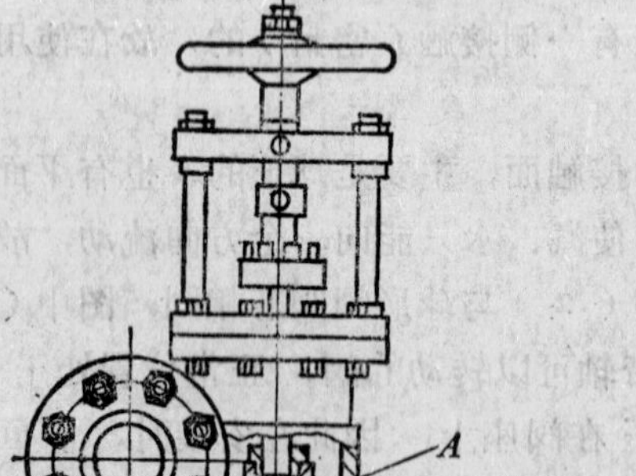

图 5-18 给水混合阀图

A—截止阀；B—止回阀

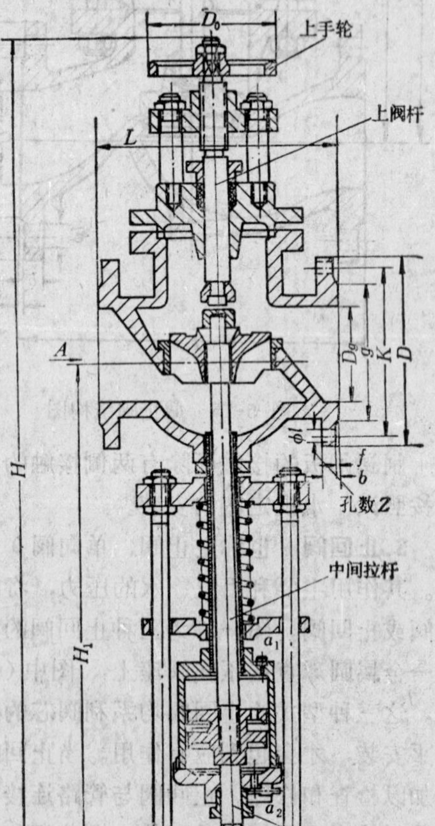

图 5-19 弹簧式自动减压阀图

间隙变小，使低压蒸汽压力下降；如低压蒸汽压力偏低时，作用于阀芯两侧汽压的压差减小，借弹簧伸张力量，阀芯上抬，阀芯与阀座间隙变大，使低压蒸汽压力上升。总之，减压阀的工作原理是靠两种力量的平衡作用，而进行自动减压的；另外一种减压阀的型式，如图5-20所示。薄膜式自动减压阀分“阀前”式及“阀后”式两种。图5-20为通常较多采用的“阀后”式。即薄膜上部的压力来自减压阀后部的低压蒸汽，也就是利用低压蒸汽的压力与薄膜、杠杆的力量相平衡。当低压蒸汽增高时，此时，较高压力的低压蒸汽就由薄膜上部向下推动薄膜，使整个阀杆下移，减小阀芯与阀座间隙，使低压蒸汽压力降低；反之，低压蒸汽压力偏小时，则作用于薄膜上部的力量也小，利用杠杆的力量将薄膜上顶，加大阀芯与阀座间隙，使低压蒸汽压力提高。

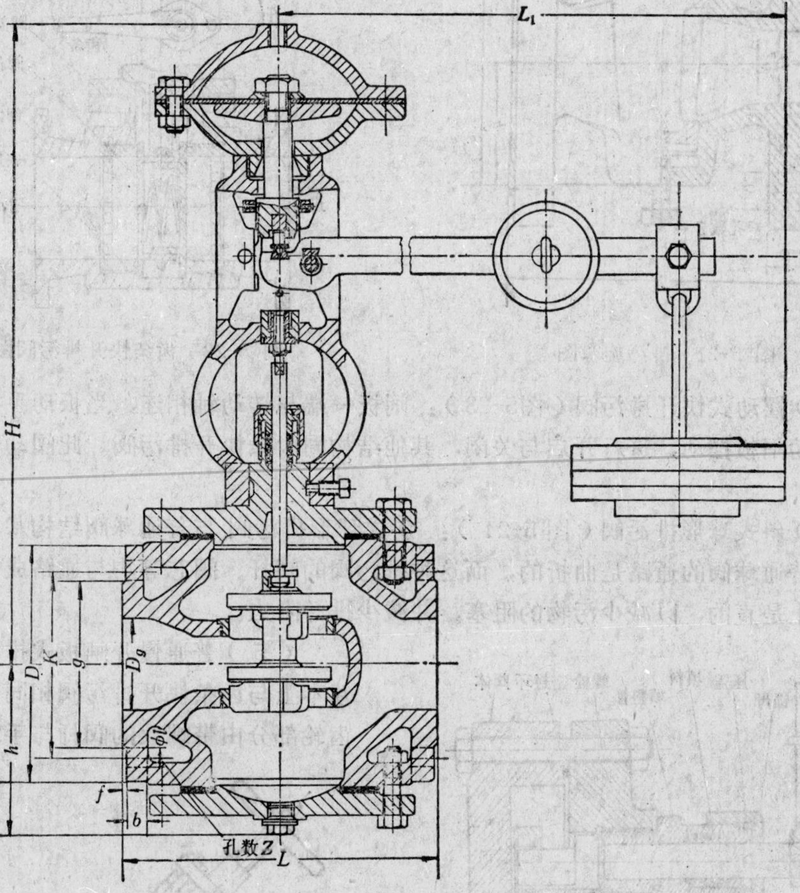

图 5-20 薄膜式自动减压阀图

6.排污阀 锅炉排污有两种，一种称连续排污，是由锅炉炉水表面上接出的，它使用针形阀进行调节。针形阀直径较小，其阀芯呈圆锥形，故称针形阀。一种称定期排污，是由锅炉各较低部位接出的，使用的阀门种类也较多。现重点介绍定期排污所用排污阀。

（1）排污旋塞（也称排污考克、转心门）如图 5-21 所示。它主要由阀体、阀芯组成。阀芯带有一定锥度，中间开以长孔，以通过炉水。当阀芯旋转 90° 时，其长孔与阀体接触，即行关闭。阀芯上部用填料与阀体密封。由于受热膨胀及金属间的锈蚀，有时拧动非常困难，故可扭动下部螺钉，将阀芯微顶，以便转动阀芯。

这种排污旋塞，仅适用于小型、压力较低的锅炉。

（2）齿条快开排污阀（图5-22）：主要由闸板、弹簧、齿条、齿轮、阀体与手把组成。在手把轴上有一小齿轮与齿条啮合，齿条与闸板相连。当手把摆动180°时，齿条上提，开启闸板，闸阀全开。闸板中间弹簧为了使闸板与阀座接触面保持严密。

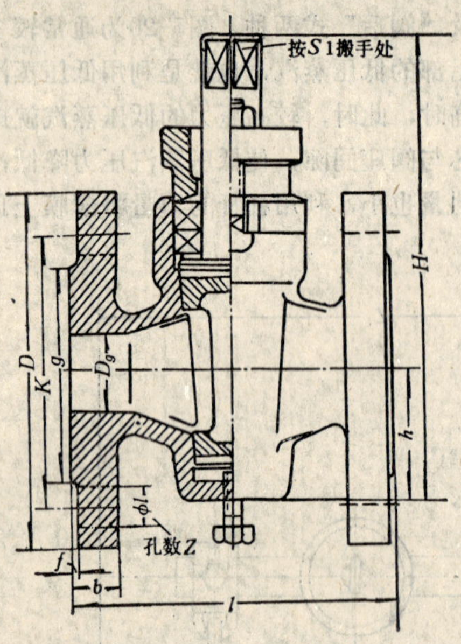

图 5-21 排污旋塞图

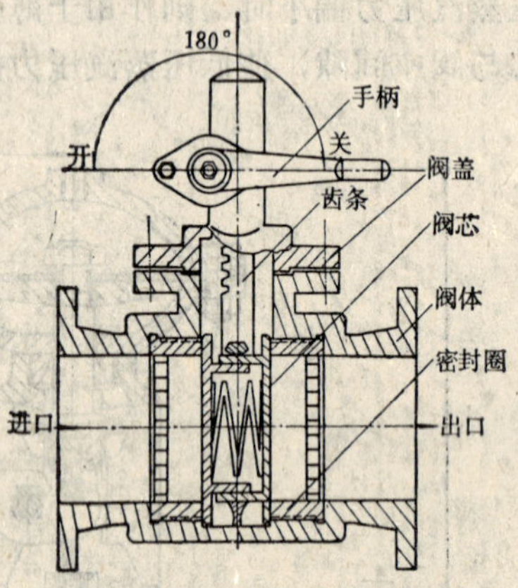

图 5-22 齿条快开排污阀图

（3）摆动式快开排污阀（图5-23）：闸板一端与转动轴相连，当扳动手把时，轴即转动，带动闸板摆动，进行开启与关闭，其他结构同齿条快开排污阀。此阀动作极灵，且极省力。

（4）斜式球形排污阀（图5-24）：斜式球形排污阀与普通球阀结构基本相同，不同处在于普通球阀的通路是曲折的，而这种排污阀的阀杆、阀芯等均与通路成一角度，使通路基本上是直的，以减少污物的阻塞，并减少排污阻力。

（5）普通慢开闸板式排污阀：结构基本上与齿条快开排污阀相同，唯齿条与齿轮部分由带螺纹的阀杆与手轮代替。

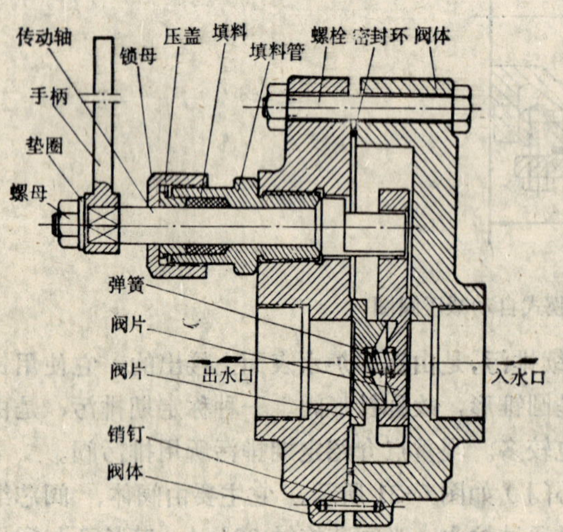

图 5-23 摆动式快开排污阀图

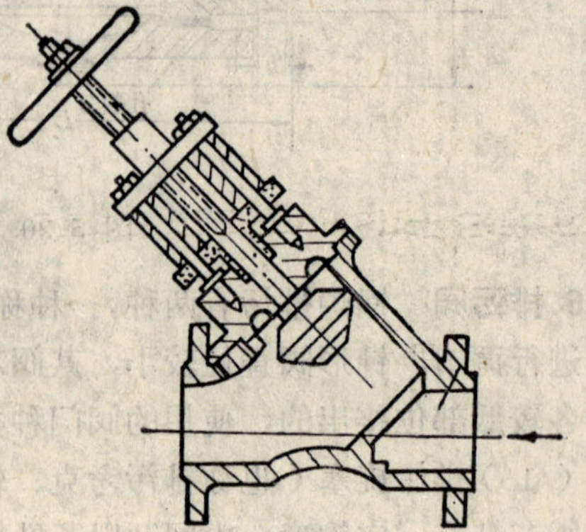

图 5-24 斜式球形排污阀图

第六节 流 量 计

流量计分蒸汽流量计与水流量计两大类。主要用于测量蒸汽与水的流过重量或体积，可测其瞬时值，也可测量累积值。

1.叶轮式流量计（也称翼轮式流量计） 是通过水在流经流量计时，推动其叶轮的转动，代动累积数值的齿轮，表示出液体流量的大小。叶轮的材料由青铜、塑料等制成。表5-3所示为叶轮式流量计的规格表。这种流量计在锅炉房中，主要用来测定常温水的流量。如锅炉给水量、冷却水消耗量以及软化水量等。

叶轮式流量计技术规格表 表 5-3

名称	型号	口径(毫米)		最大流量	额定流量	最小流量	灵敏度	外形尺寸(毫米)
		主表	副表	米³/时	米³/时	米³/时	米³/时	长×宽×高
叶轮式流量计	LXS-15-40(湿式)	15		1.5	1.0	0.045	0.017	243×97×117
叶轮式流量计	LXS-15-40(湿式)	20		2.5	1.6	0.075	0.025	293×97×118
叶轮式流量计	LXS-15-40(湿式)	25		3.5	2.2	0.090	0.030	343×101×128.8
叶轮式流量计	LXS-15-40(湿式)	32		5.0	3.2	0.120	0.040	358×101×130.8
叶轮式流量计	LXS-15-40(湿式)	40		10	6.3	0.220	0.070	385×126×150.8
叶轮式流量计	LXG-15-40(干式)	15		1.5	1.0	0.060	0.025	243×97×117
叶轮式流量计	LXG-15-40(干式)	20		2.5	1.6	0.090	0.040	293×97×118
叶轮式流量计	LXG-15-40(干式)	25		3.5	2.2	0.120	0.050	343×101×128.8
叶轮式流量计	LXG-15-40(干式)	32		5.0	3.2	0.150	0.070	358×101×130.8
叶轮式流量计	LXG-15-40(干式)	40		10	6.3	0.240	0.110	385×126×150.8
复式叶轮流量计	LXF-15-40(复式)	50	15	15		0.6	0.120	560×400×340
复式叶轮流量计	LXF 15-40(复式)	65	15	15		1.2	0.120	630×400×398
复式叶轮流量计	LXF-15-40(复式)	80(75)	20	20		2.0	0.300	630×400×398
复式叶轮流量计	LXF-15-40(复式)	100	20	30		3.0	0.450	748×420×428
复式叶轮流量计	LXF-15-40(复式)	150	25	50		5.0	0.750	1000×600×530
复式叶轮流量计	LXF-15-40(复式)	200	25	100		10.0	0.750	1160×700×598
复式叶轮流量计	LXF-15-40(复式)	250	40	150		15.0	1.200	1240×750×634
复式叶轮流量计	LXF-15-40(复式)	300	40	200		20.0	1.200	1600×800×735
复式叶轮流量计	LXF-15-40(复式)	350	40	250		25.0	1.800	1600×820×778
复式叶轮流量计	LXF-15-40(复式)	400	40	300		30.0	1.800	1800×840×840

2.差压式流量计（也称浮子差压式流量计） 它是由测定流体压差的大小来衡量流量的多少。这种流量计主要由节流装置、差压计和连接管组成。节流装置有三种形式：节流孔板、喷嘴和文丘利管。虽然节流孔板的压力损失较大，但由于构造简单、制造方便、价格便宜，有一定的准确度，因此，一般均用节流孔板做为节流装置。对于在一定的安装条件和参数情况下，节流孔板可以制成标准尺寸，由使用单位选用，因此也称标准孔板。孔板的材料应耐磨、耐蚀、膨胀系数较小，一般选用不锈钢制成。节流孔板装于管道中间，使流体在通过时两侧产生压差，然后由连接管引至差压计。差压计内装有水银和金属浮子，浮子带动连杆及记录、指示机构。当管道将孔板两侧压差传到差压计后，差压计水银面即产生不平衡，浮子产生位移，从而带动指示与记录机构动作，表示出流量值。这种差压式流量计可测量蒸汽及水的流量，做为衡定正确操作，提高效率和经济核算的重要依据。表5-4为CF型浮子式差压计规格表。

CF型浮子式差压计技术规格表

表 5-4

记录图纸及驱动装置型式	型号：钟表机构	型号：同步电动机	型号：无记录装置	压差上限（毫米汞柱）	流量范围（吨/时）	压力范围（毫米水柱）	液位范围（毫米水柱）	附加装置测量范围及特征	能源	最大工作压力（公斤/厘米²）	配用二次仪表
指示值：无附加装置			CF-280	40，63，100，160，250，400，630，1000	100，125，160，200，250，320，400，500，630，800×10ⁿ（n为正负整数或零）	1600，2500，4000，6300	开口容器：1600，2500，4000，6300 受压容器：±320，±500	交流 直流 220V，3A 220V，15A 127V，5A 110V，3A	交流 110V50～ 127V 220V	40160公斤/厘米²（CFy-274只有2.5公斤/厘米²）	D-278 D-280 D-282 D-610 D-612 D-618
指示值：带积算器		CF-282									
指示值：带电接点装置		CF-278									
指示值：带电感应传送			CF-287								
指示值：带气动传送装置			CF-274 CF-284						气压2～10公斤/厘米²		yw型压力计
自动记录式：单一记录：无附加装置	CF-410	CF-610						交流 直流 220V，3A 220V，15A 127V，5A 110V，3A	交流 50～ 110V 127V 220V		
自动记录式：单一记录：带积算器		CF-612									
自动记录式：单一记录：带电接点装置		CF-618									
自动记录式：单一记录：带气动调节装置	04-CF-410	04-CF-610									
自动记录式：双重记录：有附加温度记录：无附加装置	CF-420	CF-620						0～120，0～160， 0～200，0～300℃			
自动记录式：双重记录：有附加温度记录：带积算器		CF-622									
自动记录式：双重记录：有附加压力记录：无附加装置	CF-430	CF-630						0～6，0～10， 0～16，0～40， 0～60，0～100， 0～160公斤/厘米²			
自动记录式：双重记录：有附加压力记录：带积算器		CF-632									
无刻度带电感应传送器			CFy-107 CF-107 CF-107A								同CF-278

至于节流装置为喷嘴、文丘利管的，由于制作困难，实际在工业锅炉中很少应用，这里就不加介绍了。

第七节 易 熔 塞

1.易熔塞的作用 易熔塞也称可熔塞。一般装于卧式锅壳锅炉的炉膛顶部，特别是机车式锅炉的炉膛顶部较多装设。当一旦锅炉水位低到安全水位以下，锅炉炉膛顶部受热面有直接被烧坏的危险时，易熔塞内的软合金，即行熔化。熔化后，即可将汽、水喷出，使炉排火层熄灭，又可发生音响及大量蒸汽，防止因缺水事故造成受热面的过热、损坏及爆炸。图5-25为易熔塞动作图。

2.易熔塞的构造与种类 易熔塞一般由外壳及内部易熔合金构成。外壳多用炮铜车成，内表面成锥形，为了增加与易熔合金的附着力，也有将内表面制成弧形多阶状的。外壳表面车有螺纹，与受热面阴螺纹孔配合装设；内部易熔金属多系由锡、铅组成。为了防止在锅炉正常运行中熔化，一般合金熔化温度要比炉水饱和温度高出50°C以上。较为常见的易熔合金，其成分为99.3%以上的纯锡、0.5%以下的铜和0.1%以下的铅，其熔化温度在240～310°C之间。所以老师傅有时称易熔塞为“锡堵”或“铅堵”。

易熔塞可分为内部用塞及外部用塞两种。即根据易熔塞的锥度方向及安装方向而定。图5-26为易熔塞结构图。

图 5-25 易熔塞动作图

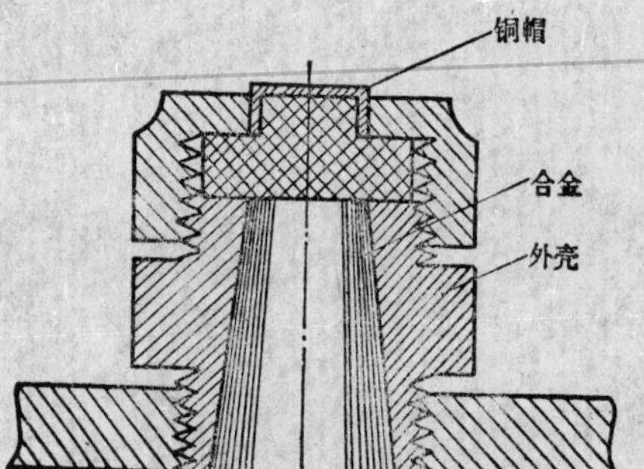

图 5-26 易熔塞结构图

3.易熔塞安装及使用注意事项

（1）工作压力在18公斤/厘米^{2}以上的锅炉，不应装设易熔塞。受热面积大于17平方米的锅炉，应装设两只易熔塞；

（2）易熔塞在受热面水侧的突出高度应大于19毫米，露出炉膛侧的高度应小于25毫米；

（3）易熔塞装设位置及合金孔直径，应以在熔化动作后，所喷蒸汽及炉水不致引起其他事故为准；

（4）易熔塞外壳表面及螺纹应光洁，不应有裂纹、飞刺、凹槽等缺陷。当易熔合金浇注完毕后，应将溢出或飞溅的合金清理干净；

（5）浇注合金时，应防止有气泡、夹渣、虚空等现象，以保证易熔金属的熔化温度差异不致过大；

（6）在锅炉每次洗炉、检修时，应对易熔塞进行检查。为了防止易熔合金老化，一般每三个月就要重浇一次。并应在易熔合金上打上浇注日期，以便校核。

目前，新制造的锅炉多不设此装置。因为，当锅炉轻微缺水或较严重缺水时，易熔塞均可动作。动作后，要相当长时间，才能完成换塞或重浇任务，致使运行中往往增添许多不应有的麻烦。同时，目前高低水位警报器等安全装置也较完善，易熔塞已失去应有的使用价值了。

第六章 锅炉附属设备和辅助设备

锅炉附属设备包括：省煤器、蒸汽过热器、空气预热器和除尘器等。辅助设备一般指给水泵、注水器、送风机、引风机和二次风机等。

第一节 省 煤 器

一、省煤器的作用

从炉膛出来的烟气，虽经对流受热面吸热，但其温度仍在300～400°C之间，含有较大热量，直接影响着锅炉的效率。省煤器就设置在锅炉尾部烟道内，利用烟气余热将锅炉给水加热，减少热量损失，节约煤炭，提高锅炉效率；加装省煤器后，使锅炉进水温度提高，使给水与炉水温差减小，不仅可减少锅筒热应力，而且改善了水的品质，减轻了腐蚀与减少了结垢；从传热方面来看，由于水在省煤器中是强制流动的，速度较高，所以传热效果较锅炉对流受热面为好。同时，省煤器受热面布置紧凑且造价低廉。因此，目前大型新式水管锅炉均将省煤器受热面增大（中压锅炉受热面与省煤器受热面的比例为1:2，高压锅炉这个比例可达1:5），使省煤器逐步成为整个锅炉设备不可缺少的一部分了。

二、省煤器的分类

1.按制作材料分：铸铁式、钢管式；

2.按烟气与给水流向分：顺流式、逆流式、混合式；

3.按加热情况分：对流式、辐射式、混合式；

4.按与炉体关系分：沸腾式（不可分式），非沸腾式（可分式）；

5.按装置形式分：立式、卧式；

6.按管形分：翼状、光管。

一般低压锅炉均采用铸铁式翼状省煤器（属对流、可分式）。为了提高传热效率，一般均采用逆流式。根据锅炉设备型式不同，省煤器也有立式和卧式之分。

三、铸铁省煤器

为低压锅炉所采用。这种省煤器有翼状与光管两种。老式省煤器为光管式，竖直排列于烟道中，表面有由链条带动的刮灰器，以清除表面烟炱，有利于热量的传递。翼状省煤器表面铸有许多翼片，增加了受热面积，有利于传热，比光管式省煤器体积约小五倍，重量减轻四倍，制造费用减少50％。因此，目前低压锅炉均采用这种翼状式铸铁省煤器。翼状铸铁省煤器横置于烟道中，给水自最下一排进入，由最上一排引出。而烟气则是由上向下流动，故整个省煤器是属逆流传热，效率较高。但这种省煤器由于表面翼片较多，故烟气阻力较大。在安装时为了减少烟气阻力，省煤器管为平行排列（顺列），且每个翼片应对正，以免增加烟气阻力与堵灰。图6-1为一般翼状式铸铁省煤器部件图。

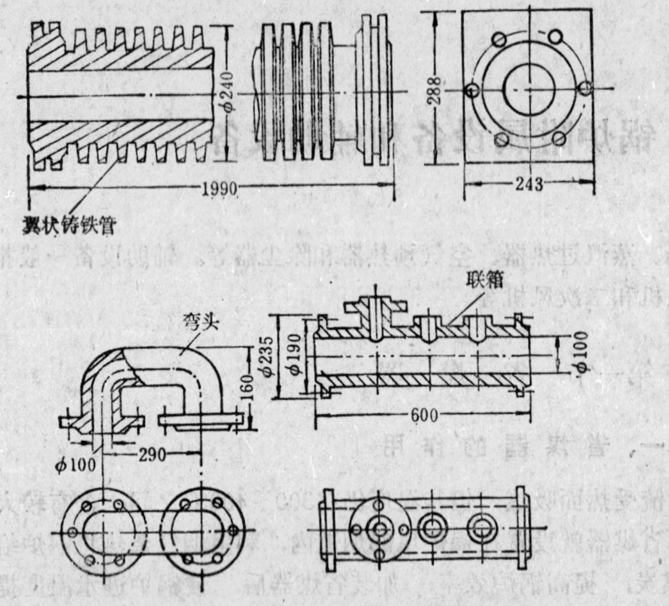

图 6-1 翼状铸铁省煤器部件图

四、铸铁省煤器优缺点

1.由于低压锅炉均为铸铁省煤器，高、中压锅炉多采用钢管省煤器，故不对钢管省煤器加以介绍。铸铁省煤器（主要指翼状铸铁省煤器）有以下优点：

（1）耐腐蚀。特别是在低压锅炉中，省煤器进水温度较低，出水温度也不高，水质对金属的腐蚀性很强，采用铸铁省煤器可提高对水质的抗蚀性；

（2）经常维护费用低。由于铸铁耐腐蚀，省煤器管不易腐烂，减少了换管次数，因此，维修间隔时间长，可降低经常检修费用。

铸铁省煤器与钢管省煤器比较，也有其缺点：

（1）由于铸铁省煤器体积大，各部均用法兰相连，所以制造成本较钢管省煤器为高；

（2）由于铸铁本身抗拉强度低，当有水冲击时，易产生破裂，故不宜做沸腾式省煤器；

（3）铸铁的传热性能比钢材传热性能差，因此，铸铁省煤器的传热效率不及钢管省煤器。

五、非沸腾式省煤器

省煤器按其与炉体的关系可分为沸腾式与非沸腾式。一般中、高压锅炉的省煤器为沸腾式，也称不可分式。它的特点是省煤器出口与锅筒间没有任何阀门。在锅炉运行中，给水不仅提高了温度，还可产生10～20%蒸汽，是锅炉不可分割的一部分；而非沸腾式省煤器，它与锅筒间有阀门控制，且省煤器出口给水温度应比锅筒内炉水的饱和温度低40～50℃，以防止产生蒸汽。

在装设非沸腾式省煤器时，应设有旁通烟道，锅炉在运行中，可使烟气由旁通烟道进入烟囱，以检修省煤器；同时，在锅炉生火时，为了避免省煤器产生蒸汽，也需要使烟气由旁通烟道入烟囱。在无旁通烟道的情况下，锅炉生火时省煤器出口应与水箱相连，以免经省煤器加热的给水，产生汽化。此外，为了运行方便与安全起见，省煤器还应装设温度表两只，一只装于省煤器进口，一只装于省煤器出口；进口处装设压力表一只；出口处装设安全阀一只；出口最高处装设空气阀一只，以排除省煤器内积存的空气与蒸汽，避免产生汽水冲击；为了检修时放净省煤器中存水，还应在省煤器进口最低处，装设排污装置；

另外，当省煤器损坏时，为了不影响锅炉供水，还应装设一条直通给水管路，使进水能直接入炉。管路连结与烟道装置见图6-2所示。

六、操作注意事项

1.锅炉生火前，应检查省煤器旁通烟道是否开启；在没有旁通烟道时，检查是否将省煤器出水口与存水箱相连，并开启有关阀门；

2.省煤器未投入运行前，应进行超压水压试验，且应调整省煤器进、出口安全阀；省煤器投入运行后，应检查有无漏水、漏烟情况，以保证安全运行；

3.省煤器在运行中，严格禁止开动排污阀，以防给水走短路，将省煤器管烧坏；

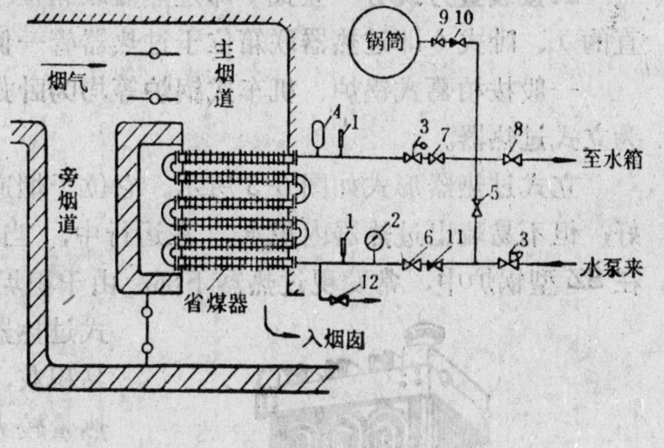

图 6-2 非沸腾式省煤器管路烟道图

1—温度计；2—压力表；3—安全阀；4—空气阀；5、6、7、8、9—截止阀；10、11—止回阀；12—排污阀

4.在烟道中检修省煤器时，应有人监护，烟道闸门应加锁，严防误操作，以免造成人身事故；

5.运行中省煤器表面易积灰，为了提高传热效率，应每班吹灰一次；

6.严格控制省煤器出水温度，应低于炉水饱和温度40～50°C，以防止产生蒸汽，造成省煤器事故。

第二节 蒸汽过热器

一、蒸汽过热器的作用

蒸汽过热器的作用是将锅筒中出来的饱和蒸汽进行再加热，以提高蒸汽温度，增加蒸汽含热量。使蒸汽在锅炉工作压力下，具有超过饱和蒸汽的温度和热量，以适应发电和工业生产应用。

在火力发电厂中，使用过热蒸汽可以减少汽耗、提高效率。同时，更可防止蒸汽中冷凝水对汽轮机叶片的腐蚀与冲击；在工业企业中，用过热蒸汽还不致因管路散热损失而产生大量冷凝水。因而，使管路不致产生汽水冲击和提高用汽设备的效率。

蒸汽过热器在轻纺企业中，也多采用。但过热蒸汽温度局限在250～350°C之间。因过高蒸汽温度虽然加大了其温差，提高了传热效果，但散热损失与排汽热损失加大，从整个经济角度衡量，也是不经济的。我们需要的是所供蒸汽既要有较高温度，含有较大热量，同时，又要使排出的蒸汽大部分变为冷凝水形式，使蒸汽的潜热尽量放出，获得较高的经济效果。

二、蒸汽过热器的分类

1.按其传热方式可分为 辐射式（即利用炉膛辐射热量来提高蒸汽温度）、对流式（即利用烟气对流热量来提高蒸汽温度）和混合式（即一部分过热器受热面吸收辐射热量，另一部分过热器受热面吸收对流热量。在装设中，可装于炉膛出口处。也有将过热器分为两部分，一部分装于炉膛内，接受辐射热量，另一部分装于烟道内，接受对流热量，然后再使其串联）。

2.按装置方式分 立式（即过热器联箱位于过热器管上方，整个过热器管是与地面垂直的）、卧式（即过热器联箱位于过热器管一侧，整个过热器管是与地面平行的）。

一般拔柏葛式锅炉、机车式锅炉等均为卧式过热器，HH型、SZ型、AZD型锅炉等均为立式过热器。

立式过热器形式如图 6-3 所示。它位于烟道中，不易积灰，吊装便利，自由膨胀性能好；但不易疏出过热器内积水，在运行中，当饱和蒸汽中含水较多时，易产生积垢。如在SZ型锅炉中，常发现过热器下部，由于积垢而传热不良，造成烧坏过热器管事故；卧式过热器如图 6-4 所示。虽排出积水较易，但也有易积灰，支架困难，在锅炉高负荷情况下，烟气含热量较大或烟速较高时，支架易产生烧坏等缺点。

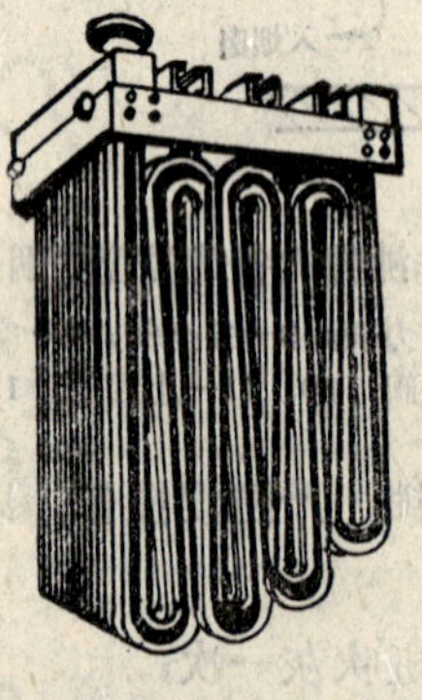

图 6-3 立式蒸汽过热器图

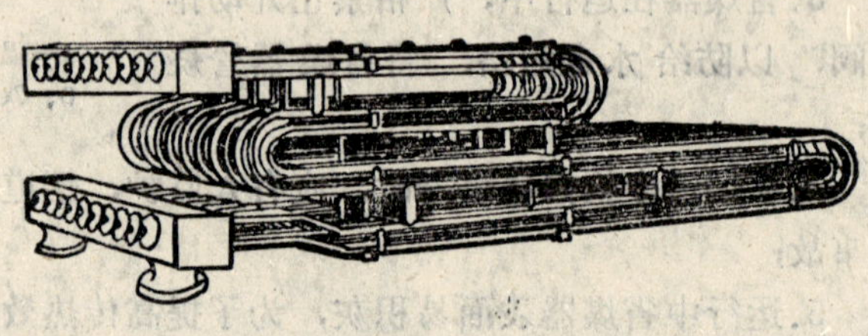

图 6-4 卧式蒸汽过热器图

3.按蒸汽与烟气流向可分 顺流式（即烟气与蒸汽流向一致）、逆流式（即烟气与蒸汽流向相反）和混合式三种。在逆流式中又可分单逆流和双逆流两种形式，如图6-5所示。

逆流式过热器，其蒸汽与烟气流向相反，汽温与烟温平均温差大，传热效果好，故可用较小受热面积获得较高蒸汽温度。但由于蒸汽出口处正是烟气进口处，故第一排过热器管工作条件较差，易烧坏。为避免此缺点，也有的过热器制成双逆流式的，使蒸汽出口处位于过热器中部，既可得到较高传热效果，又不致使出汽部分过热器管烧坏；顺流式过热器，其较低温度的蒸汽与较低温度的烟气相遇，较高温度的蒸汽与较高温度的烟气相遇，平均温差小，故需较逆流式过热器受热面大，才能获得同样温度的过热蒸汽。虽不致因温差大而烧坏出口处管子，但也易产生进口处过热器管在盐垢较多时，遇到高温烟气而烧坏的现象；混合式过热器，即将过热器管布置为一部分是逆流式，另外一部分是顺流式，使之兼有顺、逆两式的优点。

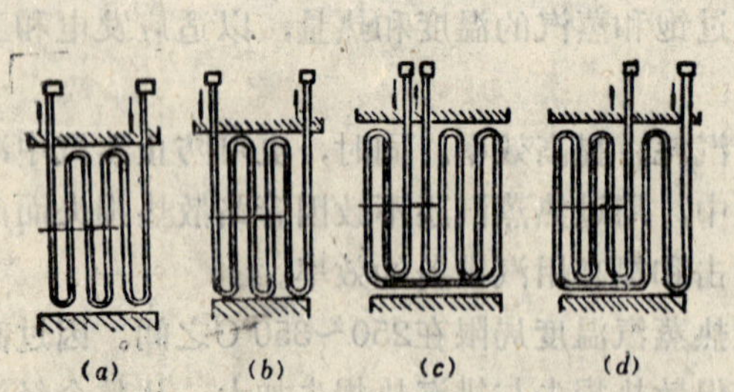

图 6-5 蒸汽过热器按蒸汽与烟气流向几种布置图
(a)逆流式；(b)顺流式；(c)双逆流式；(d)混合式

三、蒸汽过热器的构造

主要由联箱与管子两部分组成。

1.联箱 主要起分配与汇集蒸汽作用。可分为进口联箱与出口联箱。其外形有方形与圆形两种，分联箱直水管锅炉大多为方形联箱，其他型式锅炉的过热器联箱多为圆形。当联箱位于烟道内时，为了避免烧坏与变形，应用石棉制品绝热。联箱布置在烟道外，为了减少散热损失，应用石棉制品保温。蒸汽过热器联箱应装有泄汽管（即当不需要蒸汽时，打开泄汽阀，使蒸汽排至大气中，以免过热器管烧坏）和疏水管（锅炉冷炉生火、开始送汽前，应打开疏水阀，以排除蒸汽过热器中积水）。图6-6为根据蒸汽过热器进出蒸汽方向不同，如何装设排汽管与疏水管图。

联箱与管子的连结方法有两种：一种为焊接。为了避免联箱在焊管中产生变形，可在联箱未退火前，将联箱管孔上焊制许多短管，连同联箱一并进行退火处理。在安装时，再使弯好的过热器管与短管焊接。也有的将弯好的管子，在工地直接与联箱焊接。但为了防止联箱变形，应使用电焊焊接。同时，焊接时应采用间跳法，以免热应力集中导致联箱变形；另外一种连接方法，是管子与联箱孔进行胀接。对于采用胀接方法的，应在联箱另一侧，即管端相对的位置，开手孔一个，以便施胀。一般一个手孔与一组过热器管相对，每组过热器为4～6根。

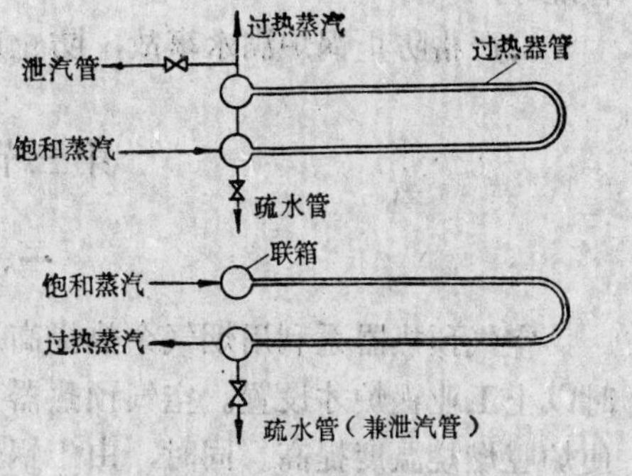

图 6-6 过热器装设泄汽管、疏水管位置图

2.过热器管 根据过热蒸汽温度的高低，应选用不同材料的无缝钢管，做为过热器管。一般常用外径32、38和44 5毫米、壁厚为2～4毫米的碳素钢锅炉无缝钢管，做为过热器管。如果蒸汽温度超过450°C，就要选用合金钢管了。为了保证管子弯曲部分的机械强度，弯曲半径不可太小。一般要大于管子外径的2～4倍。弯曲半径过小，易使管壁减薄严重。但弯曲半径过大，则所占地位太广，将影响整个受热面的布置。蒸汽过热器管直径较细的原因，主要是为了能在较小的部位获得布置较大的受热面。同时，管径较细，弯管较易，运输方便。

四、对流过热器的特性

一般低压工业锅炉均为对流式过热器。过热器的结构与尺寸是由蒸发量、烟温、烟速等许多条件决定的。因此，当这些条件变化时，就要影响过热蒸汽温度的变化。

1.锅炉负荷增高，过热蒸汽温度增高。因负荷加大时，燃煤量增加，相应地烟气流速加大、烟温提高，虽过热器内蒸汽流速随着负荷的增加也在增加，但前者的变化大于后者，因之使过热蒸汽温度提高；

2.给水温度降低，过热蒸汽温度增加。当锅炉给水温度降低时，则炉水需要热量增加，在相同负荷的情况下，燃煤量就要增加，因之，影响过热蒸汽温度的提高；

3.在额定负荷情况下，过剩空气系数增加或煤中含水过多时，过热蒸汽温度增加。因炉内过剩空气加大或水分蒸发时，降低了炉膛温度，但为了维持锅炉负荷，相应燃煤量增加，烟速、烟温提高，故过热蒸汽温度也增加；

4.过热器表面积灰，热交换效果不良，可使蒸汽温度降低；

5.过热器前受热面结渣或可燃物在过热器前再燃烧，也会导致过热蒸汽温度提高。

五、蒸汽过热器的操作

1.过热器在投入运行前，出口联箱安全阀应与锅筒安全阀同时进行调整校验工作。并且应使过热器出口安全阀的开启压力最低，最先动作，以保证过热器在运行中不致烧坏；

2.过热器与锅筒之间，应加装截止阀，以控制饱和蒸汽进入过热器流量。在正常情况下，应注意防止误操作；

3 经常注意检查过热蒸汽温度，当有突然变化时，应从锅炉负荷、炉膛燃烧、燃煤量、给水等方面认真检查，及时调整。过热蒸汽长期温度增高，应尽速处理，以免过热器管烧坏；

4.严格防止锅炉满水事故，防止产生汽水共腾，以免使过热器内结垢。

第三节 空气预热器

一、空气预热器的作用

空气预热器系利用烟气余热提高进入炉膛内的空气温度的设备。一般在蒸发量10吨/时以上工业锅炉才设置。空气预热器可使进入锅炉的空气温度提高到135°C或更高，从而使炉膛燃烧温度提高。同时，由于锅炉尾部设有空气预热器，尚可降低锅炉排烟温度，有效地利用排烟所损失的热量。因此，在正常运行条件下，空气预热器可使锅炉效率提高5～8%。

二、空气预热器的种类

可分为板式及管式两类，又可分为活动式及固定式两种。

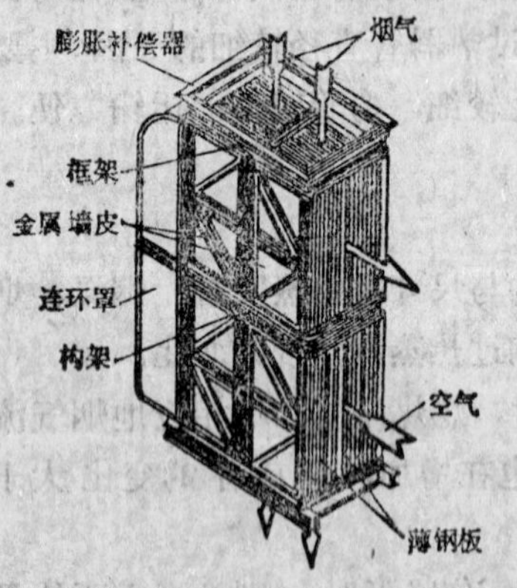

图 6-7 板式空气预热器图

板式空气预热器是在固定框架中，由厚为4至5毫米许多层钢板焊接而成。空气走薄板一侧，烟气走另一侧，借助薄板的传导作用，将烟气热量传至空气。其结构与烟、空气流向见图6-7。一般烟气在薄板处通路宽为14～18毫米，空气在薄板处通路宽18～20毫米。板式空气预热器制造困难，运行中薄板易变形，故目前较少使用。

管式空气预热器，系将直径50或63毫米无缝管焊于上下管板上，组成空气预热器。烟气在管内流动，空气在管外横向冲刷。一般烟气由上向下，经引风机入烟囱，空气自鼓风机由空气预热器下部进入，通过管子的热交换，由空气预热器上部引出，再通至炉排下部。管式空气预热器传热效率较高，加工制造较易，严密性较好。其缺点是管内烟灰易堵塞、体积较大。图6-8为管式空气预热器结构及烟、空气流向图。

三、空气预热器运行注意事项

在装设有空气预热器的锅炉运行时，不应停用鼓风机而单纯使用引风机。因停用鼓风机后，空气预热器内的空气即停止流动，空气预热器的管子因较高温度烟气冲刷极易烧坏。

当锅炉烟气内二氧化硫含量较高时，为了不致使排烟温度达到露点（即烟气中水分结露温度），造成对空气预热器的腐蚀，要求进入空气预热器的空气温度不应低于40～50°C。

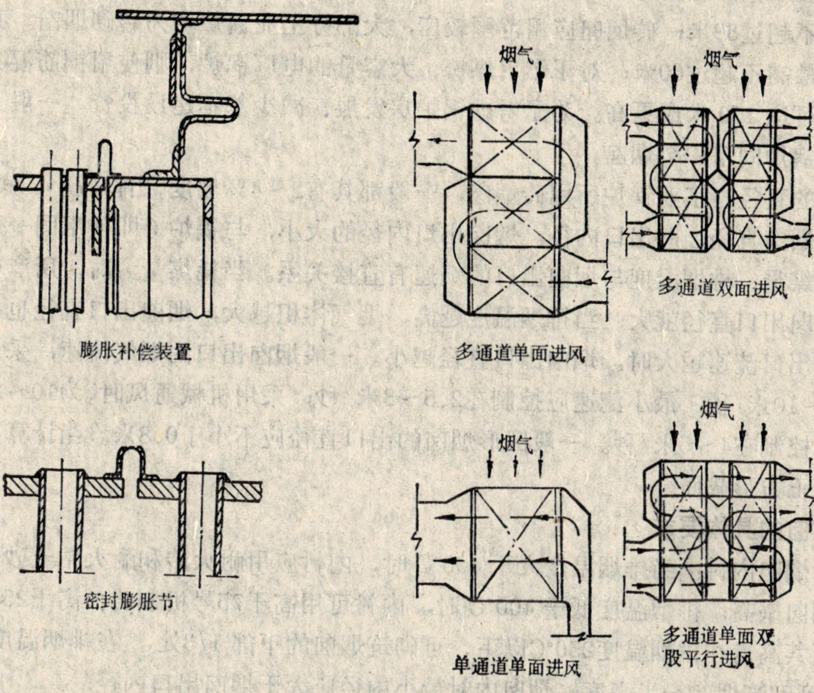

图 6-8 管式空气预热器结构及流向图

第四节 锅炉的通风

一、通风的作用与种类

锅炉通风的作用，是供应燃料燃烧时所需的空气，并排除燃料燃烧后产生的烟气。在没有省煤器、空气预热器的小型工业锅炉中，由于空气道阻力及烟气道阻力较小，故仅使用烟囱。烟囱通风的原理，即利用低温空气与高温烟气比重的差异，形成自然通风，达到通风效果。

但在较大容量，装置省煤器或兼有空气预热器的锅炉，则利用机械通风。机械通风，是利用鼓风机克服空气道阻力、炉排阻力与燃料层阻力后，将空气送入炉膛；利用引风机克服炉膛阻力、对流管束阻力、省煤器阻力、空气预热器阻力及烟道阻力等将烟气排入烟囱。在没有空气预热器的小型炉排锅炉中，也有只采用引风机进行通风的。个别情况下，也有只采用鼓风机通风的。唯单独采用鼓风机时，仅需克服空气道阻力、煤层阻力与炉排阻力，使炉膛仍然保持负压。

二、自然通风

仅利用烟囱形成的引力，使锅炉燃料燃烧，并排出所产生的烟气，称为自然通风。

1.烟囱的高度 形成自然通风的引力，除与排烟温度、当地大气压力有关外，主要是烟囱的高度。排烟温度越高，与空气温度的差别越大，则烟囱引力越强，当地大气压力越低，则烟囱引力越弱；烟囱越高，则引力越强。一般铁烟囱主要在小容量的立式锅炉、锅驼机锅炉、快装锅炉及固定机车锅炉，通风阻力不大场合选用，所以其高度一般均在15～20米，最高不超过30米；砖烟囱应用范围较广，大部分工业锅炉均为砖砌烟囱。其高度为25～45米，最高不超过60米；对于燃用煤粉、大容量的电厂锅炉，则使用钢筋混凝土制烟囱，其高度可达150米或更高。为了考虑锅炉房发展、减少基本建设投资，一般工业锅炉房均为几台锅炉同用一个烟囱。

2.烟囱的直径 工业锅炉所用砖烟囱，一般都具有2～4%坡度，出口较小，底口较大，这里所指的烟囱直径，即出口内径。烟囱出口内径的大小，与锅炉（即使用同一烟囱的全部锅炉）耗煤量、排烟温度与烟囱出口的烟速有直接关系。当耗煤量大时，所产生的烟气量就多，烟囱出口直径就大；当排烟温度越高，烟气体积越大，烟囱出口直径也越大；当烟气在烟囱出口流速越大时，烟囱出口直径越小。一般烟囱出口的烟气流速，采用自然通风时，为6～10米/秒，最小流速应控制在2.5～3米/秒；采用机械通风时，为10～20米/秒，最小流速应控制在4～5米/秒。一般圆形烟囱的出口直径应不小于0.8米。当计算直径较小时，可采用正方形截面。

3.对烟囱的具体要求

（1）烟囱内衬：当排烟温度大于400°C时，内衬应用耐火砖和耐火粘土砂浆砌筑，并应砌至烟囱全高；排烟温度低于400°C时，内衬可用高于75号机制砖、高于25号的混合砂浆砌筑，其高度在排烟温度250°C以下，可砌筑烟囱的下部1/3处，在排烟温度为250～400°C时，可砌筑烟囱一半高度；烟囱内衬最小内径应大于烟囱出口内径；

（2）当有两个总烟道同时接入一个烟囱时，需对称设置。并应在烟囱内设置比最高烟道高出1.0～1.5米的挡烟墙。挡烟墙厚度应不小于烟囱内衬厚度，并大于一砖厚。且挡烟墙应与总烟道中心线成60°夹角；

（3）烟囱出口应有利于通风，如图6-9所示。图中（*a*）上口做成圆弧状，当自然界风速较高时，对烟囱引力有帮助作用；图中（*b*）遇到自然界风速较大时，就对烟囱引力多少有些影响；若烟囱上口没有任何边缘，如图中（*c*）所示，则易产生冷风倒灌现象；

（4）烟囱底部应设沉灰室（俗称"狗窝"）。当自然界风速较大时，冷风倒灌入烟囱，如烟囱不设置沉灰室，冷风即进入总烟道，甚至直接影响炉膛燃烧，造成炉膛正压，形成炉门扑火现象；如设置沉灰室，可使冷风在沉灰室内形成漩涡，不致直入总烟道。图6-10所示为其示意图。沉灰室处横截面积是整个烟道、烟囱中最大处，此处烟气流速最小，烟气中夹带的飞灰与碳粒一部分在此沉降，另外一部分随烟气由烟囱飞出；

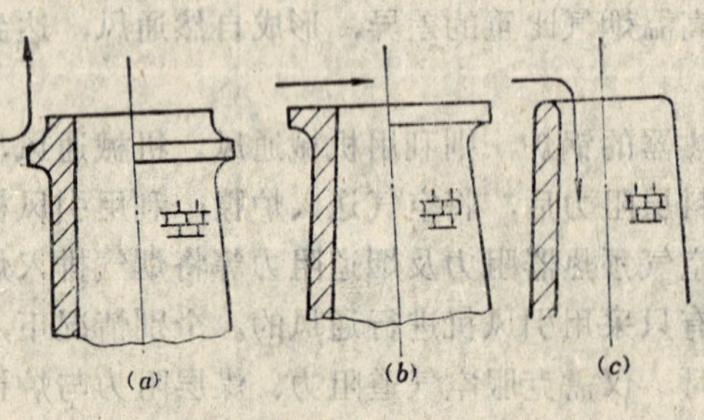

图 6-9 烟囱上部与风的关系图

（5）烟囱应设置避雷装置。因烟囱较锅炉房为高，且高于一般建筑物，故应有良好的避雷设施；

（6）烟囱爬梯：为了检查烟囱状况及避雷装置，应设置牢固可靠的爬梯。爬梯位置应在背风面，与避雷线位置相邻近。爬梯最下一层应距地面不小于2米；

（７）烟囱的干燥：新砌筑的烟囱，应自然干燥，才能使用，否则易产生开裂。自然干燥不足时，可用微火烘烤，但应缓慢进行，对于已发现微小裂纹的烟囱，应及时采用加扁铁箍的方法加固，以免造成大的裂缝，影响引力及安全；

（８）小型、自然通风的锅炉，其烟囱高度与出口直径尺寸，可参考表6-1内数值砌筑，以减少复杂的计算工作量。

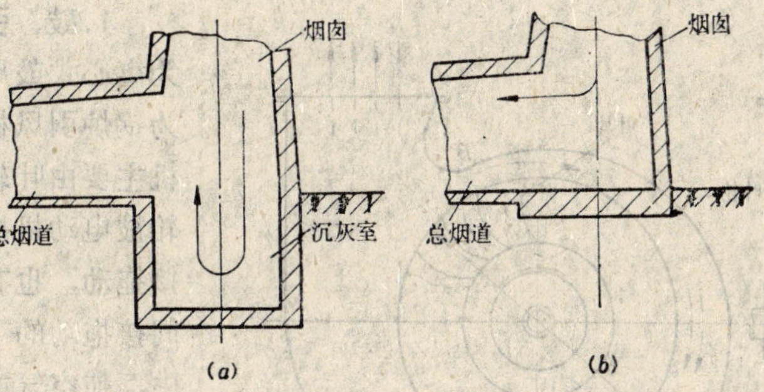

图 6-10　烟囱底部构造示意图

(*a*)有沉灰室；(*b*)无沉灰室

自然通风烟囱能力表　　表 6-1

圆形烟囱出口直径（厘米）	出口横断面积（米²）	烟囱高度（米）15	16	17	18	20	22	24	27	30	33	38	45	55	方形烟囱出口边长（厘米）
		耗煤量（公斤/时）													
35	0.096	23.2	23.5	24.0	24.6	26.0	27.4	28.5							30
40	0.126	35 0	36.2	37.0	38.3	40.0	42.5	44.2							34
45	0.159	49.3	51.2	53.0	54.4	57.2	60.0	62.7							39
50	0.196	66.0	68.5	70.5	72.5	76.5	80.5	84.0							44
55	0.238	107	89.0	91.5	94.0	99.5	104	109	115						48
60	0.283	131	110	114	117	124	130	135	144	152					53
65	0.332	156	135	140	144	151	159	166	176	180	194				58
70	0.385	216	164	169	174	184	193	210	213	224	236	254			62
80	0.503		223	230	236	250	262	273	290	307	320	344	374		71
90	0.636		293	308	318	328	341	360	380	402	420	452	481	543	80
100	0.785			384	395	416	437	456	484	510	535	575	625	690	90
120	1.131				595	625	660	686	730	770	805	865	940	1040	107
140	1.540					860	925	960	1020	1075	1130	1210	1316	1450	124
160	2.011						1230	1280	1360	1435	1500	1620	1755	1940	142
180	2 545							1650	1750	1850	1935	2080	2260	2500	160
200	3.142								2180	2310	2420	2600	2820	3120	177
240	4.524									3400	3560	3820	4150	4580	213
280	5.309										4200	4500	4900	5420	230
320	8.943										6450	6950	7550	8350	284
360	10.129										8250	8860	9630	10630	320
400	12.566										10200	11000	12000	13200	350

三、机 械 通 风

也称人工通风。即锅炉在运行时，仅利用烟囱的自然引力，不足以保证燃料的完全燃烧，也不能将所产生的烟气由烟囱排至大气时，就需采用机械通风。机械通风包括鼓风与引风。鼓风机与引风机多用电动机拖动。为了调整炉排燃料层的燃烧，多在炉排下分设许多鼓风风室，根据燃烧需要，调整风门开度。

1.鼓、引风机结构 图6-11为离心式鼓风机结构图。图6-12为锅炉引风机结构图。鼓、引风机主要由叶轮及外壳组成。当叶轮被电动机拖动（可为靠背轮连接拖动，也有用三角带、减速器间接拖动的），叶轮在旋转过程中，使空气或烟气在离心力作用下，沿外壳排出。此时，风机出口处风压增高，而风机入口处风压降下。根据对鼓、引风机的特殊要求，叶轮的形式、风叶的角度也有所不同。

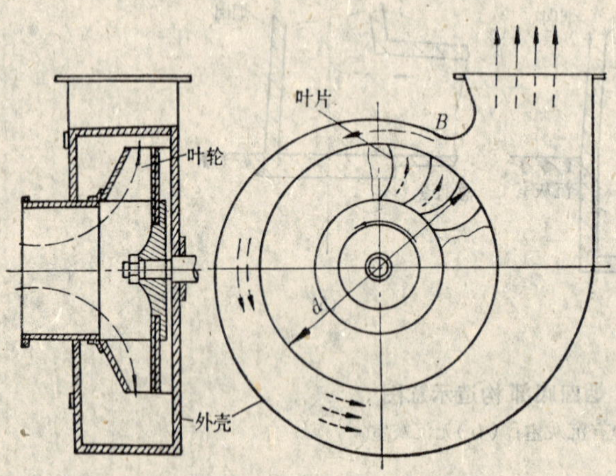

图 6-11 离心式鼓风机示意图

另外，对于气体温度、气体内含颗粒物的浓度不同，其叶轮材质、轴瓦冷却装置也有较大差异。一般锅炉引风机为排除烟气用，因此，引风机叶轮较鼓风机叶轮耐磨损，且轴承部分要有循环水冷却。

2.调节鼓、引风量的方法

（1）利用闸板或挡板控制：气体流量的增减，是靠全开或关小闸板或挡板的开度而实现的；

（2）利用改变转数调节：当改变风机叶轮的转数，可以达到风压、风量的较大变化。唯当转数提高后，要看电机在负荷提高后能否拖动。

（3）利用导向器调节：在风机入口处，可调节其由许多叶片组成的导向器的角度，以获得需要的风压与风量。

四、鼓、引风机的性能

鼓、引风机送出或排出的气体流量，一般以米³/时表示。风机进出口的风压差，称为风机的压头。进出口风压及风机的压头，一般以“毫米水柱”或“毫米汞柱”表示。鼓、引风机的风压，一般指的是“全压”。“全压”系由动压和静压两部分组成(图6-13)。

$H_入$——入口全压（静压与动压的和）；

$H_出$——出口全压（静压与动压的和）；风机全压头$=H_出-(-H_入)$

风机的性能主要决定于流量、风压、效率、转数、功率等因素。在选择风机时，应选用经常使用范围在风机最高效率范围内。风机容量应按锅炉最大蒸发量时予以选择，并应有20%风压与20%流量的裕量。当锅炉蒸发量大于4吨/时时，应设置单独的鼓、引风机。

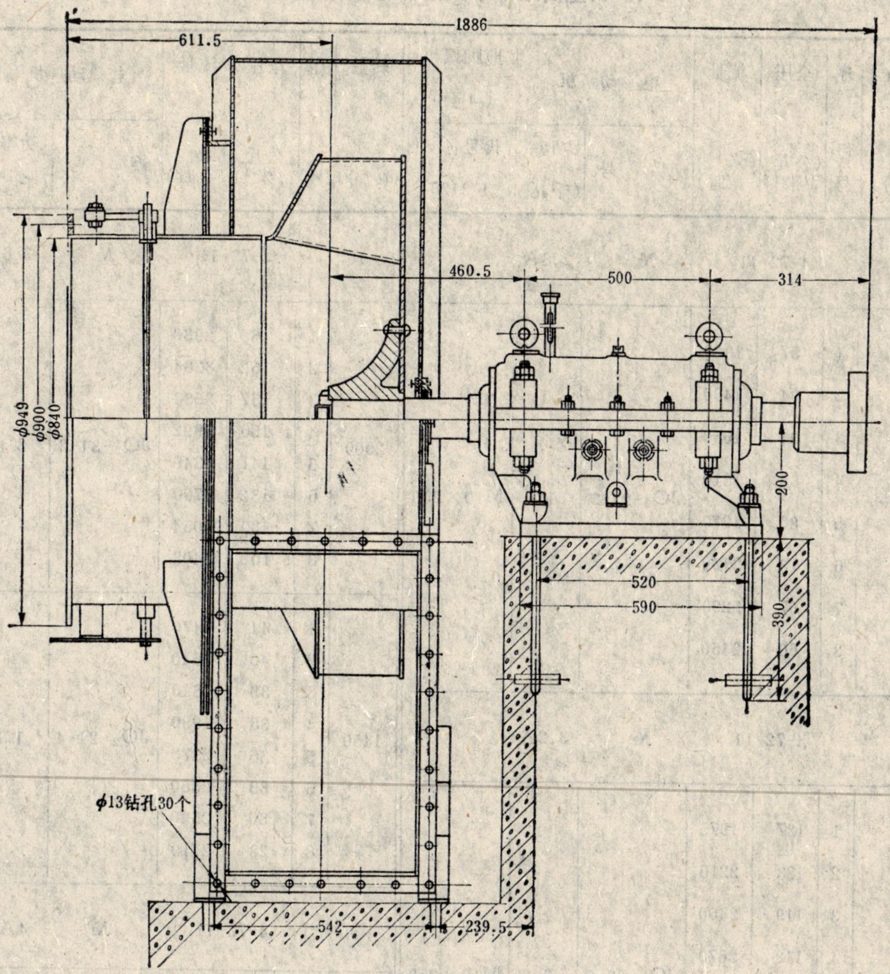

图 6-12　锅炉引风机结构图

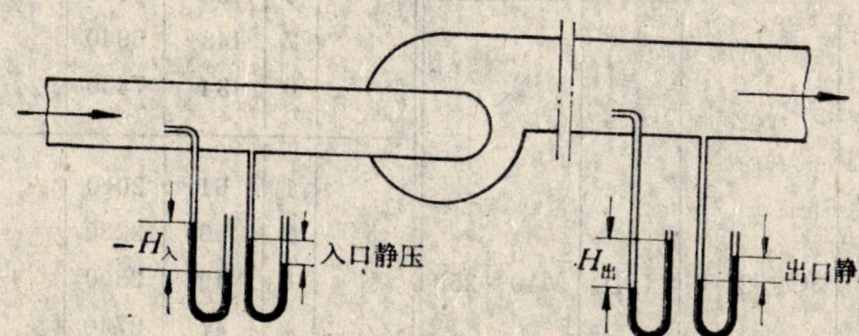

图 6-13　风机出入口的风压图

4-72-11型高效率中、低压离心鼓风机性能规格表

表 6-2

转数 (转/分)	序号	全压 (公斤/米²)	流量 (米³/时)	电动机 型号	电动机 功率 (千瓦)	地脚螺栓 (4套) 代号: F2120
4-72-11 № 2.8A						
2900	1	97	1330	JO_2-21-2	1.5	M10×250
	2	94	1490			
	3	91	1650			
	4	86	1810			
	5	80	1970			
	6	73	2130			
	7	67	2290			
	8	60	2450			
4-72-11 № 3.2A						
2900	1	127	1975	JO_2-22-2	2.2	M10×250
	2	123	2210			
	3	119	2450			
	4	112	2670			
	5	104	2930			
	6	96	3165			
	7	88	3400			
	8	80	3640			
1450	1	32	991	JO_2-21-4	1.1	M10×250
	2	31	1120			
	3	30	1253			
	4	27	1385			
	5	26	1515			
	6	24	1646			
	7	22	1778			
	8	20	1910			
4-72-11 № 3.6A						
2900	1	165	2930	JO_2-31-2	3	M10×250
	2	162	3234			
	3	157	3638			
	4	150	3992			
	5	141	4346			
	6	132	4700			
	7	120	5054			
	8	109	5408			
1450	1	41	1470	JO_2-21-4	1.1	M10×250
	2	40	1640			
	3	39	1820			
	4	38	1990			
	5	36	2170			
	6	33	2350			
	7	30	2530			
	8	28	2710			
4-72-11 № 4A						
2900	1	204	4020	JO_2-41-2	5.5	M10×250
	2	200	4510			
	3	194	4990			
	4	185	5480			
	5	174	5970			
	6	163	6450			
	7	148	6940			
	8	134	7420			
1450	1	51	2010	JO_2-21-4	1.1	M10×250
	2	50	2250			
	8	49	2500			
	4	47	2740			
	5	44	2980			
	6	41	3220			
	7	38	3470			
	8	34	3710			

续表

转数 (转/分)	序号	全压 (公斤/米²)	流量 (米³/时)	电动机 型号	电动机 功率 (千瓦)	地脚螺栓 (4套) 代号: F2120
4-72-11 № 4.5A						
2900	1	258	5730	JO_2-42-2	7.5	M10×250
	2	254	6420			
	3	246	7120			
	4	236	7810			
	5	222	8500			
	6	207	9200			
	7	189	9890			
	8	170	10580			
1450	1	65	2860	JO_2-21-4	1.1	M10×250
	2	64	3210			
	3	62	3550			
	4	59	3900			
	5	56	4240			
	6	52	4590			
	7	47	4940			
	8	43	5280			
4-72-11 № 5A						
2900	1	324	7950	JO_2-52-2	13	M12×320
	2	319	8917			
	3	313	9880			
	4	303	10850			
	5	290	11830			
	6	268	12780			
	7	246	13750			
	8	224	14720			
1450	1	81	3977	JO_2-31 4	2.2	M10×250
	2	79	4460			
	3	78	4943			
	4	76	5426			
	5	72	5909			
	6	66	6392			
	7	61	6875			
	8	56	7358			

转数 (转/分)	序号	全压 (公斤/米²)	流量 (米³/时)	电动机 型号	电动机 功率 (千瓦)	地脚螺栓 (4套) 代号: F2120
4-72-11 № 5.5A						
1450	1	98	5310	JO_2-32-4	3	M10×250
	2	97	5950			
	3	95	6590			
	4	92	7230			
	5	87	7870			
	6	81	8510			
	7	74	9160			
	8	67	9790			
960	1	43	3490	JO_2-22-6	1.1	M10×250
	2	42	3920			
	3	41	4350			
	4	40	4780			
	5	38	5210			
	6	35	5640			
	7	32	6070			
	8	29	6500			
4-72-11 № 6A						
1450	1	116	6840	JO_2-41-4	4	M10×250
	2	114	7680			
	3	112	8520			
	4	109	9360			
	5	104	10200			
	6	96	11040			
	7	88	11880			
	8	80	12720			
960	1	51	4520	JO_2-31-6	1.5	M10×250
	2	50	5070			
	3	49	5620			
	4	48	6170			
	5	45	6720			
	6	42	7270			
	7	38	7820			
	8	35	7083			

续表

转数 (转/分)	序号	全压 (公斤/米²)	流量 (米³/时)	电动机 型号	电动机 功率 (千瓦)	联轴器 F2508	联轴器 轴孔规格 风机	联轴器 轴孔规格 电机	底脚垫板部分 (4套) 代号
			4-72-11 № 8D						
1450	1	206	16200	JO_2-62-4	17	5-65×42	65	42	3912-002
	2	203	18165						
	3	200	20130						
	4	194	22100						
	5	185	24060						
	6	170	26025						
	7	156	27990						
			4-72-11 № 10D						
1450	1	322	40400	JO_2-82-4	55	5-65×60	65	60	3912-005
	2	317	43960						
	3	305	47520						
	4	290	51080						
	5	274	54640						
	6	255	58200						
960	1	141	26730	JO_2-71-6	17	5-65×48	65	48	3912-003
	2	139	29050						
	3	134	31400						
	4	127	33790						
	5	120	36150						
	6	112	38500						
			4-72-11 № 12D						
960	1	203	46100	JO_2-82-6	40	6-75×60	75	60	3912-005
	2	200	50200						
	3	192	54200						
	4	183	58400						
	5	173	62500						
	6	161	66500						
730	1	117	35000	JO_2-72-8	17	6-75×48	75	48	3912-003
	2	116	38100						
	3	112	41100						
	4	107	44300						
	5	100	47500						
	6	94	50500						

4-62-1型离心鼓风机性能规格表 表 6-3

风压（毫米水柱）	风量（米³/时）	转数（转/分）	电动机 型号	电动机 千瓦	风压（毫米水柱）	风量（米³/时）	转数（转/分）	电动机 型号	电动机 千瓦
№		3a			№		3		
64	2000	2900	JO_2-21-2	1.5	65	2270	2900	JO_2-21-2	1.5
70	1880	2900	JO_2-21-2	1.5	80	1980	2900	JO_2-21-2	1.5
80	1690	2900	JO_2-21-2	1.5	90	1800	2900	JO_2-21-2	1.5
90	1460	2900	JO_2-21-2	1.5	100	1630	2900	JO_2-21-2	1.5
109	800	2900	JO_2-21-2	1.5	110	1430	2900	JO_2-21-2	1.5
20	750	1450	JO_2-21-4	1.1	124	990	2900	JO_2-21-2	1.5
23	600	1450	JO_2-21-4	1.1	20	950	1450	JO_2-21-4	1.1
25	500	1450	JO_2-21-4	1.1	30	510	1450	JO_2-21-4	1.1
№		3b			№		3½a		
72	2550	2900	JO_2-22-2	2.2	85	3120	2900	JO_2-31-2	3
80	2380	2900	JO_2-22-2	2.2	100	2780	2900	JO_2-31-2	3
100	2020	2900	JO_2-22-2	2.2	120	2330	2900	JO_2-31-2	3
120	1630	2900	JO_2-22-2	2.2	145	1270	2900	JO_2-31-2	3
134	1120	2900	JO_2-22 2	2.2	21	1520	1450	JO_2-21-4	1.1
20	1140	1450	JO_2-21-4	1.1	25	1340	1450	JO_2-21-4	1.1
25	960	1450	JO_2-21-4	1.1	30	1100	1450	JO_2-21-4	1.1
33	540	1450	JO_2-21-4	1.1	36	610	1450	JO_2-21-4	1.1
№		3½			№		3½b		
90	3720	2900	JO_2-31-2	3	108	4120	2900	JO_2-31-2	3
110	3280	2900	JO_2-31-2	3	120	3950	2900	JO_2-31-2	3
130	2880	2900	JO_2-31-2	3	130	3750	2900	JO_2-31-2	3
150	2420	2900	JO_2-31-2	3	140	3520	2900	JO_2-31-2	3
171	1620	2900	JO_2-31-2	3	150	3300	2900	JO_2-31-2	3
22.5	1770	1450	JO_2-21-4	1.1	160	3050	2900	JO_2-31-2	3
30	1450	1450	JO_2-21-4	1.1	170	2770	2900	JO_2-31-2	3
42	800	1450	JO_2-21-4	1.1	180	2450	2900	JO_2-31-2	3
					190	1900	2900	JO_2-31-2	3
					25.5	2050	1450	JO_2-21-4	1.1
					30	1870	1450	JO_2-21-4	1.1
					35	1680	1450	JO_2-21-4	1.1
					40	1430	1450	JO_2-21-4	1.1
					46.5	900	1450	JO_2-21-4	1.1

续表

风压（毫米水柱）	风量（米^3/时）	转数（转/分）	电动机		风压（毫米水柱）	风量（米^3/时）	转数（转/分）	电动机	
			型号	千瓦				型号	千瓦
	№		4a			№		4	
120	5000	2900	JO_2-41-2	5.5	122	5950	2900	JO_2-41-2	5.5
130	4700	2900	JO_2-41-2	5.5	140	5440	2900	JO_2-41-2	5.5
140	4420	2900	JO_2-41-2	5.5	150	5200	2900	JO_2-41-2	5.5
150	4180	2900	JO_2-41-2	5.5	160	5000	2900	JO_2-41-2	5.5
160	3900	2900	JO_2-41-2	5.5	170	4700	2900	JO_2-41-2	5.5
170	3550	2900	JO_2-41-2	5.5	180	4500	2900	JO_2-41-2	5.5
180	3150	2900	JO_2-41-2	5.5	190	4300	2900	JO_2-41-2	5.5
190	2800	2900	JO_2-41-2	5.5	200	3950	2900	JO_2-41-2	5.5
200	2050	2900	JO_2-41-2	5.5	210	3640	2900	JO_2-41-2	5.5
29	2430	1450	JO_2-31-4	2.2	220	3300	2900	JO_2-41-2	5.5
35	2100	1450	JO_2-31-4	2.2	230	2500	2900	JO_2-41-2	5.5
40	1860	1450	JO_2-31-4	2.2	31	2750	1450	JO_2-31-4	2.2
45	1520	1450	JO_2-31-4	2.2	40	2420	1450	JO_2-31-4	2.2
49.5	1000	1450	JO_2-31-4	2.2	45	2200	1450	JO_2-31-4	2.2
					50	1900	1450	JO_2-31-4	2.2
					57	1300	1450	JO_2-31-4	2.2
	№		4b			№		4½	
137	6720	2900	JO_2-42-2	7.5	160	8350	2900	JO_2-42-2	7.5
150	6400	2900	JO_2-42-2	7.5	170	8000	2900	JO_2-42-2	7.5
160	6150	2900	JO_2-42-2	7.5	190	7450	2900	JO_2-42-2	7.5
180	5680	2900	JO_2-42-2	7.5	210	6950	2900	JO_2-42-2	7.5
200	5200	2900	JO_2-42-2	7.5	230	6400	2900	JO_2-42-2	7.5
210	4980	2900	JO_3-42-2	7.5	240	6100	2900	JO_2-42-2	7.5
220	4700	2900	JO_2-42-2	7.5	250	5820	2900	JO_2-42-2	7.5
230	4420	2900	JO_2-42-2	7.5	260	5450	2900	JO_2-42-2	7.5
240	4160	2900	JO_2-42-2	7.5	280	4750	2900	JO_2-42-2	7.5
250	3750	2900	JO_2-42-2	7.5	300	3500	2900	JO_2-42-2	7.5
263	3000	2900	JO_2-42-2	7.5	38.5	4100	1450	JO_2-31-4	2.2
34	3350	1450	JO_2-31-4	2.2	45	3750	1450	JO_2-31-4	2.2
40	3000	1450	JO_2-31-4	2.2	50	3480	1450	JO_2-31-4	2.2
45	2780	1450	JO_2-31-4	2.2	55	3200	1450	JO_2-31-4	2.2
50	2540	1450	JO_2-31-4	2.2	60	2900	1450	JO_2-31-4	2.2
60	1950	1450	JO_2-31-4	2.2	65	2600	1450	JO_2-31-4	2.2
65	1500	1450	JO_2-31-4	2.2	72	1850	1450	JO_2-31-4	2.2

续表

风压（毫米水柱）	风量（米³/时）	转数（转/分）	电动机 型号	电动机 千瓦
№ 5a				
185	10000	2900	JO_2-51-2	10
190	9900			10
200	9500			10
210	9200			10
220	8800			10
230	8500			10
240	8200			10
250	7800			10
260	7350			10
270	7000			10
280	6450			10
290	5950			10
300	5200			10
312	4000			10
46	5000	1450	JO_2-31-4	2.2
50	4650			2.2
55	4360			2.2
60	4000			2.2
65	3650			2.2
70	3200			2.2
78	2000			2.2
20	3320	960	JO_2-22-6	1.1
25	2850			1.1
30	2300			1.1
35	1340			1.1

风压（毫米水柱）	风量（米³/时）	转数（转/分）	电动机 型号	电动机 千瓦
№ 5				
200	11300	2900	JO_2-62-2	17
220	10700			17
230	10450			17
240	10100			17
260	9550			17
270	9250			17
280	8900			17
290	8600			17
300	8300			17
310	7950			17
320	7550			17
330	7100			17
340	6600			17
360	4700			17
48	5800	1450	JO_2-31-4	2.2
60	5000			2.2
70	4440			2.2
80	3700			2.2
91	2350			2.2
21	3840	960	JO_2-22 6	1.1
25	3450			1.1
30	3000			1.1
35	2450			1.1
39.5	1580			1.1

风压（毫米水柱）	风量（米³/时）	转数（转/分）	电动机 型号	电动机 千瓦
№ 5b				
210	13200	2900	JO_2-71-2	22
220	12800			22
240	12200			22
260	11600			22
280	11000			22
300	10400			22
320	9800			22
340	9000			22
360	8400			22
380	7500			22
402	5600			22
53	6500	1450	JO_2-32-4	3
60	6000			3
70	5450			3
80	4850			3
90	4200			3
100	3030			3
23	4300	960	JO_2-22-6	1.1
30	3600			1.1
35	3170			1.1
40	2650			1.1
44	1850			1.1

续表

风压（毫米水柱）	风量（米³/时）	转数（转/分）	电动机型号	电动机千瓦
№ 6a				
67	8800	1450	JO$_2$-42-4	5.5
80	7700			5.5
90	6900			5.5
100	5900			5.5
110	4800			5.5
115	3600			5.5
29.5	5720	960	JO$_2$-22-6	1.1
35	5000			1.1
40	4300			1.1
45	3700			1.1
50	2450			1.1

风压（毫米水柱）	风量（米³/时）	转数（转/分）	电动机型号	电动机千瓦
№ 6				
70	10000	1450	JO$_2$-42-4	5.5
80	9300			5.5
90	8600			5.5
100	7800			5.5
110	6900			5.5
120	6000			5.5
130	4100			4.5
30.5	6600	960	JO$_2$-32-6	2.2
40	5500			2.2
50	4300			2.2
57	2900			2.2

风压（毫米水柱）	风量（米³/时）	转数（转/分）	电动机型号	电动机千瓦
№ 6b				
80	10800	1450	JO$_2$-51-4	7.5
90	10200			7.5
100	9400			7.5
110	8600			7.5
120	8000			7.5
130	7300			7.5
145	4900			7.5
33	7430	960	JO$_2$-32-6	2.2
40	6600			2.2
45	6100			2.2
50	5600			2.2
55	5000			2.2
60	4200			2.2
63	3200			2.2

风压（毫米水柱）	风量（米³/时）	转数（转/分）	电动机型号	电动机千瓦
№ 7a				
92	14000	1450	JO$_2$-51-4	7.5
100	13000			7.5
110	12300			7.5
120	11200			7.5
130	10300			7.5
140	9000			7.5
150	7600			7.5
156	5400			7.5
40	9400	960	JO$_2$-41-6	3
45	8600			3
50	7820			3
55	7000			3
60	6200			3
65	5300			3
68	3700			3

风压（毫米水柱）	风量（米³/时）	转数（转/分）	电动机型号	电动机千瓦
№ 7				
95	16000	1450	JO$_2$-52-4	10
100	15400			10
110	14600			10
120	13700			10
130	13000			10
140	12000			10
150	11000			10
170	8400			10
177	6500			10
41	10400	960	JO$_2$-41-6	3
50	9200			3
55	8600			3
60	7800			3
65	7300			3
70	6500			3
78	4350			3

风压（毫米水柱）	风量（米³/时）	转数（转/分）	电动机型号	电动机千瓦
№ 7b				
105	17000	1450	JO$_2$-62 4	17
120	15800			17
140	14200			17
160	12500			17
170	11500			17
180	10500			17
190	9000			17
195	7800			17
45	11500	960	JO$_2$-51-6	5.5
50	10900			5.5
60	9600			5.5
65	9000			5.5
70	8200			5.5
75	7500			5.5
80	6600			5.5
85	5050			5.5

续表

风压（毫米水柱）	风量（米³/时）	转数（转/分）	电动机 型号	电动机 千瓦
№ 8a				
118	21200	1450	JO_2-62-4	17
120	20800			17
130	19400			17
140	18000			17
150	17000			17
160	16000			17
170	14700			17
180	13300			17
190	11600			17
200	8600			17
52	13600	960	JO_2-51-6	5.5
55	13100			5.5
60	12200			5.5
65	11600			5.5
70	10600			5.5
75	9800			5.5
80	8500			5.5
88	5400			5.5
29	10300	720	JO_2-52 8	5.5
35	9100			5.5
40	8000			5.5
45	6700			5.5
50	4100			5.5

风压（毫米水柱）	风量（米³/时）	转数（转/分）	电动机 型号	电动机 千瓦
№ 8				
128	23300	1450	JO_2-71-4	22
140	22000			22
150	21000			22
160	20000			22
170	19000			22
180	18000			22
190	17000			22
200	16000			22
210	14600			22
220	13000			22
231	9700			22
55	15700	960	JO_2-51-6	5.5
60	14800			5.5
70	13300			5.5
80	11000			5.5
90	10000			5.5
101	6400			5.5
31	11800	720	JO_2-52-8	5.5
35	11000			5.5
40	10000			5.5
45	9000			5.5
50	7900			5.5
57.5	4800			5.5

风压（毫米水柱）	风量（米³/时）	转数（转/分）	电动机 型号	电动机 千瓦
№ 9a				
146	28000	1450	JO_2-72-4	30
155	27000			30
160	26500			30
170	25000			30
180	24000			30
190	23000			30
200	21500			30
210	20000			30
220	18500			30
230	16700			30
240	14500			30
248	11400			30
64	18500	960	JO_2-52-6	7.5
70	17500			7.5
80	15500			7.5
90	13800			7.5
100	11500			7.5
110	7600			7.5
40	13000	720	JO_2-52-8	5.5
50	10500			5.5
60	7600			5.5
64	5700			5.5

续表

№ 9

风压（毫米水柱）	风量（米^3/时）	转数（转/分）	电动机 型号	电动机 千瓦
152	34000	1450	JO_2-72-4	30
170	32200			30
180	31000			30
200	29000			30
210	27500			30
230	25200			30
240	24000			30
260	21500			30
270	20000			30
280	18000			30
291	13900			30
68	22200	960	JO_2-61-6	10
80	20200			10
90	18500			10
100	16600			10
110	14000			10
120	12000			10
129	9200			10
39	16500	720	JO_2-52-8	5.5
50	14200			5.5
60	12000			5.5
70	9400			5.5
74	6800			5.5

№ 10a

风压（毫米水柱）	风量（米^3/时）	转数（转/分）	电动机 型号	电动机 千瓦
185	39000	1450	JO_2-82-4	40
210	36000			40
220	35000			40
230	33500			40
250	30500			40
260	29000			40
270	27000			40
280	25000			40
290	23500			40
300	21000			40
310	16000			40
80	26000	960	JO_2-61-6	10
90	24300			10
100	22000			10
110	20000			10
120	17500			10
130	14500			10
137	10500			10
45	19500	720	JO_2-61-8	7.5
50	18000			7.5
60	15500			7.5
70	12000			7.5
78	7800			7.5

№ 10

风压（毫米水柱）	风量（米^3/时）	转数（转/分）	电动机 型号	电动机 千瓦
190	48000	1450	JO_2-83-4	55
210	45000			55
230	41000			55
240	40400			55
260	38500			55
270	37500			55
290	34500			55
300	32500			55
310	31000			55
320	30000			55
340	26500			55
360	19000			55
85	30500	960	JO_2-71-6	17
100	27500			17
110	25800			17
130	22000			17
140	19000			17
150	17000			17
159	12500			17
49	23000	720	JO_2 61 8	7.5
60	20000			7.5
70	17700			7.5
80	15000			7.5
90	9400			7.5

续表

风压（毫米水柱）	风量（米³/时）	转数（转/分）	电动机 型号	电动机 千瓦
№ 10b				
210	52200	1450	JO_2-93 4	75
240	48000			75
260	46000			75
280	44000			75
300	41000			75
320	39000			75
340	36000			75
360	33000			75
401	22500			75
93	35500	960	JO_2-72-6	22
100	33000			22
110	31000			22
120	29000			22
130	27500			22
140	26000			22
150	24000			22
160	21500			22
175	16500			22
53	26000	720	JO_2-62 8	10
60	24000			10
70	22000			10
80	19200			10
90	16800			10
101	11000			10
№ 12a				
115	46000	960	JO_2-82-6	28
120	44400			28
130	42000			28
140	40000			28
150	38000			28
160	35000			28
170	32000			28
180	29000			28
190	25000			28
198	18500			28
70	34000	720	JO_2-72-8	17
80	30300			17
90	27200			17
100	24000			17
115	15200			17
№ 12				
140	48000	960	JO_2-83 6	40
150	46000			40
160	44000			40
170	42000			40
180	38000			40
190	36000			40
200	35000			40
230	22000			40
70	40000	720	JO_2-81-8	22
80	37000			22
90	34000			22
100	31000			22
110	28000			22
120	24000			22
132	16500			22
№ 12b				
160	53000	960	JO_2-93-6	55
170	50000			55
180	48000			55
190	46500			55
200	44000			55
210	42000			55
220	40000			55
230	37000			55
240	34000			55
252	25500			55
76	45000	720	JO_2-81 8	22
90	41000			22
100	38000			22
110	35000			22
120	32000			22
130	28000			22
140	26000			22
145	20000			22

9-47-1型离心鼓风机规格性能表

表 6-4

风压（毫米水柱）	风量（米³/时）	电动机 型号	千瓦	风压（毫米水柱）	风量（米³/时）	电动机 型号	千瓦	风压（毫米水柱）	风量（米³/时）	电动机 型号	千瓦
鼓　风　机　（9-47-1型）											
№6 （960转/分）				№6 （1450转/分）				№7½ （960转/分）			
89	4770	JO_2-41-6	3	202	7200	JO_2-52-4	10	139	9300	JO_2-52-6	7.5
93	5900	JO_2-41 6	3	212	8900	JO_2-52-4	10	141	11500	JO_2-52-6	7.5
97	7000	JO_2-42 6	4	220	10550	JO_2-52-4	10	151	13600	JO_2-61-6	10
99	8140	JO_2-42-6	4	226	12250	JO_2-61-4	13	155	15850	JO_2-62-6	13
101	8250	JO_2-51-6	5.5	230	13900	JO_2-62-4	17	158	18000	JO_2-62-6	13
101	10280	JO_2-51-6	5.5	230	15450	JO_2-62-4	17	158	20000	JO_2-71-6	17
99	11240	JO_2-51-6	5.5	226	17100	JO_2-62-4	17	155	22100	JO_2-71-6	17
97	12310	JO_2-52-6	7.5	220	18580	JO_2-71-4	22	151	24000	JO_2-71-6	17
№9 （960转/分）				№10 （730转/分）				№11½ （730转/分）			
200	16050	JO_2-71-6	17	146	16700	JO_2-71-8	13	193	25600	JO-83-8	28
210	19900	JO_2-72-6	22	150	20600	JO_2-72-8	17	202	31700	JO-93-8	40
217	23500	JO-82-6	28	155	24500	JO_2-72-8	17	209	37400	JO-93-8	40
223	27380	JO-82-6	28	160	28500	JO_2-81-8	22	215	43500	JO-94-8	55
227	31100	JO-83-6	40	164	32400	JO-83-8	28	219	49500	JO-94-8	55
227	34500	JO-83-6	40	164	36000	JO-83-8	28	219	55000	JO-94-8	55
223	38200	JO 83-6	40	160	39800	JO-83-8	28	215	60600	JS116-8	70
217	41400	JO 83-6	40	155	43200	JO 93-8	40	209	66000	JS116-8	70
引　风　机　（y9-47-1型）											
№6 （960转/分）				№6 （1450转/分）				№7½ （960转/分）			
55	4770	JO_2-31-6	1.5	126	7500	JO_2-42-4	5.5	86	9500	JO_2-51-6	5.5
58	5900	JO_2-32-6	2.2	132	8900	JO_2-51-4	7.5	87	11500	JO_2-51-6	5.5
60	7000	JO_2-32-6	2.2	137	10550	JO_2-51-4	7.5	94	13600	JO_2-52-6	7.5
62	8140	JO_2-41-6	3	140	12250	JO_2-52-4	10	96	15800	JO_2-61-6	10
63	9250	JO_2-41-6	3	143	13900	JO_2-61-4	13	98	18000	JO_2-61-6	10
63	10280	JO_2-42-6	4	143	15450	JO_2-61-4	13	98	20000	JO_2-61-6	10
62	11240	JO_2-42-6	4	140	17100	JO_2-61-4	13	96	22700	JO_2-62-6	13
60	12310	JO_2-42-6	4	137	18580	JO_2-61-4	13	94	24000	JO_2-62-6	13

续表

风压（毫米水柱）	风量（米³/时）	电动机 型号	电动机 千瓦	风压（毫米水柱）	风量（米³/时）	电动机 型号	电动机 千瓦	风压（毫米水柱）	风量（米³/时）	电动机 型号	电动机 千瓦
№7½ （1450转/分）				№9 （960转/分）				№10 （730转/分）			
197	14050	JO_2-62-4	17	124	16050	JO_2-62-6	13	89	16700	JO_2-62-8	10
206	17400	JO_2-71-4	22	130	19900	JO_2-71-6	17	93	20600	JO_2-62-8	10
214	20800	JO_2-72-4	30	135	23500	JO_2-71-6	17	96	24500	JO_2-71-8	13
220	22900	JO_2-72-4	30	139	27380	JO_2-72-6	22	99	28500	JO_2-72-8	17
224	27200	JO_2-72-4	30	141	31100	JO_2-72-6	22	101	32400	JO_2-72-8	17
224	30200	JO-82-4	40	141	34500	JO-82-6	28	101	36000	JO_2-81-8	22
220	33400	JO-82-4	40	139	38200	JO-82-6	28	99	39800	JO_2-81 8	22
214	39300	JO-82-4	40	135	41400	JO-82-6	28	96	43200	JO_2-81-8	22
№10 （960转/分）				№11½ （730转/分）				№11½ （960转/分）			
154	22100	JO_2-72 6	22	117	25600	JO_2-81-8	22	204	33600	JO-93-6	55
162	27400	JO 82-6	28	124	31700	JO_2-81-8	22	214	41700	JO-93-6	55
168	32400	JO 82-6	28	128	37400	JO-83-8	28	222	49300	JO 93-6	55
173	37600	JO-83-6	40	132	43500	JO-83-8	28	228	57500	JS115-6	75
176	42800	JO-83-6	40	134	49500	JO-93-8	40	232	65000	JS115-6	75
176	47500	JO-83-6	40	134	55000	JO-93-8	40	232	72300	JS116-6	85
173	52500	JO-93-6	55	132	60600	JO-93-8	40	228	80000	JS117-6	115
168	57000	JO-93-6	55	128	66000	JO-94-8	55	222	87000	JS117-6	115
№13½ （580转/分）				№13½ （730转/分）				№15 （580转/分）			
102	32700	JS-115-10	45	162	41200	JS-115-8	60	126	45000	JS-115-10	45
107	40500	JS-115-10	45	170	51000	JS-115-8	60	132	55600	JS-115-10	45
111	48000	JS-115-10	45	176	60500	JS-115-8	60	137	65700	JS-116-10	55
114	55800	JS-115-10	45	181	70200	JS-116-8	70	141	71000	JS-116-10	55
116	63500	JS-115-10	45	184	79800	JS-117-8	80	143	87000	JS-117-10	65
116	70400	JS-115-10	45	184	88800	JS-117-8	80	143	96500	JS-125-10	80
114	77800	JS-115-10	45	181	98000	JS-125-8	95	141	107000	JS-125-10	80
111	84500	JS-116-10	55	176	106200	JS-125-8	95	137	116000	JS-126-10	95

9-35-1型锅炉风机规格性能表

表 6-5

风压	风量	电动机		风压	风量	电动机		风压	风量	电动机	
(毫米水柱)	(米^3/时)	型号	千瓦	(毫米水柱)	(米^3/时)	型号	千瓦	(毫米水柱)	(米^3/时)	型号	千瓦
鼓风机 (9-35-1型)											
№6 (1450转/分)				№6 (960转/分)				№8 (960转/分)			
195	7710	JO$_2$-42-4	5.5	85	2460	JO$_2$-32-6	2.2	152	5810	JO$_2$-51-6	5.5
204	4640	JO$_2$-51-4	7.5	89	3070	JO$_2$-32-6	2.2	158	7270	JO$_2$-52-6	7.5
210	5570	JO$_2$-51-4	7.5	92	3690	JO$_2$-32-6	2.2	163	8720	JO$_2$-52-6	7.5
214	6500	JO$_2$-51-4	7.5	94	4300	JO$_2$-41-6	3	166	10180	JO$_2$-61-6	10
215	7430	JO$_2$-52-4	10	94	4910	JO$_2$-41-6	3	167	11630	JO$_2$-61-6	10
215	8360	JO$_2$-52-4	10	94	5530	JO$_2$-41-6	3	167	13080	JO$_2$-62-6	13
212	9290	JO$_2$-52 4	10	63	6140	JO$_2$-42-6	4	164	14540	JO$_2$-62-6	13
203	10220	JO$_2$-61-4	13	89	6750	JO$_2$-42-6	4	157	16000	JO$_2$-71-6	17
№8 (730转/分)				№10 (730转/分)				№12 (730转/分)			
88	4430	JO$_2$-42-8	3	138	8650	JO$_2$-61-8	7.5	198	14920	JO$_2$-81-8	22
92	5540	JO$_2$-42-8	3	144	10800	JO$_2$-62-8	10	206	18650	JO$_2$-81-8	22
95	6650	JO$_2$-51-8	4	148	13000	JO$_2$-62-8	10	213	22380	JO-83-8	28
96	7760	JO$_2$-51-8	4	151	15150	JO$_2$-71-8	13	217	26110	JO 83-8	28
97	8870	JO$_2$-52-8	5.5	152	17300	JO$_2$-72-8	17	218	29840	JO-93-8	40
97	9980	JO$_2$-52-8	5.5	152	19450	JO$_2$-72-8	17	218	33570	JO-93-8	40
95	11090	JO$_2$-61-8	7.5	149	21600	JO$_2$-81-8	22	214	37300	JO-93-8	40
91	12200	JO$_2$-61-8	7.5	143	23800	JO$_2$-81-8	22	205	41030	JO-94 8	55
№13½ (730转/分)				№15½ (730转/分)							
250	21240	JO-83-8	28	330	32160	JO-94-8	55				
261	26550	JO-93-8	40	345	40200	JS-116-8	70				
270	31880	JO-93-8	40	355	48240	JS-117-8	80				
274	37170	JO-94-8	55	362	56280	JS-125-8	95				
276	42480	JO-94-8	55	364	64320	JS-126-8	110				
276	47790	JS116-8	70	364	72360	JS-127-8	130				
271	53100	JS117-8	80	357	80400	JS-128-8	155				
260	58410	JS117-8	80	343	88440	JS-136-8	180				

风压（毫米水柱）	风量（米^3/时）	电动机 型号	电动机 千瓦	风压（毫米水柱）	风量（米^3/时）	电动机 型号	电动机 千瓦	风压（毫米水柱）	风量（米^3/时）	电动机 型号	电动机 千瓦
引风机（У9-35-1型）											
№8（960转/分）				№8（730转/分）				№10（960转/分）			
94	5810	JO$_2$-42-6	4	55	4430	JO$_2$-41-8	2.2	148	11350	JO$_2$-61-6	10
98	7270	JO$_2$-42-6	4	57	5540	JO$_2$-41-8	2.2	154	14200	JO$_2$-62-6	13
102	8720	JO$_2$-51-6	5.5	59	6650	JO$_2$-42-8	3	159	17050	JO$_2$-71-6	17
103	10180	JO$_2$-52-6	7.5	60	7760	JO$_2$-42-8	3	162	19900	JO$_2$-72-6	22
104	11630	JO$_2$-52-6	7.5	60	8870	JO$_2$-51-8	4	163	22750	JO$_2$-72-6	22
104	13080	JO$_2$-61-6	10	60	9980	JO$_2$-51-8	4	163	25600	JO-82-6	28
102	14540	JO$_2$-61-6	10	59	11090	JO$_2$-51-8	4	160	28400	JO-82-6	28
98	16000	JO$_2$-61-6	10	57	12200	JO$_2$-52-8	5.5	153	31250	JO-82-6	28
№10（730转/分）				№12（960转/分）				№12（730转/分）			
86	8650	JO$_2$-52-8	5.5	212	19620	JO-82-6	28	123	14920	JO$_2$-71-8	13
89	10800	JO$_2$-61-8	7.5	222	24520	JO-83-6	40	128	18650	JO$_2$-72-8	17
92	13000	JO$_2$-61-8	7.5	229	29420	JO-83-6	40	132	22380	JO$_2$-72-8	17
94	15150	JO$_2$-62-8	10	233	34330	JO-93-6	55	135	26110	JO$_2$-81-8	22
94	17300	JO$_2$-62-8	10	234	39230	JO-93-6	55	135	29840	JO-83-8	28
94	19450	JO$_2$-62-8	10	234	44140	JO-93-6	55	135	33570	JO-83-8	28
93	21600	JO$_2$-71-8	13	230	49040	JO-94-6	75	133	37300	JO-83-8	28
89	23800	JO$_2$-71-8	13	221	53940	JO-94-6	75	127	41030	JO-93-8	40
№13½（730转/分）				№15½（730转/分）				№15½（580转/分）			
155	21240	JO$_2$-81-8	22	205	32160	JO-93-8	40	129	25600	JS-115-10	45
162	26550	JO-83-8	28	214	40200	JO-94-8	55	135	32000	JS-115-10	45
168	31860	JO-83-8	28	221	48240	JS-115-8	60	139	38400	JS-115-10	45
171	37170	JO-93-8	40	225	56280	JS-116-8	70	142	44800	JS-115-10	45
172	42480	JO-93-8	40	226	64320	JS-117-8	80	143	51200	JS-115-10	45
172	47790	JO-94-8	55	226	72360	JS-125-8	95	143	57600	JS-115-10	45
169	53100	JO-94-8	55	222	80400	JS-126-8	110	140	64000	JS-116-10	55
161	58410	JO-94-8	55	213	88440	JS-126-8	110	134	70400	JS-116-10	55
№18（580转/分）											
175	40080	JS-115-10	45								
182	50100	JS-116-10	55								
188	60120	JS-117-10	65								
191	70140	JS-125-10	80								
193	80160	JS-126-10	95								
193	90180	JS-126-10	95								
189	100200	JS-127-10	115								
181	110220	JS-127-10	115								

8-18-1型高压离心鼓风机规格性能表 表 6-6

风压（毫米水柱）	风量（米^3/时）	电动机		风压（毫米水柱）	风量（米^3/时）	电动机		风压（毫米水柱）	风量（米^3/时）	电动机	
		型号	千瓦			型号	千瓦			型号	千瓦
№4 (2900转/分)				№5 (2900转/分)				№6 (2900转/分)			
348	619	JO$_2$-21-2	1.5	544	1210	JO$_2$-32-2	4	785	2090	JO$_2$-51-2	10
366	756	JO$_2$ 21-2	1.5	573	1480	JO$_2$-41-2	5.5	825	2560	JO$_2$-52-2	13
373	895	JO$_2$-22-2	2.2	583	1740	JO$_2$-41-2	5.5	840	3020	JO$_2$-52-2	13
375	1019	JO$_2$-22-2	2.2	586	1980	JO$_2$-42-2	7.5	845	3440	JO$_2$-62-2	17
375	1150	JO$_2$-31-2	3	586	2250	JO$_2$-42-2	7.5	845	3800	JO$_2$-62-2	17
366	1280	JO$_2$-31-2	3	573	2500	JO$_2$-42-2	7.5	825	4320	JO$_2$-71-2	22
355	1400	JO$_2$-31-2	3	555	2740	JO$_2$-51-2	10	800	4750	JO$_2$-71-2	22
345	1535	JO$_2$-31-2	3	540	3000	JO$_2$-51-2	10	770	5180	JO$_2$-71-2	22
№7 (2900转/分)				№8 (2900转/分)				№8 (1450转/分)			
1070	3320	JO$_2$-71-2	22	1390	4950	JO-82-3	40	348	2470	JO$_2$-42-4	5.5
1113	4050	JO$_2$-72-2	30	1460	6050	JO-83-2	55	366	3030	JO$_2$-51-4	7.5
1145	4800	JO$_2$-72-2	30	1490	7150	JO-83-2	55	372	3580	JO$_2$-51-4	7.5
1150	5450	JO-82-2	40	1500	8150	JO-93-2	75	375	4060	JO$_2$-51-4	7.5
1150	6200	JO-82-2	40	1500	9250	JO-93-2	75	375	4630	JO$_2$-52-4	10
1113	6850	JO-82-2	40	1465	10250	JO-93-2	75	366	5100	JO$_2$-52-4	10
1090	7500	JO-83-2	55	1420	11200	JO-94-2	100	355	5600	JO$_2$-61-4	13
1060	8200	JO-83-2	55	1380	12250	JO-94-2	100	345	6110	JO$_2$-61-4	13
№10 (1450转/分)											
544	4840	JO$_2$-62-4	17								
573	5900	JO$_2$-71-4	22								
583	6970	JO$_2$-71-4	22								
586	7950	JO$_2$-72-4	30								
586	9000	JO$_2$-72-4	30								
573	10000	JO$_2$-72-4	30								
555	10950	JO$_2$-82-4	40								
540	11980	JO$_2$-82-4	40								

第五节　锅炉的给水设备

1.给水设备的作用与种类　锅炉在生火前进水，运行中维持水位，事故处理中保持炉水水位等均需有可靠的、足够的给水设备。一般要求给水设备的容量应比锅炉最大连续蒸发量多出20～25%的裕量，以保证锅炉安全运行。

给水设备的种类有以下几种：

（１）蒸发量较小、压力较低的锅炉，宜采用注水器（或称射水器、水虫子）；

（２）在缺乏动力或作为给水备用设备的条件下，常用蒸汽泵作为锅炉给水设备；

（３）在正常条件下，选用适合于锅炉给水的离心式电泵作为锅炉给水设备。

2.注水器　其结构如图6-14所示。它是利用蒸汽本身的动能，将给水吸入注水器内，当汽水在混合嘴混合后，将具有一定速度的汽水混合物带入射水嘴，变为具有一定压能的热水，打入锅炉。其原理与家庭常用喷射杀虫剂的喷射器是相同的。

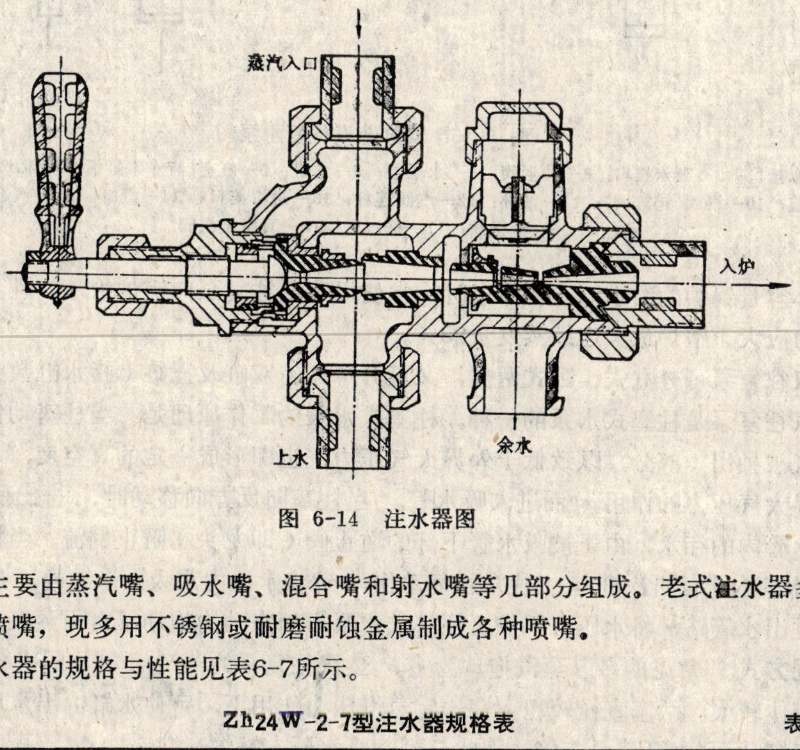

图 6-14　注水器图

注水器主要由蒸汽嘴、吸水嘴、混合嘴和射水嘴等几部分组成。老式注水器多用黄铜铸成壳体或喷嘴，现多用不锈钢或耐磨耐蚀金属制成各种喷嘴。

常用注水器的规格与性能见表6-7所示。

Zh24W-2-7型注水器规格表　　　表 6-7

公称尺寸 (Dg)	蒸汽压力 (公斤/厘米²)	管牙 (英寸)	总长度 (毫米)	总高度 (毫米)	重量 (公斤)	注水量 (公斤/时)	参考价格 (元)	生产厂
15	2～5.5	½″	156	112	1.5	450	16	上海德和阀门厂、北京宣武水暖器材厂
20	2～5.5	¾″	196	141	1.8	650	20	
25	2.5～7	1″	236	170	3.2	1600	23.7	
32	2.8～7	1¼″	303	218	6.3	2000	42	
40	2.8～7	1½″	342	235	8.5	3200	45.7	
50	2.8～7	2″	436	351	16	4800	86.3	

注：1.表内注水器适用于蒸汽压力2～7公斤/厘米²、供水温度≤40°C的锅炉，做为给水设备；

2.表内注水量是按供水温度20°C，蒸汽压力５公斤/厘米²计算的。

3.蒸汽往复式给水泵 如图6-15所示。

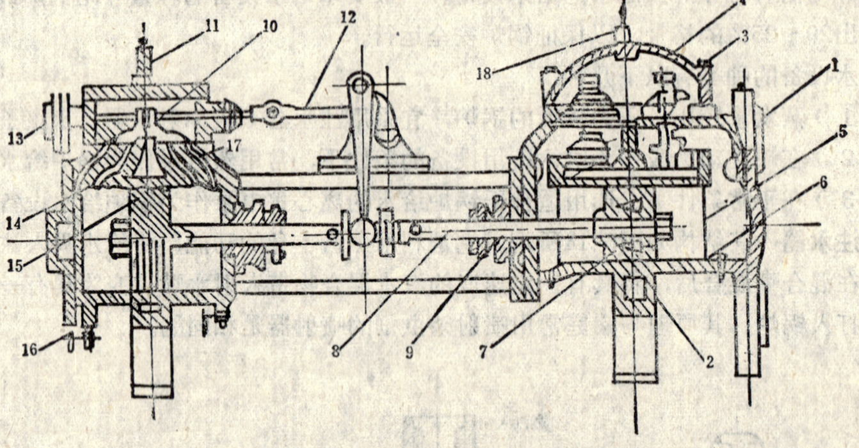

图 6-15 双缸蒸汽往复水泵图

1—出水接口；2—吸水接口；3—盆形阀；4—水缸盖；5—水缸；6—缸套；7—水缸活塞及环；8—活塞杆；9—垫盖；10—汽阀（错汽阀）；11—油杯；12—汽阀连杆；13—进汽接口；14—汽缸；15—汽缸活塞及环；16—泄水阀；17—排汽口；18—真空排汽阀

对小容量锅炉的给水，或在停电时，常使用蒸汽往复泵向锅炉给水。且蒸汽往复泵的出水能力应大于锅炉最大连续蒸发量25%。

蒸汽往复泵可分立式、卧式两类，又可分单缸、双缸及三缸（指水缸数量）几种。

蒸汽往复泵是柱塞式水泵的一种。柱塞式水泵的工作原理是：当柱塞动作时，使吸水管内空气被抽出一部分，以致低于外界大气压力，也即形成一定的真空度，水池中的水，由于外界大气压力的作用，而进入吸水管。当柱塞向反方向移动时，排出所吸空气，同时，吸水管内的存水，由于被吸水管下部的逆止阀（即龙头）阻止倒流。当柱塞再次动作时，吸水管内水位再次升起。柱塞往复动作，致将水池内水吸入水缸内。吸入水缸内的水，通过出水管路，将水压入锅炉。柱塞式水泵靠外来动力拖动，有用蒸汽、电机、柴油机等不同方式。常见的多以蒸汽拖动为主。蒸汽往复泵的蒸汽部分，同水缸结构基本相同，唯缸体较大，活塞直径较粗。在一定蒸汽压力作用下，可使水缸内出水压力较蒸汽压力大（汽缸截面/水缸截面）倍，因此，可以将水压入锅炉。

蒸汽往复式水泵理论汲水高度为10米，但实际上由于阻力、严密度等影响，汲水高度一般不超过7米。其水温与汲水高度有直接影响，如表6-8所示。当水温超过70°C时，蒸汽往复泵即不能自行汲水，而需将给水增加压力，使给水具有一定压头，压入吸水管。然后，经往复泵将热水压入锅炉。如给水温度超过70°C，加压不足，则水泵吸水管内便会形成自发蒸汽，使水不能进泵。

蒸汽式往复泵优点：起动和调节简单，运行方便，工作可靠，给水温度可达70°C。

蒸汽式往复泵的缺点：耗用蒸汽量大，水中含有机械杂质时易跑空，给水不均匀，间歇进水，造价较高，占地面积比离心式电泵为大。

给水温度与往复泵吸入高度关系表　　表6-8

	吸	水			加		压	
给水水面至泵活塞中心距离(即吸入高度)(米)	-7	-6	-4	0	1～2	3～4	4～5	6
给水箱中容许水温(℃)	0	30	50	70	75～80	85～90	95	100

操作时，应注意在开启蒸汽阀前，要先行开启汽缸排放冷凝水阀门，待汽缸完全预热后，再开大向汽缸供汽的阀门。如水缸有排空气的阀门，应在打开向锅炉给水的阀门前，见到排空气阀出水后，再行向锅炉给水。停泵后，应将汽缸及水缸内余留水放净，以防冻坏缸体。

蒸汽往复泵的型号，常用的为2QS型，老产品为VC型。其新旧型号对照及泵的性能规格，可参阅表6-9、表6-10所示。

蒸汽往复泵新旧型号对照表　　表6-9

现用型号	老型号	现用型号	老型号
2QS—3.5/17	1VC	2QS—29/17	8VC
2QS—4.8/17	3VC	2QS—53/17	9VC,W4
2QS—6/17		2QS—63/17	11VC
2QS—9/17	W1.5	2QS—130/17	W6
2QS—15/17	5VC	2QS—170/17	W7
2QS—21/17	7VC		

4.离心式锅炉给水泵　离心式锅炉给水泵是离心式水泵的一种类型，是根据锅炉给水的特殊要求设计的。一般锅炉给水泵压力较高，而流量较小。

离心式水泵的泵体形状象蜗牛外壳，在轴上装有叶轮。当叶轮旋转时，由于离心力的作用，将水甩至泵体内表面，通过蜗壳体将水压至出口。由于泵体中间形成真空，给水受外界气压作用而吸入泵内。倘若给水温度较高，特别是由除氧水箱来的高达105℃的水，因为水的温度高，在负压作用下，水会产生汽化，致使水泵吸不进水。在这样的情况下，要求高温度的给水要有一定的压头与泵的进水管相连，离心泵才能正常工作。因此，在安装锅炉给水用离心泵时，要装于除氧水箱下部，根据水的温度，决定除氧水箱与泵间的垂直距离。给水温度越高，这个距离就越大。离心水泵还有一个特点，就是在起动时，要将水泵灌满水，水泵才能正常运行。如果叶轮空转，是不能自行汲水的。

锅炉多级给水泵是由许多叶轮，逐级增压而获得较高的出口水压。也就是由许多单级离心泵，装在一个泵体内，形成多级离心泵。给水每通过一个叶轮即增加一次压力，每一叶轮即为一级。级数越多压力越高。一般一级叶轮可产生5～8公斤/厘米^{2}的压力。图6-16为TSW型多级电动给水泵结构图。

锅炉房的供水、软化及给水常用的几种离心式水泵性能规格见表6-11、表6-12、表6-13、表6-14及表6-15所示。

2QS型蒸汽往复泵规格、性能表 表 6-10

	型号 规格性能	2QS 3.5/17	2QS 4.8/17	2QS 6/17	2QS 9/17	2QS 15/17	2QS 21/17	2QS 29/17	2QS 53/17	2QS 63/17	2QS 130/17	2QS 170/17
水缸部分	流量（米³/时）	1.3～3.5	3.2～4.8	4～6	5～9	7～15	14～21	19～29	25～53	38～63	90～130	100～170
	压力（公斤/厘米²）	17.5	17.5	17.5	17.5	17.5	17.5	17.5	17.5	17.5	17.5	17.5
	水缸直径（毫米）	51	70	60	70	120	114	133	150	178	203	240
	活塞行程（毫米）	76	102	102	120	152	254	254	254	305	400	500
	往复次数（次/分）	42～116	38～57	69～104	51～93	31～41	27～67	26～40	25～58	24～40	35～50	22～37
	吸入管直径（毫米）	32	50	38	64	75	100	100	125	150	175	200
	排出管直径（毫米）	25	38	32	38	50	75	75	100	100	150	175
汽缸部分	汽缸直径（毫米）	76	114	90	133	152	191	229	254	305	382	500
	进汽压力（公斤/厘米²）	12	10	11	12	12	10	9	10	9	8	8
	排汽压力（公斤/厘米²）	0.5	0.5	0.5	0.5	0.5	0.5	0.5	0.5	0.5	0.5	0.5
	最高蒸汽温度（℃）	250	250	250	250	250	250	250	250	250	250	250
	泵能力（马力）	1.6～4	4～6	5～7	6～10	9～18	17～25	23～35	30～62	45～75	110～155	120～200
	进汽管直径（毫米）	9.5	13	13	19	25	38	50	50	50	75	88
	排汽管直径（毫米）	13	19	19	25	32	50	64	64	64	88	100
	净重（公斤）	153	202	120	190	311	700	850	1050	1450	2758	3800
	外型尺寸长×宽×高(毫米)	670×225×225	885×310×485	705×245×370	850×325×470	1100×410×590	1590×535×750	1570×600×750	1575×665×810	1925×960×900	2340×960×1125	3210×1175×1320
	参考价格（元）	550	750	—	—	1000	1600	1750	—	2500	—	—
	生产厂	本溪水泵厂、佛山水泵厂										

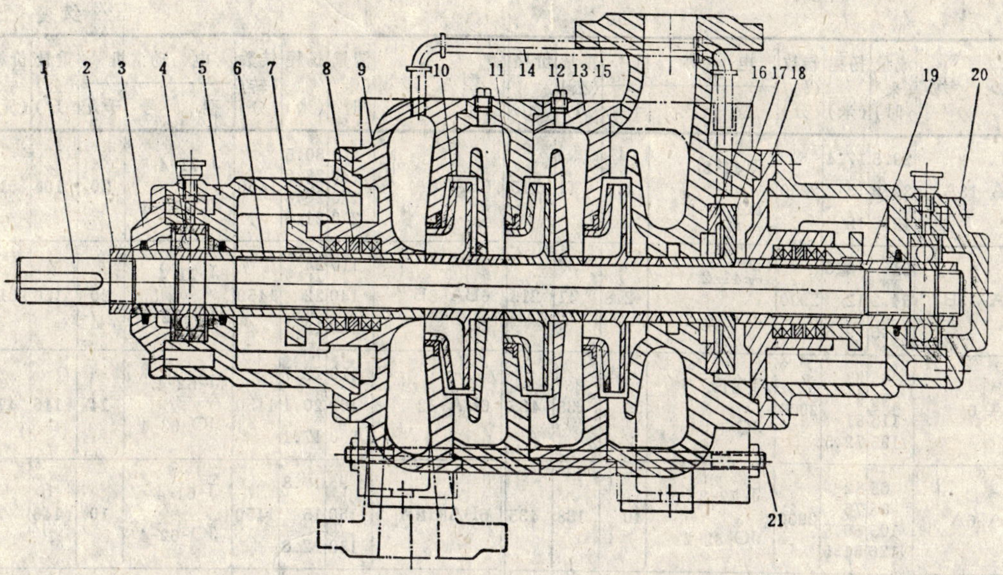

图 6-16 多级离心泵（TSW型）结构图

1—轴；2—轴套螺母；3—轴承盖；4—轴承；5—轴承体；6—轴套甲；7—填料压盖；8—填料环；9—进水端；10—叶轮；11—密封环；12—旋塞；13—中段；14—回水管；15—出水端；16—平衡环；17—平衡盘；18—尾盖；19—轴套乙；20—圆螺母；21—拉紧螺栓

BA型[原K型]清水泵性能规格表　　　　表 6-11

型号	流量（米³/时）	扬程（米）	转数（转/分）	电动机 型号	电动机 千瓦	重量（公斤）	价格（元）	型号	流量（米³/时）	扬程（米）	转数（转/分）	电动机 型号	电动机 千瓦	重量（公斤）	价格（元）
1½BA-6	6 11 14	20.3 17.4 14	2900	J-32-2 JO-41-2	1.7	30	175	2BA-9A	10 17 22	16.8 15 13	2900	J-32-2 JO-41-2	1.7	36	205
1½BA-6A	5 9.5 13.5	16 14.2 11.2	2900	J-32-2 JO-41-2	1.7	30	175	2BA-9B	10 15 20	13 12 10.3	2900	J-32-2 JO-41-2	1.7	36	205
1½BA-6B	4.5 9 13	12.8 11.4 8.8	2900	J-31-2 JO-32-2	1	30	175	3BA-6	30 45 60 70	62 57 50 44.5	2900	J-62-2 JO-72-2	20	116	345
2BA-6	10 20 30	34.5 30.8 24	2900	J-42-2 JO-51-2	4.5	35	230	3BA-6A	30 40 50 60	45 41.5 37.5 30	2900	J-61-2 JO-63-2	14	116	345
2BA-6A	10 20 30	28.5 25.2 20	2900	J-41-2 JO-42-2	2.8	35	230	3BA-9	30 45 55	35.5 32.6 28.8	2900	J-51-2 JO-52-2	7	50	255
2BA-6B	10 20 25	22 18.8 16.3	2900	J-41-2 JO-42-2	2.8	35	230	3BA-9A	25 35 45	35.5 32.6 28.8	2900	J-42-2 JO-51-2	4.5	50	255
2BA-9	11 20 25	21 18.5 16	2900	J-41-2 JO-42-2	2.8	36	205	3BA-13	32.4 45 52	21.5 18.8 15.5	2900	J-42-2 JO-51-2	4.5	41	215

续表

型号	流量(米³/时)	扬程(米)	转数(转/分)	电动机		重量(公斤)	价格(元)
				型号	千瓦		
3BA-13A	29.5 39.6 48.6	17.4 15 12	2900	J-41-2 JO-42-2	2.8	41	215
3BA-13B	28 34.2 41.5	13.5 12 9.5	2900	J-41-2 JO-42-2	2.8	41	215
4BA-6	65 90 115 135	98 91 81 72.5	2900	J-81-2 JO-83-2	55	138	435
4BA-6A	65 85 105 126	82 76 69.5 61.5	2900	J-72-2 JO-82-2	40	138	435
4BA-8	70 90 109 120	59 54.2 47.8 43	2900	J-71-2 JO-73-2	28	116	370
4BA-8A	70 90 109	48 43 36.8	2900	J-62-2 JO-72-2	20	116	370
4BA-12	65 90 120	37.7 34.6 28	2900	J-61-2 JO-63-2	14	128	340
4BA-12A	60 85 110	31.6 28.6 23.3	2900	J-61-2 JO-63-2	14	128	340
4BA-18	65 90 110	22.6 20 17.1	2900	J-52-2 JO-52-2	10	59	290
4BA-18A	60 80 95	17.2 15.2 13.2	2900	J-51-2 JO-52-2	7	59	290
4BA-25	54 79 99	17.6 14.8 10	2900	J-42-2 JO-51-2	4.5	44	253
4BA-25A	50 72 86	14 11 8.5	2900	J-42-2 JO-51-2	4.5	44	253
6BA-8	110 140 170 200	36.5 35.9 32.5 29.2	1450	J-72-4 JO-73-4	28	166	510
6BA-8A	110 140 170 200	30.5 28.6 25.8 21.3	1450	J-71-4 JO-72-4	20	166	510
6BA-8B	110 140 180	24 22 18.1	1450	J-71-4 JO-72-4	20	166	510
6BA-12	110 160 200	22.7 20.1 17.1	1450	J-62-4 JO-63-4	14	146	475
6BA-12A	95 150 180	17.8 15 12.6	1450	J-61-4 JO-62-4	10	146	475
6BA-18	126 162 187	14.3 12.5 9.6	1450	J-61-4 JO-62-4	10	134	420
6BA-18A	115 144 162	11 9.5 8	1450	J-52-4 JO-52-4	7	134	420
8BA-12	220 280 340	32 29.1 25.4	1450	J-81-4 JO-82-4	40	191	595
8BA-12A	200 250 290	26 24 21.8	1450	J-72-4 JO-73-4	28	191	595
8BA-18	220 285 365	20 18 14	1450	J-72-4 JO-73-4	28	180	550
8BA-18A	200 260 320	17.5 15.7 12.7	1450	J-71-4 JO-72-4	20	180	550
8BA-25	216 270 324	14.5 12.7 11	1450	J-62-4 JO-63 4	14	143	505
8BA-25A	191 238 285	11.4 9.9 8.6	1450	J-61-4 JO-62-4	10	143	505

注：1.BA型水泵是单级单吸悬臂式离心泵，供汲送温度不超过80°C的清水及物理化学性质类似水的物体；
2.BA型水泵配套附件有：电动机、底阀、止回阀、闸阀、吐出锥管、底座。

GB型锅炉给水泵性能规格表 **表 6-12**

水泵型号	流量(米³/时)	扬程(米)	转数(转/分)	电动机 型号	电动机 千瓦	重量(公斤)	价格(元)
2½GB-5×2	25 18 10	69 80 92	2950	J或JO型	20	330	
2½GB-5×3	25 18 10	103.5 120 138	2950	J或JO型	28	380	
2½GB-5×4	25 18 10	138 160 184	2950	J或JO型	40	425	
2½GB-5×5	25 18 10	132.5 200 230	2950	J或JO型	40	475	
2½GB-5×6	25 18 10	207 240 276	2950	J或JO型	55	525	
2½GB-5×7	25 18 10	241.5 280 322	2950	J或JO型	55	565	
2½GB-7×2	5.4 10 18	70 60 50	2950	J或JO型	7	195	
2½GB-7×3	5.4 10 18	105 90 75	2950	J或JO型	10	230	
2½GB-7×4	5.4 10 18	140 120 100	2950	J或JO型	14	265	
2½GB-7×5	5.4 10 18	175 150 125	2950	J或JO型	20	300	
2½GB-7×6	5.4 10 18	210 180 150	2950	J或JO型	28	335	
4GB-5×3	50 60 70	255 240 225	2950	J或JO型	85		
4GB-5×4	50 60 70	340 320 300	2950	J或JO型	110		

水泵型号	流量(米³/时)	扬程(米)	转数(转/分)	电动机 型号	电动机 千瓦	重量(公斤)	价格(元)
5GB-5×2	60 66 70	200 192 188	2950	J或JO型	75		
5GB-5×3	60 66 70	300 288 282	2950	J或JO型	125		
5GB-7×2	70 80 90	50 46 42	2950	J或JO型	20	60	
5GB-7×3	70 80 90	75 69 63	2950	J或JO型	40	625	
5GB-7×4	70 80 90	100 92 84	2950	J或JO型	40	690	
5GB-7×5	70 80 90	125 115 105	2950	J或JO型	55	750	
5GB-7×6	70 80 90	150 138 126	2950	J或JO型	55	810	
5GB-7×7	70 80 90	175 161 147	2950	J或JO型	75	875	
5GB-7×8	70 80 90	200 184 168	2950	J或JO型	75	940	
5GB-7×9	80 80 90	225 207 189	2950	J或JO型	100	1025	
5GB-7×10	70 80 90	250 230 210	2950	J或JO型	100	1160	
6GB-8×2	180 160 130 110	100 120 140 150	2950	J或JO型	125	900	
6GB-8×3	180 160 130 110	150 180 210 225	2950	J或JO型	185	1050	

注：1.GB型水泵是单吸多级分段离心泵，专供锅炉给水用，输送水的温度最高可达165℃；
2.生产厂：长沙水泵厂。

GC型锅炉给水泵性能规格表

表 6-13

型号	流量 (米³/时)	扬程 (米)	转数 (转/分)	电动机 型号	电动机 千瓦	重量 (公斤)	价格 (元)	型号	流量 (米³/时)	扬程 (米)	转数 (转/分)	电动机 型号	电动机 千瓦	重量 (公斤)	价格 (元)
1½GC-2	6	46	2950	JO_2-31-2	3			2½GC-2	20	54	2950	JO_2-42-2	7.5	247	690
1½GC-3	6	69	2950	JO_2-32-2	4			2½GC-3	20	81	2950	JO_2-51-2	10	283	770
1½GC-4	6	92	2950	JO_2-41-2	5.5			2½GC-4	20	103	2950	JO_2-61-2	17	310	850
1½GC-5	6	115	2950	JO_2-42-2	7.5			2½GC-5	20	135	2950	JO_2-71-2	22	337	930
1½GC-6	6	138	2950	JO_2-42-2	7.5			2½GC-6	20	162	2950	JO_2-71-2	22	364	1010
1½GC-7	6	161	2950	JO_2-42-2	7.5			2½GC-7	20	189	2950	JO_2-72-2	30	391	1090
1½GC-8	6	184	2950	JO_2-51-2	10			2½GC-8	20	216	2950	JO_2-72-2	30	418	1170
1½GC-9	6	207	2950	JO_2-52-2	13			2½GC-9	20	246	2950	JO_2-82-2	40	445	1250
2GC-2	10	64	2950	JO_2-42-2	7.5	140	630	4GC-2	45	82	2950	JO_2-71-2	22	257	940
2GC-3	10	96	2950	JO_2-51-2	10	163	700	4GC-3	45	123	2950	JO_2-72-2	30	289	1050
2GC-4	10	123	2950	JO_2-61-2	17	178	840	4GC-4	45	164	2950	JO-82-2	40	327	1160
2GC-5	10	160	2950	JO_2-61-2	17	193	840	4GC-5	45	205	2950	JO-83-2	55	353	1270
2GC-6	10	192	2950	JO_2-71-2	22	208	910	4GC-6	45	246	2950	JO-83-2	55	385	1380
2GC-7	10	224	2950	JO_2-71-2	22	223	980	4GC-7	45	287	2950	JO-93-2	75	610	1490
2GC-8	10	256	2950	JO_2-72-2	30	238	1050	4GC-8	45	328	2950	JO-93-2	75	740	1600
2GC-9	10	288	2950	JO_2-72-2	30	253	1120	4GC-9	45	369	2950	JO-94-2	100	870	1710

注：1.GC型水泵是卧式分段离心泵，供输送水温不超过105°C的锅炉给水用；

2.配套附件：电动机一台，铸铁螺纹法兰2个，法兰用螺栓螺母一套，底座一个，连接电动机、泵用螺栓8根；

3.生产厂：上海第一水泵厂。

WX型离心旋涡水泵性能规格表　　表 6-14

水泵型号	流量 (米³/时)	扬程 (米)	转数 (转/分)	功率(千瓦)		效率 (%)	备注
				轴功率	电机功率		
2.5WX-0.8	4.15 8.0 11.5	180 120 70	2900	10.8 9.3 8.8	14	19 28 25	
2.5WX-1	5.76 12.6 21.6	200 122 51	2900	19.6 13.4 10	20	16 13.2 29.8	
2.5WX-1.1	9.4 15.8 23	210 130 55	2900	24 15.6 10.2	28	22.3 36 33.8	
2.5WX-1.3	14.4 20.9 28.1	200 120 53	2900	27 19.6 17.7	28	29 35 23	
2.5WX-1.5	20 27 34.5	200 112 53	2900	37 23.2 16.6	40	30 35.5 30	

注：1.WX 型水泵是卧式两级离心旋涡泵，可用于小容量锅炉给水及其他液体的传送，液体温度不超过 105°C；
2.生产厂：沈阳、北京、石家庄、重庆水泵厂。

DB型双级旋涡水泵性能规格表　　表 6-15

水泵型号	流量 (米³/时)	扬程 (米)	转数 (转/分)	电机容量 (千瓦)	重量 (公斤)	价格 (元)	备注
1.5DB-0.7	2.4	105	1450	5.5	46	1400	
1.5DB-0.9	3.0	105	1450	5.5	46	1400	

注：1.DB型水泵是双级旋涡泵，可输送水及类似液体，液体温度不得超过50°C，适用小型锅炉给水用；
2.生产厂：上海第一水泵厂。

第六节　烟　气　除　尘

烟气除尘器是防止烟尘污染大气，减少烟尘散落在周围环境的一种设备。是否装设除尘器要按下列原则予以考虑：即工艺生产对烟尘有特殊要求；半悬浮或悬浮式燃煤锅炉，周围环境不允许有较大烟尘量；烟气中粉尘对锅炉本体、引风机等有严重磨损等均应装设除尘器。

烟气在离开炉膛后，带有大量飞灰颗粒与未燃尽的固体颗粒（类似焦炭粉末），虽经对流烟道、尾部受热面和烟囱底部，沉积了一部分，但大量的飞灰与未燃尽燃料，仍从烟囱排至大气。这部分飞灰及未燃尽燃料颗粒，简称为烟气飞灰。每台锅炉飞灰的多少，与锅炉所用燃料性质（挥发物、颗粒度、含灰量）、燃烧方式、炉膛结构及锅炉负荷有密切关系。一般烟气飞灰与燃料的总用量相比，固定炉排、手摇活络炉排与链条炉排约为15～20%；机械风力式抛煤机，或抛煤机加倒转炉排的半悬浮式锅炉为20～40%；煤粉炉为85%。飞灰由烟囱排出后，影响环境卫生，有碍人民健康；飞灰落入农田或菜地，直接影响植物的生长；飞灰对纺织、造纸、食品、某些化工企业，直接对产品质量具有严重影响；飞灰在未排至烟囱前，还对锅炉排管、过热器、省煤器、空气预热器等受热面和引风机产生磨损。因此，不仅应有效率较高的除尘器，而且应采取积极措施，将飞灰尽量消除在炉膛内，减少烟气中飞灰含量。

除尘器按其工作方式，可分为三大类：机械惯性除尘器、湿式除尘器和电气除尘器。一般中小型工业锅炉多采用前两种型式除尘器。

一、机械惯性除尘器

系利用烟气在流程中，使飞灰具有一定速度，产生较大惯性，然后，突然改变方向，将烟气中所带飞灰离析出来。这类除尘器主要有百页窗式、旋风式。

1.百页窗式除尘器 图6-17为这种除尘器的工作原理图。一种是百页窗与烟道垂直装设，烟气由除尘器一侧进入（或一端进入），由另一侧（或另一端）净化排出，未净烟气，由百页栅狭小吸灰口，进入旋风子离心净化，再并入烟道内；一种是利用蜗牛式外壳，在烟气通路设置百页栅，净化烟气由蜗壳中心排出，未净烟气经蜗壳内表面引至另一端，进入旋风子，再行净化，并入烟道内。进入百页窗式除尘器的烟气经过百页栅可净化80～90%，其余10～20%是经旋风子得到净化的。百页窗式除尘器的外形尺寸较小，便于安装在烟道内，所用金属量较小、成本较低。唯因受烟气冲刷后，易受磨损，一般使用半年多，就需更换一次百页栅。另外，由于百页栅之间缝隙较小，极易堵塞，锅炉负荷不稳定时，除尘器效率波动也较大。这种除尘器其效率（即所除下的飞灰占烟气中总含尘量的百分数）较低，约为50～60%，在运行一段时间后，效率会更低。

2.旋风式除尘器 图6-18所示为这种除尘器的工作原理图。旋风式除尘器有单管与多管之分。烟气沿旋风蜗壳切线进入，经螺旋旋转，由蜗壳中部引出净化烟气。烟气由于旋转产生离心力，将飞灰离析。在除尘器底部设有灰斗，储存被离析出来的飞灰。为了保持除尘器的严密性，防止在出灰时冷空气进入除尘器，破坏除尘效果，在灰斗下部设有锁气器。锁气器的构造为一对重平衡杆，杆的一端与排灰门相连，另一端悬以对重铁（可用杆杠螺纹相连，在调节时，由螺纹控制其对重铁位置），杆的中间为一支点。当灰量过重时，灰门被顶开进行排灰，灰量较少时，灰门又因对重铁重量而封闭。单管旋风式除尘器的除尘效率为45～50%，其优点是构造简单、工作稳定，但其外形尺寸与占地面积较大，耗用金属较多，阻力大，故仅在燃料消耗较小的锅炉上采用。

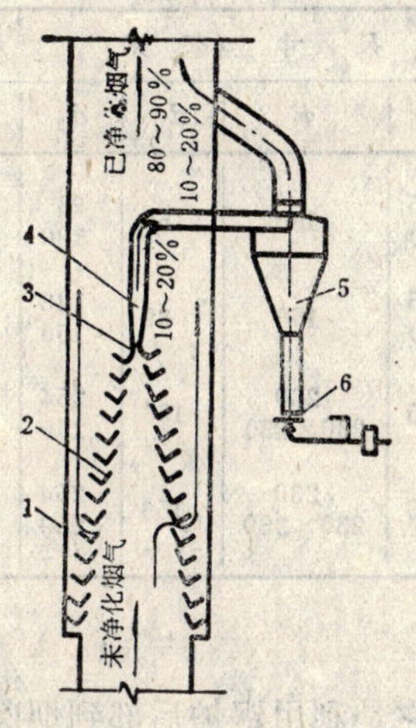

图 6-17　百页窗式除尘器工作原理图

1—外壳；2—百页栅；3—吸灰口；4—扩散管；5—旋风子；6—封板（锁气器）

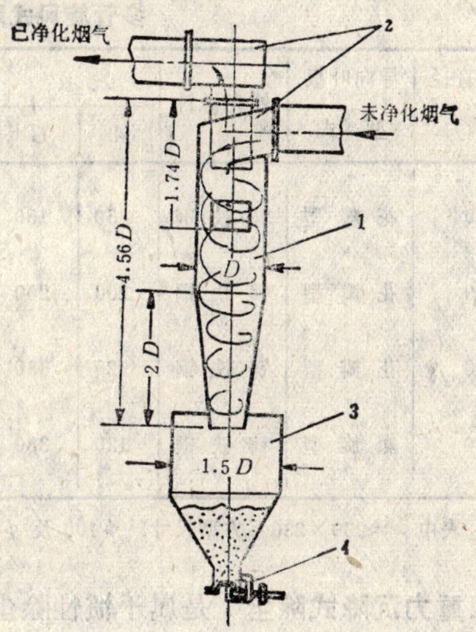

图 6-18　旋风式除尘器工作原理图

1—筒壳；2—进气管和出气管；3—飞灰斗；4—锁气器

多管旋风除尘器，是将许多单管旋风除尘器集中在一个外壳内，其结构如图 6-19 所示。多管旋风除尘器中的每一个旋风子均由铸铁制成。为了使烟气在每一旋风子外壳内产生旋转，在其内部均装有导向叶板。常见导向叶板依形状可分花瓣型与螺旋型两种。螺旋型的两个叶片与旋风子中心线成25～30°角，花瓣型叶片其角度为25°。一般花瓣型导向板较螺旋型导向板效率为高。其结构见图6-20所示，尺寸见表6-16所示。由于直径100和125毫米的旋风子易堵塞，现较为常用的是直径250毫米旋风子。

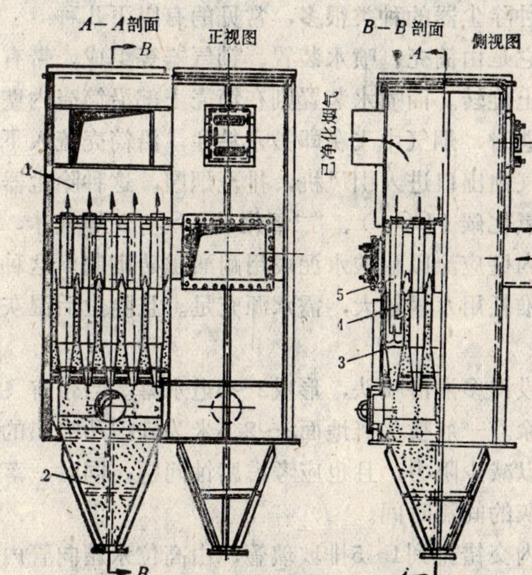

图 6-19　多管旋风除尘器结构图

1—已净化烟气室；2—灰斗；3—旋风器元件的筒片；4—螺旋型导流板；5—出气管

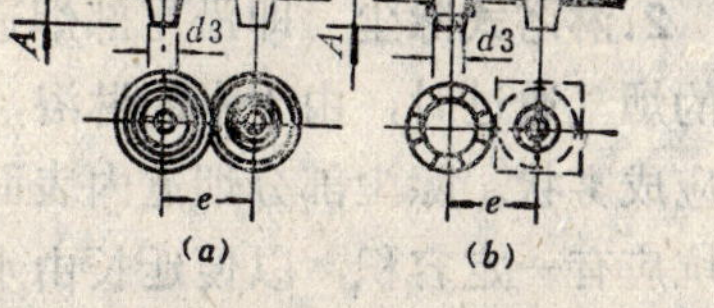

图 6-20　多管旋风式除尘器旋风子结构图

a—螺旋型导向装置的旋风子；b—花瓣型导向装置的旋风子

多管旋风式除尘器旋风子尺寸表　　表 6-16

旋风子直径（毫米）	导向叶板型式	外壳材料	旋风子尺寸（毫米）									
			A	B	C	D	E	ϕ	d_1	d_2	d_3	e
100	花瓣型	铸铁钢	50	150	220	140	125 100	100	53	98 100	40	130
150	花瓣型	铸铁钢	100	200	325	200	175 160	160	89	148 150	55	180
250	花瓣型	铸铁钢	120	380	520	315	275	230 230×230	133	254 259	80	280
250	螺旋型	铸铁钢	120	380	700	490	275	230 230×230	159	254 259	80	280

注：表中 $\phi=230\times230$ 系方型尺寸，$\phi100$ 及 $\phi230$ 等系指圆形尺寸。

3.重力沉降式除尘　是属于惯性除尘的一种型式。它是利用锅炉后部到烟囱底部一段特别烟道，使其截面突然扩大，将烟气流速控制到低于0.8米/秒以下，致使烟气中所带飞灰，因重力作用而从烟气中分离出来。采用重力沉降式除尘，可不装引风机，不必耗费钢材，阻力较小。只要在烟囱下部或周围有余地，即可砌制一定容积的沉降室，进行重力沉降除尘。为了提高除尘效率，还可在沉降室内设置一定数量的挡板，使烟气通路曲折，飞灰沉降的更多。一般这种除尘方法，要采用水作为灰池的密封，同时，沉降室也要求内壁平滑、严密，防止因漏风影响除尘效果。

二、湿式除尘器

凡采用水，将烟气中飞灰清除出来的除尘器，均可称为湿式除尘器。湿式除尘器一般效率较高。但用水较多，且应注意防冻。这种除尘器的种类很多，常见的有以下几种：

1.离心水膜式除尘器　如图6-21所示。它是由筒壳、喷水装置、锁气器等组成。带有飞灰的烟气由下部进入筒壳，沿切线方向向上旋转。而喷水装置则在筒壳上部沿筒壳内壁切向喷出，形成筒壳内壁水膜。当与烟气相遇时，烟气中飞灰即被水粘住，沿筒壳流入下部灰斗，经锁气器不断将飞灰排除。清洁烟气由出口进入引风机，排至烟囱。这种除尘器由于使用水为介质，因而废水中含有大量二氧化碳（CO_2）、二氧化硫（SO_2）等气体，所以呈酸性反应。为了防止筒壳的腐蚀，其内壁应涂以耐酸水泥或用耐酸磁砖砌制。这种除尘器效率可达88～95%，构造也较简单。唯耗用水量较大，需水源充足。且除尘后湿灰也应有妥善处理方法。

2.淋浴式除尘　即沿尾部烟道纵断面装设许多淋浴喷头，形成2～3道水幕。当带有飞灰的烟气通过时，由于水的淋浴，将飞灰清除。一般喷头离地面2～2.5米为宜，所喷出的水应成雾状。除尘部分烟道内表面应光滑，以减少阻力，且也应考虑腐蚀问题。同时，落灰坑应有一定容积，以便延长由水中捞取飞灰的间隔时间。

3.玻璃管式水膜除尘器　此法为在烟道内交错排列4～5排玻璃管，由高位水箱向管内引入清水，水由玻璃管上口溢出，在玻璃管外表面形成水膜。当含有飞灰的烟气经过时，溢水水膜即将飞灰粘住，冲入灰池。除尘效率可达80～90%。其优缺点与上述两种湿式除尘器相似。

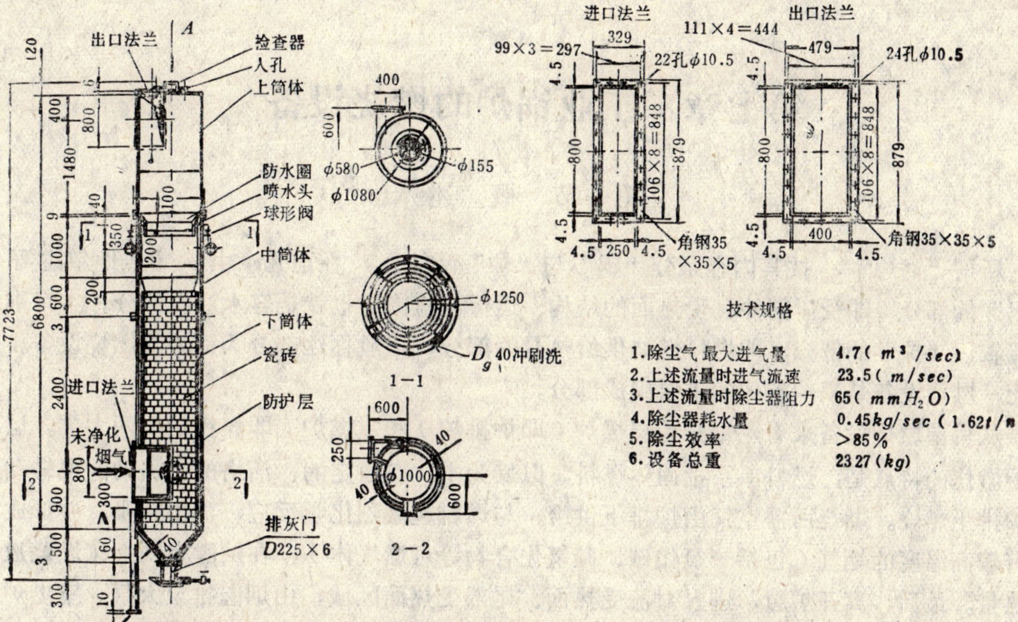

除尘器脚视安装情况制作，共作四个。均匀焊在筒体四周，
与筒体焊接部分不短于300毫米材料 No. 10槽钢。
下面焊150×100毫米 厚10毫米的垫板

图 6-21 离心水膜式除尘器构造图

第七章　工业锅炉的燃烧设备

第一节　概　述

所谓“锅炉”，按其内容系分“锅”与“炉”两部分。在前几章中，重点地叙述了“锅”的部分，即受压部件、受热面的结构、运行与检修，也就是容水产汽部分。本章则重点叙述“炉”的部分，即燃料燃烧供给热量的部分，一般称这部分为锅炉的燃烧设备。因此，燃烧设备是锅炉整体的重要组成部分。

从目前燃烧设备来看，可分为层燃炉（即炉排炉）和室燃炉（即煤粉炉）两大类。层燃炉燃烧的特点是：燃料（系指固体燃料，以煤为主）在固定的、活络的、振动的或转动的炉排上燃烧。燃烧所需空气由炉排下供给，与燃料起激烈化学反应，放出热量。并形成具有较高温度的烟气（包括一氧化碳、碳氢化合物等可燃气体），在炉膛空间继续燃烧放出热量。最后，离开炉膛，进入对流受热面、尾部受热面区域，由烟囱排至大气。室燃炉燃烧的特点是：燃料（固体煤粉或气体燃料）在炉膛空间悬浮燃烧。燃烧所需空气随燃料一并入炉，在喷入炉膛时，与燃料充分混合，起激烈化学反应，放出热量。燃料可以得到完全燃烧，因此热损失小，锅炉效率高。目前在室燃炉中以煤粉炉为主。图7-1为层燃炉两种型式的简图。图中 a 为固定炉排，b 为链条炉排。图7-2为煤粉炉简图。

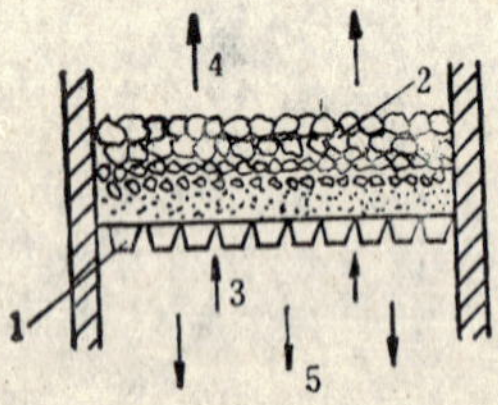

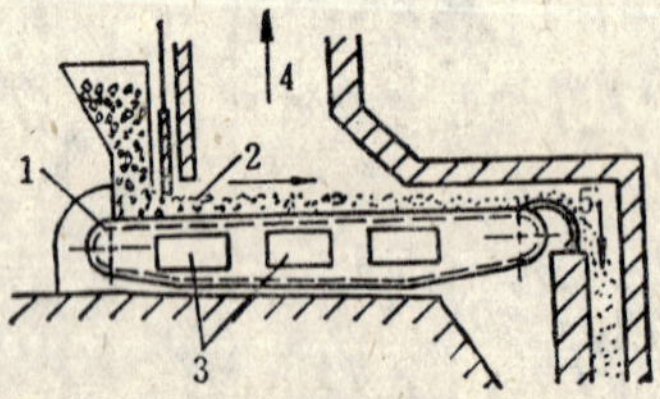

图 7-1　层燃炉简图

a—固定炉排；b—链条炉排

1—炉排；2—燃料；3—空气；4—烟气；5—灰渣

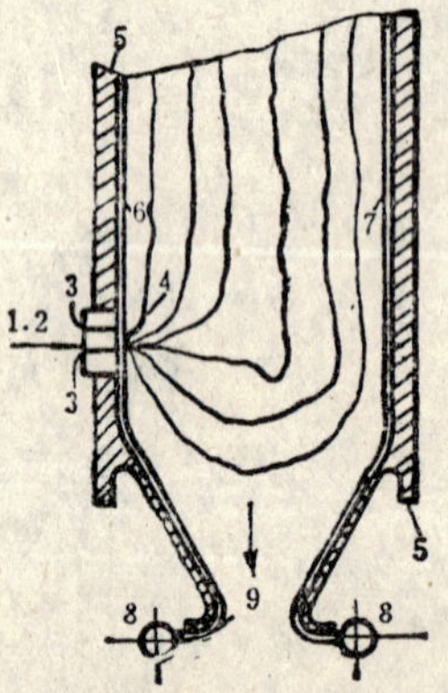

图 7-2　煤粉炉简图

1、2—煤粉与一次风混合物；3—二次风；4—喷嘴；5—炉墙；6—前水冷壁；7—后水冷壁；8—水冷壁下联箱；9—灰渣

煤粉炉与层燃炉相比，对煤种适应范围广，可燃用水分多、灰分大、发热量低的劣质煤，也可燃用挥发物较少、难以着火的无烟煤。但大多数煤粉炉适宜燃用烟煤。具有热效率高，易于机械化、自动化与集中控制等优点。但需有一套复杂、耗电量大的制粉设备；炉膛较层燃炉高大，转动机械多，维修工作量大；对输煤设备及受热面磨损严重；低负荷时，炉温低易灭火、燃烧不稳定等缺点。故一般工业锅炉限于投资、厂房、用电、负荷变化、维修力量等问题，使用煤粉还有一定局限性。根据我国目前实际情况和国外一些资料来看，蒸发量在20吨/时及以下的工业锅炉，仍然以采用层燃炉为主。

层燃炉以炉排与加煤型式不同，可划分许多类型。至于炉膛结构、炉拱型式等，则与所用加煤设备与炉排型式相应变化，其中与燃用煤种关系最大。

第二节　炉　膛

一、基 本 概 念

炉膛就是燃料与烟气燃烧的空间。层燃炉泛指炉排以上、排管以前（或以下）的空间部分。主要由炉墙、炉拱、二次风等组成。炉膛也称燃烧室。

炉膛的作用是，当燃料在炉排上燃烧后，保证燃料产生的烟气与空气能得到良好混合，达到完全燃烧，充分放出热量，将燃料及烟气放出的热量，使布置在炉膛四周的辐射受热面（水冷壁管），得以较好的吸收，将高温烟气顺利引至出口，送至对流受热面区域。

为了叙述方便，通常将炉排单独论述，故把炉排不算做炉膛的组成部分。实际上，炉排不仅是炉膛的一部分，而且在燃烧过程中，许多问题不仅涉及炉膛，往往与炉排也难以完全分开。

在层燃炉中，当燃料在炉排上燃烧时，一部分热量是由燃料直接在炉排放出来的，一部分热量则是可燃烟气在炉膛空间放出来的。这两部分热量，难以严格区分。为了判定与分析炉膛、炉排的工作情况与结构要求，通常将燃料燃烧时，放出的全部热量，假想全部集中在炉排上或炉膛中。用炉排面积去除全部燃料发热量所得的商，称为炉排面积热强度（简称炉排热强度或称炉排热负荷）；用炉膛容积去除全部燃料发热量所得的商，称为炉膛容积热强度（简称炉膛热强度或称炉膛热负荷）。

$$q_R=\frac{BQ_{低}}{R} \qquad (7\text{-}1)$$

$$q_V=\frac{BQ_{低}}{V} \qquad (7\text{-}2)$$

式中 q_R——炉排热强度，大卡/米^2·时；

q_V——炉膛热强度，大卡/米^3·时；

B——耗煤量，公斤/时；

R——炉排面积，米^2；

V——炉膛容积，米^3。

热强度是锅炉燃烧设备的一项重要技术经济指标。从公式（7-1）和（7-2）中，可以看出，当燃料燃烧放出的总热量，也称热功率，$BQ_{低}$为一定值时，q_R与q_V越大，则炉排面积和炉膛容积越小，整个燃烧设备越紧凑，造价越低。因此，在设计与改造锅炉时，应力求选用较大的q_R与q_V值。但q_R与q_V值过高，则炉膛温度过高，易引起锅炉辐射受热面结焦，恶化炉墙、炉排与辐射受热面工作条件，甚至造成炉排烧坏。同时，热强度过高，相应就要提高单位炉排面积燃煤量，即燃烧率。造成烟气流速快，停留时间短，与空气混合不良时，易增大化学不完全燃烧热损失。从表7-1中，可以看出，炉排的燃烧率提高，又促使炉排煤层阻力激增，增加辅机电耗；若热强度过低，则炉膛温度过低，燃料得不到足以完全燃烧的条件，又增加不完全燃烧的热损失，锅炉受热面热交换效果差，影响锅炉正常幽力。所以热强度过高或过低都是不适当的，直接影响锅炉的经济运行。故应选择较为适当的炉排热强度与炉膛热强度。

为了保证燃烧的稳定，炉膛热强度将随锅炉蒸发量的增加而减小。即蒸发量较小的锅炉，炉膛热强度数值较高，蒸发量较大的锅炉炉膛热强度值较小。此外，炉排热强度和炉膛热强度还与锅炉型式、燃烧方式、燃用煤种等有关。各种炉型与燃料选用的允许炉排热强度和炉膛热强度值可参考表7-2及表7-3所列数值。炉膛热强度与炉膛容积关系参看表7-4。

炉排煤层阻力与燃烧率的关系表　　表 7-1

煤的种类	燃烧率（公斤/米²·时）			
	50	100	150	200
烟煤（手烧）	1.0	2.8	4.3	7.1
粉烟煤（手烧）	1.8	4.1	7.1	11.2
烟煤（机械化层燃炉）	2.0	4.8	9.7	15.1
粉烟煤（机械化层燃炉）	2.7	7.8	13.6	23.0
贫煤（机械化层燃炉）	2.6	6.8	11.9	18.7
无烟煤（机械化层燃炉）	4.0	12.0	22.5	36.0

注：表中阻力单位为(毫米水柱)。

炉排热强度和燃烧率参考数值表　　表 7-2

指标	燃烧方式					
	手烧炉	链条炉排	振动炉排	倾斜往复炉排	抛煤机活络炉排	抛煤机倒转炉排
炉排热强度 $BQ_{低}/R$ (大卡/米²·时)	$(600\sim800)\times10^3$	烟煤：$(500\sim900)\times10^3$ 无烟煤：$(500\sim700)\times10^3$	小于1000×10^3	自然通风：600×10^3 强制通风： 一次风为冷风：650×10^3 一次风为热风：$(700\sim800)\times10^3$	$(800\sim1000)\times10^3$	烟煤：$\sim1630\times10^3$ 褐煤：1350×10^3
燃烧率 (公斤/米²·时)	自然通风：75～120 强制通风：120～150	自然通风：100～150 强制通风：150～250	强制通风：100～200	(按 $Q_{低}=5000$ 大卡/公斤折算) 小于120	自然通风：80～150 强制通风：140～180	300～400

允许的炉膛热强度表　　表 7-3

锅炉型式	燃烧方式	允许的炉膛热强度 $BQ_{低}/V_m$ (大卡/米³·时)
火筒锅炉	手烧	$(350\sim450)\times10^3$
水管锅炉	手烧	$(70\sim110)\times10^3$
	层燃炉(未装水冷壁)	$(150\sim250)\times10^3$
	层燃炉(装有水冷壁)	$(250\sim450)\times10^3$
	抛煤机炉	$(200\sim250)\times10^3$
	煤粉炉	$(120\sim200)\times10^3$
	倒转炉排加抛煤机	$(200\sim350)\times10^3$

炉膛热强度与炉膛容积关系表　　表 7-4

炉膛体积V_m(米^3)	5	5～10	10～30	30～50	50～80	100以上
炉膛热强度q_V (大卡/米^3·时)	(250～450) $\times 10^3$	(180～300) $\times 10^3$	(180～250) $\times 10^3$	(150～200) $\times 10^3$	(130～180) $\times 10^3$	(100～150) $\times 10^3$

二、对炉膛的基本要求

为了保证经济燃烧和安全运行，炉膛应符合下述基本要求：

1.为使可燃气体与飞灰中碳粒，在炉膛中完全燃烧，停留较长时间，有较长流程，炉膛应具有足够的高度；

2.为适应所用燃料，并使可燃气体能与空气混合良好，炉膛内部应具有一定的容积与合理的形状；

3.为减少热量损失，炉膛四壁应具有较好绝热性能；

4.为减少漏风和保持一定的空气过剩系数，炉膛应有较好密封性能；

5.为使锅炉造价降低，炉膛应在可能范围内尽量紧凑，结构力求简单。

三、炉　墙

构成供燃料燃烧的四壁和引导烟气按指定方向流动的通道墙壁，称为炉墙。

1.炉墙的分类　锅炉炉墙可分为两大类，即轻型炉墙与重型炉墙。轻型炉墙系由质地较轻的耐火材料、绝热材料与保温材料构成。它可由钢架或受热面管子予以支承或悬吊，整个炉墙重量较轻，适用于大型锅炉、快装锅炉和移动锅炉采用。重型炉墙系采用价格低廉、货源丰富的粘土耐火材料与青（红）砖构成，炉墙重量系由锅炉地基承担，整个炉墙重量较大，炉墙厚度较厚。

不论哪种型式的炉墙，均要能适应炉膛高温的辐射热，不易开裂、变形、变质；在炉内温度较高的条件下，其散热损失较小；在经常停开炉或运行中，不易漏风漏烟；对于酸性炉渣与炉烟，具有一定的耐腐蚀性能；在周围有轻微振动的条件下，仍能耐久使用；炉墙材料可承受温度剧烈变化，不致损坏；要求比重小，价格便宜，便于施工等。

2.重型炉墙的结构　重型炉墙在砌筑结构上，与普通建筑基本一样。层间砖缝要互相错开，隔层砖缝应上下对正，要求表面光滑，无挂灰。内层表面光滑，以减少烟气阻力，外层表面光滑以美观整齐。重型炉墙在砌筑工艺上较一般墙壁要求严格；其一、所用泥浆应较稀，砖面应均匀沾泥，以免漏风；其二、砖缝应尽量窄小。一般要求炉膛四周耐火砖缝在1～2毫米之间，其余耐火砖砖缝可为3～4毫米，青（红）砖砖缝要在5～7毫米范围内。青（红）砖与耐火砖之间要留有10～25毫米空气绝热层，有的则在中间填以石棉灰。为了增强内外两层墙的稳固性，要求耐火砖墙每增高5～7砖，向青（红）砖凸出半砖，与青（红）砖啮合。在耐火砖墙的转角部分与较长炉墙的中间部位，要留有10～25毫米宽伸缩缝，以保证在受热情况下有伸缩余地，不致开裂。在与钢架、锅筒、过墙管接触部分，也应留有空隙，并填以石棉绳，以防漏风。

重型炉墙由于直接砌筑在锅炉基础上，且因重量较大，因此高度受到了限制。过高时，一方面使炉墙不稳定，另一方面也由于在高温下强度有限，故一般不应超过20米。

重型炉墙所用青（红）砖标准规格为240×115×53毫米，耐火砖标准规格为230×113×65毫米。青（红）砖分机制砖及手工制砖两种。砖坯在窑内经900～1000℃高温焙烧，即成为红砖。若红砖在灼热状态下，用清水浇入，则因砖中氧化铁遇水还原，即为青砖，也叫蓝砖。青、红砖除颜色不同外，性能差别不大。一般青砖在坚实、耐碱和耐久方面略强于红砖，但产量远不及红砖多，同时价格也较贵。普通青、红砖分50、75、100、150和200五种标号。根据标准规定，一等机制砖强度标号不得低于100号、二等砖不得低于75号；一等手工砖的强度标号不得低于75号，二等砖不得低于50号。工业锅炉常用青、红砖标号为100号，在条件有限时，也可采用75号。锅炉用耐火砖为含有$Al_2O_3$35～48%的粘土质耐火材料。它是由耐火粘土和熟料（煅烧并粉碎后的粘土）为坯，干燥、煅烧而成。一般呈黄棕色，所含Fe_2O_3越多则颜色越深。它具有良好的温度急变抵抗性，耐水急冷急热次数高达25次，属中性耐火材料，对酸、碱渣的作用均较稳定。其理化指标详见表7-5所示。

锅炉用粘土质耐火砖理化指标表　　　　表 7-5

项　　　目	(GON)-40	(GON)-35
Al_2O_3含量(%)不小于	40	35
耐火度(℃)不低于	1730	1690
重烧线收缩(%)1400℃ 2小时不大于	0.5	
1350℃ 2小时不大于		0.5
显气孔率(%)不大于	26	26
常温耐压强度(公斤/厘米²)不小于	200	150
热稳定性(次数)不小于	15	10

注：(GON)-40用于高压蒸汽锅炉；(GON)-35用于炉膛温度小于1350℃的中、低压锅炉。

锅炉常用标准耐火型砖规格，如表7-6所示。

3.锅炉在新装或移装砌制炉墙时，应注意下列事项

（1）砌砖前，应熟习砌砖总图，清点、分类不同标高的门类、烟气挡板、搁条等铁件；

（2）检验与清点青、红砖与耐火砖质量与数量；

（3）调配砌筑耐火砖用耐火泥浆[稀浆，即一级灰浆。其比例为：耐火砖粉末：耐水泥：水＝10:4:5；半稀浆，即二级灰浆。其比例为：耐火砖粉末：耐火泥：水＝10:6:5]和砌筑青、红砖用石灰水泥砂浆[即混合砂浆。其比例为：水泥：石灰：砂子：水＝1:1:4:0.8]；

（4）砌筑前，砖碹或吊碹处，应用干砖先试摆一次，待尺寸符合后，再行砌筑；

（5）砌砖时，应用木锤敲实，禁用铁锤敲击；

（6）砖砌筑在砖体内的钢架、过墙管件的周围，必须用石棉等填充材料填实，以免漏风和妨碍自由伸缩；

（7）砌砖时，应将泥浆充满砖缝与接触面，严禁只在砖的四周抹浆，中间留空，以防漏风；

（8）青、红砖使用前应浸水，耐火砖不应浸水；

（9）砖墙砌好后，应内外表面光滑，以减少烟风阻力和保持整洁美观；

（10）耐火砖墙厚度为一砖时，应每隔5～7行伸向青、红砖半砖，与外层青、红砖啮合。

锅炉常用各种标准耐火型砖规格表　　表 7-6

形状及名称	砖号	尺寸(毫米)			重量(公斤)	形状及名称	砖号	尺寸(毫米)				重量(公斤)
		a	b	c				a	b	c	c_1	
直形砖 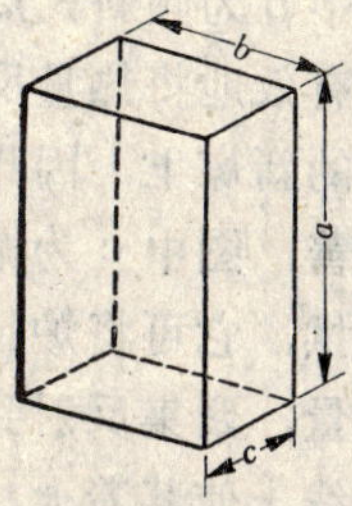	T-1	230	113	100	5.3	厚楔形砖 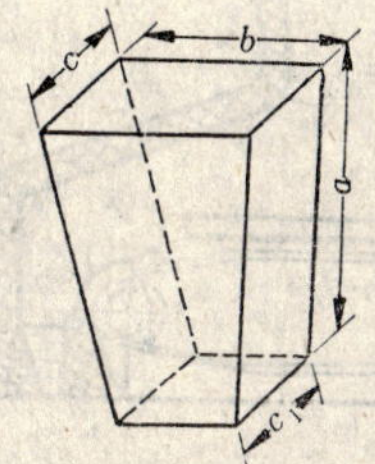	T-17	230	113	75	65	3.7
	T-2	230	113	75	4.0		T-18	230	113	75	55	3.5
	T-3	230	113	65	3.5		T-19	230	113	65	55	3.2
	T-4	230	113	40	2.1		T-20	230	113	65	45	3.0
	T-5	250	123	75	4.7		T-21	250	123	75	65	4.4
	T-6	250	123	65	4.1		T-22	250	123	65	55	3.8
	T-7	300	150	65	6.0		T-23	250	123	65	45	3.5
							T-24	171	113	65	55	2.4
							T-25	171	113	65	45	2.2
							T-26	300	150	65	55	5.5
1½直形砖 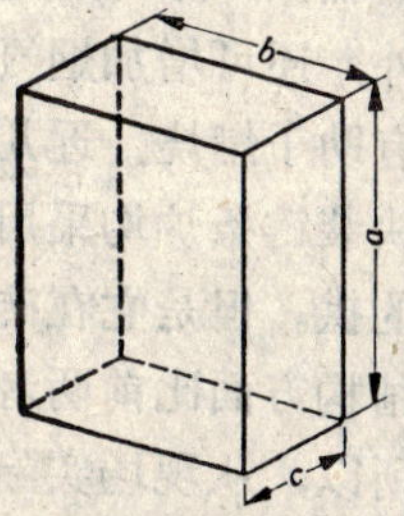	T-8	230	171	75	6.0	1½宽厚楔形砖 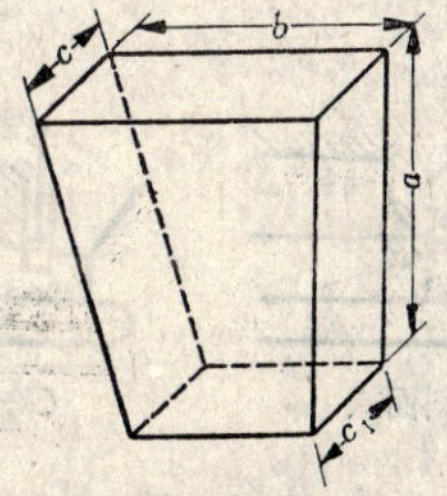	T-27	230	171	75	65	5.6
							T-28	230	171	75	55	5.2
	T-9	230	171	65	5.2		T-29	230	171	65	55	4.8
							T-30	230	171	65	45	4.4
	T-10	250	186	75	7.1		T-31	250	186	75	65	6.7
							T-32	250	186	65	55	5.5
	T-11	250	186	65	6.2		T-33	250	186	65	45	5.2
							T-34	300	225	65	55	8.3
	T-12	300	225	65	9.0		T-35	300	225	65	45	7.6
¾长直形砖 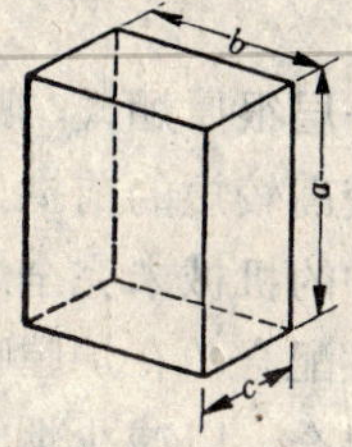	T-13	171	113	75	3.0	侧厚楔形砖 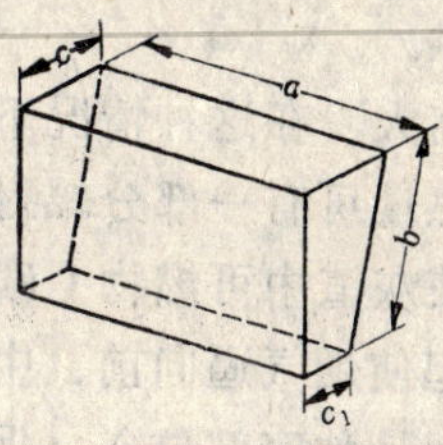	T-36	230	113	75	65	3.7
							T-37	230	113	75	55	3.5
	T-14	171	113	65	2.6		T-38	230	113	65	55	3.2
							T-39	230	113	65	45	3.0
	T-15	186	123	75	3.5		T-40	250	123	75	65	4.4
							T-41	250	123	65	55	3.8
	T-16	186	123	65	3.1		T-42	250	123	65	45	3.5

四、炉　拱

就是炉墙向炉内做成凸出形状的部分。

炉拱的作用是，利用烟气或燃料燃烧的辐射热，使新煤加速着火，使灰渣区域的未燃尽碳，继续燃烧，促进烟气与空气的良好混合。炉拱的作用与燃用煤质有直接关系，对难于着火的无烟煤，则使新煤着火是炉拱的主要任务；对含有挥发物多的烟煤，则使烟气与空气良好混合是主要任务。

炉拱有前后之分。前拱位于前炉墙下部、炉排上方位置，后拱位于后炉墙下部、炉排上方位置。如图7-3所示。

一般前拱反射烟气、火焰的辐射热，主要对新煤起引燃点火作用。前拱又可分为两个部分，一部分位置较高，称混合拱，可延长烟气流程，促使烟气与空气的良好混合；另一部分位置较低，靠近煤闸板附近，称引燃拱，主要对新煤起焙烧、烘烤、加速点火的作用。此外，还有保护煤闸板免受辐射热作用。

几种常见的前拱结构形状如图7-4所示。

图中 a 在旧式的小容量的链条炉中应用较多。它包括水平引燃拱（也叫点火拱）和混合拱（也叫大拱）两部分。水平引燃拱，不能反射足够的热量给新煤，而且热量分散，达不到良好引燃效果。燃用挥发物较高的煤时，仍易烧坏煤闸门；图中 b 为倾斜式点火拱，它能有效地将热量反射到刚进入的新煤上，因此情况有所改善；图中 c 为抛物线式引燃拱，它可将炉膛内辐射的热量，聚集反射到新煤的一条线上使其着火。抛物线式引燃拱，除可加速生煤点火外，还可增加烟气层厚度，有助于燃烧。近几年生产的快装链条炉均采用此种型式的拱。但是它在砖工砌筑和结构方面比前两者要复杂。所以，从现场实际情况来看，应用比较多的还是倾斜的和水平的两种引燃拱。

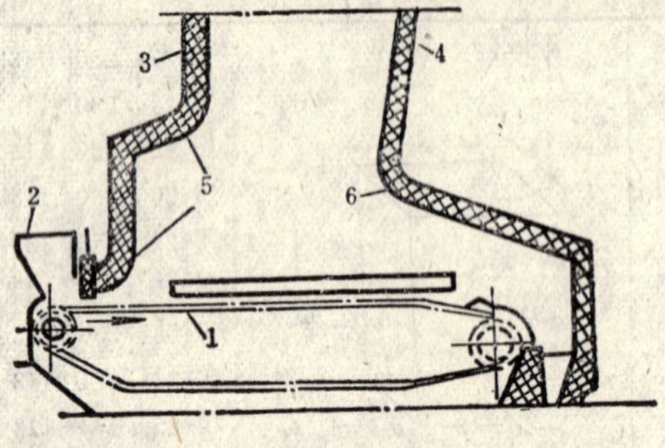

图 7-3　前拱与后拱示意图

1—链条炉排；2—落煤斗；3—前墙；4—后墙；5—前拱；6—后拱

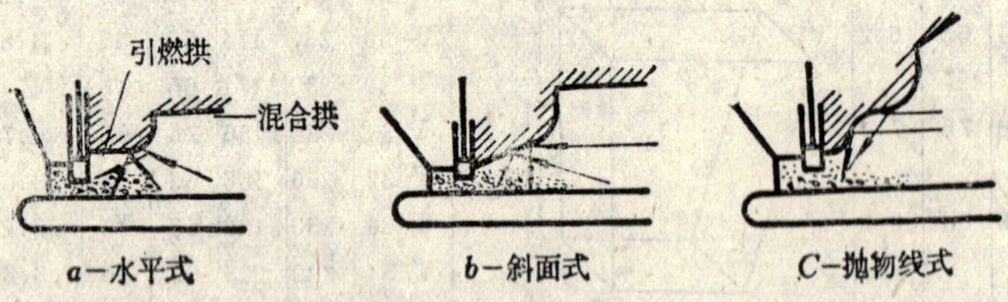

图 7-4　几种前拱示意图

有些水管锅炉炉膛比较高大，在这种情况下，受热面和火层之间有一层很厚烟气、吸热效果比较差，烟气所含的热量可有一部分辐射给新煤，因此，宜采用较高较短的前拱。

后拱的作用，主要在于使灰渣中可燃物（碳）能充分燃尽，减少锅炉的机械未完全燃烧热损失。此外，后拱还兼起使烟气逼向前、中部加长烟气流程，与前拱配合，在炉膛喉部（即炉膛内前拱与后拱之间最狭窄部位），促使烟气与空气得到良好混合，以减少烟气中化学不完全燃烧热损失。对于难着火的新煤，如无烟煤、贫煤等，由于点燃着火时间较长，最强烈的燃烧区就偏于炉排后部。因此，采用低而长的后拱，除具有上述两种作用外，还兼有加速新煤的着火引燃作用。图7-5为燃用无烟煤的链条炉排后拱图。

对于燃用烟煤或褐煤时，因煤中挥发物含量较大，且易点火引燃，后拱就较高些，长度也没有燃用无烟煤的后拱那样长。但为了使燃料产生的烟气能与空气得到良好混合，使炉膛喉部狭窄些，前拱则需相应较凸出。图7-6所示为燃用烟煤或褐煤的链条炉排前后拱布置图。

以上所述，主要为链条炉排锅炉的炉拱。对于抛煤机锅炉的炉拱，由于炉排前后均有新煤，前后火层也都有灰渣，因此，前后拱均起对新煤的点火引燃作用；对于抛煤机加倒转炉排锅炉的炉拱，表面上似乎起着与正转链条炉排前后拱相反的作用，即前拱可视作后拱，后拱可视作前拱。实际上，在整个炉排均有新煤在燃烧，只不过燃烧速度和烟气在炉内停留时间不同，炉拱的作用与抛煤机手摇活络炉排炉是相似的。即前后拱的作用，不易严格分清。

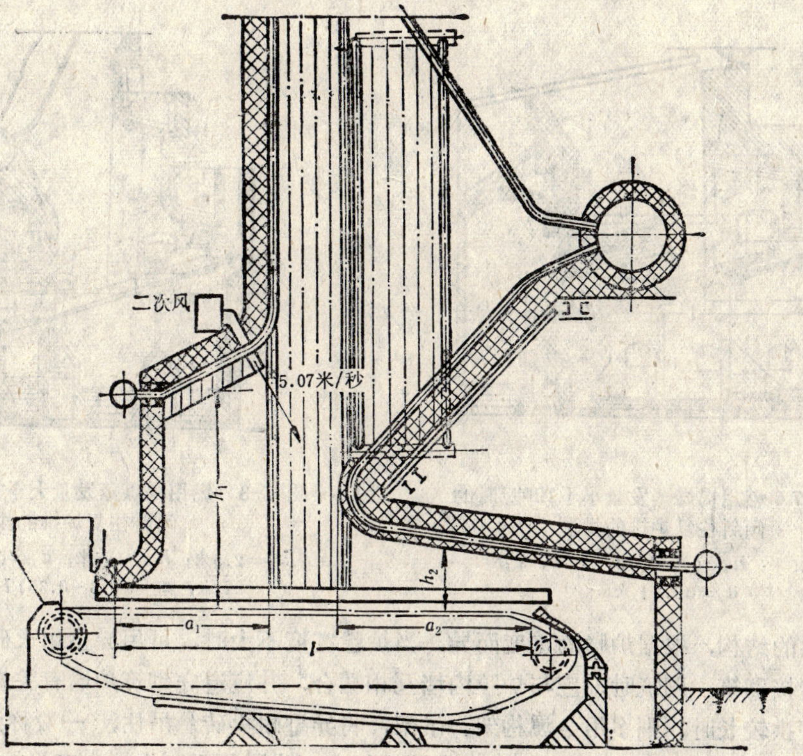

图 7-5　燃用无烟煤的链条炉拱型图

$h_1=1.5\sim3$米；　　$h_2=0.9\sim1.0$米

$a_1=(0.15\sim0.4)\,l$米；　　$a_2=(0.35\sim0.6)\,l$米

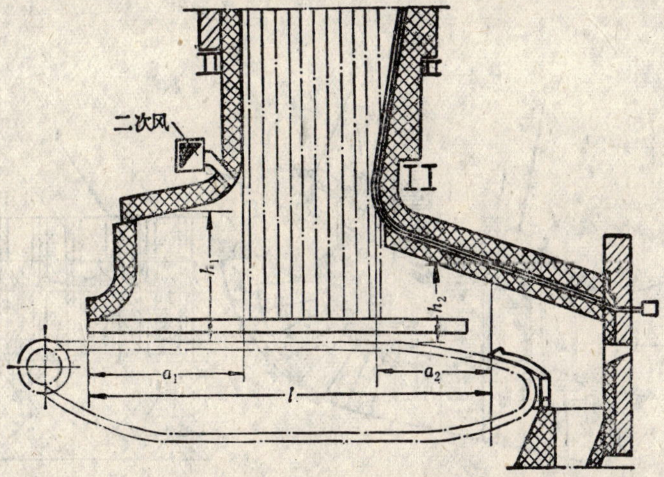

图 7-6　燃用烟煤和褐煤的链条炉拱型图

对于褐煤：$h_1=1.5\sim2.5$米；　　$h_2=0.9\sim1.5$米；

$a_1=(0.35\sim0.4)\,l$米；　　$a_2=(0.25\sim0.35)\,l$米；

对于烟煤：$h_1=2\sim3$米；　　$h_2=0.9\sim1.5$米；

$a_1=(0.25\sim0.3)\,l$米；　　$a_2=(0.25\sim0.3)\,l$米

对于倾斜往复炉排，其炉拱尺寸，可参考图7-7及图7-8所示。

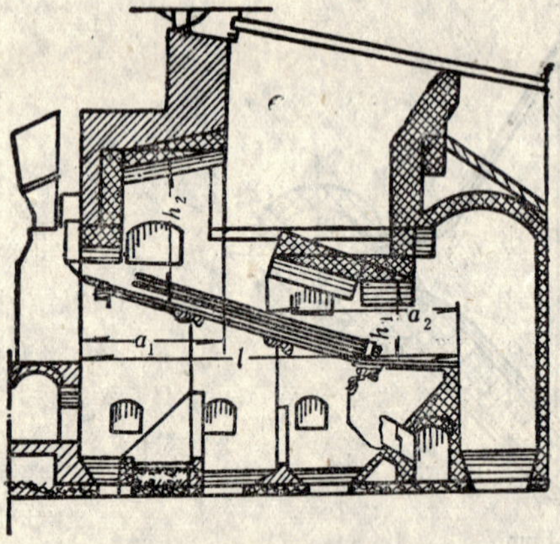

图 7-7 燃用褐煤蒸发量小于12吨/时的倾斜往复炉排的拱型

h_1=1.5米；h_2=0.7米；a_1=0.4l米；a_2=0.51l米

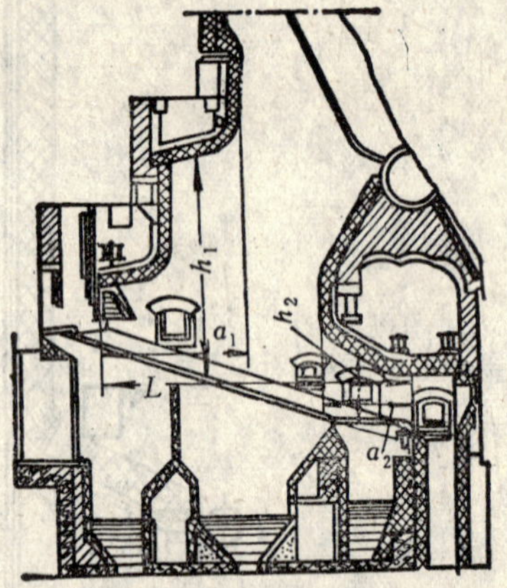

图 7-8 燃用褐煤蒸发量大于12吨/时的倾斜往复炉排的拱型

h_1=2.5米；h_2=1.5米；a_1=(0.35～0.4)l米；a_2=(0.3～0.35)l米

炉拱的结构，根据炉膛的宽度而异。当炉膛宽度不大时，可用异型耐火砖，根据需要拱形，直接砌筑。砌筑时，应与炉膛内墙互相啮合，并应遵守砌筑炉墙有关规定；当炉膛较宽或炉拱较长时，则多用金属构架、吊架，将异型耐火砖悬吊住，一般称为吊拱或悬拱，如图7-9中a所示。由于施工困难或结构复杂，为了便于制作，也有将炉拱直接用耐火混凝土浇注的，如图7-9中b所示。

对于倾斜往复式炉排，其炉拱为了简化结构，便于施工，常做成碹状炉拱，可集中将辐射热反射到新煤上，加速新煤的点燃。其形状可分平行圆拱或纵横向均为圆形的球形拱。

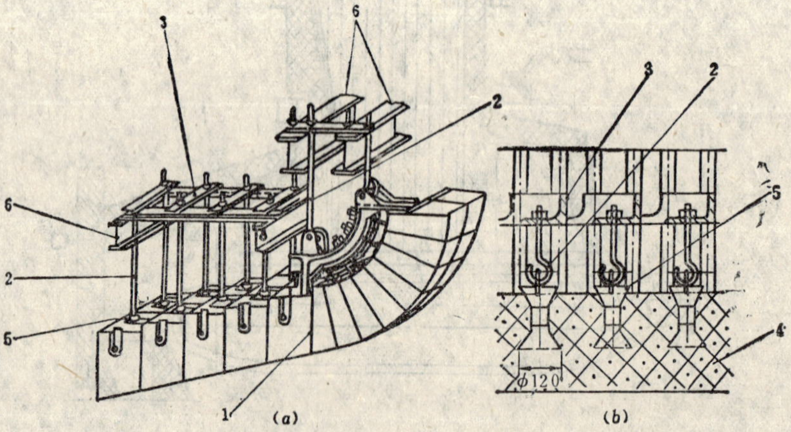

图 7-9 悬拱的结构图

(a)—砖吊拱；(b)—浇注拱

1—异形耐火砖；2—吊杆；3—固定板；4—耐火混凝土；5—支吊件；6—炉架

五、二 次 风

即不经炉排，直接喷入炉膛的气体（如空气、蒸汽、烟气或其中两种气体的混合物），叫做炉膛燃烧二次风，简称二次风。二次风的作用是，使燃料产生的可燃气体打破层流状态变为紊流，能与炉膛过剩空气和进入的二次风得到良好的混合搅拌，使之达到完全燃烧；延长烟气流程，使烟气中可燃物能在炉膛停留较长时间，得到完全燃烧。当采用空气做为二次风时，可弥补一次实际空气量不足，有利于燃料完全燃烧。

二次风，一般是由专门设置的二次风机送入的。二次风最好是热风，以利提高炉膛温度。有空气预热器时，可由一次热风道引来，经二次风机加压，送入炉膛。有的使用蒸汽带空气的方法，做为二次风，也可不用热空气。当与蒸汽同时进入炉膛时，空气即具有一定温度。唯采用此法，噪音较大。特别当二次风流速较大时，更为刺耳。同时，使用汽带风，还要消耗一定的蒸汽。有的单位，为了克服其音响，还装置了消音器，效果较好。为了提高二次风温度，还有使用烟气、空气的混合气体做为二次风的。

选用二次风机时，为了适应二次风具有一定的流速，应选用较大风压。一般风压可选用200～400毫米水柱。风压低，则进入炉膛的二次风，不能冲乱烟气的层流状态，起不到应有的强烈搅拌作用，也不会形成一定的出口风速。进入炉膛的低风压的二次风，会因炉膛负压作用而无效果；风压过高，烟气中悬浮的可燃物极易随高速烟气直出炉膛，还会形成炉膛正压，甚至将炉排燃料吹起，破坏炉排正常燃烧。

二次风在喷嘴处风速，称二次风的流速。一般应控制在 50～70 米/秒范围，射程可达 1.5～2.5 米。二次风风量约为燃料燃烧需用的一次空气量的 5～10%。挥发物含量较少的无烟煤，二次风风量约为 5%，挥发物含量较多的烟煤，二次风风量约为 7～8%，挥发物及水分含量均较多的褐煤，二次风风量约为10%。

二次风可由前墙或后墙一面引入，也可由前墙与后墙同时引入。这要根据炉膛出口方向、炉膛深度而定。在由前后墙同时引入时，应将二次风设置在炉膛喉部。且两喷嘴方向不应正对，以免气流互相抵消作用，故应错开一定角度，使烟气在炉膛内形成漩涡状较好。

二次风喷嘴装设高度，应在炉排面以上 1.5～2.0 米处，可水平或向炉排面倾斜10°～30°角布置。二次风喷嘴形状一般为圆形，也可为长方形。圆形喷嘴，射程较近，长方形喷嘴射程较远。圆形喷嘴一般口径为 40～50 毫米，长方形喷嘴尺寸一般为15×100毫米，20×150 毫米。喷嘴系用灰铸铁制成。在锅炉生火前，即应开启二次风，当锅炉停用后，再关闭二次风，以免高温辐射热将喷嘴烧坏。

第三节 炉 排

炉排是层燃炉的主要组成部分之一。它的作用是用来支持燃烧的煤层。

最简单的层燃炉（手烧炉或称人工炉）所采用的炉排是固定炉排。加煤和除渣等操作都依靠人力。由人工将煤经过炉门撒到炉排上，燃烧后的灰渣再由人工从炉门扒出。采用固定炉排的手烧炉，虽然结构简单，并可燃烧多种固体燃料。但它不能适应大容量锅炉耗煤量多的要求，加煤除渣问题无法解决，因此，必须加以改进。进而出现了一些半机械化和全机械化的炉排。近年来使用较多的有风力机械抛煤机的手摇活络炉排和倒转炉排、倾斜往复推动炉排、链条炉排等。

一、固 定 炉 排

虽然是一种较简单的炉排，但在小型工业锅炉中仍占很大比重。它的加煤、清炉和平火等操作都是由人工进行的。炉膛的深度、宽度和耗煤量均因受人力限制不能太大。一般炉膛深度不宜超过2.4米，宽度不超过1～1.2米，耗煤量不超过500～600公斤/时，配用的锅炉蒸发量最大不超过4吨/时。

图7-10是手烧炉燃烧图。

图7-11为煤在炉排上的分层燃烧图。图中示出，具有室温的一次空气经烟囱引力作用或鼓风机，从炉排下部进入炉膛。在进入炉膛过程中，冷空气首先遇到具有一定温度的炉排，既起到冷却炉排的作用，又起到空气加热的作用。其次，与燃料层中的灰渣层相遇，空气温度继续增加；当热空气继续上升，便与煤中的赤热火层相遇，空气中的氧与煤中的碳化合，产生大量热量，并生成二氧化碳（CO_2），这一层叫做氧化层。它是炉排上燃烧层放出热量的主要部分；燃烧生成的二氧化碳与空气中未完全化合的氧继续上升，与灼热燃料中的碳发生还原反应再度化合，生成一氧化碳（CO），这一层称为还原层。还原层生成的一氧化碳，仍是可燃气体，其中有三分之二的热量尚未全部放出。在与煤中的挥发物一并到炉膛空间继续燃烧时，将放出全部热量；在还原层上部，则是刚刚投入的新煤。新煤下部受还原层高温的加热，上部受炉膛烟气与砖墙的辐射热加热，将逐步放出水分而干馏，继之，分解出煤中挥发物而着火，这一层称为预热层。由于新煤上下被加热，引燃着火条件十分优越，几乎不受煤中水分、挥发物多少的影响即可很快着火，故我们把这种引燃方式称“无限制着火”。

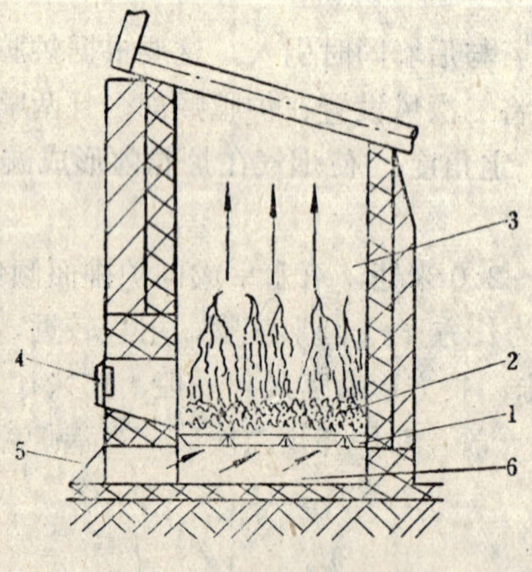

图 7-10 手烧炉燃烧图

1—炉排；2—燃烧层；3—炉膛；4—炉门；5—灰门；6—灰坑

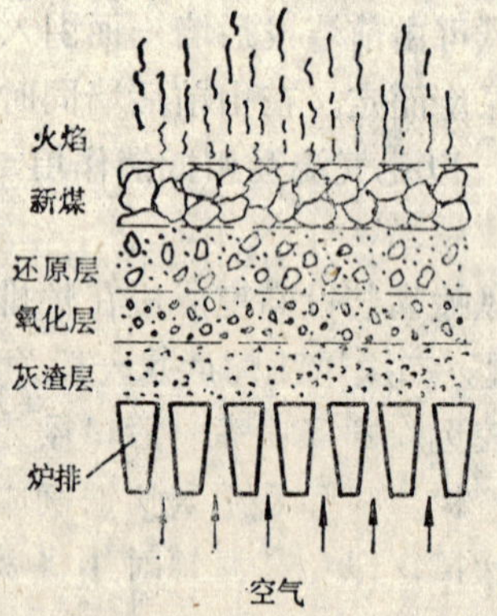

图 7-11 煤在炉排上的分层燃烧图

实际上，燃烧层的分层界限不是十分明显的。在当一次空气量充足时，还原层很薄，产生的一氧化碳很少，炉膛空间主要是煤中挥发物的燃烧；而当一次空气量较少时，氧化层不能使碳与氧充分化合，一氧化碳含量将增加。有时，甚至因炉膛空间也有严重供气不足时，一氧化碳并不能继续燃烧，因此，即产生大量黑烟，由烟囱冒出。

当挥发物与一氧化碳析出后，炉排上主要是碳的燃烧。因此，增加一次空气量，加速碳的燃烧，将会大大提高炉排燃烧率（即每小时每平方米炉排面积的耗煤量，其单位是公斤/米^2·时）。

人工加煤的固定炉排，由于加煤不是连续的，所以，燃烧过程也是周期地变化着。当新煤刚刚由炉门投入时，煤层突然加厚，炉排上煤层的空气阻力骤然增加，进入炉膛的一次空气量因之大减。而从燃烧情况分析，此时，燃烧层所需空气量较多，因而产生空气量供应不足现象；新煤不断地由于上下加热，挥发物逐渐析出，煤层随之减薄，空气阻力也逐渐减小，由炉排下部进入的空气量也随之加大，燃烧达到旺盛阶段，炉膛温度升高；继之，煤中的碳不断燃烧，灰渣量不断增大，煤层不断减薄，空气阻力更加减少，空气量更加增大。而此时燃烧情况，并不需要大量空气，因而又出现空气量过剩现象。在上述三个阶段中，在新煤刚刚入炉时，由于空气量不足，易产生化学不完全燃烧热损失，使一部分可燃气体未经燃烧，即由烟囱跑出，出现冒黑烟现象；第二阶段，燃烧情况与供应空气量协调，损失最小，烟囱冒灰白色烟；第三阶段，由于煤中碳已大部燃尽，空气过量，大量冷空气入炉，排烟热损失增加，烟囱所出烟气为无色。这是人工加煤的一个严重缺点，这种周期性的变化，使锅炉效率降低很多。一般从烟囱所冒的烟，由颜色判断即知操作水平如何。为了缓和这种周期变化，广大司炉人员在操作中总结出许多先进操作方法，如加煤快，次数勤，每次少投煤，保持平均的燃烧层等。有的单位，还为了减少加煤时冷风侵入量，将人工开启炉门改为脚踏炉门，获得了一定效果。

固定炉排，不仅加煤要由人工操作，而且除渣、平火等，也需由人工进行。因此，目前容量较大的锅炉，均为机械化或半机械化炉排，使加煤、除渣等工作，完全或基本上不用人工直接操作了。对于容量较小的锅炉，也日益通过技术改造，使之向机械化过渡。

固定炉排的结构非常简单，它系用灰生铁铸造而成。常用的炉条形状，有条状的与板状的两种，如图7-12所示。图中a为条状炉条，炉条间一般留有3～15毫米通风间隙（s），通风截面比（炉排所有通风孔、间隙的总面积，称通风截面积。它与炉排整个面积的比值，称通风截面比，也称活性截面、活截面或活面积。以百分数表示）较大，约为20～40%，适宜燃用挥发物含量较大的煤；板状炉条，为在生铁炉条上开有许多通风孔，似蜂窝状，故也称蜂窝炉排。其通风截面比约为8～20%，宜燃用挥发物含量较小的煤。无论那种炉条，在结构上要求能在热状态下有良好的膨胀余地，因此，一般将炉条铸造的较短（300～1000毫米），使整个炉排由多段炉条组成，炉条间均留有一定的膨胀间隙。较短炉条还兼有铸造容易、更换方便的特点；另外，炉条的结构还应保证通风分布均匀，使各部孔径、间隙保持一致；炉排自洁性要好（通风孔不堵灰、炉条表面不挂灰）；漏煤量要小（固定炉排的机械未完全燃烧损失，一般为11～14%）等。

固定炉排锅炉，除要求炉排燃烧率应尽量提高外，为了减少化学未完全燃烧热损失，对于炉膛也应具有一定容积，以使挥发物与一氧化碳获得完全燃烧。一般挥发物含量大的煤，炉膛要高一些。炉膛高度的尺寸，主要根据煤种而定。有时，限于锅炉结构，无法提高锅炉炉膛容积，则需适当加以改造。有的单位将锅炉前部另搞一个外置式炉膛；有的单位对锅炉进行土法改造，在现有炉膛内增加水纹花形耐火砖，加长烟气流程，提高炉膛温度，促进空气与可燃气体的良好混合，达到了投资少、效果好的结果。

总之，固定炉排虽然目前应用的较多，比重很大，但从长远的观点，从司炉人员劳动强度、从经济效果等方面剖析，均应列为改造范围，使之逐步适应高效、低耗、节省劳力的要求。

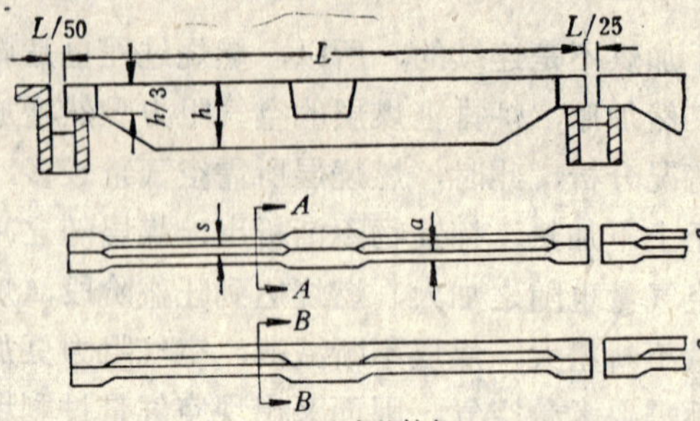

(a) 条状炉条

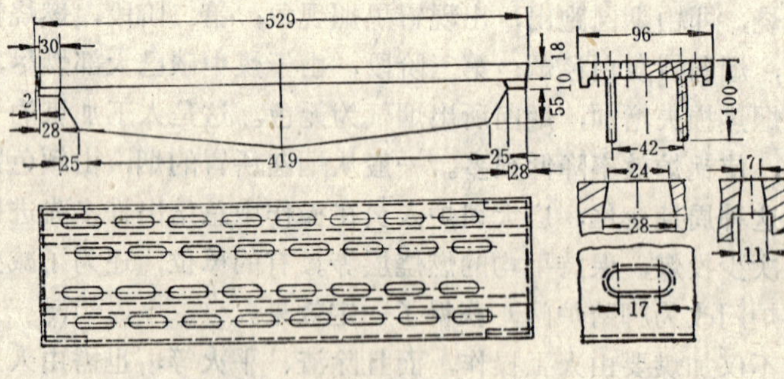

(b) 板状炉条

图 7-12　手烧炉的固定炉排图

二、倾斜往复炉排（也称往复式推动炉排、往复式倾斜炉排）

应用倾斜往复炉排的历史很长了。目前，由于减少环境污染，加强环境保护的客观需要，经过群众性的改造，它又有了进一步的发展，应用范围更加广泛。

倾斜往复炉排型式较多，按炉排的冷却条件分：可分为空气冷却式和水冷式；按炉排片的运动型式分：可分为间隔动作（可动炉排片与固定炉排片间跳布置）和全动作（全部炉排片都可动作，也称双动式）；按炉排本身的运动型式分：可分为整体运动（整个炉排是一个整体）和分段运动（沿炉排长度方向分为几段，各段运动独立进行）；按煤在炉排上的运动方向分：顺行的（煤的运动和炉排的倾斜方向一致）和逆行的以及波状的。其中应用较广的是间隔动作的顺向倾斜往复炉排，如图7-13所示。这种炉排的结构是，炉排由间跳布置的可动炉排片（3）和固定炉排片（4）组成。可动炉排片的尾部，装在可动的铸铁横梁上，横梁的两端架在滚轮上，各排可动炉排片的横梁连成一个整体框架（2），由电动机通过减速装置和偏心轮带动拉杆（6）运动（也可采用液压传动），从而使可动炉排片作往复运动。固定炉排片固定在铸铁或槽钢做成的横梁上，横梁架在炉排固定框架上。可动炉排片的前端搭在固定炉排片上，炉排固定、可动框架均与水平成 20° 交角。

炉排片一片一片嵌在铸铁横梁上，每片之间有1～2毫米的纵向通风间隙，每排炉排之间有5～7毫米的横向通风间隙，燃烧所需的空气从这些缝隙通过炉排进入炉膛。

新煤从落煤斗落到倾斜炉排前上部，由于炽热的前后炉拱的热辐射作用，与高温烟气的焙烧，逐渐预热、着火和燃烧。在炉排前、中部燃烧区产生的可燃气体和燃尽区的过剩空气相混合，在炉膛上部完全燃烧。所以这种炉排在运行中可以不冒或少冒黑烟，有较好的消烟除尘效果。

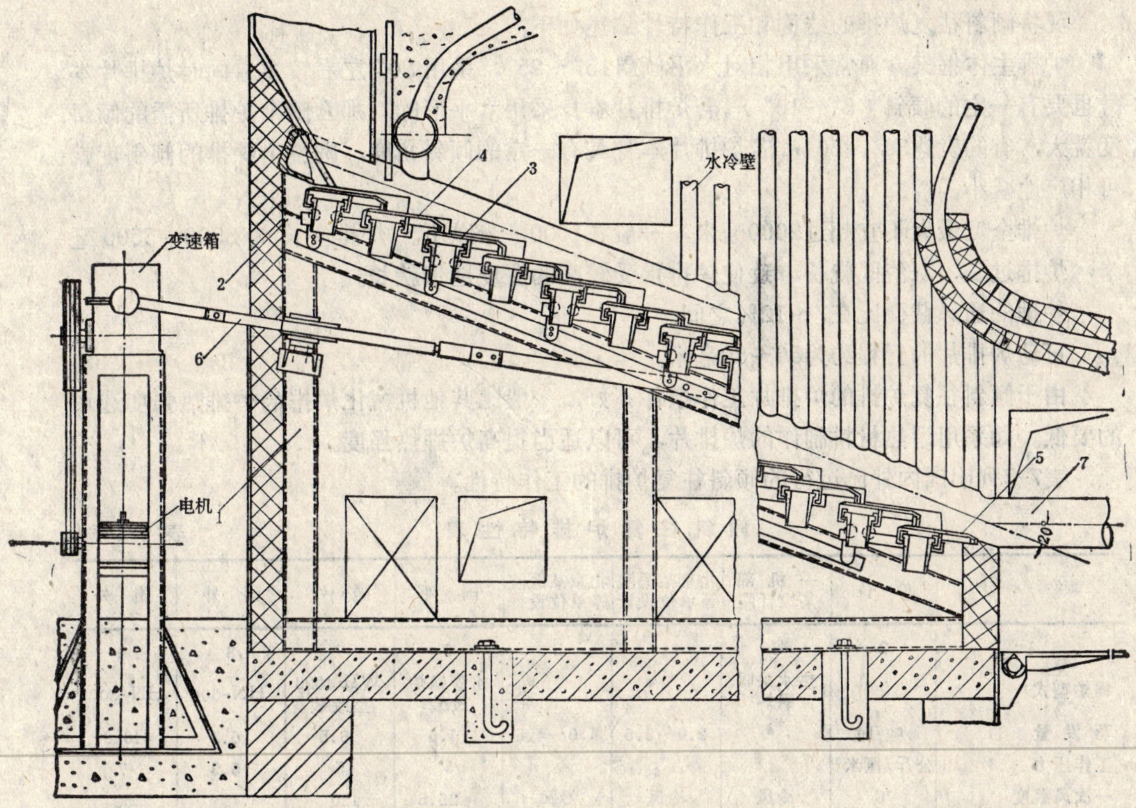

图 7-13 倾斜往复炉排图

1—主框架；2—可动炉排片框架；3—可动炉排片；4—固定炉排片；5—除渣炉排片；6—拉杆；7—防焦箱

由于倾斜往复运动的炉排片，有规则的运动，使燃煤均匀移动，对燃煤是一种良好的搅动。这样靠机械的动作，部分地代替了司炉的平火操作。同时，对加速煤的燃烧也是十分有利的。这是倾斜往复炉排优于链条炉排之处。由于这个优点，倾斜往复炉排往往是专门用来烧用高水分、多灰分的劣质煤（发热量3000大卡/公斤左右）。

此外，倾斜往复炉排与抛煤机炉和链条炉排比较，结构简单、耗用金属少。运行中燃煤量的调节，不单单决定于煤层厚度，还与活动炉排片的动作频率和行程大小有关。活动炉排片的行程大小和动作频率，可以根据燃烧情况进行调节。所以，缩短炉排片行程和适当减少推煤次数，就可以使煤层在较低的负荷下，仍能保持正常工作。

倾斜往复炉排的炉排片的工作条件是不好的。特别是在燃烧旺盛区，始终承受着高温的作用，而不象链条炉排有周期性的冷却条件。因此，很容易造成炉排片的过热或烧坏。

当燃用发热量较高的烟煤时，必须考虑炉排片和横梁要使用耐高温的材料制作，以延长使用寿命。在国外一台6.5吨/时锅炉改装时，采用12排倾斜往复炉排，一次风温120°C，前三段炉排片采用普通铸铁，后五段采用中铬铸钢，中间四段采用高铬铸钢，炉排得到长期安全运行。

对于影响倾斜往复炉排经济性能比较大的一个因素，是煤的颗粒度。煤的最大粒度尺寸不应超过35～40毫米，最好将煤先行破碎分选。经试验可知：燃用打碎和未打碎的煤相比，未完全燃烧损失可从6.6%增加到11%。

现将倾斜往复炉排的结构和工作特性综述如下：

炉排主体框架，通常采用相对水平倾斜15°～25°，采用20°左右较多。同时炉排片本身也要有一定的倾斜（8°～10°）。若炉排片本身采用水平形的，那么整个炉排所需的倾斜度就大，有的竟达30°～50°；若炉排片本身具有一定的倾斜角度，则整个炉排的倾斜度就可相应地减小。

炉排全宽最大不宜超过2000毫米，一般在1600毫米以下。炉排全长为3500～5500毫米，炉排过长，灰渣区就长，致使炉排承受较高的温度地带就长。

炉排的通风截面比在7～12%之间。

可动炉排片的行程约为50～80毫米。

由于倾斜往复炉排的炉排片工作条件不好，一般比其他机械化炉排的炉排热强度选用的要低。如采用耐热材料制作的炉排片，可以适当提高炉排热强度。

表7-7列出国内外已运行的倾斜往复炉排的工作特性。

倾斜往复炉排特性表 表 7-7

项目	单位	一机部某设计院	北京某医院等单位设计	北京某医院等单位设计	国外	国外	国外	国外
1	2	3	4	5	6	7	8	9
锅炉型式		热水采暖锅炉			水管锅炉改装	WIF4020型改装	HN-300	HN-300
蒸发量	吨/时		2.0～2.5	4.0～4.5	1.6	6.5	6.3	10.8
工作压力	公斤/厘米^2				5	5	6.9	7
一次风温度	°C	冷风	冷风	冷风	26.5	120	48	52
炉排尺寸：长×宽	米×米	3.22×1.2	3.01×1.14		2.08×1.52	4.5×2.8		
炉排有效面积	米^2	3.86	3.34	5.85	3.03	11.2送煤	11.6	11.6
可动炉排片行程	毫米	0～80	30～100	30～100	0～254	27～80搅动		
可动炉排片的工作频率	次/分	6			0.75～3	23～70无级调速		
炉排倾斜角度	度	20	20	20	33～35	～25		
炉排热强度	大卡/米^2·时	324～388×10^3	525×10^3	600×10^3	600×10^3	533×10^3	435×10^3	713×10^3
每平方米炉排有效面积所担负蒸发量	吨/米^2·时		0.62～0.75	0.68～0.85	0.53	0.59	0.55	0.93

倾斜往复炉排的运行调节，主要是鼓风和给煤的配合。首先，在安装时，要注意炉排两边间隙不能太大，以免边界漏风太多。其次，风室结构要严密，风室间不能串通，以免失调。因为倾斜往复炉排与链条炉排一样是分区段燃烧的，所以配风也要根据燃烧情况来分段调节。在运行中，炉排中段风室的风压最高，后部燃尽区的风压较低。煤层厚度可用煤闸板控制，一般煤层厚度为100～140毫米。对于挥发物少、水分多、难着火的煤要保持较厚煤层、慢推煤，风室的风压可小一些，炉膛负压可减少或维持微正压，使火焰卷向炉排前端，以改善新煤着火条件；对于多灰分、易结焦的煤应保持薄煤层，适当加大往复行程（50毫米以上），以增加平火的作用；对于灰分少的煤，应调整煤层不要太薄，以免出

现后部煤层中断，造成大量漏风的现象。为了保持少冒或不冒黑烟，推煤时间不要太长（每次不超过30秒）。平火和拨渣时要关小风门，运行中尽量少开检查门，以免冷风漏入炉膛，降低炉膛温度，造成排烟损失。运行中还要注意尽量不要使漏下的煤或渣掉在活动机构上。

倾斜往复炉排的特点是：

（1）对煤种适应性大；

（2）比其它机械化炉排的金属消耗量小；

（3）结构简单，加工制作比较容易；

（4）减轻了司炉工人劳动强度，改善了劳动条件，可以基本上消灭冒黑烟的现象；

（5）缺点是炉排片的冷却条件不好，限制其燃用的煤种和炉排热强度的提高。所以如何进一步使炉排片有较好的冷却条件，能承受较高的温度，又有足够的机械强度，是急需研究解决的一个问题。

三、手摇活络炉排

它是在固定炉排基础上发展起来的，图7-14是手摇活络炉排的一种型式。这种炉排常和风力机械抛煤机配合使用，在加煤机械化的条件下，进一步使除渣工作也达到了半机械化。

这种手摇活络炉排的炉排片，从断面形状来看，是由基本炉条、边炉条、过渡炉条和后炉条等六种型号炉排片组成。此外，还有几种型号的固定炉排片。

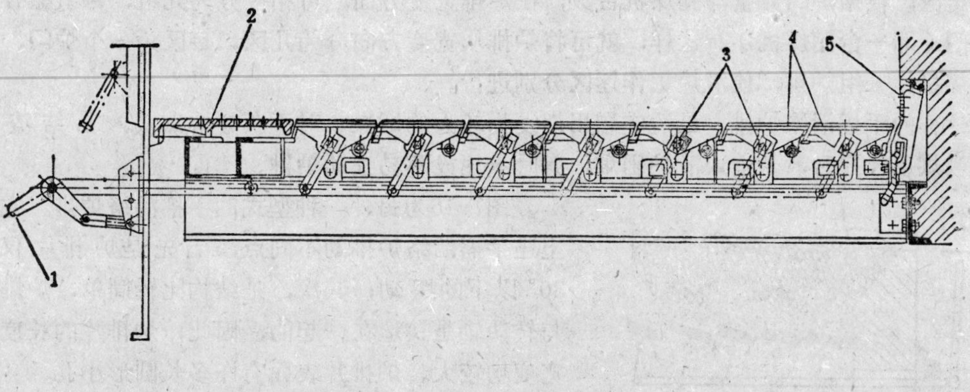

图 7-14 手摇活络炉排图

1—手柄；2—前炉条；3—方形轴；4—活动炉条；5—固定炉条

为了保证炉渣能从炉排片翻转时顺利清除，又要能在摇动时省力，故炉排片长度选用较短，约为320毫米。当炉排片做60°角翻转时，其炉排片间最大间隙可达150毫米，这样即有320×150毫米的空档，可以使较大熔渣漏至炉排下部。

为了获得较大的通风截面比，使炉排片在受热状态下有足够的膨胀余地，因此，选用炉排片上表面的厚度为30毫米左右。

手摇活络炉排具有较小的通风截面比。由于炉排片边缘有通风孔眼，再加每个炉排片的宽度较窄，因此通风是均匀的，它可适应各种煤层的通风要求。每个炉排片本体的通风截面比约为0.8%，若包括各炉排片之间的间隙在内，则炉排的通风截面比约为3～6%。

位于炉排前部，具有若干孔眼的固定炉排片，其本身的通风截面比约为0.75%。后炉排片不包括炉排片间空隙，其通风截面比约为2%，如果包括炉排片间空隙，其通风截面比约为5%。

炉排片与方形炉排轴之间，不需任何紧固零件连接，而是借炉排片下部凸出的双耳卡在方形炉排轴上的。在摇动炉排手柄时，方形轴通过拉杆，做60°角左右的旋转，从而带动炉排片产生倾斜，将炉排面灰渣倾倒下去。方形炉排轴的转动，不会发生炉排片跌落现象。

方形炉排轴两端具有加工的轴颈，以便在固定轴承内进行转动。固定轴承是由轴的水平线上下分开的，可以较方便地取出方形炉排轴。轴承是利用螺栓与炉梁连接的。整个炉排的中梁、边梁、前梁与后梁，全部架在由槽钢组成的框架上。槽钢框架用螺栓紧固在锅炉基础上。

整个炉排除了有许多不同型号的活络炉排片卡在方形炉排轴上外，在炉排前部还装有三种型号固定的平板型炉排片，在炉排后部有竖立的和角部的两种固定炉排片，它们是不能翻动的。

每个方形炉排轴下部，根据所在部位，其左侧或右倾，均有一凸出耳子，这些耳子用扁钢及销子将其连接在一起，通过前炉墙，与手柄相连，以便由人工来进行控制，使炉排翻转。

由于炉排片长度较短，因此，方形炉排轴数量较多，它可根据炉排的整个长度，分成前后二组，每组向炉前接一个拉杆及手柄。根据清炉的需要，可先清除后组熔渣，再清除前组熔渣；根据炉门数量与抛煤机台数，在炉排宽度方面，可相应分为几组，每组配合一个炉门（即一台抛煤机）。这样，就可将炉排从宽度方向分为几区，每区为一个炉门、一台抛煤机、一组炉排，使清炉工作逐区分别进行。

这样的手摇活络炉排，最适宜燃用挥发物较大的烟煤。对于灰分熔点低、易结渣的煤，当煤层较厚时，易造成清炉困难，有时卡住或不易摇动炉排。

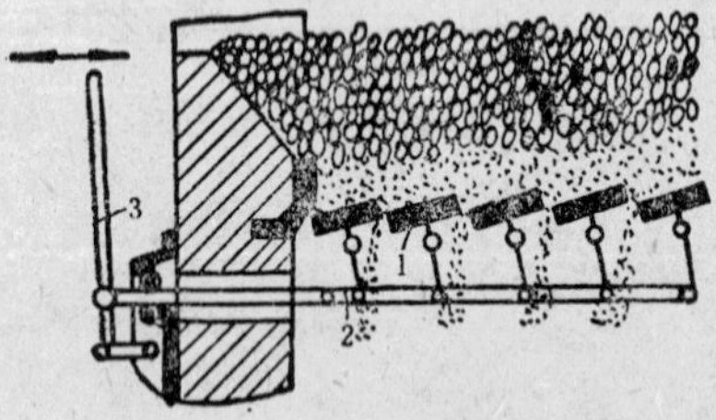

图 7-15 摆动角度较小的手摇活络炉排示意图

1—摇动炉条；2—连杆；3—手柄

图7-15为另外一种型式的手摇活络炉排。它与上述手摇活络炉排的不同点，首先是炉排片仅做30°以下的摆动；其次，是结构比较简单，炉排片与转动轴是铸造在一起的，因此，炉排片的长度与宽度均较大。炉排片表面有许多长圆形小孔，各炉排片之间留有3～15毫米间隙，燃料燃烧所需的空气，就是通过这些小孔与缝隙进入炉膛的。为了使空气具有一定的流速，不易堵灰，其孔和间隙均制成上小下大的锥形；第三，由于炉排片长度与宽度较大，为了保持转动时的必要机械强度，并加大炉排片本身的散热面积，在炉排片下部有许多凸出的加强筋。

这种炉排在工作时，由于转动角度小，对于燃用多灰分、高熔点的煤，是非常适宜的。在当燃煤外表结有灰壳时，为了使燃煤内部碳核与空气接触良好，可摇动炉排，振动与抖落灰壳，起到部分人工平火作用。在摇动炉排时，不会对燃烧层次起破坏作用，也不会因除渣使大量冷空气进入炉膛，因而减少了热损失，提高了锅炉的效率。但当有较大熔

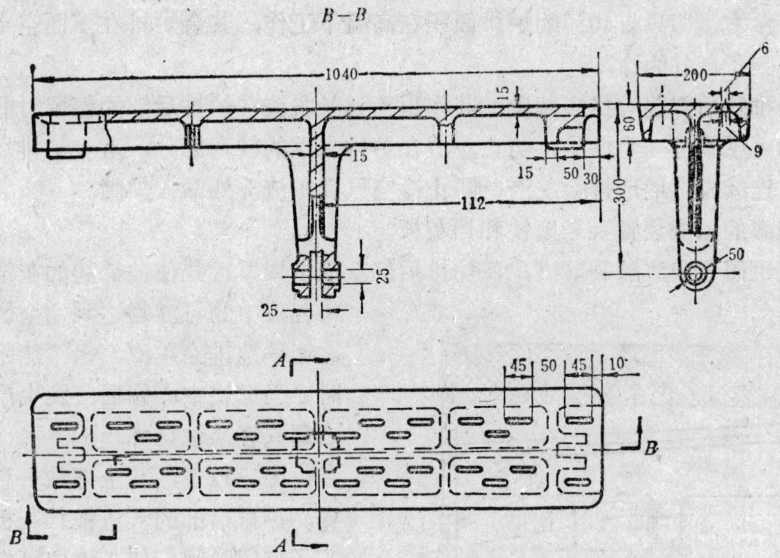

图 7-16　手摇炉排板型摇动炉条的构造图

渣时，则不易顺利清除。为了克服这个缺点，一般在整个炉排中，装置一小部分翻转角度大的（60°左右）炉排片，以利清除大块熔渣。

四、链条炉排

1.概述　链条炉排是一种可以循环转动的炉排。燃煤进入炉膛基本实现自动化。随着炉排的转动，燃料依次完成预热、着火、燃烧、燃尽阶段。链条炉排的使用，已有百余年历史，由于运行可靠，燃烧稳定，目前仍被广泛采用，并不断改进。近几年来，在小型快装锅炉上也有应用。

链条炉排的用煤，是从炉前落煤斗，借煤的自重落到炉排上的。用煤的多少，燃烧煤层的薄厚，是根据锅炉负荷，用煤闸板控制的。煤闸板系由金属框架与耐火材料组成的，它可由一套机械传动进行调节其开度。为了防止煤闸板受炉膛辐射热而烧坏或变形，除使用的耐火材料要具有较高耐火度外，有的还在煤闸板上装有循环水冷却管，以利热量的散失。

为了防止炉排过热、炉膛侧墙结渣挂焦，影响链条炉的正常运行，一般在炉排侧面、火层高度处，左右各设置一个由水冷却的防焦箱。如果炉排过长，为了减少防焦箱的单向膨胀量，也有时设置两个防焦箱，中间留一段膨胀间隙。防焦箱可用循环水冷却，也可与锅炉水循环系统相连。为了减少整个锅炉金属耗用量、有利于炉膛辐射面布置，通常皆将水冷壁下侧联箱装于炉排防焦箱位置，兼起炉排防焦箱作用。防焦箱截面大多为圆形，也有的是方形的。

链条炉排的一次空气，是由炉排下部进入的。风道可由一侧炉墙引入，对于较宽炉排，也有从两侧炉墙同时引入的。由于链条炉排上的燃烧是分区段进行的，因此，一次空气量的供给，也是分区段送入的，俗称分段鼓风。一般在炉排下形成三至五个互相完全隔绝的风室，每个风室均有挡板控制其风压与风量。风室是由薄钢板焊成的。

无论采用哪一种型式的链条炉排，就整个炉排来说，承托煤层的部分，只占整个炉排面积的40%左右。即只有40%的炉排面积在高温下工作，其余炉排在下面空走着。因而，使炉排片得到了良好的冷却。

链条炉排的后部装有挡渣装置。其作用为延长灰渣在炉排后部的停留时间，以使夹杂在灰渣中的可燃物进一步燃尽；防止灰渣在炉排末端的转弯部分，落入炉排后轴上和炉排片缝隙中；连续或定期地排除灰渣；防止冷空气自灰渣斗处漏入炉膛。

使用较多的挡渣装置有老鹰铁和挡灰板。

老鹰铁阻碍着灰渣顺利前进，使炉排后部灰渣层聚厚，并使被铲起的灰渣松动，有利用灰渣中的可燃物达到完全燃烧。老鹰铁能连续地排除灰渣，但不能阻止漏风。同时，当燃烧中心偏后、发生严重跑火时，老鹰铁容易被烧坏。

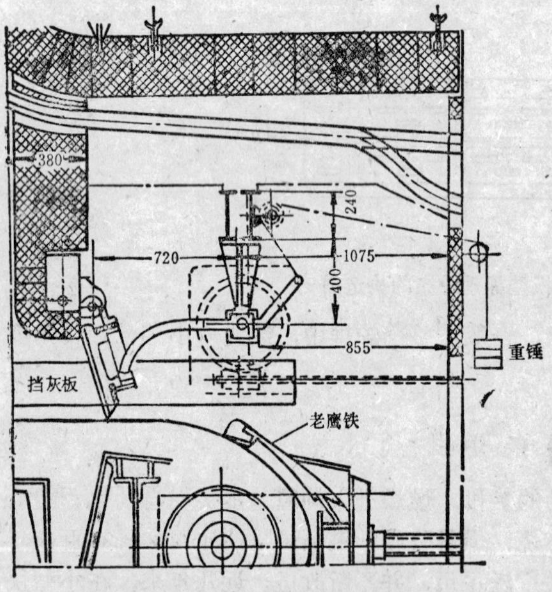

图 7-17　挡灰板后再加装老鹰铁图

图7-17中，其上部是一种自动挡灰装置。炉排后部的灰渣被挡灰板拦住后，延长了停留时间，使灰渣中可燃物得以完全燃烧。但随着灰渣的不断增多，推动挡灰板的力量不断增大，挡灰板即被推开。堆积的灰渣随炉排移动，待灰渣通过挡灰板后，挡灰板借重锤力量又重新恢复关闭状态。挡灰板可以大大减少漏风，但它却很容易被烧坏，炉排后部灰层也易结渣。为了将炉排面上灰渣清除干净，在挡灰板后面也有再装设老鹰铁的。图中的下部所示，为老鹰铁安装位置图。

2.链条炉排的分类与结构　链条炉排的型式很多，但从结构上可基本分为三类。

（1）不漏煤式链条炉排（如图7-18所示）：它是由电动机、经过变速机构而拖动的。一般链条炉排的前轴是与电动机变速机构相连的，即前轴为主动轴。也有的链条炉排是后轴为主动轴的。对于一般由炉膛后部排渣的链条炉排，采用前轴做主动轴利多弊少。因为，前轴做为主动轴，不受炉膛辐射热影响，且炉排工作部分链条不承受拉力。主动轴上有用键连接的链轮，链轮的齿是与链条相啮合的。后轴为从动轴，轴上装有许多圆形滚筒，链条的铸铁滚子可在上面滚动。整个炉排有四至十二根（视炉排宽度而定）、互相平行的链条，各相邻链条之间，用拉杆与套管相连，使链条之间距离保持不变，组成具有一定刚性的连接。图7-19为不漏煤式链条炉排的结构剖面图。图中1为链条，炉排片7位于炉排片夹板5中间，炉排片夹板是用销钉与链条相连的。燃料层是与整个炉排面接触的，链条不直接受热，因此，这种链条炉排在运动中较安全可靠。又因每片炉排片之间缝隙较小，且炉排片下部是钩形的，漏下的煤可暂时储存在钩形槽中，待到后轴处炉排翻转时，再将存煤抖入细煤斗中，所以这种链条炉排漏煤损失较小，其漏煤量约为0.15～0.2%，故称不漏煤式链条炉排。由于炉排片间空隙小，故这种炉排的通风截面比约为5～7%。图7-20为钩形炉排片构造图。

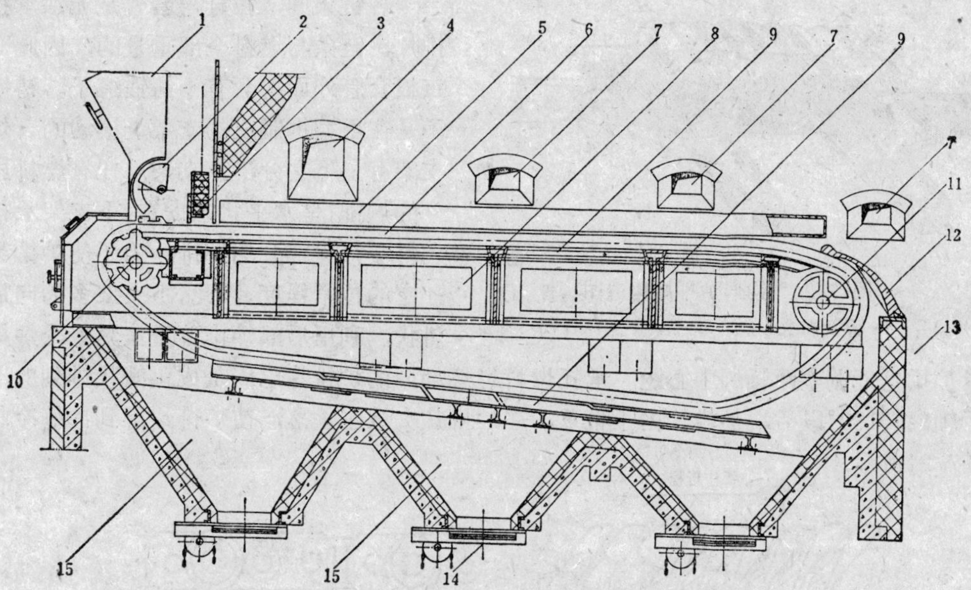

图 7-18 不漏煤式链条炉排组装总图

1—落煤斗；2—弧形挡板；3—煤闸板；4—检查孔；5—防焦箱；6—炉排；7—看火孔；8—分段送风室；9—炉排支架；10—主动轴；11—从动轴；12—老鹰铁；13—灰渣斗；14—出灰门；15—细灰斗

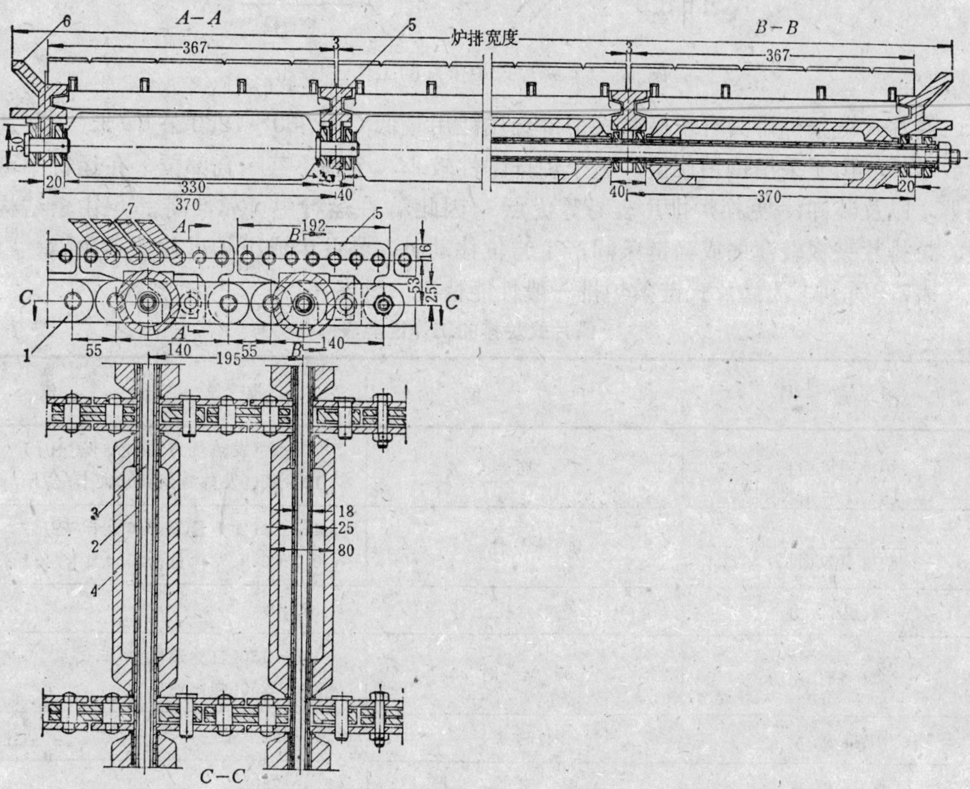

图 7-19 不漏煤式链条炉排结构图

1—链条；2—套管；3—拉杆；4—铸铁辊子；5—中炉排片夹板；6—侧炉排片夹板；7—炉排片

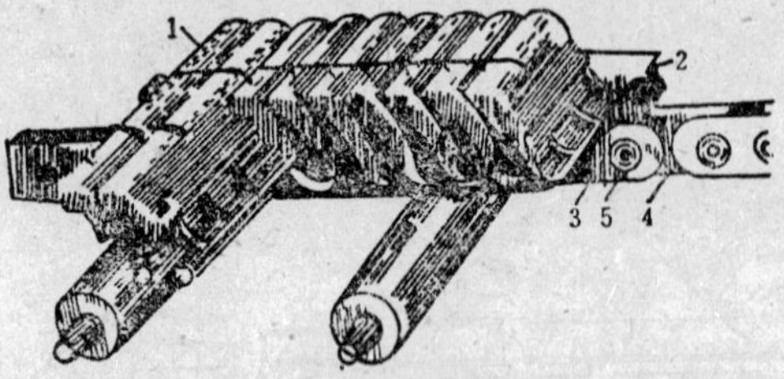

图 7-20　钩形炉排片构造图

1—炉排片；2—炉排片夹板；3—链条；4—撑条；5—铆钉

各链条间，拉杆与套管是无法承担炉排片、链条与燃料全部重量的，因此，在每根套管外面均套有一铸铁滚子。铸铁滚子是在用型钢制成的支架上滚动的。炉排支架有上下之分，上支架承托有燃料层部分的炉排，呈水平状态设置，下支架承托无燃料空行程部分的炉排。为了使炉排具有一定的拉紧程度，因此，下支架多为向后倾斜状，利用后部炉排自重拉紧整个炉排。拉紧炉排也可调整两轴的中心距。承托燃料燃烧部分的炉排片之间是成鱼鳞状排列的，当从后轴翻转180°以后，炉排片由于自重，在炉排片夹板中垂落，使炉排片得到良好冷却，如图7-21所示。

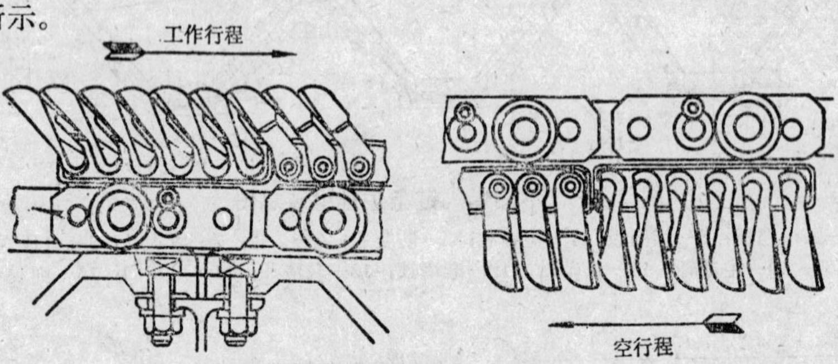

图 7-21　鳞片式炉排片的工作过程图

鳞片式链条炉排具有较横梁式炉排金属耗用量低（为 960～1250 公斤/米²），加工精度要求低，由于采用钢销连接，整个炉排刚性较小，个别不甚啮合部位，在运行中可自行调整，以及装卸、更换炉排片容易等优点，因此，在运行中可靠性高。但由于结构刚性差，炉排片夹板较薄弱或当链条间产生错位移动时，易发生成组炉排片跌落故障。

表7-8所列，为鳞片式链条炉排一般性能情况，供参考。

鳞片式炉排的工作性能表　　　　表 7-8

项　　目	单　　位	推　　荐　　值
炉排通风面积	%	7～8（发热量为5500大卡/公斤） 10～12((发热量为3500大卡/公斤)
蒸发量/炉排有效面积	吨/米²·时	1～1.3(发热量为5500大卡/公斤) 0.7～0.9(发热量为3500大卡/公斤)
煤层阻力	毫米水柱	～20
燃烧率	公斤/米²·时	100～150(自然通风) 150～250(强制通风)
炉排速度	米/时	5～25
煤层厚度	毫　米	0～250
单面传动时电动机功率	马　力	3～5

（2）横梁式链条炉排：它是一种刚性较大的炉排。图7-22和图7-23分别为横梁式链条炉排的示意图与结构简图。其拖动方式、前后轴结构，均与鳞片式链条炉排基本相同。横梁式链条炉排一般由两根或三根链条组成，在链条上固定有许多根横梁，炉排片装于横梁槽内。在每个横梁槽内，装有几种型号的封闭炉排片、调整炉排片与普通炉排片。炉排片可在锅炉运行中更换补充。

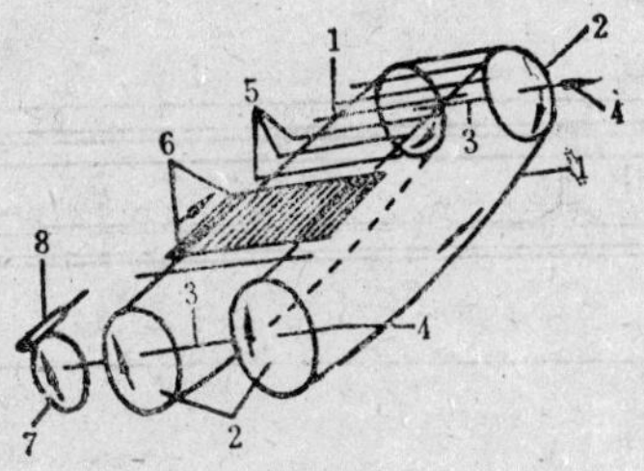

图 7-22 横梁式链条炉排示意图

1—链条；2—链轮；3—轴；4—轴承；5—梁；6—炉排片；7—蜗轮；8—蜗杆

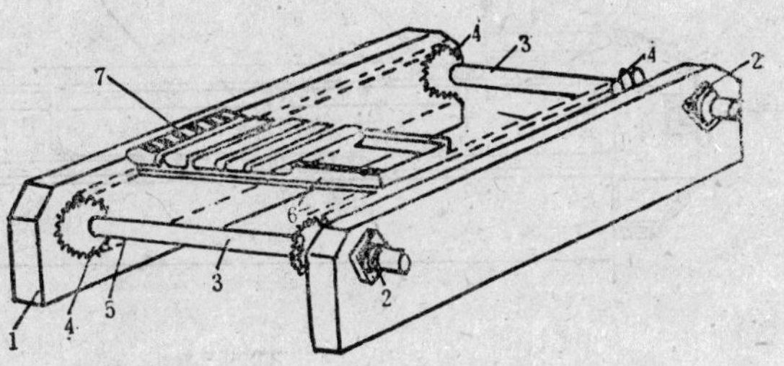

图 7-23 横梁式链条炉排结构简图

1—框架；2—轴承；3—主轴；4—链轮；5—链条；6—梁；7—炉排片

这种炉排的链条承受负荷较大，它既要承受横梁与炉排片的重量，又要承受煤层的重量。同时，工作条件又要受高温辐射，因此，对于链条的强度要求较高。另外，由于链条承受载荷较大，链条与链轮的啮合力量也较大，在制作中对于它们的加工精度也就较高。

承托链条的支架，一般多设滚动的铸铁滚，以减少动力消耗与链条的磨损。

横梁式炉排的优点是结构刚性大，受热后不易产生变形，安全可靠性较高，其缺点是耗用金属量较大，同时，框架与炉排下风室构造较复杂。小型低压锅炉使用这种炉排的较少。

（3）链带式炉排：这种炉排结构简单、耗用金属量较所有链条炉排均低。目前国产4吨/时快装锅炉均采用这种型式的链条炉排。图7-24为上海工业锅炉厂生产的快装锅炉配用的链带式炉排结构。链带式炉排的炉排片是用圆钢逐片穿在一起的，然后用主动轴牙轮将炉排带动。由于没有专门的链条，所以长时期运行后圆钢极易变形，且对损坏炉排片的更换也较困难。

链带式炉排，还有另外一种型式，如图7-25所示。这种炉排与上述链带式炉排的主要区别是炉排片的型式不同，国产分联箱直水管式锅炉多采用这种型式炉排片的链带式炉排。

两种型式的炉排片形状及尺寸，如图7-26所示。

总之，链带式炉排较其他链条炉排，耗用金属量均低，制造、安装、运行均较方便。唯热效率不高，特别是当运行一段时间后，炉排片之间磨损严重，加大了通风间隙与漏煤量。尤其当燃用煤粉较多的燃料时，漏煤损失更为严重。一般漏煤量可达2～25%。同时，由于圆钢较软，炉排不易做得太宽，所以只适用于耗煤量小于4吨/时的工业锅炉上采用。

表7-9为各种链条炉排工作特性比较，供参考。

3.链条炉排的拖动与变速机构 拖动链条炉排转动的方式，有电动机通过由变速箱和蜗轮、蜗杆的拖动，有间歇式液压拖动和利用可控硅的无级变速拖动。一般以第一种拖动

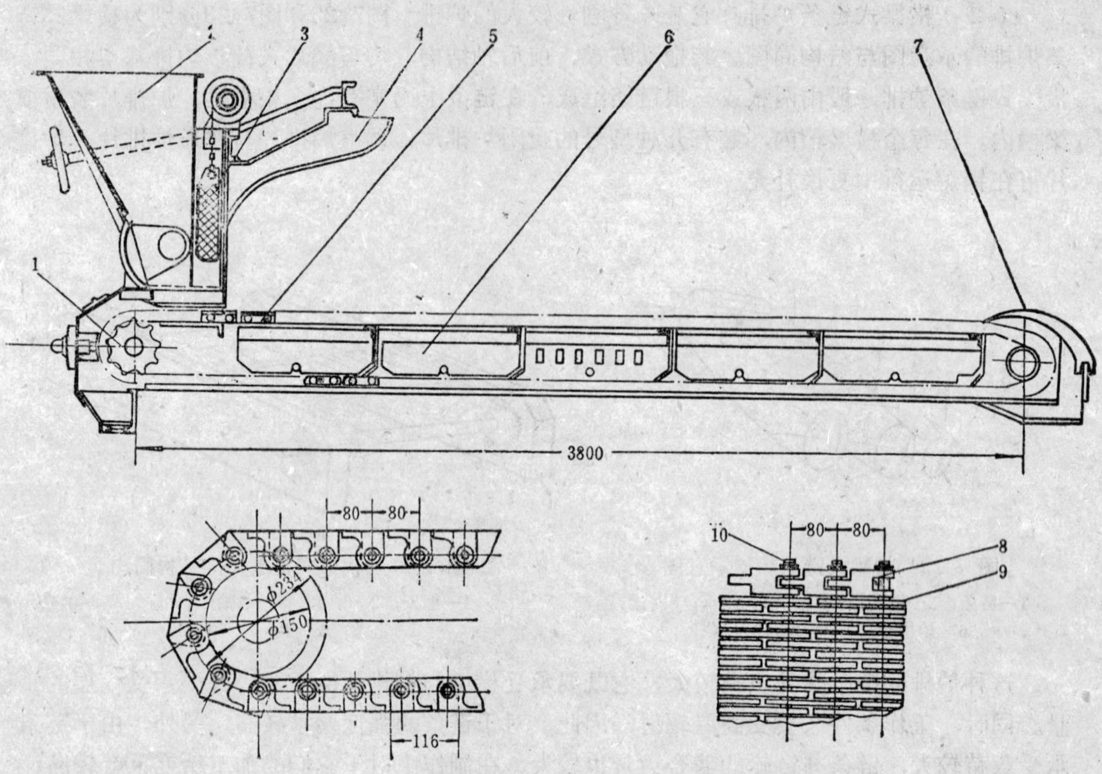

图 7-24　链带式炉排（上海工业锅炉厂）图

1—链轮；2—落煤斗；3—煤闸门；4—前拱吊砖架；5—链带式炉排；6—隔风板；7—老鹰铁；8—主动链环；9—炉排片；10—圆钢拉杆

方式为常见。第二种拖动方式在快装锅炉链带式炉排上也有采用。第三种拖动方式在工业锅炉上应用尚少。在第一种拖动方式中，又可分为利用齿轮传动的分级（多档）变速机构和利用磨擦皮带轮的无级变速机构两种类型。

分级变速装置的特点是：它具有固定的几种转动速度。在变速箱内有几组大小不同的齿轮，通过专门的装置接到操纵机构上，使主动轴到从动轴之间用不同的齿轮组合传动，来达到几种不同的转动速度。一般可获得八种不同的出轴转数，即炉排可得到八种不同的前进速度。

无级变速装置的特点是：它可使炉排在一定范围内具有任意的旋转速度，在变速箱内主要采用一对锥形磨擦皮带轮传动。其基本原理是：利用锥形磨擦皮带轮的特殊结构，通过操纵机构，改变主动皮带轮到从动皮带轮的相对有效直径，来达到变速的目的。无级变速箱的出轴速度可调整到 112～612 转/分，再通过两级蜗轮、蜗杆，其炉排轴转速可在0.0267～0.16转/分之间任意变化。

间歇式液压传动的特点是：炉排经过液压装置做间断位移，可调整位移的间歇频率，以适应燃烧与负荷的需要，如图7-27所示。其工作原理是：由油泵供给20公斤/厘米^{2}压力的油，通过管路进入油缸，推动活塞，使链条带动链轮、棘轮和炉排主轴，做顺时针转动，炉排产生位移；经过时间继电器的动作，油泵在调整范围终结时，停止转动，油压降低。油缸活塞由于重锤的重力，通过链条恢复到原来位置，棘轮上的棘爪则从棘轴上滑

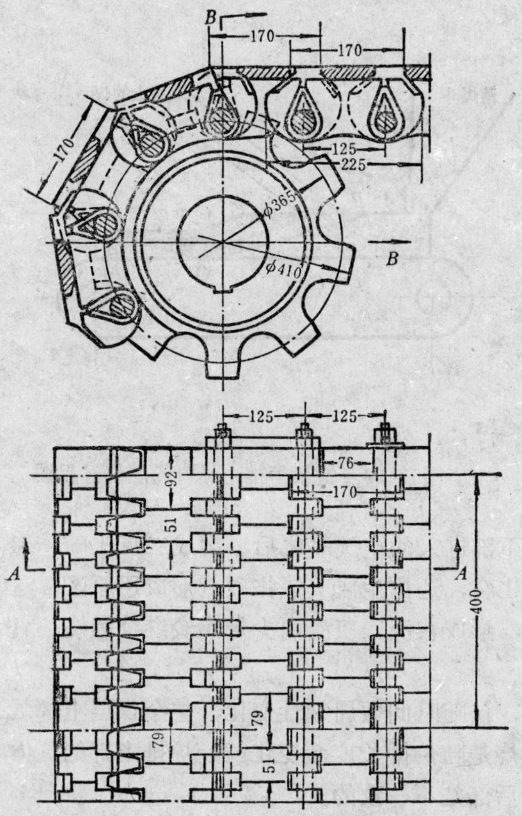

图 7-25　链带式炉排（国产分联箱直水管式锅炉）图

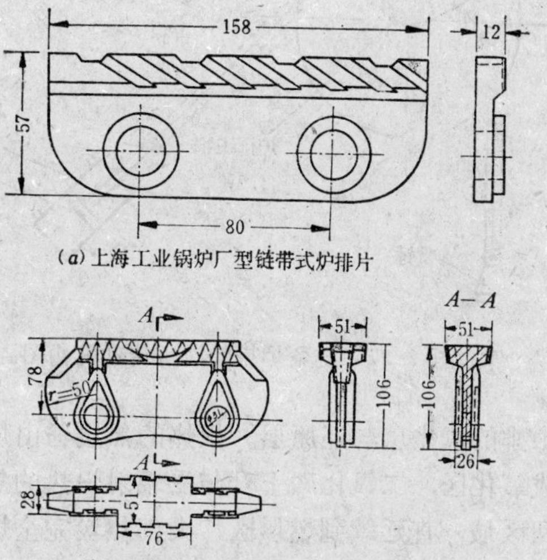

图 7-26　链带式炉排片图

链条炉排特性比较　　表 7-9

项　目	上海工业锅炉厂生产的链带炉排	拔伯葛型链带式炉排	横梁式炉排				鳞片式炉排	
			Coxe型	B & W 28型	国产横梁式	G型	不漏煤炉排	L型
通风截面比%	6.5	8～12	～4.5	～9	～9.4	～12	～(6～7)	～5.5
炉排链和炉条的金属耗量（公斤/米^2）	～680		约1500～1700	约1100～1200	约1800	约1800	约900	约1250

过，炉排主轴停止转动。当油泵第二次开始动作后，炉排主轴又发生转动，依次使炉排产生间歇位移。

4.链条炉排上煤的燃烧过程　新煤从落煤斗落到炉排上，随着炉排的转动，而进入炉内。依次完成预热、着火、燃烧和燃尽各个阶段。新煤入炉后，首先是预热阶段，新煤经过烘干、焙烧。其热量来自炉拱和烟气的辐射和煤的传导，而主要是靠辐射的热量。在预热阶段烘干时，除所含水分蒸发外，煤中所含挥发物也开始析出，升入炉膛与烟气中一氧化碳继续燃烧。图7-28中所示BO线以前即为预热阶段。

自 BO 线开始，煤开始着火，挥发物燃烧，焦炭也逐渐燃烧。从此基本上相当于固定

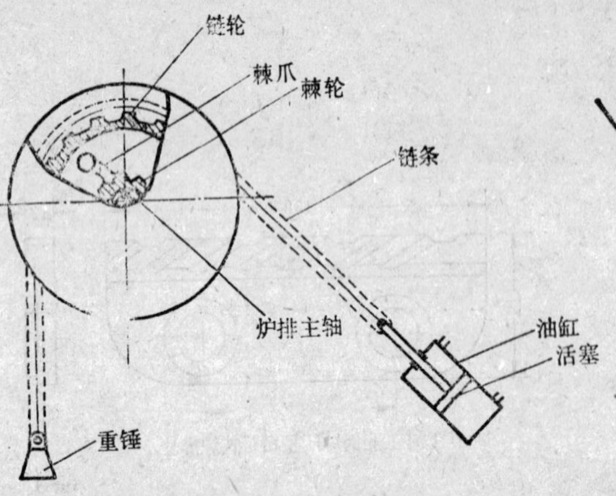

图 7-27 链条炉排的液压传动机构图

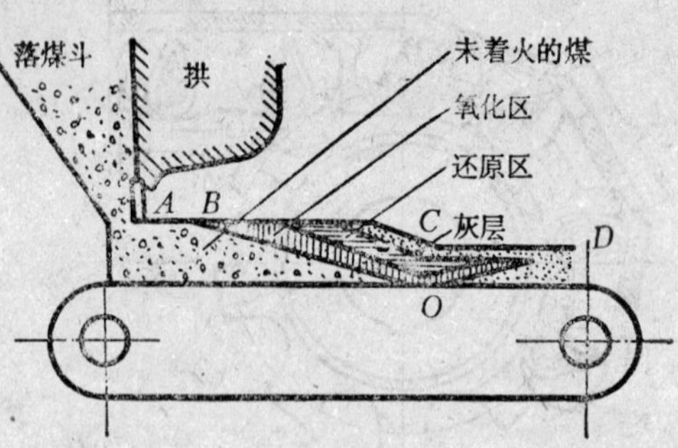

图 7-28 链条炉排上燃料的燃烧过程图

炉排的氧化层与还原层。炽热的焦炭与由炉排下部进入的空气氧化后，生成二氧化碳，形成氧化区，二氧化碳上升与受辐射炽热的焦炭化合，还原生成一氧化碳，形成还原区。这两区域一直延续到燃尽区，大部焦炭完全燃烧，形成灰渣。灰渣内少量焦炭继续燃烧，直至落到灰斗中，形成机械未完全燃烧热损失。

固定炉排与手摇活络炉排上煤的燃烧过程，仅随时间做周期性变化，整个煤层上部气体成分基本是均匀的。而链条炉排上，煤的燃烧是随炉排长度而变化的，炉排上部的气体成分在前、中、后部是不一致的。

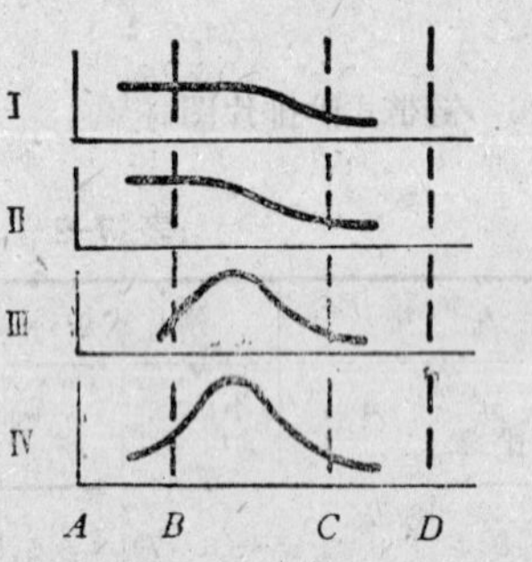

图 7-29 链条炉排上火层和通风特性图

I—火层厚度；II—火层阻力；III—燃烧需要的一次风量；IV—必要的通风风压

煤层的变化是随着炉排的移动，而逐渐减薄的。新煤在预热阶段煤层最厚，通风阻力最大，但所需空气量接近于零，可不供或极少供些空气；当煤开始着火燃烧后，进入氧化区，煤层开始减薄，当挥发物含量较多、易粘结煤着火后，还要产生少量膨胀，煤层微增，通风阻力因水分的蒸发而减少，此时，所需空气最多，因此，所供空气风压最高，风量最大；当焦炭大部燃尽后，煤层仅剩灰渣时厚度最薄，通风阻力大减，为了维持少量焦炭的继续燃烧和冷却炉排，所需空气量较少，故供入的空气也应减少。图7-29为煤层厚度、通风阻力及一次风量与风压变化曲线。为了满足燃烧过程分段燃烧的需要，因此，对链条炉排的一次鼓风量要分段送入。

第四节 抛 煤 机

抛煤机是一种配合水平炉排实现加煤机械化的设备。它可与手摇活络炉排配合使用，也可与倒转链条炉排配合使用。因为，当加煤方法采用抛煤机，炉膛进煤量加大时，如再用固定炉排，则人工清炉除灰的劳动量，不会减少，反而会加大，故一般均与手摇活络炉排或倒转链条炉排相配套。这样，不仅加煤实现了连续化，而且清除灰渣工作也可以达到周期循环排除或连续排除。

抛煤机的种类较多，可分为风力与机械两大类型，如图7-30所示。图中 c 为风力抛煤机。风力抛煤机是利用煤的自重，由落煤斗落下，用气流将煤吹抛到炉膛中。图中 a 和 b 为机械抛煤机，它是利用旋转的特制浆叶，在煤由落煤斗落下后，将煤抛撒到炉膛中。图7-31为一种较原始的机械抛煤机，它的给煤不是由落煤斗来，而是采用螺旋式给煤机，将煤送到抛煤机上部，通过机械抛撒将煤送入炉膛。由于风力抛煤机可将较小粒度的煤抛入炉膛，而较大粒度的煤不易抛到炉排后部，机械抛煤机是当煤的粒度较大时，易于抛至炉后，粒度较小的煤则易堆到炉排前部，因此出现了风力机械抛煤机，如图7-30中 d 所示。风力机械抛煤机的突出特点是将风力抛撒与机械抛撒合并在一起，其中仍以机械抛撒为主，而风力抛撒仅起辅助作用。

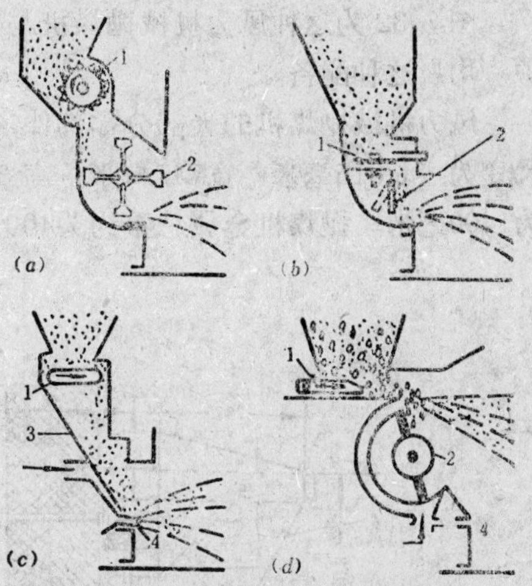

图 7-30 各种抛煤机工作原理简图

(a)和(b)—为机械抛煤机；(c)—风力抛煤机；(d)—风力机械抛煤机

1—给煤设备；2—击煤设备；3—倾斜板；4—风力播煤设备

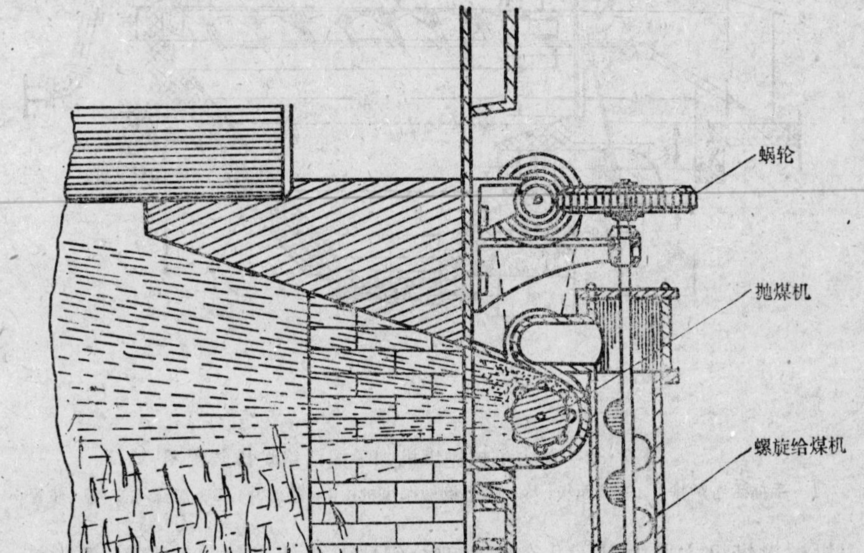

图 7-31 一种简易抛煤机结构图

图 7-32 为这种风力机械抛煤机与手摇活络炉排配合的装置图。目前，大部分 SZ 型锅炉．均属这种配备。

风力机械抛煤机的大部分零部件，均由铸铁制成。一般常用的风力机械抛煤机的外形尺寸为：长815毫米，宽747毫米，高 698 毫米。锅炉房操作地面到抛煤机转子轴中心距离为1400毫米，抛煤机金属总重约为400公斤。

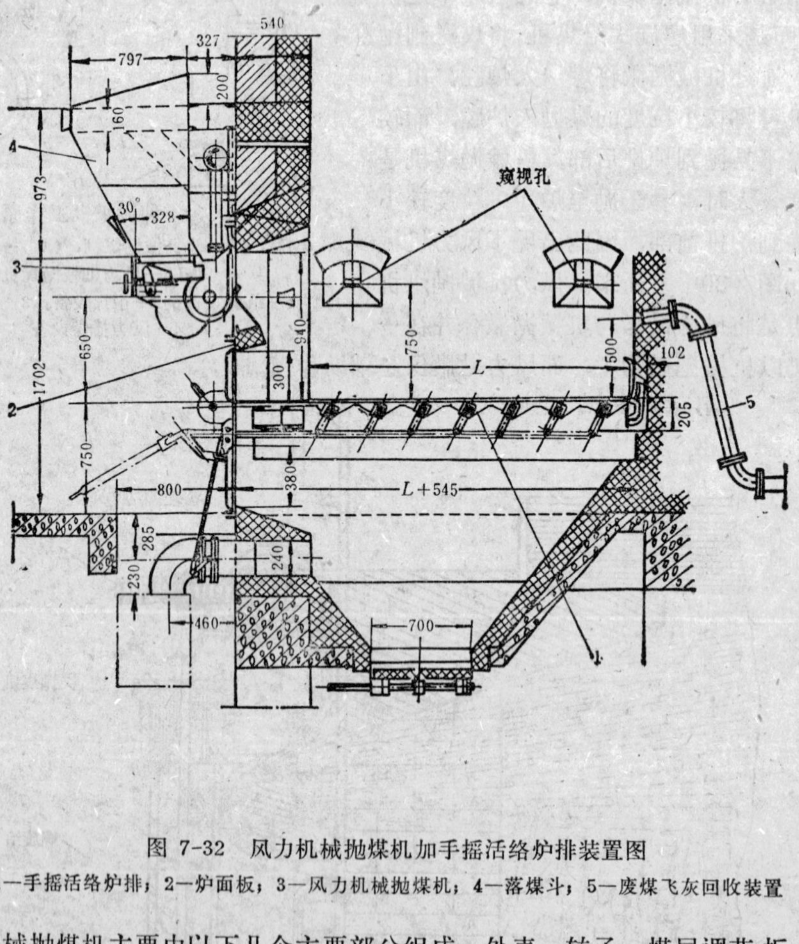

图 7-32 风力机械抛煤机加手摇活络炉排装置图

1—手摇活络炉排；2—炉面板；3—风力机械抛煤机；4—落煤斗；5—废煤飞灰回收装置

风力机械抛煤机主要由以下几个主要部分组成：外壳、转子、煤层调节板、空气喷嘴、给煤装置与减速装置组成。图7-33为一种常用的活塞式给煤的风力机械抛煤机结构图。

一、风力机械抛煤机的动作原理

抛煤机转子由带三角皮带的电动机拖动而旋转，其转速为 400～740 转/分。转子再通过一个中间轴，利用偏心轮和连杆机构，带动给煤活塞作往复运动。给煤活塞根据转子转动速度，相应地将煤推至转子上部，转子上的浆叶即将煤抛至炉膛。同时，由播煤风口出来的风和抛煤机两侧出来的风，将细小颗粒的煤，抛撒到整个炉膛中，悬浮燃烧；大颗粒的煤，则抛撒到炉排上，全面燃烧。

炉膛前墙外，为了使所装抛煤机有安装地位和保持各抛煤机的水平，设置有铸铁制的炉面板。炉面板与锅炉钢架连接，抛煤机及其变速机构、电动机等均装于炉面板上。

每台锅炉，根据其蒸发量大小安装数台抛煤机。每台抛煤机可抛煤900～1600公斤/时（安装第一套减速器）或1800～3200公斤/时（安装第二套减速器）。一般每台抛煤机可供宽度为900～1100毫米的炉排使用。抛煤机是由功率为1千瓦、转数为2900转/分的电动机带动。各个抛煤机之间的转子轴是由万向联轴器连接的。

抛煤量的增加可利用三种方法调节，一种方法是利用改变转子轴的转速，相应增加推煤活塞的频率，使给煤量增加；第二种方法是改变煤层调节挡板的开度，使抛煤量随着挡板的开度而增加；第三种方法是改变推煤活塞的行程，行程大则推煤量就多。在实际操作中以第二、三种方法较多使用，而当煤种变化较大时，才采用第一种方法。

调节抛煤机的机械抛投射程，则一般采用两种方法，其一，为使调节板（给煤活塞的下部平板）向炉内或炉外调整，可使射程有明显变化，如图7-34所示。其二，为改变转子轴的转速，转速越快，射程越远。干燥的煤和粒度小的煤比湿煤和块煤需要的转速快。

调节抛煤机的风力抛煤范围，则由空气喷嘴的风压与出口风速决定的。风压的大小，可由风闸挡板来调节。当主风道的风压为70～80毫米水柱时，其喷嘴出口最大风速为20米/秒。当空气温度为20°C时，由抛煤机风口进入炉膛的空气量约为320米^3/时，从两侧空气喷嘴进入炉膛的空气量约为230米^3/时。

二、风力机械抛煤机煤的燃烧特性

1.在炉排燃烧的火层与悬浮在炉膛空间的粉煤，在燃烧过程中同时一次完成。大颗粒的煤自动落在炉排上燃烧，粉煤则随空气的喷入在炉膛空间悬浮燃烧；

2.风力机械抛煤机向炉膛内抛投的燃煤，是以较少的量连续投入的，因此，火层燃烧均匀，表面平整，不需要或少需进行人工平火；

3.从炉排上每个燃煤横截面来分析，在同一个横截面上的煤，其颗粒度都是近似一致的。从整个炉排度来看，炉排前部煤的颗粒度较小，越向炉排后部，则煤的颗粒度越大。因此，炉排燃料层不易出现风洞，可以在运行中，根据负荷大小，任意调整投煤射程，均可达到完全燃烧的目的；

4.炉排上除灰渣层以外，燃烧层较薄。使一次空气能与燃料接触良好，获得完全燃烧。并因有空气喷嘴、废煤回收等空气引入，能有足够的空气过剩量（$\alpha=1.4$左右），所以，风力机械抛煤机不设置专门的二次风机。一般燃烧层厚度（不包括灰渣层）仅为20～50毫米范围。虽从抛煤现象来看，炉排前部煤层较薄，炉排后部煤层较厚，但从煤层阻力来看，基本上是均匀的，因此，炉排前后耗煤量大体相等。当炉排热强度为900×10^3大卡/米^2·时，进入炉排的一次风风量约为燃料需用空气量的75～87%，风力喷嘴空气量为9～15%，冷却抛煤机空气量1.3～3.9%，经炉门及其他处漏入炉膛空气量为1.3～1.5%，废煤飞灰回收装置代入空气量2.2～4.6%。除一次风外，上述四部分均为二次风，其总量约为燃料需用空气量的13～25%；

5.由于抛煤机保持了无限制着火的优点，所以，可适用燃点高、水分大的烟煤，也可适用燃点高、挥发物少的无烟煤，更适宜烧用烟煤。因此，对煤种的适应范围较广；

6.由于炉排燃烧的火层较薄，因此，又可燃用灰分大、微粘结的煤。一般允许灰渣层

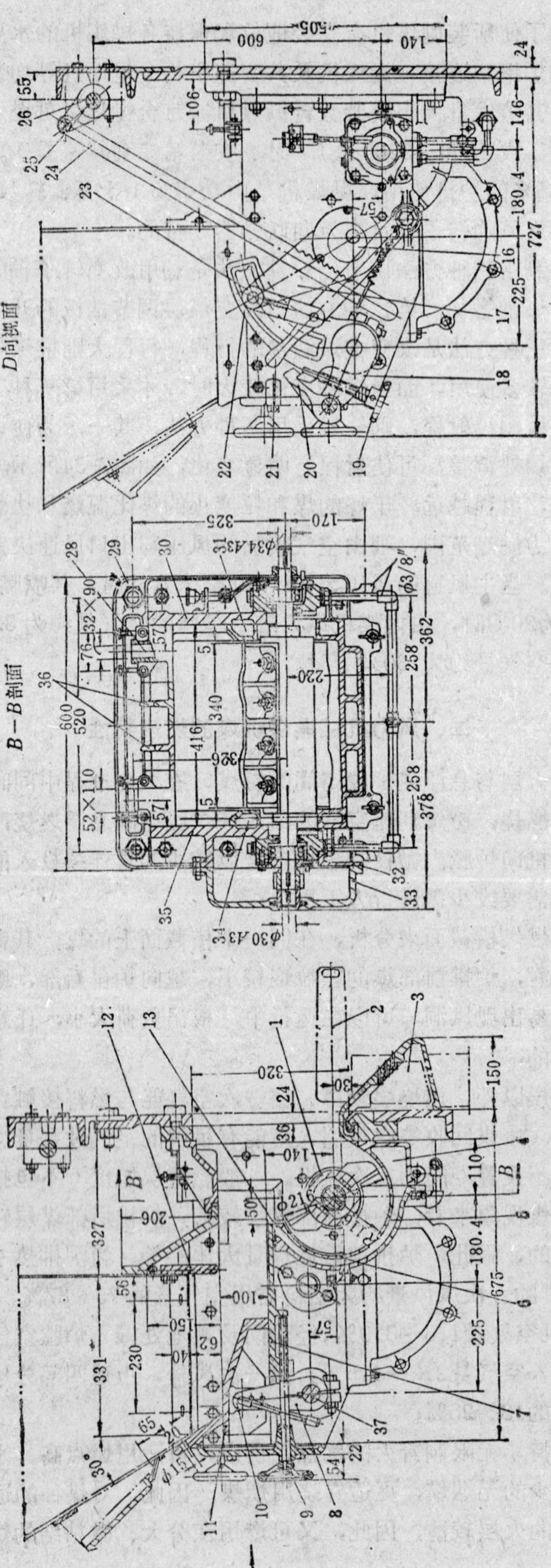
D向视面
B—B剖面
E

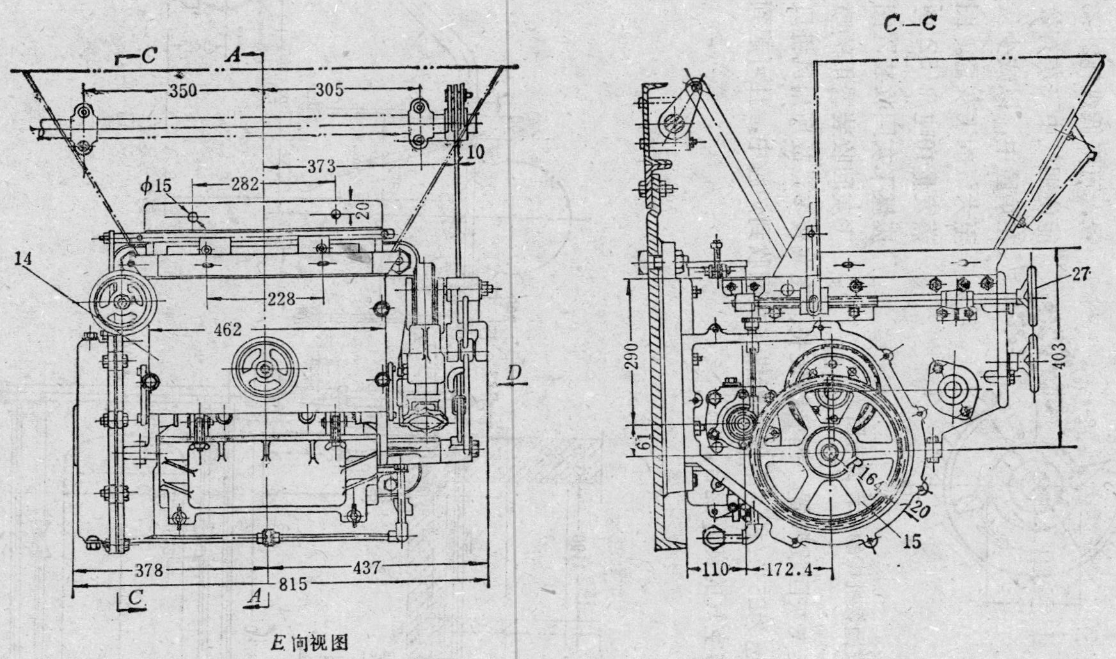

E 向视图

图 7-33　风力机械式抛煤机的构造图

1—抛煤机转子；2—侧面空气喷嘴；3—播煤风室；4—冷却空气通道；5—弧形板可卸部分；6—弧形板上部；7—调节板；8—给煤活塞的主动杠杆；9—移动调节板用的手轮；10—给煤活塞的主动销；11—给煤活塞；12—煤层调节挡板；13—冷却空气排出口；14—前盖；15—减速器；16—偏心轮；17—连杆；18—主动杠杆；19—犁子的紧固螺钉；20—犁子；21—移动月牙板滑块的手柄；22—月牙板；23—月牙板滑块；24—齿条；25—组合操纵杠杆；26—组合操纵轴；27—煤层调节挡板的操纵杠杆；28—冷却空气供给管；29—框架；30—右侧壁板；31—右冷却室；32—减速器罩可卸部分；33—减速器罩；34—左冷却室；35—左侧壁板；36—上盖；37—给煤活塞的主动轴

厚度达150～200毫米；

7.对煤的颗粒度要求较严，一般要求燃煤要分选。且不允许最大粒度超过40毫米。风力机械抛煤机用煤的颗粒度比例应为：三分之一为13～19毫米；三分之一为6～13毫米；三分之一为小于6毫米的粒度。颗粒度大时，易增加机械未完全燃烧损失；

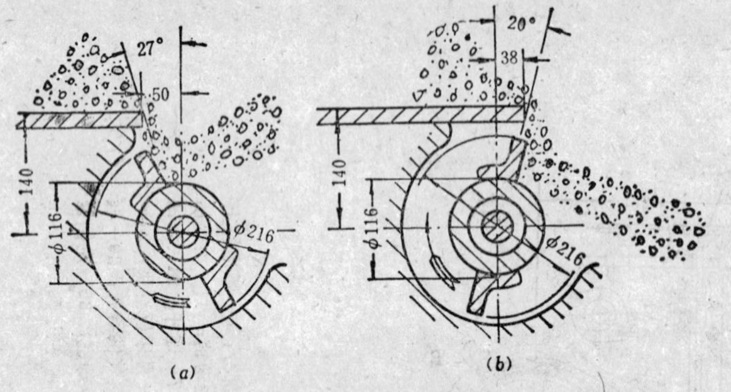

图 7-34 风力机械抛煤机煤的射程调节图

8.采用废煤飞灰回收装置，可降低煤耗2～3%，并能使烟气中飞灰有效地消灭在炉膛中，以减少从烟囱跑至大气的飞灰量。图7-35为蒸发量10吨/时SZ型锅炉的废煤飞灰回收装置图。废煤飞灰回收装置用的喷射器，其结构如图7-36所示。废煤飞灰回收装置，因管路较长、飞灰较多，故所用风机风压高达380毫米水柱。喷嘴出口风速为25米/秒，不仅将废煤飞灰回收到炉膛中，且可起到使层流烟气发生紊乱，有利烟气与空气的良好混合。

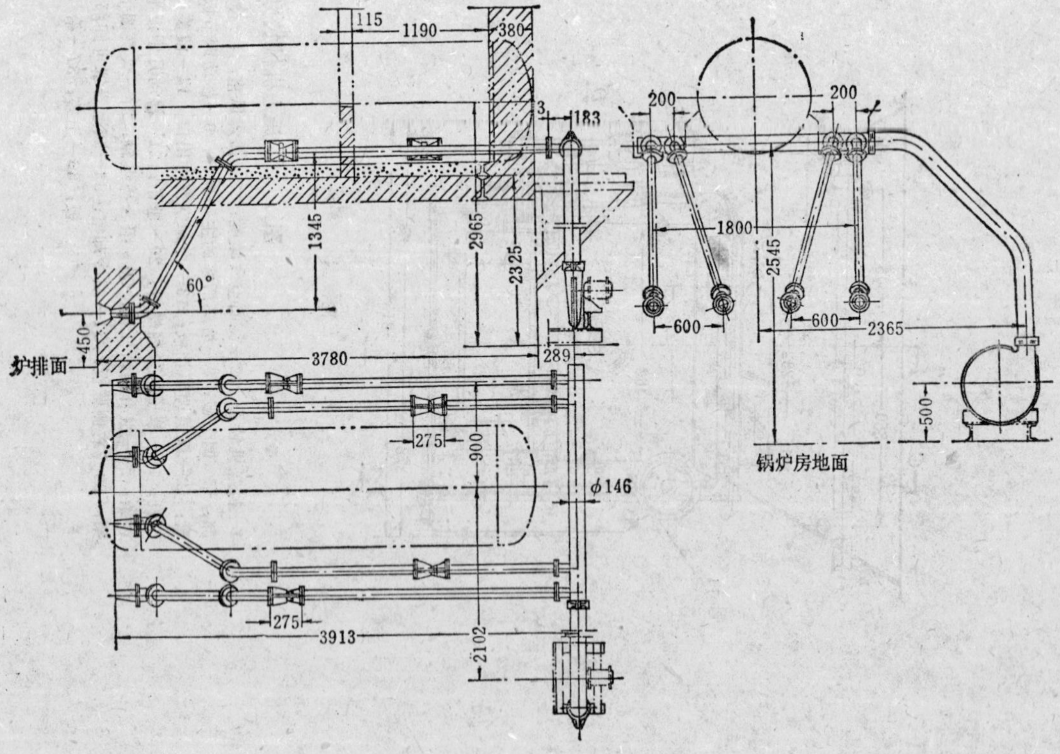

图 7-35 蒸发量为10吨/时的SZ锅炉废煤飞灰回收装置图

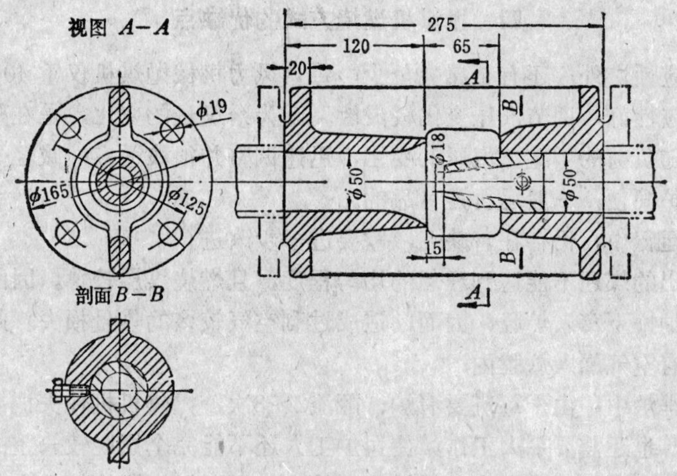

图 7-36　废煤飞灰回收喷射器结构图

三、风力机械抛煤机运行中的几个问题

1.抛煤机用空气，是相当重要的。风压的高低，对锅炉的经济燃烧有相当大的影响。风压太高，烟气中飞灰增大；风压太低或不用风时，悬浮燃烧中心就有空气不足现象。实践证明：适宜的播煤风压是以细煤抛出后，能借气力加以扩散，不在抛煤机前起堆。但又不能飞扬太高，以防直接飞出炉膛，造成飞灰损失太大。实际风压，尚需根据燃煤水分及颗粒度等调试决定；

2.抛煤机出口处砌砖的扩散角（两侧及上部），为减少煤粒撞击与磨擦，其内墙由原来30°改为45°较好；

3.推煤活塞板上部的煤层调节挡板，是用来控制下煤量和防止干煤自流的。但实际作用不大，有些单位改为上、下移动的铸铁闸门，以调节煤量和防止干煤自流，效果较好。

为了降低推煤活塞推煤时，向上的分力，减少对水分高的煤的挤压，可将原斜坡形推煤活塞改为阶梯形活塞，试验证实，能减少湿煤堵塞。但冲程加大及推煤板频率增高，较使用原推煤活塞推煤量有所增加。因此，在改进形状的同时，可降低推煤活塞前端的高度，将斜坡形推煤活塞按原倾斜度，向前接长110毫米。可将前端高度由50毫米降低至20毫米。改进情况如图7-37所示。

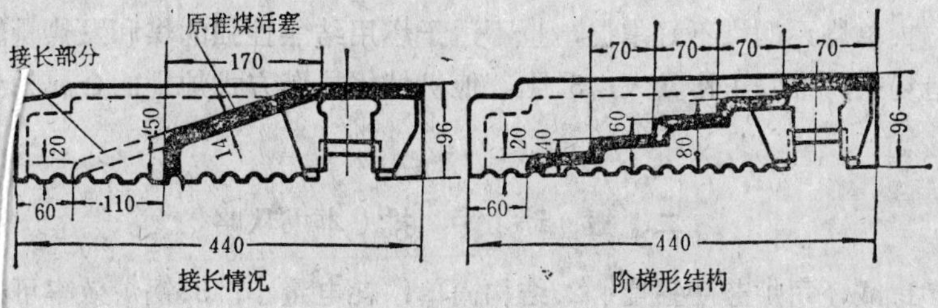

图 7-37　推煤活塞改进图

四、抛煤机燃烧方式的优缺点

除对煤种适应性广外，还有金属耗量少，每台风力机械抛煤机仅重400公斤左右；对于负荷变化的适应性好，调节汽压变化较灵敏。因为给煤量的变化，是在整个炉排上均起作用。耗煤量可随负荷的增减、汽压的变化，迅速调整并很快适应；减轻了司炉工人的劳动强度；运行维护简便；一般运行是可靠的。

但抛煤机在运行中，仍存在着缺点，需要进一步改进。

1.抛煤机抛出的煤还不能达到理想的均匀程度，且燃烧煤层较薄。因此，避免不了一部分过剩空气由炉排下窜入炉膛，因而，造成过剩空气较多的热量损失。此外，活络炉排在清炉时，也还有空气漏入炉膛内；

2.在活络炉排炉中，由于每班要清炉、翻渣2～3次，抛煤机机件失调或煤种不适应造成的抛煤不平整，也还需要平火工作，使司炉工人还不能完全摆脱较笨重的体力劳动；

3.由于风力机械抛煤机具有半悬浮燃烧的特点，所以抛煤机锅炉的飞灰和飞灰中的含炭量，在层燃炉中是较高的。一方面，造成热的损失；另一方面，污染空气和影响环境卫生，为其最大缺点；

4.对煤的颗粒度组成和水分的要求较严格。这些因素可直接影响炉膛内燃烧情况的变化；

5.对于老旧锅炉改装来说，加装抛煤机的机械加工量较大，而且还要有足够的炉膛容积，才能使改装后，获得明显效果。

总之，目前对小型锅炉的抛煤机运行，经验尚属不足，设计与运行中仍存在一定的问题。比如抛煤的射程，燃料的均匀分布，轴承的良好润滑以及飞灰处理等问题，是发展中有待进一步解决的问题。但应当肯定的一点，对小型锅炉来讲，它还是具有发展前途的燃烧方式之一。

第五节　工业锅炉机械化燃烧方式的比较

现对工业锅炉实现燃烧机械化所采用的各种方式，作一粗略的综合对比。

一、链 条 炉 排

优点　1.实现了机械化燃烧．减轻了劳动强度；2.煤质适当时，运行稳定，也易于掌握；3.运行正常时，基本不冒黑烟，对除尘设备要求不高，对环境保护较好；4.锅炉效率可达70～80%。

缺点　1.单烧无烟煤不好掌握，也不适于燃用结焦性强的煤和发热量较低的劣质煤；2.炉排制造复杂，维修工作量大；3.比其他机械化层燃方式炉排的金属耗量大，煤耗比较大。

二、振 动 炉 排（本书从略）

优点　1.减轻司炉劳动强度；2.结构简单，耗电量小；3.锅炉效率可达60～78%；4.适应负荷性能比链条炉排好。

振动炉排燃烧方式，适用于间隙或连续生产的4吨/时以下的锅炉，对于较大容量的锅炉有待进一步试验和研究。

缺点 1.飞灰较链条炉大，飞灰含炭量高；2.炉排的漏煤损失比较严重，煤耗大；3.炉排的振动对锅炉本体、厂房等都有不利影响，其振动噪音较大；4.燃用无烟煤或劣质煤时，锅炉出力和效率均有降低。

三、倾斜往复推动炉排

优点 1.烧一般烟煤效率可达70～80%，并可用质量较差的烟煤；2.结构简单，易于制造；3.耗电量少；4.炉排和炉拱配合适当时，不冒黑烟，对环境保护有好处。

倾斜往复推动炉排　目前适用于4吨/时以下锅炉，尤其适用于水暖锅炉。较大容量连续生产的工业锅炉有待试验采用。

缺点 1.不易于燃用无烟煤，也不适于烧用结焦性强的烟煤；2.由于炉排只作往复推动，所以燃烧旺盛地区炉排容易变形或烧坏；3.适应负荷变化的能力较差，反应慢。

四、抛 煤 机

优点 1.对燃料的品种和负荷的变动适应性强；2.便于掌握，操作容易；3.运行维护费用低；4.金属耗用量少。

在工业锅炉上使用抛煤机较广泛。在中等容量的低、中压锅炉上与倒转链条炉排相配合，比煤粉炉设备简单，电耗小，投资少，较各种层燃炉效率高。

缺点 1.飞灰大，飞灰中含炭量高，必须加装除尘设备；2.对煤的粒度变化敏感，易产生火层不均现象；3.不适于烧水分大的湿煤。

五、煤 粉 炉（本书从略）

优点 1.效率高，可达75～80%以上；2.机械化程度高，大大减轻了运行人员的劳动强度；3.可燃用质量较差的煤。

由于煤粉炉需要负荷稳定，耗电量大，有一套完备的制粉系统，维修工作量大等特点，一般工业锅炉较难应付，故不宜采用。

缺点 1.低负荷运行时，燃烧不稳定，且不适于间隙性运行；2.耗电量大；3.飞灰量大，且较细，对除尘设备要求高；4.钢材耗量大，磨煤设备与系统易磨损，维修工作量大；5.运行操作水平较机械化层燃方式要求高。

第八章　锅炉运行事故与处理

第一节　概　　述

一、事 故 的 分 类

1.锅炉的爆炸事故　凡蒸汽锅炉（指工作压力大于0.7公斤/厘米^2）的受压部件发生损坏，使锅炉压力突然降到等于外界大气压力的事故，称爆炸事故。锅炉的爆炸是重大设备事故，往往还同时发生人身伤亡事故。锅炉锅筒（或锅壳）突然爆裂，大量水火管管端瞬间拔脱，立式锅炉下脚部分开裂锅壳飞起，人孔或手孔部分锅壳严重开裂等均为锅炉爆炸事故。一般锅炉爆炸事故，其瞬间力量非常强大，时间非常短促（从各种爆炸事故分析，其爆炸时间大约为三分之一秒左右）；

2.锅炉的一般事故　锅炉受压部件、附件、附属设备、辅助设备、炉膛或烟道等损坏，造成锅炉无法继续运行，被迫停炉的事故。由于设备或部件损坏程度不同，造成直接损失与间接损失有大有小，有的部门又有重大事故与普通事故之分。锅炉设备事故又可分为破坏事故与责任事故。破坏事故也称政治事故。系指阶级敌人，对社会主义革命与社会主义建设的反革命破坏活动；责任事故，系指由于制造质量不符合安全要求、结构陈旧不合理、使用材料不符图纸要求、安装中存在严重缺陷，且经技术检验与科学鉴定，未采取有效措施，以致造成的事故。责任事故，还包括运行人员不遵守安全操作制度，不坚守工作岗位，检修质量低劣，没有严明的验收制度，锅炉主管人员不负责任，没有对司炉人员进行安全教育与技术培训，技术人员未能发现与采取防止事故发生的技术措施等，所造成的事故。

总之，锅炉设备发生事故后，对国家财产与人身安全，均会带来严重的政治影响与经济损失。为此，当事故发生前，当有事故隐患（也称事故苗头）时，应及时采取有效措施，防止严重带病运转，把事故消灭在未发生之前。倘若一旦发生事故，必须认真保护现场，严肃认真地具体分析事故原因，采取措施，接受教训，防止类似事故重演。

二、事 故 的 内 容

蒸汽锅炉是由很多受压部件、附件、附属设备、辅助设备组成的。在运行中，由于维护保养不良，检查修理不及时或制造、安装中藏有隐患，均会造成事故。因此，事故范围较广，不可能将每项设备与部件的事故或隐患一一说清与谈全。一般常见事故有以下几种：锅筒（或锅壳）爆炸事故、严重缺水事故、严重满水事故、汽水共腾、受热面管子破裂、省煤器管破裂、过热器管破裂、空气预热器管破裂、炉墙开裂或倒塌等。此外在锅炉运行中，还有锅筒或管道内水冲击，安全附件全部损坏或失灵，链条炉排故障，抛煤机故障，鼓引风机故障等。

三、事故的预防

1.应建立健全锅炉运行规程、安全操作规程、岗位责任制、检修质量标准、设备维修分工负责制、交接班制度等各项有关规章制度，并应严格贯彻执行；

2.应加强锅炉用水的管理，给水水质应符合规定要求，软化水应达到质量标准，除氧水温度在102～105°C范围内，炉水碱度不应过高，排污要有制度，受热面内部应保持不结水垢或有较薄水垢，定期用机械或化学方法清理受热面水垢，以免造成钢板或钢管过热；

3.应在安装或检修时，选用符合使用要求和图纸规定的材料。如所用钢板、钢管、铆钉质量，焊条质量，石棉填垫料质量，青（红）砖、耐火砖标号规格，灰浆、耐火泥配制比例，阀门、管件规格质量等；

4.采用合理的锅炉结构。在制造、安装或检修以及锅炉的技术改造中，应注意改进锅炉不合理结构，使达到合理或基本合理。如铆接锅炉应遵循铆接修理原则，胀口直径过大者应采用镦粗管径、预制短节或加装垫圈等方法处理，螺纹拉撑改为焊接拉撑，在各金属与砖墙接触处、锅炉的伸胀方向部位均应留有膨胀间隙，对于受弯曲应力的焊缝应添加短拉撑等；

5.有计划的组织培训司炉人员和管理人员，提高安全运行操作和管理水平。使司炉人员在熟习设备性能的基础上，达到安全经济运行，避免发生事故。司炉人员要树立“为革命烧锅炉”的思想，认真坚守工作岗位。有的单位还实行反事故演习，使运行人员在事故情况下，能冷静迅速地去果断处理。

第二节　筒壳爆炸事故

锅炉爆炸事故，主要是指锅壳或锅筒的爆炸。它具有极大的摧毁力量，不仅造成锅炉本体的严重损坏，而且对周围设备、厂房也造成严重破坏。更严重的是还易造成人身伤亡事故。因此，这种事故应严格避免发生。

根据炉水与大气压力下蒸汽的比容换算，从理论上得知，当锅炉爆炸时，炉水化为常压蒸汽其体积增加1600余倍，因此，具有巨大的破坏能力。

实践证明，低压锅壳锅炉较水管锅炉爆炸时造成的后果严重。因为锅壳锅炉爆炸时，主要是锅壳的破裂，而水管锅炉的爆炸，很少是锅筒的破裂，主要是大量的水管胀接处的拔脱，因此，造成后果不同（但水管锅炉锅筒的爆炸，主要是下锅筒的爆炸，其后果也是非常严重的）；存水量大的锅炉，较存水量小的锅炉爆炸时，后果严重。因存水量大，爆炸时，形成的蒸汽就多，摧毁力就大；低压锅炉较高压锅炉爆炸时，后果严重。因为，锅炉压力较低时，炉水比容较小，膨胀体积较大，锅炉压力较高时，炉水比容较大，膨胀体积较小（如锅炉压力为4公斤/厘米^{2}时，炉水化为常压蒸汽，体积膨胀1600倍左右，而当锅炉压力为60公斤/厘米^{2}时，炉水化为常压蒸汽体积仅膨胀1300倍左右）。

锅炉爆炸的原因：发生爆炸的主要原因，一是在锅炉发生较长时间的缺水，钢板被烧红，机械强度急骤降低的情况下，司炉人员违反操作规程，向炉内进水，引起爆炸；二是铆接锅炉，锅壳或锅筒长期漏泄，且炉水碱度较高，造成铆缝或胀口处钢板苛性脆化，以致造成爆炸事故；三是锅炉严重超压。如有一个单位的司炉人员将公制压力误认为英制压力，相差达十四倍多，以致形成爆炸。另外，极个别情况，也有因安全附件失灵、结构极不合理、材质发生衰老等原因，造成锅炉爆炸的。

爆炸事故的处理：当发生爆炸事故后，要保护破坏现场，抢救伤员，请有关部门进行检查、鉴定，分析事故原因，认真总结教训。并应及时填写事故报告书，向有关领导汇报情况。

第三节 缺 水 事 故

锅炉缺水事故，虽是锅炉一般事故，但处理不当，往往会造成重大经济损失，严重时还会造成锅炉爆炸事故。存水量大，蒸发率低的锅炉，不易造成缺水事故。存水量小，蒸发率高的锅炉，则易引起缺水事故。所以，对于蒸发量大于2吨/时的水管锅炉，要求装设高低水位警报器，其中一个原因就是为了防止锅炉发生缺水事故。图8-1、图8-2为某厂兰开夏锅炉（增设外砌无水冷壁管炉膛），由于假日排污弯管冻裂，在检修后急于供汽的条件下，采用边进水（自来水）边生火的错误操作方法，致使炉胆烧红。再者，当压力表稍有压力后，又启动蒸汽泵，强行向炉内进水，以致使炉胆变形。幸亏制造质量较佳，焊缝与钢板均未开裂，未形成爆炸事故。但事故是严重的，造成锅炉抽胆大修。

图 8-1 炉胆火侧变形图

图 8-2 炉胆水侧变形图

一、锅炉缺水象征

锅筒内水位降低至最低安全水位以下；水位警报器发出低水位警报声；过热蒸汽的温度上升；给水流量不正常地小于蒸汽的流量。

一般当锅炉水位已降至规定的正常水位以下，用“叫水法”（冲洗水位表排水旋塞，缓慢关闭排水旋塞后，看水位是否在水位表内出现），仍可见水位在水位表内出现时，叫轻微缺水；水位表已看不见水位，而采用“叫水”的方法也叫不上水时，即为严重缺水。

二、造成缺水的原因

1.由于运行人员的疏忽大意，违反操作规程或误操作，对水位的监视不够和未能及时调整进水；

2.水位表本身缺陷：如旋塞或玻璃板（管）泄漏，水位表水联管堵塞等；

3.给水机械或给水管路发生故障，或由于负荷突然增加，未及时启动给水泵或加大进水量；

4.给水管路设计不合理，并列运行的锅炉增加用水，相互间联系不够，以致造成缺水；

5.未及时发现锅炉排污阀漏泄，排污时操作人员联系不够或忘关排污阀；

6.锅炉受热面或省煤器管子破裂，未及时发现；

7.有给水自动调节器的锅炉，给水自动调节器失灵，而未能及时注意改为手动。

三、锅炉缺水时的处理

1.在锅炉运行中，水位下降，虽经加大进水，仍维持不住正常水位时，应详细检查锅炉所有排污阀，是否关闭严密与完好。检查省煤器及受热面管子是否破裂。如发现大量漏水时，应报告值班长，降低负荷，并应立即紧急停炉，进行必要处理。

2.如锅炉水位表内已看不到水位时，应立即采取以下措施：

（1）首先进行水位表的冲洗，用“叫水法”检查缺水的程度；

（2）如经“叫水”后，水位表内仍然见不到水位出现时，则应立即紧急停炉，严禁向炉内进水，以免引起锅炉爆炸。并将情况迅速报告有关领导。

第四节　满　水　事　故

锅炉满水事故，是一种常见锅炉事故。在没有过热器的锅炉中，当发现满水时，会降低蒸汽质量。严重时，会使蒸汽管路中发现大量炉水，造成对用汽单位的设备与产品的不同程度影响或损坏；在装有过热器的锅炉中，锅炉满水时，将造成过热器的结垢、淬火与损坏，降低过热蒸汽品质，影响正常供汽。装设高低水位警报器的另一个原因，也就是防止锅炉满水事故的发生。

一、锅炉满水象征

1.锅筒或锅壳内的水位超过规定的正常水位，水位警报器持续发出高水位信号；

2.过热蒸汽温度下降；

3.蒸汽的含盐量增大；

4.给水流量不正常地大于蒸汽流量；

5.严重满水时，蒸汽管内发生水冲击，连接法兰处向外冒汽滴水。

二、造成满水的原因

1.运行人员疏忽大意，违反操作规程，对水位的监视不够或误操作，是形成锅炉满水事故的主要原因；

2.水位表的缺陷。水位表由于汽水旋塞不严密、汽水联管堵塞或形成假水位，不能正确反映锅炉内的真实水位；

3.给水自动调节器失灵，且未及时改为手动操作。

三、锅炉满水时的处理

1.当锅炉汽压及给水压力正常，而锅筒内水位升高超过正常水位时，应采取以下措施：

（1）进行各个水位表的对照和冲洗，以检查确定水位指示的真实性；

（2）适当的关小给水控制阀，以减少给水量；

（3）将给水自动调节器，暂时改为手动调节。

2.经上述处理后，锅筒内水位仍在上升，并超过水位表最高界限时，可采取下列措施：

（1）开启锅炉房蒸汽管上的直接疏水门；

（2）开启锅炉下部定期排污阀进行排水；

（3）必要时可根据过热蒸汽温度，开启过热器疏水门；

（4）严重满水时，应紧急停炉。并停止向锅筒内进水，打开省煤器再循环门或打开省煤器旁路烟道。注意水位表水位变化加强放水。

第五节 汽水共腾

所谓汽水共腾，就是在水位表内未发现满水的情况下，锅炉蒸汽品质急骤降低，蒸汽携带大量炉水进入蒸汽管路。产生汽水共腾时，过热器易产生积垢、降低传热效果、增加锅炉房回水中含盐量，致使造成恶性循环（即用回水做为锅炉给水的一部分时，又使炉水品质恶化）；对于直接用汽部门，还会影响产品质量。

一、汽水共腾象征

水位表内水位剧烈波动，甚至看不清水位位置；过热蒸汽温度急速下降；蒸汽管内有严重水冲击现象和法兰连接处跑汽漏水；饱和蒸汽的含盐量急剧增加。

二、产生汽水共腾的原因

锅炉炉水水质超过正常标准，炉水碱度过高；炉水悬浮杂质太多，或有油污等物；当炉水品质不良时，外界负荷增加过急；锅炉排污量不够，排污间隔时间过长。

三、产生汽水共腾时的处理

1.降低负荷，减少锅炉蒸发量；

2.完全开启锅炉连续排污阀，并开启锅炉下部定期排污阀门。同时，加强给水以逐渐换水，改善炉水品质；

3.打开过热器与蒸汽管路上的疏水门；

4.增加对炉水的分析次数，以指导换水工作；

5.如经上述处理，仍未恢复正常，可请示有关领导，停炉检查。

第六节 锅炉受热面管子的破裂

锅炉受热面管子破裂，仅指水冷壁管、主炉管的破裂。同时，包括这些管子的胀口、焊口的漏泄。而不包括过热器、省煤器及空气预热器管子的破裂。

一、锅炉受热面管破裂象征

1.锅炉水位表内水位迅速降低，蒸汽压力和给水压力下降。水管爆裂时并有响声；

2.炉膛及烟道内有汽水喷出声；

3.炉膛由负压变为正压。并在炉门及炉墙漏风处，喷出炉烟；

4.锅炉炉墙潮湿或漏水；细灰斗或灰渣斗内发现湿灰；

5.给水流量不正常地大于蒸汽流量；

6.排烟温度降低；

7.燃烧不稳定或在炉排上发现有大片黑煤堆。

二、锅炉受热面管破裂原因

1.水质不良。给水质量不合乎要求，对给水和炉水的质量监督不够，使管子结垢或腐蚀，造成管壁金属过热，以致破裂；

2.水循环破坏。安装或检修时，管子内部的脏物未得到清除；或由于管外结焦，受热不均匀，破坏了正常水循环；或因锅炉设计不合理，水循环不良，造成锅炉管子变形或爆裂；

3.受热面管子受机械损伤。如炉墙和吊碳未能按时进行检查和修理，致使耐火砖或大块焦渣跌落在管子上，砸破管子。或受热面管子在安装时，有较严重机械损伤，造成蒸汽在此处停滞，长时间过热运行，而使之发生鼓疱，以致破裂；

4.烟气长期磨损。受热面管子处于烟气转弯处或正面冲刷处，经长期运行被烟灰磨损而爆裂；

5.短路烟气磨损。因锅炉挡烟墙不严密，或长期失修，造成烟气短路，以致磨破管子；

6.因吹灰造成管子破裂。吹灰管安装不正确，吹灰孔长期对准管子某一部分，以致管子破裂。或因吹灰，造成受热面管子跑汽漏水后，又扩大邻近受热面管子的破裂；

7.集中给水，且给水导管位置不当。由于给水温度低，给水导管安装不正确，与炉水得不到良好混合。当混合不好的炉水进入管子时，常因温度不匀，使主炉管变形，致使胀口处造成环形裂纹漏水；

8.锅炉运行不符合操作规程。如不正确的生火方式，使锅炉各部分受热不均匀，或压火时，长期与蒸汽母管相连，引起汽水部分不均匀的加热，致使胀口产生有害应力，造成漏水；

9.热胀冷缩考虑不当，使之承受附加机械应力。如锅筒和联箱的支架安装不妥，管子或锅筒穿过砖墙时，预留间隙不够，阻碍了整个锅炉和管子的自由伸缩，致使胀口漏泄；

10.焊接质量不合格，材料质量不符要求，或锅炉结构有缺陷。

三、锅炉受热面管子破裂时的处理

1.如锅炉主炉管或水冷壁管发生严重爆裂，则需紧急停炉，并报告有关领导；

2.如有数台锅炉并列运行时，当发生爆管后，则应将故障锅炉与蒸汽母管截断；

3.如破管处漏水不很严重时，可继续通过省煤器给水，并维持锅炉正常水位。如漏水很严重无法维持水位时，则应紧急停炉。如数台锅炉并列运行，当故障锅炉加大给水，以致影响到其他锅炉正常运行时，则也应对故障锅炉停止给水，紧急停炉；

4.如主炉管或水冷壁管的损坏不大，即漏水量很小，并能继续维持正常水位时，则锅炉允许减低负荷，作短时间的继续运行，至备用锅炉很快投入运行时为止。如备用炉迟迟不能投入运行，且故障逐渐恶化时，也应进行紧急停炉。

第七节　省煤器管的破裂

系指工业锅炉常用的非沸腾式（可分式）铸铁省煤器的管子损坏，不包括钢管省煤器的管子损坏。

一、省煤器管破裂时象征

1.锅炉水位下降，给水流量不正常地大于蒸汽流量；

2.省煤器附近有异常响声；

3.炉墙漏风处和省煤器烟灰坑内或检查门处出现汽水，发现潮湿，影响通风；

4.进出省煤器烟气温差增大；

5.引风机处或后烟道内发现潮湿或积水；

6.有空气预热器的锅炉，空气预热器空气出口温度降低。

二、省煤器管破裂的原因

1.给水质量不良，使管壁逐渐腐蚀穿孔；

2.给水的温度和流量变化太大，省煤器管冷热偏差过大；

3.管子受飞灰的磨损，或烟灰坑内经常有积水侵蚀，管皮减薄，承压能力降低；

4.管子的铸造质量不良或连接处的安装质量太差。

三、对于省煤器管破裂时采取的措施

1.开启旁路烟道风闸板，关闭省煤器烟道进口风闸板，使烟气由旁路烟道入烟囱。并关闭省煤器的进口阀门，开启锅炉直接给水管路阀门，向炉内进水；

2.当故障省煤器与烟气、给水全部隔绝后，必要时可开启省煤器空气阀（或抬起安全阀），或开启省煤器排污阀，将省煤器中存水放掉；

3.如省煤器烟气进出口风闸板很严密，故障省煤器被隔绝后，则锅炉在运行中，可进行修理工作；如锅炉运行中，仍有烟气或给水部分地流过故障省煤器时，应停炉后再行检修；

4.在隔绝故障省煤器的情况下，锅炉运行时，应密切注意进入引风机的烟温，不应超过引风机铭牌规定，如超过时应降低锅炉负荷。

第八节　蒸汽过热器管的破裂

系指低压对流式蒸汽过热器的受热面管子损坏。

一、蒸汽过热器管破裂时象征

1.过热器附近有不正常的响声；

2.蒸汽流量不正常地小于给水流量；

3.有时从炉门、看火孔中间向外喷烟；

4.过热器后烟气温度降低；

5.过热蒸汽温度发生显著变化。

二、蒸汽过热器管破裂的原因

1.对炉水和蒸汽品质化学监督不严，汽水分离器效果不良，或经常满水、汽水共腾，在过热器管内结有盐垢，或检修时盐垢未得到彻底清理；

2.不正确的燃烧方式使火焰偏斜或延伸到过热器处，使过热器处烟温过高；

3.水冷壁管和第一排主炉管由于外部积灰和结焦，与烟气热交换能力减弱，致使过热器处烟温增高；

4.过热器进口联箱分配蒸汽不均匀、蒸汽流速过低或过热器管间有短路烟道；

5.过热器管材质不合格或安装不符规定；

6.过热器管内有杂物堵塞；

7.煤种改变引起汽温升高，而未及时处理；

8.锅炉长期处于低负荷运行，或锅炉给水温度长期偏低，过热蒸汽温度长期偏高。

三、蒸汽过热器管破裂时的处理

1.过热器管发生破裂，必须及时停炉修理。否则，喷出的过热蒸汽将影响邻管的安全，造成事故的扩大化，并延长停炉检修时间；

2.过热器管破裂不严重时，可短时间运行，到备用锅炉投入运行后或渡过生产的用汽高峰，再停炉检修。但要特别注意防止事故的扩大。

第九节　空气预热器管的破裂

现仅就常用的管式空气预热器管子破裂问题，做如下介绍。

一、空气预热器管破裂时象征

1.空气预热器出口烟气温度降低；

2.锅炉引风机负荷增加，空气预热器阻力加大

3.炉排下部进风风压、风量不足　炉膛燃烧用空气量不足；

4.空气预热器出口空气温度不正常地变化。

二、空气预热器管破裂的原因

1.由于进入空气预热器空气温度长期过低，致使含有较高二氧化硫的烟气结露，造成空气预热器管烟侧表面的亚硫酸腐蚀；

2.空气预热器长期受烟气中飞灰磨损，致使管端磨损，管壁变薄，直至破裂；

3.空气预热器管材质不良，耐腐蚀及耐磨性能太差。

三、空气预热器管破裂的处理

1.如管子破裂不严重，可待备用炉投入运行后，停炉检修；

2.如管子严重破裂，炉膛温度过低，无法继续运行，应立即停炉检查修理。

第十节　锅炉及管道内的水冲击

水冲击也称水锤现象。在水平或坡度较小管道内，由于流速高的蒸汽将管内凝结水带动或在大部分是水的管道内有空气或蒸汽阻塞，使水不能畅通，因此发生音响与振动。

一、省煤器内水冲击

1.省煤器内发生水冲击的原因：

（1）在生火时，由于省煤器空气阀未开足，或无空气阀，使省煤器上部存有空气；
（2）省煤器进口的给水逆止阀动作不灵或失效；
（3）非沸腾式省煤器出口水温过高，以致产生蒸汽。
2.省煤器发生水冲击时，应采取的措施：
（1）开启空气阀；
（2）延长生火时间（如有旁路烟道，应立即将烟气引入旁路）；
（3）检查给水管路上的止回阀动作情况；
（4）严格控制省煤器出口水温，提高给水流速。

二、下锅筒发生水冲击

下锅筒内发生水冲击的原因，主要是因为在生火期间，加热炉水的蒸汽装置使用或结构不良所致；如发生此现象时，应立即停止进汽加热。待响声停止后，再缓慢地继续加热。如仍有水冲击响声，应停止进汽，待停炉后进行检查。

三、蒸汽管路内发生水冲击

1.蒸汽管路内发生水冲击的原因：
（1）在送汽前没有很好的暖管或疏水；
（2）锅炉满水、汽水共腾或蒸汽湿度太大；
（3）管路支架损坏或安装不符合规定。
2.解决水冲击的措施：
（1）停止送汽，打开管路上疏水门，继续缓慢开启主汽阀，进行暖管、疏水工作；
（2）如锅炉范围内蒸汽管道发生水冲击，应开启过热器疏水门或蒸汽管的疏水门，进行疏水；
（3）检查锅筒内水位和过热蒸汽温度是否正常。控制其水面在正常水位和控制正常的过热蒸汽温度；
（4）检查管路上支架和吊架是否完好。

四、给水管路内发生水冲击

1.发生水冲击或震动的原因：
（1）给水管路中有空气存在；
（2）支吊架损坏或松动；
（3）给水泵运行不正常，逆止阀开闭失灵，引起给水压力的剧变；
（4）给水温度变化剧烈。
2.解决震动或冲击的措施：
根据问题产生的原因，针对性的采取解决措施。如锅炉有两路上水管时，应停止故障管路的运行，进行处理，启用备用管路，继续向锅炉给水。

第十一节　炉墙的损坏

锅炉炉墙的损坏，包括青（红）砖及耐火砖的局部跌落、开裂、结焦、鼓疱和倒塌等。

一、炉墙损坏的象征

1.在清炉、平火时，从炉排或从灰渣斗中，发现有跌落的耐火砖块或整块耐火砖。从耐火砖的形状及数量，可以大体判断损坏地点及严重程度；

2.锅炉顶部空心梁烧红、锅炉钢架主柱烧红、保护炉墙钢架变色等，均说明炉膛耐火砖不严密，或有开裂，或有掉落，以致倒塌；

3.炉墙与钢架、过墙管、炉墙转角处等石棉填料大量跌落，以致冷风侵入炉膛过多，影响炉膛温度的升高，锅炉无法带起负荷；

4.青（红）砖严重凸出、开裂，锅炉继续运行有倒塌危险。

二、炉墙损坏的原因

1.砌筑炉墙时，砖的质量不良，规格不一，耐火度低，强度不足，砖缝大小不一等．且超出标准要求。灰浆配制比例不符要求，耐火度低，砖的棱角不齐；

2.炉拱设计不合理，安装、检修质量不高。炉墙阻碍锅炉受压部件的正常膨胀；

3.安装或移装后，烘炉时间不足或升温过急，炉墙不够干燥，即升压供汽；冷炉点火时，生火时间太短；锅炉停开次数频繁，且每次停开较急，不符合规程要求；

4.经常使炉膛处于正压下运行，炉膛温度过高。或飞灰熔点低，炉膛挂焦严重。

三、炉墙损坏时的处理

1.对于钢架、空心梁烧红，炉墙有倒塌危险的情况，应紧急停炉。并组织人力、物力，迅速检修；

2.对于跌落少量耐火砖，外墙开裂，伸缩缝不严密等损坏，应加强运行中的检查，减少锅炉停开次数，延长生火、起压时间，暂时维持运行，待锅炉停用后检修；

3.炉墙有轻微损坏时，应严格控制炉膛在负压下运行。

第十二节 抛煤机故障

抛煤机的正常运行与否，直接关系到锅炉设备的运行。如果抛煤机发生故障，轻则造成汽压跌落、负荷减少，重则司炉人员还要以手工加煤，或造成锅炉无法继续运行。

一、抛煤机发生故障的象征

1.抛煤机转子虽然不停地转动，但却无煤抛出，或只将煤抛至炉门口附近；

2.抛煤机发出突然音响或突然停转；

3.抛煤机万向联轴节被折断，或电机被烧毁。

二、抛煤机发生故障的原因

1.转子、机件磨损严重，强度不足，以致损坏；

2.燃煤粒度过大或过小，不符合用煤要求，燃煤所含水分过大或过小，以致煤被堵塞或自流；

3.煤中异物将转子卡住，以致损坏；

4.缺乏经常性的维护保养，以致转动部分缺油磨坏。

三、抛煤机故障的处理

1.当多台抛煤机中一台发生故障时，应加大其余抛煤机给煤量，维持炉膛正常燃烧，迅速检修故障抛煤机；

2.对于因煤粒度、湿度造成的抛煤机故障，应设法采取针对性措施予以挽救，如仍无法排除故障，则应向有关领导及时反映；

3.对于被异物卡住时，应迅速将异物取出，继续运行；

4.若抛煤机故障一时难排除时，锅炉应甩掉负荷压火备用，抛煤机修复后，继续运行。

第十三节　链条炉排卡住停转

链条炉排转动部位较多，且受炉膛高温辐射，极易发生故障。唯以炉排卡住问题最突出，也最直接影响锅炉的正常运行。

一、链条炉排卡住的象征

1.炉排传动机构的保险接合器动作，或保险销折断；

2.炉排电动机的电流突然增大；

3.炉排停止走动；

4.减速器及传动部分发生不正常的撞击声。

二、炉排卡住停转的原因

1.炉排片断裂、烧坏、变形或边炉条损坏，销轴松动脱落，卡住炉排；

2.煤中金属杂物混入炉膛，卡住炉排；

3.炉排支架横梁弯曲或断裂；

4.炉排片装设排列错误，或炉排片制造不良，或炉排边密封条框的缺陷；

5.检修质量不好，前后轴不平行，致使炉排跑偏碰墙停转；

6.炉排链条太松或与主轴齿轮啮合不良。

三、防止炉排卡住的措施

1.定期清除风室积灰和漏煤，使通风畅通，以防炉排过热变形；

2.灰渣斗内灰渣，不要积存太高，要定时清除，以防炉排过热；

3.要经常检查炉排片与挡灰板，当有损坏的炉排片与挡灰板时，应及时更换；

4.要防止防焦箱周围结焦，以免卡住炉排；

5.随时注意炉排电动机的电流，如电流增大，则表示阻力增加，应设法检查消除。不允许随意拧紧炉排保险接合器的安全弹簧。

四、链条炉排卡住时的处理

遇到炉排卡住停止运转时，应将炉排反转倒退一段距离。根据倒退时用力的大小，可以推断出故障的轻重情况。如倒退时没有异常情况，倒转一段后可再重新启动，当电动机电流正常时，则可继续运行。如仍卡住时，则应停炉检查修理。

第九章 水质及其处理

第一节 天然水的来源及其性质

一、天然水的生成及分类

在地球上有四分之三的面积是水，四分之一的面积为陆地。在自然界里，水在不间断地、周而复始的循环着。地面的水，经过太阳的照射而蒸发，进入大气层后，由于气压、温度的变化，形成水滴，变为云，到一定的条件下，小水滴汇集而成雪、雨等降落到地面上，形成水流，进入渠道、河流、湖泊、流入海洋中。一部分渗入地下，形成地下水；一部分又蒸发，成为新的雪、雨。这种现象，称为水在自然界的循环。

天然水按其来源，可分为地表水与地下水两大类：

地表水：包括雨、雪、湖泊、江河、海洋等；

地下水：浅井水、深井水、泉水等。

天然水中，以雨、雪（即空降水）为最纯净。但由于在下降中与尘埃、气体相碰，仍包含氧（O_2）、二氧化碳（CO_2）、氮（N_2）、灰尘和其他杂质，其所含杂质成分视当地大气污染程度而定。雨水含硷土金属(指钙、镁)量很小，因此较软。其硬度在0.08～0.1毫克当量/升之间，蒸发残渣不超过30～40毫克/升；湖泊、江河所含悬浮物（指工业废弃物质，动、植物有机质，泥砂等）较多，雨季因雨水成分增加，故硬度较小，而悬浮物、沉淀物较多。冬季水质较硬，但悬浮物及沉淀物等杂质较少。因所流经地区不同，各流经区域又因石灰石、白云石，及石膏质等矿层不同，其水的含盐量、硬度差异较大；海水的特点是含有大量的溶解盐，高达3.5%，且以氯化钠及硫酸镁等盐类为主，总硬度可达50～70毫克当量/升。个别情况下，硬度高达200毫克当量/升以上；地下水一般不含悬浮物和有机物。但因流经矿层岩石，故所含盐分较大，尤以钙盐为主，镁盐次之。有的地下水硬度较大，达15毫克当量/升，甚至还有20毫克当量/升者，蒸发残渣达500～1500毫克/升之间。

天然水的质量，是由所含杂质的成分及多少所决定的。按照杂质的微粒成分及大小，可分为机械杂质、胶体物质和溶解物质三大类。机械杂质微粒的大小在2微米（千分之一毫米）以上。可分为飘浮的、悬浮的和沉淀的。由于微粒大小、比重的不同，属于草本植物等飘浮于水面，属于动植物有机体微小碎片或纤维，则悬浮于水中，属于泥沙、骨质多沉淀于水底；胶体物质微粒的大小在0.001～0.2微米之间，主要物质有铁、铝、硅的化合物以及动、植物的有机体分解产物——有机胶质；溶解物质则分散到分子或离子的程度，约为0.001微米以下。在天然水中呈溶解状态的物质有：氧（O_2）、二氧化碳(CO_2)、氮（N_2）、硫化氢（H_2S）等气体；氯化物［氯化钠——$NaCl$、氯化钙——$CaCl_2$、氯化镁——$MgCl_2$］，硫酸盐［硫酸钙——$CaSO_4$、硫酸镁——$MgSO_4$］，重碳酸盐［碳酸氢钙——$Ca(HCO_3)_2$、碳酸氢镁——$Mg(HCO_3)_2$、碳酸氢钠——$NaHCO_3$］，硅酸盐[硅酸钙——$CaSiO_3$、硅酸镁——$MgSiO_3$]及磷酸盐[磷酸三钠——Na_3PO_4]等盐类以及各种碳氢化合物。

二、溶解度与电解质

水是多种物质的良好溶剂。凡一种物质均匀分布在溶剂中，就叫做溶解。如糖溶化在水中，这种现象就叫溶解。水叫溶剂，糖叫溶质，溶解糖后的混合液体叫"糖的水溶液"。溶解于水中的物质有固体、液体和气体。部分物质在水中的溶解程度如表9-1所示。

几种物质在水中的溶解程度表　　表 9-1

溶解程度	固体	液体	气体
易溶	食糖、食盐	酒精、酸、碱	氯、氨
微溶	石膏、白垩	醚、苯	氧、二氧化碳
难溶	金属	汞、油	氢、氩

由于温度的关系，多数物质在水中的溶解度有一定的限度。在一定温度下，某溶液不能再继续溶解该物质时，则此溶液称为该物质的饱和溶液。这种现象称饱和状态。此时所溶物质的重量，叫做这种物质的"溶解度"。一些物质随着温度的增加溶解度增高，则称正溶解度；一些物质随着温度的增加，而溶解度降低，则称为负溶解度。一般重碳酸盐属于负溶解度物质，故在水处理中，预先将水加热到一定程度，这类物质就会随温度的升高而从水中沉淀出来。

某物质的溶液可导电者，则该物质称电解质，不能导电者叫非电解质。天然水中的溶解物大多是电解质。当电解质溶于水中时，其分子可分离为两种单纯带电荷的微粒离子，这种现象叫离解。带阳电荷的离子称阳离子，带阴电荷的离子称阴离子。当电流通过这种溶有电解质的水溶液时，阳离子向阴极移动，阴离子向阳极移动，即产生电解现象。在生产中金属电镀就是利用这一原理。凡金属与氢均为带阳电的阳离子，如钙、镁均是带两个阳电荷的阳电子，写作Ca^{++}，Mg^{++}，钠、钾是带一个阳电荷的阳离子，写做Na^+、K^+，氢是带一个阳电荷的阳离子，写做H^+。属于阴离子的为非金属的"酸根"及"氢氧根"。如氯根（Cl^-）、硫酸根（$SO_4^=$）、碳酸根（$CO_3^=$）、硅酸根（$SiO_3^=$）、磷酸根（$PO_4^{\equiv}$）、及氢氧根（OH^-）等。在化学中，为了表明离子所带电荷的数目，规定带一个电荷即称为"一价"，带两个电荷即称为"二价"，余此类推。因为氢在任何情况下均为一价，故也可看成某离子与几个氢原子化合，即为几价。如硫酸H_2SO_4其根SO_4是与两个氢原子化合的，则SO_4即为二价（阴离子）。

三、水的物理性质

纯水是无色、无味、无臭、透明的液体。在自然界中，由于水与其它物质接触，很难找到这种纯水。就是经过各种工业处理的水，也只能达到基本纯洁。

色度　主要因水中含有腐朽植物而变微黄、棕色或其他颜色。也有因受其他污染造成各种色泽的。色度的测量是同"标准铂钴色液"比较而定。多数天然水色度在15°～25°之间，个别池沼水有达50°～60°或以上者。

臭 水中的臭气，主要来源于动植物有机体的分解产物及其他环境污染造成的各种臭气。

味 水的味道常用正常、咸、苦、涩表示。主要由水中所含矿物、盐类及其他溶解质决定。表9-2中所示几种盐类及物质对水味道的影响。

水味与溶解物关系表 **表 9-2**

水中溶解物	溶解度范围（毫克/升）	水味
NaCl	150～250	咸
$MgCl_2$	150～200	稍苦
$MgSO_4$	200～300	稍苦
Fe	0.2～0.3	涩

水温 即天然水的温度。地表水在无冻期，一般在25°C以下；地下水常年在 8～10°C 之间（深井水、泉水与气候变化关系小，而浅井水则随气温变化而变化）。

透明度 由于水中含有悬浮物，则呈混浊，致使透明度降低。工业上常由测定透明度以求得悬浮物含量。水的透明度以“毫米水柱”表示。即利用一直径30毫米、高 500 毫米的圆筒，通过水在一定高度时，由筒上观察筒底标记。逐渐调整筒中水的高度，直至标记模糊时，记录其水柱高度，即为透明度。

四、水的化学性质

1.pH值 是表示水呈碱性还是酸性的重要指标。pH值的来源，要从水的分子构造谈起。水的分子结构为 H_2O，也可写成 H-O-H 形式，由于水分子中两个原子偏于一旁，呈[H][OH]状态。故水分子从其性质而言，可看成是两性化合物。若以电解质观点而言，水为一弱电解质。根据质量作用定律，当水离解达成平衡时，可得到下列关系。

$$\frac{[H^+]\times[OH^-]}{[H_2O]}=K$$

若未离解分子的浓度$[H_2O]$可以算做常数，因此上式可化为以下形式：

$$[H^+]\times[OH^-]=K_B$$

常数 K_B 称为水的离子积。在18°C时，中性溶液中，氢离子与氢氧离子相等，离子积等于10^{-14}克，即$[H^+]\times[OH^-]=10^{-14}$克，即$[H^+]=10^{-7}$克或$[OH^-]=10^{-7}$克。为了简化起见，采用共常用对数值以符号 pH 代表$[H^+]$，pOH 代表$[OH^-]$。如中性溶液，即写成 pH=7，即$[H^+]=10^{-7}$克，或 pOH=7，即$[OH^-]=10^{-7}$克。pH 值称氢离子浓度，在评定水质软硬及锅炉水处理技术上具有重大意义。

2.水的反应 有碱性、中性、酸性之分。其反应可用指示剂测定，如表 9-3 所示，也可用pH值表示。

若以 pH 表示，则：

中性反应	$pH=7$
酸性反应	$pH<7$
碱性反应	$pH>7$

水的反应表　　表9-3

指示剂名称	颜色		
	中性	酸性	碱性
蓝色石蕊试纸	蓝	玫瑰	蓝
红色石蕊试纸	红	红	天蓝
酚酞	无色	无色	紫
甲基橙	金黄	橙色	黄

实际应用中，评定水的反应，采用表9-4中标准。

水的反应实用标准表　　表9-4

pH 值	小于5.5	5.5～6.5	6.5～7.5	8.0～10	大于10
水的反应	强酸	弱酸	中性	弱碱	强碱

3.蒸发残渣　即溶于水中的矿物质及有机物的总含量。是指过滤后的水样在完全蒸发后，在温度105～110°C下残余物质的重量。以每升水中所含毫克数来衡量蒸发残渣的大小。

4.矿物残渣　即过滤水样中矿物质的总含量，以毫克/升表示。矿物残渣相当于水溶液中盐类的总含量，可由下列公式计算：

矿物残渣：

$$MO = Ca^{++} + Mg + Na^{+} + Cl + SO_4^{=} + NO_3 + CO_3^{=} + SiO_3^{=} + Fe_2O_3 + Al_2O_3 \text{（毫克/升）}$$

蒸发残渣与矿物残渣的重量差　即为有机物含量。由蒸发残渣及矿物残渣，可判断水的矿化程度和质量。蒸发残渣越高，水质越坏。蒸发残渣值超过1000毫克/升的水，已不适合锅炉给水要求，因为它能引起炉水起沫和汽水共腾，并造成锅炉金属的腐蚀。

5.耗氧量　是在过滤水样中，用间接方式来测定水中有机物含量的方法。耗氧量决定于水中有机物在规定条件下被氧化时，所消耗氧的重量。一般以一升水中所消耗氧（O_2）或高锰酸钾[$KMnO_4$]的毫克数来表示。

五、天然水中杂质对水质的影响

1.钙、镁　天然水中钙、镁均以不同化合物的形式，存在水中。水中所含钙、镁盐类多少及种类，决定水的硬度与水垢性质。钙、镁含量越大，则水的硬度越高，也就越不适宜做锅炉给水。

2.氯离子（Cl^-）　氯离子的含量决定于水中所含氯化物的多少。天然水中氯化物的来源，主要是水在流程中，与含有氯盐的矿层接触所致。一般天然水中平均氯含量15～55毫克/升，锅炉炉水中，含氯量过高(800～1200毫克/升)时，即可造成对锅炉金属的腐蚀。天然水中含氯量150～250毫克/升及以上时，不宜做锅炉给水。

3.硫酸盐（$SO_4^{=}$）　水中硫酸盐（$SO_4^{=}$），主要来源于矿物地层及有机质。石膏石

（$CaSO_4 \cdot 2H_2O$）为水中硫酸盐的主要成分，其含量以毫克/升表示。天然水中的硫酸盐平均含量为30～75毫克/升。锅炉给水及炉水中含有较高的硫酸盐时，在受热面上易产生石膏质水垢。

4.亚硝酸盐（NO_2^-） 天然水中存在有亚硝酸盐时，表明水的矿化过程尚在初期阶段，或经常进入有机质，其含量以毫克/升表示。

5.硝酸盐（NO_3^-） 天然水中硝酸盐可能来自矿物质或有机物，它是一切含氮物质氧化后的最后产物。在洁净的天然水中，硝酸盐与亚硝酸盐通常是没有的或仅有极少含量（溶有大量含氮的矿物质的水除外）。在水的工业分析中，很少测定这两个项目。但对于使用遭受严重污染的工业用水，做为锅炉给水，能在锅炉中放出多量的氨，使黄铜阀及零件遭受腐蚀。这时，应测定蒸汽中氨的含量。

6.氨（NH_3） 主要来源于水中有机物质。当河水中含氮物蛋白质分解时，则产生氨。氨是在腐烂植物、硫化物、硝酸盐等相互作用下的还原产物，氨的含量以毫克/升表示。氨除对黄铜件易造成严重腐蚀外，炉水中含有氨时，还易引起炉水发泡、汽水共腾现象。

7.硫化氢（H_2S） 天然水中含硫化氢（H_2S）甚少，但少数天然水也偶尔存在。它的来源是由矿物质而来，即从石膏地层还原产生。也有的由有机质而来，因水中腐烂植物能使硫酸盐变为硫化氢。其含量以毫克/升表示。水中若有0.5毫克/升硫化氢已能察觉，若达1毫克/升即有显著的臭蛋味。含有硫化氢的水，若作为锅炉用水，会引起金属的严重腐蚀。

8.氧（O_2） 在天然水中多溶解有氧。氧存在于水中，对于钢、铁、铜等金属具有不同的腐蚀作用。pH值较低的水能促进溶解氧的侵蚀，而pH值较高的水可使这种作用减缓。当水温升高，但不足以使溶解氧由水中析出时，侵蚀作用的速度有很大增加，所以在热水管和凝结水管中氧腐蚀较为严重。根据经验得知，这个温度大约在60～80℃之间。溶解氧的腐蚀只有在水溶液中才能发生，所以含有氧的干蒸汽对于钢板及钢管，并不具有侵蚀作用。溶解氧的腐蚀是锅炉金属面腐蚀的主要的和常见的原因。

9.二氧化碳（CO_2） 也称碳酸气。大多数的天然水中都有游离的二氧化碳存在。二氧化碳来源于吸收大气中二氧化碳、水中有机物不断分解等。水中二氧化碳较高时，则呈酸性反应，因此对金属具有较强烈的腐蚀。特别是水中溶解氧含量较大时，二氧化碳是使溶解氧加速侵蚀金属的催化剂。所以含有溶解氧的水，如果它的二氧化碳含量与碱度之比越大，则对金属的侵蚀性越大。

11.二氧化硅（SiO_2） 在所有的天然水中均能发现，其含量差异较大。在江河水中，二氧化硅在一年期间内的变化很大，其含量有时相差数十倍。二氧化硅水垢，一般是非常坚硬的，且呈透明或半透明状态，类似玻璃。用机械方法清洗这类水垢，要比清洗一般碳酸盐水垢多花费几倍的工时。这种水垢的导热性能极差，会使受热面失去传热作用，以致造成过热而损坏。

12.铁（Fe） 在天然水中，含铁量小于0.1毫克/升时，并无影响。当超过0.3毫克/升时，水即有涩味，并且混浊昏暗。地下水含有铁时，在空气中时间较长，也有产生红色氢氧化铁沉淀的。含有重碳酸铁的水，在水管中也会产生对铁的侵蚀。

由此可知，天然水的质量，决定于杂质的类别和含量。含杂质越多的水，其质量越差。表9-5为水中各种杂质对锅炉的影响与危害。

水中杂质对锅炉的影响与危害表 **表 9-5**

杂质名称	化学符号	影响和危害
溶解氧	O_2	腐蚀金属
二氧化碳	CO_2	腐蚀金属
硫化氢	H_2S	腐蚀金属
重碳酸钙	$Ca(HCO_3)_2$	生成水垢
重碳酸镁	$Mg(HCO_3)_2$	生成水垢
重碳酸铁	$Fe(HCO_3)_2$	生成水垢、腐蚀金属
硅酸氢钙	$Ca(HSiO_3)_2$	生成水垢
硫酸钙	$CaSO_4$	生成水垢
硫酸镁	$MgSO_4$	生成水垢、腐蚀金属
硅酸钙	$CaSiO_3$	生成水垢
氯化钙	$CaCl_2$	生成水垢、腐蚀金属
氯化镁	$MgCl_2$	生成水垢、腐蚀金属
硝酸钙	$Ca(NO_3)_2$	生成水垢
硝酸镁	$Mg(NO_3)_2$	生成水垢
氯化钠	$NaCl$	腐蚀金属
硫酸钠	Na_2SO_4	汽水共腾
重碳酸钠	$NaHCO_3$	腐蚀金属、汽水共腾
碳酸钠	Na_2CO_3	腐蚀金属、汽水共腾
有机物	—	汽水共腾
油类	—	生成水垢、汽水共腾
矿物酸(无机酸)	—	腐蚀金属
悬浮物	—	生成水垢、汽水共腾

六、水的硬度与碱度

1.硬度 水中含有水垢生成物的含量，即含有钙、镁化合物的数量多少，称水的硬度。水的硬度可分：总硬度；碳酸盐硬度（暂时硬度）、非碳酸盐硬度（永久硬度）；钙硬度及镁硬度。

总硬度等于碳酸盐硬度与非碳酸盐硬度之和。碳酸盐硬度，主要指水中含有重碳酸钙[$Ca(HCO_3)_2$]及重碳酸镁[$Mg(HCO_3)_2$]的含量多少，即重碳酸盐的含量。这些重碳酸盐遇热后即分解。即当水达到沸点时，分解为碳酸钙沉淀及松软无定形的氢氧化镁。其反应如下：

$$Ca(HCO_3)_2 \xrightarrow{\text{遇热}} CaCO_3\downarrow + H_2O + CO_2\uparrow$$

$$Mg(HCO_3)_2 \xrightarrow{\text{遇热}} MgCO_3 + H_2O + CO_2\uparrow$$

$$MgCO_3 + 2H_2O \longrightarrow Mg(OH)_2\downarrow + H_2O + CO_2\uparrow$$

非碳酸盐硬度，主要指溶于水的氯化镁（$MgCl_2$）、氯化钙（$CaCl_2$）、硫酸镁（$MgSO_4$）、硫酸钙（$CaSO_4$）、硅酸镁（$MgSiO_3$）、硅酸钙（$CaSiO_3$）等非碳酸盐的钙镁盐类。

总硬度又等于钙硬度与镁硬度之和。钙硬度是把水中所有钙盐归为一类，称钙硬度；

镁硬度是把水中所有镁盐归为一类，称镁硬度。

硬度的单位很多，常用的有毫克当量/升，即在一升中含有一个28毫克的氧化钙（CaO），即称为一毫克当量/升；德国度，简称度，即在10000份水中含有1份氧化钙（CaO），即称为一度，也即在一升水中含有一个10毫克的氧化钙（CaO），即称为一度。各种单位换算关系如表9-6所示。

硬度换算表 表 9-6

	毫克当量/升	度				P、P、M
	公制	德国制	英国制	美国制	法国制	万国制
	1毫克当量CaO	1份CaO	1份$CaCO_3$	1格兰$CaCO_3$	1份$CaCO_3$	1份$CaCO_3$
	1升水中	10^5份水中	7×10^4份水中	1美加仑水中	10^5份水中	10^6份水中
毫克当量/升	1	2.8	3.5	2.91	5.01	50.1
德国制	0.36	1	1.25	1.04	1.79	17.9
英国制	0.29	0.8	1	0.83	1.43	14.3
美国制	0.35	0.96	1.2	1	1.72	17.2
法国制	0.2	0.56	0.7	0.58	1	10
万国制 (P、P、M)	0.02	0.056	0.07	0.058	0.1	1

硬度大的水，易产生水垢，不宜直接做锅炉用水。需经软化后，才可使用。

2.碱度 水中氢氧根（OH^-）、碳酸根（$CO_3^{=}$）及重碳酸根（HCO_3^-）的总含量，称水的总碱度。水的总碱度是由氢氧化钠（NaOH）即火碱，碳酸钠（Na_2CO_3）即碱面和重碳酸钠（$NaHCO_3$）即苏打的含量决定的。因此，总碱度也可看做是氢氧根碱度、碳酸根碱度和重碳酸根碱度所组成。

碱度的单位与硬度相同。1毫克当量/升碱度相当于每升水中含40毫克的氢氧化钠（NaOH），或相当于每升水中含53毫克的碳酸钠（Na_2CO_3），或相当于每升水中含84.02毫克的重碳酸钠（$NaHCO_3$）。

炉水中保持适当的碱度可以防止水垢生长及减缓氧及二氧化碳对金属的腐蚀。但对于铆接锅炉或管子胀口，在有漏泄的情况下，炉水碱度较高，易产生碱腐蚀，即苛性脆化。

锅炉给水与炉水水质标准，如表9-7所示。

锅炉给水、炉水水质指标表 表 9-7

锅炉型式	过热器	水冷壁	给水				炉水	
			总硬度（毫克当量/升）	含氧量（毫克/升）	含油量（毫克/升）	pH值	碱度（毫克当量/升）	含盐量（毫克/升）
水管锅炉	有	有	<0.035	0.05	2	7～8.5	12.5	2500
		无	<0.035	0.05	2		14.0	2500
火管锅炉	无	有	<0.100	0.10	5	7～8.5	14.0	5000
		无	<0.300	0.10	5		18.0	5000
锅壳锅炉	—	—	<0.500	—	5	7～8.5	23.0	5000

注：1.本表适用于1公斤/厘米^{2}以上，但不大于25公斤/厘米^{2}压力的锅炉；
2.炉水相对碱度应小于20%（即NaOH/溶解固形物值小于0.2）。

第二节　水垢的生成与危害

一、水垢生成的原因

水垢可分积结在受热面上的坚硬或松软水垢和沉积在锅炉下部的泥垢。生成水垢的根本原因，主要是锅炉给水中含有一定数量的钙、镁盐类，在锅炉内部受汽压、温度等物理变化和化学变化，而生成各种类型的水垢。水垢是怎样生成的呢？

1.给水中某些溶解盐类，由于炉水温度升高，而溶解度急骤降低，从水中分解沉淀出来。如硫酸钙、硅酸钙在温度升高时，其溶解度急骤降低，重碳酸钙和重碳酸镁遇热后分解为难溶的碳酸钙和氢氧化镁的沉淀物；

2.锅炉在连续给水、连续蒸发的过程中，纯净的水变为蒸汽由锅炉中送出，将给水中所含的盐类留在炉内，因此，炉水含盐量不断升高，以致浓缩。使炉水含盐程度达到饱和状态甚至过饱和状态时，一些钙、镁盐类由水中析出，生成沉淀物；

3.不同盐类在炉水中相互作用，产生难于溶解的化合物，形成新的水垢条件。

这些沉淀物，其中一部分粘结在受热强度较大的受热面上，形成坚硬或松软的水垢；另外一部分，则悬浮在炉水中，随炉水循环而流动。这部分悬浮在炉水中的沉渣，其一，在当受热面处水循环不良、流速较低或成“死水”的角落，则沉积在受热面上，形成所谓二次水垢；其二，沉淀于锅筒（锅壳）、联箱下部，形成泥垢，随定期排污而排出炉外。

二、水垢的种类

1.碳酸盐水垢　是较常见的一种水垢。这种水垢，以钙和镁的碳酸盐为主。按其生成条件不同，水垢结构也不同，它可以是坚硬的“锅石”，也可以是疏松海绵状的软质水垢。一般水垢中碳酸钙和碳酸镁含量在50%以上，称为碳酸盐水垢。它主要沉积在温度低和蒸发率不高的部位和省煤器、加热器、给水管道中。当炉水连续蒸发时，钙、镁碳酸盐化合物常生成坚实的结晶状水垢，在炉水剧烈沸腾的条件下，碳酸钙常沉淀成较厚的泥垢。一般碳酸盐水垢的比重是2.37。

2.硫酸盐水垢　它是一种组织致密、较坚硬的水垢。主要积结在温度最高、蒸发率最大的锅炉受热面上。一般水垢中硫酸钙含量大于50%时，称为硫酸盐水垢。对于长期采用高含量硫酸钙与高含量非碳酸盐硬度的给水，还会产生鳞状水垢，这种水垢的导热系数比通常的硫酸盐水垢要低2～3倍。硫酸盐水垢较碳酸盐水垢结构坚实，比重达2.6。

3.硅酸盐水垢　这种水垢具有非常大的坚硬度和很小的导热系数，是对锅炉受热面危害最大的一种水垢。主要沉积在受热强度较大的锅炉受热面上，其成分为水化硅酸钙（$5CaO\cdot 5SiO_2\cdot H_2O$）、硅灰石（$CaSiO_3$）和镁橄榄石（$Mg_2SiO_4$）。一般含二氧化硅（$SiO_2$）在20～25%的水垢，即称为硅酸盐水垢。

4.混合水垢　其成分由硫酸钙、碳酸钙、碳酸镁、硅酸钙、硅酸镁和铁的氧化物等混合组成。根据给水中钙、镁盐类的不同成分与数量，其水垢性质也差异较大。如有的混和水垢中，掺有因金属腐蚀生成的三氧化二铁和四氧化三铁，铁的含量甚大，有的高达70～90%。因此，其导热系数与比重，也根据混合水垢物质组成成分而差异较大。

5.泥垢　主要指沉降在锅壳、锅筒与联箱下部的泥层和悬浮在炉水中的杂质。其成分有碳酸钙、碱性镁盐[$MgCO_3$、$Mg(OH)_2$]、磷酸镁、镁橄榄石（Mg_2SiO_4）、铁铝氧化物、有机质和悬浮物等。其中絮状的氢氧化镁、磷酸镁等成分，很容易粘附在蒸发面上，形成难以冲刷的二次水垢。

表9-8列举几种一般水垢的导热系数，供参考。

几种水垢的导热系数表　　表 9-8

水垢类型	水垢特征	导热系数 大卡/米·时·度
含油水垢	硬	0.1
硅酸盐水垢（含SiO_2 20～25%及以上）	硬、微透明	0.07～0.2
碳酸盐水垢（不产生结晶）	松软	0.2～1.0
碳酸盐水垢（坚实、结晶）	坚硬或粉状	0.5～5.0
硫酸盐水垢（含$CaSO_4 \geq 50\%$）	坚硬、质密	0.5～2.0

三、水垢的危害

锅炉受热面内部不论积存什么性质和任何厚度的水垢，均是有害的。但对于给水中含有较多有害气体，且没有除氧装置时，锅炉受热面积有较薄的水垢（0.5毫米以下），对于防止金属腐蚀，是有一定保护作用的。从长远的经济与安全角度来衡量，这种作法也是权宜之计，根本的出路还要对给水进行除氧，使受热面清洁为好。

水垢的危害，主要有下列数点：

1.增加锅炉耗煤量　由于水垢的导热系数比钢板的导热系数（50大卡/米·时·度）低10～800倍，因此，当锅炉受热面内表面结有水垢时，为了保持受热面的蒸发强度，就要多供给热量，增加锅炉的耗煤量。且由于传热效率的降低，锅炉排烟温度也相应提高，增加了热量损失，降低了锅炉效率。据有关文件指出，当水垢厚1毫米，即浪费煤炭7.8%，降低热效率8～9%；

2.降低受热面金属强度　钢板的机械强度是随着温度的升高而减少的。当低碳钢钢板温度超过315°C时，其机械应力即达到屈服点，如超过450°C时，钢板即产生蠕变。故当锅炉受热面内表面结有导热性差、且较厚的水垢时，受热面钢板不能被炉水所冷却，则易产生钢板过热、变形、龟裂、甚至爆裂事故。常见的卧式外燃回火管锅炉锅壳前下部，由于蒸发强度高积垢较多极易发生凸出变形；水管锅炉水冷壁或主炉管，也有因结垢较厚、金属过热而发生爆管事故的。如水管内部结有3毫米厚水垢、管壁温度会由280°C（当工作压力为10公斤/厘米^{2}时）增至580°C，钢材抗拉强度会从40公斤/毫米^{2}降到10公斤/毫米^2，造成钢管爆裂；

3.降低锅炉设备利用率　由于水垢的生成，就要定期进行机械清洗或化学除垢。如果使用人工清理水垢，一台2吨/时兰开夏锅炉就要花费120个工时，停产数天，造成对工业生产的直接影响。

4.缩短锅炉使用寿命　由于要清理受热面上的水垢，无论采用机械方法或化学方法，均对钢材产生损害，或造成机械硬痕，或腐蚀金属表面，以致缩短锅炉使用寿命。

第三节　炉内水处理

炉内水处理，是小型火筒锅炉及烟管锅炉改善给水品质的主要方法。这种方法是以生水为给水、经过加热或加药，产生化学变化，使水中的水垢生成物在炉内转化为泥垢或沉渣，沉淀到锅炉底部，通过定期排污排出炉外。这种方法所需加药设备简单，管理维护投资费用少，占地面积不大，勿需专门的化验人员，可由司炉人员直接操作运行。采用炉内水处理时，要符合下列条件：锅炉无水冷壁，锅炉无过热器，对蒸汽品质要求不高；锅炉本体单位受热面的存水量须大于50公斤/米^2，否则受热面局部沉渣过多，将影响锅炉的安全运行；一般生水总硬度在6～8毫克当量/升（15～23德国度）以下；锅炉蒸发量在4吨/时以下，且能控制炉水适当碱度，在运行中能排掉沉渣泥垢时，才可使用。

下面介绍几种常用的炉内水处理方法：

一、投 药 软 化

是一种方法简单、较为常用的炉内水处理方法。它是在锅炉给水前，将软化剂，也称防垢剂（磷酸三钠、氢氧化钠、碳酸钠和烤胶），根据生水的硬度及水量，按比例掺入，随同给水注入锅炉。软化剂中磷酸三钠（$Na_3PO_4 \cdot 12H_2O$），可促进老旧水垢脱落。在锅炉内表面与金属作用，生成一层金属保护膜（磷酸亚铁），可防止钢板腐蚀。与水中钙化合生成磷酸三钙[$Ca_3(PO_4)_2$]，成为具有高度分散的胶体微粒，可作为锅炉补给水结晶的中心，免去一部分受热面结垢的可能；软化剂中氢氧化钠也称火碱（NaOH），可消除水中的镁硬度，生成氢氧化镁的沉淀，变为泥垢。使细小分散的碳酸钙稳定，并可阻止碳酸钙为锅炉金属所吸附生成水垢。维持炉水具有一定的碱度，防止金属产生酸性腐蚀；软化剂中的碳酸钠，也称碱面（Na_2CO_3）。能与钙化合生成碳酸钙，避免产生硫酸钙与硅酸钙水垢。生成的碳酸钙在一定碱度炉水中构成泥垢，而不粘附在受热面上；软化剂中的烤胶，可使炉水中悬浮的杂质与水垢凝聚，形成较大颗粒絮状物，沉积于锅炉下部。同时，烤胶与水中氧化合，还可防止溶解氧对金属的腐蚀。一般软化剂的剂量与给水总硬度有直接的关系。表9-9为软化剂使用量参考表。

炉内投药处理软化剂用量表 表 9-9

药品名称 \ 给水品质	给水的总硬度（德国度）					
	<5	5～10	10～15	15～20	20～25	25～30
磷酸三钠（克/吨水）	10	15	20	25	35	45
氢氧化钠（克/吨水）	3	5	7	9	12	15
碳酸钠（克/吨水）	22	30	38	46	53	65
烤胶（克/吨水）	5	5	5	5	5	5

有的单位仅使用单一的氢氧化钠，或仅使用磷酸三钠与碳酸钠两种药品做为软化剂。这要看给水的品质与炉水的情况而定，各有优缺点。仅仅使用氢氧化钠或碳酸钠，价格比较便宜，经常费用小，但是炉水碱度中氢氧根碱度加大，在当锅炉有长期漏泄处时，易产生金属的苛性脆化；单纯使用磷酸三钠，为了维持炉水的适当碱度，用量相应成倍增加，也不经济。总之，要根据具体情况，通过实践摸索较为适当的加药品种及加药量。

二、炉内热力软化

这是一种较炉外水处理投资少，具有一定软化效果的方法。它的主要原理是将给水的软化、除氧等一套处理方法，全部移到炉内蒸汽空间进行。

采用炉内热力软化的方法是有一定条件限制的。通过实践证明：当锅炉给水的暂时硬度大于永久硬度，给水总硬度在20德国度（一般 8～18 德国度为好）以下，且永久硬度中石膏盐类（$CaSO_4$）占较小比例（约为 3～5 德国度），同时，炉内蒸汽与水空间较大时，采用炉内热力软化法的效果较好。

炉内热力软化法（包括水的软化、澄清及除氧），在炉内由于给水受高温的作用，再经过一些简单的辅助装置，在给水与炉水混合前对给水进行了自动处理。

炉内热力软化法的化学反应是：当给水进入炉内加热后，发生重碳酸盐的分解：

$$Ca(HCO_3)_2 \xrightarrow{加热} CaCO_3\downarrow + CO_2\uparrow + H_2O$$

$$Mg(HCO_3)_2 \xrightarrow{加热} MgCO_3 + CO_2\uparrow + H_2O$$

在较高碱度炉水的条件下，$MgCO_3$会进一步分解：

$$MgCO_3 + H_2O \longrightarrow Mg(OH)_2\downarrow + CO_2$$

在炉水不断动荡和及时排出 CO_2 的情况下，上述反应不断加剧，所产生的 $CaCO_3$ 和 $Mg(OH)_2$ 松软水垢、水渣，经过沉淀即排出炉外。

炉内热力软化法的机械设备主要由反应器、输送管和沉渣室三部分组成。

1.反应器 是热力软化器的主要部件之一。给水进入反应器后，经过加热，使给水暂时硬度分解，并除去给水中 CO_2、O_2 等有害气体。

2.输送管 是向反应器输送炉水的装置。借以将炉水引入反应器内，以增加反应器内硫酸根含量，加速反应器内水渣的凝聚及沉淀。

3.沉渣室 是使给水在加热反应器产生沉淀后，尚未进入炉水前，一种澄清给水、使水渣沉淀的装置。

炉内热力软化法的优点是：装置简单，投资较少，正常运行无需专人管理；除具有防垢作用外，尚可将给水中有害气体除去，减少对锅炉金属的腐蚀。其缺点是：炉内热力软化法并不能防止炉内全部受热面不结垢，特别是给水永久硬度较大时，软化能力更低。

一般在采用炉内热力软化时，最好能配合加入一些磷酸盐，以增加炉水流动性。并可更好地防止对金属的腐蚀。

三、几种简易炉内软化法

炉内加药处理给水的原理是为了提高炉水碱度，使给水暂时硬度得以消除。并通过烤胶等有机胶质，使微小水渣凝聚，排出炉外。目前在国内一些单位使用的几种简易水处理，就是在加药处理的原理基础上产生的。

简易炉内软化法具有投资少、易掌握等优点，对于火管锅炉和一些水容量大、结构较简单的小型水管锅炉均可采用。

1.柞木法 柞木在放入炉内或回水池前，应将外部泥砂及皮屑清理洗净，截成小段，按木纹方向劈成粗60～140毫米木条，用铁丝或铁网包扎。柞木用量为，当给水硬度为10～12德国度时，每立方米炉水可放入 6～8 公斤。也可参考表 9-10．根据锅炉型式、水垢厚度与是否应用回水等条件，决定柞木用量及使用期限。在使用柞木软化过程中，不应每天进行排污，一般为10～15天定期排污一次，以保持炉水有一定柞木液浓度。

柞木处理给水的用量、期限参考表 表 9-10

锅炉型式及特点	水垢厚（毫米）	每次使用柞木量（公斤/吨水）		使用次数	每次使用期限（月）	
		使用回水	不用回水		使用回水	不用回水
兰开夏、康尼许等存水量大、蒸发率低的锅炉	无水垢	2	2		5	2～3
	1～3	4	6		2	2
	4～6	6	8	2～3	2	2
立式横火管、HH型等存水量小、蒸发率较高的锅炉	无水垢	8	12		5	2～3
	1～3	12	25	1	2	2
	4～6	25	30	2～3	2	2

2.烟秆法 采用烟秆法进行给水软化，在我国已有较长的历史。并且经许多单位使用，效果较好。不仅不产生新垢，而且对多年积存的老垢也有一定松软作用。同时，对金属也无腐蚀。

烟秆可以直接放入炉内，也可放入回水池内。烟秆运来后，首先应用冷水清洗外表泥沙，然后分10～15公斤为一捆，用铁丝捆绑或用铁网包裹。对于硬度为10～14度（德国度）的给水，每吨/时蒸发量可装入30～40公斤烟秆。在使用烟秆软化期间，应尽量减少排污。有的单位每24小时排污一次，也有的10～15天排污一次，这要看炉水是否有泡沫或炉水烟液浓度而定。一般每二个月至三个月更换一次烟秆。

3.石墨法 石墨是一种化学性能稳定的无机物。主要成分为元素碳。石墨不溶于水、酸和碱。碾磨很细的石墨粉，加入到锅炉内做为软化剂已在机车上早有应用，近几年在小型工业锅炉上也有推广。

利用石墨细粉软化给水的原理是：将比重为2.25粒度在140目以上的石墨细粉投入炉水内，由于炉水的循环，将石墨细粉带到炉内各部，并逐渐沉积在受热面和锅壳底部。当细粉落到受热面上时，就好象形成一层极薄的润滑层，新垢由于与金属间的附着力减少，因此不易积结；另外，石墨细粉在炉水中还因颗粒极微，成为悬浮钙镁化合物的凝聚核心，因此新产生的水垢也较松软；第二，由于石墨的化学性能稳定，不易与水中杂质化合，可长期以石墨状态存于锅壳内。因此，经过炉水的不断流动与循环，石墨细粉可进入钢板与老水垢的缝隙，减低老水垢与金属的附着力，致使经过一定时间的作用，老水垢能自行脱落。

根据一般使用单位的实践，每吨/时锅炉蒸发量、给水硬度每一德国度投石墨细粉3克，每八小时投一次。

采用石墨法，根据炉水浓度应每班排污一次。由于石墨既不溶于水、酸和碱，化学性能又稳定，因此，产生的蒸汽无毒、无味，对工业生产无影响。

4.锌板法 锌板（实际是采用锌99%、铅0.193%的合金板）法软水处理，是无锡锅炉厂向小型锅炉用户介绍的一种简易炉内水处理方法。

锌板法的原理是：放入炉水中的锌板，利用微电池的原理，锌板起阴极作用，通过炉水中电解质的作用，使锌板遭受腐蚀，从而保护了锅炉钢板免受腐蚀。因未腐蚀的锅炉金属表面，没有腐蚀产物，从而使水垢不易积存。

锌板的规格是：厚25×长150×宽 300 毫米。炉水中放入锌板的数量，以每吨/时锅炉蒸发量 4 块为宜，约 2～3 个月检查清洗锌板表面一次，直到锌板减薄到 1～2 毫米厚为止（一般可使用 9～11 个月），再更换新板。

5.采用简易水处理注意事项

（1）采用简易水处理前，应用机械方法先行对老旧水垢进行清洗，以免锅炉运行后，造成大量水垢脱落，引起水循环通路与排污管路阻塞；

（2）采用简易水处理方法后，要在第一个月内进行一次内部检查，然后再继续运行。并且在采用前，最好做一些小型试验，根据水质情况，采取适宜方法；

（3）采用简易水处理期间，应注意炉水硬度、碱度及氯根的变化。同时要加强安全操作，摸索规律，注意总结经验。

第四节 炉外水处理

随着工业的发展，锅炉设备也随着向体积小、结构复杂、重量轻的方向发展。因此，对于给水品质的要求也日益严格。采用炉内处理方法已不能满足这种需要。目前，大、中型锅炉，甚至一些小型锅炉也都采用了炉外处理给水的方法。

锅炉给水质量，要求在水中不含机械杂质、泥沙，给水硬度要低到保证炉内不结垢，给水中不含有对金属钢板造成腐蚀的有害气体等。此外，给水中还不应含有油质等异物。而炉外水处理的任务，就是要达到清杂质、去硬度、除气体的目的。

炉外水处理的方法很多，随着科学的进展，水处理方法也有新的发展。在清除水中杂质方面，主要采用机械过滤和天然沉淀两种方法，或在给水中再投入一定量的凝聚药品，以获得更好效果。现仅就消除硬度及有害气体方面的处理原理及有关问题，介绍如下。

一、石灰软化法和石灰纯碱软化法

石灰软化法，是将生石灰（CaO）与水混合，生成氢氧化钙[$Ca(OH)_2$]，经过沉淀、过滤，制成石灰乳清液。根据被软化水的暂时硬度高低及流量大小，按比例掺入。石灰软化法，可消除水中的暂时硬度，但永久硬度未变（仅镁盐永硬转化为钙盐永硬）。经石灰软化法处理后的水，由于消除了暂时硬度，故水中碱度减小了。水中因重碳酸盐被析出，其总含盐量也随之减少。单纯采用石灰软化法处理后的水，还达不到锅炉用水的品质要求，因此，常把石灰软化法称为水软化过程中的“预处理”。其作用原理为：

$$Ca(OH)_2+Ca(HCO_3)_2 \longrightarrow 2CaCO_3\downarrow+2H_2O$$

$$Ca(OH)_2+Mg(HCO_3)_2 \longrightarrow 2CaCO_3\downarrow+Mg(OH)_2\downarrow+2H_2O$$

$$Ca(OH)_2+MgCl_2 \longrightarrow Mg(OH)_2\downarrow+CaCl_2$$

$$Ca(OH)_2+MgSO_4 \longrightarrow Mg(OH)_2\downarrow+CaSO_4$$

$$Ca(OH)_2+CO_2 \longrightarrow CaCO_3\downarrow+H_2O$$

采用石灰预处理时，所用工业石灰量，可由下式计算：

$$G=Q(H_{暂}+H_{镁}+K_{CO_2}+\alpha)\frac{28}{E}$$

式中 G——工业用石灰耗用量，克/时；

Q ——通过石灰处理的水量，吨/时；

$H_{暂}$——原水的暂时硬度值，毫克当量/升；

$H_{镁}$——原水的镁硬度值，毫克当量/升；

K_{CO_2}——水中游离的二氧化碳量，毫克当量/升；

α ——石灰过剩量，可在0.25～0.35毫克当量/升间选取；

E ——工业用石灰含CaO的百分数（%）；

28——CaO的当量值。

石灰纯碱软化法，是在石灰处理后的给水中，再投入适量的Na_2CO_3，以消除水中的永久硬度，适应锅炉给水要求。其作用原理如下：

$$Na_2CO_3+CaSO_4 \longrightarrow CaCO_3\downarrow+Na_2SO_4$$

$$Na_2CO_3+CaCl_2 \longrightarrow CaCO_3\downarrow+2NaCl$$

$$Na_2CO_3+MgSO_4 \longrightarrow MgCO_3+Na_2SO_4$$

$$Na_2CO_3+MgCl_2 \longrightarrow MgCO_3+2NaCl$$

所生成的$MgCO_3$由于石灰乳的作用，其反应如下：

$$MgCO_3+Ca(OH)_2 \longrightarrow CaCO_3\downarrow+Mg(OH)_2\downarrow$$

采用石灰纯碱软化法后，处理后的水其硬度还较大，且与水的温度有关。当水温为70～80°C时，处理后的水，硬度约在0.3～0.4毫克当量/升（合0.8～1.2德国度），因纯碱价格较高，设备庞大（有配水器、加热器、饱和器、加药器、分离器、过滤器和澄清器等），操作复杂，故一般采用者不多。

二、离子交换软化法

水中溶解的各种盐类，包括有钙、镁的硬度盐，在水中可以看做为阳离子（如Ca^{++}、Mg^{++}等）与阴离子根（如$SO_4^{=}$、Cl^-、$CO_3^{=}$等）的形式存在。为了消除水中的钙、镁硬度，我们利用另外一种不能生成垢类的阳离子（如Na^+）将钙、镁离子交换，生成难溶的钙、镁化合物而沉淀。这种方法叫离子交换软水法。

离子交换软水法，在工业锅炉上，通常使用钠离子交换法（也称阳离子交换法）。另外还有局部钠离子交换法、氢离子交换法、铵离子交换法以及利用钠离子与这些氢、铵组合的离子交换法等，其原理是相同的。不同的地方是采用钠离子交换处理后的水碱度高，其离子交换剂（即软化剂）是用食盐作为还原剂；而氢离子交换法后的水呈酸性反应，利用1.5～2.0%浓度的稀硫酸或稀盐酸溶液作为还原剂；铵离子交换法，软化后的水隐藏着酸性反应，在进入炉内受热后，才呈现酸性反应，并且，分解出一定的氨气与蒸汽一同进入管路。它是利用$(NH_4)_2SO_4$进行还原的。故氢、铵离子交换不能单独使用，一般均与钠离子交换法配合使用。此外，根据每种离子交换的特点及作用，还可组成单级或双级，互相配合选用。如在一般小型工业锅炉中，规模较大的多采用石灰与钠离子交换法配合的工艺，获得较好效果。而氢、铵离子交换由于需要管道防腐，单独搞一套加酸、储酸等设备，故尚未大量推广使用。

钠离子交换法的工作原理是：

$$2NaR+Ca(HCO_3)_2 \longrightarrow CaR_2+2NaHCO_3$$

$$2NaR+Mg(HCO_3)_2 \longrightarrow MgR_2+2NaHCO_3$$

几种阳离子交换剂特性表

表 9-11

名称	单位	天然沸石（海绿沙）一级	天然沸石（海绿沙）二级	天然沸石（海绿沙）三级	磺化煤		732号苯乙烯型强酸性树脂
外观	—	暗绿色或灰绿色颗粒			黑色颗粒		淡黄色至褐色球状颗粒
颗粒直径	毫米	0.2～1			0.5～1.2>80% 0.5以下<10%	0.3～0.7>80% 0.3以下<10%	0.3～1.2
堆积容重（干）	吨/米³	1.0～1.2	1.32～1.42		0.55～0.65		0.75～0.85（湿态）
全交换能力	克当量/米³	560	500		500	550	≥4500克当量/吨
工作交换能力	克当量/米³	285～360	180～270	110～150	230～320(Na^+) 200～300(H^+)	230～380(Na^+) 280～330(H^+)	1300～1500(Na^+) 1100～1300(H^+)
比耗盐（或耗酸）量	克/克当量	100～112		200～225	NaCl：160～180 HCl：80～90		NaCl：150～170 HCl：70～80
最高耐热温度	℃	35			40		100
膨胀率	%	3			11～15		—
适用的pH值范围	—	7左右			<8.5		不限
年耗损率	%	5～10			10～15		3～7
出厂价格	元/吨	500～800			1100		4000（湿态）

注：1.天然沸石只能做钠离子交换剂；
2.磺化煤或树脂用于铵离子交换时，其工作交换能力比表中Na型数值要高些。

$$2NaR + CaSO_4 \longrightarrow CaR_2 + Na_2SO_4$$
$$2NaR + MgSO_4 \longrightarrow MgR_2 + Na_2SO_4$$
$$2NaR + CaCl_2 \longrightarrow CaR_2 + 2NaCl$$
$$2NaR + MgCl_2 \longrightarrow MgR_2 + 2NaCl$$
$$2NaR + CaSiO_3 \longrightarrow CaR_2 + Na_2SiO_3$$
$$2NaR + MgSiO_3 \longrightarrow MgR_2 + Na_2SiO_3$$
$$2NaHCO_3 \xrightarrow{\text{遇热}} Na_2CO_3 + CO_2\uparrow + H_2O$$
$$Na_2CO_3 + H_2O \longrightarrow 2NaOH + CO_2\uparrow$$

式中NaR代表钠离子交换剂，R为复杂的阴离子团。

经过钠离子交换软化的水，其残余硬度在0.005～0.035毫克当量/升范围内。如原水中重碳酸钙或重碳酸镁含量较高时，处理后的水的碱度则较高。当送入锅炉后，相应使炉水碱度增高较快。为了控制炉水碱度，就需加大排污量，造成用水的浪费和热量的损失。个别单位的排污量有时达到锅炉蒸发量的30%，一般均在10～15%左右。

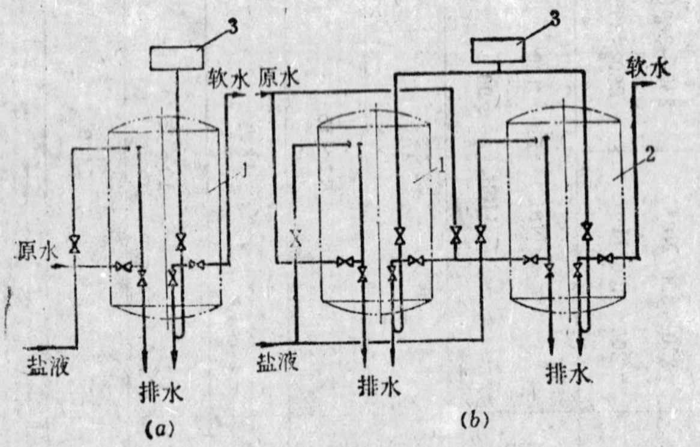

图 9-1 钠离子软化系统图

1—一级钠离子交换器；2—二级钠离子交换器；3—反洗水箱；
(a)—单级软化系统；(b)—双级软化系统

钠离子交换软化处理，可分单级软化与双级软化。一般单级软化，水质硬度可达到0.035毫克当量/升；双级软化，水质硬度可达到0.005毫克当量/升。软化系统如图9-1所示。

阳离子交换剂种类很多，现就几种主要交换剂的特性列于表9-11中，供参考。

第五节 水 的 除 氧

一、除 氧 的 作 用

在锅炉的给水中，含有许多溶解气体，如氧、氮、二氧化碳等。在所含气体中，有一部分无关紧要，也有一部分是有害的。这些有害气体（如氧、二氧化碳等），如果在进入锅炉前，不予以设法除去，将会对锅炉受热面金属造成腐蚀。因此，要进行锅炉给水的除气。在有害气体中，尤以氧对金属起主要腐蚀作用。因此，一般以对水的除氧来代表对有害气体的去除。也就是说，除氧是主要的任务。但在去除过程中，又不是仅除去水中溶解氧，也兼除去其他有害气体的作用。

二、除 氧 的 方 法

一般以大气式热力除氧为多，近些年来，又出现解析除氧、钢屑除氧（也称化学除氧）等方法。

1.大气式热力除氧 它是利用水中溶解的气体，随着温度的提高而降低在水中溶解度的原理而除氧的。表9-12为在标准大气压力下，水温升高时，空气、氧和氮在水中的溶解度值。

不同温度时，空气、氧及氮在水中的溶解度值　　表 9-12

温度（°C）	溶解度（毫克/升）				
	空气	=	氧	+	氮
0	28.64		10.19		18.45
5	25.21		8.91		16.30
10	22.37		7.87		14.50
15	20.11		7.04		13.07
20	18.26		6.35		11.91
25	16.71		5.75		10.96
30	15.39		5.24		10.15
40	13.15		4.48		8.67
50	11.40		3.85		7.55
60	9.78		3.28		6.50
80	6.00		1.97		4.03
100	0.00	=	0.00	+	0.00

由表中可以看出，水温越高，则气体在水中的溶解度越低。

大气式热力除氧器内，一般保持0.1～0.2表压力，除氧水温为102～104°C时，除氧效果最好。

大气式热力除氧器，包括除氧塔与除氧水箱两个主要组成部分。除氧塔是除氧的主要工作部分，其内部装设许多钻有小孔的水平淋水盘。除氧过程是：当需除氧的水，由除氧塔上部送入；在除氧塔下部送入压力为0.1～0.2表压力的蒸汽，使给水与蒸汽在淋水盘的孔洞部分及淋水空间相遇，加热给水，达到除氧效果。设置淋水盘的目的，就是使给水与蒸汽的接触面积增大，较易加热给水。除过氧的水，不断积存在除氧水箱中，通过锅炉给水泵，陆续送入锅炉。从给水中析出的氧、二氧化碳等有害气体，由除氧塔顶部排汽管排至大气。为了保证除氧效果，排汽管应直通室外，在排汽管有阀门时，应将阀门开足，且排汽管应经常有微量蒸汽冒出。一般排汽管冒出的蒸汽，约为送入除氧器总汽量的1%。

由于从大气式除氧器出来的水，具有102～104°C的温度，因此，锅炉给水泵应装在除氧水箱最低水位以下6～7米处。否则，给水泵会因水温太高，吸水管形成给水自然蒸发，不能工作；为了减少除氧用汽的流量，要求进入除氧前给水的温度不低于70°C。所以，有的锅炉房利用由连续排污来的水与汽，通过专门设置的水-水加热器与水-汽加热器，先行提高给水温度；大气式热力除氧器，应尽量装设蒸汽自动减压装置，以使进入除氧器的低压蒸汽压力基本衡定；装设给水自动调整器，以保持除氧水箱水位的稳定；此外，还应装设测量指示蒸汽压力的压力表，测量蒸汽、给水及除氧水箱内存水温度的温度表等。

在低压工业锅炉中，目前使用大气式热力除氧器的单位日益增多。在运行中，较为突出的一个问题是，除氧器进水温度不足70°C或达不到除氧后102～104°C的水温。原因是回水量较小，没有专门设置的给水加热器。或锅炉蒸发量有限，加热不足70°C的给水达102～104°C，且要消耗大量蒸汽。再者即使除氧后水温达到102～104°C，也不能直接送进铸铁省煤器，唯恐给水在省煤器中汽化，造成省煤器事故。有的单位为了达到良好除氧效果，甚至不装或甩掉省煤器，直接将102～104°C除氧水送入锅炉。虽然解决了除氧水温度的问题，但是锅炉排烟温度相应增高，锅炉热损失加大，热效率降低。我们认为在低压工业锅炉使用大气式热力除氧器时，可将给水（低于70°C）先行送入省煤器，使省煤器出口水温，控制在70°C左右，然后，接至除氧塔，待除氧后，将102～104°C的水直送锅炉内。这样，有如下几个好处：可不用专门装设给水的加热器，节省了设备投资；提高了进入除氧器的给水温度，减少了除氧器耗汽量；铸铁省煤器既无给水汽化造成事故的后患，又可相应提高锅炉效率。唯采用这种管路连接方法，省煤器已失去原有省煤器意义，成为预热给水的烟-水加热器了。

2.化学除氧法 即给水通过一定的化学反应，将氧除去。其中一个办法是加药（一般加6～9%浓度的亚硫酸钠溶液，使生成Na_2SO_4，以吸收水中溶解氧）；另一个办法是钢屑除氧（即给水经过存有钢屑的过滤装置，使氧与钢屑充分作用，生成Fe_3O_4，以消除给水中的氧）。但由于化学除氧法，在管理上问题较多，且有的效果不显著或者有某些副作用，因而在工业锅炉上使用还不广泛。

3.解吸除氧法 含有溶解氧的水与不含氧的气体强烈混合，以达到除氧的目的，称为解吸除氧。

在除氧过程中所需的无氧气体，是通过密闭的装有灼热的木炭的反应器得到的。一般将这个反应器装在烟道或炉膛内。解吸除氧的特点是：准备除氧的水不需要预热处理；设备投资小，占地面积少。但运行调整较烦琐，影响除氧的因素很多，又因除氧后水中CO_2含量增加，故未被大量采用。

第十章 锅炉的水压试验及热效率试验

第一节 锅炉水压试验

一、水压试验的目的

水压试验是对锅炉受压部件的一种检查性试验。它是保证锅炉安全运行的重要措施之一。

水压试验的第一个目的，就是检查锅炉受压部件的焊口、胀口、铆钉、铆缝及金属表面的严密性。如果发现上述各部位有漏水现象，应在修复后，才可正式投入运行；

水压试验的第二个目的，就是在水压试验压力下，金属不能有肉眼看到的残余变形（所谓残余变形，就是在水压试验压力下发生变形。当水压试验结束后，受压部件表面的变形，不能完全恢复原状）。

水压试验只是用来检查锅炉受压部件的严密性和有无残余变形的检查性试验。因此，绝对不能以水压试验压力决定锅炉的工作压力。有的单位对锅炉受压部件承压强度缺乏计算条件或对无铭牌的锅炉，以水压试验做为制定工作压力标准，这是非常错误的。

二、锅炉水压试验的种类

锅炉水压试验可分为两种：一种是试验压力等于锅炉最大允许工作压力的试验；一种是试验压力超过锅炉最大允许工作压力的试验。

从理论上讲，锅炉受压部件在水压试验时，作用于金属断面的力，需低于该材料屈服点的80%。也就是说，水压试验压力，应在金属材料屈服点以下。因此，在实际上，应尽量减少锅炉超压水压试验的次数，以免引起金属材料的变形。

一般工作压力下的水压试验，根据受热面内外部检查、检修前后或某种需要，可以随时进行。但超压水压试验，则是有条件的。一般当锅炉具有下列条件之一时，才可进行超压水压试验：

1.锅炉新装、移装或改装后；

2.锅炉停用一年以上，需要恢复运行前；

3.锅炉受热面经过重大修理：

（1）水冷壁管或主炉管拆换达总数的50%以上时；

（2）过热器管或省煤器管全部拆换时；

（3）锅筒（或锅壳）或联箱经挖补修理后；

（4）更换连续15个以上铆钉或更换同一条铆缝中全部铆钉总数的25%及以上时；

（5）除受热面管子外，锅炉受压部件经过焊接或较大面积堆焊后；

（6）更换锅筒、联箱（过热器、省煤器、水冷壁）后。

4.根据锅炉设备的具体情况，对受压部件有怀疑时，必须进行超压水压试验时。

上述情况，是对组装后的锅炉设备需进行超压水压试验的条件。而对于单件受压部件，则应在组装前或单独检修后，先进行超压水压试验，以保证整个锅炉超压水压试验合格，减少锅炉整体超压水压试验次数。如一般对阀门、水位表、省煤器管等，均应先做超压水压试验，待合格后，才予组装。

三、水压试验的合格标准

不论工作压力下的水压试验，还是超压水压试验，其合格标准为：

1.对于焊接锅炉，应在水压试验压力下维持5分钟，压力保持不变；对于铆接锅炉，应在水压试验压力下，维持20分钟，压力保持不变。所谓维持5分钟或20分钟，是指锅炉受压部分的水与试验泵的水完全隔离时，用炉内压力自然维持的。而绝不是用试验泵继续动作来维持的；

2.所有焊缝及受压部件表面没有水痕、水雾及任何漏水现象；所有铆缝、胀口，发现水痕，但水不流动（即不漏水），且能保持试验压力时；

3.在水压试验压力后，锅炉受压部件没有可用肉眼发现的残余变形。

在水压试验时，若为工作压力下水压试验，各部阀门及各种安全附件（安全阀、压力表、水位表）均应参加试验；若为超压水压试验，可将水位表汽、水旋塞关闭，拆去安全阀（特别是弹簧式安全阀），其余各部件同工作压力下水压试验相同，一并参加试压。

在水压试验中，如发现焊缝有水痕、水雾或漏水现象，应将缺陷处剔除，重新焊接，不允许用堆补的方法处理。处理后，重做水压试验。如果铆缝或胀口发现渗水、漏水时，应根据漏泄的数量及情况，决定是否再做试验。

对于胀口的漏泄，则应根据漏泄情况，结合安装或检修胀管记录，进行复胀。对于已复胀两次以上的胀口，则应详细检查管端有无裂纹及其他缺陷，复核胀管率，不允许再行复胀。对于仅有水痕，似流非流时，则可不予处理，在热状态下，将自行消除。对于铆缝处的漏水，应在锅筒或锅壳内进行捻缝，不允许在炉内有水时，在外部捻缝。因为在有水情况下，是不会捻得严密的。对于严重的漏水铆钉，如需重换时，应在拆钉后，对铆孔进行认真检查，再行铆合。

如果焊缝、铆缝或胀口均无漏泄时，而仅是人孔、手孔、法兰连接处、水位表旋塞等处漏水，则需在水压试验后，予以补修。根据漏水情况的严重程度，补修后，可不做或仅做工作压力的水压试验，而不再做超压水压试验。

四、水压试验前的准备工作

1.试验前应进行锅炉内外部检查：

（1）内部检查：新装或检修后锅炉，锅筒内应没有杂物、焊渣、污垢；检查焊缝、铆缝与胀口处有无腐蚀、裂纹；管端伸出长度、翻边角度是否符合要求；检查焊缝与扳边起点、弯曲部分起点、固定支点及焊缝间距离，是否符合要求，焊缝外观质量如何；检查铆缝质量、钉间距离、钉头形状与加工温度、外观等；检查受热面有无严重变形、腐蚀及过热现象等。

（2）外部检查：检查各种安全附件的数量、质量、口径、连接情况，是否符合规定；检查各部阀门是否安装齐全，操作灵活；检查锅炉各伸胀部位是否留有足够膨胀间隙；检查焊缝、铆缝的表面质量与连接缺陷；检查胀口部分有无过胀、裂纹等缺陷；检查受热面管子焊接质量，有无错口、咬肉、倾斜等缺陷；检查受热面管子有无严重弯曲、鼓疱、变色、变质；检查锅炉钢架、支架、托座等是否符合要求等。

（3）其他：检查焊工考试、焊条及焊接检验技术资料；检查安装或检修用金属材料的化学成分与机械性能技术资料；检查锅炉受压部件强度计算资料及历次检修与事故记录等。

对于运行锅炉，应在24小时之前停止使用（没有砖砌炉墙的锅炉，可适当缩短时间），待炉水温度自然冷却小于70°C后，排除炉水，并开启一切大小人孔、手孔。

如相邻锅炉仍在运行时，为了保证安全，应将被检查锅炉与运行锅炉水、汽、排污等系统完全隔绝。一般是将被检查锅炉的主汽阀、进水阀及排污阀用金属闷板暂时堵死。然后，将锅炉内部水垢污物彻底清理干净。

在锅炉外部，应将受热面的煤炱用扫帚、钢刷或空压机清理干净。

对于锅壳锅炉应将炉排全部拆掉，在清理受热面烟炱时，应特别注意将炉胆扳边接合处清理干净，以便检查圆周接缝。根据锅炉运行与保养情况，必要时，应拆去排污管处保护炉墙与锅壳接触部分的耐火砖数块，以便检查有无金属腐蚀情况。对于过墙部分水管、汽管，根据运行、保养情况，也应适当拆去部分石棉层及部分耐火砖，检查管子表面腐蚀情况。

对于水管锅炉，除应做好上述部位的准备外，还应清理挡烟墙、烟道死角部分烟灰，清理受热面结焦及灰壳，清理全部焊口与胀口的烟炱。

对于铆接锅炉，应注意清理受热面铆缝部分，以便细致检查。

按照中央劳动部"蒸汽锅炉安全监察规程"规定，锅炉在定期检验和特殊情况下，应进行超压水压试验。为了便于发现漏泄，有利于检修工作，也可对锅炉进行工作压力下的水压试验。

2.试验前应具备的条件：水压试验前，应将弹簧式安全阀拆下，用金属闷板将其出口堵死。修理研磨主汽阀、水位表旋塞、给水止回阀、给水控制阀、排污阀等一切在运行中承压的阀门与附件，以保持锅炉在水压试验期间压力维持不变。

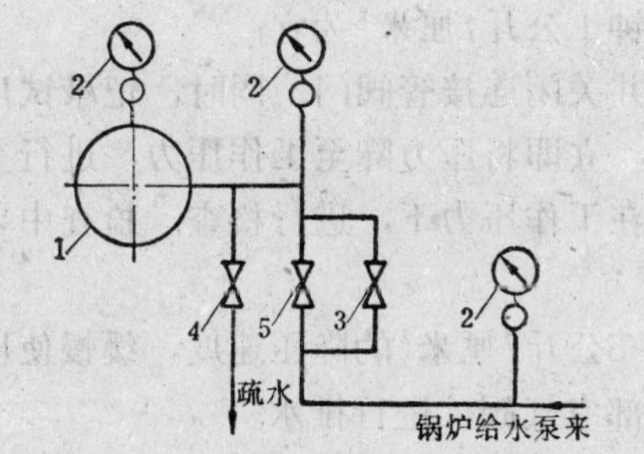

图 10-1　利用锅炉给水泵做为试验用泵管路图

1—锅筒；2—压力表；3—旁路控制阀门；4—疏水阀；5—锅炉进水阀

连接水压试验进水管路及排水管路；在锅炉最上部应设置空气阀；准备好试验用手压泵，或电动水压泵。不能用锅炉给水泵做为试验用泵。如条件不具备时，可在锅炉给水泵出口连接一小口径的旁通管，用针形阀控制，以防压力上升过快，如图10-1所示。

图中3为控制阀，4为疏水阀。用控制阀控制进水量，当进水量较大，压力升高较快时，应由疏水阀放出一部分水。在试验中，应由同一人控制这两个阀门，以保证升压速度缓慢。而阀门5应全闭。

锅炉中应注满清水，水的温度不宜过低。一般应比室温高出10～20°C。因为水温过低，会使金属外壁"出汗"妨碍发现胀口、铆缝漏泄的检查。但锅炉水压试验用水温度也不应过高，一般应不超过60°C。因为温度过高，易造成锅炉各部分不均匀的膨胀，使胀口松弛，且不易发现漏泄处水痕（因为水温过高，漏泄的水，在大气中即产生汽化）。锅炉进水时，应打开锅炉上部空气阀，以便排出锅筒内空气。当炉内存有空气时，则在水压试验时，压力表摇摆不定，不能超压。

锅炉进行水压试验时，应以锅炉顶部接出的压力表指示值为准。为此，应准备直径10～15毫米接头，以便安装经过校验准确的压力表。

3.水压试验的组织领导：工作压力或超压水压试验，应由一人统一负责指挥。试验前，应讲明水压试验压力及安全注意事项，使参加试验的每一个同志任务明确。同时，应根据技术力量及在场人数，划分检查区域，指定专人负责分区记录，统一汇总，使参加人员职责明确。水压试验的开始、升压速度、检查时间、维持时间、降压速度及结束工作等，均应由指挥人统一掌握。

五、水压试验的进行

1.在确认锅炉内已满水至空气阀，应关闭空气阀，启动试验用泵，开始加压；

2.当试验压力升至2～3公斤/厘米^{2}时，应暂停试验泵，检查各手孔、人孔等处有无漏泄现象，并应用工具加以扭紧。同时，检查胀口有无较大漏泄（有时，由于胀管中有遗漏未胀紧管头，此时，即大漏水）；

3.从常压到工作压力阶段，其升压速度应控制在每分钟2～3公斤/厘米^{2}范围内；

4.在升压过程中，当发现有较严重的漏水时，应随时停止升压，进行修复。如有轻微渗漏，可继续升压；

5.当试验压力达到工作压力后，应立即停泵，关闭试验泵与锅炉之间的阀门。负责监视压力表人员，应立即记录停泵时间，记录在5分钟或20分钟内压力下降数值。所有参加水压试验的工作人员，应进入各责任区认真检查，标出渗、漏的不同记号，分组记录；

6.对于超压水压试验，待工作压力下的检查完毕，可继续升压。如果在工作压力下，已发现有数量较多的焊口、铆缝或胀口漏水，且维持不住试验压力，则应停止升压，待进一步处理后，再做试验；

7.在超压水压试验阶段，升压速度以不超过每分钟1公斤/厘米^{2}为宜；

8.当达到超压试验压力后，应立即停止试验泵，并关闭连接管阀门。同时，记录试压时间及压力下降数值。当时间达到5分钟或20分钟时，立即将压力降至工作压力，进行全面检查。若检查时，压力降落较大，可用试验泵维持在工作压力下，进行检查。检查中要做出一些特殊标记，以区别工作压力下的漏水缺陷；

9.待检查工作结束后，锅炉应以每分钟不超过3～5公斤/厘米^{2}的降压速度，缓慢使压力降至压力表零位。若需将水放出时，应打开锅筒上部空气阀，进行排水。

六、水压试验中安全操作注意事项

1.在水压试验中，工作人员应远离漏水严重地点，以免在升压过程中，发生人身事故；

2.在超压阶段，工作人员不得在炉内工作或检查，以保证安全；

3.水压试验中，严禁用小锤敲击锅炉受压部件的焊缝，也不得进行铆缝、铆钉的捻缝工作；

4.当水压试验压力在3公斤/厘米^{2}以上时，严禁对人孔、手孔、法兰螺栓进行扭紧工作；

5.在检查各受压部件的漏泄情况时，应准备低压照明灯或手电，而不应用超过36伏的行灯；

6.水压试验时，周围室温应高于0℃，但最低不得低于－5℃。且试验中应抓紧时间进行，并应采取有效防冻措施。待试验结束后，应立即把水放净。

第二节　锅炉热效率试验

一、热效率的定义及试验的目的

锅炉在运行中，其热量的收支是平衡的。热量的收入，是指燃料在燃烧过程中放出的全部热量。热量的支出，主要是炉水变为蒸汽吸收的热量，其次就是锅炉各项热量的损失。燃料在燃烧中放出的热量，是与使用的燃料种类、通风情况，与空气混合情况、炉膛结构、操作水平等具有直接关系。锅炉的各项热损失包括排烟带走的热量，化学不完全燃烧损失热量，机械不完全燃烧损失热量和炉体向四周空气散失的热量等。如果锅炉的各项热损失越小，则用于产生蒸汽的热量就相应增多，因此，整个锅炉的热效率也就越高。

锅炉热平衡的形式，可用下式表示：

燃料燃烧放出的全部热量＝产生蒸汽所用热量＋各种热损失的总和。

为了便于比较各种锅炉的热效率，在计算热平衡与热效率中，均以每公斤燃料发热量为计算基础。即在每公斤燃料发热量为100％热量的基础上，衡量产生蒸汽所用热量，各种损失所消耗的热量，各占燃料发热量的百分比的大小。

若直接测出锅炉有效利用热量（即产生蒸汽所利用的热量）、每小时耗煤量和煤的低位发热量，通过计算得出的效率，称为锅炉的正平衡热效率。反之，若直接测出和计算出锅炉的各项热量损失，所得出的热效率，称为锅炉的反平衡热效率。对于中小型工业锅炉，一般采用正平衡方法求得锅炉热效率。但在试验中要保持压力、负荷一定，试验始末的燃烧、水位相同，即可测出较为准确的热效率。反平衡效率的试验方法，则在电厂中应用较为普遍。正反平衡两种热效率的测定方法，各有优缺点。正平衡方法，使用仪器设备较少，试验简单，但误差较大，且不能针对性地采取提高效率的措施。而反平衡方法，所用仪表计量器具较多，一般中小型工业锅炉难以达到这种测试水平。但准确性较高，且根据各项热损失的多少，可相应地采取有效改进措施，以提高锅炉效率。

图10-2为一台锅炉的热平衡示意图。

二、正平衡热效率的试验

对于一般中小型工业锅炉，计算正平衡热效率，可以采用下式：

$$\text{锅炉热效率}=\frac{\text{锅炉实际蒸发量}\times[(\text{蒸汽热焓}-\text{给水热焓})-\text{汽化潜热}\times\text{蒸汽湿度}]}{\text{实际耗煤量}\times\text{煤的低位发热量}}\%$$

即

$$\eta=\frac{D[(i''-i'_{gs})-r\cdot w]}{B\cdot Q_D} \qquad (10\text{-}1)$$

式中 D——锅炉实际蒸发量，公斤/时。

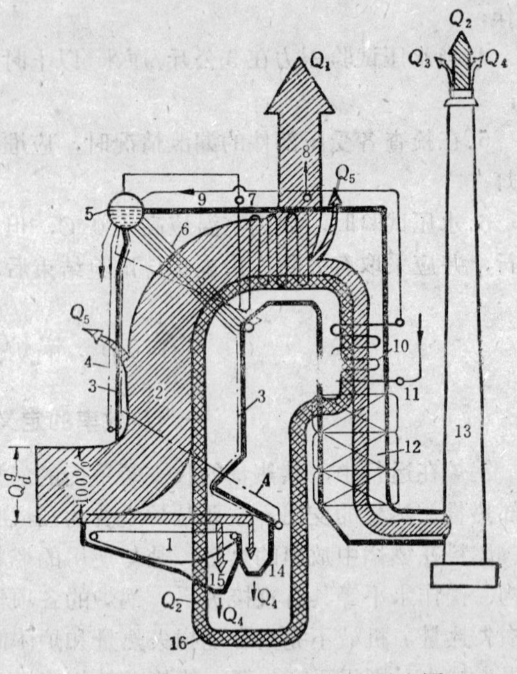

图 10-2 锅炉热平衡示意图

1—链条炉排；2—炉膛；3—水冷壁；4—水冷壁下降管；5—锅筒；6—排管；7—过热器；8—过热器出口；9—进水管；10—省煤器；11—省煤器进口；12—空气预热器；13—烟囱；14—灰渣斗；15—细灰斗；16—预热空气

小型工业锅炉蒸发量的测定，一般采用测量锅炉给水量的办法。对于间断给水的锅炉，可采用两个水箱交替使用的办法，轮流使用，最后根据水箱的耗水量，得出锅炉的实际蒸发量；对于连续给水的锅炉，应根据锅炉容量，选用大小相同的两个水箱或水池，轮流切换使用，在切换时，要有专人注意每次切换时水面变化，以便得出准确的蒸发量。为了使给水量与蒸发量一致，应注意在试验期间，给水管路及阀门不应有任何漏泄，连续排污阀与定期排污阀应关闭严密，不应进行排污。对于有蒸汽流量表或给水流量表的锅炉房，在试验前应认真校验这些流量表，使其误差值不超过±0.5～2%，才可使用；

i''——蒸汽热焓，大卡/公斤。对于无过热器锅炉，应根据试验期间锅炉压力，由饱和蒸汽性质表查出；对于有过热器锅炉，应根据试验期间锅炉压力与过热蒸汽温度，由过热蒸汽性质表查出；

i'_{gs}——给水热焓，大卡/公斤。可用玻璃温度计测出给水温度，由饱和蒸汽性质表查出；

r——汽化潜热，大卡/公斤。可根据锅炉工作压力，由饱和蒸汽性质表查出；

w——蒸汽湿度，%。即无过热器锅炉，蒸汽中所含水分的重量百分数。工业锅炉常用测量湿度的方法，是利用对蒸汽的采样，进行碱度化验。当饱和蒸汽中，不含水分时，即为干饱和蒸汽，则采样中就没有碱性反应；若含有水分时，则采样中，就出现碱性反应。碱度越大，则蒸汽湿度越大。蒸汽湿度值，可由下式计算：

$$蒸汽湿度=\frac{蒸汽碱度}{炉水碱度}\times 100\% \qquad (10\text{-}2)$$

在实测蒸汽湿度中，要注意在靠近锅炉主汽阀的位置，装设蒸汽取样器。采样时间，一般应为每15～20分钟一次。若试验期间，负荷变化较大，则应适当缩短采样时间，以提高其平均值的准确性。如没有条件装设取样器的大水容量锅炉，也可选用表10-1中经验值。

几 种 锅 炉 蒸 汽 湿 度 参 考 表　　表 10-1

锅 煤 型 式	蒸 汽 湿 度 (%)
WS(兰开夏)型	0～1
卧式外燃及卧式单火筒(康尼许)型	1～2
立式大横水管、立式多火管型	2～4
立式多横水管型	3～4
HH、FH、SZ、SH型	2～3

对于蒸汽空间较小、蒸发量较大的锅炉，蒸汽湿度较高。

当锅炉使用压力低于锅炉设计压力，在蒸发量不变的情况下，蒸汽从主汽阀引出的速度增加，从而也加大了蒸汽湿度。如一般快装锅炉，具有蒸汽空间小、蒸汽水分离设备简单、负荷波动较大等特点，故应对蒸汽湿度实际测量；

B——耗煤量，公斤/时。即在试验期间锅炉每小时的平均耗煤量。具体测量时，应在试验开始后，用煤要过秤，用多少记录多少，直至试验结束。然后用时间平均，得出每小时平均耗煤量。

为了测量准确，在试验前，应由专人将煤仓储量、炉排燃烧状况、煤层厚度、清炉后多长时间开始试验等情况，一一记录。并要求在试验结束前，以上各项内容，均应与试验开始时水平一致。以免由于基本情况出入较大使耗煤量产生误差。由此可看出，试验时间越长，则这种由于基本状况的出入所产生误差的影响，就会越小。

Q_D——煤的低位发热量，大卡/公斤。煤的低位发热量是通过一定重量煤的燃烧，用测热器量出。一般是用氧弹式测热器测量。也可由煤质成分，经过计算，求出煤的低位发热量。

在用测热器或分析煤质成分时，均需对煤进行取样。煤样要具有代表性。因此，在取样时，要由较大重量的煤中缩制出需要较少重量的试样。这较大重量的煤，可由煤秤前小车或输送皮带上采取，经过破碎、过筛、掺合和缩分等步骤，才能取得较小重量的实用煤样。一般采取的煤量要比实用煤样的重量大50～60倍。在破碎过程中，不应挑选剔除难于破碎的石块或黄铁矿等原煤所含物质。破碎、研磨时，不应用易磨损器具，以防改变煤质。在缩分时，一般采用四分法，如图10-3所示。留下的一半，再经掺合，继续缩分，直至获得需要重量的试样。

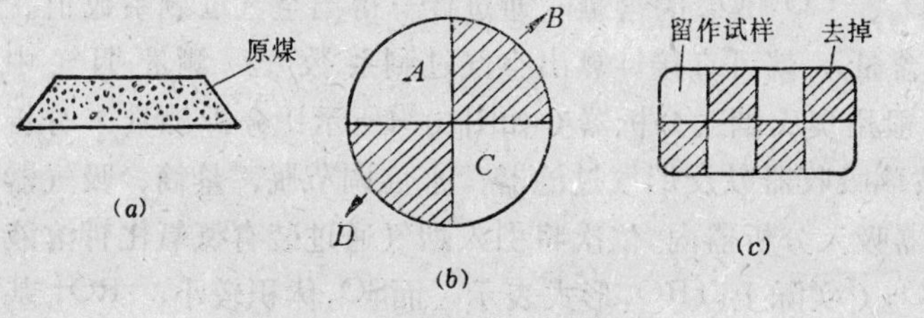

图 10-3　四分法缩分煤样图

三、反平衡热效率的试验

利用反平衡法试验热效率，一般适用于大、中型发电厂的锅炉。它具有较高的精确性，且能对各种热损失分别测出，针对热损失的项目，采取相应降低该项热量损失的措施，以提高锅炉效率。对于中小型工业锅炉来说，虽然利用反平衡法试验热效率，目前还有一定条件限制，但通过各项热损失的分析，对于中小型工业锅炉的经济运行仍是有一定指导意义的。

锅炉热效率=(100－各项热损失)%

各项热损失主要包括：排烟热损失（q_2%）；化学不完全燃烧热损失（q_3%）；机械不完全燃烧热损失（q_4%）和锅炉本体四周散热损失（q_5%）。现分别加以简要分析与介绍如下：

1.排烟热损失（q_2%） 排烟热损失是指锅炉在运行中，由烟囱排到大气中的烟气所带走的热量。这项热损失，主要由排烟的温度和排烟量决定的。

排烟温度越高，则排烟热损失越大。一般小型工业锅炉，如果排烟温度为300℃时，则这项热损失可达15%左右；排烟温度每降低12～15℃，则排烟热损失可降低1%。反之，温度每升高12～15℃，则增加1%。为了降低这项损失，一般采取增加尾部受热面的方法，如增设省煤器、空气预热器等。但增加尾部受热面也是有一定限度的，这要权衡降低热损失的受益和增加尾部受热面的投资、金属耗用量来决定。同时，无止境地降低排烟温度，相应会使烟气内水分结露，形成对尾部受热面的酸性腐蚀。因此，一般中小型锅炉的适宜排烟温度为160～200℃间。

排烟量越大，排烟热损失越大。排烟量的大小是与耗煤量、鼓风量、炉排火层匀整度、各部炉墙漏风量以及煤的品种等发生密切关系。当耗煤量大时，完全燃烧所需的空气量就增加。鼓风量的大小，从理论上要根据煤的品种质量决定的。而理论空气需要量，实际上仍然不能保证燃料的充分完全燃烧，因为进入炉膛的空气不可能与煤中的碳完全混合，因此，实际进风量要大于理论进风量。实际进风量与理论需要空气量的比值α，叫做空气过剩系数。空气过剩系数大，则排烟量大，热损失也就增加。由此可知，空气过剩系数的大小，是与排烟热损失发生直接关系的。空气过剩系数太小，则不能保证燃料的完全燃烧，要发生严重冒黑烟的现象。空气过剩系数的大小，是表示锅炉运行水平的重要标志。不同锅炉的炉膛空气过剩系数见表10-2所示。

几种不同类型锅炉的炉膛空气过剩系数值 表 10-2

型式	褐煤	烟煤	无烟煤
人工烧火锅炉	1.35～1.5	1.3～1.5	1.3～1.5
链条炉排炉	1.3	1.3～1.4	1.3～1.4
煤粉锅炉	1.2	1.2	1.25

一般可由分析烟气中CO_2、SO_2、CO和O_2的含量，通过计算得出空气过剩系数值。实际运行中，仅根据烟气中CO_2含量，就可直接计算出空气过剩系数值。测量烟气中CO_2、SO_2、CO及O_2的含量，一般用奥氏烟气分析器（如图10-4所示）分析测量。分析器由三个或四个装有不同药品的玻璃吸收器以及烟气过滤器、水位调节瓶、量筒、吸气器等组成。将一定量的烟气通过过滤器吸入分析器内，依次将引入烟气通过装有氢氧化钾溶液的吸收器，吸收烟气中的CO_2及SO_2（实际上以RO_2形式表示，而SO_2体积较小，RO_2基本上就是CO_2含量），由量筒检查烟气体积减少值，即为CO_2含量；然后，再使烟气通过装有焦性没食子酸的吸收器，吸收烟气中的O_2，由量筒检查烟气体积减少值，即为O_2含

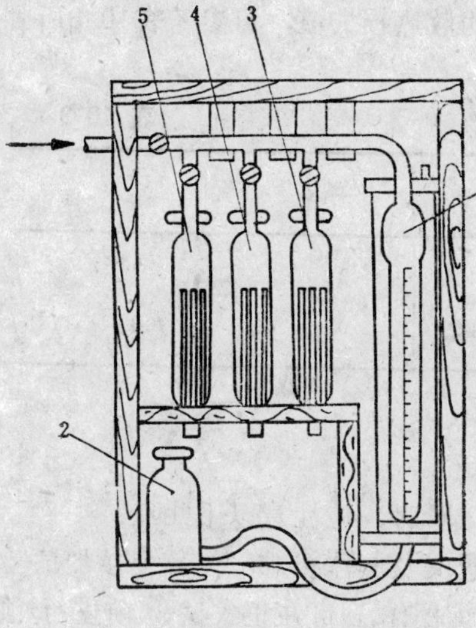

图 10-4　奥氏烟气分析器图

1—量筒；2—吸气器；3、4、5—玻璃吸收器

量；最后，将烟气引入装有氯化亚铜的氨溶液的吸收器，吸收烟气中的CO，由量筒再检查烟气体积减少值，即为CO含量。按此程序应进行2～3次，取其平均值。烟气引入奥氏气体分析器是通过烟气取样管进行的。烟气取样管应开有若干小孔，使小孔对准烟气流动方向，且取样管长度应大于锅炉烟道宽度的二分之一。取样管不应装于烟道死角处。

2.化学未完全燃烧热损失（q_3%）　燃料中碳与氧在化合时，即发生燃烧，产生热量。从理论可知，当碳与氧充分化合时，全部生成CO_2，可产生8000大卡/公斤的热量；若碳与氧不能充分化合时，生成CO，则仅产生2400大卡/公斤的热量。相形之下，损失了热量5600大卡/公斤。这5600大卡/公斤的热量未能放出，烟气即进入了烟囱，我们就把这种热损失，叫做化学不完全燃烧热损失。在燃料中，除含有碳元素外，尚有氢（H_2）、甲烷（CH_4）等可燃气体。这些可燃气体未经燃烧损失的热量，也包括在化学不完全燃烧热损失内。造成化学不完全燃烧的主要原因有以下几点：

（1）过剩空气量不足，产生大量的CO，即烟囱冒黑烟；

（2）空气与可燃气体混合不好；

（3）炉膛过低，炉拱设计不良，炉膛辐射受热面过大，炉膛温度过低（低于800℃）等。

为了减少化学不完全燃烧热损失，就应加大空气过剩系数，增加二次空气量，提高炉膛高度，改进炉拱形状与角度，减少过多辐射受热面以及提高炉膛温度等。但空气过剩系数过大，又会使排烟热损失增加，因此，一般均控制q_2与q_3之和的热损失量最小为宜，也就是空气过剩系数要有一个适当范围，不应过大或过小。小型人工烧火的锅炉一般化学不完全燃烧热损失在2～4%之间，采用抛煤机的锅炉化学不完全燃烧热损失在2～3%之间，采用链条炉排的锅炉，化学不完全燃烧热损失约为1～2%。

3.机械不完全燃烧热损失（q_4%）　机械不完全燃烧热损失，是指煤未经燃烧即排出炉外的热量损失。它主要由以下三部分组成：即灰渣中的未燃烧煤、炉排的漏煤和烟气飞灰中含的碳。灰渣中的未燃烧的煤，一般以"灰渣可燃物"表示。它与运行操作发生直接关系。同时，也与燃料的性质、炉拱的形式等有关；炉排的漏煤量与煤的颗粒度、煤的质量及炉排的缝隙有关；飞灰中含碳量与煤质、通风力、炉膛热负荷及炉膛结构有关。

一般煤粉炉飞灰含碳量约占机械不完全燃烧热损失的98%，其余2%落入灰斗中；工业锅炉人工烧火和链条炉排的机械不完全燃烧热损失，主要是灰渣可燃物，而抛煤机的锅炉，飞灰可燃物则比上述两种燃烧装置为大。总的来说，工业锅炉的机械不完全燃烧热损失约在5～15%范围内。

4.锅炉本体四周散热损失（q_5%）　锅炉在运行中，由于炉墙、锅筒、联箱等温度较高，与周围空气造成一定温差，因此，形成散热损失。

散热损失的大小，是无法用仪器进行测量的。当炉体表面温度越高，散热损失越大。锅炉容量越大，则散热损失所占比重就越小。一般锅炉的散热损失值，可参考表10-3所列数值。

工业锅炉炉体散热损失值（%）　　表 10-3

锅炉容量（吨/时）	2	3	4	5	6	8	10	20	30
没有省煤器、预热器的锅炉	3.5	2.5	2.1	1.8	1.6	1.3	—	—	—
装有省煤器、预热器的锅炉	—	3.3	2.9	2.5	2.2	2.0	1.7	1.3	1.1

四、热效率试验的注意事项

在工业锅炉安装后及改装前后，进行正平衡热效率试验时，应注意以下几点：

1.试验前，应进行人员的组织，讲清试验的目的、意义及具体要求，使每个参加试验人员明确自己的职责。为保证试验的准确性及人员的熟练操作，可在正式试验前进行预演；

2.试验开始时间，应在冷炉生火48小时后才能开始；

3.试验前，应正式带动较稳定负荷2小时以上，且在整个试验中，负荷应稳定，波动范围不应超过±10%；

4.试验前，应做好排污、冲洗水位表、吹灰等工作，试验期间，不应再进行上述工作；

5.试验开始与结束时，煤仓储煤量、煤层厚度、燃烧状况、清炉距试验开始与结束时间、水位高低、压力大小等均应保持一致，以保证试验的准确性；

6.试验期间，要正确记录各种数据，记录时应在同一时间内同时进行，一般以间隔10～15分钟记录一次为宜；

7.试验期间除应记录各项必要数据外，在有条件时，尚应记录排烟温度、炉膛温度、灰渣及飞灰含碳量、省煤器前后烟温、水温、烟气分析结果等数值，以便综合分析，全面研究；

8.同一煤种、同一负荷、同一压力下的热效率试验，应进行两次以上，对比试验结果，以保证试验的可靠性；

9.被试验锅炉的炉墙应保证严密，以免造成大量冷空气入炉，形成过大的空气过剩系数，影响热效率（对于改装前的锅炉及运行的锅炉，也应使炉墙不漏风或少漏风）。检查炉墙漏风的方法，如图10-5所示。

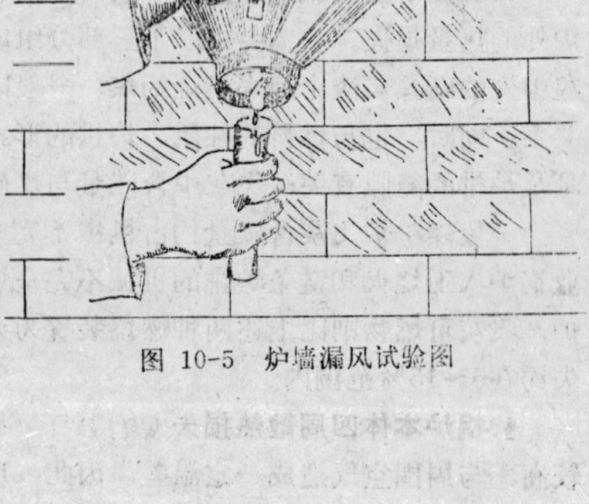

图 10-5　炉墙漏风试验图

附 录

工程单位换算表 附表 1

	英尺/分	米/分	公里/时	英里/时	米/秒
速率	1	0.3048	0.0183	0.0114	0.0051
	3.281	1	0.06	0.0373	0.0167
	34.68	16.67	1	0.6214	0.2778
	88	26.82	1.609	1	0.4490
	196.85	60	3.6	2.287	1

	水银柱(毫米)	水柱(英尺)	磅/英寸^2	公斤/厘米^2	大气压
压力	1	0.0446	0.0193	—	—
	22.4	1	0.4332	0.0304	0.0295
	51.71	2.309	1	0.0703	0.0680
	735.5	32.84	14.22	1	0.9678
	760	33.93	14.7	1.0333	1

	英尺·磅	公斤·米	英热单位B.T.U	公热单位(大卡)	公制马力小时
热和能	1	0.138	0.0013	0.00032	—
	7.23	1	0.0093	0.00234	—
	777.52	107.5	1	0.252	—
	3086	426.6	3.968	1	0.0016
	—	—	2512	632.9	1

	英尺·磅/秒	公斤·米/秒	公制马力	英制马力	千瓦
功率	1	0.1383	—	—	—
	7.233	1	0.0133	0.0132	0.0098
	542.3	75	1	0.9863	0.7355
	550	76.04	1.014	1	0.7457
	737.5	102	1.360	1.341	1

	磅(水)/分	美加仑/分	吨(水)/时	英尺^3/分	升/秒
流率	1	0.1198	0.0272	0.016	0.0076
	8.345	1	0.2271	0.1337	0.0631
	36.74	4.403	1	0.5885	0.2778
	62.43	7.481	1.699	1	0.4720
	132.3	15.85	3.6	2.119	1

续表

	公斤/米	磅/英尺	磅/英寸
重量/长度	1	0.672	0.056
	1.483	1	0.083
	17.86	12	1

	磅/英尺^3	公斤/升	磅/英寸^3
密度	1	0.016	—
	62.43	1	0.036
	1728	27.68	1

注：1000升＝1米^3(水)

	温标	水的凝固温度	水的沸腾温度	划分刻度	绝对零度	换算
温度	摄氏(°C)	0	100	100	－273.1	$\frac{5}{9}$×(华－32)
	华氏(°F)	32	212	180	－459.6	$\frac{9}{5}$×摄＋32
	列氏(°R)	0	80	80	－218.5	4/5×摄 4/9×(华－32)

公斤/厘米^{2}与磅/英寸^{2}换算表

附表 2

公斤/厘米^2	磅/英寸^2	公斤/厘米^2	磅/英寸^2	公斤/厘米^2	磅/英寸^2	公斤/厘米^2	磅/英寸^2
1	14.223	21	298.69	41	583.16	61	867.62
2	28.447	22	312.91	42	597.38	62	881.85
3	42.670	23	327.14	43	611.60	63	896.07
4	56.893	24	341.36	44	625.83	64	910.29
5	71.117	25	355.58	45	640.05	65	924.52
6	85.340	26	369.81	46	654.27	66	938.74
7	99.563	27	384.03	47	668.50	67	952.96
8	113.79	28	398.25	48	682.72	68	967.19
9	128.01	29	412.48	49	696.94	69	981.41
10	142.23	30	426.70	50	711.17	70	995.63
11	156.46	31	440.92	51	725.39	71	1009.9
12	170.68	32	455.15	52	739.61	72	1024.1
13	184.90	33	469.37	53	753.84	73	1038.3
14	199.13	34	483.59	54	768.06	74	1052.5
15	213.35	35	497.82	55	782.28	75	1066.8
16	227.57	36	512.04	56	796.51	76	1081.0
17	241.80	37	526.26	57	810.73	77	1095.2
18	256.02	38	540.49	58	824.95	78	1109.4
19	270.24	39	554.71	59	839.18	79	1123.6
20	284.47	40	568.93	60	853.40	80	1137.9

磅/英寸²与公斤/厘米²换算表　　附表 3

磅/英寸²	公斤/厘米²	磅/英寸²	公斤/厘米²	磅/英寸²	公斤/厘米²	磅/英寸²	公斤/厘米²
1	0.0703	32	2.2498	105	7.3822	210	14.765
2	0.1406	34	2.3904	110	7.7338	220	15.458
3	0.2109	36	2.5311	115	8.0853	230	16.171
4	0.2812	38	2.6717	120	8.4368	240	16.874
5	0.3515	40	2.8123	125	8.7884	250	17.577
6	0.4218	42	2.9529	130	9.1399	260	18.280
7	0.4922	44	3.0935	135	9.4914	270	18.983
8	0.5625	46	3.2341	140	9.8430	280	19.686
9	0.6328	48	3.3747	145	10.185	290	20.389
10	0.7031	50	3.5154	150	10.546	300	21.092
12	0.8437	55	3.8669	155	10.898	310	21.795
14	0.9843	60	4.2184	160	11.249	320	22.498
16	1.1249	65	4.5700	165	11.601	330	23.201
18	1.2655	70	4.9215	170	11.952	340	23.904
20	1.4061	75	5.2730	175	12.304	350	24.608
22	1.5468	80	5.6246	180	12.655	360	25.311
24	1.6874	85	5.9761	185	13.007	370	26.014
26	1.8280	90	6.3276	190	13.358	380	26.717
28	1.9686	95	6.6792	195	13.710	390	27.420
30	2.1092	100	7.0307	200	14.061	400	28.123

法 兰 选 用 范 围 表　　附表 4

公称压力 P_g（公斤/厘米²）	试验压力（<100°C的水）P_s（公斤/厘米²）	最大工作压力（公斤/厘米²）			公称直径 D_g（毫米）
		介质温度 <200°C	介质温度 250°C	介质温度 300°C	
1	2	1	1	1	300～3000
2.5	4	2.5	2.3	2	10～1600
6	9	6	5.5	5	10～1000
10	15	10	9.2	8.2	10～600
16	24	16	15	13	10～600
25	38	25	23	20	10～500

方、圆橡皮条规格表（沪Q/HG16-019-63）　　附表 5

方橡皮条		圆橡皮条		用途
边长（毫米）	长度（米）	直径（毫米）	长度（米）	
5×5　6×6　8×8	≥10	3，4，5，6，8，10	≥10	用于在水和空气介质中作密封垫及缓冲垫、嵌条等
10×10　13×13　16×16				
20×20　25×25	≥5	12,14,16,20,25,30	≥5	

注：生产厂：上海橡胶制品二厂。

螺旋盘根规格表（沪Q/HG16-091-64） 附表 6

边长（毫米）	长度（毫米）	理论重量（公斤/条）	边长（毫米）	长度（毫米）	理论重量（公斤/条）	用途
3×3	>3400	0.04～0.05	14×14	>3200	0.8～1	用于往复活塞杆、阀杆，泵的挺进杆的低压蒸汽、热水、高压冷水和煤气等介质的密封 工作温度范围： 0～80°C 螺旋盘根分为二类： (1)101型为吸有润滑油或稠油在外表敷有磷状石墨 (2)102型为不吸有油脂不涂敷石墨者
5×5	>3040	0.1～0.125	16×16	>3480	1.2～1.5	
6×6	>3600	0.168～0.21	19×19	>3600	1.68～2.1	
8×8	>3040	0.264～0.33	22×22	>3600	2.36～2.95	
9×9	>3240	0.356～0.44	25×25	>3600	3.04～3.8	
10×10	>3040	0.4～0.5	28×28	>3600	3.8～4.75	
11×11	>2800	0.456～0.57	32×32	>3600	4.96～6.2	
13×13	>3360	0.76～0.95	38×38	>3600	7.0～8.75	

管道涂色表 附表 7

过热蒸汽管	红色黄环
饱和蒸汽管	红色
锅炉排污管	黑色
锅炉给水管	绿色
盐水管	浅黄色
软化水管	绿色白环
生水管	绿色黄环
排污管	红色黑环
疏水管	绿色黑环
凝结水管	绿色红环
解吸除氧气体管道	浅蓝色
压缩空气管	蓝色
热水管	绿色蓝环
油管	橙黄

注：环与环的间距为1米，环宽不小于50毫米。

油浸石棉盘根、橡胶石棉盘根的性能及规格表（JG68-64、JG67-64） 附表 8

名称	牌号	比重	适用极限压力（公斤/厘米²）	适用极限温度（°C）
油浸石棉盘根（JG68-64）	YS450	≥0.9（夹铜丝≥1.1）	60	450
	YS350		45	350
	YS250		45	250
橡胶石棉盘根（JG67-64）	XS450	≥1.1	60	450
	XS350		45	350
	XS250		45	250

规 格 及 用 途

名称	牌号	形状	规格(直径或方形的边长)(毫米)	
油浸石棉盘根 (JG68-64)	YS450	F	3，4，5，6，8，10，13，16，19，22，25，28，32，35，38，42，45，50	适用于回转轴、往复活塞或阀门杆上做密封材料，介质为蒸汽、空气、工业用水、重质石油产品
		Y	5，6，8，10，13，16，19，22，25，28，32，35，38，42，45，50	
		N	3，5，6，8，10，13，16，19，22，25	
	YS350 YS250	F、Y、N F、Y、N	分别同上	
橡胶石棉盘根 (JG67-64)	XS450 XS350 XS250		3，4，5，6，8，10，13，16，19，22，25，28，32，35，38，42，45，50	适用于蒸汽机、往复泵的活塞和阀门杆上作密封材料

注：1.油浸石棉盘根每个牌号有三种截面形状：

F——方的，穿心或一至多层编结；

Y——圆的，中间是一扭制芯子，外边是一至多层编结；

N——扭制的。

2.夹铜丝的在规格后边以字母T加括号注明。

橡胶石棉板的性能与规格表（JC125-66） 附表 9

牌号	比重	密封性能			抗拉强度(公斤/厘米²)	
		介质	温度(°C)	压力(公斤/厘米²)	纵向	横向
XB450	1.5～2.0	水、饱和蒸汽、过热蒸汽、空气、煤气、氨、碱液、惰性气体	450	≤60	450	200
XB350			350	≤40	300	125
XB200			200	≤15	170	70

规 格 及 用 途

牌号	规格			用途
	厚度(毫米)	宽度(毫米)	长度(毫米)	
XB450	0.5，1.0，1.5，2.0，2.5，3.0，	500 620 1260 1500	500 620 1000 1260 4000	用做密封温度450°C及压力60公斤/厘米²以下的水、饱和蒸汽、过热蒸汽、空气、煤气、氨、碱液及其他惰性气体等
XB350 XB200	0.8，1.0，1.5，2.0，2.5，3.0，3.5，4.0，4.5，5.0，5.5，6.0，			

G.G.-17耐高温玻璃管的物理性能与规格表　　附表 10

（上海玻璃仪器厂产品）

规格		用途
耐高温玻璃管	水标玻璃管	
外径：5～100毫米	外径：13，16，19毫米	具有高度的化学和物理性能，良好的灯工焊接性能。可用作高压锅炉水位测定及各种机械配件

物理性能

性能	指标
比重	2.23
线膨胀系数(0～300℃)	32×10^{-7}
软化温度(℃)	820
耐热急变温度(℃)≥	300
弹性模数(公斤/毫米²)	6900
抗拉强度(公斤/毫米²)	12～16

水位计玻璃板性能及规格表　　附表 11

（上海工业玻璃一厂产品）

规格		
长(毫米)	宽(毫米)	厚(毫米)
320	30	17
320	30	20
210	30	20
115	30	20
340	34	17
320	34	17
280	34	17
250	34	17
220	34	17
218	34	17
216	34	17
190	34	17
165	34	17
140	34	17
115	34	17

抗弯强度(公斤/厘米²)	耐热温度(℃)	急变温度(℃)	透光率(%)
≥800	≥460	≥260	85～90